高等学校"十三五"规划教材

运　筹　学

郑唯唯　郭　鹏　韩有攀　编

西北工業大學出版社

西　安

【内容简介】 本书系统地讲述了运筹学中理论最基础、应用最广泛的(非)线性规划、对偶规划、整数规划、目标规划、动态规划、图与网络分析、排队论与存储论以及决策论与对策论等内容. 在重点介绍运筹学各主要分支的基本概念、原理、模型和方法的基础上，列举大量经济管理实例以加强其应用性；详细介绍了 WinQSB 软件的操作及应用，解决了运筹学的复杂计算问题；例题及习题涉及面广，代表性强.

本书可作为高等院校数学类、经济管理类、理工类本科、研究生运筹学课程的教材和参考书，亦可供工程技术人员、管理人员、高等院校师生自学参考.

图书在版编目(CIP)数据

运筹学/郑唯唯，郭鹏，韩有攀编. —西安：西北工业大学出版社，2014.12(2019.9 重印)

ISBN 978-7-5612-4190-5

Ⅰ. ①运… Ⅱ. ①郑… ②郭… ③韩… Ⅲ. ①运筹学 Ⅳ. ①O22

中国版本图书馆 CIP 数据核字(2014)第 267613 号

YUNCHOUXUE

运 筹 学

责任编辑：孙 倩 **策划编辑**：杨 军

责任校对：王 静 **装帧设计**：李 飞

出版发行：西北工业大学出版社

通信地址：西安市友谊西路 127 号 邮编：710072

电　　话：(029)88491757，88493844

网　　址：www.nwpup.com

印 刷 者：兴平市博闻印务有限公司

开　　本：787 mm×1 092 mm 1/16

印　　张：23.625

字　　数：620 千字

版　　次：2014 年 12 月第 1 版 2019 年 9 月第 2 次印刷

定　　价：59.80 元

前　言

运筹学是以决策支持为目标的科学.它既可以看成理科中的基础学科,又可以看成管理科学与工程中的应用学科. 20 世纪 50 年代运筹学引入中国. 1956 年,在钱学森、许国志先生的推动下,中国首个运筹学小组在中国科学院力学所成立. 1959 年,中国科学院数学所成立了第二个运筹学小组. 1963 年,数学所的运筹学研究室为中国科学技术大学应用数学系的学生首开运筹学专业课.如今,运筹学已经成为几乎所有大学的理学院、管理学院,以及一些工学院的专业基础课.近年来,随着计算机及网络、可视化、人工智能等技术的不断发展,全球化、信息化和人性化等促使运筹学在理论、方法及应用上都有了长足的发展,如复杂网络和软优化方法等.

运筹学的研究内容丰富,应用广泛,从军事、政治到经济、管理及工程技术等许多领域都能运用到运筹学的思想和方法,发展至今运筹学已经成为一个庞大的、包含多个分支的学科.这些分支包括:

(1) 数学规划.主要研究资源或策略的最优利用、设备最佳运行等问题.常用的数学分析方法有线性规划、非线性规划、整数规划和动态规划等.

(2) 决策理论.主要研究方案或策略的最优选择问题.常用的数学分析方法有博弈论、决策论、多目标决策和存储论.

(3) 随机服务理论即排队论.主要研究随机服务系统排队和拥挤现象问题,讨论随机服务系统的服务效率、绩效评价和服务设施的最佳设置等问题.

(4) 不确定性理论.主要研究问题的不确定性、模糊性和粗糙性等现象,运用启发式的求解方法,形成近年来比较活跃的软优化方法.

本书选材系统性强,覆盖面广,除软优化方法作为运筹学扩展内容未写进本书外,其他发展成熟的各主要分支基本内容都已包括在内;每章后均有 WinQSB 软件应用实例,极大地提高了问题求解效率特别是大型问题的求解效率.每章根据内容设计了多道典型习题,并附有参考答案,便于读者复习和提高.本书作为教材的适用对象主要是数学类、经管类和理工类的本科生,MBA、工程硕士等相关专业的研究生.

本书是由西北工业大学郭鹏与西安工程大学郑唯唯、韩有攀三位教师合作完成的,郑唯唯教授编写了绪论、第 1～5 章和第 7,8 章,郭鹏教授编写第 9,10 章,韩有攀博士编写了第 6 章和第 11～13 章.研究生凌晓静、杨菊欢、刘志毅等参与了书稿的校对工作,王重阳、刘晨等参与了教学软件 WinQSB 演算和图表的校对工作,在此对她们的辛勤付出表示衷心的感谢.

鉴于水平有限,不妥之处在所难免,恳请读者批评指正.

编　者

2014 年 9 月

目　　录

第 3 篇 动 态 规 划

第 4 篇 图与网络分析

绪　论

“运筹帷幄之中，决胜千里之外”摘自《史记・后汉书》. 1957 年我国科学界把研究有关运用、筹划与管理等经济活动的学科正式定名为“运筹学”. 运筹学的英文是“Operational Research”或“Operations Research”，缩写为“OR”.

1. 运筹学的产生与发展

运筹学的优化思想在中国发展历史中源远流长. 春秋时期的《孙子兵法》处处体现了军事运筹的思想，同一时期，我国创造的轮作制、间作制与绿肥制等先进的耕作技术暗含了二阶段决策问题的雏形. 战国时期的“齐王赛马”，规定双方各出上、中、下三个等级的马各一匹. 如果按同等级的马比赛，齐王可获全胜. 田忌在谋士孙膑的策划下采取的是以下马对齐王上马，以上马对齐王中马，以中马对齐王下马的比赛策略，竟以逊色于齐王马匹的劣势取得胜利. 这是对策论的典型范例. 北宋真宗年间的“丁渭建殿”，皇宫因火被毁，丁渭受命重建. 他让人在宫前大街上取土烧砖，挖成大沟后灌水成渠，利用水渠运来各种建筑材料，工程完毕后，再以废砖烂瓦等建筑垃圾填沟修复大街，做到减少和方便运输，加快了工程进度. 三国时期的运筹大师诸葛亮，更是众所周知的风云人物，草船借箭、三气周瑜和空城计等谋略故事家喻户晓. 这些事例无不闪耀着运筹帷幄、整体优化的思想. 在国外，人们常推崇阿基米德为运筹学的先驱人物，因为他筹划有方，在保卫叙拉古、抵抗罗马帝国的侵略中做出了突出贡献.

现代运筹学的思想萌芽于第一次世界大战时期，人们开始利用数学的方法探讨各种运筹问题. 1914 年，兰彻斯特论述了战争中兵力部署的理论，即军事运筹学中的战斗方程. 1915 年，哈里斯对商业库存问题的研究是库存模型最早的工作. 1921 年，博雷尔引进了博弈论中最优策略的概念，对某些博弈问题证明了最优策略的存在. 1928 年，冯・诺依曼提出了二人零和博弈的一般理论. 1939 年，康托洛维奇在解决工业生产组织和计划问题时，开创性地提出了线性规划模型，并给出了“解乘数法”的求解方法，于 1975 年获得了诺贝尔经济学奖. 以上这些研究工作对运筹学发展产生了深远的影响.

运筹学作为科学名称出现在第二次世界大战期间. 20 世纪 30 年代，英国为了对付德国飞机的空袭研制了雷达系统. 这些武器技术可行之外的有效利用成为了当务之急，因此，英国组织了一批科学家，包括数学家、物理学家、天文学家和军事专家，对新武器进行新战术试验和战术效率的研究，探讨如何抵御敌人的飞机和潜艇的袭击，深水炸弹爆炸深度等问题，并取得了满意的效果，受此鼓舞，英军每个大的指挥部都设立了运筹学研究小组. 区别于技术研究，他们称此工作为“运用研究”. 随后，美国和加拿大的军事部门也成立了相应的专门小组，对战术革新、技术援助、战略决策、战术计划以及战果评价等问题开展了广泛的研究. 这些运筹小组的研究为运筹学的发展积累了丰富的素材. 第二次世界大战后，英国和美国在军队中成立了专门的运筹研究组织，美国还成立了著名的兰德(RAND)公司，开始着重研究战略性问题、未来武器系统的设计和其可能合理运用的方法. 例如为美国空军评价各种轰炸机系统，讨论了未来的武器系统和未来战争的战略. 他们还研究了苏联的军事能力及未来发展，分析苏联政府计划的行动原则和将来的行动预测. 同时一些运筹专家将研究的重点转向了国民经济发展中的民用问题,相继在工业、能源、经济和社会问题等各个领域都有应用. 在新的、更宽阔的环境中,运筹学的理论和应用研究得到了蓬勃的发展,并形成了运筹学的众多分支. 研究优化模型的规划论,研究排队(或随机服务)模型的排队论以及研究博弈模型的博弈论(亦称对策论)是运筹学最早的三个重要分支,也称之为运筹学早期的三大支柱. 随着学科的发展以及计算机科学的出现,现在的分支更细,名目更多. 数学规划(线性规划、整数规划、目标规划、动态规划、非线性规划、随机规划等)、图论与网络分析、排队论、存储论、对策论、决策论、维修更新理论、搜索论、可靠性和质量管理等基础学科分支,以及工程技术运筹学、管理运筹学、军事运筹学、工业运筹学、农业运筹学等交叉与应用学科分支也先后形成.

在我国,运筹学的研究与应用起步较晚. 20 世纪 50 年代后期,钱学森、许国志等教授才将运筹学由西方引入我国,并结合我国的特点在国内推广应用. 在钱学森、许国志教授的推动下,中国首个运筹学小组于 1956 年在中国科学院力学研究所成立. 20 世纪 60—70 年代,华罗庚先生的"优选法"和"统筹法"深入人心,极大地推动了运筹学在中国的普及与发展. 许国志和越民义先生在排队论的瞬时概率性态问题、非线性规划梯度算法收敛问题、组合优化中的排序问题等方面的研究取得了一批重要成果,得到了国外同行的关注和好评,为我国运筹学的发展打下了坚实的基础,同时培养了一批学科带头人和骨干. 20 世纪 80 年代,随着国内外学术交流的不断增加,我国运筹学得到快速发展,取得了一批有国际影响的理论和成果. 我国运筹学工作者坚持将运筹学理论研究与国民经济建设等重大项目和问题紧密结合,在国家若干重大工程计划实施方面发挥了积极的作用,产生了良好的经济效益和社会效益.

2. 运筹学的特点

运筹学作为一门应用性很强的科学,其学科内涵广泛,具有复杂的应用科学特征. 以下几个具有代表性的定义可以说明运筹学的性质和特点. 莫斯和金博尔曾对运筹学下的定义是:"为决策机构在对其控制下业务活动进行决策时,提供以数量化为基础的科学方法."这个定义说明运筹学首先强调的是科学方法,重视某种研究方法能传授和有组织地应用于整个一类问题上,而不单是某种研究方法的分散和偶然的应用. 同时,它强调以量化为基础,必然要用数学理论和成果. 但任何决策都包含定量和定性两方面,而定性方面又不能简单地用数学表示,如政治、社会等因素,只有综合多种因素的决策才是全面的. 运筹学工作者的职责是为决策者提供可以量化方面的分析,指出有哪些定性的因素. 另一定义是:"运筹学是一门应用科学,它广泛应用现有的科学技术知识和数学方法,解决实际中提出的专门问题,为决策者选择最优决策提供定量依据."这个定义反映出运筹学具有多学科交叉的特点,如综合运用经济学、心理学、物理学和工程学中的一些方法. 运筹学是强调最优决策,"最"是过分理想化了,在现实中往往用次优、满意等概念代替最优. 由此可见,运筹学研究的对象是政治、经济及科学技术等活动中能用数量关系来描述的有关运用、筹划与管理等方面的问题. 着重在经济活动方面,尤其是生产经营活动的问题以及解决这些问题的原理和方法作为研究对象的.

综上所述,运筹学研究问题具有以下特点:

(1) **科学性**. 运筹学研究是在科学方法论的指导下,通过一系列规范化步骤进行的. 运筹学研究广泛利用多学科技术知识,研究不仅涉及数学,还涉及经济科学、系统科学、工程物理科学等其他学科.

(2) **实践性**. 运筹学以实际问题为分析对象,通过鉴别问题的性质、系统的目标以及系统内主要变量之间的关系，利用科学方法达到对系统进行优化的目的. 更为重要的是用运筹学分析获得的结果要能被实践检验，并被用来指导实际工作.

(3) **系统性**. 运筹学用系统的观点来分析一个组织(或系统)，它着眼于整个系统而不是一个局部，通过协调各组成部分之间的关系和利害冲突，使整个系统达到最满意状态.

(4) **综合性**. 运筹学分析是一种综合性的研究，涉及问题的方方面面，要应用多学科的知识，由各方面的专家组成团队来完成.

3. 运筹学的模型

运筹学模型是在对客观现实经过思维抽象后，用文字、图表、符号、关系式以及实体模样来描述客观对象，这些文字、图表、符号、关系式和实体模样就称为模型. 一般模型有三种基本形式：形象模型、模拟模型、符号或数学模型，目前使用最多的是符号或数学模型. 运筹学中已有不少这类模型，如线性规划、投入产出模型、排队模型、存储模型、决策和对策模型等；模拟模型是通过各种实验设计，搜集资料，并对资料进行统计推理的一套方法. 它用计算机语言、图像显示或专门的模拟语言来实现"仿真"，适用于那些不能用数学模型和数学方法求解的复杂问题，目前模拟模型使用的也越来越多. 构造一个良好的模型是运筹学研究和解决问题的基础，而构造模型是一种创造性劳动，成功的模型可以说是科学与艺术的结晶.

数学模型的一般形式：

目标的评价准则　　$U=f(x_i,y_j,\varepsilon_k)$

约束条件　　$g(x_i,y_j,\varepsilon_k)\geqslant 0$

式中，x_i 为可控变量；y_j 为已知参数；ε_k 为随机因素.

目标的评价准则一般要求达到最佳(最大或最小)、适中、满意等. 目标的评价准则可以是单一的，也可以是多个的. 约束条件可以没有，也可以有多个. 当 g 是等式时，即为平衡条件. 当模型中无随机因素时，称它为确定性模型，否则为随机模型. 随机模型的评价准则可用期望值，也可用方差，还可以用某种概率分布来表示. 当可控变量只取离散值时，称为离散模型，否则称为连续模型. 也可以按使用的数学工具将模型分为代数方程模型、微分方程模型、概率统计模型和逻辑模型等. 若用求解方法来命名时，有直接最优化模型、数字模拟模型和启发式模型. 也有按用途来命名的，如分配模型、运输模型、更新模型、排队模型和存储模型等. 还可以用研究对象来命名，如能源模型、教育模型、军事对策模型和宏观经济模型等.

运筹学在解决大量实际问题过程中逐步形成了一套系统的解决问题的方法和步骤，主要包括以下几个阶段：

(1) **提出和形成问题**. 通过对实际问题的调查研究，明确问题的目标，可能的约束，问题的可控变量以及有关参数，搜集相关资料，将一个实际问题表示为一个运筹学问题.

(2) **建立模型**. 把问题中的可控变量、参数和目标与约束之间的关系用一定的模型表示出来.

(3) **求解模型**. 分析问题解的性质和求解的难易程度，寻求合适的求解方法. 设计求解相应问题的算法，并对算法的性能进行理论分析.

(4) **解的检验**. 判断模型和解法的有效性，提出解决实际问题的方案.

(5) **解的实施**. 对实施部门讲清解的用法，并在实际应用中，发现问题及时加以修正改进.

以上过程不是独立存在的，也绝非依次进行，应是一个呈螺旋状发展的过程.

4. 运筹学的应用与进展

由于任何现实的决策问题都是优化问题,任何有参数需要选取的问题都应该是运筹问题,所以运筹学的应用随处可见. 运筹学的广泛应用使得它和生命科学、网络科学、管理科学等众多科学领域的交叉日益加强,这些交叉不仅为运筹学的应用提供了很好的舞台,同时也为运筹学的新兴分支提供了土壤,并极大地推动了运筹学的发展. 例如,在生命科学中,将全局最优化、图论和神经网络等运筹学理论及方法应用于分子生物信息学中的 DNA 与蛋白质序列比较、生物进化分析、蛋白质结构预测等问题的研究;在金融管理方面,将优化及决策分析方法应用于金融风险控制与管理、资产评估与定价分析模型等;在网络管理上,利用随机过程方法研究排队网络的数量指标分析;在供应链管理问题中,利用随机动态规划模型研究多重决策最优策略的计算方法等. 这些问题和方法的推出,极大地推动了运筹学的发展,而运筹学的发展必将进一步研究和解决其他科学领域中越来越多的问题,并对其产生积极的影响.

运筹学经过近 90 年的发展,其理论越来越艰深,应用越来越广泛,目前没有人可以是运筹学所有方向的专家. 美国运筹学会前主席邦迪(S. Bonder)提出运筹学可以分成三大方面:运筹数学、运筹应用及运筹理论,并强调发展后两者. 从整体上讲这三大方面应协调发展,才能解决经济、技术、社会、心理、生态和政治等综合因素交叉在一起的复杂系统. 也就是要从运筹学进展到系统分析,并与未来学紧密结合以解决人类所面临的困境. 解决问题的过程是决策者和分析者发挥其创造性的过程.

20 世纪 80—90 年代对于运筹学有两个重要进展,一个是**软运筹学**(soft OR)的崛起,以切克兰特(P. Checkland)的软系统方法论和罗森海特(J. Rosenhead)的问题结构法等为代表的一批新的方法论的出现. 另一个是**软计算**(soft computing)的崛起,它允许不太精确、不确定性、部分真理和近似等. 软计算可以用比较低的代价获得一定程度的可用解. 软计算与过去计算方法的不同之处在于吸取了人的智慧和判断,如各种启发式(heuristic)方法、模糊逻辑(fuzzy logic)等,生物知识的遗传算法(Genetic Algorithm, GA)、蚁群算法(Ant Colony Algorithm, ACA)、人工神经网络(Artificial Neural Network, ANN)等,物理知识的模拟退火法(Simulated Annealing, SA)等. 扎德(L. Zadeh)在 1991 年指出人工神经网络、模糊逻辑及遗传算法与传统计算模式的区别,将它们命名为软计算. 近年来,将混沌理论(chaos theory)和概率推理(probabilistic reasoning)也归入软计算. 运筹学更关心它们在优化问题中的应用,因此为区别有解析式时用的优化方法而称之为**软优化**.

未来运筹学的任何一个具有挑战性的研究,尤其是对出现在新的学科交叉领域的重大问题的探索,更需要具有不同学科专长的专家组成的研究团队,其中包含数学、统计学、经济学、管理学、计算机科学以及行为科学等学科背景的人才,才能做出重要的科学发现和贡献. 总之,运筹学还在不断地发展壮大中,新思想、新观点和新方法将会层出不穷.

第1篇　线性规划

第1章　线性规划与单纯形法

线性规划(Linear Programming,LP)是运筹学发展历程中较早形成的一个重要分支,具有成熟完善的理论、简单统一的解法和极其广泛的应用.1939 年苏联数学家康托洛维奇(П. В. Канторович)首次提出用线性方程表达优化问题,并给出了解乘数法,标志着线性规划理论上的成熟.1947 年美国数学家丹捷格(G. B. Dantzig)提出求解线性规划的一般方法——单纯形法.线性规划通常研究资源的最优利用、设备最佳运行等问题.从解决企业管理的优化问题,到工农业、交通运输和军事国防等部门的计划管理与决策分析,乃至整个国民经济计划的综合平衡,线性规划都有广泛的应用,它已成为现代管理科学的重要手段之一.

从数学上讲,线性规划是研究线性不等式组的理论,或者说是研究线性方程组非负解的理论,是线性代数的应用和发展.

1.1　线性规划问题及其数学模型

1.1.1　线性规划问题的提出

在生产管理和经营活动中,任务或目标确定后,如何统筹兼顾,合理安排,用最少的资源(如设备、资金、原材料、人工、时间等)去完成确定的任务或目标;企业在一定的资源条件限制下,如何组织安排生产获得最好的经济效益(如产量最多、利润最大等).线性规划是解决这类问题运用最广而收效颇大的一种优化技术.下面先来研究一个简单的案例.

例 1-1　生产计划问题　某工厂计划期内要生产 A,B 两种产品,已知生产单位产品的利润与所需的设备台时、原材料Ⅰ及Ⅱ的消耗,见表 1-1,问该工厂应如何组织生产才能使获利最大?

表　1-1

资源＼产品	A	B	资源限制
设　备	3 台时/件	3 台时/件	15 台时
原材料Ⅰ	5 kg/件		20 kg
原材料Ⅱ		4 kg/件	12 kg
利　润	3 元/件	2 元/件	

解 将一个实际问题转化为线性规划模型，通常有以下几个步骤：

(1) **确定决策变量**. 决策变量是模型所要决定的未知量，也是模型最重要的参数. 工厂要确定各种产品的生产数量，因此，设 x_1, x_2 分别表示工厂在计划期内生产产品 A,B 的产量.

(2) **确定目标函数**. 目标函数就是将决策者所追求的目标表示为决策变量的函数. 它决定了线性规划优化的方向，是线性规划的重要组成部分. 工厂追求所获利润 z 最大，即

$$\max z = 3x_1 + 2x_2$$

(3) **确定约束条件**. 考虑设备允许加工的台时和原材料资源的限制等都会有一定的约束. 这些约束条件可用含有决策变量的等式或不等式表示. 参照表 1-1 的数据，有

$$\begin{cases} 3x_1 + 3x_2 \leqslant 15 \\ 5x_1 \leqslant 20 \\ 4x_2 \leqslant 12 \end{cases}$$

(4) **变量非负限制**. 一般情况下，决策变量只取非负值. 本例产量非负，即 $x_1, x_2 \geqslant 0$.

综上所述，满足所有约束条件（subject to，简写为 s. t.）求利润最大，可得数学模型，有

$$\max z = 3x_1 + 2x_2$$

$$\text{s.t.} \begin{cases} 3x_1 + 3x_2 \leqslant 15 \\ 5x_1 \leqslant 20 \\ 4x_2 \leqslant 12 \\ x_1, x_2 \geqslant 0 \end{cases}$$

目标函数为线性函数，约束条件是线性等式或不等式，此数学模型为**线性规划模型**.

例 1-2 营养配餐问题 假定一个成年人每天需要从食物中获得的能量分别为 3 000 kcal(1 cal = 4.186 8 kj) 的热量、55 g 的蛋白质和 800 mg 的钙. 如果市场上只有 4 种食品可供选择，它们每千克所含的热量、营养成分和市场价格见表 1-2. 问如何选择才能在满足营养需要的前提下使购买食品的费用最小？

表 1-2

序 号	食品名称	热量 /(kcal/kg)	蛋白质 /(g/kg)	钙 /(mg/kg)	价格 /(元 /kg)
1	猪肉	1 000	50	400	14
2	鸡蛋	800	60	200	6
3	大米	900	20	300	3
4	白菜	200	10	500	2

解 设 $x_j (j = 1, 2, \cdots, 4)$ 为第 j 种食品每天的购入量，在满足热量和其他营养成分的前提下，要求购买食品所付费用最小，则配餐问题的线性规划模型为

$$\min z = 14x_1 + 6x_2 + 3x_3 + 2x_4$$

$$\text{s.t.} \begin{cases} 1\,000x_1 + 800x_2 + 900x_3 + 200x_4 \geqslant 3\,000 \\ 50x_1 + 60x_2 + 20x_3 + 10x_4 \geqslant 55 \\ 400x_1 + 200x_2 + 300x_3 + 500x_4 \geqslant 800 \\ x_j \geqslant 0, j = 1, 2, \cdots, 4 \end{cases}$$

1.1.2　线性规划问题的数学模型

通常称现实世界中人们研究的实际对象为**原型**. **模型**是指将一部分信息简缩、提炼而构造的原型替代物. **数学模型**则是对现实世界的一个特定对象,为达到一定目的,根据内在规律做出必要的简化假设,并运用适当数学工具得到的一个数学结构. 从以上两个例子可以看出,规划问题的数学模型包含三个组成要素:

(1) **决策变量**. 它是问题中需要确定的未知量. 每一个问题都可用一组决策变量 $[x_1 \quad x_2 \quad \cdots \quad x_n]$ 表示某一方案,这组决策变量的值就代表一个具体的方案.

(2) **约束条件**. 指决策变量取值时受到的各种资源条件的限制,通常可用一组含决策变量的等式或不等式来表示.

(3) **目标函数**. 它是决策变量的解析函数,按问题不同,要求目标函数实现最大化或最小化.

由例 1－1 及例 1－2 可以抽象出**线性规划**的一般定义如下:

对于求取一组非负变量 $x_j(j=1,2,\cdots,n)$,使之既满足线性(等式或不等式)约束条件,又具有线性表达式的目标函数取得极值(最大或最小)的最优化问题称为**线性规划问题**,简称**线性规划**. 其数学模型的一般形式为

$$\max\ (\min) z = c_1x_1 + c_2x_2 + \cdots + c_nx_n \tag{1-1a}$$

$$\text{s.t.}\begin{cases} a_{11}x_1 + a_{12}x_2 + \cdots + a_{1n}x_n \leqslant (=, \geqslant) b_1 \\ a_{21}x_1 + a_{22}x_2 + \cdots + a_{2n}x_n \leqslant (=, \geqslant) b_2 \quad (1-1\text{b}) \\ \quad\cdots\cdots \\ a_{m1}x_1 + a_{m2}x_2 + \cdots + a_{mn}x_n \leqslant (=, \geqslant) b_m \\ x_1, x_2, \cdots, x_n \geqslant 0 \quad (1-1\text{c}) \end{cases}$$

在线性规划的数学模型中,式(1－1a) 称为**目标函数**,c_j 为**价值系数**;式(1－1b) 及式(1－1c) 称为**约束条件**,a_{ij} 称为**技术系数**,b_i 称为**限额系数**;式(1－1c) 也称为**变量的非负约束条件**.

一般来说,一个问题是否能化成线性问题来求解,须符合如下三个假定:

(1) **比例性假定**. 决策变量的变化所引起的目标函数的改变量和决策变量的改变量成比例. 同样,每个决策变量的变化所引起的约束方程左端值的改变量和该变量的改变量成比例. 如生产某产品对资源的消耗量和可获取的利润,与其产量严格成比例.

(2) **可加性假设**. 每个决策变量对目标函数和约束方程的影响是独立于其他变量的,目标函数值是每个决策变量对目标函数贡献的总和. 如生产多种产品时,可获取的总利润是各项产品的利润之和,对某项资源的消耗量应等于各产品对该项资源的消耗量之和.

(3) **确定性假定**. 线性规划问题中所有的参数都是确定性参数,线性规划问题不包含随机因素.

很多实际问题往往不符合上述条件,为处理问题方便,可看作近似满足线性条件.

1.1.3　线性规划的标准型

由于目标函数和约束条件内容的形式上的不同,线性规划问题可以有多种表达式. 为了便于讨论和制定统一的算法,规定**线性规划**问题的**标准型**的目标函数为求最大值,均为等式约束条件,决策变量及约束条件右端常数项均为非负值,其表示方式有 4 种.

(1) 线性规划标准型的一般形式：

$$\max z = c_1x_1 + c_2x_2 + \cdots + c_nx_n \tag{1-2a}$$

$$\text{s. t.}\begin{cases} a_{11}x_1 + a_{12}x_2 + \cdots + a_{1n}x_n = b_1 \\ a_{21}x_1 + a_{22}x_2 + \cdots + a_{2n}x_n = b_2 \\ \cdots\cdots \\ a_{m1}x_1 + a_{m2}x_2 + \cdots + a_{mn}x_n = b_m \\ x_1, x_2, \cdots, x_n \geqslant 0 \end{cases} \qquad \begin{matrix}(1-2\text{b}) \\ (1-2\text{c})\end{matrix}$$

其中，$b_i \geqslant 0, i = 1,2,\cdots,m.$

(2) 线性规划标准型的简缩形式：

$$\max z = \sum_{j=1}^{n} c_jx_j$$

$$\text{s. t.}\begin{cases} \sum_{j=1}^{n} a_{ij}x_j = b_i, & i = 1,2,\cdots,m \\ x_j \geqslant 0, & j = 1,2,\cdots,n \end{cases} \tag{1-3}$$

(3) 线性规划标准型的向量矩阵形式：

$$\max z = \boldsymbol{CX}$$

$$\text{s. t.}\begin{cases} \sum_{j=1}^{n} \boldsymbol{P}_jx_j = \boldsymbol{b} \\ \boldsymbol{X} \geqslant \boldsymbol{0} \end{cases} \tag{1-4}$$

其中 $\boldsymbol{C} = [c_1 \quad c_2 \quad \cdots \quad c_n]$，向量 $\boldsymbol{P}_j$ 对应的决策变量为 x_j.

(4) 线性规划标准型的矩阵形式：

$$\max z = \boldsymbol{CX}$$

$$\text{s. t.}\begin{cases} \boldsymbol{AX} = \boldsymbol{b} \\ \boldsymbol{X} \geqslant \boldsymbol{0} \end{cases} \tag{1-5}$$

其中

$$\boldsymbol{A} = \begin{bmatrix} a_{11} & a_{12} & \cdots & a_{1n} \\ a_{21} & a_{22} & \cdots & a_{2n} \\ \vdots & \vdots & & \vdots \\ a_{m1} & a_{m2} & \cdots & a_{mn} \end{bmatrix} = [\boldsymbol{P}_1 \quad \boldsymbol{P}_2 \quad \cdots \quad \boldsymbol{P}_n], \quad \boldsymbol{P}_j = \begin{bmatrix} a_{1j} \\ a_{2j} \\ \vdots \\ a_{mj} \end{bmatrix}$$

$$\boldsymbol{b} = \begin{bmatrix} b_1 \\ b_2 \\ \vdots \\ b_m \end{bmatrix}, \quad \boldsymbol{X} = \begin{bmatrix} x_1 \\ x_2 \\ \vdots \\ x_n \end{bmatrix}, \quad \boldsymbol{0} = \begin{bmatrix} 0 \\ 0 \\ \vdots \\ 0 \end{bmatrix}$$

称 $\boldsymbol{A}$ 为约束方程组的 $m \times n$ 阶**系数矩阵**，$\boldsymbol{b}$ 为**资源向量**，$\boldsymbol{C}$ 为**价值向量**，$\boldsymbol{Z}$ 为**决策变量向量**.

线性规划问题的**标准化**，对非标准型的线性规划问题，可通过下列方法化为标准型.

(1) 目标函数为求最小值，即 $\min z = \boldsymbol{CX}$. 令 $z' = -z$，则 $\max z' = -\min z = -\boldsymbol{CX}$. 因此，只须改变目标函数的符号就可以在最小与最大之间转换.

(2) 若约束条件的右端项 $b_i < 0$，这时只须在与 b_i 相对应的约束方程两端同乘 -1.

(3) 约束条件为不等式.这里有两种情况：

1) 约束条件为"$\leqslant$"形式.对这样的约束，在"$\leqslant$"不等式的左端加上一个非负的新变量即可化为等式.新增的非负变量称为**松弛变量**.

2) 约束条件为"$\geqslant$"形式.对这样的约束，在"$\geqslant$"不等式的左端减去一个非负的新变量即可化为等式.新增的非负变量称为**剩余变量**，亦可称为**松弛变量**.

(4) 决策变量，这时可能有以下情况：

1) 决策变量 $x_j \leqslant 0$，则令非负变量 $x_j' = -x_j$，显然 $x_j' \geqslant 0$.

2) 决策变量 x_j 取值不受限制，可以用两个非负的新变量之差来代替.如变量 x_j 取值不受限制，则令 $x_j = x_j' - x_j''$，$x_j', x_j'' \geqslant 0$.

3) 决策变量 x_j 有上下界，可将上下界分别处理.引进新变量使其等于原变量减去下限值，如此则下限为零，满足标准形式的非负性要求，再将上限列为新的约束即可.如已知决策变量 x_j 的限制为 $a_j \leqslant x_j \leqslant b_j$，则令 $x_j' = x_j - a_j$，从而得 $0 \leqslant x_j' \leqslant b_j - a_j$，此时的 x_j' 满足了非负要求，用新变量 x_j' 替换目标函数和约束条件中所有的原变量 x_j，再将上限约束列为新的约束条件并化为等式.

由此可知，任何形式的线性规划模型都可化为其标准型，下面举例说明.

例 1-3　将下列线性规划问题化为其标准型：

$$\max z = -x_1 + x_2$$

$$\text{s.t.}\begin{cases} 2x_1 - x_2 \geqslant -2 \\ x_1 - 2x_2 \leqslant 2 \\ x_1 + x_2 \leqslant 5 \\ x_1 \geqslant 0 \end{cases}$$

解　(1) 对取值不受限制的决策变量 x_2 用 $x_3 - x_4$ 代替，其中 $x_3, x_4 \geqslant 0$.

(2) 对第1个不等式约束，在"$\geqslant$"不等式的左端减去一个非负的剩余变量 x_5 后，约束方程两端同乘 -1.

(3) 在第2、第3个"$\leqslant$"不等式约束的左端分别加上一个非负的松弛变量 x_6, x_7.

整理后得线性规划问题的标准型为

$$\max z = -x_1 + (x_3 - x_4)$$

$$\text{s.t.}\begin{cases} -2x_1 + (x_3 - x_4) + x_5 = 2 \\ x_1 - 2(x_3 - x_4) + x_6 = 2 \\ x_1 + (x_3 - x_4) + x_7 = 5 \\ x_j \geqslant 0, j = 1,3,4,\cdots,7 \end{cases}$$

例 1-4　将下列线性规划问题化为标准型：

$$\max z = x_1 - x_2 + 2x_3$$

$$\text{s.t.}\begin{cases} x_1 - 2x_2 + 3x_3 \geqslant 6 \\ 2x_1 + x_2 - x_3 \leqslant 3 \\ 0 \leqslant x_1 \leqslant 3 \\ -1 \leqslant x_2 \leqslant 6 \end{cases}$$

解　(1) 对取值不受限制的决策变量 x_3 用 $x_4 - x_5$ 代替，其中 $x_4, x_5 \geqslant 0$.令 $x_2' = x_2 + 1$，

即 $x_2=x'_2-1$；

(2) 对第 1 个不等式约束，在"≥"不等式的左端减去一个非负的剩余变量 x_6；

(3) 对第 2～4 个不等式约束，在"≤"不等式约束的左端分别加上一个非负的剩余变量 x_7,x_8,x_9.

整理后得线性规划问题的标准型为

$$\max z=x_1-x'_2+2x_4-2x_5+1$$

$$\text{s.t.}\begin{cases}x_1-2x'_2+3x_4-3x_5-x_6=4\\2x_1+x'_2-x_4+x_5+x_7=4\\x_1+x_8=3\\x'_2+x_9=7\\x'_2\geqslant 0,x_j\geqslant 0,j=1,4,5,\cdots,9\end{cases}$$

1.1.4 线性规划的有关概念

1. 线性规划问题解的概念

可行解 满足线性规划约束条件式(1-1b)及式(1-1c)的解 $\boldsymbol{X}=[x_1\quad x_2\quad\cdots\quad x_n]^{\mathrm{T}}$ 称为线性规划问题的可行解. 所有可行解组成的集合称为**可行域**.

最优解 使线性规划目标函数达到最大值的可行解为最优解.

基 设 $\boldsymbol{A}$ 是约束方程组的 $m\times n$ 阶系数矩阵(设 $m<n$)，其秩为 m. 若 $\boldsymbol{B}$ 是矩阵 $\boldsymbol{A}$ 中 m 阶非奇异子矩阵($|\boldsymbol{B}|\neq 0$)，则称 $\boldsymbol{B}$ 是线性规划问题的一个**基**. 这就是说，矩阵 $\boldsymbol{B}$ 是由 m 个线性无关的列向量组成的，为了不失一般性，可设

$$\boldsymbol{B}=\begin{bmatrix}a_{11}&a_{12}&\cdots&a_{1m}\\a_{21}&a_{22}&\cdots&a_{2m}\\\vdots&\vdots&&\vdots\\a_{m1}&a_{m2}&\cdots&a_{mm}\end{bmatrix}=[\boldsymbol{P}_1\quad\boldsymbol{P}_2\quad\cdots\quad\boldsymbol{P}_m]$$

$\boldsymbol{B}$ 中的每一个列向量 $\boldsymbol{P}_j(j=1,2,\cdots,m)$ 称为**基向量**，与基向量 $\boldsymbol{P}_j$ 对应的决策变量 $x_j(j=1,2,\cdots,m)$ 称为**基变量**. 线性规划中除基变量以外的其他变量称为**非基变量**.

为进一步讨论线性规划问题的解，先研究线性方程组(1-2b)的求解问题. 设系数矩阵 $\boldsymbol{A}$ 的秩为 $m(m<n)$，故线性方程组(1-2b)有无穷多解. 不失一般性，不妨设方程组的前 m 个变量的系数列向量是线性无关的，于是线性方程组(1-2b)可改写为

$$\begin{bmatrix}a_{11}\\a_{21}\\\vdots\\a_{m1}\end{bmatrix}x_1+\begin{bmatrix}a_{12}\\a_{22}\\\vdots\\a_{m2}\end{bmatrix}x_2+\cdots+\begin{bmatrix}a_{1m}\\a_{2m}\\\vdots\\a_{mm}\end{bmatrix}x_m=\begin{bmatrix}b_1\\b_2\\\vdots\\b_m\end{bmatrix}-\begin{bmatrix}a_{1,m+1}\\a_{2,m+1}\\\vdots\\a_{m,m+1}\end{bmatrix}x_{m+1}-\cdots-\begin{bmatrix}a_{1n}\\a_{2n}\\\vdots\\a_{mn}\end{bmatrix}x_n \tag{1-6}$$

或

$$\sum_{j=1}^{m}\boldsymbol{P}_jx_j=\boldsymbol{b}-\sum_{j=m+1}^{n}\boldsymbol{P}_jx_j \tag{1-7}$$

线性方程组(1-6)或(1-7)的一个基是

$$B=\begin{bmatrix} a_{11} & a_{12} & \cdots & a_{1m} \\ a_{21} & a_{22} & \cdots & a_{2m} \\ \vdots & \vdots & & \vdots \\ a_{m1} & a_{m2} & \cdots & a_{mm} \end{bmatrix}=[P_1 \quad P_2 \quad \cdots \quad P_m] \tag{1-8}$$

设 $\boldsymbol{X_B}$ 是对应于基式(1-8)的基变量，即 $\boldsymbol{X_B}=[x_1 \quad x_2 \quad \cdots \quad x_m]^T$.

基解　若令式(1-6)的非基变量 $x_{m+1}=x_{m+2}=\cdots=x_n=0$，又因为有 $|\boldsymbol{B}|\neq 0$，根据克莱姆法则，由 m 个约束方程可解出 m 个基变量的唯一解 $\boldsymbol{X_B}=[x_1 \quad x_2 \quad \cdots \quad x_m]^T$，将这个解加上非基变量取 0 的值，得到式(1-6)的一个解 $\boldsymbol{X}=[x_1 \quad x_2 \quad \cdots \quad x_m \quad 0 \quad \cdots \quad 0]^T$，称 $\boldsymbol{X}$ 为线性规划的**基解**. 显然在基解中变量取非零值的个数不大于方程的个数 m，又线性规划最多有 C_n^m 个基解.

基可行解　满足变量非负约束条件式(1-2c)的基解称为基可行解. 显然，线性规划的基可行解的个数最多也只能为 C_n^m 个.

可行基　对应于基可行解的基称为可行基.

例 1-5　找出下述线性规划问题的全部基解，指出其中的基可行解，并确定最优解.

$$\max z=2x_1+3x_2+x_3$$

$$\text{s. t.}\begin{cases} x_1 \qquad\quad + x_3 \qquad\qquad = 5 \\ x_1 + 2x_2 \qquad + x_4 \qquad = 10 \\ \qquad\quad x_2 \qquad\qquad + x_5 = 4 \\ x_j \geqslant 0, j=1,2,\cdots,5 \end{cases}$$

解　该线性规划问题的全部基解，见表 1-3，注 * 者为最优解，$z^*=19$.

表　1-3

基	x_1	x_2	x_3	x_4	x_5	z	是否基可行解
$P_3 \quad P_4 \quad P_5$	0	0	5	10	4	5	是
$P_2 \quad P_3 \quad P_5$	0	5	5	0	−1	20	否
$P_2 \quad P_3 \quad P_4$	0	4	5	2	0	17	是
$P_1 \quad P_4 \quad P_5$	5	0	0	5	4	10	是
$P_1 \quad P_3 \quad P_5$	10	0	−5	0	4	15	否
$P_1 \quad P_2 \quad P_5$	5	2.5	0	0	1.5	17.5	是
$P_1 \quad P_2 \quad P_4$	5	4	0	−3	0	22	否
$P_1 \quad P_2 \quad P_3$	2	4	3	0	0	19*	是

2. 凸集与凸组合

凸集　设 $\boldsymbol{M}$ 是 n 维欧氏空间的一个点集. 若 $\boldsymbol{M}$ 中任意两点 $\boldsymbol{X}^{(1)}$，$\boldsymbol{X}^{(2)}$ 的连线上的一切点 $\alpha\boldsymbol{X}^{(1)}+(1-\alpha)\boldsymbol{X}^{(2)}(0\leqslant\alpha\leqslant 1)$ 仍在点集 $\boldsymbol{M}$ 中，则称 $\boldsymbol{M}$ 为**凸集**.

三角形、矩形和圆平面等都是二维凸集，球体、长方体和圆柱体等是三维凸集. 而圆周、圆环和空心球等都不是凸集. 从直观上讲，一个无凹、无洞的几何实体才能为凸集. 例如图 1-1 中的(a)是凸集，(b)(c)均不是凸集.

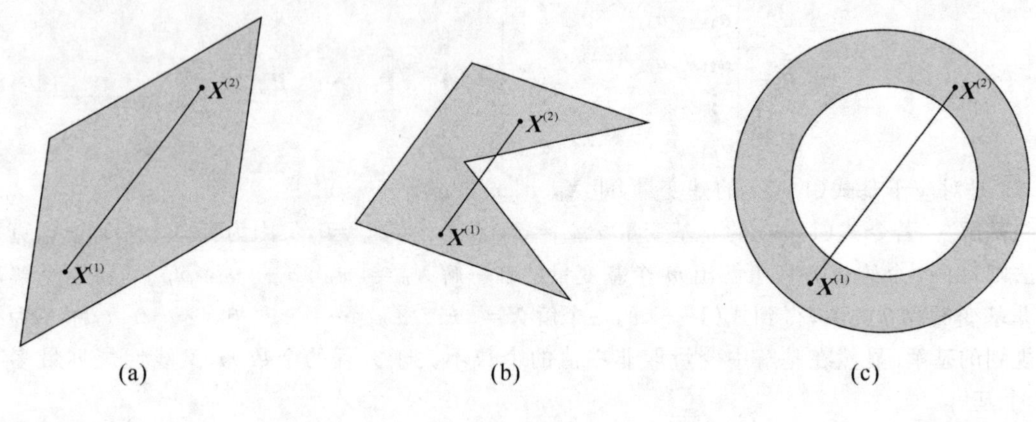

图　1-1

顶点　设 $\boldsymbol{M}$ 是凸集，$\boldsymbol{X} \in \boldsymbol{M}$；若 $\boldsymbol{X}$ 不能用 $\boldsymbol{M}$ 中两个不同点 $\boldsymbol{X}^{(1)}$，$\boldsymbol{X}^{(2)}$ 的线性组合表示为 $\boldsymbol{X} = \alpha\boldsymbol{X}^{(1)} + (1-\alpha)\boldsymbol{X}^{(2)} (0 < \alpha < 1)$，则称 $\boldsymbol{X}$ 为凸集 $\boldsymbol{M}$ 的一个**顶点**（或**极点**）.

凸组合　设 $\boldsymbol{X}^{(1)}, \boldsymbol{X}^{(2)}, \cdots, \boldsymbol{X}^{(k)}$ 是 n 维欧氏空间 $\mathbf{R}^n$ 中 k 个点，若存在常数 $\lambda_1, \lambda_2, \cdots, \lambda_k$ 且 $0 \leqslant \lambda_i \leqslant 1, (i=1,2,\cdots,k)$，$\sum\limits_{i=1}^{k}\lambda_i = 1$，使得

$$\boldsymbol{X} = \lambda_1\boldsymbol{X}^{(1)} + \lambda_2\boldsymbol{X}^{(2)} + \cdots + \lambda_k\boldsymbol{X}^{(k)} \tag{1-9}$$

则称 $\boldsymbol{X}$ 为 k 个点 $\boldsymbol{X}^{(1)}, \boldsymbol{X}^{(2)}, \cdots, \boldsymbol{X}^{(k)}$ 的**凸组合**（当 $0 < \lambda_i < 1$ 时，称为**严格凸组合**）.

3. 几个定理

定理 1-1　线性规划问题所有可行解的集合（即可行域）$\boldsymbol{S} = \{\boldsymbol{X} \mid \boldsymbol{AX} = \boldsymbol{b}, \boldsymbol{X} \geqslant \boldsymbol{0}\}$ 是凸集.

证　要证明可行域 $\boldsymbol{S}$ 为凸集，只要证明 $\boldsymbol{S}$ 中任意两点连线上的一切点均在 $\boldsymbol{S}$ 内即可.

设 $\boldsymbol{X}^{(1)}, \boldsymbol{X}^{(2)}$ 是可行域 $\boldsymbol{S}$ 内任意两点，$\boldsymbol{X}^{(1)} \neq \boldsymbol{X}^{(2)}$，由可行解的定义可知

$$\boldsymbol{AX}^{(1)} = \boldsymbol{b},\quad \boldsymbol{AX}^{(2)} = \boldsymbol{b},\quad \boldsymbol{X}^{(1)} \geqslant \boldsymbol{0},\quad \boldsymbol{X}^{(2)} \geqslant \boldsymbol{0}$$

令 $\boldsymbol{X}$ 为 $\boldsymbol{X}^{(1)}, \boldsymbol{X}^{(2)}$ 连线上的任意一点，即 $\boldsymbol{X} = \alpha\boldsymbol{X}^{(1)} + (1-\alpha)\boldsymbol{X}^{(2)}, 0 \leqslant \alpha \leqslant 1$.

因为当 $\boldsymbol{X}^{(1)} \geqslant \boldsymbol{0}, \boldsymbol{X}^{(2)} \geqslant \boldsymbol{0}, 0 \leqslant \alpha \leqslant 1$ 时，有

$$\boldsymbol{X} = \alpha\boldsymbol{X}^{(1)} + (1-\alpha)\boldsymbol{X}^{(2)} \geqslant \boldsymbol{0}$$

且有

$$\boldsymbol{AX} = \boldsymbol{A}[\alpha\boldsymbol{X}^{(1)} + (1-\alpha)\boldsymbol{X}^{(2)}] = \alpha\boldsymbol{AX}^{(1)} + (1-\alpha)\boldsymbol{AX}^{(2)} = \alpha\boldsymbol{b} + (1-\alpha)\boldsymbol{b} = \boldsymbol{b}$$

由此知，$\boldsymbol{X} = \alpha\boldsymbol{X}^{(1)} + (1-\alpha)\boldsymbol{X}^{(2)} \in \boldsymbol{S}$，$\boldsymbol{S}$ 是凸集.

引理 1-1　线性规划问题的可行解 $\boldsymbol{X} = [x_1 \quad x_2 \quad \cdots \quad x_n]^{\mathrm{T}}$ 是基可行解的充要条件是 $\boldsymbol{X}$ 的正分量所对应的系数列向量是线性无关的.

证　(1) **必要性**　由基可行解的定义可知.

(2) **充分性**　若向量 $\boldsymbol{P}_1, \boldsymbol{P}_2, \cdots, \boldsymbol{P}_k$ 线性无关，则必有 $k \leqslant m$；当 $k = m$ 时，它们恰好构成一个基，从而 $\boldsymbol{X} = [x_1 \quad x_2 \quad \cdots \quad x_m \quad 0 \quad \cdots \quad 0]^{\mathrm{T}}$ 为相应的基可行解. 当 $k < m$ 时，则一定可以从其余列向量中找出 $(m-k)$ 个与 $\boldsymbol{P}_1, \boldsymbol{P}_2, \cdots, \boldsymbol{P}_k$ 构成一个基，其对应的解恰好为 $\boldsymbol{X}$，所以根据定义，它是基可行解.

定理 1-2　线性规划问题的基可行解 $\boldsymbol{X}$ 对应于可行域 $\boldsymbol{S}$ 的顶点.

证　不失一般性，假设基可行解 $\boldsymbol{X}$ 的前 m 个分量为正，故

$$\sum_{j=1}^{m} \boldsymbol{P}_j x_j = \boldsymbol{b}$$

下面采用反证法分两步来讨论.

(1) 若 $\boldsymbol{X}$ 不是基可行解,则它一定不是可行域 $\boldsymbol{S}$ 的顶点.

根据引理 1-1,若 $\boldsymbol{X}$ 不是基可行解,则其正分量所对应的系数列向量 $\boldsymbol{P}_1,\boldsymbol{P}_2,\cdots,\boldsymbol{P}_m$ 线性相关,即存在一组不全为零的数 $\alpha_i,i=1,2,\cdots,m$,使得

$$\alpha_1\boldsymbol{P}_1+\alpha_2\boldsymbol{P}_2+\cdots+\alpha_m\boldsymbol{P}_m=\boldsymbol{0}$$

再设 μ 为一任意小的正实数,上式两端同时乘以 μ 分别与 $\sum_{j=1}^{m}\boldsymbol{P}_j x_j=\boldsymbol{b}$ 相加和相减,可得

$$\boldsymbol{P}_1(x_1+\alpha_1\mu)+\boldsymbol{P}_2(x_2+\alpha_2\mu)+\cdots+\boldsymbol{P}_m(x_m+\alpha_m\mu)=\boldsymbol{b}$$

$$\boldsymbol{P}_1(x_1-\alpha_1\mu)+\boldsymbol{P}_2(x_2-\alpha_2\mu)+\cdots+\boldsymbol{P}_m(x_m-\alpha_m\mu)=\boldsymbol{b}$$

若取

$$\boldsymbol{X}^{(1)}=[(x_1+\alpha_1\mu)\ (x_2+\alpha_2\mu)\ \cdots\ (x_m+\alpha_m\mu)\ 0\ \cdots\ 0]^{\mathrm{T}}$$

$$\boldsymbol{X}^{(2)}=[(x_1-\alpha_1\mu)\ (x_2-\alpha_2\mu)\ \cdots\ (x_m-\alpha_m\mu)\ 0\ \cdots\ 0]^{\mathrm{T}}$$

由 $\boldsymbol{X}^{(1)},\boldsymbol{X}^{(2)}$ 可以得到 $\boldsymbol{X}=0.5\boldsymbol{X}^{(1)}+0.5\boldsymbol{X}^{(2)}$,即 $\boldsymbol{X}$ 是 $\boldsymbol{X}^{(1)},\boldsymbol{X}^{(2)}$ 连线的中点.

又因为当 μ 足够小,一定能使 $x_i\pm\alpha_i\mu\geqslant 0,i=1,2,\cdots,m$. 即 $\boldsymbol{X}^{(1)},\boldsymbol{X}^{(2)}$ 是可行解. 这证明了 $\boldsymbol{X}$ 不是可行域 $\boldsymbol{S}$ 的顶点.

(2) 若 $\boldsymbol{X}$ 不是可行域 $\boldsymbol{S}$ 的顶点,则它一定不是基可行解.

因为 $\boldsymbol{X}$ 不是可行域 $\boldsymbol{S}$ 的顶点,所以在可行域 $\boldsymbol{S}$ 中可找到不同的两点:

$$\boldsymbol{X}^{(1)}=[x_1^{(1)}\ x_2^{(1)}\ \cdots\ x_n^{(1)}]^{\mathrm{T}},\quad \boldsymbol{X}^{(2)}=[x_1^{(2)}\ x_2^{(2)}\ \cdots\ x_n^{(2)}]^{\mathrm{T}}$$

使

$$\boldsymbol{X}=\alpha\boldsymbol{X}^{(1)}+(1-\alpha)\boldsymbol{X}^{(2)},\quad 0<\alpha<1$$

设 $\boldsymbol{X}$ 是基可行解,对应向量组 $\boldsymbol{P}_1,\boldsymbol{P}_2,\cdots,\boldsymbol{P}_m$ 线性无关. 当 $j>m$ 时,有 $x_j=x_j^{(1)}=x_j^{(2)}=0$,由于 $\boldsymbol{X}^{(1)},\boldsymbol{X}^{(2)}$ 是可行域的两点. 应该满足

$$\boldsymbol{P}_1x_1^{(1)}+\boldsymbol{P}_2x_2^{(1)}+\cdots+\boldsymbol{P}_mx_m^{(1)}=\boldsymbol{b}\quad 与\quad \boldsymbol{P}_1x_1^{(2)}+\boldsymbol{P}_2x_2^{(2)}+\cdots+\boldsymbol{P}_mx_m^{(2)}=\boldsymbol{b}$$

将这两式相减,得

$$\boldsymbol{P}_1(x_1^{(1)}-x_1^{(2)})+\boldsymbol{P}_2(x_2^{(1)}-x_2^{(2)})+\cdots+\boldsymbol{P}_m(x_m^{(1)}-x_m^{(2)})=\boldsymbol{0}$$

因为 $\boldsymbol{X}^{(1)}\neq\boldsymbol{X}^{(2)}$,所以上式中 $(x_j^{(1)}-x_j^{(2)})$ 不全为 0,故 $\boldsymbol{P}_1,\boldsymbol{P}_2,\cdots,\boldsymbol{P}_m$ 线性相关,这与假设矛盾,即 $\boldsymbol{X}$ 不是基可行解.

引理 1-2　若 $\boldsymbol{M}$ 是有界凸集,则任何一点 $\boldsymbol{X}\in\boldsymbol{M}$ 可表示为 $\boldsymbol{M}$ 顶点的凸组合.

定理 1-3　若可行域有界,线性规划问题的目标函数一定可在其可行域顶点达到最优.

证　设 $\boldsymbol{X}^{(1)},\boldsymbol{X}^{(2)},\cdots,\boldsymbol{X}^{(k)}$ 是可行域 $\boldsymbol{S}$ 的顶点. 若 $\boldsymbol{X}^{(0)}$ 是 $\boldsymbol{S}$ 中的一点,但不是顶点,且目标函数在 $X^{(0)}$ 处达到最优 $z^*=\max z=\boldsymbol{CX}^{(0)}$.

因为 $\boldsymbol{X}^{(0)}$ 不是顶点,所以它可以用 $\boldsymbol{S}$ 的顶点线性表示为

$$\boldsymbol{X}^{(0)}=\sum_{i=1}^{k}\alpha_i\boldsymbol{X}^{(i)},\alpha_i>0,\sum_{i=1}^{k}\alpha_i=1$$

因此

$$\boldsymbol{CX}^{(0)}=\boldsymbol{C}\sum_{i=1}^{k}\alpha_i\boldsymbol{X}^{(i)}=\sum_{i=1}^{k}\alpha_i\boldsymbol{CX}^{(i)}$$

在所有的顶点中一定可以找到一个顶点 $\boldsymbol{X}^{(i_0)}$，使得 $\boldsymbol{CX}^{(i_0)}$ 是所有 $\boldsymbol{CX}^{(i)}$ 中最大者. 将 $\boldsymbol{X}^{(i_0)}$ 代替上式中的所有 $\boldsymbol{X}^{(i)}$，可得

$$\sum_{i=1}^{k}\alpha_i\boldsymbol{CX}^{(i)} \leqslant \sum_{i=1}^{k}\alpha_i\boldsymbol{CX}^{(i_0)} = \boldsymbol{CX}^{(i_0)}$$

由此得到

$$\boldsymbol{CX}^{(0)} \leqslant \boldsymbol{CX}^{(i_0)}$$

根据假设 $\boldsymbol{CX}^{(0)}$ 是最大值，故只能有 $\boldsymbol{CX}^{(0)} = \boldsymbol{CX}^{(i_0)}$，即目标函数在顶点 $\boldsymbol{X}^{(i_0)}$ 处也达到最大值.

有时目标函数可能在多个顶点处达到最大值. 这时在这些顶点的凸组合上也达到最大值. 称这种线性规划问题**有无穷多个最优解**. 另外，若可行域无界，则可能没有最优解，也可能有最优解. 如果有最优解也一定可在某个顶点上达到.

综合所述，可得如下**重要结论**：

线性规划问题所有可行解构成的集合是凸集，也可能为无界域，它们有有限个顶点，线性规划问题的每个基可行解对应可行域的一个顶点；若线性规划问题有最优解，则必定在某个顶点上得到.

1.2 线性规划的图解法

对模型中有 2 个(不超过 3 个) 变量的线性规划问题，可以通过在平面(空间) 上作图的方法求解. 一个线性规划问题满足约束条件的解为可行解，全部可行解的集合为可行域，可行域中使目标函数值达到最优的可行解称为最优解. 对不存在可行解的线性规划问题，称该问题无解. 图解法求解的目的，一是判别线性规划问题是否存在最优解，二是在存在最优解的条件下，把问题的最优解找出来.

1.2.1 图解法的步骤

图解法是采用直角坐标系及其基本原理设计出的一种求解方法，其步骤如下：

(1) 在平面(空间) 坐标系中，给出各约束条件的图形，并确定出可行域.

(2) 画出目标函数直线(平面) 束中穿过可行域的任一条直线(平面)，并将该直线(平面) 沿目标函数取优(大或小) 的方向平行移动，当直线(平面) 离开可行域时，最后接触的可行域顶点(极点) 为最优值点.

(3) 将最优值点代入目标函数，求出线性规划问题的最优解. 现举例说明.

例 1-6 用图解法求解线性规划问题例 1-1.

解 线性规划例 1-1 中仅有 2 个决策变量，故只需建立平面直角坐标系即可进行图解法求解.

(1) 建立平面直角坐标系，运用约束条件确定可行域.

建立平面直角坐标系 Ox_1x_2，标出坐标原点、坐标方向和单位长度. x_1 轴表示横轴，x_2 轴表示纵轴.

决策变量的非负条件确定可行域在第 1 象限内；每个约束不等式在平面直角坐标系中表示一个半平面，相应约束等式表示该半平面的边界，结合特殊点值就可确定是哪个半平面，综合可得问题的可行域.

第 1 个约束条件不等式 $3x_1+3x_2\leqslant 15$，表示边界直线 $x_1+x_2=5$（过点(5,0)和(0,5)连线）的左下区域；第 2 个约束条件不等式 $5x_1\leqslant 20$，表示边界直线 $x_1=4$（过点 D(4,0) 垂直于 x_1 轴）的左侧区域. 交第 1 个约束边界直线于点 C(4,1)；第 3 个约束条件不等式 $4x_2\leqslant 12$，表示边界直线 $x_2=3$（过点 A(0,3) 垂直于 x_2 轴）的下侧区域. 交第 1 个约束边界直线于点 B(2,3). 区域 OABCD 为线性规划问题例 1-1 的可行域（见图 1-2 中阴影部分）.

（2）画出目标函数等值线，结合目标函数目标求出最优解. 令 $z=3x_1+2x_2=c$，其中 c 为任意常数（图 1-2 中虚线部分）为目标函数等值线，等值线穿过可行域，并沿梯度 $[3\quad 2]^T$ 方向（图 1-2 中箭头方向）移动，当目标函数等值线离开可行域时，最后接触的可行域顶（极）点 C(4,1) 为唯一的最优值点.

（3）求出线性规划问题的最优解.

线性规划问题有唯一的最优解为：当 $x_1^*=4$，$x_2^*=1$ 时，目标函数最大值为 $z^*=14$.

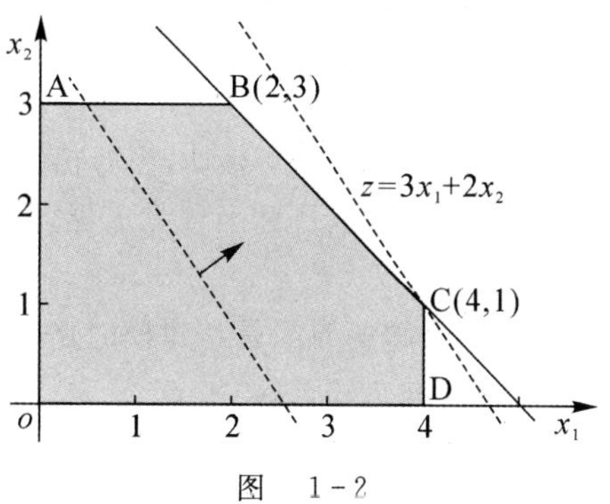

图　1-2

1.2.2　线性规划问题解的分类

1. 唯一最优解

例 1-6 用图解法得到的最优解是唯一的. 但对线性规划问题求解还可能出现下列情况.

2. 无穷多最优解

例 1-7　将例 1-1 中的目标函数用 $z=2x_1+2x_2$ 替换后，用图解法求解.

解　由约束条件得可行域 OABCD（图 1-3 中阴影）是凸多边形.

目标函数等值线 $z=2x_1+2x_2=c$（图 1-3 中虚线部分）穿过可行域，并沿梯度 $[2\quad 2]^T$ 方向（见图 1-3 中箭头方向）移动，当目标函数等值线离开可行域时，最后接触的可行域顶点 B(2,3)，C(4,1) 及其所在边界直线 BC 上的点为最优值点. 因此，线性规划问题有无穷多个最优解.

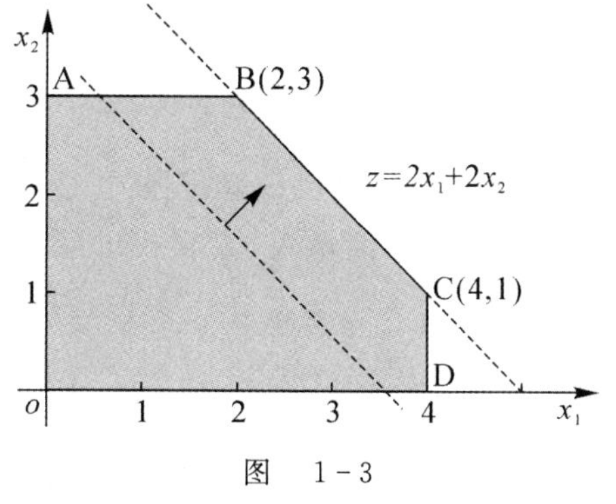

图　1-3

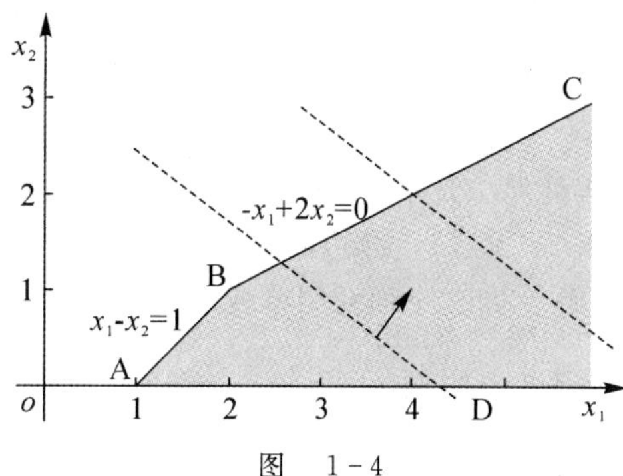

图　1-4

3. 无界解

例 1-8　用图解法求解线性规划问题：

$$\max z=3x_1+4x_2$$
$$\text{s.t.}\begin{cases}x_1-x_2\geqslant 1\\-x_1+2x_2\leqslant 0\\x_1,x_2\geqslant 0\end{cases}\tag{1-10}$$

解 由约束条件得可行域DABC(图1-4中阴影)是无界凸多边形,因而可行解集也是无界集合.

目标函数等值线$z=3x_1+4x_2=c$(图1-4中虚线部分)穿过可行域,并沿梯度$[3\quad 4]^T$方向(图1-4中箭头方向)移动,当等值线无限远离原点时,都可以与可行域DABC相交,但无最后相触的顶点,所以目标函数无上界,因此该线性规划问题无有限最优解,也称线性规划问题是**无界解**.

产生无界解的原因是在建模时遗漏了某些必要的资源约束条件.

4. 无解(或无可行解)

例1-9 用图解法求解线性规划问题:

$$\min z=x_1+x_2$$
$$\text{s.t.}\begin{cases}-x_1+x_2\geqslant 1\\x_1+x_2\leqslant -2\\x_1,x_2\geqslant 0\end{cases}\tag{1-11}$$

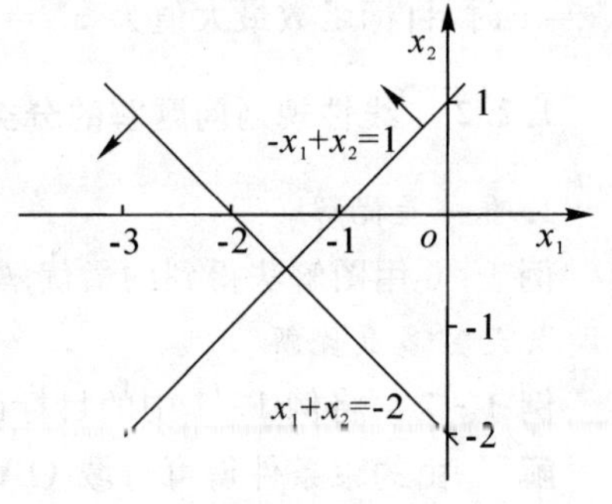

图 1-5

解 由约束条件及图1-5可知,同时满足4个不等式的点不存在,故该线性规划无可行解,显然也无最优解.

产生无可行解的原因是建模时约束条件之间存在矛盾.

从图解法中直观得到,当线性规划问题的可行域非空时,它是有界或无界凸多边形.若线性规划问题存在最优解,它一定在有界可行域的某个顶点得到;若在两个顶点同时得到最优解,则它们连线上的任意一点都是最优解点,即有无穷多最优解.

1.3 线性规划的单纯形法

单纯形法是求解一般线性规划问题的基本方法,首先是找出一个基可行解,判断其是否为最优解(或无解),否则,转换到相邻的基可行解,并使目标函数值不断增大,直到找出最优解(或无解)为止.下面介绍单纯形法的理论依据.

1.3.1 举例

单纯形法的基本思路就是顶点的逐步转移,即从可行域的一个顶点(基可行解)开始,转移到另一个顶点(另一个基可行解)的迭代过程,转移的条件是使目标函数值得到改善(逐步变优),当目标函数达到最优值时,问题也就得到了最优解.

例1-10 以例1-1来分析如何用单纯形法求解.例1-1的标准型为

$$\max\ z = 3x_1 + 2x_2 + 0x_3 + 0x_4 + 0x_5 \tag{1-12a}$$

$$\text{s.t.}\begin{cases} 3x_1 + 3x_2 + x_3 = 15 \\ 5x_1 + x_4 = 20 \\ 4x_2 + x_5 = 12 \\ x_j \geqslant 0, j = 1,2,\cdots,5 \end{cases} \quad \begin{matrix} (1-12b) \\ \\ \\ (1-12c) \end{matrix}$$

约束方程的系数矩阵为

$$\boldsymbol{A} = [\boldsymbol{P}_1 \quad \boldsymbol{P}_2 \quad \boldsymbol{P}_3 \quad \boldsymbol{P}_4 \quad \boldsymbol{P}_5] = \begin{bmatrix} 3 & 3 & 1 & 0 & 0 \\ 5 & 0 & 0 & 1 & 0 \\ 0 & 4 & 0 & 0 & 1 \end{bmatrix}$$

从约束方程中可以看到 x_3, x_4, x_5 的系数列向量为

$$\boldsymbol{P}_3 = \begin{bmatrix} 1 \\ 0 \\ 0 \end{bmatrix}, \quad \boldsymbol{P}_4 = \begin{bmatrix} 0 \\ 1 \\ 0 \end{bmatrix}, \quad \boldsymbol{P}_5 = \begin{bmatrix} 0 \\ 0 \\ 1 \end{bmatrix}$$

是线性无关的,这些向量构成一个基,有

$$\boldsymbol{B} = [\boldsymbol{P}_3 \quad \boldsymbol{P}_4 \quad \boldsymbol{P}_5] = \begin{bmatrix} 1 & 0 & 0 \\ 0 & 1 & 0 \\ 0 & 0 & 1 \end{bmatrix}$$

对应基 $\boldsymbol{B}$ 的变量 x_3, x_4, x_5 为基变量,由约束方程式(1-12b),可得

$$\begin{cases} x_3 = 15 - 3x_1 - 3x_2 \\ x_4 = 20 - 5x_1 \\ x_5 = 12 \qquad - 4x_2 \end{cases} \tag{1-12d}$$

将式(1-12d) 代入目标函数式(1-12a) 得到

$$z = 0 + 3x_1 + 2x_2 \tag{1-12e}$$

当令非基变量 $x_1 = x_2 = 0$,有 $z = 0$. 得到一个基可行解 $\boldsymbol{X}^{(0)} = [0 \quad 0 \quad 15 \quad 20 \quad 12]^{\mathrm{T}}$, $z_0 = 0$.

此基可行解表示:工厂没有安排生产产品 A,B,资源都没有被利用,所以工厂利润为零.

由目标函数的表达式(1-12e) 可以看到,非基变量 x_1, x_2(即没有安排生产产品 A,B) 的系数都是正数,因此将非基变量变换为基变量,目标函数的值就可能增大. 从经济意义上讲,安排生产产品 A 或 B,就可以使工厂的利润增加. 所以只要在目标函数的表达式中还存在有正系数的非基变量,这表示目标函数还有增加的可能,就需要将非基变量与基变量进行对换. 一般选择正系数最大的那个非基变量为换入变量,将它换入到基变量中去,同时还要确定基变量中的一个要换出成为非基变量,可按以下方法来确定换出变量.

现分析式(1-12d),将 x_1 定为换入变量后,必须从 x_3, x_4, x_5 中确定一个换出变量,并保证其余变量均非负. 由式(1-12d) 的可行性,得

$$\begin{cases} x_3 = 15 - 3x_1 - 3x_2 \geqslant 0 \\ x_4 = 20 - 5x_1 \qquad \geqslant 0 \\ x_5 = 12 \qquad - 4x_2 \geqslant 0 \end{cases}$$

由上式可知,当非基变量 $x_2 = 0$,只有选择 $x_1 = \min\{15/3, 20/5, -\} = 20/5 = 4$ 时才成立,因为当 $x_1 = 4$ 时,基变量 $x_4 = 0$,这就决定用 x_1 去替换 x_4. 说明每生产一件产品 A,需要用掉各种资源数为 $[3 \ 5 \ 0]^{\mathrm{T}}$,由这些资源中的薄弱环节,确定了产品 A 的产量,即 $x_1 = 4$.

为了求得以 x_3,x_1,x_5 为基变量的一个基可行解和进一步分析问题，需将式(1-12d)中用 x_1 的位置去对换 x_4 的位置，得到

$$\begin{cases}x_3+3x_1=15-3x_2 \\ \quad\quad 5x_1=20 \quad -x_4 \\ x_5 \quad\quad =12-4x_2\end{cases} \Rightarrow \text{高斯消元法} \Rightarrow \begin{cases}x_3=3-3x_2+3/5\cdot x_4 \\ x_1=4 \quad\quad -1/5\cdot x_4 \\ x_5=12-4x_2\end{cases}$$

再将上式代入目标函数得

$$z=12+2x_2-3/5\cdot x_4$$

令非基变量 $x_2=x_4=0$，有 $z=12$，并得到另一个基可行解

$$\boldsymbol{X}^{(1)}=[4\quad 0\quad 3\quad 0\quad 12]^{\mathrm{T}},\quad z_1=12$$

由目标函数表达式可知，非基变量 x_2 的系数是正的，说明目标函数值还可以增大，$\boldsymbol{X}^{(1)}$ 不一定是最优解，于是再用上述方法确定换入变量 x_2 和换出变量 x_3，继续迭代，得到另一个基可行解 $\boldsymbol{X}^{(2)}=[4\quad 1\quad 0\quad 0\quad 8]^{\mathrm{T}}$，$z_2=14$. 而这时得到目标函数表达式为

$$z=14-2/3\cdot x_3-1/5\cdot x_4$$

由上式可见，所有非基变量的系数都是负的，说明要用剩余资源 x_3,x_4，就必须支出附加费用. 当 $x_3=x_4=0$ 时，即不再利用这些资源时，目标函数达到最大值，最优解为 $x_1^*=4$，$x_2^*=1$，获得 $z^*=\max z=14$. 即产品 A 生产 4 件，产品 B 生产 1 件，工厂获得最大利润 14 元.

原例 1-1 的线性规划问题(含变量 x_1,x_2)是二维的，加入松弛变量 x_3,x_4,x_5 后变换为高维的，可以想象，满足所有约束条件的可行域是高维空间的凸多面体. 凸多面体的顶点就是基可行解. 初始基可行解点 $\boldsymbol{X}^{(0)}=[0\quad 0\quad 15\quad 20\quad 12]^{\mathrm{T}}$ 相当于图 1-2 中的原点 $O(0,0)$，$\boldsymbol{X}^{(1)}=[4\quad 0\quad 3\quad 0\quad 12]^{\mathrm{T}}$ 相当于图 1-2 中的 D(4,0) 点，最优值点 $\boldsymbol{X}^{(2)}=[4\quad 1\quad 0\quad 0\quad 8]^{\mathrm{T}}$ 相当于图 1-2 中的 C(4,1) 点. 从初始基可行解点 $\boldsymbol{X}^{(0)}$ 开始迭代，依次得到点 $\boldsymbol{X}^{(1)}$，$\boldsymbol{X}^{(2)}$. 相当于图 1-2 中目标函数平移时，从原点开始，遇到 D 点，最后达到最优值点 C.

下面讨论一般线性规划问题的求解.

1.3.2 确定初始基可行解

如果线性规划问题存在最优解，一定在某个基可行解处取得. 为了确定初始基可行解，首先要找出初始可行基，具体方法如下.

(1) 若线性规划问题为

$$\max z=\sum_{j=1}^{n}c_jx_j$$

$$\text{s. t.}\begin{cases}\sum_{j=1}^{n}a_{ij}x_j=b_i, & i=1,2,\cdots,m \\ x_j\geqslant 0, & j=1,2,\cdots,n\end{cases} \tag{1-13}$$

在模型式(1-13)的系数列向量 $\boldsymbol{P}_j(j=1,2,\cdots,n)$ 中一般能直接观察到存在一个初始可行基：

$$\boldsymbol{B}=[\boldsymbol{P}_1\quad \boldsymbol{P}_2\quad \cdots\quad \boldsymbol{P}_m]=\begin{bmatrix}1 & 0 & \cdots & 0 \\ 0 & 1 & \cdots & 0 \\ \vdots & \vdots & & \vdots \\ 0 & 0 & \cdots & 1\end{bmatrix}$$

(2) 若线性规划问题的约束条件全部为“$\leqslant$”形式的不等式，利用化为标准型的方法，在每个约束条件的左端加上一个松弛变量. 经过整理并重新对 $x_i(i=1,2,\cdots,m)$，和 $a_{ij}(i=1,2,\cdots,m;j=1,2,\cdots,n)$ 编号，可得方程组：

$$\begin{cases} x_i = b_i - \sum\limits_{j=m+1}^{n} a_{ij}x_j & i=1,2,\cdots,m \\ x_j \geqslant 0 & j=1,2,\cdots,n \end{cases} \tag{1-14}$$

由于这个系数矩阵中含有一个单位矩阵$[\boldsymbol{P}_1 \quad \boldsymbol{P}_2 \quad \cdots \quad \boldsymbol{P}_m]$，以这个单位矩阵为基，可以解出基变量值 $x_i=b_i(i=1,2,\cdots,m)$，因为 $b_i \geqslant 0$，所以 $\boldsymbol{X}=[b_1 \quad \cdots \quad b_m \quad 0 \quad \cdots \quad 0]^{\mathrm{T}}$ 就是一个基可行解.

(3) 若线性规划问题的约束条件含有“$\geqslant$”或“$=$”形式的不等式时，化为标准型后，一般约束条件的系数矩阵中不含单位矩阵. 这时为方便找出一个初始可行解，可添加人工变量来人为构造一个单位矩阵作为基，称为**人工基**. 这种方法将在本章第 5 节中讨论.

1.3.3　最优性检验与解的判别

线性规划问题的求解结果可能出现唯一最优解、无穷多最优解、无界解和无可行解 4 种情况，所以需要建立解的判别准则. 一般情况下，经过迭代后式(1-14) 变成

$$x_i = b'_i - \sum_{j=m+1}^{n} a'_{ij}x_j, \quad i=1,2,\cdots,m \tag{1-15}$$

将式(1-15) 代入模型(1-13) 中的目标函数，整理后得

$$z = \sum_{i=1}^{m} c_i b'_i + \sum_{j=m+1}^{n} (c_j - \sum_{i=1}^{m} c_i a'_{ij}) x_j \tag{1-16}$$

令

$$z_0 = \sum_{i=1}^{m} c_i b'_i, z_j = \sum_{i=1}^{m} c_i a'_{ij}, \quad j=m+1,m+2,\cdots,n \tag{1-17}$$

于是

$$z = z_0 + \sum_{j=m+1}^{n} (c_j - z_j) x_j$$

再令

$$\sigma_j = c_j - z_j, \quad j=m+1,m+2,\cdots,n$$

则

$$z = z_0 + \sum_{j=m+1}^{n} \sigma_j x_j \tag{1-18}$$

1. 最优解的判别定理

若 $\boldsymbol{X}^{(0)} = [b'_1 \quad b'_2 \quad \cdots \quad b'_m \quad 0 \quad \cdots \quad 0]^{\mathrm{T}}$ 为对应基 $\boldsymbol{B}$ 的一个基可行解，且 $\sigma_j \leqslant 0(j=m+1,m+2,\cdots,n)$，则 $\boldsymbol{X}^{(0)}$ 为最优解，称 σ_j 为**检验数**.

(1) 若 $\sigma_j < 0(j=m+1,m+2,\cdots,n)$，则 $\boldsymbol{X}^{(0)}$ 为唯一最优解；

(2) 若存在某个非基变量检验数 $\sigma_{m+k}=0$，则存在无穷多最优解.

证　(1) $\sigma_j < 0$ 显然有唯一最优解.

(2) $\sigma_j \leqslant 0(j=m+1,m+2,\cdots,n)$，设最优值为 z_0，则将非基变量 $\boldsymbol{x}_{m+k}$ 作为换入变量，经换基迭代，得到一个新的基可行解点 $\boldsymbol{X}^{(1)}$. 因 $\sigma_{m+k}=0$，由检验数行不变知 $z=z_0$，故 $\boldsymbol{X}^{(1)}$ 也是最

优解点,则后面的讨论可知两点连线上的所有点都是最优解点.

2. 无界解判断定理

若 $\boldsymbol{X}^{(0)}=[b'_1 \quad b'_2 \quad \cdots \quad b'_m \quad 0 \quad \cdots \quad 0]^{\mathrm{T}}$ 为一基可行解点,有一个 $\sigma_{m+k}>0$. 且所有的 $a'_{i,m+k}\leqslant 0(i=1,2,\cdots,m)$,那么该线性规划问题具有**无界解**(或称**无有限最优解**).

证 构造一个新的基可行解点 $\boldsymbol{X}^{(1)}$,它的分量为

$$x_i^{(1)}=b'_i-\lambda a'_{i,m+k}(\lambda>0),\quad i=1,2,\cdots,m$$

$$x_{m+k}^{(1)}=\lambda$$

$$x_j^{(1)}=0,j=m+1,m+2,\cdots,n,\text{且 } j\neq m+k$$

因为 $a'_{i,m+k}\leqslant 0$,所以对任意的 $\lambda>0$ 都是可行解,把 $\boldsymbol{X}^{(1)}$ 代入目标函数得

$$z=z_0+\lambda\sigma_{m+k}$$

因 $\sigma_{m+k}>0$,故当 $\lambda\to+\infty$,则 $z\to+\infty$,故该问题目标函数无界.

以上讨论针对标准型即求目标函数极大化时的情形. 当求目标函数极小化时,可转化为标准型处理. 如果不化为标准型,只需将上述最优解判别定理中的 $\sigma_j\leqslant 0$ 改为 $\sigma_j\geqslant 0$,无界解判别定理中的 $\sigma_{m+k}>0$ 改为 $\sigma_{m+k}<0$ 即可.

1.3.4 换基迭代

如果初始基可行解不是最优解及不能判别无界时,需要找一个新的基可行解. 具体做法是从原可行基中换一个列向量,得到一个新的可行基,称为**基变换**. 为了换基,先要确定换入变量,再确定换出变量,让它们相应的系数向量进行对换,就得到一个新的基可行解.

1. 换入变量的确定

由式(1-18)可以看到,当某些 $\sigma_j>0$ 时,x_j 增加则目标函数值还可以增大,这时需要将某个非基变量 x_j 换到基变量中去(称为换入变量). 若有两个以上的 $\sigma_j>0$,为了使目标函数值增加得快,一般选 $\sigma_j>0$ 中的较大者,即

$$\max_j(\sigma_j>0)=\sigma_k$$

则对应的 x_k 为**换入变量**.

2. 换出变量的确定

设初始基可行解点为 $\boldsymbol{X}^{(0)}=[x_1^{(0)} \quad x_2^{(0)} \quad \cdots \quad x_n^{(0)}]^{\mathrm{T}}$,其中非零分量有 m 个,不失一般性,假定前 m 个分量为非零,即 $\boldsymbol{X}^{(0)}=[x_1^{(0)} \quad x_2^{(0)} \quad \cdots \quad x_m^{(0)} \quad 0 \quad \cdots \quad 0]^{\mathrm{T}}$,因为 $\boldsymbol{X}^{(0)}$ 是基可行解点,所以有

$$\sum_{i=1}^{m}\boldsymbol{P}_i x_i^{(0)}=\boldsymbol{b} \tag{1-19}$$

$[\boldsymbol{P}_1 \quad \boldsymbol{P}_2 \quad \cdots \quad \boldsymbol{P}_m]$ 是一个基,其他向量 $\boldsymbol{P}_j(j=m+1,m+2,\cdots,n)$ 可以用这个基的线性组合来表示,若确定非基变量 $\boldsymbol{P}_{m+t}$ 为换入变量,必然可以找到一组不全为零的数 $\beta_{i,m+t}$,$i=1,2,\cdots,m$,使得

$$\boldsymbol{P}_{m+t}=\sum_{i=1}^{m}\beta_{i,m+t}\boldsymbol{P}_i$$

或

$$\boldsymbol{P}_{m+t}-\sum_{i=1}^{m}\beta_{i,m+t}\boldsymbol{P}_i=\boldsymbol{0} \tag{1-20}$$

给式(1-20)两边同乘一个正数 θ,并将它加到式(1-19)上,得

$$\sum_{i=1}^{m}(x_i^{(0)}-\theta\beta_{i,m+t})\boldsymbol{P}_i+\theta\boldsymbol{P}_{m+t}=\boldsymbol{b} \tag{1-21}$$

当 θ 取适当值时，就能得到满足约束条件的一个可行解（非零分量的数目不大于 m 个），就应当使 $(x_i^{(0)}-\theta\beta_{i,m+t})(i=1,2,\cdots,m)$ 中的某一个为零，并保证其余的分量为非负. 这可以通过比较各比值 $\dfrac{x_i^{(0)}}{\beta_{i,m+t}}(i=1,2,\cdots,m)$ 来达到. 同时因为 θ 必须是正数，所以只能选择 $\dfrac{x_i^{(0)}}{\beta_{i,m+t}}>0(i=1,2,\cdots,m)$ 中比值最小的等于 θ，即

$$\theta=\min_i\left\{\frac{x_i^{(0)}}{\beta_{i,m+t}}\,\middle|\,\beta_{i,m+t}>0\right\}=\frac{x_l^{(0)}}{\beta_{l,m+t}}$$

这时 x_l 为**换出变量**. 按最小比值确定 θ 值，称为**最小比值规则**. 将 $\theta=\dfrac{x_l^0}{\beta_{l,m+t}}$ 代入公式中，就可得到新的基可行解.

由 $\boldsymbol{X}^{(0)}$ 转换到 $\boldsymbol{X}^{(1)}$ 的各分量的转换公式为

$$x_i^{(1)}=\begin{cases}x_i^{(0)}-\dfrac{x_l^{(0)}}{\beta_{l,m+t}}\beta_{i,m+t}, & i\neq l\\[2ex] \dfrac{x_l^{(0)}}{\beta_{l,m+t}}, & i=l\end{cases} \tag{1-22}$$

这里 $x_i^{(0)}$ 是原基可行解 $\boldsymbol{X}^{(0)}$ 的各分量；$x_i^{(1)}$ 是新基可行解 $\boldsymbol{X}^{(1)}$ 的各分量；$\beta_{i,m+t}$ 是换入向量 $\boldsymbol{P}_{m+t}$ 对应原来一组基向量的坐标. 问题是新解 $\boldsymbol{X}^{(1)}$ 的 m 个非零向量对应的列向量是否线性无关？事实上，因 $\boldsymbol{X}^{(0)}$ 的第 l 个分量对应的 $\boldsymbol{X}^{(1)}$ 相应分量为零，即

$$x_l^{(0)}-\theta\beta_{l,m+t}=0$$

其中 $x_l^{(0)}$，θ 均不为零，根据 θ 的最小比值规则，$\beta_{l,m+t}\neq 0$. $\boldsymbol{X}^{(1)}$ 中 m 个非零分量对应的 m 个列向量是 $\boldsymbol{P}_j(j=1,2,\cdots,m,j\neq l)$ 和 $\boldsymbol{P}_{m+t}$. 若这组向量是线性相关的，则一定可以找到不全为零的数 α_j，使

$$\boldsymbol{P}_{m+t}=\sum_{j=1}^{m}\alpha_j\boldsymbol{P}_j,\quad j\neq l$$

成立. 又因有式(1-20)，用式(1-20)减上式得

$$\sum_{\substack{j=1\\j\neq l}}^{m}(\beta_{j,m+t}-\alpha_j)\boldsymbol{P}_j+\beta_{l,m+t}\boldsymbol{P}_l=\boldsymbol{0}$$

由于上式至少有 $\beta_{l,m+t}\neq 0$，所以上式表明 $\boldsymbol{P}_1,\boldsymbol{P}_2,\cdots,\boldsymbol{P}_m$ 是线性相关的，这与假设矛盾.

故 $\boldsymbol{X}^{(1)}$ 中的 m 个非零分量对应的列向量是 $\boldsymbol{P}_j(j=1,2,\cdots,m,j\neq l)$ 与 $\boldsymbol{P}_{m+t}$ 是线性无关的，即经过基变换得到的解是基可行解. 基变换就是从一个基可行解到另一个基可行解的变换，其几何意义就是从可行域的一个顶点转向另一个顶点（见 1.2 线性规划的图解法）.

1.4　单纯形法的计算步骤

根据以上讨论的结果，将求解线性规划问题的单纯形法的**计算步骤**归纳如下.

(1) 求初始基可行解，列出初始单纯形表.

对非标准形式的线性规划问题首先要化成标准型，由于总可以设法使约束方程的系数矩阵中包含一个单位矩阵，设这个单位矩阵为 $[\boldsymbol{P}_1\quad\boldsymbol{P}_2\quad\cdots\quad\boldsymbol{P}_m]$，以此作为基可求出问题的一

个初始基可行解 $\boldsymbol{X}=[b_1 \quad b_1 \quad \cdots \quad b_m \quad 0 \quad \cdots \quad 0]^{\mathrm{T}}$.

为了计算上的方便和规范化，对单纯形法的计算设计了一种专门表格，称为**单纯形表**（见表 1-4）. 迭代计算中每找出一个新的基可行解，就构造一个新单纯形表. 含初始基可行解的单纯形表称为**初始单纯形表**，含最优解的单纯形表称为**最终单纯形表**.

单纯形表结构为：表的第 2,3 列列出基可行解中的基变量及其取值，在第 2 行列出问题中的所有变量. 在基变量下面各列数字分别是对应的基向量，表 1-4 中变量 $x_1, x_2, \cdots, x_m$ 下面各列组成的单位矩阵就是初始基可行解对应的基.

每个非基变量 x_j 下面的数字，是该变量在约束方程的系数向量 $\boldsymbol{P}_j$，表达为基向量线性组合时的系数. 因为 $\boldsymbol{P}_1, \boldsymbol{P}_2, \cdots, \boldsymbol{P}_m$ 都是单位向量，则有

$$\boldsymbol{P}_j = a_{1j}\boldsymbol{P}_1 + a_{2j}\boldsymbol{P}_2 + \cdots + a_{mj}\boldsymbol{P}_m \tag{1-23}$$

因此初始单纯形表中 x_j 下面这一列数字就是 $\boldsymbol{P}_j$ 中各元素的值.

表 1-4

$c_j \to$			c_1	$\cdots$	c_m	$\cdots$	c_j	$\cdots$	c_n	θ_i
$\boldsymbol{C}_B$	$\boldsymbol{X}_B$	$\boldsymbol{b}$	x_1	$\cdots$	x_m	$\cdots$	x_j	$\cdots$	x_n	
c_1	x_1	b_1	1	$\cdots$	0	$\cdots$	a_{1j}	$\cdots$	a_{1n}	θ_1
c_2	x_2	b_2	0	$\cdots$	0	$\cdots$	a_{2j}	$\cdots$	a_{2n}	θ_2
$\vdots$	$\vdots$	$\vdots$	$\vdots$		$\vdots$		$\vdots$		$\vdots$	$\vdots$
c_m	x_m	b_m	0	$\cdots$	1	$\cdots$	a_{mj}	$\cdots$	a_{mn}	θ_m
$c_j - z_j$		$-z$	0	$\cdots$	0	$\cdots$	$c_j - \sum_{i=1}^{m} c_i a_{ij}$	$\cdots$	$c_n - \sum_{i=1}^{m} c_i a_{in}$	

表 1-4 最上面一行的数字是各变量在目标函数中的价值系数值，最左端一列数字是与各基变量对应的目标函数中的价值系数值，最右端一列数字是在确定换入变量后，按 θ 规则计算后填入. 最后一行称为**检验数行**，对应各非基变量 x_j 检验数等于它下面这一列数字与 $\boldsymbol{C_B}$ 中同行的数字分别相乘，再用它上端的 c_j 值减去上述乘积之和. 即

$$\sigma_j = c_j - (c_1 a_{1j} + c_2 a_{2j} + \cdots + c_m a_{mj}) = c_j - \sum_{i=1}^{m} c_i a_{ij} \tag{1-24}$$

$\boldsymbol{b}$ 列最下面一行为目标函数值的相反数.

（2）进行最优性检验. 如果表中所有检验数 $\sigma_j \leqslant 0$，则表中的基可行解就是问题的最优解，或存在 $\sigma_j > 0$，但其对应的所有 $a_{ij} \leqslant 0 (i = 1, 2, \cdots, m)$，此时无最优解. 计算结束，否则转入(3).

（3）进行基变换，列出新的单纯形表.

1）确定换入变量. 只要有检验数 $\sigma_j > 0$，对应的变量就可以作为换入变量，当有 2 个及以上检验数大于零时，一般从中找出最大一个 σ_k，即

$$\sigma_k = \max_j \{\sigma_j \mid \sigma_j > 0\}$$

则对应的 x_k 为换入变量.

2）确定换出变量. 根据上一节中确定 θ 的规则计算，有

$$\theta = \min_i \left\{ \frac{b_i}{a_{ik}} \middle| a_{ik} > 0 \right\} = \frac{b_l}{a_{lk}}$$

确定 x_l 为换出变量. 技术系数 a_{lk} 决定了从一个基可行解到另一个基可行解的转移方向，称为

主元素.

3）以 a_{lk} 为主元素(用高斯消去法）进行(旋转）迭代，把 x_k 所对应的列向量作如下变换

$$\boldsymbol{P}_k=\begin{bmatrix}a_{1k}\\a_{2k}\\\vdots\\a_{lk}\\\vdots\\a_{mk}\end{bmatrix}\Rightarrow\begin{bmatrix}0\\0\\\vdots\\1\\\vdots\\0\end{bmatrix}\leftarrow \text{第 } l \text{ 行}$$

(4) 重复(2)(3) 步直到不可继续迭代计算时终止.

例 1-11　用单纯形法求解下列的线性规划问题：

$$\min z=-x_2+2x_3$$

$$\text{s.t.}\begin{cases}x_1-2x_2+x_3=2\\x_2-3x_3+x_4=1\\x_2-x_3+x_5=2\\x_j\geqslant 0, j=1,2,\cdots,5\end{cases}$$

解　将目标函数 $\min z=-x_2+2x_3$ 化成标准型的等价方程为 $\max z'=x_2-2x_3$. 这里 $\boldsymbol{B}=[\boldsymbol{P}_1\quad \boldsymbol{P}_4\quad \boldsymbol{P}_5]$ 是一个单位矩阵，且 $\boldsymbol{b}=[2\quad 1\quad 2]^{\mathrm{T}}>0$，故基 $\boldsymbol{B}$ 是可行基，x_1,x_4,x_5 为基变量，x_2,x_3 为非基变量，基 $\boldsymbol{B}$ 对应的基可行解为 $\boldsymbol{X}^{(0)}=[2\quad 0\quad 0\quad 1\quad 2]^{\mathrm{T}}$，$z_0=0$. 得初始单纯形表，见表 1-5.

表　1-5

$c_j\rightarrow$			0	1	−2	0	0	θ_i
$\boldsymbol{C}_B$	$\boldsymbol{X}_B$	$\boldsymbol{b}$	x_1	x_2	x_3	x_4	x_5	
0	x_1	2	1	−2	1	0	0	—
0	x_4	1	0	[1]	−3	1	0	1
0	x_5	2	0	1	−1	0	1	2
c_j-z_j'		0	0	1	−2	0	0	

检验数 $\sigma_2=1>0$，故 $\boldsymbol{X}^{(0)}$ 不是最优解点，$\boldsymbol{P}_2$ 列中有两个元素 a_{22},a_{32} 均为正数，取

$$\min\left\{\frac{b_2}{a_{22}},\frac{b_3}{a_{32}}\right\}=\min\left\{\frac{1}{1},\frac{2}{1}\right\}=1$$

故主元素为 a_{22}(即表 1-5 中[1])，x_2 为换入变量，x_4 为换出变量. 其基变换后结果见表 1-6.

表　1-6

$c_j\rightarrow$			0	1	−2	0	0	θ_i
$\boldsymbol{C}_B$	$\boldsymbol{X}_B$	$\boldsymbol{b}$	x_1	x_2	x_3	x_4	x_5	
	x_1	4	1	0	−5	2	0	—
	x_2	1	0	1	−3	1	0	—
	x_5	1	0	0	[2]	−1	1	1/2
c_j-z_j'		−1	0	0	1	−1	0	

它对应的基可行解为$X^{(1)}=[4\quad 1\quad 0\quad 0\quad 1]^T$，其目标函数值为$z_1=-z_1'=-1$. 因$\sigma_3=1>0$，$X^{(1)}$仍非最优解点，此时$a_{33}$（即表1-6中[2]）为主元素，$x_3$为换入变量，$x_5$为换出变量. 进行基变换后结果见表1-7.

表　1-7

$c_j \rightarrow$			0	1	−2	0	0	θ_i
C_B	X_B	b	x_1	x_2	x_3	x_4	x_5	
	x_1	13/2	1	0	0	−1/2	5/2	
	x_2	5/2	0	1	0	−1/2	3/2	
	x_3	1/2	0	0	1	−1/2	1/2	
c_j-z_j'		−3/2	0	0	0	−1/2	−1/2	

它对应的基可行解为$X^{(2)}=[13/2\quad 5/2\quad 1/2\quad 0\quad 0]^T$，其目标函数值为$z_2=-z_2'=-3/2$. 此时基变量检验数$\sigma_j=0(j=1,2,3)$，非基变量检验数，$\sigma_j<0(j=4,5)$. 故唯一最优解点为$X^{(2)}$时，目标函数最优值为$z^*=\min z=-3/2$，表1-7为最终单纯形表.

例1-12　用单纯形法求解下列线性规划问题：

$$\max\ z=4x_1+4x_2$$

$$\text{s.t.}\begin{cases}x_1+3x_2\leqslant 90\\2x_1+x_2\leqslant 80\\x_1+x_2\leqslant 45\\x_1,x_2\geqslant 0\end{cases}$$

解　问题化为标准型，确定初始基可行解并建立初始单纯形表，整个求解过程见表1-8.

因为所有检验数$\sigma_j\leqslant 0$，所以已找到问题的最优解为$X_1^*=[35\quad 10\quad 25\quad 0\quad 0]^T$时，目标函数最优值$z^*=180$.

注意　在最终单纯形表中，除基变量检验数$\sigma_j=0(j=1,2,3)$，非基变量检验数$\sigma_4=0$，表明让x_4增加不会使目标函数值有所变化，若让x_4作为换入变量继续迭代，可得另一个基可行解，见表1-9.

表　1-8

$c_j \rightarrow$			4	4	0	0	0	θ_i
C_B	X_B	b	x_1	x_2	x_3	x_4	x_5	
0	x_3	90	1	3	1	0	0	90
0	x_4	80	[2]	1	0	1	0	40
0	x_5	45	1	1	0	0	1	45
c_j-z_j		0	4	4	0	0	0	
	x_3	50	0	5/2	1	−1/2	0	20
	x_1	40	1	1/2	0	1/2	0	80
	x_5	5	0	[1/2]	0	−1/2	1	10
c_j-z_j		−160	0	2	0	−2	0	

续 表

$c_j \rightarrow$			4	4	0	0	0	θ_i
$\boldsymbol{C}_B$	$\boldsymbol{X}_B$	$\boldsymbol{b}$	x_1	x_2	x_3	x_4	x_5	
	x_3	25	0	0	1	[2]	-5	
	x_1	35	1	0	0	1	-1	
	x_2	10	0	1	0	-1	2	
$c_j - z_j$		-180	0	0	0	0	-4	

表　1-9

c_j			4	4	0	0	0	θ_i
$\boldsymbol{C}_B$	$\boldsymbol{X}_B$	$\boldsymbol{b}$	x_1	x_2	x_3	x_4	x_5	
	x_4	25/2	0	0	1/2	1	$-5/2$	
	x_1	45/2	1	0	$-1/2$	0	3/2	
	x_2	45/2	0	1	1/2	0	$-1/2$	
$c_j - z_j$		-180	0	0	0	0	-4	

因为所有检验数$\sigma_j \leqslant 0$，找到另一最优解点为$\boldsymbol{X}_2^* = [45/2 \quad 45/2 \quad 0 \quad 25/2 \quad 0]^{\mathrm{T}}$，目标函数最优值也是$z^* = 180$.

由表1-8和表1-9求出的两个最优解为可行域的两个顶点.实际上这两个顶点连线上的所有点都是该线性规划问题的最优解点.例如$x_1 = 30, x_2 = 15$，其对应的目标函数值也为180.这表明该点虽然不是基可行解，但同样是该线性规划问题的一个最优解点.

实际应用中，可在取得相同最优值的多个方案中，综合考虑其他现实条件，确定出最优方案.表1-8中，$x_3 = 25$，即表明第一种资源的剩余量为25个单位；表1-9中，$x_4 = 25/2$，即表明第二种资源的剩余量为25/2个单位；而由另一个最优解：$x_1 = 30, x_2 = 15$，可知$x_3 = 15, x_4 = 5$，即表明第一种资源和第二种资源的剩余量分别为15和5个单位.这样在获取相同经济效益的前提下，出现了不同资源的剩余.此时可根据资源的稀缺程度，选择更有利于发挥资源效用的方案作为实施方案.

例1-13　利用单纯形表法求解下列线性规划问题：

$$\max z = -x_1 + 2x_2 - x_3$$

$$\text{s.t.} \begin{cases} 3x_1 - x_2 + x_3 + x_4 = 4 \\ x_1 - x_2 + x_3 + x_5 = 2 \\ -2x_1 + x_2 - x_3 + x_6 = 4 \\ x_j \geqslant 0, j = 1, 2, \cdots, 6 \end{cases}$$

解　问题已是标准型，确定初始基可行解并建立初始单纯形表，整个求解过程见表1-10.

表 1-10

$c_j \rightarrow$			-1	2	-1	0	0	0	θ_i
C_B	X_B	b	x_1	x_2	x_3	x_4	x_5	x_6	
0	x_4	4	3	-1	1	1	0	0	—
0	x_5	2	1	-1	1	0	1	0	—
0	x_6	4	-2	[1]	-1	0	0	1	4
$c_j - z_j$		0	-1	2	-1	0	0	0	
	x_4	8	[1]	0	0	1	0	1	8
	x_5	6	-1	0	0	0	1	1	—
	x_2	4	-2	1	-1	0	0	1	—
$c_j - z_j$		-8	3	0	1	0	0	-2	
	x_1	8	1	0	0	1	0	1	—
	x_5	14	0	0	0	1	1	2	—
	x_2	20	0	1	-1	2	0	3	—
$c_j - z_j$		-32	0	0	1	-3	0	-5	

在表1-10中，因为$\sigma_3 > 0$，选x_3为换入变量，但换入变量x_3所在列的所有系数均小于等于零，由1.3.3解的判断定理可知，此问题无最优解，即具有无界解.

1.5 单纯形法的进一步讨论

1.5.1 大M法和两阶段法

线性规划问题的约束条件：

$$a_{i1}x_1 + a_{i2}x_2 + \cdots + a_{in}x_n \leqslant b_i \quad (i=1,2,\cdots,m)$$

化为标准型时，在每个不等式左端添加一个松弛变量，由此在约束方程的系数矩阵中包含一个单位矩阵，选此单位矩阵为初始基，求初始基可行解并建立初始单纯形表十分简单方便. 但当线性规划的约束条件都是等式，而系数矩阵中不含单位矩阵时，为迅速找到一个初始基可行解，往往通过人为添加非负变量(称为**人工变量**)来构造一个单位基矩阵. 当约束条件是“$\geqslant$”的情况，可以先在不等式左端减去一个非负的剩余变量(也可称松弛变量)化为等式，然后再添加一个人工变量. 设线性规划问题的约束条件为

$$\sum_{j=1}^{n} a_{ij}x_j = b_i \quad (i=1,2,\cdots,m)$$

分别给每一个约束方程加入人工变量$x_{n+1}, x_{n+2}\cdots, x_{n+m}$，可得

$$\begin{cases} a_{11}x_1 + a_{12}x_2 + \cdots + a_{1n}x_n + x_{n+1} & = b_1 \\ a_{21}x_1 + a_{22}x_2 + \cdots + a_{2n}x_n \qquad + x_{n+2} & = b_2 \\ \qquad \cdots\cdots & \\ a_{m1}x_1 + a_{m2}x_2 + \cdots + a_{mn}x_n \qquad + x_{n+m} & = b_m \\ x_1, x_2, \cdots, x_n \geqslant 0, x_{n+1}, \cdots, x_{n+m} \geqslant 0 & \end{cases}$$

以$x_{n+1}, x_{n+2}, \cdots, x_{n+m}$为基变量，令非基变量$x_1, x_2, \cdots, x_n$为零，就可以得到一个初始基可行解.

$$X^{(0)}=[0\quad 0\quad \cdots\quad 0\quad b_1\quad b_2\quad \cdots\quad b_m]^{\mathrm{T}}$$

由于人工变量的加入，破坏了原有模型的约束条件，由此得到的 $X^{(0)}$ 不再是原问题的基可行解．但若求解过程中，人工变量能由基变量变为非基变量，即 $x_{n+1}=x_{n+2}=\cdots=x_{n+m}=0$，则新问题的基可行解就是原来问题的基可行解．为了实现这一目标，就要设法在迭代过程中让人工变量从基变量中退出．

基变量中不再含有非零的人工变量，这表明原问题有解．若在最终表中当所有的 $\sigma_j\leqslant 0$，而在其中还有某个非零人工变量，表示原问题无可行解．

1．大 *M* 法

线性规划问题的约束条件中加进人工变量后，要求人工变量对目标函数取值不产生影响，为此取人工变量在目标函数中的系数为 $-M$(在最小化问题中取 M)，这里 M 是一个很大的正数，通常称 M 为**惩罚因子**．这样目标函数要实现最大化时，必须把人工变量从基变量中换出．否则目标函数不可能实现最大化．

例 1－14　用大 *M* 法求解下列线性规划问题：

$$\min z=5x_1+8x_2$$
$$\text{s.t.}\begin{cases}x_1\leqslant 400\\ x_2\geqslant 200\\ x_1+x_2=500\\ x_1,x_2\geqslant 0\end{cases}$$

解　在上述问题的约束条件中，分别加入松弛变量 x_3 和剩余变量 x_4，人工变量 x_5，x_6，得

$$\max z'=-5x_1-8x_2-Mx_5-Mx_6$$
$$\text{s.t.}\begin{cases}x_1+x_3=400\\ x_2-x_4+x_5=200\\ x_1+x_2+x_6=500\\ x_j\geqslant 0,\quad j=1,2,\cdots,6\end{cases}$$

利用单纯形法求解，求解过程见表 1－11．

表　1－11

$c_j\to$			-5	-8	0	0	$-M$	$-M$	θ_i
C_B	X_B	b	x_1	x_2	x_3	x_4	x_5	x_6	
0	x_3	400	1	0	1	0	0	0	—
$-M$	x_5	200	0	[1]	0	-1	1	0	200
$-M$	x_6	500	1	1	0	0	0	1	500
c_j-z'		$700M$	$-5+M$	$-8+2M$	0	$-M$	0	0	
	x_3	400	1	0	1	0	0	0	400
	x_2	200	0	1	0	-1	1	0	—
	x_6	300	[1]	0	0	1	-1	1	300
c_j-z'		$1\,600+300M$	$-5+M$	0	0	$-8+M$	$8-2M$	0	
	x_3	100	0	0	1	-1	1	-1	
	x_2	200	0	1	0	-1	1	0	
	x_1	300	1	0	0	1	0	0	
c_j-z'		$3\,100$	0	0	0	-3	$3-M$	$5-M$	

因为 $\sigma_j \leqslant 0(j=1,2,\cdots,6)$，所以带有人工变量的新规划取得最优解，又因为基变量不含人工变量，则原规划取得基可行解，划去表 1-11 的变量 x_5 列和 x_6 列，得原规划的初始单纯形表，因为 $\sigma_j \leqslant 0(j=1,2,\cdots,4)$ 且 $\sigma_4<0$，则原规划有唯一最优解为 $\boldsymbol{X}=[300,200]^{\mathrm{T}}$ 时，最优值 $z^*=\min z=-\max z'=3\,100$.

2. 两阶段法

利用电子计算机求解含有人工变量的线性规划问题时，只能在计算机内输入一个很大的数字来代替 M，如果线性规划问题中的 a_{ij}，b_i 或 c_j 等参数值与这个代表 M 的数相对比较接近，或远远小于这个数字，由于计算机计算时取值的误差，有可能使计算结果发生错误. 为克服此困难，可以对添加人工变量后的线性规划问题分两个阶段来计算，称为**两阶段法**.

第一阶段：先求解一个目标函数中只包含人工变量的线性规划问题，即令目标函数中其他变量的系数为零，人工变量的系数取某个正的常数(一般取 1)，在保持原问题约束条件不变的情况下，求这个目标函数极小化时的解.

在第一阶段中，当人工变量取值为 0 时，目标函数值也为 0，这时的最优解是原线性规划问题的一个基可行解. 如果第一阶段求解结果是最优解的目标函数值不为 0，也即最优解的基变量中含有人工变量，表明原线性规划问题无可行解.

当第一阶段求解结果表明问题有可行解时，才可以进行第二阶段的计算.

第二阶段：从第一阶段的最终单纯形表出发，去掉人工变量，并按线性规划问题原来的目标函数继续寻找问题的最优解.

例 1-15　用两阶段法求解例 1-14.

解　(1) 原问题化为标准型，约束条件不变，将目标函数改为人工变量和求极小化.

$$\max \omega'=-x_5-x_6$$

$$\text{s.t.}\begin{cases}x_1+x_3=400\\ x_2-x_4+x_5=200\\ x_1+x_2+x_6=500\\ x_j\geqslant 0,j=1,2,\cdots,6\end{cases}$$

利用单纯形法求解，求解过程见表 1-12.

表　1-12

	$c_j \rightarrow$		0	0	0	0	-1	-1	θ_i
$\boldsymbol{C}_B$	$\boldsymbol{X}_B$	$\boldsymbol{b}$	x_1	x_2	x_3	x_4	x_5	x_6	
0	x_3	400	1	0	1	0	0	0	—
-1	x_5	200	0	[1]	0	-1	1	0	200
-1	x_6	500	1	1	0	0	0	1	500
$c_j-\omega'$		700	1	2	0	-1	0	0	
	x_3	400	1	0	1	0	0	0	400
	x_2	200	0	1	0	-1	1	0	—
	x_6	300	[1]	0	0	1	-1	1	300
$c_j-\omega'$		300	1	0	0	1	-2	0	
	x_3	100	0	0	1	-1	1	-1	
	x_2	200	0	1	0	-1	1	0	
	x_1	300	1	0	0	1	-1	1	
$c_j-\omega'$		0	0	0	0	0	-1	-1	

因为 $\sigma_j \leqslant 0(j=1,2,\cdots,6)$，所以第一阶段有最优值 $\omega^* = \min \omega = -\max \omega' = 0$，基变量中不含人工变量，此时的最优解是原规划问题的一个基可行解，转入第二阶段计算.

(2) 将表 1－12 最终表中划去变量 x_5 列和 x_6 列，将目标函数行系数换成原目标函数价值系数，重新计算检验数列数据，得原规划的初始表，见表 1－13.

表　1－13

$c_j \rightarrow$			-5	-8	0	0	θ_i
$\boldsymbol{C}_B$	$\boldsymbol{X}_B$	$\boldsymbol{b}$	x_1	x_2	x_3	x_4	
0	x_3	100	0	0	1	-1	
-8	x_2	200	0	1	0	-1	
-5	x_1	300	1	0	0	1	
$c_j - z'$		3 100	0	0	0	-3	

由表 1－13 可知，原问题存在唯一的最优解为：当 $\boldsymbol{X}=[300\quad 200]^{\mathrm{T}}$ 时，其目标函数最优值为 $z^* = \min z = -\max z' = 3\,100$.

1.5.2　退化与循环

单纯形法计算中，用 θ 最小比值规则确定换出变量时，有时存在两个以上相同的最小比值，这样在下次迭代中就有一个或者几个基变量等于零，即出现**退化解**. 这时换出变量 $x_l = 0$，迭代后目标函数值不变. 这时不同基表示为同一顶点. 有人构造了一个特例，当出现退化时，进行多次迭代，基从 $\boldsymbol{B}_1, \boldsymbol{B}_2, \cdots$ 又返回到 $\boldsymbol{B}_1$，即出现计算过程的**循环**，便永远达不到最优解.

尽管计算过程的循环现象很少出现，但还是有可能的. 为了解决这个问题，先后有人提出了“摄动法”“字典序法”. 1974 年勃兰特提出一种简便的规则，简称**勃兰特规则**，即

(1) 选取 $c_j - z_j > 0$ 中下标最小的非基变量 x_k 为换入变量，即

$$k = \min \{j \mid c_j - z_j > 0\}$$

(2) 当按 θ 规则计算存在两个及以上最小比值时，选取下标最小的基变量为换出变量.

按勃兰特规划计算时，一定能避免出现循环现象.

1.5.3　单纯形法计算的矩阵表示

用矩阵形式描述线性规划的标准型为

$$\max z = \boldsymbol{CX}$$

$$\text{s.t.} \begin{cases} \boldsymbol{AX} = \boldsymbol{b} \\ \boldsymbol{X} \geqslant \boldsymbol{0} \end{cases}$$

在转化成标准型时，总可以构造一个单位矩阵作为初始单纯形表中的基，因此在初始单纯形表中，可以将矩阵 $\boldsymbol{A}$ 分成作为初始基的单位矩阵 $\boldsymbol{I}$ 和非基变量的系数矩阵 $\boldsymbol{N}$ 两块. 经过计算迭代后，新单纯形表中的基是由上述两块矩阵中的部分向量转化并组合而成. 为清楚起见，把新单纯形表中的基(即单位矩阵 $\boldsymbol{I}$) 对应的初始单纯形表中的那些向量抽出来单独列出一块，用 $\boldsymbol{B}$ 表示，这样初始单纯形表可见表 1－14.

表 1-14

初始解	非基变量		基变量
$\boldsymbol{b}$	$\boldsymbol{B}$	$\boldsymbol{N}$	$\boldsymbol{I}$
$\sigma_j = c_j - z_j$	σ_N		$0,0,\cdots,0$

单纯形法的迭代计算实际上是对约束方程的系数矩阵进行行的初等变换. 由线性代数知识可知,对矩阵$[\boldsymbol{b} \mid \boldsymbol{B} \mid \boldsymbol{N} \mid \boldsymbol{I}]$进行矩阵的初等行变换时,当$\boldsymbol{B}$变换为$\boldsymbol{I}$,$\boldsymbol{I}$将变换为$\boldsymbol{B}^{-1}$. 上述矩阵将变换为$[\boldsymbol{B}^{-1}\boldsymbol{b} \mid \boldsymbol{I} \mid \boldsymbol{B}^{-1}\boldsymbol{N} \mid \boldsymbol{B}^{-1}]$. 基变换后得到新单纯形表,见表 1-15.

表 1-15

基可行解	基变量	非基变量	
$\boldsymbol{b}'$	$\boldsymbol{I}$	$\boldsymbol{N}'$	$\boldsymbol{B}^{-1}$
σ_j'	$0,0,\cdots,0$	σ_N'	$-y_1,-y_2,\cdots,-y_m$

显然有

$$\boldsymbol{b}' = \boldsymbol{B}^{-1}\boldsymbol{b} \tag{1-25}$$

$$\boldsymbol{N}' = \boldsymbol{B}^{-1}\boldsymbol{N} \quad 或 \quad \boldsymbol{P}_j' = \boldsymbol{B}^{-1}\boldsymbol{P}_j \tag{1-26}$$

$$-\boldsymbol{Y} = [-y_1 \quad -y_2 \quad \cdots \quad -y_m] = \boldsymbol{0} - \boldsymbol{C}_B\boldsymbol{B}^{-1} = -\boldsymbol{C}_B\boldsymbol{B}^{-1} \tag{1-27}$$

$$\sigma_N' = \boldsymbol{C}_N - \boldsymbol{C}_B\boldsymbol{N}' = \boldsymbol{C}_N - \boldsymbol{C}_B\boldsymbol{B}^{-1}\boldsymbol{N} \quad 或 \quad \sigma_j' = c_j - \boldsymbol{C}_B\boldsymbol{P}_j' = c_j - \boldsymbol{C}_B\boldsymbol{B}^{-1}\boldsymbol{P}_j \tag{1-28}$$

例 1-16 对下列线性规划问题用单纯形法矩阵形式描述:

$$\max z = 5x_1 + 4x_2$$

$$\text{s.t.}\begin{cases} x_1 + 3x_2 \leqslant 90 \\ 2x_1 + x_2 \leqslant 80 \\ x_1 + x_2 \leqslant 45 \\ x_1, x_2 \geqslant 0 \end{cases}$$

解 在初始和最终单纯形表变量 x_1 前增加一个变量 x_3,即将 $\boldsymbol{P}_3$ 列多写一次,见表 1-16 和表 1-17.

表 1-16

$\boldsymbol{C}_B$	$\boldsymbol{X}_B$	$\boldsymbol{b}$	x_3	x_1	x_2	x_3	x_4	x_5
0	x_3	90	1	1	3	1	0	0
0	x_4	80	0	2	1	0	1	0
0	x_5	45	0	1	1	0	0	1
$\sigma_j = c_j - z_j$			0	5	4	0	0	0

表　1-17

C_B	X_B	b	x_3	x_1	x_2	x_3	x_4	x_5
	x_3	25	1	0	0	1	2	−5
	x_1	35	0	1	0	0	1	−1
	x_2	10	0	0	1	0	−1	2
c_j-z_j			0	0	0	0	−1	−3

在表 1-16 中，$\boldsymbol{P}_3,\boldsymbol{P}_1,\boldsymbol{P}_2$ 组成的矩阵为 $\boldsymbol{B}$，$\boldsymbol{P}_3,\boldsymbol{P}_4,\boldsymbol{P}_5$ 构成单位矩阵 $\boldsymbol{I}$. 经过单纯形法计算，即进行矩阵的初等行变换后，表 1-17 中 $\boldsymbol{P}_3,\boldsymbol{P}_1,\boldsymbol{P}_2$ 构成的矩阵变换成单位矩阵 $\boldsymbol{I}$，$\boldsymbol{P}_3,\boldsymbol{P}_4,\boldsymbol{P}_5$ 构成的矩阵成为矩阵 $\boldsymbol{B}$ 的逆矩阵 $\boldsymbol{B}^{-1}$. 因此有

$$\boldsymbol{B}=\begin{bmatrix}1&1&3\\0&2&1\\0&1&1\end{bmatrix},\quad \boldsymbol{B}^{-1}=\begin{bmatrix}1&2&-5\\0&1&-1\\0&-1&2\end{bmatrix}[\boldsymbol{P}'_3\quad \boldsymbol{P}'_4\quad \boldsymbol{P}'_5]$$

由式(1-25) 至式(1-27) 得

$$\boldsymbol{b}'=\boldsymbol{B}^{-1}\boldsymbol{b}=\begin{bmatrix}1&2&-5\\0&1&-1\\0&-1&2\end{bmatrix}\begin{bmatrix}90\\80\\45\end{bmatrix}=\begin{bmatrix}25\\35\\10\end{bmatrix}$$

$$\boldsymbol{P}'_1=\boldsymbol{B}^{-1}\boldsymbol{P}_1=\begin{bmatrix}1&2&-5\\0&1&-1\\0&-1&2\end{bmatrix}\begin{bmatrix}1\\2\\1\end{bmatrix}=\begin{bmatrix}0\\1\\0\end{bmatrix},\quad \boldsymbol{P}'_2=\boldsymbol{B}^{-1}\boldsymbol{P}_2=\begin{bmatrix}1&2&-5\\0&1&-1\\0&-1&2\end{bmatrix}\begin{bmatrix}3\\1\\1\end{bmatrix}=\begin{bmatrix}0\\0\\1\end{bmatrix}$$

$$[-y_1\quad -y_2\quad -y_3]=-\boldsymbol{C}_B\boldsymbol{B}^{-1}=-[0\quad 5\quad 4]\begin{bmatrix}1&2&-5\\0&1&-1\\0&-1&2\end{bmatrix}=[0\quad -1\quad -3]$$

由单纯形法计算的矩阵描述，对线性规划问题，只要给出一个新的基 $\boldsymbol{B}$，可以直接计算 $\boldsymbol{B}^{-1}$，从而得到 $\boldsymbol{b}',\boldsymbol{P}'_j(j=1,2,\cdots,n)$，$-\boldsymbol{C}_B\boldsymbol{B}^{-1}$，获得新的单纯形表，而不需要进行逐步迭代，由 $-\boldsymbol{C}_B\boldsymbol{B}^{-1}$ 及 $\boldsymbol{C}_N-\boldsymbol{C}_B\boldsymbol{B}^{-1}\boldsymbol{N}$ 的分量符号判断最优性，本例中 $\boldsymbol{N}'$ 不存在，而 $-\boldsymbol{C}_B\boldsymbol{B}^{-1}$ 各分量非正，即 $\boldsymbol{\sigma}'_j\leqslant 0$，故此时获得的解 $\boldsymbol{X}=[35\quad 10]^{\mathrm{T}}$，$z^*=\max z=215$. 已是线性规划问题的最优解.

1.6　应用举例

在经济管理领域，有大量的实际问题可以归结为线性规划问题来研究，这些问题背景不同，表现各异，但它们的数学模型却有着完全相同的形式. 尽可能多地掌握一些典型的模型，不仅有助于深刻理解线性规划本身的理论和方法，而且有利于灵活地处理千差万别的实际问题，提高解决实际问题的能力.

一般而言，一个经济管理问题凡满足以下条件时，才能建立线性规划的模型.

(1) 要求解问题的目标函数能用数值指标来反映，且为线性函数；

(2) 存在着多种方案及相关数据；

(3) 要求达到的目标是在一定约束条件下实现的，这些约束条件可以用线性等式或不等

式来描述.

现在举例说明线性规划在经济管理等方面的应用.

例 1-17　产品配套问题　某产品由2个零件Ⅰ和3个零件Ⅱ组成,每个零件均可由三个车间各自生产,但各车间的生产效率和总工时限制各不相同,表1-18给出了有关信息. 试确定各车间生产每种零件的工作时间,使生产产品的件数最多.

表 1-18

车 间	总工时 /h	生产效率 /(件 /h)		生产工时数 /h	
		零件 Ⅰ	零件 Ⅱ	零件 Ⅰ	零件 Ⅱ
1	100	8	6	x_{11}	x_{12}
2	50	10	15	x_{21}	x_{22}
3	75	16	21	x_{31}	x_{32}

解　生产两种零件的工时总量分别是

$$8x_{11}+10x_{21}+16x_{31},\quad 6x_{12}+15x_{22}+21x_{32}$$

组装成的产品数为 $\min\left\{\dfrac{8x_{11}+10x_{21}+16x_{31}}{2},\dfrac{6x_{12}+15x_{22}+21x_{32}}{3}\right\}$(非线性表达式!)

引入一个新变量 y,令 $y=\min\left\{\dfrac{8x_{11}+10x_{21}+16x_{31}}{2},\dfrac{6x_{12}+15x_{22}+21x_{32}}{3}\right\}$,则目标要求可表示为

$$\max z=y$$

把 y 的表达式改写成两个不等式增添到约束条件中去,则有

$$y\leqslant\frac{8x_{11}+10x_{21}+16x_{31}}{2}$$

$$y\leqslant\frac{6x_{12}+15x_{22}+21x_{32}}{3}$$

得到该问题的线性规划(LP)模型为

$$\max z=y$$

$$\text{s.t.}\begin{cases}x_{11}+x_{12}\leqslant 100\\ x_{21}+x_{22}\leqslant 50\\ x_{31}+x_{32}\leqslant 75\\ 8x_{11}+10x_{21}+16x_{31}\geqslant 2y\\ 6x_{12}+15x_{22}+21x_{32}\geqslant 3y\\ x_{11},x_{12},x_{21},x_{22},x_{31},x_{32},y\geqslant 0\end{cases}$$

用单纯形法求得最优解为

$$x_{11}=100,\quad x_{12}=0,\quad x_{21}=0,\quad x_{22}=50,\quad x_{31}=25,\quad x_{32}=50,\quad z^*=\max z=600$$

各车间生产每种零件的工作时间见表 1-19,使生产产品的件数最多为 600 件.

表　1-19

车　间	总 工 时 /h	生产工时数 /h	
		零件 Ⅰ	零件 Ⅱ
1	100	100	0
2	50	0	50
3	75	25	50

例 1-18　投资项目组合问题　某部门拥有 20 万资金，拟在今后 5 年内对下列项目投资.

项目 A：从第 1 年到第 4 年每年年初投资，并于次年末回收本利 115%；

项目 B：第 3 年初投资，第 5 年末能回收本利 135%，但最大投资额不超过 8 万元；

项目 C：第 2 年初投资，第 5 年末能回收本利 140%，但最大投资额不超过 6 万元；

项目 D：5 年内每年年初可购买公债或定期储蓄，于当年末归还，并回收本利 109%.

现要求确定这些项目每年的投资额，使到第 5 年末拥有的资金本利额最大.

解　(1) 确定变量. 设 $x_{iA}, x_{iB}, x_{iC}, x_{iD}$ $(i=1,2,\cdots,5)$ 分别表示第 i 年年初投资项目 A,B,C,D 的资金额.

(2) 资金流转分析. 资金流转的原则是每年年初应把资金全部投资出去，手中不留资金. 因此，第 1 年年初需要将 20 万元资金投资给项目 A,D，所以有 $x_{1A}+x_{1D}=20$，则年底回收项目 D 的本利为：$x_{1D}(109\%)=1.09x_{1D}$，这些资金应在第 2 年年初投资给 A,C,D 3 个项目，故有 $x_{2A}+x_{2C}+x_{2D}=1.09x_{1D}$.

第 2 年年底回收项目 A 第 1 年投资和项目 D 当年投资本利的总和为 $1.15x_{1A}+1.09x_{2D}$，这些资金在第 3 年初投资给项目 A,B,D，有 $x_{3A}+x_{3B}+x_{3D}=1.15x_{1A}+1.09x_{2D}$.

第 3 年年底回收项目 A 第 2 年投资和项目 D 当年投资的本利总和为 $1.15x_{2A}+1.09x_{3D}$，类似地，可得第 4 年投资为 $x_{4A}+x_{4D}=1.15x_{2A}+1.09x_{3D}$.

第 5 年投资为：$x_{5D}=1.15x_{3A}+1.09x_{4D}$，第 5 年年末共回收资金：$1.15x_{4A}+1.35x_{3B}+1.4x_{2C}+1.09x_{5D}$.

此外，由于对项目 B,C 的投资有限额的规定，即 $x_{3B}\leqslant 8, x_{2C}\leqslant 6$.

(3) 目标函数. 问题要求在第 5 年末该部门拥有的资金总额达到最大，目标函数可表示为

$$\max z=1.15x_{4A}+1.35x_{3B}+1.4x_{2C}+1.09x_{5D}$$

(4) 数学模型. 经过以上分析，该投资问题可以描述为如下线性规划模型：

$$\max z=1.15x_{4A}+1.35x_{3B}+1.4x_{2C}+1.09x_{5D}$$

$$\text{s.t.}\begin{cases} x_{1A}+x_{1D}=20 \\ -1.09x_{1D}+x_{2A}+x_{2C}+x_{2D}=0 \\ -1.15x_{1A}-1.09x_{2D}+x_{3A}+x_{3B}+x_{3D}=0 \\ -1.15x_{2A}-1.09x_{3D}+x_{4A}+x_{4D}=0 \\ -1.15x_{3A}-1.09x_{4D}+x_{5D}=0 \\ x_{3B}\leqslant 8 \\ x_{2C}\leqslant 6 \\ x_{iA}, x_{iB}, x_{iC}, x_{iD}\geqslant 0, \quad i=1,2,\cdots,5 \end{cases}$$

用单纯形法计算得到如下结果：

第 1 年：$x_{1A}=0, x_{1D}=20$；　　第 2 年：$x_{2A}=0, x_{2C}=0, x_{2D}=21.8$；

第 3 年：$x_{3A}=0, x_{3B}=8, x_{3D}=15.762$；　　第 4 年：$x_{4A}=0, x_{4D}=17.180\ 58$；

第 5 年：$x_{5D}=18.726\ 83$ 到第 5 年末该部门拥有资金总额最大为 31.212 25 万元.

例 1-19　生产、库存与设备维修综合计划　西华厂用 2 台车床、1 台钻床、1 台磨床承担 4 种产品的生产任务.已知生产各种产品所需的设备台时及单位产品的售价见表 1-20.对各种产品今后 3 个月的市场最大需求及各产品在今后 3 个月的生产成本见表 1-21 和表 1-22.

表　1-20　　单位：台时 / 件

设备 i ＼ 产品 j	Ⅰ	Ⅱ	Ⅲ	Ⅳ
车　床	0.6	0.8	—	0.6
钻　床	0.2	0.6	0.7	—
磨　床	0.3	—	0.3	0.7
售价 /（元 / 件）	90	65	50	45

上述设备在 1～3 月内各须进行一次维修，具体安排为：2 台车床于 2 月份、3 月份各维修 1 台，钻床安排在 2 月份维修，磨床安排在 3 月份维修.各设备每月工作 22 天，每天 2 班，每班 8 h，每次维修占用半个月时间.生产出来的产品当月销售不出去（超过最大需求）时，可以在以后各月销售，但每件每月需要支付存储费 8 元，且每个月底各种产品存储量均不得超过 80 件.1 月初各产品均无库存，要求 3 月底各产品均库存 50 件.试安排该厂各月的生产计划，使总的利润最大.

表 1-21　市场最大需求表 单位：件

月份 ＼ 产品 j	Ⅰ	Ⅱ	Ⅲ	Ⅳ
1 月	300	400	250	250
2 月	350	250	0	400
3 月	300	150	450	0

表 1-22　生产成本表　单位：元

月份 ＼ 产品 j	Ⅰ	Ⅱ	Ⅲ	Ⅳ
1 月	55	50	45	32
2 月	60	50	43	35
3 月	63	52	45	40

解　设 x_{kj} 为第 j 种产品在 k 月的生产量，S_{kj} 为第 j 种产品在 k 月的销售量，I_{kj} 为第 j 种产品在 k 月末的库存量，R_{kj} 为第 j 种产品在 k 月的最大需求量，C_{ik} 为第 i 种设备在 k 月的生产能力，P_j 为第 j 种产品的单位售价，V_{kj} 为第 j 种单位产品在 k 月的生产成本，a_{ij} 为第 j 种单位产品所需第 i 种设备的工时.

约束条件：

(1) 各种产品的生产量不超过设备生产能力的允许值为

$$\sum_{j=1}^{4} a_{ij} x_{kj} \leqslant C_{ik} \quad (i=1,2,3; k=1,2,3)$$

一台设备每月生产工时为 $22\times2\times8=352$，例如 2 月份有一台车床和一台钻床维修，故车床、钻床、磨床的允许工时分别为 $352\times1.5=528$，$352\times0.5=176$ 和 352.

(2) 产品销售不超过当月最大需求

$$S_{kj} \leqslant R_{kj} \quad (k=1,2,3;j=1,2,\cdots,4)$$

(3) 产品的库存约束为

$$I_{k-1,j} + x_{kj} - S_{kj} = I_{kj} \quad (k=1,2,3;j=1,2,\cdots,4)$$

1 月初各产品库存为零，所以有

$$I_{0j}=0 \quad (j=1,2,\cdots,4)$$

$$I_{kj} \leqslant 80 \quad (k=1,2;j=1,2,\cdots,4)$$

$$I_{kj}=50 \quad (k=3;j=1,2,\cdots,4)$$

目标函数为利润最大，有

$$\max z = \sum_{k=1}^{3}\sum_{j=1}^{4} P_j S_{kj} - \sum_{k=1}^{3}\sum_{j=1}^{4} V_{kj} x_{kj} - 8\sum_{k=1}^{2}\sum_{j=1}^{4} I_{kj}$$

合理配料问题　这类问题的一般提法是：由多种原料配置成含有 m 种成分的产品，已知产品中所含各成分的需要量及每种原料的价格，同时知道各种原料中所含 m 种成分的数量，要求出使产品成本最低的配料方案. 如营养配餐问题（也称伙食问题）、饲料配比问题和化工产品中的混合问题等都属于这类问题.

例 1-20　营养配餐问题　现准备采购甲、乙两种食品，已知价格及相关的营养成分见表 1-23. 表中最右栏给出了按营养学标准每人每天的最低需要量. 问应如何采购食品才能在保证营养要求的前提下花费最省？

表　1-23　　单位：g/kg

营养成分 \ 食品	甲	乙	每天的最低需要量/g
维生素	1	3	90
淀　粉	5	1	100
蛋白质	3	2	120
单价/(元/kg)	12	19	

解　设 x_1，x_2 分别为甲、乙两种食品的采购数量，则购买两种食品的总费用为 $z=12x_1+19x_2$. 得配餐问题的线性规划模型为

$$\min z = 12x_1 + 19x_2$$

$$\text{s.t.}\begin{cases} x_1 + 3x_2 \geqslant 90 \\ 5x_1 + x_2 \geqslant 100 \\ 3x_1 + 2x_2 \geqslant 120 \\ x_1, x_2 \geqslant 0 \end{cases}$$

用单纯形法求解，得

$$x_1=25.714, \quad x_2=21.429, \quad z^* = \min z = 715.69 \text{ 元}$$

甲、乙两种食品的采购量分别为 25.714 kg 和 21.429 kg 时，则购买两种食品的总费用最省为 715.69 元.

营养配餐问题不仅适用于运动员集训队、幼儿园和医院等团体的营养调配，也可广泛用于

机关、学校、企业等单位和家庭食谱的设计. 对不同对象的营养要求可以从营养学资料和通过医生咨询得到，各种食品的价格应通过不同季节的市场调查获取. 一些其他的特殊要求，比如饮食习惯、偏好等，也可通过适当处理化为约束条件加到线性规划模型中去.

1.7　WinQSB 软件应用

学习本节内容前请先阅读附录 A，安装 WinQSB 软件 2.0 版本，熟悉软件的基本内容，掌握软件的基本操作.

下面以例题方式介绍 WinQSB 软件求解线性规划问题(LP) 的操作步骤及应用.

例 1－21　求解下列线性规划问题：

$$\max z = x_1 + x_2$$

$$\text{s.t.}\begin{cases} 2x_1 + x_2 \leqslant 2 \\ x_1 + 3x_2 \leqslant 3 \\ x_1, x_2 \geqslant 0 \end{cases}$$

解　启动线性规划和整数规划(LP&ILP)程序. 点击开始→程序→WinQSB→Linear and Integer Programming，屏幕显示线性规划和整数规划工作界面，见图 1－6.

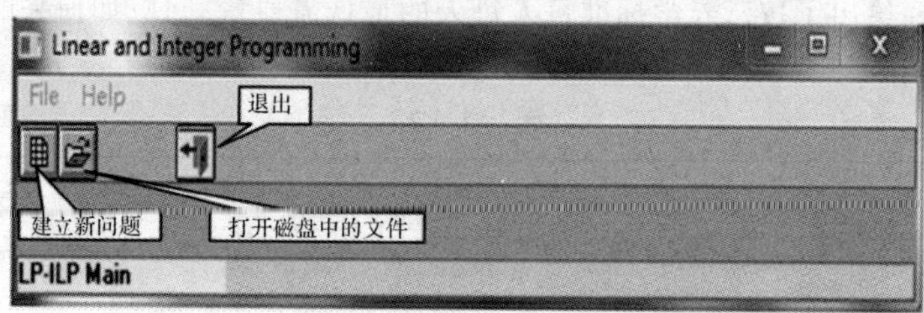

图　1－6

注意　菜单栏、工具栏和格式栏随主窗口内容变化而变化.

(1) 建立新问题或打开磁盘中已有的文件. 点击 File→New Problem 建立新问题. 点击 File→Load Problem 打开磁盘中的数据文件，LP 程序自带后缀为“.LPP”的 3 个典型例题，供学习参考，在求解一个线性规划之前可以先打开例题，了解一下求解 LP 的工作界面布局.

点击菜单栏 File→New Problem 或第 1 个快捷按钮，出现建立新问题选项输入界面，见图 1－7.

(2) 输入数据. 在选择数据输入格式时，选择 Spreadsheet Matrix Form，以电子表格固定格式输入变量系数矩阵和右端常数向量，见图 1－8. 选择 Normal Model Form，以自由格式输入标准模型，见图 1－9.

修改变量类型. 图 1－7 中给出了非负连续、非负整数、0－1 型和无符号限制或无约束 4 种变量类型选项，当选择了某一种类型后系统默认所有变量都属该类型.

修改变量名和约束名. 系统默认变量名为 X1, X2, …, Xn，约束名为 C1, C2, …, Cm. 如果你对默认名不满意可以进行修改，点击菜单栏 Edit，下拉菜单有四个修改选项：

- 修改标题名(Problem Name)
- 变量名(Variable Name)

· 约束名(Constraint Name)

· 目标函数准则(max 或 min)

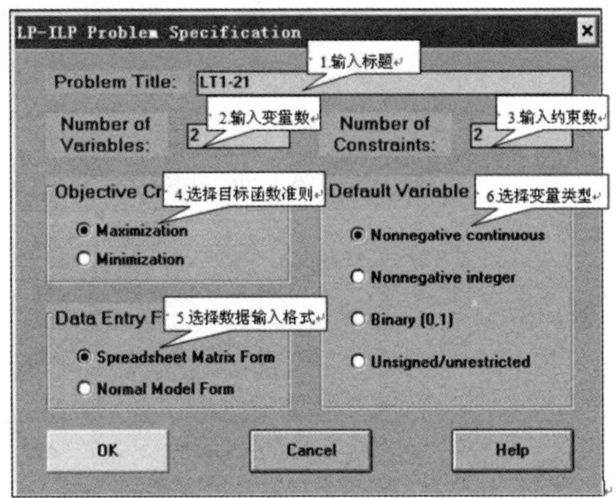

图　1-7

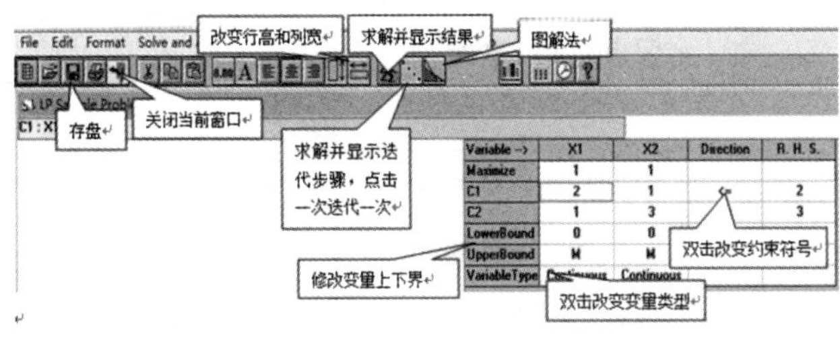

图　1-8

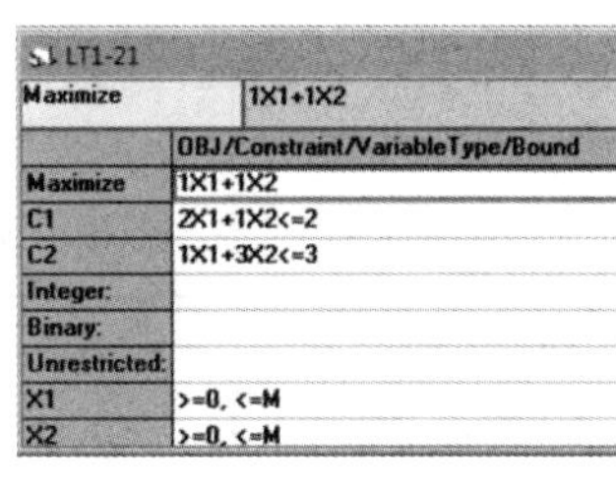

图　1-9

WinQSB 支持中文,可以输入中文名称.

(3) 求解.点击菜单栏 Solve and Analyze,下拉菜单有三个选项:

· 求解不显示迭代过程(Solve the Problem)

· 求解并显示单纯形法迭代步骤(Solve and Display Steps)

· 图解法(Graphic Method,限两个决策变量)

如选择 Solve the Problem,系统直接显示求解综合报告,见表 1-24,表中各项含义见表 1-25. LP 有最优解或无最优解(无可行解或无界解),系统给出提示.

表　1-24

	Decision Variable	Solution Value	Unit Cost or Profit c(j)	Total Contribution	Reduced Cost	Basis Status	Allowable Min. c(j)	Allowable Max. c(j)
1	X1	0.6000	1.0000	0.6000	0	basic	0.3333	2.0000
2	X2	0.8000	1.0000	0.8000	0	basic	0.5000	3.0000
	Objective	Function	(Max.) =	1.4000				
	Constraint	Left Hand Side	Direction	Right Hand Side	Slack or Surplus	Shadow Price	Allowable Min. RHS	Allowable Max. RHS
1	C1	2.0000	<=	2.0000	0	0.4000	1.0000	6.0000
2	C2	3.0000	<=	3.0000	0	0.2000	1.0000	6.0000

由表 1-24 得到例 1-21 的唯一最优解为:当 $\boldsymbol{X}^* = [0.6\quad 0.8]^{\mathrm{T}}$ 时,最优值 $z^* = 1.4$.

表 1-25

常用术语	含 义	常用术语	含 义
Alternative Solution exists	存在替代解,有多重解	Minimun and Maximun Allowable Cj	最优解不变时,价值系数允许变化范围
Basic and Nonbasic Variable	基变量和非基变量	Minimun and Maximun Allowable RHS	最优基不变时,资源限量允许变化范围
Basis	基	Objective Function	目标函数
Basis Status	基变量状态(是或否)	Optimal Solution	最优解
Branch - and - Bound Method	分支定界法	Parametric Analysis	参数分析
Cj－Zj	检验数	Range and Slope of Parametric Analysis	参数分析的区间和斜率
Combined Report	组合报告	Reduced Cost	约简成本(价值),检验数,即当非基变量增加一个单位时目标函数的改变量
Constraint Summary	约束条件摘要	Range of Feasibility	可行区间
Constraint	约束条件	Range of Optimality	最优区间
Constraint Direction	约束方向	Relaxed Problem	松弛问题
Conotraint Statue	约束状态	Relaxed Optimun	松弛最优
Decision Variable	决策变量	Right－hand Side	右端常数
Dual Problem	对偶问题	Sensitivity Analysis of OBJ Coefficients	目标函数系数的灵敏度分析
Entering Variable	入基(进基)变量	Sensitivity Analysis of Right－Hand－Side	右端常数的灵敏度分析
Feasible Area	可行域	Shadow Price	影子价格
Feasible Solution	可行解	Simple Method	单纯形法
Infeasible	不可行	Slack, Surplus or Artificial Variable	松弛变量、剩余变量或人工变量
Infeasibility Analysis	不可行性分析	Solution Summary	最优解摘要
Leaving Variable	出基变量	Subtract (Add) More Than This From A(i,j)	减少(增加)约束系数,调整工艺系数
Left－hand Side	左端	Toal Contribution	总体贡献,目标函数 $c_j x_j$ 的值
Lower or Upper Bound	下界或上界	Unbounded Solution	无界解

(4) 结果显示及分析. 点击菜单栏 result 或点击快捷方式图标，存在最优解时下拉菜单有前 9 个选项，无最优解时有后两个选项.

· 只显示最优解 (Solution Summary).

· 约束条件摘要 (Constraint Summary)，比较约束条件两端的值.

· 对目标函数系数进行灵敏度分析 (Sensitivity Analysis of OBJ).

· 对约束条件右端常数进行灵敏度分析 (Sensitivity Analysis of RHS).

· 求解结果组合报告 (Combined Report)，显示详细综合分析报告.

· 进行参数分析 (Perform Parametric Analysis)，某个目标函数系数或约束条件右端常数带有参数，计算出参数的变化区间及其对应的最优解，属参数规划内容.

· 显示最终单纯形表 (Final Simplex Tableau).

· 显示另一个基本最优解 (Obtain Alternate Optimal)，存在多重解时，系统显示另一个基本最优解，对基本最优解凸组合可以得到最优解的通解.

· 显示系统运算时间和迭代次数 (Show Run Time Iteration).

· 不可行性分析(Infeasibility Analysis)，LP 无可行解，系统指出存在无可行解的原因.

· 无界性分析(Unboundedness Analysis)，LP 存在无界解，系统指出无界解可能原因.

(5) 保存结果. 求解后将结果显示在顶层窗口，点击菜单栏 File→Copy to Clipboard，系统将计算结果复制到剪贴板，再粘贴到 Excel 表格中即可.

(6) 单纯形表. 选择求解并显示单纯形法迭代步骤，系统显示初始单纯形表 1-26.

表　1-26

		X1	X2	Slack_C1	Slack_C2		
Basis	C(j)	1.0000	1.0000	0	0	R. H. S.	Ratio
Slack_C1	0	2.0000	1.0000	1.0000	0	2.0000	1.0000
Slack_C2	0	1.0000	3.0000	0	1.0000	3.0000	3.0000
	C(j)-Z(j)	1.0000	1.0000	0	0	0	

表 1-26 最后一行为检验数，如 X1 的检验数为 1；最后一列为比值(Ratio).

点击菜单栏 Simplex Iteration 选择 Next Iteration 继续迭代，还可以人工选择进基变量，或直接显示最终单纯形表.

(7) 模型形式转换. 点击菜单栏 Format→Switch to Normal Model Form，将图 1-8 所示电子表格转换成图 1-9 所示的模型形式，再点击一次转换成图 1-8 所示的电子表格.

例 1-22　求解下列线性规划问题：

$$\max z = x_1 + x_2$$

$$\text{s. t.}\begin{cases} x_1 + x_2 \leqslant 2 \\ x_1 + 3x_2 \leqslant 3 \\ x_1, x_2 \geqslant 0 \end{cases}$$

解　只需修改 LT1—21 中的原始数据，即单击约束条件 C1 的第 1 个系数 2→输入 1，就得到表 1-27. 点击 Edit→Problem Name，将问题名称改为 LT1-22.

表 1-27

Variable -->	X1	X2	Direction	R. H. S.
Maximize	1	1		
C1	1	1	<=	2
C2	1	3	<=	3
LowerBound	0	0		
UpperBound	M	M		
VariableType	Continuous	Continuous		

求解.点击菜单栏 Solve and Analyze,由表 1-28 得到其最优解为:当 $\boldsymbol{X}^*=[2\quad 0]^{\mathrm{T}}$ 时,最优值 $z^*=2$.且系统提示有无穷多最优解(Note:Alternate Solution Exists!!).

表 1-28

	Decision Variable	Solution Value	Unit Cost or Profit c(j)	Total Contribution	Reduced Cost	Basis Status	Allowable Min. c(j)	Allowable Max. c(j)
1	X1	2.0000	1.0000	2.0000	0	basic	1.0000	M
2	X2	0	1.0000	0	0	at bound	-M	1.0000
	Objective	Function	(Max.) =	2.0000	(Note:	Alternate	Solution	Exists!!)
	Constraint	Left Hand Side	Direction	Right Hand Side	Slack or Surplus	Shadow Price	Allowable Min. RHS	Allowable Max. RHS
1	C1	2.0000	<=	2.0000	0	1.0000	0	3.0000
2	C2	2.0000	<=	3.0000	1.0000	0	2.0000	M

例 1-23 求解下列线性规划问题:

$$\max z=x_1+x_2$$

$$\text{s.t.}\begin{cases}x_1+x_2\geqslant 2\\ x_1+3x_2\geqslant 3\\ x_1,x_2\geqslant 0\end{cases}$$

解 在 LT1-22 输入的原始数据表中,双击不等号,将两个不等号反向,即表 1-29.点击 Edit→Problem Name,将问题名称改为 LT1-23.

表 1-29

Variable -->	X1	X2	Direction	R. H. S.
Maximize	1	1		
C1	1	1	>=	2
C2	1	3	>=	3
LowerBound	0	0		
UpperBound	M	M		
VariableType	Continuous	Continuous		

求解.点击菜单栏 Solve and Analyze,系统提示该问题无有限最优解或无界解(the problem unbounded!),见图 1-10,运行得到表 1-30.

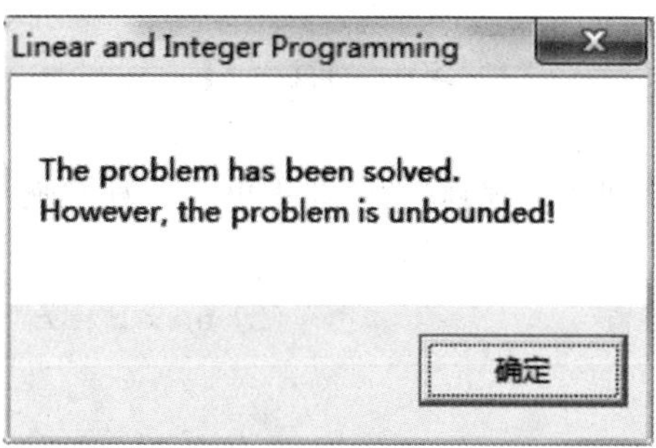

图　1-10

表　1-30

Unbounded	solution!!!	Make any of	the following	changes and	solve it again.
08-23-2014 03:36:16	Constraint	Decision Variable	Coefficient A(i,j)	Subtract More Than This From A(i,j)	Or Add More Than This To A(i,j)
	Change	the direction	of constraint	C2	

例 1-24　求解下列线性规划问题：

$$\max z = x_1 + x_2$$

$$\text{s. t.}\begin{cases} x_1 + x_2 \leqslant 2 \\ x_1 + 3x_2 \leqslant 3 \\ -x_1 + x_2 \geqslant 3 \\ x_1, x_2 \geqslant 0 \end{cases}$$

解　在 LT1-22 中，点击 Edit→Insert a Constraint→C3→OK，显示图 1-11. 输入相应约束数据.

求解. 点击菜单栏 Solve and Analyze，系统提示问题不存在可行解，见图 1-12，运行得到表 1-31.

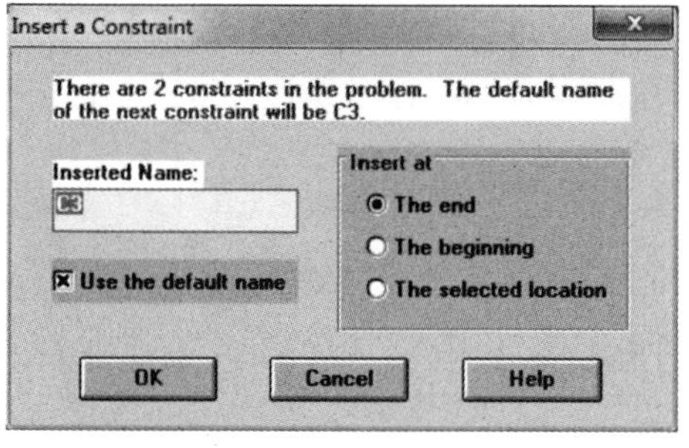

图　1-11

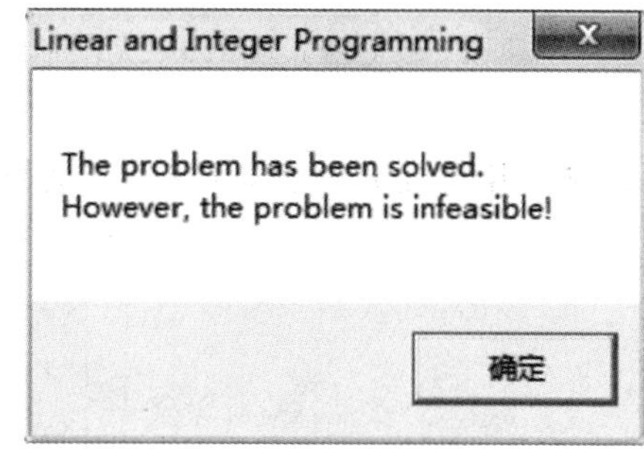

图　1-12

表　1-31

Infeasible	solution!!!	Make any of	the following	RHS changes	and solve the	problem again.
08-23-2014 03:38:34	Constraint	Direction	Right Hand Side	Shadow Price	Add More Than This To RHS	Add Up To This To RHS
1	C1	<=	2.0000	0	-1.0000	M
2	C2	<=	3.0000	0.3333	3.0000	3.0000
3	C3	>=	3.0000	0	-M	-2.0000

习 题 1

1-1 用图解法求解下列线性规划问题,并指出问题具有唯一最优解、无穷多最优解、无界解或无可行解.

(1) $\min z = x_1 + 3x_2$

$$\text{s.t.}\begin{cases} x_1 + x_2 \geqslant 20 \\ 6 \leqslant x_1 \leqslant 12 \\ x_2 \geqslant 2 \end{cases}$$

(2) $\max z = x_1 + 3x_2$

$$\text{s.t.}\begin{cases} x_1 + x_2 \geqslant 20 \\ 6 \leqslant x_1 \leqslant 12 \\ x_2 \geqslant 2 \end{cases}$$

(3) $\max z = 2x_1 - 2x_2$

$$\text{s.t.}\begin{cases} -2x_1 + x_2 \geqslant 2 \\ x_1 - x_2 \geqslant 1 \\ x_1, x_2 \geqslant 0 \end{cases}$$

(4) $\max z = x_1 + 2x_2$

$$\text{s.t.}\begin{cases} 2x_1 + 5x_2 \geqslant 12 \\ x_1 + 2x_2 \leqslant 8 \\ 0 \leqslant x_1 \leqslant 4 \\ 0 \leqslant x_2 \leqslant 3 \end{cases}$$

1-2 在下列线性规划问题中,找出所有基解.指出哪些是基可行解,并确定最优解.

(1) $\max z = 3x_1 + 5x_2$

$$\text{s.t.}\begin{cases} x_1 + x_3 = 4 \\ 2x_2 + x_4 = 12 \\ 3x_1 + 2x_2 + x_5 = 18 \\ x_j \geqslant 0, j = 1, 2, \cdots, 5 \end{cases}$$

(2) $\min z = 4x_1 + 12x_2 + 18x_3$

$$\text{s.t.}\begin{cases} x_1 + 3x_3 - x_4 = 3 \\ 2x_2 + 2x_3 - x_5 = 5 \\ x_j \geqslant 0, j = 1, 2, \cdots, 5 \end{cases}$$

1-3 将下列线性规划问题变换为标准规范型.

(1) $\min z = 2x_1 + 5x_2 - 3x_3$

$$\text{s.t.}\begin{cases} -x_1 + 2x_2 + x_3 = 5 \\ -x_1 + x_2 + 3x_3 \leqslant 10 \\ x_1 \leqslant 0, x_2 \geqslant 0, x_3 \text{ 无限制} \end{cases}$$

(2) $\max z = x_1 + 3x_2 - x_3 + x_4$

$$\text{s.t.}\begin{cases} x_1 + 2x_2 - 2x_3 + x_4 \leqslant 5 \\ 3x_1 - x_2 + 3x_3 + x_4 = -6 \\ x_1 - x_2 + 2x_4 \geqslant 3 \\ x_1, x_3 \geqslant 0, -1 \leqslant x_2 \leqslant 4, x_4 \leqslant 0 \end{cases}$$

1-4 用单纯形法求解下列线性规划问题:

$$\min z = -2x_1 - x_2$$

$$\text{s.t.}\begin{cases} 2x_1 + 5x_2 \leqslant 60 \\ x_1 + x_2 \leqslant 18 \\ 3x_1 + x_2 \leqslant 44 \\ x_1 \geqslant 0, \quad 0 \leqslant x_2 \leqslant 10 \end{cases}$$

1-5 分别用大 M 法或两阶段法求解下列线性规划问题,并指出最优解类型.

(1) $\min z = x_1 + 3x_2$

$$\text{s.t.}\begin{cases} 2x_1 - 3x_2 \geqslant 2 \\ -x_1 + x_2 \geqslant 3 \\ x_1, x_2 \geqslant 0 \end{cases}$$

(2) $\min z = 3x_1 + 4x_2 + 2x_3$

$$\text{s.t.}\begin{cases} x_1 + x_2 + x_3 + x_4 \geqslant 30 \\ 3x_1 + 6x_2 + x_3 - 2x_4 \geqslant 12 \\ x_j \geqslant 0, j = 1, 2, \cdots, 4 \end{cases}$$

(3) $\max z = 2x_1 - x_2 + 2x_3$

$$\text{s.t.} \begin{cases} -x_1 + x_2 + x_3 = 4 \\ -x_1 + x_2 - x_3 \leqslant 6 \\ x_j \geqslant 0, j = 1,2,3 \end{cases}$$

(4) $\max z = 2x_1 + x_2 + x_3$

$$\text{s.t.} \begin{cases} 2x_1 + x_2 + x_3 \geqslant 2 \\ x_1 + 2x_2 \leqslant 10 \\ 2x_1 + 4x_2 + x_3 \leqslant 8 \\ x_j \geqslant 0, j = 1,2,3 \end{cases}$$

1－6　(1) 证明有限个凸集的交集仍是凸集；

(2) 举例说明两个凸集的并集并不一定是凸集.

1－7　某企业生产需要 m 种资源，记为 $A_1, A_2 \cdots, A_m$，其拥有量分别为 $b_1, b_2, \cdots, b_m$，现用来生产 n 种产品，记为 $B_1, B_2, \cdots, B_n$. 产品 B_j 的每个单位利润为 c_j，又生产每个单位的 B_j 需消耗资源 A_i 的量为 $a_{ij}(i=1,2,\cdots,m; j=1,2,\cdots,n)$. 在现有资源条件下，企业应如何安排生产，使利润最大？建立这个资源利用问题的数学模型，并将其化为线性规划问题的标准型.

1－8　已知表 T1－1 为单纯形法计算过程中某一步的表格. 该线性规划的目标函数为 $\max z = 5x_1 + 3x_2$，约束条件为"$\leqslant$"类型的线性不等式，x_3, x_4 为松弛变量，表中解代入目标函数后得 $z=10$.

(1) 求 $a \sim g$ 的值.

(2) 表中给出的解是否为最优解？

表　T1－1

X_B	b	x_1	x_2	x_3	x_4
x_3	2	c	0	1	1/5
x_1	a	d	e	0	1
$c_j - z_j$		b	-1	f	g

1－9　表 T1－2 为某极大化线性规划的初始单纯形表和迭代后的单纯形表，x_4, x_5 为松弛变量，试求表中未知常数 $a \sim l$ 的值及变量下标 m, n, p, t 的值.

表　T1－2

C_B	X_B	b	x_1	x_2	x_3	x_4	x_5	θ
c_m	x_m	6	b	c	d	1	0	
c_n	x_n	1	-1	3	e	0	1	
$c_j - z_j$			a	1	-2	0	0	
c_p	x_p	f	g	2	-1	1/2	0	
c_t	x_t	4	h	i	1	1/2	1	
$c_j - z_j$			0	7	j	k	l	

1－10　某人有一笔 50 万元的资金，在今后 3 年内有以下投资项目.

(1) 项目 A：3 年内每年年初均可投资，每年年末获利为投资额的 20%；

(2) 项目 B：只允许第 1 年初投入，第 2 年年末可收回，本利合计为投资额的 150%，但此

类投资限额不超过 12 万元;

(3) 项目 C:第 2 年初投入,第 2 年末可收回,本利合计为投资额的 160%,此类投资限额 15 万元.

(4) 项目 D:第 3 年初允许投资,当年末回收,可获利 40%,投资限额不超过 10 万元.

试为该人确定一个使第 3 年末本利和最大的投资计划.

1-11 某昼夜服务的公交线路每天各时间区段内所需司机和乘务员数见表 T1-3.设司机和乘务员分别在各时间区段开始时上班,并连续工作 8 h,问该公交线路至少配置多少名司机和乘务员?请列出这个问题的线性规划模型.

表 T1-3

班次	时间	所需人数/人
1	6:00～10:00	60
2	10:00～14:00	70
3	14:00～18:00	60
4	18:00～22:00	50
5	22:00～2:00	20
6	2:00～6:00	30

1-12 某厂生产(Ⅰ,Ⅱ,Ⅲ)3 种产品,每种产品要经过 A,B 两道工序加工.设该厂有两种规格的设备能完成 A 工序,它们以 A_1,A_2 表示;有 3 种规格的设备能完成 B 工序,它们以 B_1,B_2,B_3 表示.产品Ⅰ可在 A,B 任何一种规格设备上加工;产品Ⅱ可在任何规格的 A 设备上加工,但完成 B 工序时,只能在 B_1 设备上加工;产品Ⅲ只能在 A_2 与 B_2 设备上加工.已知各种设备的单件工时、原材料费、产品销售价格、各种设备有效台时以及满负荷操作时的设备费用,见表 T1-4.要求安排最优的生产计划,使该厂的利润最大.

表 T1-4

单位:台时/件

设 备	产品			设备有效台时/h	满负荷时的设备费用/元
	Ⅰ	Ⅱ	Ⅲ		
A_1	5	10		6 000	300
A_2	7	9	12	10 000	321
B_1	6	8		4 000	250
B_2	4		11	7 000	783
B_3	7			4 000	200
原料费/(元/件)	0.25	0.35	0.50		
单价/(元/件)	1.25	2.00	2.80		

第 2 章　对偶理论与灵敏度分析

线性规划的理论发展中最重要的发现就是对偶问题，即每一个线性规划问题都有一个与它对应的对偶线性规划问题存在. 1954 年莱姆基提出的对偶单纯形法成为管理决策中进行灵敏度分析的重要工具. 对偶理论(Duality Theory, DT)和方法是线性规划的重要内容. 每一个线性规划问题必然有与之相伴而生的另一个线性规划问题，求解其中任何一个线性规划时，都会自动地给出另一个线性规划的最优解. 当对偶问题比原问题有较少约束时，求解对偶规划比求解原规划方便得多. 引进对偶的概念后，可以加深对线性规划理论的理解，扩大线性规划的应用范围.

2.1　对偶线性规划模型

2.1.1　对偶线性规划问题的提出

一般来说，对每个线性规划问题都伴随另一个线性规划问题，称为**对偶规划问题**，其中一个问题称为**原问题**(P)，则另一个称为**对偶问题**(D). 这两个问题有着非常密切的关系.

例 2-1　某工厂在计划期内要安排生产Ⅰ，Ⅱ两种产品，已知生产单位产品所需的设备台时及 A，B 两种原材料的消耗，见表 2-1.

表　2-1

资源＼产品	Ⅰ	Ⅱ	资源限制	
设　备	1 台时/件	2 台时/件	8 台时	y_1
原材料 A	4 kg/件		16 kg	y_2
原材料 B		4 kg/件	12 kg	y_3
利润/(元/件)	2	3		

问如何安排生产计划使工厂获利最多?

解　设 x_1, x_2 分别表示计划期内产品 Ⅰ 和产品 Ⅱ 的产量，则该生产计划模型为

$$\max z = 2x_1 + 3x_2$$

$$\text{s.t.}\begin{cases} x_1 + 2x_2 \leqslant 8 \\ 4x_1 \leqslant 16 \\ 4x_2 \leqslant 12 \\ x_1, x_2 \geqslant 0 \end{cases} \tag{2-1}$$

从另一个角度来讨论这一问题：

(1) 如果产品销售不景气,资源利用不充分. 管理者考虑要充分利用资源为企业创造利润,比如出租设备或出售资源.

(2) 资源市场活跃,有较大盈利机会,出租或出售的收益不小于自己生产产品的收益.

设 y_1 表示出租单位设备台时的收益,y_2,y_3 表示出售单位原材料 A,B的收益(对资源的估价),则生产单位产品 Ⅰ 消耗的资源出售或出租收益不小于生产单位产品 Ⅰ 的收益可表示为 $y_1+4y_2\geqslant 2$;生产单位产品 Ⅱ 消耗的资源出售或出租收益不小于生产单位产品 Ⅱ 的收益可表示为 $2y_1+4y_3\geqslant 3$;总收益表示为 $\omega=8y_1+16y_2+12y_3$. 可得如下线性规划模型,有

$$
\min \omega = 8y_1+16y_2+12y_3
$$

$$
\text{s.t.}\begin{cases} y_1+4y_2 \geqslant 2 \\ 2y_1+4y_3 \geqslant 3 \\ y_1,y_2,y_3 \geqslant 0 \end{cases} \tag{2-2}
$$

称这个规划问题为原问题的**对偶问题(对偶规划)**.

这两个线性规划问题的数学模型之间有如下 5 条对应关系,称之为**对称型对偶关系**.

(1) 两个线性规划问题的系数矩阵互为转置;

(2) 原问题(P) 的常数项是对偶问题(D) 的目标函数系数;反之,原问题(P) 的目标函数系数是对偶问题(D) 的常数项;

(3) 原问题(P) 有 n 个决策变量,对偶问题(D) 有 n 个约束方程;原问题(P) 有 m 个约束方程,对偶问题(D) 就有 m 个决策变量;

(4) 原问题(P) 的约束是"$\leqslant$"型,对偶问题(D) 的约束是"$\geqslant$"型;

(5) 原问题(P) 的目标函数是求极大,对偶问题(D) 的目标函数是求极小.

2.1.2 对称型对偶关系的一般形式

先讨论对称型对偶关系. 线性规划问题是非对称型的,可以先转换为对称型,然后再进行分析;也可以直接从非对称型进行分析.

线性规划问题式(2-1) 的一般形式为

$$
\max z = \sum_{j=1}^{n} c_j x_j
$$

$$
\text{s.t.}\begin{cases} \sum_{j=1}^{n} a_{ij}x_j \leqslant b_i, & i=1,2,\cdots,m \\ x_j \geqslant 0, & j=1,2,\cdots,n \end{cases} \tag{2-3}
$$

如果将式(2-3) 作为原问题,由原问题和对偶问题的 5 条对应关系可得其对偶问题为

$$
\min \omega = \sum_{i=1}^{m} b_i y_i
$$

$$
\text{s.t.}\begin{cases} \sum_{i=1}^{m} a_{ij}y_i \geqslant c_j, & j=1,2,\cdots,n \\ y_i \geqslant 0, & i=1,2,\cdots,m \end{cases} \tag{2-4}
$$

原问题式(2-3) 和对偶问题式(2-4) 之间的对应关系见表 2-2(对称型对偶关系表). 这

个表从行向看是原问题，从列向看就是对偶问题.

表　2 - 2

y_i \ x_j	x_1	x_2	$\cdots$	x_n	原关系	$\min \omega$
y_1	a_{11}	a_{12}	$\cdots$	a_{1n}	$\leqslant$	b_1
y_2	a_{21}	a_{22}	$\cdots$	a_{2n}	$\leqslant$	b_2
$\vdots$	$\vdots$	$\vdots$		$\vdots$	$\vdots$	$\vdots$
y_m	a_{m1}	a_{m2}	$\cdots$	a_{mn}	$\leqslant$	b_m
对偶关系	$\geqslant$	$\geqslant$	$\cdots$	$\geqslant$	$\max z = \min \omega$	
$\max z$	c_1	c_2	$\cdots$	c_n		

用矩阵形式表示原问题式(2 - 3) 和对偶问题式(2 - 4) 为

原问题(P)：$\max z = \boldsymbol{CX}, \boldsymbol{AX} \leqslant \boldsymbol{b}, \boldsymbol{X} \geqslant \boldsymbol{0}$，即

$$\max z = [c_1 \quad c_2 \quad \cdots \quad c_n][x_1 \quad x_2 \quad \cdots \quad x_n]^{\mathrm{T}}$$

$$\text{s. t.} \begin{bmatrix} a_{11} & a_{12} & \cdots & a_{1n} \\ a_{21} & a_{22} & \cdots & a_{2n} \\ \vdots & \vdots & & \vdots \\ a_{m1} & a_{m2} & \cdots & a_{mn} \end{bmatrix} \begin{bmatrix} x_1 \\ x_2 \\ \vdots \\ x_n \end{bmatrix} \leqslant \begin{bmatrix} b_1 \\ b_2 \\ \vdots \\ b_m \end{bmatrix} \tag{2-5}$$

$$[x_1 \quad x_2 \quad \cdots \quad x_n]^{\mathrm{T}} \geqslant 0$$

对偶问题(D)：$\min \omega = \boldsymbol{Yb}, \boldsymbol{YA} \geqslant \boldsymbol{C}, \boldsymbol{Y} \geqslant \boldsymbol{0}$，即

$$\min \omega = [y_1 \quad y_2 \quad \cdots \quad y_m][b_1 \quad b_2 \quad \cdots \quad b_m]^{\mathrm{T}}$$

$$\text{s. t.} [y_1 \quad y_2 \quad \cdots \quad y_m] \begin{bmatrix} a_{11} & a_{12} & \cdots & a_{1n} \\ a_{21} & a_{22} & \cdots & a_{2n} \\ \vdots & \vdots & & \vdots \\ a_{m1} & a_{m2} & \cdots & a_{mn} \end{bmatrix} \geqslant [c_1 \quad c_2 \quad \cdots \quad c_n] \tag{2-6}$$

$$[y_1 \quad y_2 \quad \cdots \quad y_m] \geqslant \boldsymbol{0}$$

2.1.3　非对称型对偶关系

一般线性规划问题中遇到非对称型对偶关系时，如原问题含有等式约束条件，按以下步骤处理.

设有等式约束条件的线性规划原问题为

$$\max z = \sum_{j=1}^{n} c_j x_j$$

$$\text{s. t.} \begin{cases} \sum_{j=1}^{n} a_{ij} x_j = b_i, & i = 1, 2, \cdots, m \\ x_j \geqslant 0, & j = 1, 2, \cdots, n \end{cases}$$

(1) 将等式约束条件表示成两个不等式约束条件,上述线性规划问题可表示为

$$\max z=\sum_{j=1}^{n}c_jx_j$$

$$\text{s.t.}\begin{cases}\sum_{j=1}^{n}a_{ij}x_j\leqslant b_i, & i=1,2,\cdots,m \quad (2-7a)\\ -\sum_{j=1}^{n}a_{ij}x_j\leqslant -b_i, & i=1,2,\cdots,m \quad (2-7b)\\ x_j\geqslant 0, & j=1,2,\cdots,n\end{cases}$$

设 y'_i 是对应式(2-7a) 的对偶变量,y''_i 是对应式(2-7b) 的对偶变量.

(2) 按对称型变换关系可写出其对偶问题,有

$$\min \omega=\sum_{i=1}^{m}b_iy'_i+\sum_{i=1}^{m}(-b_iy''_i)$$

$$\text{s.t.}\begin{cases}\sum_{i=1}^{m}a_{ij}y'_i+\sum_{i=1}^{m}(-a_{ij}y''_i)\geqslant c_j, & j=1,2,\cdots,n\\ y'_i,y''_i\geqslant 0, & i=1,2,\cdots,m\end{cases}$$

整理后得

$$\min \omega=\sum_{i=1}^{m}b_i(y'_i-y''_i)$$

$$\text{s.t.}\begin{cases}\sum_{i=1}^{m}a_{ij}(y'_i-y''_i)\geqslant c_j, & j=1,2,\cdots,n\\ y'_1,y''_2\geqslant 0, & i=1,2,\cdots,m\end{cases}$$

令 $y_i=y'_i-y''_i$,$y'_i,y''_i\geqslant 0$,显然 y_i 不受正、负限制,将其代入上述问题,得到对偶问题为

$$\min \omega=\sum_{i=1}^{m}b_iy_i$$

$$\text{s.t.}\begin{cases}\sum_{i=1}^{m}a_{ij}y_i\geqslant c_j, & j=1,2,\cdots,n\\ y_i\ \text{为无约束}, & i=1,2,\cdots,m\end{cases}$$

一般线性规划原问题含有不等式约束条件时,可依照上述步骤处理.

综上所述,线性规划的原问题与对偶问题的关系,其变换形式归纳为表 2-3(非对称型对偶关系表) 中所示的对应关系.

表　2-3

原问题(P)[或对偶问题(D)]	对偶问题(D)[或原问题(P)]
目标函数 $\max z$	目标函数 $\min \omega$
变量 $\begin{cases} n\text{个} \\ \geqslant 0 \\ \leqslant 0 \\ \text{无约束} \end{cases}$	$\left.\begin{matrix} n\text{个} \\ \geqslant \\ \leqslant \\ = \end{matrix}\right\}$ 约束条件
约束条件 $\begin{cases} m\text{个} \\ \leqslant \\ \geqslant \\ = \end{cases}$	$\left.\begin{matrix} m\text{个} \\ \geqslant 0 \\ \leqslant 0 \\ \text{无约束} \end{matrix}\right\}$ 变量
约束条件右端项	目标函数变量的系数
目标函数变量的系数	约束条件右端项

例 2-2　写出下列线性规划问题的对偶问题：

$$\min z = 2x_1 + 2x_2 + 4x_3$$

$$\text{s. t.}\begin{cases} 2x_1 + 3x_2 + 5x_3 \geqslant 2 \\ 3x_1 + x_2 + 7x_3 \leqslant 3 \\ x_1 + 4x_2 + 6x_3 \leqslant 5 \\ x_1, x_2, x_3 \geqslant 0 \end{cases} \tag{2-8}$$

解　**方法 1**　将非对称型原问题式(2-8)化为对称型一般形式(2-9)，有

$$\max z = -2x_1 - 2x_2 - 4x_3$$

$$\text{s. t.}\begin{cases} -2x_1 - 3x_2 - 5x_3 \leqslant -2 & (2\text{-}9\text{a}) \\ 3x_1 + x_2 + 7x_3 \leqslant 3 & (2\text{-}9\text{b}) \\ x_1 + 4x_2 + 6x_3 \leqslant 5 & (2\text{-}9\text{c}) \\ x_1, x_2, x_3 \geqslant 0 \end{cases}$$

设 y_1, y_2, y_3 是分别与约束条件式(2-9a)，(2-9b)，(2-9c)对应的对偶变量.

对称型原问题(2-9)的对偶问题为(D_1)；整理后，得到原问题式(2-8)的对偶问题为(D_2)，即

(D_1)　$\min \omega = -2y_1 + 3y_2 + 5y_3$

$$\text{s. t.}\begin{cases} -2y_1 + 3y_2 + y_3 \geqslant -2 \\ -3y_1 + y_2 + 4y_3 \geqslant -2 \\ -5y_1 + 7y_2 + 6y_3 \geqslant -4 \\ y_1, y_2, y_3 \geqslant 0 \end{cases}$$

(D_2)　$\max \omega = 2y_1 - 3y_2 - 5y_3$

$$\text{s. t.}\begin{cases} 2y_1 - 3y_2 - y_3 \leqslant 2 \\ 3y_1 - y_2 - 4y_3 \leqslant 2 \\ 5y_1 - 7y_2 - 6y_3 \leqslant 4 \\ y_1, y_2, y_3 \geqslant 0 \end{cases}$$

方法 2　将原问题式(2-8)对照表 2-3 的关系直接写出对偶问题为(D_3)；作变量代换：$y_1 = y'_1, y_2 = -y'_2, y_3 = -y'_3$，则对偶问题($D_3$)化为($D_4$)，即

(D$_3$) $\max \omega = 2y'_1 + 3y'_2 + 5y'_3$

$$\text{s.t.} \begin{cases} 2y'_1 + 3y'_2 + y'_3 \leqslant 2 \\ 3y'_1 + y'_2 + 4y'_3 \leqslant 2 \\ 5y'_1 + 7y'_2 + 6y'_3 \leqslant 4 \\ y'_1 \geqslant 0, y'_2 \leqslant 0, y'_3 \leqslant 0 \end{cases}$$

(D$_4$) $\max \omega = 2y_1 - 3y_2 - 5y_3$

$$\text{s.t.} \begin{cases} 2y_1 - 3y_2 - y_3 \leqslant 2 \\ 3y_1 - y_2 - 4y_3 \leqslant 2 \\ 5y_1 - 7y_2 - 6y_3 \leqslant 4 \\ y_1, y_2, y_3 \geqslant 0 \end{cases}$$

2.2 对偶问题的基本性质

在下述讨论中，假设线性规划原问题和对偶问题分别如式(2-5)和式(2-6)所示，则原问题和对偶问题之间存在如下基本性质.

性质 2-1 对称性 对偶问题的对偶是原问题.

证 设原问题为 $\max z = \boldsymbol{CX}, \boldsymbol{AX} \leqslant \boldsymbol{b}, \boldsymbol{X} \geqslant \boldsymbol{0}$，由对称变换关系可得其对偶问题为

$$\min \omega = \boldsymbol{Yb}, \quad \boldsymbol{YA} \geqslant \boldsymbol{C}, \quad \boldsymbol{Y} \geqslant \boldsymbol{0}$$

它与线性规划问题 $\max(-\omega) = -\boldsymbol{Yb}, -\boldsymbol{YA} \leqslant -\boldsymbol{C}, \boldsymbol{Y} \geqslant \boldsymbol{0}$ 等价.

再根据对称变换关系写出它的对偶问题为

$$\min(-\omega') = -\boldsymbol{CX}, \quad -\boldsymbol{AX} \geqslant -\boldsymbol{b}, \quad \boldsymbol{X} \geqslant \boldsymbol{0}$$

它与线性规划问题 $\max z = \boldsymbol{CX}, \boldsymbol{AX} \leqslant \boldsymbol{b}, \boldsymbol{X} \geqslant \boldsymbol{0}$ 等价，即为原问题.

性质 2-2 弱对偶性 若 $\bar{\boldsymbol{X}}$ 是原问题的可行解，$\bar{\boldsymbol{Y}}$ 是对偶问题的可行解，则存在 $\boldsymbol{C}\bar{\boldsymbol{X}} \leqslant \bar{\boldsymbol{Y}}\boldsymbol{b}$.

证 设原问题是 $\max z = \boldsymbol{CX}, \boldsymbol{AX} \leqslant \boldsymbol{b}, \boldsymbol{X} \geqslant \boldsymbol{0}$，根据对偶问题的对称变换关系，可得其对偶问题为

$$\min \omega = \boldsymbol{Yb}, \quad \boldsymbol{YA} \geqslant \boldsymbol{C}, \quad \boldsymbol{Y} \geqslant \boldsymbol{0}$$

因为 $\bar{\boldsymbol{X}}, \bar{\boldsymbol{Y}}$ 是可行解，即有 $\boldsymbol{A}\bar{\boldsymbol{X}} \leqslant \boldsymbol{b}, \bar{\boldsymbol{X}} \geqslant \boldsymbol{0}$ 及 $\bar{\boldsymbol{Y}}\boldsymbol{A} \geqslant \boldsymbol{C}, \bar{\boldsymbol{Y}} \geqslant \boldsymbol{0}$，给不等式 $\boldsymbol{A}\bar{\boldsymbol{X}} \leqslant \boldsymbol{b}$ 两边左乘 $\bar{\boldsymbol{Y}}$，得 $\bar{\boldsymbol{Y}}\boldsymbol{A}\bar{\boldsymbol{X}} \leqslant \bar{\boldsymbol{Y}}\boldsymbol{b}$；给不等式 $\bar{\boldsymbol{Y}}\boldsymbol{A} \geqslant \boldsymbol{C}$ 两边右乘 $\bar{\boldsymbol{X}}$，得 $\boldsymbol{C}\bar{\boldsymbol{X}} \leqslant \bar{\boldsymbol{Y}}\boldsymbol{A}\bar{\boldsymbol{X}}$，故

$$\boldsymbol{C}\bar{\boldsymbol{X}} \leqslant \bar{\boldsymbol{Y}}\boldsymbol{A}\bar{\boldsymbol{X}} \leqslant \bar{\boldsymbol{Y}}\boldsymbol{b}$$

这一性质说明互为对偶的线性规划问题，求极大值的线性规划的任意目标值都不会大于求极小值的线性规划的任意目标值. 原问题的任一可行解的目标值是对偶问题最优值的下界，对偶问题的任一可行解的目标值是原问题的最优值的上界.

性质 2-3 无界性 若原问题(对偶问题)为无界解，则其对偶问题(原问题)无可行解.

证 由弱对偶性显然已得.

这个问题的性质不存在逆. 当原问题(对偶问题)无可行解时，其对偶问题(原问题)或具有无界解或者无可行解. 例如下列一组对偶问题两者都无可行解.

原问题(对偶问题)

$$\max z = x_1 + x_2$$

$$\text{s.t.} \begin{cases} x_1 - x_2 \leqslant -1 \\ -x_1 + x_2 \leqslant -1 \\ x_1, x_2 \geqslant 0 \end{cases}$$

对偶问题(原问题)

$$\min \omega = -y_1 - y_2$$

$$\text{s.t.} \begin{cases} y_1 - y_2 \geqslant 1 \\ -y_1 + y_2 \geqslant 1 \\ y_1, y_2 \geqslant 0 \end{cases}$$

性质 2-4　最优性　若 $\hat{X}$ 是原问题的可行解，$\hat{Y}$ 是对偶问题的可行解，当 $C\hat{X}=\hat{Y}b$ 时，$\hat{X}$，$\hat{Y}$ 是最优解.

证　若 $C\hat{X}=\hat{Y}b$，由性质 2-2 弱对偶性可知，对偶问题的所有可行解 $\bar{Y}$ 都有 $\bar{Y}b\geqslant C\hat{X}$，因为 $C\hat{X}=\hat{Y}b$，所以有 $\bar{Y}b\geqslant\hat{Y}b$. 故 $\hat{Y}$ 是使目标函数取值最小的可行解，所以 $\hat{Y}$ 是最优解.

同理可证，对于原问题的所有可行解 $\bar{X}$，存在 $C\bar{X}\leqslant\hat{Y}b=C\hat{X}$，所以 $\hat{X}$ 也是最优解.

性质 2-5　对偶性　若原问题有最优解，那么对偶问题也有最优解，且目标函数值相等.

证　设 X^* 是原问题的最优解，它对应的基矩阵 B，必 $\exists\, C-C_BB^{-1}A\leqslant 0$ 和 $-C_BB^{-1}\leqslant 0$，即有 $Y^*A\geqslant C$，其中 $Y^*=C_BB^{-1}$，从而 Y^* 是对偶问题的可行解，其目标函数值

$$\omega=Y^*b=C_BB^{-1}b$$

原问题的最优解是 X^*，目标函数值

$$z=CX^*=C_BB^{-1}b=Y^*b$$

由最优性可知 Y^* 是最优解.

性质 2-6　互补松弛性　若 $\hat{X}$ 和 $\hat{Y}$ 分别是原问题和对偶问题的可行解，X_S 和 Y_S 分别是原问题和对偶问题松弛变量的可行解，$\hat{X}$ 和 $\hat{Y}$ 是最优解当且仅当 $Y_S\hat{X}=0$ 和 $\hat{Y}X_S=0$.

证　设原问题与对偶问题的标准型为

原问题　$\max z=CX$　　　　对偶问题　$\min \omega=Yb$

$$\text{s.t.}\begin{cases}AX+X_S=b\\X\geqslant 0\end{cases}\qquad\qquad \text{s.t.}\begin{cases}YA-Y_S=C\\Y\geqslant 0\end{cases}$$

$\hat{X}$ 和 $\hat{Y}$ 是最优解，由性质 2-4 知，$C\hat{X}=\hat{Y}b$，由于 X_S 和 Y_S 是松弛变量，则有

$$A\hat{X}+X_S=b(\text{左乘 }\hat{Y})\quad\Rightarrow\quad \hat{Y}A\hat{X}+\hat{Y}X_S=\hat{Y}b$$

$$\hat{Y}A-Y_S=C(\text{右乘 }\hat{X})\quad\Rightarrow\quad \hat{Y}A\hat{X}-Y_S\hat{X}=C\hat{X}$$

即 $-Y_S\hat{X}=\hat{Y}X_S$，因为 $\hat{X},\hat{Y},X_S,Y_S\geqslant 0$，所以有 $Y_S\hat{X}=0$ 和 $\hat{Y}X_S=0$.

反之，当 $Y_S\hat{X}=0$ 和 $\hat{Y}X_S=0$ 时，有

$$\begin{matrix}\hat{Y}A\hat{X}=\hat{Y}b\\\hat{Y}A\hat{X}=C\hat{X}\end{matrix}\quad\Rightarrow\quad C\hat{X}=\hat{Y}b$$

由性质 2-4 可知 $\hat{X}$ 和 $\hat{Y}$ 分别是原问题和对偶问题的最优解.

$Y_S\hat{X}=0$ 和 $\hat{Y}X_S=0$ 两式称为**互补松弛条件**，将互补松弛条件写成下式

$$\sum_{i=1}^{m}\hat{y}_ix_{si}=0;\quad \sum_{j=1}^{n}y_{sj}\hat{x}_j=0$$

由于变量都非负，要使和式等于零，则必定每一分量为零，因而有下列关系.

(1) 当 $\hat{y}_i>0$ 时，$x_{si}=0$，反之当 $x_{si}>0$ 时 $\hat{y}_i=0$；

(2) 当 $y_{sj}>0$ 时，$\hat{x}_j=0$，反之当 $\hat{x}_j>0$ 时 $y_{sj}=0$.

利用上述关系，可建立对偶问题的约束线性方程组，方程组的解即为最优解.

例 2-3　已知下列线性规划的最优解为 $X^*=[6\quad 2\quad 0]^{\mathrm{T}}$，求对偶问题的最优解.

$$\max z = 3x_1 + 4x_2 + x_3$$

$$\text{s. t.}\begin{cases} x_1 + 2x_2 + x_3 \leqslant 10 \\ 2x_1 + 2x_2 + x_3 \leqslant 16 \\ x_1, x_2, x_3 \geqslant 0 \end{cases}$$

解 该问题的对偶问题为

$$\min \omega = 10y_1 + 16y_2$$

$$\text{s. t.}\begin{cases} y_1 + 2y_2 \geqslant 3 \\ 2y_1 + 2y_2 \geqslant 4 \\ y_1 + y_2 \geqslant 1 \\ y_1, y_2 \geqslant 0 \end{cases}$$

因为 $x_1^* = 6 \neq 0, x_2^* = 2 \neq 0$，所以对偶问题的第一、第二个约束的松弛变量为零，即

$$\begin{cases} y_1 + 2y_2 = 3 \\ 2y_1 + 2y_2 = 4 \end{cases}$$

解此方程组得 $y_1^* = 1, y_2^* = 1$. 对偶问题的最优解为 $\boldsymbol{Y}^* = [1 \quad 1], \omega^* = 26$.

例 2-4 已知线性规划

$$\max z = 2x_1 + x_2 + 5x_3 + 6x_4$$

$$\text{s. t.}\begin{cases} 2x_1 \qquad\quad + x_3 + x_4 \leqslant 8 \\ 2x_1 + 2x_2 + x_3 + 2x_4 \leqslant 12 \\ x_1, x_2, \cdots, x_4 \geqslant 0 \end{cases}$$

及其对偶问题的最优解为 $y_1^* = 4, y_2^* = 1$. 用对偶性质求解原问题的最优解.

解 该问题的对偶问题为

$$\min \omega = 8y_1 + 12y_2$$

$$\text{s. t.}\begin{cases} 2y_1 + 2y_2 \geqslant 2 \\ \qquad\quad 2y_2 \geqslant 1 \\ y_1 + y_2 \geqslant 5 \\ y_1 + 2y_2 \geqslant 6 \\ y_1, y_2 \geqslant 0 \end{cases}$$

因其对偶问题最优解为 $y_1^* = 4, y_2^* = 1$，将它代入上述对偶模型，得到前两个约束为严格不等式，故 $x_1^* = x_2^* = 0$；又因 $y_1^*, y_2^* > 0$，故原问题约束的松弛变量为零，两个约束应取等式，即

$$\begin{cases} 2x_1 \qquad\quad + x_3 + x_4 = 8 \\ 2x_1 + 2x_2 + x_3 + 2x_4 = 12 \end{cases}$$

求解得到 $x_3^* = x_4^* = 4$，故原问题的最优解为 $\boldsymbol{X}^* = [0 \quad 0 \quad 4 \quad 4]^{\mathrm{T}}, z^* = 44$.

性质 2-7 设原问题是 $\max z = \boldsymbol{CX}, \quad \boldsymbol{AX} + \boldsymbol{X}_S = \boldsymbol{b}, \quad \boldsymbol{X}, \boldsymbol{X}_S \geqslant \boldsymbol{0}$，它的对偶问题为

$$\min \omega = \boldsymbol{Yb}, \quad \boldsymbol{YA} - \boldsymbol{Y}_S = \boldsymbol{C}, \quad \boldsymbol{Y}, \boldsymbol{Y}_S \geqslant \boldsymbol{0}$$

则原问题单纯形表的检验数行对应其对偶问题的一个基解，其对应关系见表 2-4.

表　2－4

$\boldsymbol{X}_B$	$\boldsymbol{X}_N$	$\boldsymbol{X}_S$
$\boldsymbol{0}$	$\boldsymbol{C}_N-\boldsymbol{C}_B\boldsymbol{B}^{-1}\boldsymbol{N}$	$-\boldsymbol{C}_B\boldsymbol{B}^{-1}$
$\boldsymbol{Y}_{S1}$	$-\boldsymbol{Y}_{S2}$	$-\boldsymbol{Y}$

这里 $\boldsymbol{Y}_{S1}$ 是对应原问题中基变量 $\boldsymbol{X}_B$ 的剩余变量，$\boldsymbol{Y}_{S2}$ 是对应原问题中非基变量 $\boldsymbol{X}_N$ 的剩余变量.

证　设 $\boldsymbol{B}$ 是原问题的一个可行基，于是 $\boldsymbol{A}=[\boldsymbol{B}\quad \boldsymbol{N}]$ 原问题可以改写为

$$\max z=\boldsymbol{C}_B\boldsymbol{X}_B+\boldsymbol{C}_N\boldsymbol{X}_N$$
$$\text{s. t.}\begin{cases}\boldsymbol{B}\boldsymbol{X}_B+\boldsymbol{N}\boldsymbol{X}_N+\boldsymbol{X}_S=\boldsymbol{b}\\ \boldsymbol{X}_B,\boldsymbol{X}_N,\boldsymbol{X}_S\geqslant\boldsymbol{0}\end{cases}$$

相应的对偶问题可表示为

$$\min \omega=\boldsymbol{Y}\boldsymbol{b}$$
$$\text{s. t.}\begin{cases}\boldsymbol{Y}\boldsymbol{B}-\boldsymbol{Y}_{S1}=\boldsymbol{C}_B & (2-10\text{a})\\ \boldsymbol{Y}\boldsymbol{N}-\boldsymbol{Y}_{S2}=\boldsymbol{C}_N & (2-10\text{b})\\ \boldsymbol{Y},\boldsymbol{Y}_{S1},\boldsymbol{Y}_{S2}\geqslant\boldsymbol{0}\end{cases}$$

这里 $\boldsymbol{Y}_S=[\boldsymbol{Y}_{S1}\quad \boldsymbol{Y}_{S2}]$.

当求得原问题的一个解 $\boldsymbol{X}_B=\boldsymbol{B}^{-1}\boldsymbol{b}$，其相应的检验数为 $\boldsymbol{C}_N-\boldsymbol{C}_B\boldsymbol{B}^{-1}\boldsymbol{N}$ 与 $-\boldsymbol{C}_B\boldsymbol{B}^{-1}$.

现分析这些检验数与对偶问题解之间的关系.

令 $\boldsymbol{Y}=\boldsymbol{C}_B\boldsymbol{B}^{-1}$，将它代入式(2－10a) 和式(2－10b) 中得

$$\begin{cases}-\boldsymbol{Y}_{S1}=\boldsymbol{0}\\ -\boldsymbol{Y}_{S2}=\boldsymbol{C}_N-\boldsymbol{C}_B\boldsymbol{B}^{-1}\boldsymbol{N}\end{cases}$$

由性质 2－7 可知，线性规划的原问题检验数的相反数对应于对偶问题的一组基解，其中第 j 个决策变量 x_j 的检验数的相反数对应于对偶问题第 j 个松弛变量 y_{sj} 的解，第 i 个松弛变量 x_{si} 检验数的相反数对应于第 i 个对偶变量 y_i 的解. 反之，对偶问题的检验数(注意：不乘负号)对应于原问题的一组基解.

例 2－5　已知线性规划

$$\max z=2x_1+3x_2$$
$$\text{s. t.}\begin{cases}2x_1+2x_2\leqslant 12\\ 4x_1\leqslant 16\\ 5x_2\leqslant 15\\ x_1,x_2\geqslant 0\end{cases}$$

完成下述任务：

(1) 用单纯形法求最优解；

(2) 求出每步迭代对应对偶问题的基解；

(3) 从最终表中写出对偶问题的最优解；

(4) 用公式 $\boldsymbol{Y}=\boldsymbol{C}_B\boldsymbol{B}^{-1}$ 求出对偶问题的最优解.

解 (1) 加入松弛变量 x_3,x_4,x_5 后,用单纯形法迭代,见表 2-5.

表 2-5

	c_j →		2	3	0	0	0	θ_i
$\boldsymbol{C}_B$	$\boldsymbol{X}_B$	$\boldsymbol{b}$	x_1	x_2	x_3	x_4	x_5	
0	x_3	12	2	2	1	0	0	6
0	x_4	16	4	0	0	1	0	—
0	x_5	15	0	[5]	0	0	1	3
$\sigma_j^{(1)}$		0	2	3	0	0	0	
	x_3	6	[2]	0	1	0	$-2/5$	3
	x_4	16	4	0	0	1	0	4
	x_2	3	0	1	0	0	1/5	—
$\sigma_j^{(2)}$		-9	2	0	0	0	$-3/5$	
	x_1	3	1	0	1/2	0	$-1/5$	
	x_4	4	0	0	-2	1	4/5	
	x_2	3	0	1	0	0	1/5	
$\sigma_j^{(3)}$		-15	0	0	-1	0	$-1/5$	

最优解为 $\boldsymbol{X}^*=[3\quad 3]^{\mathrm{T}}, z^*=\max z=15$.

(2) 设对偶变量 y_1,y_2,y_3,松弛变量为 y_4,y_5,$\boldsymbol{Y}=[y_1\quad y_2\quad y_3\quad y_4\quad y_5]$,由性质2-7及表2-4的关系得到对偶问题的基解$[y_1\quad y_2\quad y_3\quad y_4\quad y_5]=[-\sigma_3\quad -\sigma_4\quad -\sigma_5\quad -\sigma_1\quad -\sigma_2]$,即

第一次迭代中 $\sigma_j^{(1)}=[2\quad 3\quad 0\quad 0\quad 0]$,则 $\boldsymbol{Y}^{(1)}=[0\quad 0\quad 0\quad -2\quad -3]$.

第二次迭代中 $\sigma_j^{(2)}=[2\quad 0\quad 0\quad 0\quad -3/5]$,则 $\boldsymbol{Y}^{(2)}=[0\quad 0\quad 3/5\quad -2\quad 0]$.

第三次迭代中 $\sigma_j^{(3)}=[0\quad 0\quad -1\quad 0\quad -1/5]$,则 $\boldsymbol{Y}^{(3)}=[1\quad 0\quad 1/5\quad 0\quad 0]$.

(3) 因为表 2-5 为最优解,故 $\boldsymbol{Y}^*=\boldsymbol{Y}^{(3)}=[1\ 0\ 1/5\ 0\ 0]$ 为对偶问题的最优解.

(4) 表 2-5 中最终单纯形表中的最优基:

$$\boldsymbol{B}=[\boldsymbol{P}_1\quad \boldsymbol{P}_4\quad \boldsymbol{P}_2]=\begin{bmatrix}2 & 0 & 2\\4 & 1 & 0\\0 & 0 & 5\end{bmatrix}$$

$\boldsymbol{B}^{-1}$ 为表 2-5 最终单纯形表中 x_3,x_4,x_5 三列的系数,即

$$\boldsymbol{B}^{-1}=\begin{bmatrix}1/2 & 0 & -1/5\\-2 & 1 & 4/5\\0 & 0 & 1/5\end{bmatrix},\quad \boldsymbol{C}_B=[2\quad 0\quad 3]$$

因而对偶问题的最优解为

$$\boldsymbol{Y}^*=[y_1^*\quad y_2^*\quad y_3^*]=\boldsymbol{C}_B\boldsymbol{B}^{-1}=[2\quad 0\quad 3]\begin{bmatrix}1/2 & 0 & -1/5\\-2 & 1 & 4/5\\0 & 0 & 1/5\end{bmatrix}=[1\quad 0\quad 1/5]$$

2.3　影子价格

由对偶问题的性质可知，在单纯形法的每步迭代中有目标函数：

$$z=\sum_{j=1}^{n}c_jx_j=\boldsymbol{C}_B\boldsymbol{X}_B=\boldsymbol{C}_B\boldsymbol{B}^{-1}\boldsymbol{b}=\boldsymbol{Y}\boldsymbol{b}=\sum_{i=1}^{m}b_iy_i \tag{2-11}$$

$$\frac{\partial z}{\partial b_i}=y_i \quad i=1,2,\cdots,m \tag{2-12}$$

式中，b_i 是线性规划原问题约束条件的右端项，它代表第 i 种资源的拥有量；对偶变量 y_i 的经济意义是在其他条件不变的情况下，单位资源变化所引起的目标函数的最优值的变化. y_i 代表对一个单位第 i 种资源的估价，这种估价不是资源的市场价格，而是根据资源在生产中做出的贡献而做出的估价，为区别起见，称为**影子价格**.

(1) 资源的市场价格是已知数，相对比较稳定，而影子价格则依赖于资源的利用情况，是未知数. 当企业的生产任务、产品结构等情况发生变化，资源的影子价格也随之改变.

(2) 影子价格是一种边际价格，由式(2-12)可知 y_i 的值等于在给定的生产条件下，b_i 每增加一个单位时目标函数 z 的增量.

(3) 资源的影子价格实际上是一种机会成本. 在市场经济条件下，当某种资源的影子价格高于市场价格时，表明增加该种资源有利可图，企业应购进该种资源扩大生产规模；当影子价格低于市场价格，说明增加该种资源不能增加收益，这时不应该增加该种资源或将剩余资源卖掉.

(4) 由对偶问题的互补松弛性质可知，当 $y_i^*>0$ 时，$x_{si}=0$，反之，当 $x_{si}>0$ 时，$y_i^*=0$，这表明生产过程中如果某种资源的影子价格不为零时，表明该种资源在生产中已耗费完毕；当生产过程中如果某种资源没有得到充分利用时，该种资源的影子价格为零.

(5) 影子价格是企业生产过程中资源的一种隐含的潜在价值，表明单位资源的贡献. 因有

$$\sigma_j=c_j-\boldsymbol{C}_B\boldsymbol{B}^{-1}\boldsymbol{P}_j=c_j-\sum_{i=1}^{m}a_{ij}y_i \tag{2-13}$$

式中，c_j 代表第 j 种产品的单价，$\sum_{i=1}^{m}a_{ij}y_i$ 是生产单位产品所消耗各项资源的影子价格的总和，即单位产品的隐含成本，当产品单价大于隐含成本时，表明生产该项产品有利，可在生产计划中排产. 否则，用这些资源来生产其他产品直接租售更为有利，不应该在生产计划中排产，这也体现了单纯形法中检验数的经济意义.

2.4　对偶单纯形法

原问题与对偶问题的解之间的关系是：在单纯形表上进行迭代时，$\boldsymbol{b}$ 列得到的是原问题的一个基可行解，在检验数行得到的是对偶问题的一个基解. 单纯形法计算的基本思想是保持原问题为可行解的基础上，通过迭代，增大目标函数值，当对偶问题的解也为基可行解时，就达到了目标函数的最优值. 对偶单纯形法是根据对偶问题的对称性，其基本思想是保持对偶问题为基可行解，即 $c_j-\boldsymbol{C}_B\boldsymbol{B}^{-1}\boldsymbol{P}_j\leqslant 0$，通过迭代减少目标函数值，当原问题达到基可行解时，得到目标函数的最优值.

原问题为 $\max z=\boldsymbol{CX},\boldsymbol{AX}\leqslant\boldsymbol{b},\boldsymbol{X}\geqslant\boldsymbol{0}$,设 $\boldsymbol{B}$ 是一个基.不失一般性,令 $\boldsymbol{B}=[\boldsymbol{P}_1\ \boldsymbol{P}_2\ \cdots\ \boldsymbol{P}_m]$,它对应的基变量为 $\boldsymbol{X}_B=[x_1\quad x_2\quad\cdots\quad x_m]$.当非基变量都为零时,可得 $\boldsymbol{X}_B=\boldsymbol{B}^{-1}\boldsymbol{b}$.若在 $\boldsymbol{B}^{-1}\boldsymbol{b}$ 中至少有一个负分量,设 $(\boldsymbol{B}^{-1}\boldsymbol{b})_i<0$,并且在单纯形表的检验数行中的检验数都为非正,即对偶问题保持可行解,其各分量是

(1) 对应基变量 $x_1,x_2,\cdots,x_m$ 的检验数

$$\sigma_i=c_i-z_i=c_i-\boldsymbol{C}_B\boldsymbol{B}^{-1}\boldsymbol{P}_i=0,\quad i=1,2,\cdots,m$$

(2) 对应非基变量 $x_{m+1},x_{m+2},\cdots,x_n$ 的检验数

$$\sigma_j=c_j-z_j=c_j-\boldsymbol{C}_B\boldsymbol{B}^{-1}\boldsymbol{P}_j\leqslant 0,\quad j=m+1,m+2,\cdots,n$$

每次迭代是将基变量中的负分量 x_l 取出,去替换非基变量中的 x_k,经基变换,所有检验数仍保持非正.从原问题看,经过每次迭代,原问题由非可行解向可行解靠近.当原问题得到可行解时,就得到了最优解.

对偶单纯形法的条件是初始单纯形表中对偶问题可行,也就是极大化问题要求所有变量的检验数 $\sigma_j\leqslant 0$,极小化问题时检验数 $\sigma_j\geqslant 0$.

由对偶单纯形法的条件可知,并非所有线性规划问题都可以用这种方法.该方法最适合于下列线性规划问题:

$$\min z=\sum_{j=1}^{n}c_jx_j$$

$$\text{s.t.}\begin{cases}\sum\limits_{j=1}^{n}a_{ij}x_j\geqslant b_i, & i=1,2,\cdots,m\\ x_j\geqslant 0, & j=1,2,\cdots,n\end{cases}$$

式中,$c_j\geqslant 0,j=1,2,\cdots,n$.

对偶单纯形法的计算步骤:

(1) 建立线性规划初始单纯形表.检查常数项 $\boldsymbol{b}$ 列数字,若所有 $\boldsymbol{b}_i\geqslant 0(i=1,2,\cdots,m)$,检验数 $\sigma_j\leqslant 0$,则已得到最优解,停止计算.若 $\boldsymbol{b}$ 列数字中至少还有一个负分量,检验数保持非正,那么进行以下计算.

(2) 确定换出变量.选常数列中最小负数所对应行中的变量出基,即 $\min\{b_i\mid b_i<0\}=b_l$ 对应的基变量 x_l 为换出变量.

(3) 确定换入变量.在单纯形表中检查 x_l 所在行的各系数 $a_{lj}(j=1,2,\cdots,n)$.若所有的 $a_{lj}\geqslant 0$,则无可行解,停止计算.若存在 $a_{lj}<0$,计算

$$\theta_k=\min_j\left\{\frac{\sigma_j}{a_{lj}}\,\middle|\,a_{lj}<0\right\}$$

式中,σ_j 为非基变量的检验数;a_{lj} 为出基变量 x_l 对应的行系数,选最小比值 θ_k 的列对应的变量 x_k 为进基变量.

(4) 以 a_{lk} 为主元素,按原单纯形法在表中进行迭代计算,得到新的计算表.转到(1) 重复运算.

例 2-6 利用对偶单纯形法求解线性规划

$$\min z = 4x_1 + 3x_2 + 8x_3$$

$$\text{s. t.}\begin{cases} x_1 \quad + x_3 \geqslant 2 \\ \quad x_2 + 2x_3 \geqslant 5 \\ x_1, x_2, x_3 \geqslant 0 \end{cases}$$

解　(1) 现将此问题转化为以下形式，以便得到原问题的初始可行基，建立此问题的初始单纯形表，见表 2-6。

$$\max z = -4x_1 - 3x_2 - 8x_3$$

$$\text{s. t.}\begin{cases} -x_1 \quad - x_3 + x_4 \quad = -2 \\ \quad - x_2 - 2x_3 \quad + x_5 = -5 \\ x_j \geqslant 0, j = 1, 2, \cdots, 5 \end{cases}$$

表　2-6

c_j			-4	-3	-8	0	0
C_B	X_B	b	x_1	x_2	x_3	x_4	x_5
0	x_4	-2	-1	0	-1	1	0
0	x_5	-5	0	$[-1]$	-2	0	1
$\sigma_j = c_j - z_j$		0	-4	-3	-8	0	0

由表 2-6 可知，检验数行对应的对偶问题的解是可行解，因 b 列数字为负，故需要进行迭代运算.

(2) 换出变量的确定. 计算 $\min\{b_1, b_2\} = \min\{-2, -5\} = b_2 = -5$，故 x_5 为换出变量.

(3) 换入变量的确定. $\theta_2 = \min_j\left\{\frac{\sigma_j}{\sigma_{2j}} \middle| a_{2j} < 0\right\} = \min\left\{\frac{-3}{-1}, \frac{-8}{-2}\right\} = \frac{\sigma_2}{a_{22}} = 3$，故 x_2 为换入变量.

(4) 换入换出变量的行列交叉处 $a_{22} = -1$ 为主元素，进行迭代运算，结果见表 2-7.

表　2-7

c_j			-4	-3	-8	0	0
C_B	X_B	b	x_1	x_2	x_3	x_4	x_5
0	x_4	-2	-1	0	$[-1]$	1	0
0	x_2	5	0	1	2	0	-1
$\sigma_j = c_j - z_j$		15	-4	0	-2	0	-3

由表 2-7 可知，检验数行对应的对偶问题的解是可行解，因 b 列仍有负数字，故需要继续进行迭代运算.

(5) 换出变量的确定. $b_1 = -2$，故 x_4 为换出变量.

(6) 换入变量的确定. $\theta_3=\min\limits_j\left\{\dfrac{\sigma_j}{a_{1j}}\middle|a_{1j}<0\right\}=\min\left\{\dfrac{-4}{-1},\dfrac{-2}{1}\right\}=\dfrac{\sigma_3}{a_{13}}=2$，故 x_3 为换入变量.

(7) 换入换出变量的行列交叉处 $a_{13}=-1$ 为主元素，进行迭代运算，结果见表 2-8.

表 2-8

c_j			-4	-3	-8	0	0
$\boldsymbol{C_B}$	$\boldsymbol{X_B}$	$\boldsymbol{b}$	x_1	x_2	x_3	x_4	x_5
0	x_3	2	1	0	1	-1	0
0	x_2	1	-2	1	0	2	-1
$\sigma_j=c_j-z_j$		19	-2	0	0	-2	-3

此时，$\boldsymbol{b}$ 列数字全为正，检验数行全部小于等于零，故问题的最优解为 $\boldsymbol{X}^*=[0\quad 1\quad 2\quad 0\quad 0]^{\mathrm{T}}$，$z^*=19$.

用对偶单纯形法求解线性规划问题时，当约束条件为“$\geqslant$”时，不必引进人工变量，使计算简化. 但要求在初始单纯形表中其对偶问题是基本可行解，对多数线性规划问题很难实现，因此，对偶单纯形法很少单独使用，而主要应用于灵敏度分析和求解整数规划的割平面法中.

2.5 灵敏度分析

线性规划不再只是一种优化的计算方法，而是一种经济分析的工具. 对于一个线性规划问题，当参数变动时，原来的决策方案就要随之改变. 因此，当这些参数中的一个或者几个发生变化时，问题的最优解会有什么变化，或者这些参数在什么范围变化时，线性规划问题的最优解不变，这就是灵敏度分析(Sensitivity Analysis，SA)要研究解决的问题.

线性规划问题中，假定其系统参数 a_{ij}，b_i，c_j 都是常数. 但实际上这些参数往往是通过估计或预测得到的，带有不确定性. 例如价值系数 c_j 会随着市场竞争条件的变化而发生变化；技术系数 a_{ij} 往往因为生产工艺条件的变化而变化；资源系数 b_i 会随市场行情变化保有量发生改变. 当这些参数一个或几个发生变化时，原来的决策方案的变化方向及程度如何；或者在原来的决策方案不变的情况下，允许参数变化的程度与范围. 这是本节要讨论的问题.

线性规划问题中的一个或几个参数变化时，可以用单纯形法从头重新计算，以便得到新的最优解，但这种方法既麻烦又没有必要. 因为单纯形法迭代时，每次运算都和基变量的系数矩阵 $\boldsymbol{B}$ 有关，因此，可以通过发生变化的个别参数的直接计算得到最优解，在单纯形表中反映出来，这样就不需要从头计算，而直接对计算得到最优解的单纯形表进行检查和分析，看是否仍然满足最优解的条件，不满足的话，就可以从这个单纯形表出发进行迭代计算，求得最优解.

灵敏度分析的步骤如下：

(1) 将参数的改变计算反映到最终单纯形表中. 按以下公式计算出由参数 a_{ij}，b_i，c_j 的变化而引起的最终单纯形表上相关数字的变化：

$$\Delta\boldsymbol{b}'=\boldsymbol{B}^{-1}\Delta\boldsymbol{b}$$

$$\Delta\boldsymbol{P}'_i=\boldsymbol{B}^{-1}\Delta\boldsymbol{P}_i$$

$$\Delta(c_j - z_j)' = \Delta(c_j - z_j) - \sum_{i=1}^{m} a_{ij} y'_i$$

(2) 检查原问题是否仍为可行解；

(3) 检查对偶问题是否仍为可行解；

(4) 按表 2-9 所列情况进行处理.

表　2-9

原问题	对偶问题	结论或继续计算的步骤
可行解	可行解	仍然是问题的最优解
可行解	非可行解	用单纯形法继续迭代求最优解
非可行解	可行解	用对偶单纯形法继续迭代求最优解
非可行解	非可行解	引入人工变量，编制新的单纯形表重新计算

2.5.1　价值系数 c_j 的灵敏度分析

设线性规划

$$\max z = \boldsymbol{CX}, \quad \boldsymbol{AX} = \boldsymbol{b}, \quad \boldsymbol{X} \geqslant 0$$

存在最优解，设最优基的逆矩阵为 $\boldsymbol{B}^{-1}$，检验数为

$$\sigma_j = c_j - \boldsymbol{C}_B \boldsymbol{B}^{-1} \boldsymbol{P}_j, \quad j = 1,2,\cdots,n \quad 或 \quad \sigma_j = c_j - \sum_{i=1}^{m} a_{ij} y_i, \quad j = 1,2,\cdots,n$$

要使得最优解不变，即 c_j 变化为 $c'_j = c_j + \Delta c_j$ 后，检验数仍然是小于等于零，这时区分 c_j 是对应的非基变量和基变量两种情况讨论.

(1) c_j 是非基变量 x_j 的系数：

$$\sigma'_j = c'_j - \boldsymbol{C}_B \boldsymbol{B}^{-1} \boldsymbol{P}_j = c_j + \Delta c_j - \boldsymbol{C}_B \boldsymbol{B}^{-1} \boldsymbol{P}_j = c_j - \boldsymbol{C}_B \boldsymbol{B}^{-1} \boldsymbol{P}_j + \Delta c_j = \sigma_j + \Delta c_j \leqslant 0$$

即

$$\Delta c_j \leqslant -\sigma_j \tag{2-14}$$

当 $-\infty < c'_j \leqslant -\sigma_j + c_j$ 时，最优解保持不变，否则最优解就会发生变化.

(2) c_i 是基变量 x_i 的系数：

因为 $c_i \in \boldsymbol{C_B}$，当 c_i 变化为 $c_i + \Delta c_i$ 后检验数 σ_j 同时变化，令

$$\begin{aligned}\sigma'_j = c'_j - \boldsymbol{C}'_B \boldsymbol{B}^{-1} \boldsymbol{P}_j = c_j - (\boldsymbol{C}_B + \Delta \boldsymbol{C}_B) \boldsymbol{B}^{-1} \boldsymbol{P}_j = \sigma_j - \Delta \boldsymbol{C}_B \boldsymbol{B}^{-1} \boldsymbol{P}_j = \\ \sigma_j - [0 \quad \cdots \quad 0 \quad \Delta c_i \quad 0 \quad \cdots \quad 0][\bar{a}_{1j} \quad \bar{a}_{2j} \quad \cdots \quad \bar{a}_{mj}]^{\mathrm{T}} = \\ \sigma_j - \Delta c_i \bar{a}_{ij}\end{aligned}$$

若要原最优解不变，即必须满足 $\sigma'_j \leqslant 0$，于是得到

$$\bar{a}_{ij} < 0, \quad \Delta c_i \leqslant \sigma_j / \bar{a}_{ij}, \quad j = 1,2,\cdots,n$$

$$\bar{a}_{ij} > 0, \quad \Delta c_i \geqslant \sigma_j / \bar{a}_{ij}, \quad j = 1,2,\cdots,n$$

Δc_i 可变化的范围为

$$\max_j \left\{ \frac{\sigma_j}{\bar{a}_{ij}} \middle| \bar{a}_{ij} > 0 \right\} \leqslant \Delta c_i \leqslant \min_j \left\{ \frac{\sigma_j}{\bar{a}_{ij}} \middle| \bar{a}_{ij} < 0 \right\} \tag{2-15}$$

具体计算时可以按 $\bar{a}_{ij}$ 的符号分成两部分，分别求出比值，然后在比值为负值中取最大者

为 Δc_i 变化的下界，比值为正值中取最小值为 Δc_i 变化的上界，当出现 $\bar{a}_{ij}=0$ 时，$\bar{a}_{ij}$ 可能无上界或无下界.

例 2-7　某厂生产甲、乙两种产品，这两种产品都需要在 A,B,C 三种不同的设备上加工，每种产品在不同设备上加工所需要的时间，这些产品销售后所能获得的利润及这三种加工设备因各种条件限制所能使用的有效加工总时数，见表 2-10，试对产品利润进行灵敏度分析.

表　2-10

设备 \ 产品	甲	乙	有效工时 /h
A	3 h/ 件	9 h/ 件	540
B	5 h/ 件	5 h/ 件	450
C	9 h/ 件	3 h/ 件	720
利润 /(元 / 件)	70	30	

解　设 x_1,x_2 分别为甲、乙两种产品的产量，得线性规划模型为

$$\max z=70x_1+30x_2$$

$$\text{s. t.}\begin{cases}3x_1+9x_2\leqslant 540\\5x_1+5x_2\leqslant 450\\9x_1+3x_2\leqslant 720\\x_1,x_2\geqslant 0\end{cases}$$

利用单纯形法，求得最优解对应的最终单纯形表，见表 2-11.

表　2-11

	$c_j\rightarrow$		70	30	0	0	0
$\boldsymbol{C_B}$	$\boldsymbol{X_B}$	$\boldsymbol{b}$	x_1	x_2	x_3	x_4	x_5
0	x_3	180	0	0	1	$-12/5$	1
30	x_2	15	0	1	0	3/10	$-1/6$
70	x_1	75	1	0	0	$-1/10$	1/6
	σ_j	$-5\,700$	0	0	0	-2	$-20/3$

方法 1　因 c_1,c_2 均为最优解时对应基变量 x_1,x_2 的系数，由式(2-15)可得

$$-40=\frac{-20/3}{1/6}=\max_j\left(\frac{\sigma_j}{\bar{a}_{3j}}\bigg|\bar{a}_{3j}>0\right)\leqslant\Delta c_1\leqslant\min_j\left(\frac{\sigma_j}{\bar{a}_{3j}}\bigg|\bar{a}_{3j}<0\right)=\frac{-2}{-1/10}=20$$

$$-20/3=\frac{-2}{3/10}=\max_j\left(\frac{\sigma_j}{\bar{a}_{2j}}\bigg|\bar{a}_{2j}>0\right)\leqslant\Delta c_2\leqslant\min_j\left(\frac{\sigma_j}{\bar{a}_{2j}}\bigg|\bar{a}_{2j}<0\right)=\frac{-20/3}{-1/6}=40$$

$$30=70-40\leqslant c_1+\Delta c_1\leqslant 70+20=90$$

$$70/3=30-20/3\leqslant c_2+\Delta c_2\leqslant 30+40=70$$

即当 $30\leqslant c_1'\leqslant 90$，$70/3\leqslant c_2'\leqslant 70$ 时，最优解保持不变.

方法 2　设甲产品的利润 $c_1=70$ 发生该变量 Δc_1，将 $70+\Delta c_1$ 代入表 2-11 中计算见表 2-12.

表　2 - 12

$c_j \to$			$70+\Delta c_1$	30	0	0	0
C_B	X_B	b	x_1	x_2	x_3	x_4	x_5
0	x_3	180	0	0	1	$-12/5$	1
30	x_2	15	0	1	0	$3/10$	$-1/6$
$70+\Delta c_1$	x_1	75	1	0	0	$-1/10$	$1/6$
σ_j		$-5\,700-75\Delta c_1$	0	0	0	$-2+1/10\cdot\Delta c_1$	$-20/3-1/6\cdot\Delta c_1$

由表 2 - 12 可知，当 c_1 改变时，若要保持表 2 - 12 中的最优解，则由最优性判断条件知其检验数均需非正，有

$$\sigma_4=-2+\frac{1}{10}\Delta c_1\leqslant 0,\quad \Delta c_1\leqslant 20$$

$$\sigma_5=-\frac{20}{3}-\frac{1}{6}\Delta c_1\leqslant 0,\quad \Delta c_1\geqslant -40$$

故当 $30\leqslant c_1'\leqslant 90$ 时，最优解保持不变.

同理可得，当 c_2 发生改变量 Δc_2 时，将 $30+\Delta c_2$ 代入表 2 - 11 中计算，见表 2 - 13.

表　2 - 13

$c_j \to$			70	$30+\Delta c_2$	0	0	0
C_B	X_B	b	x_1	x_2	x_3	x_4	x_5
0	x_3	180	0	0	1	$-12/5$	1
$30+\Delta c_2$	x_2	15	0	1	0	$3/10$	$-1/6$
70	x_1	75	1	0	0	$-1/10$	$1/6$
σ_j		$-5\,700-15\Delta c_2$	0	0	0	$-2-3/10\cdot\Delta c_2$	$-20/3+1/6\cdot\Delta c_2$

由表 2 - 13 可知，要使 c_2 发生改变量 Δc_2 后最优解保持不变，借助最优性判断条件知其检验数均需非正：

$$\sigma_4=-2-\frac{1}{10}\Delta c_2\leqslant 0,\quad \Delta c_2\geqslant -\frac{20}{3}$$

$$\sigma_5=-\frac{20}{3}+\frac{1}{6}\Delta c_2\leqslant 0,\quad \Delta c_2\leqslant 40$$

故当 $70/3\leqslant c_2'\leqslant 70$ 时，最优解保持不变.

由两种算法比较可知，算法原理及来源相同，利用式(2 - 14)、式(2 - 15)的方法更加简单有效.

例 2 - 8　已知线性规划问题

$$\max z = x_1 + x_2 + 3x_3$$

$$\text{s. t.}\begin{cases} x_1 + x_2 + 2x_3 \leqslant 40 \\ x_1 + 2x_2 + x_3 \leqslant 20 \\ \quad\quad x_2 + x_3 \leqslant 15 \\ x_1, x_2, x_3 \geqslant 0 \end{cases}$$

(1) 求最优解；

(2) 若最优解不变，求 c_1, c_2, c_3 的变化范围.

解 (1) 加入松弛变量 x_4, x_5, x_6，单纯形法求解，最优解对应的最终单纯形表，见表2-14.

表 2-14

$c_j \rightarrow$			1	1	3	0	0	0
C_B	X_B	b	x_1	x_2	x_3	x_4	x_5	x_6
0	x_4	5	0	-2	0	1	-1	-1
1	x_1	5	1	1	0	0	1	-1
0	x_3	15	0	1	1	0	0	1
σ_j		-50	0	-3	0	0	-1	-2

线性规划问题的最优解为 $\boldsymbol{X}^* = [5 \quad 0 \quad 15]^{\mathrm{T}}$ 时，最优值 $z^* = 50$.

(2) 因 x_2 为对应最优解的非基变量，x_1, x_3 为对应最优解的基变量，所以由公式(2-14)，有

$$\Delta c_2 \leqslant -\sigma_2 = 3$$

即 $c_2' \leqslant c_2 - \sigma_2 = 4$. 故当 $c_2' \leqslant 4$ 时，最优解保持不变.

对于 c_1，表 2-14 中 x_1 对应行的系数 $\bar{a}_{2j}$ 中，对应于负检验数，只有一个负数 $\bar{a}_{26} = -1$，有两个正数 $\bar{a}_{22} = 1$ 及 $\bar{a}_{25} = 1$，则由公式(2-15)，有

$$-1 = \max\left\{\frac{-3}{1}, \frac{-1}{1}\right\} \leqslant \Delta c_1 \leqslant \min\left\{\frac{-2}{-1}\right\} = 2$$

即 $-1 \leqslant \Delta c_1 \leqslant 2$. 故当 $0 \leqslant c_1' \leqslant 3$ 时，最优解保持不变.

对于 c_3，表 2-14 中 x_3 对应行的系数 $\bar{a}_{3j}$ 中，对应于负检验数，只有两个正数 $\bar{a}_{32} = 1$，$\bar{a}_{36} = 1$，无负数，而 $\bar{a}_{35} = 0$，则由公式(2-15)，有

$$-2 = \max\left\{\frac{-3}{1}, \frac{-2}{1}\right\} \leqslant \Delta c_3$$

即 $\Delta c_3 \geqslant -2$. 故当 $c_3' \geqslant 1$ 时，最优解保持不变.

2.5.2 资源系数 b_i 的灵敏度分析

当资源系数 $\boldsymbol{b}_r$ 发生变化，即 $\boldsymbol{b}_r' = \boldsymbol{b}_r + \Delta \boldsymbol{b}_r$. 此时，最终单纯形表中原问题的解相应的变为

$$\boldsymbol{X}_B' = \boldsymbol{B}^{-1}(\boldsymbol{b} + \Delta \boldsymbol{b})$$

其中 $\Delta \boldsymbol{b} = [0 \quad \cdots \quad 0 \quad \Delta b_r \quad 0 \quad \cdots \quad 0]^{\mathrm{T}}$. 只要 $\boldsymbol{X}_B' \geqslant \boldsymbol{0}$，因为最终单纯形表中检验数不变，所以最优基不变，但最优解的值发生了变化，所以 $\boldsymbol{X}_B'$ 为新的最优解点.

新的最优解的值可允许变化范围可以用下述方法确定：

$$X'_B = B^{-1}(b+\Delta b) = B^{-1}b + B^{-1}\Delta b = X_B + B^{-1}\Delta b$$

$$B^{-1}\Delta b = \Delta b_r\begin{bmatrix}\bar{a}_{1r}\\ \bar{a}_{2r}\\ \vdots\\ \bar{a}_{mr}\end{bmatrix},\quad X'_B = \begin{bmatrix}\bar{b}_1\\ \bar{b}_2\\ \vdots\\ \bar{b}_m\end{bmatrix} + \Delta b_r\begin{bmatrix}\bar{a}_{1r}\\ \bar{a}_{2r}\\ \vdots\\ \bar{a}_{mr}\end{bmatrix} = \begin{bmatrix}\bar{b}_1+\Delta b_r\bar{a}_{1r}\\ \bar{b}_2+\Delta b_r\bar{a}_{2r}\\ \vdots\\ \bar{b}_m+\Delta b_r\bar{a}_{mr}\end{bmatrix} \geqslant \mathbf{0}$$

同时满足 $\bar{b}_i + \Delta b_r\bar{a}_{ir} \geqslant 0 (i=1,2,\cdots,m)$，即

$$\bar{a}_{ir} < 0,\quad \Delta b_r \leqslant -\frac{\bar{b}_i}{\bar{a}_{ir}},\quad i=1,2,\cdots,m$$

$$\bar{a}_{ir} > 0,\quad \Delta b_r \geqslant -\frac{\bar{b}_i}{\bar{a}_{ir}},\quad i=1,2,\cdots,m$$

故最优基不变的情况下，Δb_r 允许变化的范围是

$$\max_i\left\{-\frac{\bar{b}_i}{\bar{a}_{ir}}\middle|\bar{a}_{ir} > 0\right\} \leqslant \Delta b_r \leqslant \min_i\left\{-\frac{\bar{b}_i}{\bar{a}_{ir}}\middle|\bar{a}_{ir} < 0\right\} \tag{2-16}$$

这个公式与求 Δc_i 的上下界的公式类似，比值的分子都是非负，分母是 B^{-1} 中第 r 列的元素，Δb_r 以比值小于零的最大值为下界，以比值大于零的最小值为上界. 当某个 $\bar{a}_{ir}$ 为零时，Δb_r 可能无上界或无下界.

例 2－9　求例 2－8 的 b_1, b_2, b_3 在什么范围内变化时，原最优基不变.

解　由例 2－8 最优解对应的最终单纯形表 2－14 可知，最优基 B, B^{-1}, X_B 分别为

$$B = [P_4\quad P_1\quad P_3] = \begin{bmatrix}1&1&2\\0&1&1\\0&0&1\end{bmatrix},\quad B^{-1} = (\bar{a}_{ij}) = \begin{bmatrix}1&-1&-1\\0&1&-1\\0&0&1\end{bmatrix},\quad X_B = \begin{bmatrix}\bar{b}_1\\ \bar{b}_2\\ \bar{b}_3\end{bmatrix} = \begin{bmatrix}5\\5\\15\end{bmatrix}$$

对于 b_1，比值中的分母取 B^{-1} 的第 1 列，其中只有一个非零正分量 $\bar{a}_{11}=1$，而 $\bar{a}_{21}=0$，$\bar{a}_{31}=0$，则由公式(2－16)，有

$$-5 = \left\{-\frac{5}{1}\right\} \leqslant \Delta b_1$$

Δb_1 无上界，即 $\Delta b_1 \geqslant -5$，则 $b'_1 = b_1 + \Delta b_1 \geqslant 35$，故保持最优基不变，$b'_1$ 的允许变化范围是$[35, +\infty)$.

对于 b_2，比值中的分母取 B^{-1} 的第 2 列，其中有正负非零分量 $\bar{a}_{12}=-1$，$\bar{a}_{22}=1$ 各一个，则由公式(2－16)，有

$$-5 = \left\{-\frac{5}{1}\right\} \leqslant \Delta b_2 \leqslant \left\{-\frac{5}{-1}\right\} = 5$$

即 $15 \leqslant b'_2 \leqslant 25$，故保持最优基不变，$b'_2$ 的允许变化范围是$[15, 25]$.

对于 b_3，比值中的分母取 B^{-1} 的第 3 列，其中有两个负分量 $\bar{a}_{13}=\bar{a}_{23}=-1$ 和一个正分量 $\bar{a}_{33}=1$，则由公式(2－16)，有

$$-15 = \left\{-\frac{15}{1}\right\} \leqslant \Delta b_3 \leqslant \min\left\{-\frac{5}{-1}, -\frac{5}{-1}\right\} = 5$$

即 $0 \leqslant b'_3 \leqslant 20$，故保持最优基不变，$b'_3$ 的允许变化范围是$[0, 20]$.

例 2－10　对例 2－7 的线性规划问题右端常数项进行灵敏度分析.

解　从最优解的最终单纯形表 2－11 得

$$B=[P_3 \quad P_2 \quad P_1]=\begin{bmatrix}1&9&3\\0&5&5\\0&3&9\end{bmatrix},\quad B^{-1}=\begin{bmatrix}1&-12/5&1\\0&3/10&-1/6\\0&-1/10&1/6\end{bmatrix},\quad b=\begin{bmatrix}540\\450\\720\end{bmatrix},\quad \bar{b}=\begin{bmatrix}180\\15\\75\end{bmatrix}$$

对于 b_1，比值中的分母取 B^{-1} 的第 1 列，其中只有一个非零正分量 $\bar{a}_{11}=1$，而 $\bar{a}_{21}=\bar{a}_{31}=0$，则由公式(2-16)，有

$$-180=\left\{-\frac{180}{1}\right\}\leqslant \Delta b_1$$

Δb_1 无上界且 $\Delta b_1\geqslant -180$，即 $b_1'\geqslant 360$，故保持最优基不变，b_1' 允许的变化范围是 $[360,+\infty)$.

对于 b_2，比值中的分母取 B^{-1} 的第 2 列，其中有一个非零正分量 $\bar{a}_{22}=3/10$ 和两个负分量 $\bar{a}_{12}=-12/5$，$\bar{a}_{32}=-1/10$，则由公式(2-16)，有

$$-50=\left\{-\frac{15}{3/10}\right\}\leqslant \Delta b_2\leqslant \min\left\{-\frac{180}{-12/5},\quad -\frac{75}{-1/10}\right\}=75$$

即 $400\leqslant b_2'\leqslant 525$，故保持最优基不变，$b_2'$ 允许的变化范围是 $[400,525]$.

对于 b_3，比值中的分母取 B^{-1} 的第 3 列，其中有两个非零正分量 $\bar{a}_{13}=1$，$\bar{a}_{33}=1/6$ 和一个负分量 $\bar{a}_{23}=-1/6$，则由公式(2-16) 有

$$-180=\max\left\{-\frac{180}{1},-\frac{75}{1/6}\right\}\leqslant \Delta b_3\leqslant \left\{-\frac{15}{-1/6}\right\}=90$$

即 $540\leqslant b_3'\leqslant 810$，故保持最优基不变，$b_3'$ 允许的变化范围是 $[540,810]$.

此时所对应的单纯形表，见表 2-15

表 2-15

	$c_j\rightarrow$		70	30	0	0	0
C_B	X_B	b	x_1	x_2	x_3	x_4	x_5
0	x_3	$180+\Delta b_3$	0	0	1	$-12/5$	1
30	x_2	$15-1/6\cdot\Delta b_3$	0	1	0	3/10	$-1/6$
70	x_1	$75+1/6\cdot\Delta b_3$	1	0	0	$-1/10$	1/6
σ_j		$-5\,700-20/3\cdot\Delta b_3$	0	0	0	-2	$-20/3$

2.5.3 技术系数 a_{ij} 的变化

分两种情况来讨论技术系数 a_{ij} 的变化，下面以具体例子来说明.

例 2-11 原规划中是否增加新产品分析 以例 2-1 为例，设该厂生产产品 Ⅰ，Ⅱ 外，现有一种新产品 Ⅲ. 已知生产新产品 Ⅲ，每件需消耗原材料 A，B 各为 6 kg 和 3 kg，使用设备 2 台时，每件可获利 5 元. 问该厂是否生产该产品以及生产多少？

解 分析该问题的步骤是：

(1) 用单纯形法计算例 2-1 可得最终单纯形表，见表 2-16.

表　2-16

$c_j \rightarrow$			2	3	0	0	0
C_B	X_B	b	x_1	x_2	x_3	x_4	x_5
2	x_1	4	1	0	0	1/4	0
0	x_5	4	0	0	−2	1/2	1
3	x_2	2	0	1	1/2	−1/8	0
σ_j		−14	0	0	−3/2	−1/8	0

$$\boldsymbol{B}=\begin{bmatrix}1 & 0 & 2\\4 & 0 & 0\\0 & 1 & 4\end{bmatrix},\quad \boldsymbol{B}^{-1}=\begin{bmatrix}0 & 1/4 & 0\\-2 & 1/2 & 1\\1/2 & -1/8 & 0\end{bmatrix}$$

设生产新产品 Ⅲ 为 x_3'件，其技术系数向量 $\boldsymbol{P}_3'=[2\quad 6\quad 3]^{\mathrm{T}}$，计算最终单纯形表中对应$x_3'$的检验数 $\sigma_3'=c_3'-\boldsymbol{C_B B}^{-1}\boldsymbol{P}_3'=5-[3/2\quad 1/8\quad 0][2\quad 6\quad 3]^{\mathrm{T}}=5/4>0$，未达到最优，说明安排生产新产品 Ⅲ 是有利的.

(2) 计算产品 Ⅲ 在最终表中对应 x_3'的列向量，有

$$\boldsymbol{B}^{-1}\boldsymbol{P}_3'=\begin{bmatrix}0 & 1/4 & 0\\-2 & 1/2 & 1\\1/2 & -1/8 & 0\end{bmatrix}\begin{bmatrix}2\\6\\3\end{bmatrix}=\begin{bmatrix}3/2\\2\\1/4\end{bmatrix}$$

并将(1) (2) 中计算结果填入最终计算表，见表 2-17.

表　2-17

$c_j \rightarrow$			2	3	0	0	0	5	θ_i
C_B	X_B	b	x_1	x_2	x_3	x_4	x_5	x_3'	
2	x_1	4	1	0	0	1/4	0	3/2	8/3
0	x_5	4	0	0	−2	1/2	1	[2]	2
3	x_2	2	0	1	1/2	−1/8	0	1/4	8
σ_j		−14	0	0	−3/2	−1/8	0	5/4	

由于 $\boldsymbol{b}$ 列的数字没有变化，原问题的解是可行解. 但检验数行中还有正检验数，说明目标函数值还可以改善.

(3) 将 x_3'作为换入变量，x_5 作为换出变量，进行迭代，求出最优解. 计算结果见表 2-18.

表　2-18

$c_j \rightarrow$			2	3	0	0	0	5	θ_i
C_B	X_B	b	x_1	x_2	x_3	x_4	x_5	x_3'	
2	x_1	1	1	0	3/2	−1/8	−3/4	0	
5	x_3'	2	0	0	−1	1/4	1/2	1	
3	x_2	3/2	0	1	3/4	−3/16	−1/8	0	
σ_j		−33/2	0	0	−1/4	−7/16	−5/8	0	

这时得最优解为 $x_1=1, x_2=3/2, x'_3=2$，总利润为16.5元．比原计划增加了2.5元．

例2-12　原规划中生产工艺变化分析　仍以例2-1为例，若原计划生产产品Ⅰ的工艺结构有了改进，这时有关它的技术系数向量变为 $\boldsymbol{P}'_1=[2\quad 5\quad 2]^{\mathrm{T}}$，每件利润为4元，试分析对原生产计划有什么影响？

解　把改进工艺结构的产品Ⅰ看作产品Ⅰ′，设 x'_1 为其产量．计算在最终单纯形表中对应 x'_1 的列向量，并以 x'_1 代替 x_1，则有

$$\boldsymbol{B}^{-1}\boldsymbol{P}'_1=\begin{bmatrix}0 & 1/4 & 0\\ -2 & 1/2 & 1\\ 1/2 & -1/8 & 0\end{bmatrix}\begin{bmatrix}2\\5\\2\end{bmatrix}=\begin{bmatrix}5/4\\1/2\\3/8\end{bmatrix}$$

同时计算出 x'_1 检验数为

$$\sigma'_1=c'_1-\boldsymbol{C}_B\boldsymbol{B}^{-1}\boldsymbol{P}'_1=4-[3/2\quad 1/8\quad 0][2\quad 5\quad 2]^{\mathrm{T}}=3/8>0$$

将以上计算结果填入最终单纯形表 x_1 的列向量位置，见表2-19

表　2-19

$c_j \rightarrow$			4	3	0	0	0	
$\boldsymbol{C}_B$	$\boldsymbol{X}_B$	$\boldsymbol{b}$	x'_1	x_2	x_3	x_4	x_5	θ_i
2	x'_1	4	[5/4]	0	0	1/4	0	16/5
0	x_5	4	1/2	0	−2	1/2	1	8
3	x_2	2	3/8	1	1/2	−1/8	0	16/3
σ_j			3/8	0	−3/2	−1/8	0	

可见 x'_1 为换入变量，经过迭代得最终单纯形表，见表2-20.

表　2-20

$c_j \rightarrow$			4	3	0	0	0
$\boldsymbol{C}_B$	$\boldsymbol{X}_B$	$\boldsymbol{b}$	x'_1	x_2	x_3	x_4	x_5
4	x'_1	16/5	1	0	0	1/5	0
0	x_5	12/5	0	0	−2	2/5	1
3	x_2	4/5	0	1	1/2	−1/5	0
σ_j		−76/5	0	0	−3/2	−1/5	0

上表表明原问题和对偶问题的解都是可行解，所以表中的结果已是最优解，即当生产产品Ⅰ′ 16/5件，生产产品Ⅱ 4/5件，可获利76/5元，比原生产计划多获利1.2元．

2.6　WinQSB 软件应用

对偶规划实质是线性规划，WinQSB软件计算中调用的仍是线性规划与整数规划(LP&ILP)子程序，并进一步熟悉WinQSB软件的基本内容，掌握软件的基本操作以及相关基本术语．

现在以例题方式介绍WinQSB软件求解线性规划的对偶规划问题的操作步骤及应用．

例 2-13　已知线性规划

$$\max z = 4x_1 + 2x_2 + 3x_3$$

$$\text{s. t.}\begin{cases} 2x_1 + 2x_2 + 4x_3 \leqslant 100 \\ 3x_1 \ \ + x_2 + 6x_3 \leqslant 100 \\ 3x_1 \ \ + x_2 + 2x_3 \leqslant 120 \\ x_j \geqslant 0, j = 1,2,3 \end{cases}$$

完成以下任务：

(1) 写出对偶线性规划，变量用 y 表示；

(2) 求原问题及对偶问题的最优解；

(3) 分别写出价值系数 c_j 及右端常数的最大允许变化范围；

(4) 目标函数系数改为 $\boldsymbol{C}=[5\quad 3\quad 6]$，同时常数改为 $\boldsymbol{b}=[120\quad 140\quad 100]^{\mathrm{T}}$，求最优解；

(5) 增加设备约束 $6x_1 + 5x_2 + x_3 \leqslant 200$ 和变量 x_4，系数 $c_4=7$，$[a_{14}\quad a_{24}\quad a_{34}\quad a_{44}]^{\mathrm{T}}=[5\quad 4\quad 1\quad 2]^{\mathrm{T}}$. 求最优解；

(6)在第(5) 问的模型中删除第 2 个约束，求最优解.

解　启动线性规划与整数规划(LP&ILP)程序.

点击开始→程序→WinQSB→Linear and Integer Programming.

建立新问题，输入标题 LT2-13，输入数据得到表 2-21，存盘.

表　2-21

Variable -->	X1	X2	X3	Direction	R. H. S.
Maximize	4	2	3		
C1	2	2	4	<=	100
C2	3	1	6	<=	100
C3	3	1	2	<=	120
LowerBound	0	0	0		
UpperBound	M	M	M		
VariableType	Continuous	Continuous	Continuous		

(1) 点击 Format→Switch to Dual Form，得到对偶问题的数据表，点击 Edit→Constraint Name，分别将 C1, C2, C3 修改为 Y1, Y2, Y3，见图 2-1，点击 OK 后得到以 y 为变量名的对偶规划模型，点击 Format→Switch to Normal Model Form，得到对偶规划一般模型，见图2-2.

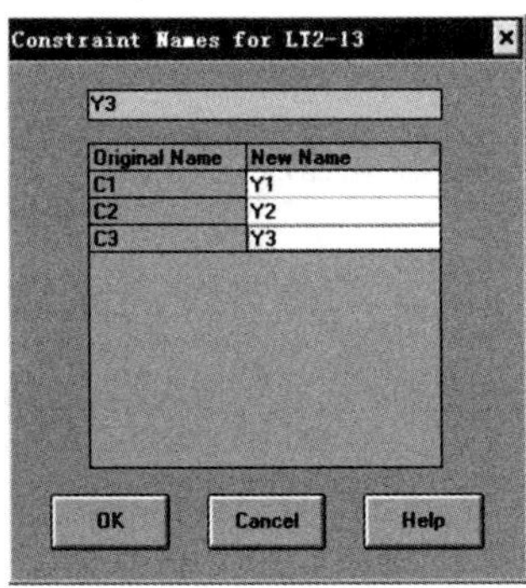

图　2-1

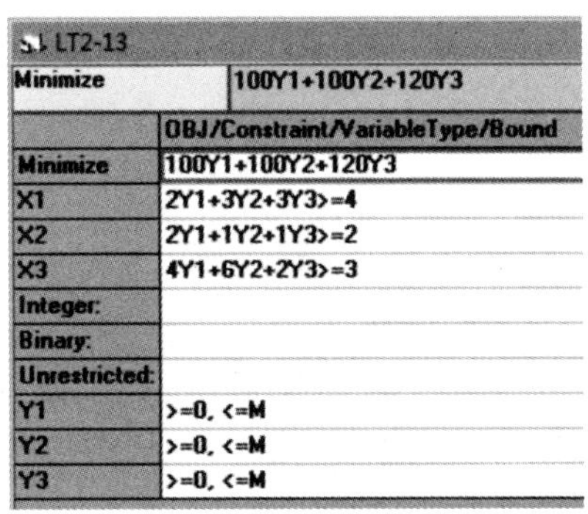

图　2-2

(2) 再求一次对偶返回到原线性规划问题,求解模型得最优解为 $\boldsymbol{X}^*=[25\quad 25\quad 0]^{\mathrm{T}}$, $z^*=150$. 表中影子价格(shadow price)对应列的数据是对偶问题最优解为 $\boldsymbol{Y}^*=[1/2\quad 1\quad 0]$, $z^*=150$. 见表 2-22.

表 2-22

Decision Variable	Solution Value	Unit Cost or Profit c(j)	Total Contribution	Reduced Cost	Basis Status	Allowable Min. c(j)	Allowable Max. c(j)
X1	25.0000	4.0000	100.0000	0	basic	2.0000	6.0000
X2	25.0000	2.0000	50.0000	0	basic	1.3333	4.0000
X3	0	3.0000	0	-5.0000	at bound	-M	8.0000
Objective	Function	(Max.) =	150.0000				
Constraint	Left Hand Side	Direction	Right Hand Side	Slack or Surplus	Shadow Price	Allowable Min. RHS	Allowable Max. RHS
C1	100.0000	<=	100.0000	0	0.5000	66.6667	200.0000
C2	100.0000	<=	100.0000	0	1.0000	50.0000	120.0000
C3	100.0000	<=	120.0000	20.0000	0	100.0000	M

(3) 由表 2-22 最后两列价值系数 $c_j\,(j=1,2,3)$ 的最大允许变化范围分别是 $[2,6]$, $[4/3,4]$, $(-\infty,8]$, 右端常数 $b_i\,(i=1,2,3)$ 的最大允许变化范围分别是 $[200/3,200]$, $[50,120]$, $[100,+\infty)$.

(4) 直接按题给要求修改表 2-21 的数据,求解后得表 2-23,其最优解为 $\boldsymbol{X}^*=[20\quad 20\quad 10]^{\mathrm{T}}$ 时,最优值 $z^*=220$,存在无穷多解,点击 Results→Obtain Alternate Optimal 可得另一最优解点 $\boldsymbol{X}_1^*=[20\quad 40\quad 0]^{\mathrm{T}}$.

表 2-23

Decision Variable	Solution Value	Unit Cost or Profit c(j)	Total Contribution	Reduced Cost	Basis Status	Allowable Min. c(j)	Allowable Max. c(j)
X1	20.0000	5.0000	100.0000	0	basic	3.0000	9.0000
X2	20.0000	3.0000	60.0000	0	basic	1.6667	3.0000
X3	10.0000	6.0000	60.0000	0	basic	6.0000	10.0000
Objective	Function	(Max.) =	220.0000	(Note:	Alternate	Solution	Exists!!)

(5) 关闭上述运算程序,重新打开 LT2-13. LPP 文件,点击 Edit→Insert a Variable,点击 OK. 显示图 2-3;点击 Edit→Insert a Constraint,点击 OK. 显示图 2-4,按题给要求输入数据后得到表 2-24.

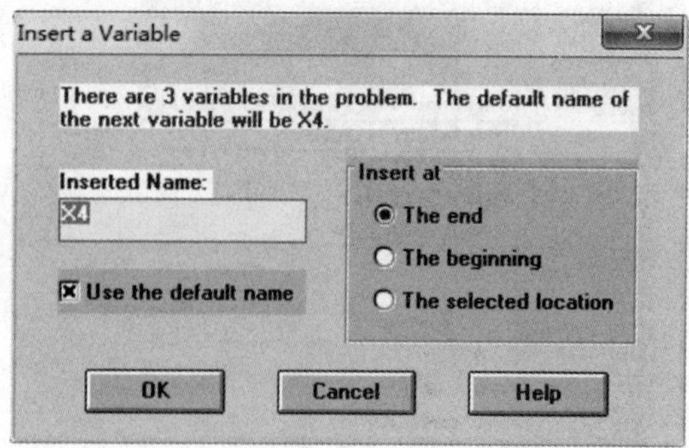

图 2-3

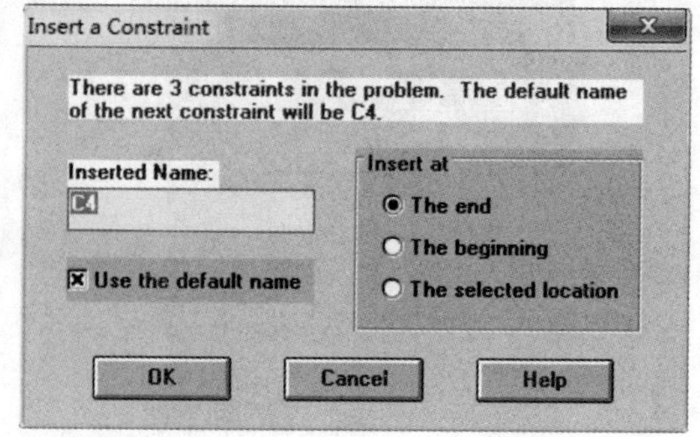

图 2-4

表　2－24

Variable -->	X1	X2	X3	X4	Direction	R. H. S.
Maximize	4	2	3	7		
C1	2	2	4	5	<=	100
C2	3	1	6	4	<=	100
C3	3	1	2	1	<=	120
C4	6	5	1	2	<=	200
LowerBound	0	0	0	0		
UpperBound	M	M	M	M		
VariableType	Continuous	Continuous	Continuous	Continuous		

点击 Solve the Problem，得到最终单纯形表，其唯一最优解为 $\boldsymbol{X}^*=[14.286\quad 0\quad 0\quad 14.286]^{\mathrm{T}}$ 时，最优值 $z^*=157.143$，见表 2－25.

表　2－25

Decision Variable	Solution Value	Unit Cost or Profit c(j)	Total Contribution	Reduced Cost	Basis Status	Allowable Min. c(j)	Allowable Max. c(j)
X1	14.2857	4.0000	57.1429	0	basic	2.8000	4.6667
X2	0	2.0000	0	-0.2857	at bound	-M	2.2857
X3	0	3.0000	0	-5.0000	at bound	-M	8.0000
X4	14.2857	7.0000	100.0000	0	basic	6.5000	10.0000
Objective	Function	(Max.) =	157.1429				
Constraint	Left Hand Side	Direction	Right Hand Side	Slack or Surplus	Shadow Price	Allowable Min. RHS	Allowable Max. RHS
C1	100.0000	<=	100.0000	0	0.7143	66.6667	125.0000
C2	100.0000	<=	100.0000	0	0.8571	80.0000	123.0769
C3	57.1429	<=	120.0000	62.8571	0	57.1429	M
C4	114.2857	<=	200.0000	85.7143	0	114.2857	M

(6) 点击 Edit→Delete a Constraint，选择要删除的约束 C2，点击“OK”. 得到新的线性规划模型，见表 2－26，点击 Solve the Problem，求解得到最终单纯形表，其最优解为 $\boldsymbol{X}^*=[30.769\quad 0\quad 0\quad 7.692]^{\mathrm{T}}$ 时，最优值 $z^*=176.923$，见表 2－27.

表　2－26

Variable -->	X1	X2	X3	X4	Direction	R. H. S.
Maximize	4	2	3	7		
C1	2	2	4	5	<=	100
C3	3	1	2	1	<=	120
C4	6	5	1	2	<=	200
LowerBound	0	0	0	0		
UpperBound	M	M	M	M		
VariableType	Continuous	Continuous	Continuous	Continuous		

表 2-27

Decision Variable	Solution Value	Unit Cost or Profit c(j)	Total Contribution	Reduced Cost	Basis Status	Allowable Min. c(j)	Allowable Max. c(j)
X1	30.7692	4.0000	123.0769	0	basic	2.8000	21.0000
X2	0	2.0000	0	-1.7692	at bound	-M	3.7692
X3	0	3.0000	0	-2.4615	at bound	-M	5.4615
X4	7.6923	7.0000	53.8462	0	basic	4.0909	10.0000
Objective	Function	(Max.) =	176.9231				
Constraint	Left Hand Side	Direction	Right Hand Side	Slack or Surplus	Shadow Price	Allowable Min. RHS	Allowable Max. RHS
C1	100.0000	<=	100.0000	0	1.3077	66.6667	500.0000
C3	100.0000	<=	120.0000	20.0000	0	100.0000	M
C4	200.0000	<=	200.0000	0	0.2308	40.0000	240.0000

习 题 2

2-1 写出下列线性规划问题的对偶问题.

(1) $\min z=2x_1+2x_2+4x_3$

$$\text{s.t.}\begin{cases}2x_1+3x_2+5x_3\geqslant 2\\3x_1+x_2+7x_3\leqslant 3\\x_1+4x_2+6x_3\leqslant 5\\x_1,x_2,x_3\geqslant 0\end{cases}$$

(2) $\max z=-2x_1-3x_2+4x_3+x_4-x_5$

$$\text{s.t.}\begin{cases}5x_1-2x_2+x_3-3x_4\leqslant 6\\3x_1+x_2-2x_3+2x_5=7\\-x_1+3x_2-4x_3+2x_4+x_5\geqslant 5\\x_1,x_2,x_4\geqslant 0;x_3\text{ 无约束},x_5\leqslant 0\end{cases}$$

(3) $\max z=\sum_{i=1}^{n}\sum_{k=1}^{m}c_{ik}x_{ik}$

$$\text{s.t.}\begin{cases}\sum_{i=1}^{n}a_{ik}x_{ik}=s_k, & k=1,2,\cdots,m\\\sum_{k=1}^{m}b_{ik}x_{ik}=p_i, & i=1,2,\cdots,n\\x_{ik}\geqslant 0, & i=1,2,\cdots,n;k=1,2,\cdots,m\end{cases}$$

(4) $\max z=\sum_{j=1}^{n}c_jx_j$

$$\text{s.t.}\begin{cases}\sum_{i=1}^{m}a_{ij}x_j\leqslant b_i, & i=1,2,\cdots,m_1\\\sum_{i=1}^{m}a_{ij}x_j=b_i, & i=m_1+1,m_1+2,\cdots,m\\x_j\geqslant 0,\quad j=1,2,\cdots,n_1 & x_j\text{ 无约束},\quad j=n_1+1,n_1+2,\cdots,n\end{cases}$$

2－2　已知线性规划问题：

$$\max z = x_1 + x_2$$
$$\text{s.t.}\begin{cases} -x_1 + x_2 + x_3 \leqslant 2 \\ -2x_1 + x_2 - x_3 \leqslant 1 \\ x_1, x_2, x_3 \geqslant 0 \end{cases}$$

试用对偶理论证明上述线性规划问题无最优解.

2－3　已知线性规划问题：

$$\max z = 3x_1 + 2x_2$$
$$\text{s.t.}\begin{cases} -x_1 + x_2 \leqslant 4 \\ 3x_1 + 2x_2 \leqslant 14 \\ x_1 - x_2 \leqslant 3 \\ x_1, x_2 \geqslant 0 \end{cases}$$

(1) 写出其对偶规划问题；

(2) 用对偶理论证明原问题和对偶问题都存在最优解.

2－4　已知线性规划问题：

$$\max z = 4x_1 + 6x_2 + 2x_3$$
$$\text{s.t.}\begin{cases} x_1 + 2x_2 + x_3 \leqslant 10 \\ 2x_1 + 3x_2 + 3x_3 \leqslant 10 \\ x_1, x_2, x_3 \geqslant 0 \end{cases}$$

试用对偶理论证明该问题最优解的目标函数值不大于 25.

2－5　已知线性规划问题：

$$\min w = 2x_1 + 3x_2 + 5x_3 + 2x_4 + 3x_5$$
$$\text{s.t.}\begin{cases} x_1 + x_2 + 2x_3 + x_4 + 3x_5 \geqslant 4 \\ 2x_1 - x_2 + 3x_3 + x_4 + x_5 \geqslant 3 \\ x_j \geqslant 0, j = 1, 2, \cdots, 5 \end{cases}$$

其对偶问题最优解为 $y_1^* = 0.8, y_2^* = 0.6, z^* = 5$. 试根据对偶理论求出原问题的最优解.

2－6　用对偶单纯形法求解下列线性规划问题：

(1) $\min z = x_1 + x_2$

$$\text{s.t.}\begin{cases} 2x_1 + x_2 \geqslant 4 \\ x_1 + 7x_2 \geqslant 7 \\ x_1, x_2 \geqslant 0 \end{cases}$$

(2) $\max z = -2x_1 - 3x_2 - 5x_3 - 6x_4$

$$\text{s.t.}\begin{cases} x_1 + 2x_2 + 3x_3 + x_4 \geqslant 2 \\ -2x_1 + x_2 - x_3 + 3x_4 \leqslant -3 \\ x_j \geqslant 0, \quad j = 1, 2, \cdots, 4 \end{cases}$$

(3) $\min z = 5x_1 + 2x_2 + 4x_3$

$$\text{s.t.}\begin{cases} -x_1 - x_2 + 2x_3 \geqslant 4 \\ 2x_1 + 3x_2 + x_3 \geqslant 3 \\ -3x_1 + 2x_2 - 5x_3 \geqslant 10 \\ x_1, x_2, x_3 \geqslant 0 \end{cases}$$

(4) $\min z = 3x_1 + 2x_2 + x_3 + 4x_4$

$$\text{s.t.}\begin{cases} 2x_1 + 4x_2 + 5x_3 + x_4 \geqslant 0 \\ 3x_1 - x_2 + 7x_3 - 2x_4 \geqslant 2 \\ 5x_1 + 2x_2 + x_3 + 6x_4 \geqslant 15 \\ x_j \geqslant 0, j = 1, 2, \cdots, 4 \end{cases}$$

2-7 已知线性规划问题

$$\max z = 10x_1 + 5x_2$$
$$\text{s.t.}\begin{cases}3x_1 + 4x_2 \leqslant 9\\5x_1 + 2x_2 \leqslant 8\\x_1, x_2 \geqslant 0\end{cases}$$

用单纯形法求得最终表，见表 T2-1.

表 T2-1

$c_j \rightarrow$			10	5	0	0
C_B	Z_B	b	x_1	x_2	x_3	x_4
5	x_2	3/2	0	1	5/14	-3/14
10	x_1	1	1	0	-1/7	2/7
σ_j			0	0	-5/14	-25/14

试用灵敏度分析的方法判断：

(1) 目标函数系数 c_1 和 c_2 分别在什么范围内变动，上述最优解不变；

(2) 当约束条件右端项 b_1 和 b_2 中一个保持不变时，另一个在什么范围内变动，上述最优基保持不变；

(3) 问题的目标函数变为 $\max z = 12x_1 + 4x_2$ 时，上述最优解的变化；

(4) 约束条件右端项由 $\begin{bmatrix}9\\8\end{bmatrix}$ 变为 $\begin{bmatrix}11\\19\end{bmatrix}$ 时，上述最优解的变化.

第 2 篇　特殊线性规划

第 3 章　运 输 问 题

社会生产和消费活动中存在着人员、物资、资金和信息的合理组织与流动，其中实物的流动，即物流．实物的流动往往需要发生所处空间位置的转移，以有效提升其空间价值，即运输．随着社会生产力的迅猛发展，运输问题越发复杂与重要，其研究成为当今前沿热点领域．特别在实际工作中，经常会遇到钢铁、石油、煤炭、粮食和木材等大宗物资的调运问题，根据已有交通网络，制定调运方案，将这些由各生产基地生产的物资运往各销售地点，使得总体运费最省，即运输问题（Transportation Problem，TP），其实质是线性规划问题，可用单纯形法求解，由于运输问题约束条件的特殊性，产生了更为简便的求解方法——表上作业法．

3.1　运输问题的数学模型及其特征

3.1.1　运输问题的数学模型

运输问题求解单一品种物资由多个产地向多个销地运输的最优安排问题，已知各产地的产量以及各销地的销量，从众多的运输方案中确定一个最优方案．其典型问题是：设某种物资有 m 个产地 $A_1, A_2, \cdots, A_m$，产量分别为 $a_1, a_2, \cdots, a_m$ 个单位，供应 n 个销地 $B_1, B_2, \cdots, B_n$，销量分别为 $b_1, b_2, \cdots, b_n$ 个单位．从产地 $A_i (i=1,2,\cdots,m)$ 向销地 $B_j (j=1,2,\cdots,n)$ 运输单位物资的费用（单位运价，简称单价）为 c_{ij}，问如何安排物资的调运方案，使得总运输费用最少？

设从产地 A_i 到销地 B_j 的运输量为 $x_{ij} (i=1,2,\cdots,m; j=1,2,\cdots,n)$ 个单位．

为表述清晰，可列出该运输问题的产销平衡表及单位运价表，见表 3－1 和表 3－2．本书将此两表合并为运输问题的产销量及单位运价表，见表 3－3．

表　3－1

产地	销地				产量
	B_1	B_2	$\cdots$	B_n	
A_1					a_1
A_2					a_2
$\vdots$					$\vdots$
A_m					a_m
销量	b_1	b_2	$\cdots$	b_n	

表　3－2

产地	销地			
	B_1	B_2	$\cdots$	B_n
A_1	c_{11}	c_{12}	$\cdots$	c_{1n}
A_2	c_{21}	c_{22}	$\cdots$	c_{2n}
$\vdots$	$\vdots$	$\vdots$	$\vdots$	$\vdots$
A_m	c_{m1}	c_{m2}	$\cdots$	c_{mn}

表 3-3

单位运价 c_{ij} 及运量 x_{ij} 产地 A_i \ 销地 B_j	B_1	B_2	…	B_n	产量
A_1	x_{11} c_{11}	x_{12} c_{12}	… …	x_{1n} c_{1n}	a_1
A_2	x_{21} c_{21}	x_{22} c_{22}	… …	x_{2n} c_{2n}	a_1
⋮	⋮ ⋮	⋮ ⋮	⋱ ⋱	⋮ ⋮	⋮
A_m	x_{m1} c_{m1}	x_{m2} c_{m2}	… …	x_{mn} c_{mn}	a_m
销量	b_1	b_2	…	b_n	

如果运输问题的总产量等于其总销量,则有

$$\sum_{i=1}^{m} a_i = \sum_{j=1}^{n} b_j \tag{3-1}$$

则称该运输问题为**产销平衡运输问题**;否则称为**产销不平衡运输问题**.

运输问题的数学模型可表示为

$$\min z = \sum_{i=1}^{m}\sum_{j=1}^{n} c_{ij}x_{ij}$$

$$\text{s. t.}\begin{cases}\sum_{j=1}^{n} x_{ij} = a_i, \quad i=1,2,\cdots,m & (3-2\text{a})\\ \sum_{i=1}^{m} x_{ij} = b_j, \quad j=1,2,\cdots,n & (3-2\text{b})\\ x_{ij} \geqslant 0, \quad i=1,2,\cdots m; \quad j=1,2,\cdots,n & (3-2\text{c})\end{cases}$$

其中 $a_i \geqslant 0, b_j \geqslant 0, c_{ij} \geqslant 0$. 这里共有 $m \times n$ 个变量, $m+n$ 个约束方程,并成立式(3-1). $m+n$ 个约束方程并不是独立的,由式(3-1)可知,实际上最多有 $m+n-1$ 个是独立的.

在模型(3-2)中,目标函数表示运输总费用,要求其极小化;约束条件(3-2a)的含义是由某一产地运往各个销地的物资数量之和等于该产地的产量;约束条件(3-2b)的含义是由各产地运往某一销地的物资数量之和等于该销地的销量;约束条件(3-2c)为决策变量非负条件.

模型(3-2)是一个典型的线性规划模型,可用单纯形法求解,由于等式约束须引入人工变量,以一个 $m=3, n=4$ 简单的运输问题为例,变量数目也会达到 $3\times4+7=19$(未考虑去掉多余约束条件),因而需要寻求更简便的解法.

在介绍求解运输问题更简便方法之前,先分析一下运输问题数学模型的特征.

3.1.2 运输问题数学模型的特征

由于产销平衡运输问题的结构和性质,使其具有以下几个特征.

1. 产销平衡运输问题具有有限最优解

对产销平衡运输问题(3-2),若令其变量

$$x_{ij} = \frac{a_i b_j}{Q} \geqslant 0, \quad i=1,2,\cdots,m; j=1,2,\cdots,n \tag{3-3}$$

其中，$Q=\sum_{i=1}^{m}a_i=\sum_{j=1}^{n}b_j$，则式(3-3) 就是运输问题(3-2) 的一个可行解，从而运输问题(3-2) 的目标函数有下界，目标函数不会趋于 $-\infty$. 即产销平衡运输问题必存在有限可行解；又因

$$0 \leqslant x_{ij} \leqslant \min\{a_i, b_j\}$$

故产销平衡运输问题必存在有限最优解.

2. 运输问题约束条件的系数矩阵

运输问题数学模型(3-2) 的系数矩阵结构比较松散且特殊，其具体形式如下：

$$\begin{array}{c} \\ \boldsymbol{A}= \end{array}\begin{array}{c}\begin{matrix} x_{11} & x_{12} & \cdots & x_{1n} & x_{21} & x_{22} & \cdots & x_{2n} & \cdots & x_{m1} & x_{m2} & \cdots & x_{mn}\end{matrix}\\ \begin{bmatrix} 1 & 1 & \cdots & 1 & & & & & & & & & \\ & & & & 1 & 1 & \cdots & 1 & & & & & \\ & & & & & & & & \ddots & & & & \\ & & & & & & & & & 1 & 1 & \cdots & 1 \\ 1 & & & & 1 & & & & & 1 & & & \\ & 1 & & & & 1 & & & & & 1 & & \\ & & \ddots & & & & \ddots & & & & & \ddots & \\ & & & 1 & & & & 1 & & & & & 1 \end{bmatrix}\end{array}\begin{array}{l} \left.\begin{matrix} u_1 \\ u_2 \\ \vdots \\ u_m \end{matrix}\right\} m\text{ 行} \\ \left.\begin{matrix} v_1 \\ v_2 \\ \vdots \\ v_n \end{matrix}\right\} n\text{ 行} \end{array} \tag{3-4}$$

该系数矩阵 $\boldsymbol{A}$ 中对应于变量 x_{ij} 的系数列向量 $\boldsymbol{P}_{ij}$，其分量中除去第 i 个和第 $m+j$ 个为 1 以外，其他分量均为零. 即

$$\boldsymbol{P}_{ij}=[0 \ \cdots \ 0 \ \underset{\text{第 } i \text{ 个}}{1} \ 0 \ \cdots \ 0 \ \underset{\text{第 } m+j \text{ 个}}{1} \ 0 \ \cdots \ 0]^{\mathrm{T}}=e_i+e_{m+j} \tag{3-5}$$

由此可知，产销平衡运输问题的约束条件具有以下特点：

(1) 约束系数矩阵 $\boldsymbol{A}$ 的元素等于 0 或 1.

(2) 约束系数矩阵 $\boldsymbol{A}$ 的每一列有两个非零元素，对应于每个变量在前 m 个约束方程中出现一次，在后 n 个约束方程中也出现一次.

(3) 所有约束结构都是等式约束.

(4) 各产地产量之和等于各销地销量之和.

例 3-1　某公司有三个生产同种产品的工厂(产地). 产品由四个销售点(销地) 出售. 各工厂的生产量、各销售点的销售量(假设单位为万吨) 以及各工厂到各销售点的单位运价(万元 / 万吨)，见表 3-4. 问该公司应如何调运产品，在满足各个销售点需求的前提下，使总的运输成本最小.

表　3-4

单位运价 销地 / 产地	B_1	B_2	B_3	B_4	产　量
A_1	10	6	7	12	4
A_2	16	10	5	9	9
A_3	5	4	10	10	4
销量	5	2	4	6	17

解 由于总产量与总销量均为 17 万吨，所以这是一个产销平衡的运输问题.用 $x_{ij}(i=1,2,3;j=1,2,\cdots,4)$ 表示从产地 A_i 到销地 B_j 的运输量.该问题的数学模型为

$$\min z=\sum_{i=1}^{3}\sum_{j=1}^{4}c_{ij}x_{ij}=10x_{11}+6x_{12}+7x_{13}+12x_{14}+16x_{21}+10x_{22}+5x_{23}+9x_{24}+5x_{31}+4x_{32}+10x_{33}+10x_{34}$$

$$\text{s.t.}\begin{cases}x_{11}+x_{12}+x_{13}+x_{14}=4\\x_{21}+x_{22}+x_{23}+x_{24}=9\\x_{31}+x_{32}+x_{33}+x_{34}=4\\x_{11}+x_{21}+x_{31}=5\\x_{12}+x_{22}+x_{32}=2\\x_{13}+x_{23}+x_{33}=4\\x_{14}+x_{24}+x_{34}=6\\x_{ij}\geqslant 0,i=1,2,3;j=1,2,3,4\end{cases}\tag{3-6}$$

3. 运输问题约束系数矩阵的秩

运输问题数学模型(3-2)化成矩阵形式为

$$\min z=\boldsymbol{CX}$$

$$\text{s.t.}\begin{cases}\boldsymbol{AX}=\boldsymbol{b}\\\boldsymbol{X}\geqslant\boldsymbol{0}\end{cases}\tag{3-7}$$

式中，$\boldsymbol{C}=[c_{11}\ \ c_{12}\ \ \cdots\ \ c_{1n}\ \ c_{21}\ \ c_{22}\ \ \cdots\ \ c_{2n}\ \ \cdots\ \ c_{m1}\ \ c_{m2}\ \ \cdots\ \ c_{mn}]$，$\boldsymbol{b}=[a_1\ \ a_2\ \ \cdots\ \ a_m\ \ b_1\ \ b_2\ \ \cdots\ \ b_n]^{\mathrm{T}}$，$\boldsymbol{X}=[x_{11}\ \ x_{12}\ \ \cdots\ \ x_{1n}\ \ x_{21}\ \ x_{22}\ \ \cdots\ \ x_{2n}\ \ \cdots\ \ x_{m1}\ \ x_{m2}\ \ \cdots\ \ x_{mn}]^{\mathrm{T}}$
系数矩阵 $\boldsymbol{A}$ 是由 0 和 1 组成的 $m+n$ 行 $m\times n$ 列的稀疏矩阵.

若 $m,n\geqslant 2$，则有 $m+n\leqslant m\times n$，于是 $r(\boldsymbol{A})\leqslant m+n$. 由于系数矩阵 $\boldsymbol{A}$ 前 m 行之和等于后 n 行之和，另外，可在 $\boldsymbol{A}$ 中找到一个 $m+n-1$ 阶非奇异子方阵(例如在 $m\times n$ 个列向量中取出 $m+n-1$ 个线性无关列向量)，故 $r(\boldsymbol{A})=m+n-1$.

由此可知，运输问题任一基解都有 $m+n-1$ 个基变量.约束方程有一个冗余方程，但为讨论方便而没有删除.

4. 运输问题的解

根据运输问题数学模型求出的解 $\boldsymbol{X}=(x_{ij})^{\mathrm{T}}$，代表一个运输方案，其中每个分量 x_{ij} 的值表示由 A_i 调运数量为 x_{ij} 的物资到 B_j. 运输问题是线性规划问题，可用迭代法求解，即先找到它的一个基解，再进行解的最优性检验，若不是最优解，就进行迭代调整，以得到一个更好的解，继续检验和调整改进，直至得到最优解为止.

为此，每步得到的解都必须是基可行解，即满足以下条件：

(1) 解 $\boldsymbol{X}$ 必须满足模型中的所有约束条件；

(2) 基变量对应的约束方程组的系数列向量线性无关；

(3) 解中非零变量 x_{ij} 的个数不能超过 $m+n-1$ 个，这是由 $r(\boldsymbol{A})=m+n-1$ 决定的；

(4) 迭代过程中，基变量的个数应始终保持为 $r(\boldsymbol{A})=m+n-1$ 个.

运输问题解的每个分量都唯一对应其运输表中的一个格.得到运输问题的一个基解后，就将基变量的值 x_{ij} 填入运输表相应的格(A_i,B_j)内，并称其为**数字格**(含数字 0 格的解为退化

解)；非基变量对应的格不填入数字，称为**空格**. 表 3－5 给出了例 3－1 的一个基解，它有 6 个数字格和 6 个空格.

表　3－5

单位运价 销地 / 产地	B_1		B_2		B_3		B_4		产量
A_1	1	10	2	6		7	1	12	4
A_2		16		10	4	5	5	9	9
A_3	4	5		4		10		10	4
销量	5		2		4		6		17

可验证表 3－5 给出的基变量 x_{11}，x_{12}，x_{14}，x_{23}，x_{24}，x_{31} 对应的约束方程组的系数列向量线性无关.

3.2　运输问题的表上作业法

表上作业法是单纯形法在求解运输问题时的简化方法，其实质是单纯形法，所以也称为**运输问题单纯形法**. 具体计算和术语有所不同，所有运算均可在表上完成，归纳如下.

(1) 寻找一个初始基可行解. 即在有 $m\times n$ 产销平衡表上按一定规则，给出 $m+n-1$ 个数字格. 它们就是初始基变量的取值.

(2) 求各非基变量的检验数，即在表上计算空格的检验数，判断是否达到最优解. 如果已是最优解，则停止计算；否则转到下一步.

(3) 确定换入变量和换出变量，在表上用闭回路法调整，找出新的基可行解.

(4) 重复(2)(3) 直到求得最优解为止.

3.2.1　确定初始基可行解

确定初始基可行解的方法很多，一般希望的方法是既简单又尽可能接近最优解. 下面介绍两种方法：最小元素法和伏格尔(Vogel)法.

1. 最小元素法

最小元素法的算法思想是就近供应原则，即从运输问题单位运价表中选择最小的单位运价开始，确定运输关系，相应地划去该单位运价所在行或列；然后选择剩余单位运价中最小的，一直到给出初始基可行解为止. 此时单位运价表上所有的元素都被划去了，相应地在产销平衡表上填写了 $m+n-1$ 个数字，给出了运输问题 $m+n-1$ 个基变量的取值. 现以例 3－1 进行讨论.

(1) 从表 3－4 中找出最小运价为 4，这表示先将 A_3 的产品供应给 B_2. 因 $a_3=4>2=b_2$，除 A_3 满足 B_2 的全部需要外，还多余 2 万吨产品. 在表 3－4 的(A_3，B_2) 的交叉格填上 $\min\{a_3,b_2\}=\min\{4,2\}=2$，因 B_2 需求已满足，此列可划去，得表 3－6. 虚线下面的 ① 表示划去单位运价表中行或列的顺序.

表 3-6

单位运价 销地 产地	B_1	B_2	B_3	B_4	产量
A_1	[10]	[6]	[7]	[12]	4
A_2	[16]	[10]	[5]	[9]	9
A_3	[5]	2 [4]	[10]	[10]	4
销量	5	2 ①	4	6	17

(2) 从表 3-6 中找出除 B_2 列外最小运价为 5，有两个格(A_3，B_1) 和(A_2，B_3)，可选择行列中最小与次小运价大的格. 这表示先将 A_3 的产品供应给 B_1. 因 $a_3-2=2<5=b_1$，除 A_3 满足 B_1 的 2 万吨产品外，B_1 还需要 3 万吨产品. 在表 3-6 的(A_3，B_1) 的交叉格填上 $\min\{a_3-2,b_1\}=\min\{2,5\}=2$，因 A_3 已无产品可供，此行可划去，得表 3-7. 虚线右面的②表示划去单位运价表中行或列的顺序.

表 3-7

单位运价 销地 产地	B_1	B_2	B_3	B_4	产量
A_1	[10]	[6]	[7]	[12]	4
A_2	[16]	[10]	[5]	[9]	9
A_3	2 [5]	2 [4]	[10]	[10]	4 ②
销量	5	2 ①	4	6	17

(3) 在表 3-7 未划去的元素中再找出最小运价 5；这样一步步进行下去，当表中只剩下一个元素时，填入数字，在单位运价表中同时划去一行和一列，此时，单位运价表上的所有元素均划去，最后在产销平衡表上得到一个调运方案，见表 3-8. 虚线下面及右面圈内的数字表示划去单位运价表中行或列的顺序.

表 3-8

单位运价 销地 产地	B_1	B_2	B_3	B_4	产量
A_1	3 [10]	[6]	[7]	1 [12]	4 ⑥
A_2	[16]	[10]	4 [5]	5 [9]	9 ④
A_3	2 [5]	2 [4]	[10]	[10]	4 ②
销量	5 ⑤	2 ①	4 ③	6 ⑥	17

这个运输问题的初始调运方案为 $x_{11}=3, x_{14}=1, x_{23}=4, x_{24}=5, x_{31}=2, x_{32}=2$，其余变量均为零，即 A_1 的产品供应给 B_1 和 B_4 分别为 3 万吨和 1 万吨；A_2 的产品供应给 B_3 和 B_4 分别为 4 万吨和 5 万吨；A_3 的产品供应给 B_1 和 B_2 各 2 万吨. 总运费（目标函数值）为

$$\min z=\sum_{i=1}^{3}\sum_{j=1}^{4}c_{ij}x_{ij}=3\times 10+1\times 12+4\times 5+5\times 9+2\times 5+2\times 4=125 \text{ 万元}$$

由最小元素法求得的初始调适方案中，恰好含有的数字格为 $6(m+n-1=3+4-1=6)$，由上节讨论可知其构成了一组基变量. 因此，由最小元素法求得的初始调运方案是基可行解，且任何平衡运输问题均有有限最优解. 但一般用最小元素法求得的初始调运方案不是最优的，须经过表上作业法的最优性检验及方案的调整达到最优.

用最小元素法给出初始调适方案时，有可能在产销平衡表上填入一个数字后，在单位运价表上同时划去一行和一列. 这时就出现退化，关于退化现象的处理将在 3.2.4 小节中讲述.

2. 伏格尔法

最小元素法可能开始时节省了一处的费用，但随后在他处要花费更多费用. **伏格尔法**是某产地的产品不能按最小运费就近供应，就考虑次小运费，这就形成一个差额，差额越大，说明不能按最小运费调运时，运费增加越多，因而对差额最大处，就应当优先采用最小元素法调运. 其运算步骤仍以例 3 - 1 说明如下：

（1）在表 3 - 4 中分别计算出各行和各列的次小运费与最小运费的差额，并填入该表的最右列和最下行的左数第一小格中，见表 3 - 9.

（2）从行或列差额中选出最大者，选择它所在行或列的最小元素. 在表 3 - 9 中 B_1 列是最大差额所在列. 列中最小元素为 5，可确定 A_3 产品供应 B_1，需要在(A_3, B_1)的交叉格上填入 $\min\{a_3, b_1\}=\min\{4,5\}=4$，因 A_3 已无产品可供，此行可划去. A_3 行差额第二小格中填 ①，得表 3 - 10.

（3）对表 3 - 10 中未划去的元素，分别计算出各行（行差额无变化）、各列差额，填入最右列（可不填）、最下行第二小格中. 从行或列差额最右边小格中（排除带圈数字，如 ①）找数字最大的 6，B_1 列是最大差额所在列. 列中最小元素为 10，可确定 A_1 产品供应 B_1，需要在(A_1, B_1)的交叉格上填入 $\min\{a_1, b_1-4\}=\min\{4,1\}=1$，因 B_1 需求已满足，此列可划去. B_1 列差额第三小格中填 ②，得表 3 - 11.

（4）重复（2）（3）直到给出初始调运方案为止. 用伏格尔法给出例 3 - 1 的初始基可行解见表 3 - 12.

表　3 - 9

单位运价 销地 产地	B_1			B_2			B_3			B_4			产量	行差额		
A_1		10			6			7			12		4	1		
A_2		16			10			5			9		9	4		
A_3		5			4			10			10		4	1		
销量	5			2			4			6			17			
列差额	5			2			2			1						

表 3-10

单位运价 销地 / 产地	B_1	B_2	B_3	B_4	产量	行差额	
A_1	[10]	[6]	[7]	[12]	4	1	
A_2	[16]	[10]	[5]	[9]	9	4	
A_3	4 [5]	[4]	[10]	[10]	4	1	①
销量	5	2	4	6	17		
列差额	5	2	2	1			

表 3-11

单位运价 销地 / 产地	B_1			B_2		B_3		B_4		产量	行差额	
A_1	1 [10]			[6]		[7]		[12]		4	1	
A_2	[16]			[10]		[5]		[9]		9	4	
A_3	4 [5]			[4]		[10]		[10]		4	1	①
销量	**5**			2		4		6		17		
列差额	5	6	②	2	4	2	2	1	3			

表 3-12

单位运价 销地 / 产地	B_1			B_2			B_3			B_4			产量	行差额		
A_1	1 [10]			2 [6]			[7]			1 [12]			4	1	6	⑥
A_2	[16]			[10]			4 [5]			5 [9]			9	4	1	⑤
A_3	4 [5]			[4]			[10]			[10]			4	1	①	
销量	5			2			4			6			17			
列差额	5	6	②	2	4	④	2	2	③	1	3	⑥				

这个运输问题的初始调运方案为 $x_{11}=1, x_{12}=2, x_{14}=1, x_{23}=4, x_{24}=5, x_{31}=4$，其余变量均为零(省略)，即 A_1 的产品供应给 B_1，B_2 和 B_4 分别为 1 万吨，2 万吨和 1 万吨；A_2 的产品供应给 B_3 和 B_4 分别为 4 万吨和 5 万吨；A_3 的产品供应给 B_1 为 4 万吨. 总运费(目标函数值) 为

$$\min z = \sum_{i=1}^{3}\sum_{j=1}^{4} c_{ij}x_{ij} = 1\times 10 + 2\times 6 + 1\times 12 + 4\times 5 + 5\times 9 + 4\times 5 = 119 \text{ 万元}$$

由此可见，伏格尔法同最小元素法除在确定供求关系的原则上不同外，其余步骤相同. 伏格尔法给出的初始基可行解比最小元素法给出的初始基可行解更接近最优解.

最小元素法简单易行，但所得初始基可行解常远离最优解. 伏格尔法虽未将总的成本考虑全面，但给出的初始基可行解一般较为高效. 当然，考虑到人工计算和计算机应用的因素，两种方法可灵活选择运用.

3.2.2　最优解的判别

运输问题最优解的判别方法是计算空格（非基变量）的检验数 $c_{ij} - \boldsymbol{C}_B\boldsymbol{B}^{-1}\boldsymbol{P}_{ij}$（$i,j$ 为非基变量下标，记为 $i,j \in N$），因运输问题的目标函数是要求实现最小化，故当所有的 $c_{ij} - \boldsymbol{C}_B\boldsymbol{B}^{-1}\boldsymbol{P}_{ij} \geqslant 0$ 时为最优解. 下面介绍两种求空格检验数的方法.

1. 位势法

位势法（又称**乘数法**）是运用线性规划的对偶理论，由所有基变量的检验数等于零，得 m 行、n 列等式约束的对偶变量 u_i（行位势），v_j（列位势）（$i=1,2,\cdots,m$；$j=1,2,\cdots,n$）的值，计算表中空格检验数，根据最优性条件，检验基可行解是否最优.

设 $u_1,u_2,\cdots u_m$；$v_1,v_2,\cdots,v_n$ 是对应产销平衡运输问题的 $m+n$ 个约束条件的对偶变量. $\boldsymbol{B}$ 是含有一个人工变量 x_a 的 $(m+n)\times(m+n)$ 初始基矩阵. 当用最小元素法等给出初始基可行解时，有 $m+n-1$ 个数字格，即赋值基变量. 由线性规划的对偶理论可知

$$\boldsymbol{C}_B\boldsymbol{B}^{-1} = [u_1\ u_2\ \cdots\ u_m\ v_1\ v_2\ \cdots\ v_n]$$

而每个决策变量 x_{ij} 的系数向量$\boldsymbol{P}_{ij} = e_i + e_{m+j}$，所以 $\boldsymbol{C}_B\boldsymbol{B}^{-1}\boldsymbol{P}_{ij} = u_i + v_j$，于是检验数

$$\sigma_{ij} = c_{ij} - \boldsymbol{C}_B\boldsymbol{B}^{-1}\boldsymbol{P}_{ij} = c_{ij} - (u_i + v_j)$$

由单纯形法得知所有基变量的检验数为零，即 $c_{ij} - (u_i + v_j) = 0$（i,j 为基变量下标，记为 $i,j \in \boldsymbol{B}$）.

运输问题的原问题是等式约束，它的对偶问题的变量是无约束.

如在例 3-1 中，由伏格尔法得到的初始解中 $x_{11},x_{12},x_{14},x_{23},x_{24},x_{31}$ 是基变量. 这时对应的检验数是

基变量	检验数	
x_{11}	$c_{11} - (u_1 + v_1) = 0$	即$10 - (u_1 + v_1) = 0$
x_{12}	$c_{12} - (u_1 + v_2) = 0$	$6 - (u_1 + v_2) = 0$
x_{14}	$c_{14} - (u_1 + v_4) = 0$	$12 - (u_1 + v_4) = 0$
x_{23}	$c_{23} - (u_2 + v_3) = 0$	$5 - (u_2 + v_3) = 0$
x_{24}	$c_{24} - (u_2 + v_4) = 0$	$9 - (u_2 + v_4) = 0$
x_{31}	$c_{31} - (u_3 + v_1) = 0$	$5 - (u_3 + v_1) = 0$

以上 6 个方程、7 个未知数为不定方程组，令 $u_1 = 0$，可得

$$u_2 = -3,\quad u_3 = -5,\quad v_1 = 10,\quad v_2 = 6,\quad v_3 = 8,\quad v_4 = 12$$

因非基变量的检验数

$$\sigma_{ij}=c_{ij}-(u_i+v_j)\text{,}\quad i,j\in \boldsymbol{N}$$

可从已知的 u_i，v_j 值中求得.这些计算可在表格中进行，现以例 3-1 进行说明.

(1) 按伏格尔法给出表 3-12 是运输问题的初始解，将最右一列最下一行改为单列、单行形式，将行差额改为行位势 u_i，列差额改为列位势 v_j，得表 3-13.

表 3-13

单位运价 销地 / 产地	B_1	B_2	B_3	B_4	产量	u_i
A_1	1 [10]	2 [6]	[7]	1 [12]	4	
A_2	[16]	[10]	4 [5]	5 [9]	9	
A_3	4 [5]	[4]	[10]	[10]	4	
销量	5	2	4	6	17	
v_j						

(2) 先令 $u_1=0$，按 $u_i+v_j=c_{ij}$ $(i,j\in \boldsymbol{B})$ 相继确定 u_i，v_j.由表 3-13 可知，当 $u_1=0$ 时，由 $u_1+v_1=10$，$u_1+v_2=6$，$u_1+v_4=12$ 可得 $v_1=10$，$v_2=6$，$v_4=12$；由 $u_2+v_4=9$ 得 $u_2=-3$；再由 $u_2+v_3=5$，$u_3+v_1=5$ 得 $v_3=8$，$u_3=-5$.

用上述方法可推得所有的行位势 u_i 和列位势 v_j 的数值，得表 3-14.

表 3-14

单位运价 销地 / 产地	B_1	B_2	B_3	B_4	产量	u_i
A_1	1 [10]	2 [6]	[7]	1 [12]	4	0
A_2	[16]	[10]	4 [5]	5 [9]	9	-3
A_3	4 [5]	[4]	[10]	[10]	4	-5
销量	5	2	4	6	17	
v_j	10	6	8	12		

(3) 按 $\sigma_{ij}=c_{ij}-(u_i+v_j)$ $(i,j\in \boldsymbol{N})$，计算所有的空格(非基变量)检验数.如

$$\sigma_{21}=c_{21}-(u_2+v_1)=16-[10+(-3)]=9\text{,}\quad \sigma_{13}=c_{13}-(u_1+v_3)=7-(0+8)=-1$$

这些计算可直接在表 3-14 中进行，得表 3-15.表中方括弧[ ]内的数字为空格检验数，数字格的检验数为零(省略).

在表 3-15 中有负检验数，说明未达到最优解，还需要继续改进，其方法见 3.2.3 小节.

表　3－15

单位运价 销地 / 产地	B_1	B_2	B_3	B_4	产量	u_i
A_1	1　10	2　6	[−1]　7	1　12	4	0
A_2	[9]　16	[7]　10	4　5	5　9	9	−3
A_3	4　5	[3]　4	[7]　10	[3]　10	4	−5
销量	5	2	4	6	17	
v_j	10	6	8	12		

2. 闭回路法

闭回路法是在给出的调运方案的计算表格上用闭回路计算空格检验数的方法. 闭回路以空格为起点，水平或垂直前进，碰到数字格转 90° 后继续前进或穿越数字格，直到回到起点空格为止. 简单的闭回路如图 3－1 中的(a)(b)(c) 所示，复杂的是图(a)(b)(c) 的组合.

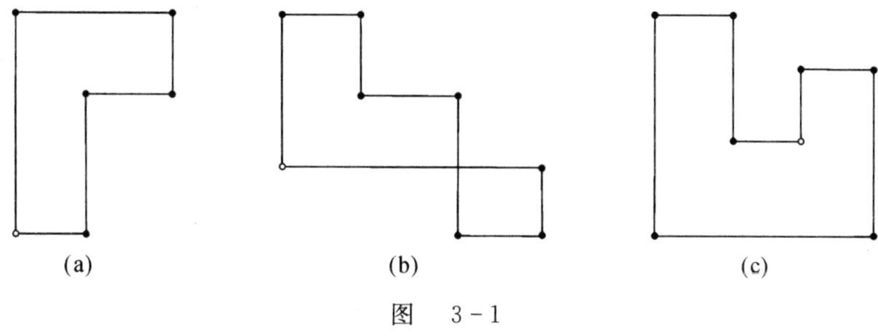

图　3－1

可以证明，从每个空格出发一定存在且可找到唯一的闭回路. 因$(m+n-1)$ 个数字格(基变量) 对应的系数向量是一个基，即基变量不含有闭回路，在增加一个空格(非基变量) 后形成新的变量组合必含有唯一的一条闭回路，即任一空格(非基变量) 对应的系数向量是这个基的线性组合.

例如 $\boldsymbol{P}_{ij}=e_i+e_{m+j}, i,j\in \boldsymbol{N}$ 可表示为

$$\begin{aligned}\boldsymbol{P}_{ij}&=e_i+e_{m+j}=e_i+e_{m+k}-e_{m+k}+e_l-e_l+e_{m+s}-e_{m+s}+e_u-e_u+e_{m+j}=\\&(e_i+e_{m+k})-(e_l+e_{m+k})+(e_l+e_{m+s})-(e_u+e_{m+s})+(e_u+e_{m+j})=\\&\boldsymbol{P}_{ik}-\boldsymbol{P}_{lk}+\boldsymbol{P}_{ls}-\boldsymbol{P}_{us}+\boldsymbol{P}_{uj}\end{aligned}$$

其中 $\boldsymbol{P}_{ik},\boldsymbol{P}_{lk},\boldsymbol{P}_{ls},\boldsymbol{P}_{us},\boldsymbol{P}_{uj}\in \boldsymbol{B}$. 而这些向量构成了闭回路，见图3－2.

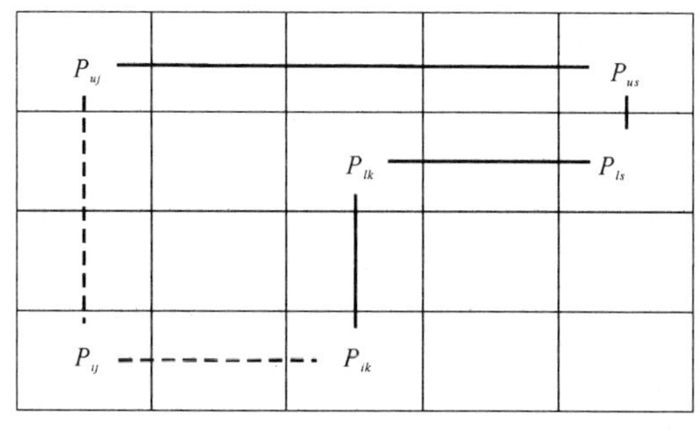

图　3－2

闭回路法计算空格检验数的经济解释为:在运用最小元素法给出的初始解的表3-8中,可从任一空格出发,如(A_1,B_2),若让 A_1 的产品调运1万吨给 B_2.为了保持产销平衡,就要依次作调整:在(A_3,B_2)处减少1万吨,(A_3,B_1)处增加1万吨,(A_1,B_1)处减少1万吨,即构成了以空格(A_1,B_2)为起点,其他为数字格的闭回路,见表3-16中的虚线,表中闭回路各顶点所在格右上角数字是单位运价.

表 3-16

单位运价 销地 / 产地	B_1	B_2	B_3	B_4	产量
A_1	3 [10] (−1)	[6] (+1)	[7]	1 [12]	4
A_2	[16]	[10]	4 [5]	5 [9]	9
A_3	2 [5] (+1)	2 [4] (−1)	[10]	[10]	4
销量	5	2	4	6	17

可见该调整方案使运费减少,有

$$(+1)\times 6+(-1)\times 4+(+1)\times 5+(-1)\times 10=-3\text{ 万元}$$

这表明若这样调整运费将减少3万元.将"−3"填入(A_1,B_2)格方括号内即为检验数.综上所述,从空格(记为1)出发的奇数次拐点上的运价和减去偶数次拐点上的运价和所得之差,称为**空格的检验数**,记作 σ_{ij}.加方括号填入空格中.σ_{ij} 等于非基变量 x_{ij} 增加一个单位时运输增量.因此,当全部空格检验数非负时,调运方案即为最优方案.若存在负检验数,则调整方案可降低运费,见表3-17.

表 3-17

空格	闭回路	检验数
(1,2)	(1,2)—(3,2)—(3,1)—(1,1)—(1,2)	−3
(1,3)	(1,3)—(1,4)—(2,4)—(2,3)—(1,3)	−1
(2,1)	(2,1)—(1,1)—(1,4)—(2,4)—(2,1)	9
(2,2)	(2,2)—(3,2)—(3,1)—(1,1)—(1,4)—(2,4)—(2,2)	4
(3,3)	(3,3)—(3,1)—(1,1)—(1,4)—(2,4)—(2,3)—(3,3)	7
(3,4)	(3,4)—(3,1)—(1,1)—(1,4)—(3,4)	3

因空格检验数 $\sigma_{12}=-3$,$\sigma_{13}=-1$ 为负数,说明调运方案非最优方案,须改进,方法见下节.

3.2.3 解的优化——闭回路调整法

闭回路调整法 当某一运输方案有负检验数时,表示未获得最优解.若有两个或两个以上的负检验数时,一般选其中最小的负检验数,以它对应的空格为调入格,即以它对应的非基变量作为换入变量,从此空格 x_{ij} 出发,用数字格作拐点形成闭回路.按此法从换入变量(+1)出发作闭合回路运转顶点奇(+1)偶(−1)数交替,除换入变量外,均为基变量.空格调入量 θ 是选择闭回路上具有偶数次(−1)标号的数字格中的最小值,其原理与单纯形法中按 θ 规则来确定换出变量一致. 按闭回路上的正、负号加上和减去调整量,得到新的调整方案,此时空格为数字格,由非基变量变成基变量.

现以例 3-1 说明最小元素法获得的运输问题初始调运方案的优化.

表　3-18

单位运价 \ 销地 产地	B_1	B_2	B_3	B_4	产量
A_1	3　10 (−1)	[−3]　6 (+1)	[−1]　7	1　12	4
A_2	[9]　16	[4]　10	4　5	5　9	9
A_3	2　5 (+1)	2　4 (−1)	[7]　10	[3]　10	4
销量	5	2	4	6	17

因空格检验数 $\sigma_{12}=-3$,$\sigma_{13}=-1$ 为负数,调运方案非最优,需进一步调整如下.

(1) 调入格的选择. $\min\{\sigma_{12},\sigma_{13}\}=\min\{-3,-1\}=-3$,故选择调入格为($A_1$,$B_2$).

(2) 从空格(A_1,B_2)为首个奇数顶点,选择闭回路为(1,2)—(3,2)—(3,1)—(1,1)—(1,2).沿闭回路顺(或逆)时针方向前进,对闭回路上的顶点依奇(+1)偶(−1)数标号在表 3-18 中.

(3) 调整量为偶(−1)次数字格调运量的最小值,即 $\theta=\min\{x_{11},x_{32}\}=\min\{3,2\}=2$,闭回路顶点上调整为

$$x'_{12}=x_{12}+\theta=2,\quad x'_{32}=x_{32}-\theta=0,\quad x'_{31}=x_{31}+\theta=4,\quad x'_{11}=x_{11}-\theta=1$$

(4) 除(A_1,B_2)由空格调整为数字格 2,(A_3,B_2)由数字格 2 调整为空格,(A_3,B_1)数字格变为 4,(A_1,B_1)数字格变为 1,其余不变,其调整后的调运方案与伏格尔法的初始调运方案相同. 运用位势法得到的检验数见表 3-15. 因空格检验数 $\sigma_{13}=-1$ 为负数,说明调运方案非最优方案,需进一步改进.

重复(1)~(4)得表 3-19. 经位势法求空格检验数得最优调运方案,见表3-20.

表　3-19

单位运价 \ 销地 产地	B_1	B_2	B_3	B_4	产量
A_1	1　10	2　6	0+1　7 (+1)	1−1　12 (−1)	4
A_2	16	10	4−1　5 (−1)	5+1　9 (+1)	9
A_3	4　5	4	10	10	4
销量	5	2	4	6	17

因 $\sigma_{ij}\geqslant 0, i,j\in \mathbf{N}$,故此调运方案为最优方案,即 $x_{11}=1$,$x_{12}=2$,$x_{13}=1$,$x_{23}=3$,$x_{24}=6$,$x_{31}=4$ 为最优解. 最省的总运费为

$$\min z=\sum_{i=1}^{3}\sum_{j=1}^{4}c_{ij}x_{ij}=1\times10+2\times6+1\times7+3\times5+6\times9+4\times5=118\text{ 万元}$$

注 运费增量等于对应空格的检验数与调整量之积. 初始调运方案总运费为125万元. 首次调整为 $-3\times2=-6$,总运费降低6万元;再次调整为 $-1\times1=-1$,总运费再降1万元,最优运费为118万元.

鉴于表上作业法优于同等条件下的单纯形法,因此在解决现实经济管理问题时,可将某些线性规划问题转换为运输问题,用表上作业法求解.

表 3-20

单位运价 销地 / 产地	B_1		B_2		B_3		B_4		产 量	u_i
A_1	1	10	2	6	1	7	[1]	12	4	0
A_2	[8]	16	[6]	10	3	5	6	9	9	−2
A_3	4	5	[3]	4	[8]	10	[4]	10	4	−5
销量	5		2		4		6		17	
v_j	10		6		7		11			

3.2.4 表上作业法计算中的问题

1. 退化

把基变量个数小于$(m+n-1)$的情况称为**退化**. 当退化出现时,在相应的格中一定要填"0",以表示此格为数字格. 有以下两种情况.

(1) 当确定初始解的各供需关系时,如果某一产量或剩余产量等于所需销量或剩余销量时,就会同时划去一行和一列,即出现退化. 为使产销平衡表上有$(m+n-1)$个数字格. 可在所在行或列任一空格处填上"0",表示数字格基变量的值.

例 3-2 某运输问题的单位运价及产销量数据见表3-21. 运用最小元素法得初始调运方案. 见表3-22.

表 3-21

单位运价 销地 / 产地	B_1	B_2	B_3	B_4	产 量
A_1	3	7	6	4	5
A_2	2	4	3	2	2
A_3	4	3	8	5	3
销量	3	3	2	2	10

表　3-22

单位运价 销地 / 产地	B_1	B_2	B_3	B_4	产量
A_1	1 / 3	7	2 / 6	2 / 4	5 ⑤
A_2	2 / 2	4	3	2	2 ①
A_3	4	3 / 3	8	0 / 5	3 ③
销量	3 ②	3 ③	2 ⑤	2 ④	10

处理方法　在第三行、第二列除(A_3，B_2)位置外任何一个空格处补数字"0"，以保持基变量(数字格)的个数($m+n-1$)不变，在格(3,4)处补上"0".

(2)在用闭回路法调整方案时，闭回路上具有(−1)标记顶点处，数字格出现两个或两个以上相等的最小值，这时调整后，两个或两个以上的数字格都变为空格，数字格将小于($m+n$　1)个，出现退化现象.

处理方法　标记最小值处将一个变为空格外，其余填上"0"作为基变量(数字格)，保证基变量个数不变仍等于($m+n-1$)个.

以例3-2说明，用位势法计算例3-2空格检验数，见表3-23. 以最小负检验数$\sigma_{23}=-2$所在空格(A_2,B_3)作为调入格，找到闭回路(2,3)—(2,1)—(1,1)—(1,3)—(2,3)，调整量$\theta=\min\{x_{21},x_{13}\}=\min\{2,2\}=2$，选择($A_2$,$B_1$)为空格，则在($A_1$,$B_3$)填入"0"作为数字格，见表3-24.

表　3-23

单位运价 销地 / 产地	B_1	B_2	B_3	B_4	u_i
A_1	1+2 / 3 (+1)	[5] / 7	2−2 / 6 (−1)	2 / 4	0
A_2	2−2 / 2 (−1)	[3] / 4	[−2] 0+2 / 3 (+1)	[−1] / 2	−1
A_3	[0] / 4	3 / 3	[1] / 8	0 / 5	1
v_j	3	2	6	4	

表　3-24

单位运价 销地 / 产地	B_1	B_2	B_3	B_4	u_i
A_1	3 / 3	[5] / 7	0 / 6	2 / 4	0
A_2	[2] / 2	[5] / 4	2 / 3	[1] / 2	−3
A_3	[0] / 4	3 / 3	[1] / 8	0 / 5	1
v_j	3	2	6	4	

再用位势法求空格检验数，见表 3-24. 因空格检验数均非负，故例 3-2 的最终方案是最优调运方案.

2. 无穷多最优解

由 3.1.2 节已知产销平衡运输问题必有最优解. 但有唯一最优还是无穷多最优？判别与单纯形法相同，即某个非基变量（空格）检验数为 0 时，该运输问题有无穷多最优解. 因此，若所有的空格检验数 $\sigma_{ij}>0$，则有唯一最优解；若空格检验数 $\sigma_{ij}\geqslant 0$，其中至少有一个空格检验数为零，则有无穷多最优解.

例 3-2 最终表 3-24 空格检验数 $\sigma_{31}=0$，故有无穷多最优解. 如果用闭回路调整可得另一最优解.

以空格检验数 $\sigma_{31}=0$ 所在空格(A_3,B_1)作为调入格，找到闭回路(3,1)—(1,1)—(1,4)—(3,4)—(3,1)，调整量 $\theta=\min\{x_{11},x_{34}\}=\min\{3,0\}=0$，调整后的结果见表 3-25.

表 3-25

单位运价 销地 产地	B_1		B_2		B_3		B_4		u_i
A_1	3	3 (−1)	[5]	7	0	6	2	4 (+1)	0
A_2	[2]	2	[5]	4	2	3	[1]	2	−3
A_3	0	4 (+1)	3	3	[1]	8	[0]	5 (−1)	1
v_j	3		2		6		4		

3.3 产销不平衡运输问题及其求解方法

在实际的运输问题中，供应和需求经常是不平衡的. 当供应量大于需求量时，可以在初始表上增加一列，认为增加了一个（虚拟）销地，其销量等于供应量与需求量的差. 这个虚拟销地可看作是一个仓库，其销量即为库存量；当供应量小于需求量时，可以在初始表上增加一行，认为增加了一个（虚拟）产地，其产量等于需求量与供应量之差. 这个虚拟产地没有实际的生产，其产量实际为缺货量. 无论增加行还是列，都增加了变量，因为是虚拟的，所以增加的变量所对应的运费为“0”.

综上所述，任何产销不平衡运输问题均可化为产销平衡运输问题. 具体转化过程如下.

1. 供应量大于需求量（产大于销）

当产大于销，即 $\sum_{i=1}^{m}a_i>\sum_{j=1}^{n}b_j$ 时，运输问题的数学模型可写成

$$\min z=\sum_{i=1}^{m}\sum_{j=1}^{n}c_{ij}x_{ij}$$

$$\text{s.t.}\begin{cases}\sum_{j=1}^{n}x_{ij}\leqslant a_i, & i=1,2,\cdots,m\\ \sum_{i=1}^{m}x_{ij}=b_j, & j=1,2,\cdots,n\\ x_{ij}\geqslant 0,i=1,2,\cdots m;j=1,2,\cdots n\end{cases}\tag{3-8}$$

因总产量大于总销量,须考虑多余物资就地储存问题. 设 $x_{i,n+1}$ 是产地 A_i 的储存量,则有

$$\sum_{j=1}^{n} x_{ij} + x_{i,n+1} = \sum_{j=1}^{n+1} x_{ij} = a_i,\quad i=1,2,\cdots,m$$

$$\sum_{i=1}^{m} x_{ij} = b_j,\quad j=1,2,\cdots,n;$$

$$\sum_{i=1}^{m} x_{i,n+1} = \sum_{i=1}^{m} a_i - \sum_{j=1}^{n} b_j = b_{n+1}$$

假设增加一个销地,该销地的需要量为产量与销量的差,而各产地到该销地的单位运价全为"0",转化为产销平衡问题. 令

$$c'_{ij}=c_{ij},\quad 当\ i=1,2,\cdots.m;\quad j=1,2,\cdots n\ 时$$

$$c'_{ij}=0,\quad 当\ i=1,2,\cdots,m;\quad j=n+1\ 时$$

将其分别代入模型(3-8),得到

$$\min z' = \sum_{i=1}^{m}\sum_{j=1}^{n+1} c'_{ij}x_{ij} - \sum_{i=1}^{m}\sum_{j=1}^{n} c'_{ij}x_{ij} + \sum_{i=1}^{m} c'_{i,n+1}x_{i,n+1} = \sum_{i=1}^{m}\sum_{j=1}^{n} c_{ij}x_{ij}$$

$$\text{s.t.}\begin{cases}\displaystyle\sum_{j=1}^{n+1} x_{ij} = a_i,\quad i=1,2,\cdots,m\\ \displaystyle\sum_{i=1}^{m} x_{ij} = b_j,\quad j=1,2,\cdots,n,n+1\\ x_{ij}\geqslant 0,\quad i=1,2,\cdots,m;\quad j=1,2,\cdots,n+1\end{cases}\tag{3-9}$$

由于这时模型中

$$\sum_{i=1}^{m} a_i = \sum_{j=1}^{n} b_j + b_{n+1} = \sum_{j=1}^{n+1} b_j$$

因此这是一个产销平衡的运输问题.

2. 供应量小于需求量

类似地,当产(供应量)小于销(需求量)时,即 $\sum\limits_{i=1}^{m} a_i < \sum\limits_{j=1}^{n} b_j$ 时,可考虑在运输表中增加一个虚拟产地,设 $x_{m+1,j}$ 是虚拟产地 A_{m+1} 在销地 B_j 的销售量,该虚拟产地的产量为需求量与供应量的差,而该产地到各销地的单位运价均为"0",同样,可转化为产销平衡运输问题.

$$\min z' = \sum_{i=1}^{m+1}\sum_{j=1}^{n} c'_{ij}x_{ij} = \sum_{i=1}^{m}\sum_{j=1}^{n} c_{ij}x_{ij}$$

$$\text{s.t.}\begin{cases}\displaystyle\sum_{j=1}^{n} x_{ij} = a_i,\quad i=1,2,\cdots,m+1\\ \displaystyle\sum_{i=1}^{m+1} x_{ij} = b_j,\quad j=1,2,\cdots,n\\ x_{ij}\geqslant 0,\quad i=1,2,\cdots,m+1;\quad j=1,2,\cdots,n\end{cases}\tag{3-10}$$

例 3-3 设有 3 个化肥厂(A,B,C)供应 4 个地区(Ⅰ,Ⅱ,Ⅲ,Ⅳ)的农用化肥.假定等量的化肥在这些地区使用效果相同.各化肥厂年产量,各地区年需要量及从各化肥厂到各地区运送单位化肥的运价见表 3-26. 试求出总的运费最省的化肥调拨方案.

表 3-26

单位运价 产地 \ 销地	Ⅰ	Ⅱ	Ⅲ	Ⅳ	产量 / 万吨
A	16	13	22	17	50
B	14	13	19	15	60
C	19	20	23	—	50
最低需求 / 万吨	30	70	0	10	
最高需求 / 万吨	50	70	30	不限	

解 这是一个产销不平衡的运输问题,总产量为 160 万吨,4 个地区的最低需求为 110 万吨,最高需求为无限.根据现有产量,第 Ⅳ 个地区每年最多能分配到 60 万吨,这样最高需求为 210 万吨,大于产量.为了求得产销平衡,在产销平衡表中增加一个假想的化肥厂 D,其年产量为 50 万吨.由于各地区的需要量包含两部分,如地区 Ⅰ,其中 30 万吨是最低需求,故不能由假想化肥厂 D 提供,令相应运价为 M(任意大的数),而另一部分 20 万吨满足不满足均可以,因此可以由假想化肥厂 D 供给,令相应运价为 0.对凡是需求分两种情况的地区,实际上可按照两个地区看待.故问题的产销平衡和单位运价见表 3-27.

表 3-27

单价运价 产地 \ 销地	Ⅰ′	Ⅰ″	Ⅱ	Ⅲ″	Ⅳ′	Ⅳ″	产量 / 万吨
A	16	16	13	22	17	17	50
B	14	14	13	19	15	15	60
C	19	19	20	23	M	M	50
D	M	0	M	0	M	0	50
销量 / 万吨	30	20	70	30	10	50	

根据表上作业法确定初始基可行解的伏格尔法,空格检验数的位势法,求得此运输问题有唯一最优调运方案,见表 3-28.

表　3－28

单价运价 销地 / 产地	Ⅰ′	Ⅰ″	Ⅱ	Ⅲ″	Ⅳ′	Ⅳ″	产量／万吨
A	[16]	[16]	50 [13]	[22]	[17]	[17]	50
B	[14]	[14]	20 [13]	[19]	10 [15]	30 [15]	60
C	30 [19]	20 [19]	0 [20]	[23]	[M]	[M]	50
D	[M]	[0]	[M]	30 [0]	[M]	20 [0]	50
销量／万吨	30	20	70	30	10	50	210

3.4　应用举例

由于在变量个数相等的情况下，表上作业法的计算远比单纯形法简单得多，因此在解决实际问题时，人们常常尽可能把某些线性规划问题化为运输问题的数学模型. 下面介绍几个典型的例子.

例 3－4　某厂按合同规定须于当年每个季度末分别提供 10，15，25，20 台同一规格的柴油机. 已知该厂各季度的生产能力及生产每台柴油机的成本见表 3－29. 又如果生产出来的柴油机当季不交货，每台每积压一个季度需储存、维护费用 0.15 万元. 要求在完成合同的情况下，做出使该厂全年生产(包括储存、维护）费用最小的决策.

表　3－29

季度	生产能力／台	单位成本／(万元／台)
Ⅰ	25	10.8
Ⅱ	35	11.1
Ⅲ	30	11.0
Ⅳ	10	11.3

解　由于每个季度生产出来的柴油机不一定当季交货，所以设 x_{ij} 为第 i 季度生产的用于第 j 季度交货的柴油机数. 根据合同要求，必须满足：

$$
\begin{cases}
x_{11} & =10 \\
x_{12}+x_{22} & =15 \\
x_{13}+x_{23}+x_{33} & =25 \\
x_{14}+x_{24}+x_{34}+x_{44} & =20
\end{cases}
$$

又每季度生产的用于当季和以后各季交货的柴油机数不可能超过该季度的生产能力，故有

$$\begin{cases} x_{11}+x_{12}+x_{13}+x_{14}\leqslant 25 \\ \qquad x_{22}+x_{23}+x_{24}\leqslant 35 \\ \qquad\qquad x_{33}+x_{34}\leqslant 30 \\ \qquad\qquad\qquad x_{44}\leqslant 10 \end{cases}$$

第 i 季度生产的用于第 j 季度交货的每台柴油机的实际成本 c_{ij} 应该是该季度单位成本加上储存、维护等费用. c_{ij} 的具体数值见表 3-30.

表 3-30

i \ j	Ⅰ	Ⅱ	Ⅲ	Ⅳ
Ⅰ	10.80	10.95	11.10	11.25
Ⅱ		11.10	11.25	11.40
Ⅲ			11.00	11.15
Ⅳ				11.30

设用 a_i 表示该厂第 i 季度的生产能力, b_j 表示第 j 季度的合同供应量,则问题可写成:

$$\min z=\sum_{i=1}^{4}\sum_{j=1}^{4}c_{ij}x_{ij}$$

$$\text{s.t.}\begin{cases} \sum_{j=1}^{4}x_{ij}\leqslant a_i, \quad i=1,2,\cdots,4 \\ \sum_{i=1}^{4}x_{ij}=b_j, \quad j=1,2,\cdots,4 \\ x_{ij}\geqslant 0, \quad i,j=1,2,\cdots,4 \end{cases}$$

显然,这是一个产大于销的运输问题模型. 注意到这个问题中当 $i>j$ 时, $x_{ij}=0$,所以应令对应的 $c_{ij}=M$,再加上一个假想的需求 D,就可以把这个问题变成产销平衡的运输问题模型,并写出产销平衡和单位运价表 3-31.

表 3-31

生产 \ 销售 (单位运价)	Ⅰ	Ⅱ	Ⅲ	Ⅳ	D	产量 / 台
Ⅰ	10.80	10.95	11.10	11.25	0	25
Ⅱ	M	11.10	11.25	11.40	0	35
Ⅲ	M	M	11.00	11.15	0	30
Ⅳ	M	M	M	11.30	0	10
销量 / 台	10	15	25	20	30	**100**

根据表上作业法确定初始基可行解的最小元素法,空格检验数的位势法,可求得此运输问题的最优调运方案之一,见表 3-32.

表　3 - 32

单位运价＼销地 产地	Ⅰ	Ⅱ	Ⅲ	Ⅳ	D	产量 台	u_i
Ⅰ	10.80 10	10.95 15	11.10 0	11.25 [0]	0 [0.15]	25	0
Ⅱ	M [$M-$10.95]	11.10 [0]	11.25 5	11.40 [0]	0 30	35	0.15
Ⅲ	M [$M-$10.70]	M [$M-$10.85]	11.00 20	11.15 10	0 [0.25]	30	−0.10
Ⅳ	M [$M-$10.85]	M [$M-$11.00]	M [$M-$11.15]	11.30 10	0 [0.10]	10	0.15
销量 / 台	10	15	25	20	30	100	
v_j	10.80	10.95	11.10	11.25	−0.15		

即第 Ⅰ 季度生产 25 台，10 台当季交货，15 台 Ⅱ 季度交货；Ⅱ 季度生产 5 台，用于 Ⅲ 季度交货；Ⅲ 季度生产 30 台，其中 20 台当季交货，10 台 Ⅳ 季度交货. Ⅳ 季度生产 10 台，当季交货. 按此方案生产，该厂总的生产(包括储存、维护) 的费用为 773 万元.

因为本运输问题有无穷多最优解，所以给出另一最优方案见表 3 - 33.

表　3 - 33

单位运价＼销售 生产	Ⅰ	Ⅱ	Ⅲ	Ⅳ	D	产量 / 台
Ⅰ	10.80 10	10.95 15	11.10 0	11.25	0	25
Ⅱ	M	11.10	11.25	11.40 5	0 30	35
Ⅲ	M	M	11.00 25	11.15 5	0	30
Ⅳ	M	M	M	11.30 10	0	10
销量 / 台	10	15	25	20	30	100

例 3 - 5　某石油公司设有三个(A_1，A_2，A_3) 炼油厂，生产普通汽油，并为三个销售区(B_1，B_2，B_3) 服务，产销量(百万吨 Mt)及单位运价(千万元/Mt)见表 3 - 34，问应如何调运使总运费最省？

表　3 - 34

单价运价＼销地 产地	B_1	B_2	B_3	产量/Mt
A_1	2	4	3	$6\leqslant a_1\leqslant 11$
A_2	1	5	6	$a_2=7$
A_3	3	2	4	$a_3\geqslant 4$
销量/Mt	10	4	6	

解 由运输表 3-34 可知,由第一炼油厂 A_1 的产量 a_1 取最小值 6Mt 时,第一炼油厂 A_1 和第二炼油厂 A_2 产量之和为 13Mt,而总需要量为 20Mt,故在产销平衡条件下,第三炼油厂 A_3 的产量 a_3 最多为 7Mt. 如果第一和第二炼油厂都取各自最大产量 11Mt 和 7Mt,总产量可达 25Mt. 它大于总需要量 20Mt,这时应增设一个虚拟销售区 B_4,其需要量为 5Mt.

考虑可能出现的各种情况,将第一炼油厂 A_1 和第三炼油厂 A_3 这两个产地都分成两部分,其中一部分即最低产量是必须提供的,应运往实际销售区 B_1～B_3,而不能运往虚拟销售区 B_4,从而运往虚拟产地的单位运价为充分大的正数 M;另一部分即最高与最低产量差额部分可以运往虚拟销售区 B_4,但由于此时实际上无需运输,因而取单位运价为零"0".

基于上述分析,产销不平衡运输问题可转化为如下的产销平衡运输问题,见表 3-35.

表 3-35

单位运价 \ 销地 / 产地	B_1	B_2	B_3	B_4	产量/Mt
A_1	2	4	3	M	6
A_1'	2	4	3	0	5
A_2	1	5	6	M	7
A_3	3	2	4	M	4
A_3'	3	2	4	0	3
销量/Mt	10	4	6	5	25

运用表上作业法中确定初始基可行解的最小元素法及空格检验数的位势法,求得这一运输问题有无穷多最优解,见表 3-36,无穷多最优方案之中的一组最优调运方案为

$$x_{11}=3,\quad x_{13}=3,\quad x_{23}=3,\quad x_{24}=2,\quad x_{31}=7,\quad x_{42}=4,\quad x_{43}=0,\quad x_{54}=3$$

表 3-36

单位运价 \ 销地 / 产地	B_1 (运价)	B_1	B_2 (运价)	B_2	B_3 (运价)	B_3	B_4 (运价)	B_4	产量/Mt	u_i
A_1	2	3	4	[3]	3	3	M	[M]	6 ⑥	25
A'_1	2	[0]	4	[3]	3	3	0	2	5 ⑦	0
A_2	1	7	5	[5]	6	4	m	[$M+1$]	7 ③	−1
A'_3	3	[0]	2	4	4	0	M	[$M-1$]	4 ⑤	1
A_3	3	[1]	2	[1]	4	3	0	3	3 ①	0
销量/Mt		10 ④		4 ⑤		6 ⑦		5 ②	25	
v_j		2		1		3		0		

最省总运费为

$$\min z = \sum_{i=1}^{5}\sum_{j=1}^{4} c_{ij}x_{ij} = 3\times2+3\times3+3\times3+7\times1+4\times2+0\times4 = 3.9\text{亿元}$$

即第一炼油厂实际生产 9Mt（11Mt 中有库存 2Mt 可不生产），给第一及第三销售区分别为 3Mt，6Mt；第二炼油厂生产 7Mt 全部供应第一销售区；第三炼油厂实际生产 4Mt（7Mt 中有库存 3Mt 可不生产）供应第二销售区．该石油公司总运费最省为 3 亿 9 千万元．

例 3－6　某航运公司承担 6 个港口城市 A，B，C，D，E，F 的 4 条航线的物资运输任务．已知各条航线的起点、终点城市及每条航班数见表 3－37．假定各条航线使用相同型号的船只，各城市间的航程天数见表 3－38．又知每条船只每次装卸货的时间各需 1 天，则该航运公司至少应配备多少条船，才能满足所有航线的运货需求？

表　3－37

航　线	起点城市	终点城市	每天航班数/班
1	E	D	3
2	B	C	2
3	A	F	1
4	D	B	1

表　3－38

从＼到	A	B	C	D	E	F
A	0	1	2	14	7	7
B	1	0	3	13	8	8
C	2	3	0	15	5	5
D	14	13	15	0	17	20
E	7	8	5	17	0	3
F	7	8	5	20	3	0

解　该公司所需配备船只数量分为两部分．

（1）载货航程需要的周转船只数．例如航线 1，在港口 E 装货 1 天，E→D 航程 17 天，在 D 卸货 1 天，总计 19 天．每天 3 航班，故该航线周转船只需 57 条．各条航线周转所需船只数见表 3－39．以上累计共需周转船只数 91 条．

表　3－39

航线	装货天数/天	航程天数/天	卸货天数/天	小计/天	航班数/班	需周转船只数/条
1	1	17	1	19	3	57
2	1	3	1	5	2	10
3	1	7	1	9	1	9
4	1	13	1	15	1	15

（2）各港口间调度所需船只数．有些港口每天到达船数多于需求数，例如港口 D，每天到达 3 条，需求 1 条；而有些港口到达数少于需求数，例如港口 B，每天到达 1 条，需求 2 条．各港口每天余缺船只数的汇总信息，见表 3－40．

表 3-40

港口城市	每天到达/条	每天需求/条	余缺数/条
A	0	1	−1
B	1	2	−1
C	2	0	2
D	3	1	2
E	0	3	−3
F	1	0	1

为使配备船只数最少,应做到周转的船只数为最小.因此建立以下运输问题,其产销平衡及单位运价(应为相应各港口之间的船只航程天数)见表 3-41.

表 3-41

单位运价 港口 \ 港口	A	B	E	每天多余船只数/条
C	2	3	5	2
D	14	13	17	2
F	7	8	3	1
每天缺少船只数/条	1	1	3	5

用表上作业法求出空船的最优调度方案,见表 3-42.

表 3-42

单位运价 港口 \ 港口	A	B	E	每天多余船只数/条
C	1 (2)	(3)	1 (5)	2
D	(14)	1 (13)	1 (17)	2
F	(7)	(8)	1 (3)	1
每天缺少船只数/条	1	1	3	

由表 3-42 知,最少需周转的空船数为 40 条.这样在不考虑维修、储备等情况下,该公司至少应配备 131 条船.

3.5 WinQSB 软件应用

运输问题的运算程序是网络模型(Network Modeling,Net),选项为 Transportation Problem 或 Network Flow.

例 3－7　用 WinQSB 软件求解表 3－43 所示运输问题的最优调运方案和最小总运费.

表　3－43

供应地＼需求地	B_1	B_2	B_3	B_4	产量
A_1	3	11	3	10	7
A_2	1	9	2	8	4
A_3	7	4	10	5	9
销量	4	7	5	6	22＼20

解　这是一个需求大于供应的不平衡运输问题，用软件求解不必化为平衡问题，操作步骤如下：

(1) 启动网络模型(Net)程序. 点击开始→程序→WinQSB→Network Modeling.

(2) 建立新问题. 在图 3－3 中分别选择 Transportation Problem, Minimization, Spreadsheet Matrix Form，输入标题 LT3－7、产地数为 3 和销地数为 4.

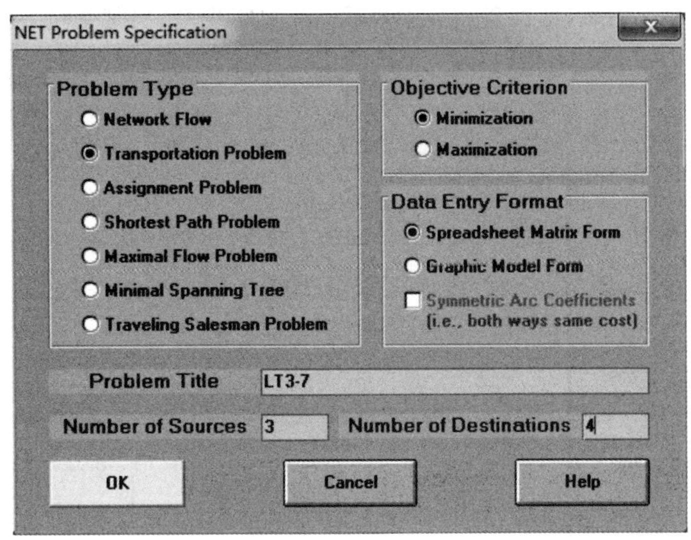

图　3－3

(3) 将表 3－43 的数据输入到表 3－44 中.

表　3－44

From \ To	B1	B2	B3	B4	Supply
A1	3	11	3	10	7
A2	1	9	2	8	4
A3	7	4	10	5	9
Demand	4	7	5	6	

(4) 求解.

点击 Solve and Analyze，下拉菜单有四个可供选择的求解方法.

- Solve the Problem 只求出最优解
- Solve the Display Steps－Network 网络图求解并显示迭代步骤
- Solve the Display Steps－Tableau 表格求解并显示迭代步骤
- Select Initial Solution Method 选择求初始解方法

求初始解方法又有 8 种可供选择的方法.

- Row Minimum (RM)逐行最小元素法
- Modified Row Minimum (MRM) 修正的逐行最小元素法
- Column Minimum (CM) 逐列最小元素法
- Modified Column Minimum (MCM) 修正的逐列最小元素法
- Northwest Corner Method (NWC) 西北角法
- Matrix Minimum (MM) 矩阵最小元素法,即最小元素法
- Vogel's Approximation Method (VAM) Vogel 近似法
- Russell's Approximation Method (RAM) Russell 近似法

如果不选择,系统缺省方法是 RM. 本例选择最小元素法 (MM)、Solve the Display Steps-Tableau,得到初始表,见表 3－45,由最后一行可得进基、出基变量,还可由位势即对偶变量 Dual P(i)及 Dual P(j)求出检验数. 继续迭代得到最优方案,总运费 $z^*=77$. 见表 3－46.

表 3－45

From \ To	B 1	B 2	B 3	B 4	Supply	Dual P(i)
A 1	3 4	11	3 3	10	7	0
A2	1 Cij=-1 **	9	2 2*	8 2	4	-1
A3	7	4 7	10	5 2	9	-4
nfilled_Dema	+1M	+1M	+1M	+1M 2	-4	-9+1M
Demand	7	5	6	-2		
Dual P(j)	3	8	3	9		

Objective Value = 2M+79 (Minimization)

** Entering: A2 to B 1 * Leaving: A2 to B 3

表 3－46

From	To	Shipment	Unit Cost	Total Cost	Reduced Cost
A1	B1	2	3	6	0
A1	B3	5	3	15	0
A2	B1	2	1	2	0
A2	B4	2	8	16	0
A3	B2	7	4	28	0
A3	B4	2	5	10	0
Unfilled_Demand	B4	2	0	0	0
Total	Objective	Function	Value =	77	

（5）显示图解结果. 点击 Results→Graphic Solution，系统以网络流的形式显示最优调运方案，见图 3－4.

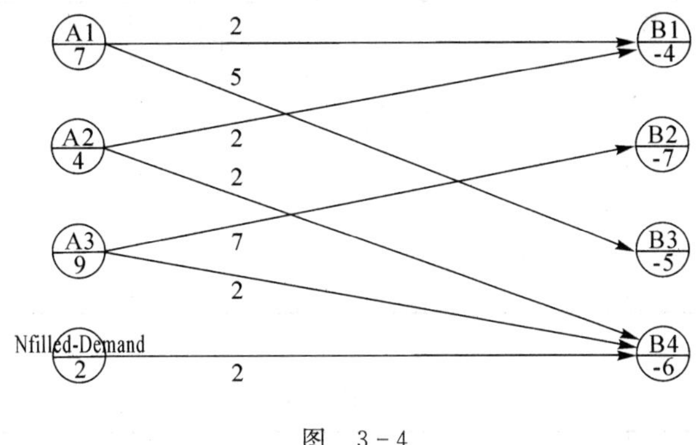

图　3－4

还可以进行 What－If 分析、参数分析. 如果有多重解，系统能显示其他基本可行解.

习　题　3

3－1　判断表 T3－1 和表 T3－2 中给出的调运方案能否作为表上作业法求解时的初始调运方案？为什么？

表　T3－1

产地＼销地	B_1	B_2	B_3	B_4	B_5	B_6	产量
A_1	20	5			5		30
A_2		30	20				50
A_3		5	10	10	45	5	75
A_4						20	20
销量	20	40	30	10	50	25	**175**

表　T3－2

产地＼销地	B_1	B_2	B_3	B_4	B_5	B_6	产量
A_1					30		30
A_2	20	30					50
A_3		10	30	10		25	75
A_4					20		20
销量	20	40	30	10	50	25	**175**

3－2　表 T3－3 和表 T3－4 中分别给出两个运输问题的产销平衡和单位运价表，试用最

小元素法给出该运输问题的初始调运方案.

表 T3-3

单价运价 销地 / 产地	B_1	B_2	B_3	B_4	产量
A_1	9	3	8	6	16
A_2	10	7	12	15	24
A_3	17	4	8	9	30
销量	20	25	10	15	**70**

表 T3-4

单价运价 销地 / 产地	B_1	B_2	B_3	B_4	产量
A_1	5	8	9	2	70
A_2	3	6	4	7	80
A_3	10	12	14	5	40
销量	45	65	50	30	**190**

3-3 表 T3-5 和表 T3-6 中分别给出两个运输问题的产销平衡和单位运价表,试用伏格尔(Vogel)法给出初始调运方案(即近似最优解).

表 T3-5

单价运价 销地 / 产地	B_1	B_2	B_3	B_4	产量
A_1	10	6	7	12	4
A_2	16	10	5	9	9
A_3	5	4	10	10	4
销量	5	2	4	6	**17**

表 T3-6

单价运价 销地 / 产地	B_1	B_2	B_3	B_4	产量
A_1	3	6	3	4	55
A_2	5	3	6	6	65
A_3	9	7	5	8	70
销量	50	35	60	45	**190**

3-4 已知两个运输问题的供需关系与单位运价表 T3-7 和表 T3-8,试用表上作业法

求解（表中 M 代表任意大正数）. 若有无穷多最优解，请给出另外一个最优解.

表　T3－7

单价运价 销地 / 产地	甲	乙	丙	产量
A	20	16	24	300
B	10	10	8	500
C	M	18	10	100
销量	200	400	300	**900**

表　T3－8

单价运价 销地 / 产地	甲	乙	丙	丁	产量
A	10	8	12	11	40
B	11	14	15	9	60
C	16	14	18	7	45
销量	50	25	35	35	**145**

3－5　用表上作业法求表 T3－9 中给出的运输问题最优解. 若有无穷多最优解，请给出另外一个最优解.

表　T3－9

单价运价 销地 / 产地	甲	乙	丙	丁	戊	产量
A	10	20	5	9	10	5
B	2	10	8	30	6	6
C	1	20	7	10	4	2
D	8	6	3	7	5	9
销量	4	4	6	2	4	**20** \ **22**

3－6　已知某运输问题的产销平衡单位运价表及给出的一个最优调运方案见表 T3－10，试确定表中 k 的取值范围.

表　T3－10

（各格中方框内为单位运价，方框左侧为调运量）

单位运价 销地 / 产地	B_1	B_2	B_3	B_4	产量
A_1	[10]	5 [1]	[20]	10 [11]	15
A_2	0 [12]	10 [k]	15 [9]	[20]	25
A_2	5 [2]	[14]	[16]	[18]	5
销量	5	15	15	10	**45**

3-7 甲、乙、丙 3 个城市每年需要煤炭分别为 320 万吨,250 万吨,350 万吨,由 A,B 两处煤矿负责供应.已知煤矿 A 和 B 年供应量分别为 400 万吨和 450 万吨.由煤矿至各城市的单位运价(万元/万吨)及产销平衡见表 T3-11.由于需求大于供给,经研究协调后决定,甲城市供应量可减少 0~30 万吨,乙城市需要量应全部满足,丙城市供应量不少于 270 万吨.试求将供应量分配完,使总运费最低的调运方案.

表 T3-11

单位运价 城市 / 煤矿	甲	乙	丙	供应量/万吨
A	15	18	22	400
B	21	25	16	450
需求量/万吨	320	250	350	**920** / **850**

第4章 整数规划

前述线性规划模型中，决策变量一般取非负连续值. 但许多实际问题要求决策变量取整数值，例如机器的台数、聘用的人员数、运输的集装箱数等，把决策变量部分或全部取整数的规划称为整数规划(Integer Programming, IP). 整数规划又分为线性和非线性两类. 本章主要讨论整数(线性)规划(Integer Linear Programming, ILP)的解法及应用，如无特殊指明，整数规划是指整数线性规划. 主要有针对整数线性规划问题的分支定界法(branch and bound method)、割平面法(cutting plane method)；0－1 规划的隐枚举法(implicit enumeration)以及指派问题的匈牙利法(Hungary method).

整数规划是规划论中的一个重要分支，整数规划的应用范围极其广泛. 它不仅应用于工业、工程设计、系统可靠性、编码和经济分析等方面，还能解决现实经济管理领域的生产计划、物资运输、人员安排和投资选择等问题.

4.1 整数规划的数学模型

4.1.1 整数规划问题的提出

在许多线性规划问题中，涉及人员数量、设备台数等取值必须取整的情况，相应的线性规划的解如果取值非整，则与现实情境冲突. 如果简单地求得相应线性规划问题的最优解进行"舍入化整"，或"舍零取整"处理，得到的解有可能是非可行的，或虽为可行解但不一定是最优解. 因此，对整数规划的求解有必要另行研究. 将线性规划模型中的部分或全部变量限定为整数时，便形成了整数(线性)规划. 割平面方法和分支定界法，借助整数规划相应线性规划问题的求解过程，实现了对整数规划问题的求解.

整数(线性)规划中如果所有变量均限制为(非负)整数时，就称为**纯整数(线性)规划**(Pure Integer linear Programming, PIP)，或**全整数(线性)规划**(all integer linear programming). 如果仅部分变量限制为整数，则称之为**混合整数(线性)规划**(Mixed Integer linear Programming, MIP). 整数规划的一种特殊情形是 **0－1 规划**(Binary Integer linear Programming, BIP)，它的变量取值仅为 0 或 1，本章最后涉及的指派问题就是一个 0－1 规划问题.

例 4－1 某服务部门各时段需要的服务人数见表 4－1. 服务人员连续工作 8h 为一班. 现要求安排服务员的工作时间，使该服务部门服务员总数最少.

表 4-1

时段	始末时间	最少服务人数/人
1	8:00~10:00	10
2	10:00~12:00	8
3	12:00~14:00	9
4	14:00~16:00	11
5	16:00~18:00	13
6	18:00~20:00	8
7	20:00~22:00	5
8	22:00~24:00	8

解 设 x_j 表示在时段 j 开始上班的服务人员数，由于每 2 h 为一个时段，因此在时段 j 开始上班的服务员在时段 $j+3$ 结束下班，决策变量只须考虑 $x_1, x_2, \cdots, x_5$. 其数学模型为

$$\min z = \sum_{j=1}^{5} x_j$$

$$\text{s.t.} \begin{cases} x_1 \geqslant 10 \\ x_1 + x_2 \geqslant 8 \\ x_1 + x_2 + x_3 \geqslant 9 \\ x_1 + x_2 + x_3 + x_4 \geqslant 11 \\ x_2 + x_3 + x_4 + x_5 \geqslant 13 \\ x_3 + x_4 + x_5 \geqslant 8 \\ x_4 + x_5 \geqslant 5 \\ x_5 \geqslant 8 \\ x_j \geqslant 0, j = 1, 2, \cdots, 5 \\ x_j \text{ 为整数}, j = 1, 2, \cdots, 5 \end{cases} \tag{4-1}$$

例 4-2 某厂拟用集装箱托运甲、乙两种货物，每箱的体积、质量、可获利润以及托运所受限制见表 4-2. 问两种货物各托运多少箱，可使获得利润为最大?

表 4-2

货物	甲	乙	托运限制
体积 /(m^3/ 箱)	5	4	$24 m^3$
质量 /(10^2 kg/ 箱)	2	5	13×10^2 kg
利润 /(10^2 元 / 箱)	20	10	

解 设 x_1, x_2 分别为甲、乙两种货物的托运箱数(均为非负整数)，这是一个纯整数规划问题，其数学模型为

$$\max z = 20x_1 + 10x_2 \tag{4-2a}$$

$$\text{s.t.}\begin{cases} 5x_1 + 4x_2 \leqslant 24 & (4-2b)\\ 2x_1 + 5x_2 \leqslant 13 & (4-2c)\\ x_1, x_2 \geqslant 0 & (4-2d)\\ x_1, x_2 \text{ 为整数} & (4-2e) \end{cases}$$

4.1.2　整数规划数学模型及其解的特征

由上述实例可以抽象出整数规划数学模型的一般形式为

$$\max\ (\text{或}\ \min\ ) z = \sum_{j=1}^{n} c_j x_j$$

$$\text{s.t.}\begin{cases} \sum\limits_{j=1}^{n} a_{ij} x_j \leqslant (=, \geqslant) b_i, i = 1,2,\cdots,m \\ x_j \geqslant 0, j = 1,2,\cdots,n \\ x_j \text{ 部分或全部取整数}, j = 1,2,\cdots,n \end{cases} \tag{4-3}$$

以例 4－2 说明整数规划求解特点. 模型(4－2) 剔除整数约束条件(4－2e) 成为与其相应的线性规划问题,称为**松弛问题**. 得松弛问题的最优解为 $x_1 = 4.8, x_2 = 0$, $\max z = 96$. 但 x_1 是托运甲种货物的箱数,且非整数,所以不符合条件(4－2e).

是否将所得非整数的最优解经过“化整” 就可获得满足条件(4－2e) 的整数最优解呢? 如将“$x_1 = 4.8, x_2 = 0$” 凑整为“$x_1 = 5, x_2 = 0$”,条件(4－2b)(体积限制) 不成立,因而它不是可行解;如将“$x_1 = 4.8, x_2 = 0$” 舍尾 0.8 变为“$x_1 = 4, x_2 = 0$”,满足各约束条件,因而是可行解,但不是最优解,因为当 $x_1 = 4, x_2 = 0$ 时,$z = 80$,但当 $x_1 = 4, x_2 = 1$(这也是可行解) 时,$z = 90$.

用图解法来说明例 4－2. 非整数最优解在 C(4.8,0) 点达到,图中的“•” 表示可行的整数解. 凑整的(5,0) 点不在可行域内,而 C 点又不满足条件(4－2e). 为了满足题中要求,表示目标函数 z 的等值线必须向原点平行移动,直到第一次遇到带“•” 的“$x_1 = 4, x_2 = 1$” 为止,等值线由 $z = 96$ 变为 $z = 90$,差值为 6 表示利润的降低,这是因变量的不可分性(整箱) 引起的.

由例 4－2 可知,将松弛问题最优解“化整” 之后,一般得不到整数规划的最优解,甚至根本不能保证是可行解.

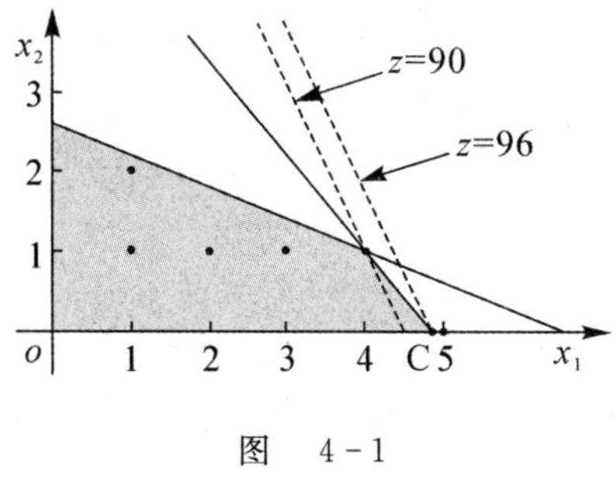

图　4－1

在求整数规划时,若可行域有界,人们试图利用遍历所有可行的整数组合的“枚举法” 处理,如图 4－1 中所有带“•” 的点那样,比较目标函数值定出最优解.

对于变量数少的小型问题,可行的整数组合数也很少,此方法是有效可行的. 在例 4－2 中变量只有两个；由可行条件，x_1 可取的整数为 0,1,2,3,4 共 5 个，x_2 可取的整数为 0,1,2 共 3 个，它的组合数是 $3\times5=15$ 个，"枚举法"还是勉强可用的. 但对大型问题，可行的整数组合数很大，即使利用计算机进行计算也不可行. 如指派问题，将 n 个任务指派 n 个人去完成，不同的指派方案共有 $n!$ 种，当 $n=20$ 时，这个数就超过 2×10^{18}，如果用每秒百万次的计算机，大约需要 800 年.

综上所述，有必要对整数规划的解法进行专门研究.

整数规划问题解的特征与其松弛问题具有密切关系，但又有本质差异. 归纳整数规划问题解的主要特征如下：

(1) 整数规划问题的可行集，是其松弛问题可行集合的子集；

(2) 整数规划的可行解，一定是它的松弛问题的可行解，反之则不一定成立；

(3) 整数规划问题最优解的目标函数值不会优于其松弛问题最优解的目标函数值；

(4) 整数规划的松弛问题是一个线性规划问题，其可行域是凸集. 整数规划任意两个可行解的凸组合则不一定满足变量的整数约束，因而不一定仍为可行解.

4.2 整数规划的分支定界法

20 世纪 60 年代由 Land Doig 等人提出求解整数规划的**分支定界法**，它是一种隐枚举法或部分枚举法，它可用于解纯整数或混合整数规划问题. 此方法由于灵活且便于计算机求解，因此是解整数规划的重要方法.

分支定界法是一种求解整数规划问题最常用的算法. 分支定界法形成**分支**、**定界**和**剪支**三个环节，通过把整个可行集分成越来越小的子集完成**分支**工作，**剪支**工作通过**界定**子集中最好的解的程度后，舍弃其边界值表明它不可能包含原问题最优解的子集完成.

分支定界法的主要思路 设整数规划为 A，其松弛问题为 B，先求解 B，若其最优解符合 A 的整数条件已获 A 的整数最优解，或 B 无可行解，则 A 亦无可行解，停止；若其最优解不符合 A 的整数条件，设 B 的最优目标函数值为 $\bar{z}$，A 的最优目标函数值 z^*. 因为 B 是 A 放宽限制得到，可行域增大，所以是 $z^*\leqslant\bar{z}$，而 A 的任意可行解的目标函数值都是 z^* 的下界 $\underline{z}$，即 $\underline{z}\leqslant z^*\leqslant\bar{z}$，逐步减少 $\bar{z}$ 和增大 $\underline{z}$，最终求得 z^*. 具体步骤如下.

(1) 求松弛问题的解. 整数规划 A 的松弛问题为 B，① 若求出 B 的最优解各分量为整数，即为 A 的最优解，计算结束；② 若 B 无可行解，则 A 也无可行解，计算结束；③ 若 B 有最优解，但各分量中有非整数，则此解非 A 最优解，转(2).

(2) 分支. 从不满足整数条件的最优解的分量中任意选取一个 x_i 进行分支，它必须满足 $x_i\leqslant[x_i]$ 或 $x_i\geqslant[x_i]+1$ 中的一个，把这两个约束条件加进 B 中，形成两个互不相容的后继问题 B_1 和 B_2.

(3) 定界. 以每个后继问题为一分支标明求解结果，与其他问题的解比较，找出目标函数的最优值作为新的上界 $\bar{z}$，把满足整数条件各分支的目标函数最优值作为下界 $\underline{z}$，用它来判断分支是保留还是剪支.

(4) 剪支. 把那些后继问题的最优值与界值比较，凡不优或不能更优的分支全剪掉，即各分支的最优目标值中若有小于 $\underline{z}$ 者，则剪掉这支(用打 × 表示). 直到每个分支都查清为止.

如此，进行分支、定界与剪支，对不断出现的新解进行判断，最终求得整数规划的最优解.

例 4－3　用分支定界法求解整数规划问题：

$$\max z=4x_1+3x_2$$

$$\text{s.t.}\begin{cases}3x_1+4x_2\leqslant 12\\4x_1+2x_2\leqslant 9\\x_1,x_2\geqslant 0\text{ 且为整数}\end{cases}$$

解　(1) 整数规划 A 去掉整数约束的松弛问题为 B. 用单纯形法解得 B 的最优解为 $\boldsymbol{X}_0^*=[1.2\quad 2.1]^{\mathrm{T}}$ 时，$z_0=11.1$，不满足整数约束，设 A 的最优值为 z^*，则 $z^*\leqslant 11.1=\bar{z}_0$；又 $x_1=x_2=0$ 是 A 的一个可行解，这时 $\underline{z}_0=0$，则

$$\underline{z}_0=0\leqslant z^*\leqslant 11.1=\bar{z}_0$$

(2) 对整数规划 A 的松弛问题 B 进行分支. 松弛问题 B，对非整变量 x_1，增加分支约束条件 $x_1\leqslant 1$ 称为 B_1，增加分支约束条件 $x_1\geqslant 2$ 称为 B_2.

B_1　$\max z=4x_1+3x_2$

$$\text{s.t.}\begin{cases}3x_1+4x_2\leqslant 12\\4x_1+2x_2\leqslant 9\\x_1\qquad\leqslant 1\\x_1,x_2\geqslant 0\end{cases}$$

B_2　$\max z=4x_1+3x_2$

$$\text{s.t.}\begin{cases}3x_1+4x_2\leqslant 12\\4x_1+2x_2\leqslant 9\\x_1\qquad\geqslant 2\\x_1,x_2\geqslant 0\end{cases}$$

用单纯形法求解，得 B_1 的最优解为 $\boldsymbol{X}_1^*=[1\quad 2.25]^{\mathrm{T}}$ 时，$z_1=10.75$；同理可得 B_2 的最优解为 $\boldsymbol{X}_2^*=[2\quad 0.5]^{\mathrm{T}}$ 时，$z_2=9.5$. 都不满足整数约束，此时，$\underline{z}_1=0$，$\bar{z}_1=\max\{z_1,z_2\}=10.75$，则

$$\underline{z}_1=0\leqslant z^*\leqslant 10.75=\bar{z}_1.$$

(3) 分别对 B_1，B_2 进行分支. 因 $z_1>z_2$，故先分解 B_1 为两支，对非整变量 x_2，增加分支约束条件 $x_2\leqslant 2$ 称为 B_3，增加分支约束条件 $x_2\geqslant 3$ 称为 B_4.

B_3　$\max z=4x_1+3x_2$

$$\text{s.t.}\begin{cases}3x_1+4x_2\leqslant 12\\4x_1+2x_2\leqslant 9\\x_1\qquad\leqslant 1\\x_2\qquad\leqslant 2\\x_1,x_2\geqslant 0\end{cases}$$

B_4　$\max z=4x_1+3x_2$

$$\text{s.t.}\begin{cases}3x_1+4x_2\leqslant 12\\4x_1+2x_2\leqslant 9\\x_1\qquad\leqslant 1\\x_2\qquad\geqslant 3\\x_1,x_2\geqslant 0\end{cases}$$

用单纯形法求解，得 B_3 的最优解为 $\boldsymbol{X}_3^*=[1\quad 2]^{\mathrm{T}}$ 时，$z_3=10$，A 得可行解；同理可得 B_4 的最优解为 $\boldsymbol{X}_4^*=[0\quad 3]^{\mathrm{T}}$ 时，$z_4=9$，A 得可行解. B_3，B_4 的最优解满足整数规划 A 的可行解整数约束，又因 $z_3>z_4$，故取 $\underline{z}_2=z_3=10$，无需讨论 B_4；此时，$\bar{z}_2=\max\{z_2,z_3,z_4\}=10$，因 $z_2<\underline{z}$，$z_4<\underline{z}$，故不必分解 B_2 和 B_4，即可剪除 B_2 支和 B_4 支，则

$$\underline{z}_2=10\leqslant z^*\leqslant 10=\bar{z}_2$$

即整数规划 A 的最优解为：当 $\boldsymbol{X}^*=[1\quad 2]^{\mathrm{T}}$ 时，最优值 $z^*=10$，见图 4－2.

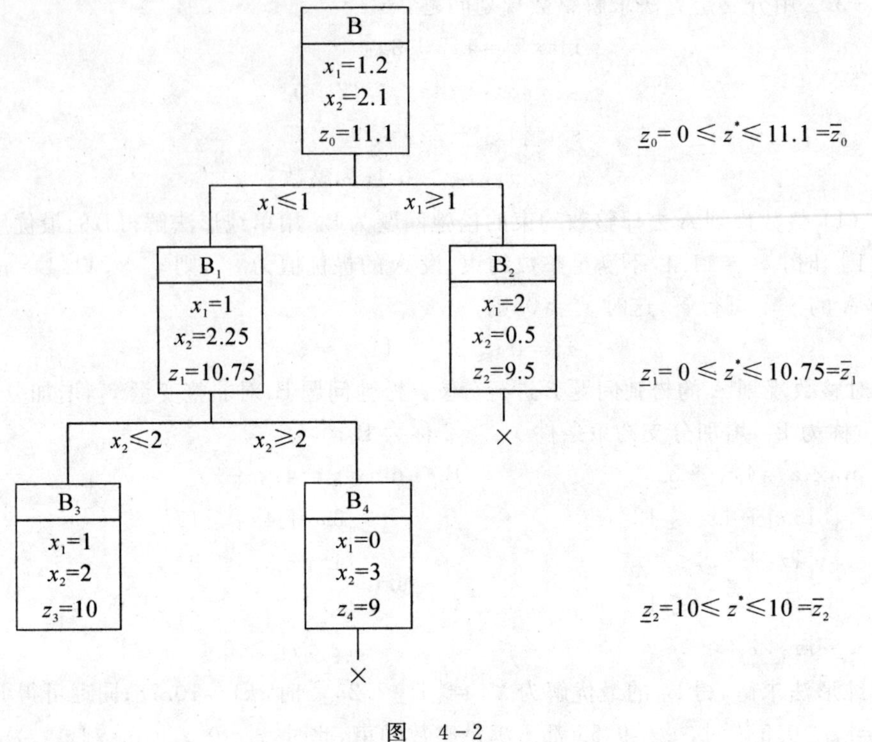

图 4-2

4.3 整数规划的割平面法

割平面法是通过生成一系列的平面割掉非整数部分来得到最优整数解的方法. 目前割平面法有分数割平面法、原始割平面法、对偶整数割平面法和混合割平面法等. 这里介绍的是1958 年由 R. E. Gomory(戈莫里) 提出的纯整数割平面法,也称 Gomory **割平面法**.

整数规划割平面法的求解思路 在不考虑决策变量整数约束的条件下,首先求得松弛问题的最优解,若得整数最优解,即为所求最优解. 若不满足整数约束,则在松弛问题中逐次增加一个新约束,即割平面. 整数规划问题的割平面是一个新引入的函数约束条件,可以在不减少整数规划问题可行解的情况下缩小松弛问题的可行域,即它能割去原松弛可行域中一块不含整数解的区域,逐次切割下去,直到切割最终所得松弛可行域的一个最优极(顶)点为整数解终止.

例 4-4 用割平面法求解整数规划问题:

$$\max z = x_1 + x_2$$

$$\text{s.t.}\begin{cases}-x_1 + x_2 \leqslant 1\\ 3x_1 + x_2 \leqslant 4\\ x_1, x_2 \geqslant 0 \text{ 且为整数}\end{cases}$$

解 整数规划去掉整数约束的松弛问题,约束不等式标准化为

$$\begin{cases}-x_1 + x_2 + x_3 \qquad = 1\\ 3x_1 + x_2 \qquad + x_4 = 4\end{cases} \tag{4-4}$$

由单纯形表的最终表求解松弛问题得非整数最优解,见表 4-3.

表　4-3

	$c_j \rightarrow$			1	1	0	0
	$\boldsymbol{C_B}$	$\boldsymbol{X_B}$	$\boldsymbol{b}$	x_1	x_2	x_3	x
初始单纯形表	0	x_3	1	-1	1	1	0
	0	x_4	4	3	1	0	1
	c_j-z_j		0	1	1	0	0
最终单纯形表		x_1	3/4	1	0	$-1/4$	1/4
		x_2	7/4	0	1	3/4	1/4
	c_j-z_j		$-5/2$	0	0	$-1/2$	$-1/2$

即非整数最优解为 $x_1=\frac{3}{4}, x_2=\frac{7}{4}, x_3=x_4=0$ 时，$\max z=\frac{5}{2}$. 不满足整数最优解条件，考虑其中的非整数变量，由最终单纯形表得到相应的关系式为

$$x_1 \quad -\frac{1}{4}x_3+\frac{1}{4}x_4=\frac{3}{4}$$

$$x_2+\frac{3}{4}x_3+\frac{1}{4}x_4=\frac{7}{4}$$

将系数和常数项都分解成整数和非负真分数之和为

$$x_1 \quad +\left(-1+\frac{3}{4}\right)x_3+\frac{1}{4}x_4=0+\frac{3}{4}$$

$$x_2 \qquad +\frac{3}{4}x_3+\frac{1}{4}x_4=1+\frac{3}{4}$$

然后将整数部分与分数部分左右分开，移到等式的两边，得

$$x_1 \qquad -x_3 \quad =\frac{3}{4}-\left(\frac{3}{4}x_3+\frac{1}{4}x_4\right)$$

$$x_2 \qquad -1=\frac{3}{4}-\left(\frac{3}{4}x_3+\frac{1}{4}x_4\right)$$

现由整数条件要求 x_1, x_2 为非负整数，则由式(4-4)可知 x_3, x_4 也是非负整数，由上式，左边是整数，则右边也应是整数. 现 x_3, x_4 为非负整数，则(·)内是正数，所以等式右边必是非正数，即整数条件可用下式代替：

$$\frac{3}{4}-\left(\frac{3}{4}x_3+\frac{1}{4}x_4\right)\leqslant 0$$

有

$$-3x_3-x_4\leqslant -3$$

这就得到了一个**切割方程**(或称**切割约束**)将它作为增加的约束条件，再解例 4-4.

引入松弛变量 x_5 得到等式为

$$-3x_3-x_4+x_5=-3$$

将这个新的约束方程添加到表 4-3 的最终单纯形表中得表 4-4.

从表 4-4 初始单纯形表的常数列可以看出，这时得到的是非可行解，于是需要用对偶单纯形法继续进行计算. 选择 x_5 为换出变量，计算

$$\theta=\min_j\left\{\frac{c_j-z_j}{a_{ij}}\mid a_{ij}<0\right\}=\min\left\{\frac{-\frac{1}{2}}{-3},\frac{-\frac{1}{2}}{-1}\right\}=\frac{1}{6}$$

将 x_3 作为为换入变量,再按原单纯形表进行迭代,得最终单纯形表 4-4.

表 4-4

		$c_j\rightarrow$		1	1	0	0	0
	C_B	X_B	b	x_1	x_2	x_3	x_4	x_5
初始单纯形表	1	x_1	3/4	1	0	−1/4	1/4	0
	1	x_2	7/4	0	1	3/4	1/4	0
	0	x_5	−3	0	0	[−3]	−1	1
	c_j-z_j		0	0	0	−1/2	−1/2	0
最终单纯形表		x_1	1	1	0	0	1/3	−1/12
		x_2	1	0	1	0	0	1/4
		x_3	1	0	0	1	1/3	−1/3
	c_j-z_j		−5/2	0	0	0	−1/3	−1/6

由于 $x_1=1,x_2=1$ 均为整数,最优值 $z^*=2$,本整数规划已得最优解.

注意 新得到的约束条件:$-3x_3-x_4\leqslant-3$,如用 x_1,x_2 表示,由式(4-4)得

$$3(1+x_1-x_2)+(4-3x_1-x_2)\geqslant 3 \quad\Leftrightarrow\quad x_2\leqslant 1$$

这时 x_1Ox_2 平面内形成新的可行域,整数点在其中,未被切割. 但从解题过程看,此步是不必要的.

割平面法的解题关键是寻找割平面(或割线),可能不唯一,所以可能不是一步能完成的.

割平面法求解步骤:

(1) 求解整数规划 A 的松弛问题 B 的最优解.

1) 若 B 无可行解,则 A 无最优解,运算停止;

2) 若 B 有整数最优解,则 A 亦有相同的整数最优解,运算停止;

3) 若 B 有最优解,但不符合整数条件,则可采用下述割平面法求解.

(2) 对可行域进行切割.

1) 令 x_i 是相应线性规划最终表最优值为分数的一个基变量,则

$$x_i+\sum_k a_{ik}x_k=b_i \tag{4-5}$$

其中 $i\in Q$(Q 指构成基变量号码的集合);$k\in K$(K 指构成非基变量号码的集合).

2) 将 b_i 和 a_{ik} 都分解成整数部分 N 和非负真分数 f 之和,即

$$b_i=N_i+f_i,\text{其中 } 0<f_i<1$$

$$a_{ik}=N_{ik}+f_{ik},\text{其中 } 0\leqslant f_{ik}<1$$

而 N 表示不超过 b 的最大整数. 代入式(4-5),并将整数部分与分数部分分开,得

$$x_i+\sum_k N_{ik}x_k-N_i=f_i-\sum_k f_{ik}x_k \tag{4-6}$$

3) 现提出变量(包括松弛变量)为整数的条件(当然还有非负的条件),这时,式(4-6)由

左边看必须是整数，但由右边看，因为 $0 < f_i < 1$，所以不能为正值，即

$$f_i - \sum_k f_{ik} x_k \leqslant 0 \tag{4-7}$$

这就是一个切割方程. 代入松弛问题 B 作为新的约束，再求解.

由式(4－5)、式(4－6) 和式(4－7) 可知

1) 切割方程(4－7) 真正进行了切割，至少把非整数最优解这一点割掉了.

2) 没有割掉整数解，这是因为相应的线性规划的任意整数可行解都满足切割方程的缘故.

Gomory 的切割法自提出后引起人们广泛的关注，至今完全用它解题的仍是少数，原因是常遇到收敛很慢的情形. 但若和其他方法(如分支定界法) 配合使用，也是有效的.

4.4　0－1　规　划

0－1 规划是特殊的整数规划，所有变量取值只有 0 或 1(而非任意整数). 实际上，凡是有界变量的整数规划都可以转化为 0－1 规划问题，使其具有广泛的应用，多年来一直受到人们重视. 0－1 变量作为逻辑变量，可以表示系统是否处于某个特定状态，或者决策是否取某特定方案. 当问题含有多项要素，每项要素均有两种选择时，可用一组 0－1 变量来描述. 在实际中，0－1 变量可以描述开与关、有与无、取与舍等现象所反应的离散变量间的关系，以及相互排斥的约束. 因此，0－1 规划不仅广泛应用于科学技术问题，在经济管理领域也发挥着十分重要的作用. 0－1 规划非常适合描述和解决工厂选址、线路设计、背包问题和旅行购物等问题.

4.4.1　0－1 规划问题与模型

例 4－5　某公司拟在甲、乙、丙三地建立分公司，共有 7 个位置 $A_i(i=1,2,\cdots,7)$ 可供选择，规定：

甲地：在 A_1，A_2，A_3 3 个位置中至少选 1 个；

乙地：在 A_4，A_5 2 个位置中至多选 1 个；

丙地：在 A_6，A_7 2 个位置中至少选 1 个.

如选 A_i 位置，则相应投资费用估计为 b_i 元，年获利估计为 c_i 元，但投资总额不能超过 B 元，问应选哪几个位置使年利润最大？

解　设 0－1 变量 $x_i(i=1,2,\cdots,7)$，令

$$x_i = \begin{cases} 1, & \text{当 } A_i \text{ 位置被选用} \\ 0, & \text{当 } A_i \text{ 位置没被选用} \end{cases} \quad (i=1,2,\cdots,7)$$

问题可构建如下 0－1 规划模型：

$$\max z = \sum_{i=1}^{7} c_i x_i$$

$$\text{s. t.} \begin{cases} \sum_{i=1}^{7} b_i x_i \leqslant B \\ x_1 + x_2 + x_3 \geqslant 1 \\ x_4 + x_5 \leqslant 1 \\ x_6 + x_7 \geqslant 1 \\ x_i = 0 \text{ 或 } 1 \end{cases}$$

例 4-6 如何表示下述几个互相排斥的约束条件(≤ 型):

$$a_{i1}x_1 + a_{i2}x_2 + \cdots\cdots + a_{in}x_n \leqslant b_i, \quad i = 1, 2, \cdots, m$$

解 为了使这 m 个约束条件只有一个起作用,引入 m 个 0-1 变量 $y_i(i=1,2,\cdots,m)$ 和一个充分大的常数 M,构造出下面的 $m+1$ 个约束条件

$$a_{i1}x_1 + a_{i2}x_2 + \cdots + a_{in}x_n \leqslant b_i + y_iM, \quad i = 1, 2, \cdots, m \tag{4-8}$$

$$y_1 + y_2 + \cdots + y_m = m - 1 \tag{4-9}$$

这样就使前面 m 个约束中只有一个约束起作用.由式(4-9),y_i 中只有一个能取 0,设 $y_i=0$ 将其代入式(4-8),则只有第 i 个约束起作用($\leqslant b_i$),其余的式子自然成立(M 充分大),即是多余的.

所以,当整数规划模型中变量取值为 0 或 1 时,对应的数学模型是 0-1 规划模型.

4.4.2 隐枚举法

0-1 规划问题一般有变换法、枚(穷)举法和隐枚举法三种解法,本节主要介绍隐枚举法.根据变量取值特点,容易想到枚(穷)举法,即检查变量 2^n 个组合,m 个约束方程,比较目标函数值寻求最优,当 n 很大时,计算量很大($2^n \times m$),这几乎是不可能的. **隐枚举法**需要根据目标函数的性质,增加一个相应的不等式作为过滤条件,以减少运算次数. 为简化运算,一般还要按目标函数中决策变量系数递增(减)的顺序,重新排列目标函数和约束条件中决策变量的次序. 由此,仅仅需要检查变量取值组合的一部分,就能获得问题的最优解. 隐枚举法由此得名,分支定界法也是一种隐枚举法.

在可能的变量组合中,往往仅有部分属于可行解.变量组合不满足某个约束条件时,不必再去检验其他约束条件是否仍然可行.基于发现的可行解最优目标函数值设计过滤约束,并在计算过程中逐步改进过滤约束.对于最大化问题,可以按照由小到大的顺序排列,对于最小化问题,则相应可以按照由大到小的顺序排列.通过有效减少运算量,实现较快地发现最优解的目标.下面举例说明解 0-1 规划的隐枚举法.

例 4-7 利用隐枚举法求解如下 0-1 规划问题:

$$\max z = 3x_1 - x_2 + 4x_3$$

$$\text{s.t.}\begin{cases} x_1 + 3x_2 - 2x_3 \leqslant 4 & (4-10\text{a}) \\ x_1 + 4x_2 + x_3 \leqslant 4 & (4-10\text{b}) \\ \qquad 2x_2 + x_3 \leqslant 6 & (4-10\text{c}) \\ x_1 + x_2 \qquad \leqslant 1 & (4-10\text{d}) \\ x_j = 0 \text{ 或 } 1, j = 1, 2, 3 \end{cases}$$

解 (1) 增加约束条件.遇到第 1 个可行解 $(x_1, x_2, x_3) = (0, 0, 0)$,$z_1 = 0$ 时,目标函数求最大化,所以希望 $z \geqslant 0$,于是可以增加一个约束条件.

$$3x_1 - x_2 + 4x_3 \geqslant 0 \qquad ◎$$

此约束条件称为**过滤条件**.

将目标函数值 z、过滤条件 ◎、4 个约束按 a ~ d 顺序排好,见表 4-5,对每个解依次计算目标函数值 z,是否满足过滤条件 ◎? 检验约束关系,如某一约束关系式不成立,则同行以下各约束条件就不必检验,因而减少了运算次数.计算过程见表 4-5.在计算中,若遇到 z 值已经超过 ◎ 右边的值,立即使右边的值变为迄今为止最大者,作为新约束过滤条件继续求解,直至获得最优

解为止.

如果遇到第 2 个可行解$(x_1,x_2,x_3)=(0,0,1)$，$z_2=4>z_1$ 时,用约束条件 ◎′ 替换过滤条件 ◎.

$$3x_1-x_2+4x_3\geqslant 4 \quad ◎'$$

如果遇到第 3 个可行解$(x_1,x_2,x_3)=(1,0,1)$，$z_3=7>z_2$ 时,用约束条件 ◎″ 替换过滤条件 ◎′.

$$3x_1-x_2+4x_3\geqslant 7 \quad ◎''$$

利用隐枚举法,可得 0－1 规划的最优解$(x_1,x_2,x_3)=(1,0,1)$，$z^*=\max z=7$,运算过程见表 4－5.

表　4－5

(x_1,x_2,x_3)	z 值	是否满足条件？是(√) 否(×)					过滤条件
		◎	a	b	c	d	
(0,0,0)	0	√	√	√	√	√	◎　$z\geqslant 0$
(0,0,1)	4	√,◎′	√	√	√	√	◎′　$z\geqslant 4$
(0,1,0)	－1	×					
(0,1,1)	3	×					
(1,0,0)	3	×					
(1,0,1)	7	√,◎″	√	√	√	√	◎″　$z\geqslant 7$
(1,1,0)	2	×					
(1,1,1)	6	×					

(2) 重排变量 x_i 的顺序使极大(小)化目标函数中变量 x_i 的系数是递增(减)的,即 $z=-x_2+3x_1+4x_3$. 变量顺序变为 x_2,x_1,x_3,这样最优解会较早出现,运算过程见表 4－6.

表　4－6

(x_2,x_1,x_3)	z 值	是否满足条件？是(√) 否(×)					过滤条件
		◎	a	b	c	d	
(0,0,0)	0	√	√	√	√	√	◎　$z\geqslant 0$
(0,0,1)	4	√,◎′	√	√	√	√	◎′　$z\geqslant 4$
(0,1,0)	3	×					
(0,1,1)	7	√,◎″	√	√	√	√	◎″　$z\geqslant 7$
(1,0,0)	－1	×					
(1,0,1)	3	×					
(1,1,0)	2	×					
(1,1,1)	6	×					

由表 4－6 可得最优解$(x_2,x_1,x_3)=(0,1,1)$，即$(x_1,x_2,x_3)=(1,0,1)$ 时,$z^*=\max z=7$.

(3) 重排变量 x_i 的顺序使极大(小)化目标函数中变量 x_i 的系数是递增(减)的,即 $z=-x_2+3x_1+4x_3$. 变量按负系数取 0,正系数取 1 的规则,得$(x_2,x_1,x_3)=(0,1,1)$，检查是否可行解，若为可行解点，将其增加为过滤条件调至首位；若为非可行解点，可进一步按最优值从高到低的顺序判断其他可行解点，将其增加为过滤条件.

$$3x_1 - x_2 + 4x_3 \geqslant 7 \quad ◎$$

运用隐枚举法求解，这样变量顺序为 x_2, x_1, x_3，运算量减少，将最优过滤可行解调至首位，最优解会最早出现.

表 4-7

(x_2, x_1, x_3)	z 值	是否满足条件？是(√) 否(×)					过滤条件
		◎	a	b	c	d	
(0,1,1)	7	√	√	√	√	√	◎ $z \geqslant 7$
(0,0,0)	0						
(0,0,1)	4						
(0,1,0)	3						
(1,0,0)	−1						
(1,0,1)	3						
(1,1,0)	2						
(1,1,1)	6						

由表 4-7 可得最优解$(x_2, x_1, x_3) = (0,1,1)$，即$(x_1, x_2, x_3) = (1,0,1)$ 时，$z^* = \max z = 7$.

0-1 规划隐枚举法及其改进算法比较：

1) 枚举法，解为 $2^3 = 8$ 个，每个解检验约束条件 4 次，共运算 32 次，加上求目标函数值 8 次，共运算 40 次；

2) 隐枚举法，检验约束条件 12 个，目标函数值 8 个，共运算 20 次；

3) 重排后用隐枚举法，运算仍为 20 次，但最优解由第 6 位提前到第 4 位出现；

4) 重排预过滤后用隐枚举法，检验约束条件 4 个，求目标函数值 8 个，共运算 12 次，最优解首位出现.

综上所述，对目标函数依目标极大(小) 化重排决策变量顺序，使目标函数决策变量系数是递增(减)，利用系数特征，找出最理想的过滤条件，运用隐枚举法，可极大提高求解效率.

4.5 指派问题

4.5.1 指派问题及其模型

指派问题又称分配问题，是指在满足特定指派要求条件下，使指派方案总体效果最佳，即研究如何给 n 个人(或单位等) 分配 n 项工作，使完成全部工作所消耗的总资源(时间或费用)最少.

例 4-8 有一份中文说明书须翻译成英文、日文、德文和俄文 4 种文字，分别记作 E，F，G，R，现有甲、乙、丙、丁 4 人，他们将中文说明书翻译成不同语种所需时间见表 4-8，问应指派何人去完成何工作，使所需总时间(h) 最少？

表　4-8

完成人 \ 任务	E	F	G	R
甲	3	14	10	5
乙	10	4	13	10
丙	9	14	16	13
丁	7	8	8	9

解　引入 0-1 变量 x_{ij}，令

$$x_{ij}=\begin{cases}1, & \text{当指派第 } i \text{ 人去完成第 } j \text{ 项任务}\\ 0, & \text{当不派第 } i \text{ 人去完成第 } j \text{ 项任务}\end{cases},\quad i,j=1,2,\cdots,4$$

c_{ij} 表示第 i 人去完成第 j 项任务所需的时间，如 $c_{34}=13$ 等. 则四项任务完成的总费用为

$$\min z=3x_{11}+14x_{12}+10x_{13}+5x_{14}+10x_{21}+4x_{22}+\cdots+8x_{43}+9x_{44}$$

该指派问题的数学模型为

$$\min z=\sum_{i=1}^{4}\sum_{j=1}^{4}c_{ij}x_{ij}$$

$$\text{s.t.}\begin{cases}\sum\limits_{j}^{4}x_{ij}=1, i=1,2,\cdots,4, \text{第 } i \text{ 人只完成 1 项任务}\\ \sum\limits_{i}^{4}x_{ij}=1, j=1,2,\cdots,4, \text{第 } j \text{ 项任务仅 1 人完成}\\ x_{ij}=0, \text{或 } 1; i,j=1,2,\cdots,4\end{cases}\qquad(4-11)$$

类似地，n 项加工任务，怎样指派到 n 台机床上完成；n 条航线，怎样指定 n 架飞机去航行；有若干项合同需要选择若干个投标者来承包；若干班级需要安排在若干教室上课等.

一般地，n 项任务恰好有 n 个人可以承担，由于每人专长不同，因此各人完成任务效率(时间或成本等)不同，需要类似于表 4-8 那样的数表，称为**效率(或系数)矩阵**，记为(c_{ij})，$c_{ij}\geqslant 0$，应指派何人去完成何工作，使完成的总任务量最大(总时间最少)？这类问题就称为**指派问题**. 同上引入 0-1 变量 x_{ij}，指派问题的标准数学模型为

$$\min z=\sum_{i=1}^{n}\sum_{j=1}^{n}c_{ij}x_{ij}\qquad(4-12a)$$

$$\text{s.t.}\begin{cases}\sum\limits_{j}^{n}x_{ij}=1, i=1,2,\cdots,n & (4-12b)\\ \sum\limits_{i}^{n}x_{ij}=1, j=1,2\cdots,n & (4-12c)\\ x_{ij}=0 \text{ 或 } 1; i,j=1,2,\cdots,n & (4-12d)\end{cases}$$

指派问题的标准型为目标函数最小化、人员数与任务数相等、效率矩阵非负.

指派问题是 0-1 规划特例，也是运输问题特例，可用整数规划，0-1 规划或运输问题的解法求解. 但利用指派问题数学结构的特殊性，可有更为简便的解法 —— **匈牙利法**.

4.5.2 匈牙利法

库恩(W. W. Kuhn) 于 1955 年提出指派问题的解法，他引用匈牙利数学家考尼格(D. Konig)一个关于矩阵中 0 元素的定理(即系数矩阵中独立 0 元素的最多个数等于能覆盖所有 0 元素的最少直线数)，此解法称为**匈牙利法**.

指派问题最优解的性质 如果从效率矩阵的某行或某列中减去一个常数，得到新的效率矩阵代表的指派问题与原问题具有相同的最优解.

匈牙利法的基本思路 先将效率矩阵(c_{ij})的各行分别减去本行的最小元素，再把各列减去本列的最小元素得(b_{ij})，如果能够得到位于不同行和不同列的 n 个 0 元素，则按照 0 元素的位置做出的分配方案，一定是指派问题的**最优解**. 满足约束条件式(4－12b)、式(4－12c) 和式(4－12d) 的可行解 x_{ij}，如用矩阵(x_{ij}) 表示，称为**解矩阵**. 解矩阵中对应(b_{ij}) 中的 0 元素的位置取 1，其他位置取 0，即是(b_{ij}) 为效率矩阵的指派问题最优解，也是原指派问题的最优解.

匈牙利法求解步骤：

(1) 求效率同解矩阵(b_{ij}). 指派问题效率矩阵(c_{ij}) 每行(列) 减去该行(列) 最小元素，再把所得矩阵中每列(行) 减去该列(列) 最小元素，得效率同解矩阵(b_{ij})，使(b_{ij}) 中每行每列均有 0 元素；

(2) 求效率同解矩阵(b_{ij}) 的独立 0 元素. 具体做法为

1) 从只有一个 0 元素的行开始，给每个 0 元素加圈，记作 ◎，表示对这行所代表的人只有一种任务可指派；然后划去 ◎ 所在列的其他 0 元素，记作 Φ，这代表这列所代表的任务已指派完，不必再考虑别人.

2) 对列实施同样的方法. 重复步骤 1) 2) 直到所有 0 元素被圈出和划掉为止. 步骤 1) 2) 顺序可以对调.

3) 若仍有没有画圈的 0 元素[同行(列) 的 0 元素至少有两个，表示对这人(任务) 可以从两(多) 项任务(人) 中指派其一]. 从剩余 0 元素最少的行(列) 开始，比较这行各 0 元素所在列中 0 元素的数目，选择 0 元素少的那列的这个 0 元素加圈(表示选择性多的要让选择性少的)，然后划掉同行同列的其他 0 元素，反复进行，直到所有 0 元素都已圈出和划掉为止.

4) 若 ◎ 元素的数目 m 等于矩阵的阶数 n，即 $m=n$，则此指派问题已得到最优解. 若 $m<n$，则转入(3).

(3) 作最小的直线覆盖所有 0 元素，确定该矩阵(b_{ij}) 中能找到最多 m 个独立 0 元素.

1) 对没有 ◎ 的行打“√”号；

2) 对已打“√”的行中所含 Φ 元素的列打“√”号；

3) 再对打有“√”号的列中含 ◎ 元素的行打“√”号；

4) 重复 2) 3) 直到得不出新的“√”号的行、列为止.

5) 对没有“√”号的行画一条横线，打“√”号的列画一纵线，这就得到覆盖所有 0 元素的最小直线数，令为 l.

6) 若 $l<n$，说明必须再变换当前的同解矩阵，才能找到 n 个独立的元素，转(4)，若 $l=n$，而 $m<n$，应该回到(2)，另行试探.

(4) 对同解矩阵(b_{ij}) 再作变换以增加独立 0 元素的个数. 为此在没有被直线覆盖的部分找出最小元素，然后在打“√”行各元素都减去这个最小的元素，而在打“√”各列的元素中都加上这个最小元素(以保证原来的 0 元素不变),这样得新的同解矩阵,若得到 n 个独立的 0 元素,则已得到最优解,否则回到(3) 重复进行.

由匈牙利法求解过程可知,效率矩阵的行列地位等同,行列运算互换不会影响其运算结果.

以例 4-8 说明匈牙利法的求解过程.

解　(1) 求效率矩阵(c_{ij})的同解矩阵(b_{ij}),有

$$(c_{ij})=\begin{bmatrix}3&14&10&5\\10&4&13&10\\9&14&16&13\\7&8&8&9\end{bmatrix}\begin{matrix}\min\\3\\4\\9\\7\end{matrix}\Rightarrow\begin{bmatrix}0&11&7&2\\6&0&9&6\\0&5&7&4\\0&1&1&2\end{bmatrix}\Rightarrow\begin{bmatrix}0&11&6&0\\6&0&8&4\\0&5&6&2\\0&1&0&0\end{bmatrix}=(b_{ij})$$
$$\min\qquad 1\quad 2$$

(2) 求解效率同解矩阵(b_{ij})的独立 0 元素. 得到既不同行又不同列的 4 个独立 0 元素,故得最优解(x_{ij}). 注意得到解矩阵的各行(列)元素和为 1,有

$$\begin{bmatrix}\emptyset&11&6&◎\\6&◎&8&4\\◎&5&6&2\\\emptyset&1&◎&\emptyset\end{bmatrix},\quad m=n=4$$

故得解矩阵为

$$(x_{ij})=\begin{bmatrix}0&0&0&1\\0&1&0&0\\1&0&0&0\\0&0&1&0\end{bmatrix}$$

$$\min z=\sum_{i=1}^{4}\sum_{j=1}^{4}c_{ij}x_{ij}=c_{14}+c_{22}+c_{31}+c_{43}=5+4+9+8=26\ \text{h}$$

最优指派为:指定甲译俄文,乙译日文,丙译英文,丁译德文花费的总时间最省为 26 h.

例 4-9　某公司拟将 4 种新产品试制任务安排给(A,B,C,D)4 个下属工厂生产,根据经验数据测算,4 个工厂试制 4 种新产品的单位产品成本见表 4-9,求最优试产配置方案.

表　4-9　单位:10^2 元 / 件

产品 / 工厂	1	2	3	4
A	58	69	180	260
B	75	50	150	230
C	65	70	170	250
D	82	55	200	280

解　(1) 求效率矩阵(c_{ij})的同解矩阵(b_{ij}).

$$
(c_{ij})=\begin{bmatrix}58&69&180&260\\75&50&150&230\\65&70&170&250\\82&55&200&280\end{bmatrix}\Rightarrow\begin{bmatrix}0&19&30&30\\17&0&0&0\\7&20&20&20\\24&5&50&50\end{bmatrix}\begin{matrix}\text{min}\\ \\7\\5\end{matrix}\Rightarrow\begin{bmatrix}0&19&30&30\\17&0&0&0\\0&13&13&13\\19&0&45&45\end{bmatrix}=(b_{ij})
$$

$$
\begin{matrix}\text{min}&58&50&150&230\end{matrix}
$$

(2) 求效率同解矩阵(b_{ij})的独立0元素，有

$$
\begin{bmatrix}◎&19&30&30\\17&\emptyset&◎&\emptyset\\\emptyset&13&13&13\\19&◎&45&45\end{bmatrix}
$$

因独立0元素个数 $m=3$，小于效率矩阵的阶数 $n=4$. $m<n$，转(3).

注 上述同解矩阵中 b_{11} 与 b_{31}；b_{23} 与 b_{24} 两组符号互换可得4个矩阵，因其内容结构相似，另外3个矩阵省略不写.

(3) 作最小的(虚)直线覆盖所有0元素，确定该矩阵(或另外3个矩阵任一个)中能找到(相同的)最多 m 个独立0元素.，有

$$
\begin{bmatrix}◎&19&30&30\\17&\emptyset&◎&\emptyset\\\emptyset&13&13&13\\19&◎&45&45\end{bmatrix}\begin{matrix}\checkmark\\ \\ \checkmark\\ \\ \end{matrix}
\qquad (4-13)
$$

$$
\begin{matrix}\checkmark&&&\end{matrix}
$$

(4) 对矩阵(4-13)再作变换以增加独立0元素的个数.为此在没有被直线覆盖的部分找出最小元素13，然后在打"√"行各元素减去13，在打"√"各列元素加上13，有

$$
\begin{bmatrix}0&6&17&17\\30&0&0&0\\0&0&0&0\\32&0&45&45\end{bmatrix}
$$

转(2) 求上述矩阵的独立0元素.得

$$
\begin{bmatrix}◎&6&17&17\\30&\emptyset&◎&\emptyset\\\emptyset&\emptyset&\emptyset&◎\\32&◎&45&45\end{bmatrix}\quad\text{或}\quad\begin{bmatrix}◎&6&17&17\\30&\emptyset&\emptyset&◎\\\emptyset&\emptyset&◎&\emptyset\\32&◎&45&45\end{bmatrix}
$$

且 $m=4=n$，得到既不同行又不同列的4个0元素，故得两个最优解，其解矩阵分别为

$$
(x_{ij})^{(1)}=\begin{bmatrix}1&0&0&0\\0&0&1&0\\0&0&0&1\\0&1&0&0\end{bmatrix},\quad(x_{ij})^{(2)}=\begin{bmatrix}1&0&0&0\\0&0&0&1\\0&0&1&0\\0&1&0&0\end{bmatrix}
$$

故有两个最优试产配置方案：最优方案1：A厂加工产品1，B厂加工产品3，C厂加工产品

4,D厂加工产品2;最优方案2:A厂加工产品1,B厂加工产品4,C厂加工产品3,D厂加工产品2. 试制4种新产品的单位产品总成本最低为

$$\min z = 58 + 150 + 250 + 55 = 58 + 170 + 230 + 55 = 513 \times 10^2 \text{ 元}$$

公司下属4个工厂试制4种新产品的单位产品总成本最低为51 300元.

4.5.3　非标准指派问题的求解

匈牙利法解决的是指派问题标准型的求解,即目标最小化、人数与任务数相等及效率非负. 但实际应用中,常常遇到各种非标准形式的指派问题. 如目标最大化、人数与任务数不相等以及不可接受的配置(某个人不能完成某项任务)等特殊指派问题,一般处理方法是对效率矩阵通过适当变换,使其满足匈牙利算法条件再求解.

1. 目标最大化的指派问题

在最大化指派问题效率矩阵中,选择一个最大元素 M 去减效率矩阵中所有元素,得到新效率矩阵 $\boldsymbol{D}=(d_{ij})$,$d_{ij}=M-c_{ij}$,求效率矩阵 $\boldsymbol{D}$ 对应的最小化指派问题与原最大化指派问题同解.

例 4-10　人事部门欲安排4人到4个不同的岗位工作,每个岗位1个人,经考核4人在不同岗位的成绩(百分制),见表 4-10,如何安排他们的工作使总成绩最好?

表　4-10　　　　单位:分

人员＼岗位	A	B	C	D
甲	85	92	73	90
乙	95	87	78	95
丙	82	83	79	90
丁	86	90	80	88

解　令 $M=\max\{c_{ij}\}=95$,$d_{ij}=95-c_{ij}\geqslant 0$,则

$$\boldsymbol{D}=(d_{ij})=\begin{bmatrix} 10 & 3 & 22 & 5 \\ 0 & 8 & 17 & 0 \\ 13 & 12 & 16 & 5 \\ 9 & 5 & 15 & 7 \end{bmatrix}$$

(1) 求效率矩阵(d_{ij})的同解矩阵(b_{ij}).

$$(d_{ij})=\begin{bmatrix} 10 & 3 & 22 & 5 \\ 0 & 8 & 17 & 0 \\ 13 & 12 & 16 & 5 \\ 9 & 5 & 15 & 7 \end{bmatrix}\begin{matrix} \min \\ 3 \\ \\ 5 \\ 5 \end{matrix} \Rightarrow \begin{bmatrix} 7 & 0 & 19 & 2 \\ 0 & 8 & 17 & 0 \\ 8 & 7 & 11 & 0 \\ 4 & 0 & 10 & 2 \end{bmatrix} \Rightarrow \begin{bmatrix} 7 & 0 & 9 & 2 \\ 0 & 8 & 7 & 0 \\ 8 & 7 & 1 & 0 \\ 4 & 0 & 0 & 2 \end{bmatrix}=(b_{ij})$$
$$\min \qquad 10$$

(2) 求系数矩阵(b_{ij})的独立0元素. 得到既不同行又不同列的4个0元素,即 $m=n=4$.

$$\begin{bmatrix} 7 & ◎ & 9 & 2 \\ ◎ & 8 & 7 & \emptyset \\ 8 & 7 & 1 & ◎ \\ 4 & \emptyset & ◎ & 2 \end{bmatrix}$$

故得最优解，相应的解矩阵(x_{ij}).

$$(x_{ij}) = \begin{bmatrix} 0 & 1 & 0 & 0 \\ 1 & 0 & 0 & 0 \\ 0 & 0 & 0 & 1 \\ 0 & 0 & 1 & 0 \end{bmatrix}$$

最好的总成绩为

$$\max z = 92 + 95 + 90 + 80 = 357 \text{ 分}$$

工作总成绩最好的分配方案为：甲分配到B岗位，乙分配到A岗位，丙分配到D岗位，丁分配到C岗位. 按此分配方案安排他们四人的工作，预计总成绩最好为357分.

2. 人员数与任务数不相等的指派问题

此类最小化指派问题的处理方法是，设人员数为m，任务数为n，当$m > n$时，虚拟$m-n$项任务，因无实际任务，对应的效率为0；当$m < n$时，虚拟$n-m$个人，因无实际人员，对应的效率为0. 据此化为人员数与任务数相等的标准指派问题再用匈牙利法求解.

例4-11 学校组织游泳、自行车、长跑和登山4项混合接力赛，已知5名运动员完成各项目的成绩(min)，见表4-11，从中选拔一个接力队，使预期的比赛成绩最好.

表 4-11 单位：min

项目 运动员	游泳	自行车	长跑	登山
甲	20	43	33	29
乙	15	33	28	26
丙	18	42	38	29
丁	19	44	32	27
戊	17	34	30	28

解 运动员人数多于运动项目数，需虚拟一个项目，效率为0，转化为标准指派问题D.

(1) 求效率矩阵(d_{ij})的同解矩阵(b_{ij}).

$$D = (d_{ij}) = \begin{bmatrix} 20 & 43 & 33 & 29 & 0 \\ 15 & 33 & 28 & 26 & 0 \\ 18 & 42 & 38 & 29 & 0 \\ 19 & 44 & 32 & 27 & 0 \\ 17 & 34 & 30 & 28 & 0 \end{bmatrix} \Rightarrow \begin{bmatrix} 5 & 10 & 5 & 3 & 0 \\ 0 & 0 & 0 & 0 & 0 \\ 3 & 9 & 10 & 3 & 0 \\ 4 & 11 & 4 & 1 & 0 \\ 2 & 1 & 2 & 2 & 0 \end{bmatrix} = (b_{ij})$$

$$\min \quad 15 \quad 33 \quad 28 \quad 26$$

(2) 求效率同解矩阵(b_{ij})的独立0元素.

$$\begin{bmatrix} 5 & 10 & 5 & 3 & \circledcirc \\ \circledcirc & \not{0} & \not{0} & \not{0} & \not{0} \\ 3 & 9 & 10 & 3 & \not{0} \\ 4 & 11 & 4 & 1 & \not{0} \\ 2 & 1 & 2 & 2 & \not{0} \end{bmatrix}$$

因独立 0 元素个数 $m=2$，小于效率矩阵的阶数 $n=5$. $m<n$，转(3).

注　上述同解矩阵中 b_{21} 与 b_{22}，b_{23}，b_{24}；b_{15} 与 b_{35}，b_{45}，b_{55} 两组符号互换可得 16 个矩阵，因其内容结构相似，另外 15 个矩阵省略不写.

(3) 作最小的(虚) 直线覆盖所有 0 元素，确定该矩阵(或另外 15 个中任一个) 中能找到(相同的) 最多 m 个独立 0 元素.

$$\begin{bmatrix} 5 & 10 & 5 & 3 & \circledcirc \\ \circledcirc & \not{0} & \not{0} & \not{0} & \not{0} \\ 3 & 9 & 10 & 3 & \not{0} \\ 4 & 11 & 4 & 1 & \not{0} \\ 2 & 1 & 2 & 2 & \not{0} \end{bmatrix} \begin{matrix} \checkmark \\ \\ \checkmark \\ \checkmark \\ \checkmark \end{matrix} \tag{4-14}$$

(4) 对矩阵(4-14) 再作变换以增加独立 0 元素的个数. 为此在没有被直线覆盖的部分找出最小元素 1，然后在打"√"行各元素减去 1，在打"√"列各元素加上 1. 得

$$\begin{bmatrix} 4 & 9 & 4 & 2 & 0 \\ 0 & 0 & 0 & 0 & 1 \\ 2 & 8 & 9 & 2 & 0 \\ 3 & 10 & 3 & 0 & 0 \\ 1 & 0 & 1 & 1 & 0 \end{bmatrix} \text{转(2) 求矩阵的独立 0 元素，得} \begin{bmatrix} 4 & 9 & 4 & 2 & \circledcirc \\ \circledcirc & \not{0} & \not{0} & \not{0} & 1 \\ 2 & 8 & 9 & 2 & \not{0} \\ 3 & 10 & 3 & \circledcirc & \not{0} \\ 1 & \circledcirc & 1 & 1 & \not{0} \end{bmatrix}$$

因独立 0 元素个数 $m=4$，小于系数矩阵的阶数 $n=5$. $m<n$，转(3)，记为(3′).

注　上述同解矩阵中 b'_{21} 与 b'_{23}；b'_{15} 与 b'_{35} 两组符号互换可得 4 个矩阵，因其内容结构相似，另外 3 个矩阵省略不写.

(3′) 继续作最小的(虚) 直线覆盖所有 0 元素，确定该矩阵(或另外 3 个矩阵任一个) 中能找到(相同的) 最多 m 个独立 0 元素.

$$\begin{bmatrix} 4 & 9 & 4 & 2 & \circledcirc \\ \circledcirc & \not{0} & \not{0} & \not{0} & 1 \\ 2 & 8 & 9 & 2 & \not{0} \\ 3 & 10 & 3 & \circledcirc & \not{0} \\ 1 & \circledcirc & 1 & 1 & \not{0} \end{bmatrix} \begin{matrix} \checkmark \\ \\ \checkmark \\ \\ \\ \end{matrix} \tag{4-15}$$

(4′) 对矩阵(4-15) 再作变换以增加独立 0 元素的个数. 为此在没有被直线覆盖的部分找出最小元素 2，然后在打"√"行各元素减去 2，在打"√"各列元素加上 2. 得

$$\begin{bmatrix} 2 & 7 & 2 & 0 & 0 \\ 0 & 0 & 0 & 0 & 3 \\ 0 & 6 & 7 & 0 & 0 \\ 3 & 10 & 3 & 0 & 2 \\ 1 & 0 & 1 & 1 & 2 \end{bmatrix} \text{转(2) 求矩阵的独立 0 元素，得} \begin{bmatrix} 2 & 7 & 2 & \not{0} & \circledcirc \\ \not{0} & \not{0} & \circledcirc & \not{0} & 3 \\ \circledcirc & 6 & 7 & \not{0} & \not{0} \\ 3 & 10 & 3 & \circledcirc & 2 \\ 1 & \circledcirc & 1 & 1 & 2 \end{bmatrix}$$

且 $m=5=n$，得既不同行又不同列的 5 个 0 元素，故得最优解，其解矩阵为

$$(x_{ij})=\begin{bmatrix}0&0&0&0&1\\0&0&1&0&0\\1&0&0&0&0\\0&0&0&1&0\\0&1&0&0&0\end{bmatrix}$$

预期最好比赛成绩为

$$\min z=0+28+18+27+34=107 \text{ min}$$

最好的接力队选拔方案是由乙、丙、丁、戊 4 位运动员组成，甲不参与接力. 乙运动员选择长跑，丙运动员选择游泳，丁运动员选择登山，戊运动员选择自行车，使预期最好的比赛成绩为用时107 min.

3. 不可接受配置的指派问题

在最小化指派问题中，当某人不能完成某项任务时，令对应的效率为一个大 M(一般取效率最大值) 即可；在最大化指派问题中，当某人不能完成某项任务时，令对应的效率为 0 即可.

例 4-12 某商业集团计划在市内 4 个点投资 4 个专业超市，考虑经营的商品有电器、服装、食品、家具和计算机 5 个类别. 通过评估，家具超市不能放在第 3 个点，计算机超市不能放在第 4 个点，不同类别的商品投资到各点的年利润(万元) 预测值见表 4-12，该商业集团如何决策才能使年投资利润最大?

表 4-12 单位：万元

地点 商品	1	2	3	4
电 器	120	300	360	400
服 装	80	350	420	260
食 品	150	160	410	300
家 具	90	200	—	180
计算机	220	260	270	—

解 这是最大化、人员数与任务数不相等及不可接受配置的指派问题，分别对表4-12进行转换.

1) 令 $c_{43}=c_{54}=0$；

2) 转换为最小值问题，令 $M=\max\{c_{ij}\}=420, d_{ij}=420-c_{ij}\geqslant 0$，得到效率表(机会损失表)；

3) 虚拟一个地点 5.

转换后得表 4-13.

表 4-13

地点 商品	1	2	3	4	5
电 器	300	120	60	20	0
服 装	340	70	0	160	0
食 品	270	260	10	120	0
家 具	330	220	420	240	0
计算机	200	160	150	420	0

(1) 求效率矩阵(d_{ij})的同解矩阵(b_{ij}).

$$(d_{ij})=\begin{bmatrix}300 & 120 & 60 & 20 & 0\\ 340 & 70 & 0 & 160 & 0\\ 270 & 260 & 10 & 120 & 0\\ 330 & 220 & 420 & 240 & 0\\ 200 & 160 & 150 & 420 & 0\end{bmatrix}\Rightarrow\begin{bmatrix}100 & 50 & 60 & 0 & 0\\ 140 & 0 & 0 & 140 & 0\\ 70 & 190 & 10 & 100 & 0\\ 130 & 150 & 420 & 220 & 0\\ 0 & 90 & 150 & 400 & 0\end{bmatrix}=(b_{ij})$$

$$\min\ 200\quad 70\qquad\quad 20$$

(2) 求效率同解矩阵(b_{ij})的独立 0 元素.

$$\begin{bmatrix}100 & 50 & 60 & \circledcirc & \emptyset\\ 140 & \circledcirc & \emptyset & 140 & \emptyset\\ 70 & 190 & 10 & 100 & \emptyset\\ 130 & 150 & 420 & 220 & \circledcirc\\ \circledcirc & 90 & 150 & 400 & \emptyset\end{bmatrix}$$

因独立 0 元素个数 $m=4$,小于效率矩阵的阶数 $n=5$. $m<n$,转(3).

注　上述矩阵中 b_{22} 与 b_{23};b_{35} 与 b_{45} 两组符号互换可得 4 个矩阵,因其内容结构相似,另外 3 个矩阵省略不写.

(3) 作最小的直线覆盖所有 0 元素,确定该矩阵(或另外 3 个矩阵任一个)中能找到(相同的)最多 m 个独立 0 元素.

$$\begin{bmatrix}100 & 50 & 60 & \circledcirc & \emptyset\\ 140 & \circledcirc & \emptyset & 140 & \emptyset\\ 70 & 190 & 10 & 100 & \emptyset\\ 130 & 150 & 420 & 220 & \circledcirc\\ \circledcirc & 90 & 150 & 400 & \emptyset\end{bmatrix}\begin{matrix}\\ \\ \checkmark\\ \checkmark\\ \\ \end{matrix}\tag{4-16}$$

(4) 对矩阵(4-16)再作变换以增加独立 0 元素的个数. 为此在没有被直线覆盖的部分找出最小元素 10,然后在打"√"行各元素减去 10,在打"√"各列元素加上 10,得

$$\begin{bmatrix}100 & 50 & 60 & 0 & 10\\ 140 & 0 & 0 & 140 & 10\\ 60 & 180 & 0 & 90 & 0\\ 120 & 140 & 410 & 210 & 0\\ 0 & 90 & 150 & 400 & 10\end{bmatrix}\text{转(2) 求矩阵的独立 0 元素,得}\begin{bmatrix}100 & 50 & 60 & \circledcirc & 10\\ 140 & \circledcirc & \emptyset & 140 & 10\\ 60 & 180 & \circledcirc & 90 & \emptyset\\ 120 & 140 & 410 & 210 & \circledcirc\\ \circledcirc & 90 & 150 & 400 & 10\end{bmatrix}$$

且 $m=5=n$,得既不同行又不同列的 5 个 0 元素,故得最优解,其解矩阵为

$$(x_{ij})=\begin{bmatrix}0 & 0 & 0 & 1 & 0\\ 0 & 1 & 0 & 0 & 0\\ 0 & 0 & 1 & 0 & 0\\ 0 & 0 & 0 & 0 & 1\\ 1 & 0 & 0 & 0 & 0\end{bmatrix}$$

预测的最大年投资利润总额为

$$\max z=220+350+410+400=1\ 380\ \text{万元}$$

商业集团的最优投资方案为:地点 1 投资建设计算机超市,地点 2 投资建设服装超市,地

点 3 投资建设食品超市，地点 4 投资建设电器超市，不投资家具超市. 该商业集团最大年投资利润总额预计为 1 380 万元.

4.6 WinQSB 软件应用

WinQSB 软件求解整数(线性)规划(IP)、混合整数规划(MIP)、0－1 规划(BIP)仍然是调用子程序 Linear and Integer Programming，操作时改变变量类型即可.

例 4－13 混合整数规划 企业计划生产 4 000 件某种产品，该产品可以自己加工、外协加工任意一种形式生产. 已知每种生产形式的固定成本、生产该产品的变动成本以及每种生产形式的最大加工数量(件)限制见表 4－14，怎样安排产品的加工使总成本最小？

表 4－14

	固定成本/元	变动成本/(元/件)	最大加工数/件
本企业加工	500	8	1 500
外协加工Ⅰ	800	5	2 000
外协加工Ⅱ	600	7	不限

解 本题的数学模型为

$$\min z=(500y_1+8x_1)+(800y_2+5x_2)+(600y_3+7x_3)$$

$$\text{s.t.}\begin{cases} x_j-My_j\leqslant 0, \quad j=1,2,3 \\ x_1+x_2+x_3\geqslant 4\,000 \\ x_1 \qquad\qquad \leqslant 1\,500 \\ \qquad x_2 \qquad \leqslant 2\,000 \\ x_j\geqslant 0,\text{且为整数}; \quad y_j=0\text{ 或 }1, \quad j=1,2,3 \end{cases}$$

(1) 这是一个混合整数规划问题. 启动子程序 Linear and Integer Programming，建立新问题，输入类似图 1－7 的选项. 本例中，变量数等于 6，约束数等于 4，变量类型选非负整数(Nonnegative integer)，将变量 X4，X5，X6 重命名为 Y1，Y2，Y3，输入数据，见表 4－15. 其中 M 为一个较大的数，这里令 $M=4\,000$ 是需求量.

(2) 修改 X1，X2 的上界，改变 Y1，Y2，Y3 为 0－1 型变量，见表 4－15.

表 4－15

Variable -->	X1	X2	X3	Y1	Y2	Y3	Direction	R. H. S.
Minimize	8	5	7	500	800	600		
C1	1			-4000			<=	0
C2		1			-4000		<=	0
C3			1			-4000	<=	0
C4	1	1	1				>=	4000
LowerBound	0	0	0	0	0	0		
UpperBound	1500	2000	M	1	1	1		
VariableType	Integer	Integer	Integer	Binary	Binary	Binary		

双击改变类型

(3) 求解. 点击 Solve and Analyze 在下拉菜单中选择 Solve the Problem，得最优值表，见表 4－16.

表　4-16

Decision Variable	Solution Value	Unit Cost or Profit c(j)	Total Contribution	Reduced Cost	Basis Status
X1	0	8.0000	0	1.0000	at bound
X2	2,000.0000	5.0000	10,000.0000	0	basic
X3	2,000.0000	7.0000	14,000.0000	0	basic
Y1	0	500.0000	0	500.0000	at bound
Y2	1.0000	800.0000	800.0000	800.0000	at bound
Y3	1.0000	600.0000	600.0000	600.0000	at bound
Objective	Function	(Min.) =	25,400.0000		

最优解为当 $\boldsymbol{X}^*=[0\quad 2\,000\quad 0\quad 2\,000\quad 0]^{\mathrm{T}}$,$\boldsymbol{Y}^*=[0\quad 1\quad 1]^{\mathrm{T}}$ 时，最优值 $z^*=25\,400$，即最优生产方案是本企业不生产，外协加工 Ⅰ,Ⅱ 各生产 2 000 件，最省总生产费用为 25 400 元.

其他类型的整数规划只要改变变量类型即可完成求解.

例 4-14　0-1 规则　求解下列整数线性规划：

$$\min z=4x_1+2x_2+5x_3+3x_4$$

$$\text{s.t.}\begin{cases}-x_1+x_2+4x_3+2x_4\geqslant 5\\ 3x_1-x_2+2x_3-x_4\geqslant 4\\ x_1+3x_2+2x_3+x_4\leqslant 9\\ x_j=0\text{ 或 }1,j=1,2,\cdots,4\end{cases}$$

解　(1) 启动子程序 Linear and Integer Programming，建立新问题，呈现如图 1-7 的选项. 本例中变量数等于 4，约束数等于 3，变量类型选 Binary(0-1) 型，输入数据见表 4-17.

表　4-17

Variable -->	X1	X2	X3	X4	Direction	R. H. S.
Minimize	4	2	5	3		
C1	-1	1	4	2	>=	5
C2	3	-1	2	-1	>=	4
C3	1	3	2	1	<=	9
LowerBound	0	0	0	0		
UpperBound	1	1	1	1		
VariableType	Binary	Binary	Binary	Binary		

(2) 求解. 点击 Solve and Analyze 在下拉菜单中选择 Solve the Problem，得最优值表，其唯一最优解为：当 $\boldsymbol{X}^*=[1\quad 0\quad 1\quad 1]^{\mathrm{T}}$ 时，最优值为 $z^*=12$，见表 4-18.

表　4-18

Decision Variable	Solution Value	Unit Cost or Profit c(j)	Total Contribution	Reduced Cost	Basis Status	Allowable Min. c(j)	Allowable Max. c(j)
X1	1.0000	4.0000	4.0000	0	basic	-1.5000	M
X2	0	2.0000	0	1.6000	at bound	0.4000	M
X3	1.0000	5.0000	5.0000	0	basic	-M	14.8000
X4	1.0000	3.0000	3.0000	0	basic	-0.5000	7.0000
Objective	Function	(Min.) =	12.0000				
Constraint	Left Hand Side	Direction	Right Hand Side	Slack or Surplus	Shadow Price	Allowable Min. RHS	Allowable Max. RHS
C1	5.0000	>=	5.0000	0	2.6000	3.3333	5.0000
C2	4.0000	>=	4.0000	0	2.2000	1.5000	4.0000
C3	4.0000	<=	9.0000	5.0000	0	4.0000	M

例 4－15 指派问题 有 4 个工人，要指派他们分别完成 4 项工作，每人做各项工作所消耗的时间(h)，见表 4－19，请给出总耗时最少的任务安排方案.

表 4－19

单位：h

工人 \ 工作	A	B	C	D
甲	15	18	21	24
乙	19	23	22	18
丙	26	17	16	17
丁	19	21	23	19

解 这是一个指派问题，操作步骤如下.

(1) 启动程序. 点击开始→程序→WinQSB→Network Modeling.

(2) 建立新问题. 在图 4－3 中分别选择 Assignment Problem、Minimization、Spreadsheet 等.

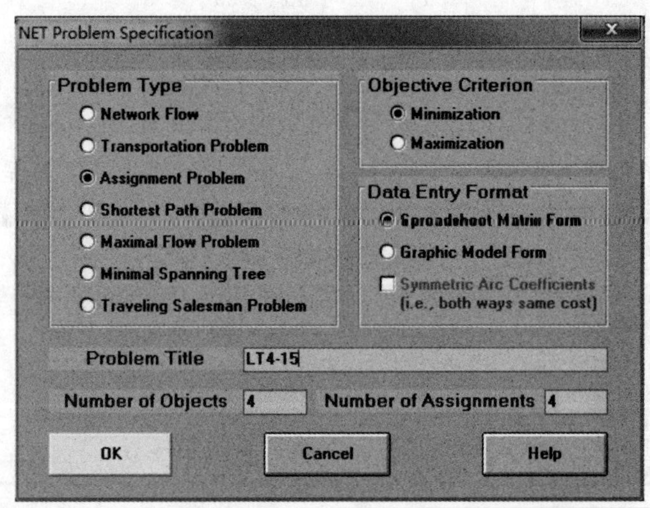

图 4－3

(3) 因效率矩阵行列地位等同，为保持前后表述一致，将行列内容互换. 点击 Edit→Node names，将 Assignment1～4 重命名为甲、乙、丙、丁，将 Assignee1～4 重命名为 A，B，C，D，将表 4－19 的数据输入到表 4－20 中.

表 4－20

From \ To	A	B	C	D
甲	15	18	21	24
乙	19	23	22	18
丙	26	17	16	17
丁	19	21	23	19

(4) 求解. 点击 Solve and Analyze 在下拉菜单中选择 Solve the Problem,得最优指派方案,见表 4-21.

表　4-21

From	To	Assignment	Unit Cost	Total Cost	Reduced Cost
甲	A	1	15	15	0
乙	D	1	18	18	0
丙	C	1	16	16	0
丁	B	1	21	21	0
Total	Objective	Function	Value =	70	

最优指派方案为:甲工人做 A 工作、乙工人做 D 工作、丙工人做 C 工作、丁工人做 B 工作.

所消耗的总时间最少为

$$z^* = 15+18+16+21=70\ \text{h}$$

按照上述任务安排方案,四位工人完成总体四项工作的总耗时预计最少为 70 h.

习　题　4

4-1　对下列整数规划问题,问用先解线性规划然后凑整的方法能否求得最优整数解?

(1) $\max z = 3x_1 + 2x_2$

$$\text{s.t.}\begin{cases} 2x_1 + 3x_2 \leqslant 14.5 \\ 4x_1 + x_2 \leqslant 16.5 \\ x_1, x_2 \geqslant 0 \text{ 且为整数} \end{cases}$$

(2) $\max z = 3x_1 + 2x_2$

$$\text{s.t.}\begin{cases} 2x_1 + 3x_2 \leqslant 14 \\ 2x_1 + x_2 \leqslant 9 \\ x_1, x_2 \geqslant 0 \text{ 且为整数} \end{cases}$$

4-2　用分支定界法求解下列整数规划问题.

(1) $\max z = x_1 + x_2$

$$\text{s.t.}\begin{cases} 14x_1 + 9x_2 \leqslant 51 \\ -6x_1 + 3x_2 \leqslant 1 \\ x_1, x_2 \geqslant 0 \text{ 且为整数} \end{cases}$$

(2) $\max z = 2x_1 + 3x_2$

$$\text{s.t.}\begin{cases} 5x_1 + 7x_2 \leqslant 35 \\ 4x_1 + 9x_2 \leqslant 36 \\ x_1, x_2 \geqslant 0 \text{ 且为整数} \end{cases}$$

4-3　用 Gomory 割平面法求解下列整数规划问题.

(1) $\max z = x_1 + x_2$

$$\text{s.t.}\begin{cases} 2x_1 + x_2 \leqslant 6 \\ 4x_1 + 5x_2 \leqslant 20 \\ x_1, x_2 \geqslant 0 \text{ 且为整数} \end{cases}$$

(2) $\max z = 7x_1 + 9x_2$

$$\text{s.t.}\begin{cases} -x_1 + 3x_2 \leqslant 6 \\ 7x_1 + x_2 \leqslant 35 \\ x_1, x_2 \geqslant 0 \text{ 且为整数} \end{cases}$$

4-4　某国防企业在计划期内计划生产 A,B 两种驱逐舰. 该企业生产所需的所有零部件、原材料及能源供应充足,不过有 T,F 两种物资的供应量受到西方发达国家的严格控制出现紧缺,与此有关的数据见表 T4-1. 请问该企业在本计划期内应安排生产 A,B 驱逐舰各多少艘,才能使利润最大化? 试建立此问题的整数规划模型.

表 T4-1

原料 \ 设备	单艘驱逐舰所需原材料数量 A	B	可供量
T/t	2	1	9
F/kg	5	7	35
单艘驱逐舰利润 $/10^2$ 万元	6	5	

4-5 用隐枚举法求解下列 0-1 规划问题.

(1) $\max z = 3x_1 - 2x_2 + 5x_3$

$$\text{s.t.}\begin{cases} x_1 + 2x_2 - x_3 \leqslant 2 \\ x_1 + 4x_2 + x_3 \leqslant 4 \\ x_1 + x_2 \leqslant 3 \\ 4x_2 + x_3 \leqslant 6 \\ x_j = 0 \text{ 或 } 1, j = 1,2,3 \end{cases}$$

(2) $\min z = 2x_1 + 5x_2 + 3x_3 + 4x_4$

$$\text{s.t.}\begin{cases} -4x_1 + x_2 + x_3 + x_4 \geqslant 0 \\ -2x_1 + 4x_2 + 2x_3 + 4x_4 \geqslant 4 \\ x_1 + x_2 - x_3 + x_4 \geqslant 1 \\ x_j = 0 \text{ 或 } 1, j = 1,2,\cdots,4 \end{cases}$$

4-6 某钻井队要从10个可供选择的井位中确定5个钻井探油,使总的钻探费用为最小.若10个井位的代号为 $S_1, S_2, \cdots, S_{10}$,相应的钻探费用为 $c_1, c_2, \cdots, c_{10}$,并且井位选择方面需要满足下列限制条件.

(1) 或选择 S_1 和 S_7,或选择 S_8;

(2) 选择了 S_3 或 S_4,就不能选 S_5,反过来也一样;

(3) 在 S_5, S_6, S_7, S_8 中最多只能选 2 个.

试建立这个问题的整数规划模型.

4-7 用匈牙利法求解具有以下效率矩阵的标准指派问题的最优解

$$(1)\begin{bmatrix} 12 & 7 & 9 & 7 & 9 \\ 8 & 9 & 6 & 6 & 6 \\ 7 & 17 & 12 & 14 & 9 \\ 15 & 14 & 6 & 6 & 10 \\ 4 & 10 & 7 & 10 & 9 \end{bmatrix} \qquad (2)\begin{bmatrix} 3 & 8 & 2 & 10 & 3 \\ 8 & 7 & 2 & 9 & 7 \\ 6 & 4 & 2 & 7 & 5 \\ 8 & 4 & 2 & 3 & 5 \\ 9 & 10 & 6 & 9 & 10 \end{bmatrix}$$

4-8 已知下列 5 名游泳运动员 4 种泳姿 50 m 游泳成绩,见表 T4-2. 试问如何从中选拔一个参加 200 m 混合泳的接力队,使预期的比赛成绩最好?

表 T4-2 单位:s

泳姿 \ 运动员	赵	钱	张	王	周
仰 泳	37.7	32.9	33.8	37.0	35.4
蛙 泳	43.4	33.1	42.2	34.7	41.8
蝶 泳	33.3	28.5	38.9	30.4	33.6
自由泳	29.2	26.4	29.6	28.5	31.1

第 5 章　目 标 规 划

在现实生产、生活实践中，经常面临决策问题．当只考虑一个主要目标时，线性规划就是处理单目标决策优化的有效方法．但评价某个决策的优劣，往往要同时兼顾多个目标，且目标间又常常是不协调的，甚至是矛盾的．由于因素众多、问题复杂、决策困难，同时又要对许多互不相容的各目标进行优化分析，所以用传统的线性规划方法难以解决．为解决多目标规划问题，形成了线性规划的一个新分支即目标规划(Goal Programming，GP)．由于线性规划的目标和约束设定后，一般决策者不太好随便更改，而目标规划不同，在形成模型时就留下决策者可以改变的因素，因此比较有利于决策者主、客观分析相结合．

目标规划方法是多目标决策分析的有效工具之一，也是解决多目标线性规划问题的一种比较成熟的方法．

5.1　目标规划问题及其数学模型

5.1.1　目标规划问题的提出

实际问题中，可能会出现同时考虑几个方面目标都达到最优：产量最高、成本最低、质量最好和利润最大等，或者要求多个约束：资金有限、工期有限、人力有限和环境达标都要满足等．目标规划能更好地统筹兼顾处理多种目标的关系和相互矛盾的约束，求得更切合实际要求的解．目标规划可根据实际情况，分主次地、轻重缓急地尽可能满足各方面要求，如果做不到，也能告诉我们完不成的程度．

例 5－1　某企业生产Ⅰ，Ⅱ两种产品，受到原材料供应和设备台时的限制．在单件原料消耗、利润等有关数据已知的情况下，要求制订一个获利最大的生产计划．具体数据见表 5－1．

表　5－1

资源＼产品	Ⅰ	Ⅱ	拥有量
原　料	2 kg/件	1 kg/件	11 kg
设　备	1 台时/件	2 台时/件	10 台时
利润/(10^2 元/件)	4	5	

解　这是求获利最大的单目标规划问题，用 x_1，x_2 分别表示 Ⅰ，Ⅱ 产品的产量，其线性规划模型为

$$\max z = 4x_1 + 5x_2$$

$$\text{s.t.}\begin{cases}2x_1 + x_2 \leqslant 11\\ x_1 + 2x_2 \leqslant 10\\ x_1, x_2 \geqslant 0\end{cases}$$

用图解法(或单纯形法)求得最优解,即最优生产计划为 $x_1 = 4, x_2 = 3, \max z = 31 \times 10^2$ 元.

如果进一步考虑外部环境(市场)对企业的影响,情况会是什么样呢?如:

(1) 根据市场需求预测,产品Ⅰ的销量下降,故考虑产品Ⅰ的产量不大于产品Ⅱ的产量(目标 $x_1 \leqslant x_2$).

(2) 尽可能充分利用设备台时,但不希望加班(10台时为目标值).

(3) 尽可能达到并超过计划利润指标 28×10^2 元(目标利润值 $\geqslant 28 \times 10^2$ 元).

(4) 超过计划供应原材料时,需用高价采购,会使成本大幅度增加.($2x_1 + x_2 \leqslant 11$ 此约束条件必须满足)

这样在考虑产品生产方案时,便为多目标决策问题.

5.1.2 目标规划的数学模型

目标规划数学模型涉及下述基本概念.

1. 正、负偏差变量 d^+, d^-

对每一个决策目标,引入**正、负偏差变量** d^+ 和 d^- 表示决策值超过或不足目标值的部分.按定义应有 $d^+ \geqslant 0, d^- \geqslant 0$,又因决策值不可能既超过目标值同时又未达到目标值,即恒有 $d^+ \times d^- = 0$.

2. 绝对约束和目标约束

绝对约束是指必须严格满足的等式约束和不等式约束.如线性规划问题的所有约束条件,不能满足这些约束条件的解称为非可行解,所以它们是**硬约束**.

目标约束是目标规划特有的,可把约束右端项看作要追求的目标值.在达到此目标值时允许发生正偏差或负偏差,因此,在这些约束中加入正、负偏差变量,它们是**软约束**.

线性规划问题的目标函数,在给定目标值和加入正、负偏差变量后可变换为目标约束,也可根据问题的需要将绝对约束变换为目标约束.如:例5-1的目标函数 $z = 4x_1 + 5x_2$ 可变换为目标约束 $4x_1 + 5x_2 + d_1^- - d_1^+ = 28$.约束条件 $x_1 + 2x_2 \leqslant 10$ 可变换为目标约束 $x_1 + 2x_2 + d_2^- - d_2^+ = 10$.

3. 优先因子(优先等级)与权系数

一个规划问题常常有若干目标,但决策者在要求达到这些目标时,是依主次或轻重缓急的不同赋予**优先(等级)因子**.要求第一位达到的目标赋予优先因子 P_1,次位的目标赋予优先因子 $P_2, \cdots$,并规定 $P_k \gg P_{k+1}, k = 1, 2, \cdots, K$.表示 P_k 比 P_{k+1} 有更大的优先权.首先保证 P_1 级目标的实现,这时可不考虑次级目标;而 P_2 级目标是在实现 P_1 级目标的基础上考虑的;以此类推.若要区别具有相同优先因子的两个目标的差别,这时可分别赋予它们不同的**权系数** ω_j,这些都由决策者按具体情况确定.

4. 目标规划的目标函数

目标规划的目标函数(准则函数)是按各目标约束的正、负偏差变量和赋予相应的优先因子及权系数而构造的．每一目标值(记为 $g_k, k=1,2,\cdots,K$) 确定后，决策者要求尽可能缩小与目标值的偏离．因此目标规划的目标函数只能是 $\min z = f(d^+, d^+)$，其基本形式有三种：

(1) 要求恰好达到目标值，即正、负偏差变量都要尽可能地小，这时 $\min z = f(d^+ + d^-)$；

(2) 要求不超过目标值，即达不到目标值，正偏差变量要尽可能地小，这时 $\min z = f(d^+)$；

(3) 要求超过目标值，即超过量不限，负偏差变量要尽可能地小，这时 $\min z = f(d^-)$．

对每一个具体目标规划问题，可根据决策者的要求和赋予各目标的优先因子来构造目标函数．下面用实例加以说明．

例 5－2　例 5－1 企业的决策者在原材料供应和设备台时受到严格限制的条件下考虑：首先是产品 Ⅱ 的产量不低于产品 Ⅰ 的产量；其次是充分利用设备有效台时，不加班；再次是利润额不小于 28×10^2 元．求满足决策者期望的决策方案．

解　按决策者要求(①$x_1 \leqslant x_2$；② 设备目标值＝10 台时；③ 利润目标值 $\geqslant 28\times10^2$ 元)，分别赋予这三个目标 P_1, P_2, P_3 优先因子．

	目标函数	期望值	不等式方向 / 等式	目标约束	新目标(min)
①	$x_1 - x_2$	0	$\leqslant$	$x_1 - x_2 + d_1^- - d_1^+ = 0$	d_1^+
②	$x_1 + 2x_2$	10	$=$	$x_1 + 2x_2 + d_2^- - d_2^+ = 10$	$d_2^- + d_2^+$
③	$4x_1 + 5x_2$	28	$\geqslant$	$4x_1 + 5x_2 + d_3^- - d_3^+ = 28$	d_3^-

这个问题的数学模型为

$$\min z = P_1 d_1^+ + P_2(d_2^- + d_2^+) + P_3 d_3^-$$

$$\text{s.t.}\begin{cases} 2x_1 + x_2 \leqslant 11 \\ x_1 - x_2 + d_1^- - d_1^+ = 0 \\ x_1 + 2x_2 + d_2^- - d_2^+ = 10 \\ 4x_1 + 5x_2 + d_3^- - d_3^+ = 28 \\ x_1, x_2, d_i^-, d_i^+ \geqslant 0, i=1,2,3 \end{cases}$$

目标规划的一般数学模型为

$$\min z = \sum_{l=1}^{L} P_l \sum_{k=1}^{K} (\omega_{lk}^- d_k^- + \omega_{lk}^+ d_k^+)$$

$$\text{s.t.}\begin{cases} \sum_{j=1}^{n} c_{kj} x_j + d_k^- - d_k^+ = g_k, & k=1,2,\cdots,K \\ \sum_{j=1}^{n} a_{ij} x_j \leqslant (=, \geqslant) b_i, & i=1,2,\cdots,m \\ x_j \geqslant 0, & j=1,2,\cdots,n \\ d_k^-, d_k^+ \geqslant 0, & k=1,2,\cdots,K \end{cases}$$

建立目标规划的数学模型时，需要确定目标值、优先等级和权系数等，它都具有一定的主观性和模糊性，可以用专家评定法给予量化．

建立目标规划模型的基本思路是多目标向单目标转变．实际问题的目标规划建模步骤如下：

(1) 建立多目标线性规划模型．

1）假设决策变量——决策者可以控制的变量.

2）建立各约束条件(约束方程或不等式).

3）建立各有关的目标函数.

(2) 将多目标线性规划模型转化为目标规划模型.

1）对每个目标确定适当的目标值(或期望值).

2）对每个目标引入正、负偏差变量,建立目标约束方程,并将其并入约束条件中去.

3）若约束条件中有相互矛盾的方程,对他们同样引入正、负偏差变量,在以后的求解过程中,不需要再引入松弛变量或人工变量.

4）建立目标函数,确定各目标的优先级. 对必须严格实现的目标及无法再增加的资源约束最先满足,最重要的目标应列入 P_1 优先级,其余目标按其重要程度,分别列入以下各优先等级. 同一优先级中的各个目标,一般应有相同的度量单位,以便确定它们之间的权系数.

5.2　目标规划的图解法

线性规划的图解法,是从全部极点中选择一个使目标函数值取得最大(或最小)的极点. 而**目标规划的图解法**,则是按照优先级的次序取得一个解的区域,并逐步将解区域缩小到一个点. 在可行域内首先找到一个使 P_1 级各目标均满足的区域 $\boldsymbol{R}_1$,然后再在 $\boldsymbol{R}_1$ 中寻找一个使 P_2 级各目标均满足的区域 $\boldsymbol{R}_2$(显然 $\boldsymbol{R}_1 \supseteq \boldsymbol{R}_2$),如此继续下去,直到找到一个区域 $\boldsymbol{R}_s$($\boldsymbol{R}_1 \supseteq \boldsymbol{R}_2 \supseteq \cdots \supseteq \boldsymbol{R}_s$),满足 P_s 级的各目标,这个 $\boldsymbol{R}_s$ 即为目标规划的解,称 $\boldsymbol{R}_j$ 为第 j 级的解空间. 若某个 $\boldsymbol{R}_j$($1 \leqslant j \leqslant s$) 已缩小到一个点,则计算终止,$\boldsymbol{R}_j$ 即为最优解点,它只能满足 P_1, P_2, …, P_j 级目标,而无法进一步改善以满足 P_{j+1}, P_{j+2},…, P_s 各级目标.

目标规划图解法的计算步骤:

(1) 根据决策变量(不能多于两个)给出所有目标与约束条件(包括硬约束)的直线图形、偏差变量,以移动直线的方法考虑它.

(2) 确定第一优先级 P_1 各目标的解空间 $\boldsymbol{R}_1$.

(3) 转到下一个优先级 P_j 各目标,确定它的“最佳”解空间 $\boldsymbol{R}_j$. 这里“最佳”的含义是指这个解空间不允许降低已得到的较高级别目标的达成值,并满足 $\boldsymbol{R}_{j-1} \supseteq \boldsymbol{R}_j$($j=2, 3, \cdots, s$).

(4) 求解过程中,若解空间 $\boldsymbol{R}_j$ 已缩小为一点,则终止,此时已无改进的可能.

(5) 重复(3) 和(4),直到解空间缩小为一点,或所有 s 个优先级均已搜索,求解过程结束.

对仅有两个决策变量的目标规划数学模型,可以用图解法来分析求解.

注意　目标规划问题求解时,把绝对约束作最高优先级考虑. 依据优先因子先后次序进行. 但大多数情况下,会出现某些约束得不到满足,故将目标规划问题的最优解称为**满意解**.

例 5-3　求解多目标规划问题:

$$\min z = p_1 d_1^- + p_2 d_2^+ + 5 p_3 d_3^- + p_3 d_1^+$$

$$\text{s. t.} \begin{cases} x_1 + x_2 + d_1^- - d_1^+ = 40 \\ x_1 + x_2 + d_2^- - d_2^+ = 50 \\ x_1 \qquad + d_3^- - d_3^+ = 30 \\ \qquad x_2 + d_4^- - d_4^+ = 30 \\ x_1, x_2 \geqslant 0, \quad d_i^-, d_i^+ \geqslant 0, d_3^+ = d_4^+ = 0, i = 1, 2, \cdots, 4 \end{cases}$$

解　区域如图 5-1(a) 所示阴影部分. 当 $d_1^-=0$ 达到时,区域如图 5-1(b) 所示阴影部分,P_1 级目标实现;当 $d_2^+=0$ 达到时,区域如图 5-1(c) 所示阴影部分,P_2 级目标实现;当 $d_3^-=0$ 达到时,区域如图 5-1(d) 所示的线段 AB;当 $d_1^+=0$ 达到时,区域如图 5-1(d) 所示的点 B,它是唯一的最优解点 $x_1=30$,$x_2=10$,P_3 级目标实现. 此时,$d_2^-=10$,$d_4^-=20$,如图 5-1(e) 所示的 B 点.

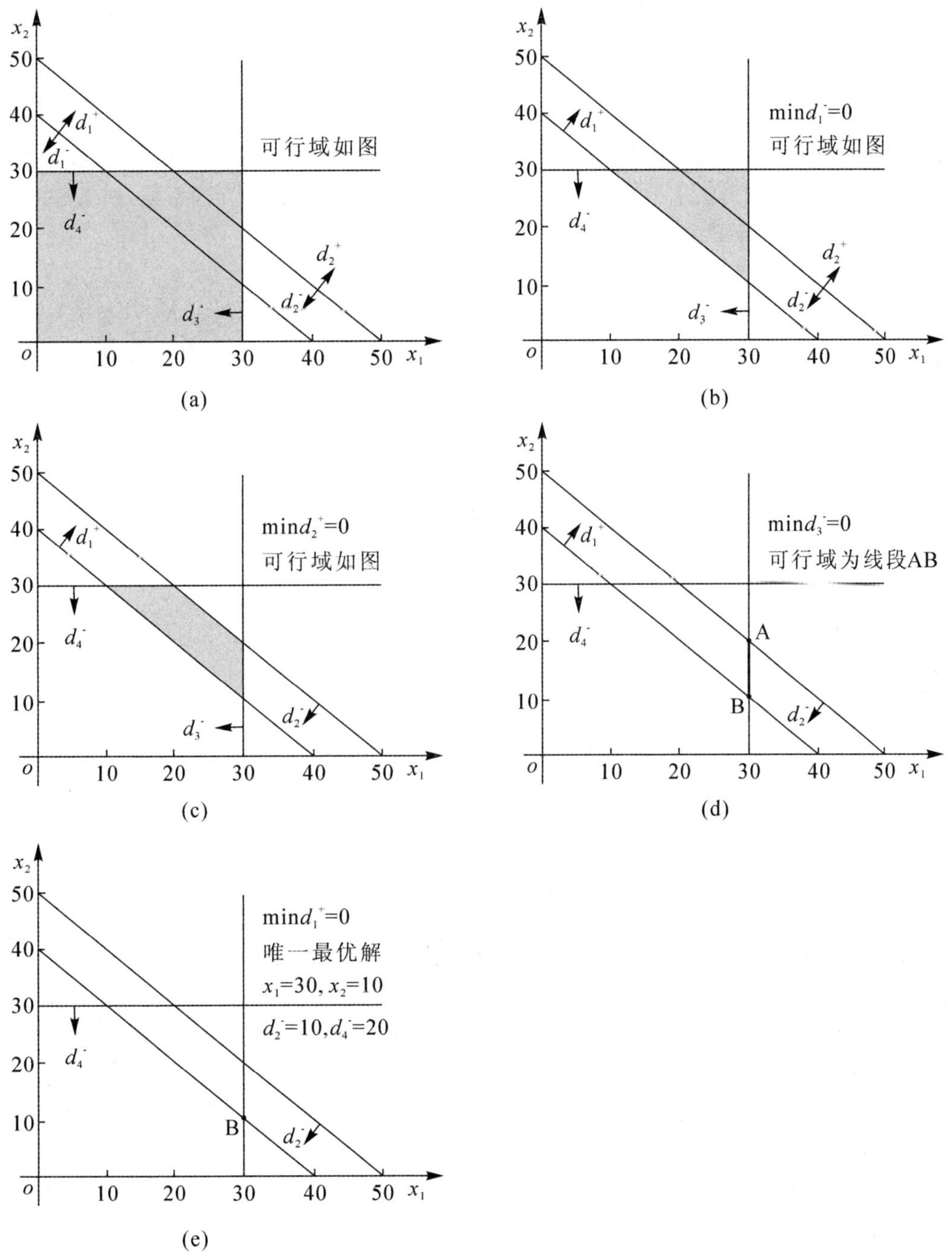

图　5-1

5.3 目标规划的单纯形法

目标规划的数学结构模型与线性规划的数学结构模型没有本质的区别,所以可以用单纯形法求解.但具体运用时,还要注意目标规划的一些特点.

(1) 目标规划的目标函数都是求极小化,故检验数 $\sigma_j \geqslant 0(j=1,2,\cdots,n)$ 为最优判断准则;

(2) 检验数 $\sigma_j=\sum_{k=1}^{K}\alpha_{kj}P_k, j=1,2,\cdots,n, k=1,2,\cdots,K$,因 $P_1 \gg P_2 \gg \cdots \gg P_K$,其正、负性首先取决于 P_1 的系数 α_{1j} 的正、负,若 $\alpha_{1j}=0$,则取决于 P_2 的系数 α_{2j} 的正、负,依次类推.

这样,在利用单纯形法求解时,将 $P_1,P_2,\cdots,P_K$ 分开写,先考虑 P_1 的系数,如果 $\alpha_{1j}=0$,再考虑 P_2,即只依顺序看 $P_1,P_2,\cdots,P_K$ 的系数,以例 5-4 说明.

解目标规划问题单纯形法的计算步骤:

(1) 建立初始单纯形表,在表中将检验数行按优先因子个数分别列成 K 行,置 $k=1$.

(2) 检查该行中是否存在负数,且对应的前 $k-1$ 行的系数为零.若有负数取其中最小者对应的变量为换入变量,转(3).若无负数,则转(5).

(3) 按最小比值规则确定换出变量,但存在两个和两个以上相同的最小比值时,选取具有较高优先级别的变量为换出变量.

(4) 按单纯形法进行基变换运算,建立新的计算表,返回(2).

(5) 当 $k=K$ 时,计算结束,表中的解即为满意解.否则置 $k=k+1$,返回到(2).

例 5-4 试用单纯形法求解例 5-2.

解 将例 5-2 的目标规划模型化为标准型:

$$\min z=P_1d_1^+ + P_2(d_2^- + d_2^+) + P_3d_3^-$$

$$\text{s.t.}\begin{cases}2x_1+x_2+x_3=11\\ x_1-x_2+d_1^- - d_1^+=0\\ x_1+2x_2+d_2^- - d_2^+=10\\ 4x_1+5x_2+d_3^- - d_3^+=28\\ x_i,d_i^-,d_i^+ \geqslant 0, i=1,2,3\end{cases}$$

1) 取 x_3,d_1^-,d_2^-,d_3^- 为初始基变量,列初始单纯形表,空格内数字为"0"省略,见表 5-2.

2) 取 $k=1$,检查 P_1 行的检验数,因该行无负检验数,故转入步骤(5).

3) 因 $k(=1)<K(=3)$,置 $k=k+1=2$,返回到步骤(2).

4) 查出 P_2 行中有负检验数 $-1,-2$;取 $\min\{-1,-2\}=-2$,它对应的变量 x_2 为换入变量,转入步骤(3).

5) 在表 5-2 上计算最小比值 $\theta_i=\min\{11/1,-,10/2,28/5\}=10/2=5$,它对应的变量 d_2^- 为换出变量,转入步骤(4).

6) 进行基变换运算,计算结果见表 5-3,返回步骤(2),以此类推,直到得到最终表为止,见表 5-4.

表　5 - 2

$c_j \rightarrow$							P_1	P_2	P_2	P_3		θ_i
$\boldsymbol{C_B}$	$\boldsymbol{X_B}$	$\boldsymbol{b}$	x_1	x_2	x_3	d_1^-	d_1^+	d_2^-	d_2^+	d_3^-	d_3^+	
	x_3	11	2	1	1							11/1
	d_1^-	0	1	−1		1	−1					—
P_2	d_2^-	10	1	[2]				1	−1			10/2
P_3	d_3^-	28	4	5						1	−1	28/5
$c_j - z_j$	P_1						1					
	P_2		−1	−2					2			
	P_3		−4	−5							1	

表　5 - 3

c_j							P_1	P_2	P_2	P_3		θ_i
$\boldsymbol{C_B}$	$\boldsymbol{X_B}$	$\boldsymbol{b}$	x_1	x_2	x_3	d_1	d_1^+	d_2^-	d_2^+	d_3^-	d_3^+	
	x_3	6	3/2		1			−1/2	1/2			4
	d_1^-	5	3/2			1	−1	1/2	−1/2			10/3
	x_2	5	1/2	1				1/2	−1/2			10
	d_3^-	3	[3/2]					−5/2	5/2	1	−1	2
$c_j - z_j$	P_1						1					
	P_2							1	1			
	P_3		−3/2					5/2	−5/2		1	

表　5 - 4

$c_j \rightarrow$							P_1	P_2	P_2	P_3		θ_i
$\boldsymbol{C_B}$	$\boldsymbol{X_B}$	$\boldsymbol{b}$	x_1	x_2	x_3	d_1^-	d_1^+	d_2^-	d_2^+	d_3^-	d_3^+	
	x_3	3			1			2	−2	−1	1	3
	d_1^-	2				1	−1	3	−3	−1	[1]	2
	x_2	4		1				4/3	−4/3	−1/3	1/3	12
	x_1	2	1					−5/3	5/3	2/3	−2/3	—
$c_j - z_j$	P_1						1					
	P_2							1	1			
	P_3									1		

由表 5 - 4 可得 $x_1 = 2, x_2 = 4$ 为问题的满意解，此解相当于图 5 - 2 的 G 点. 检验数行中非基变量 d_3^+ 的检验数为 0，这表示存在无穷多解. 在表 5 - 4 中以 d_3^+ 为换入变量，d_1^- 为换出变量，经迭代得表 5 - 5，得到另一满意解 $x_1 = 10/3, x_2 = 10/3$，此满意解相当于图 5 - 2 的 D 点，G，D 两点的凸线性组合均为问题的满意解.

表 5-5

	$c_j\rightarrow$						P_1	P_2	P_2	P_3		θ_i
C_B	X_B	b	x_1	x_2	x_3	d_1^-	d_1^+	d_2^-	d_2^+	d_3^-	d_3^+	
	x_3	1			1	−1	1	−1	1			
	d_3^+	2				1	−1	3	−3	−1	1	
	x_2	10/3		1		−1/3	1/3	1/3	−1/3			
	x_1	10/3	1			2/3	−2/3	1/3	−1/3			
c_j-z_j		P_1					1					
		P_2						1	1			
		P_3								1		

基变量中不再含有非零的目标函数中的正、负偏差变量，则取得最优解，否则为满意解.

例 5-5 用单纯形法求解下列目标规划问题：

$$\min z=P_1(d_1^-+d_2^+)+P_2(d_3^-)$$

$$\text{s.t.}\begin{cases}x_1+2x_2+d_1^--d_1^+=50\\2x_1+x_2+d_2^--d_2^+=40\\2x_1+2x_2+d_3^--d_3^+=80\\x_1,x_2,d_i^-,d_i^+\geqslant 0,i=1,2,3\end{cases}$$

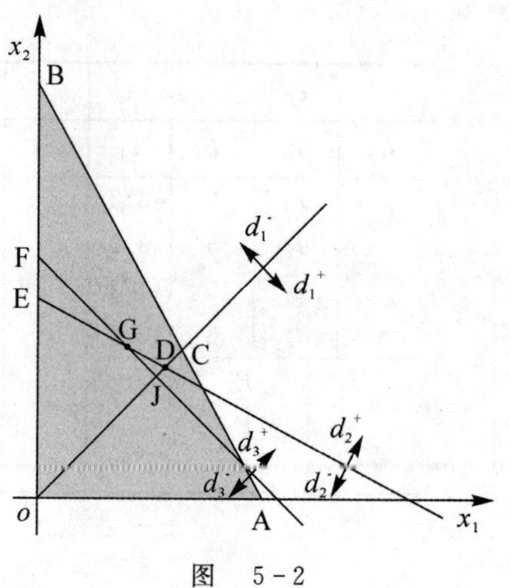

图 5-2

解 1) 取 d_1^-,d_2^-,d_3^- 为初始基变量，列初始单纯形表，见表 5-6.

表 5-6

	$c_j\rightarrow$				P_1			P_1	P_2		θ_i
C_B	X_B	b	x_1	x_2	d_1^-	d_1^+	d_2^-	d_2^+	d_3^-	d_3^+	
P_1	d_1^-	50	1	[2]	1	−1					50/2
	d_2^-	40	2	1			1	−1			40/1
P_2	d_3^-	80	2	2					1	−1	80/2
c_j-z_j		P_1	−1	−2		1		1			
		P_2	−2	−2						1	

2) 取 $k=1$，检查 P_1 行中有负检验数 $-1,-2$，取 $\min\{-1,-2\}=-2$，它对应的变量 x_2 为换入变量，转入步骤(3).

3) 在表 5-6 上计算最小比值 $\theta_i=\min\{50/2,40/1,80/2\}=50/2=25$，它对应的变量 d_1^- 为换出变量，转入步骤(4).

4) 进行基变换运算，计算结果见表 5-7，返回步骤(2)，以此类推，直到得到最终表为止，见表 5-8 及表 5-9.

表　5－7

$c_j \to$					P_1			P_1	P_2		θ_i
C_B	X_B	b	x_1	x_2	d_1^-	d_1^+	d_2^-	d_2^+	d_3^-	d_3^+	
	x_2	25	1/2	1	1/2	$-1/2$					50
	d_2^-	15	[3/2]		$-1/2$	1/2	1	-1			10
	d_3^-	30	1		-1	1			1	-1	30
$c_j - z_j$	P_1				1			1			
	P_2		-1		1	-1				1	

表　5－8

$c_j \to$					P_1			P_1	P_2		θ_i
C_B	X_B	b	x_1	x_2	d_1^-	d_1^+	d_2^-	d_2^+	d_3^-	d_3^+	
	x_2	20		1	2/3	$-2/3$	$-1/3$	1/3			
	x_1	10	1		$-1/3$	[1/3]	2/3	$-2/3$			30
	d_3^-	20			$-2/3$	2/3	$-2/3$	2/3	1	-1	30
$c_j - z_j$	P_1				1			1			
	P_2				2/3	$-2/3$	2/3	$-2/3$		1	

表　5－9

$c_j \to$					P_1			P_1	P_2		θ_i
C_B	X_B	b	x_1	x_2	d_1^-	d_1^+	d_2^-	d_2^+	d_3^-	d_3^+	
	x_2	40	2	1			1	-1			
	d_1^+	30	3		-1	1	2	-2			
	d_3^-	0	-2				-2	2	1	-1	
$c_j - z_j$	P_1				1			1			
	P_2		2				2	-2		1	

由表 5－9 中所有非基检验数均大于零，可得 $x_1=0, x_2=40$ 为问题的唯一满意解.

5.4　应用举例

例 5－6　某单位领导在考虑本单位职工的升级调资方案时，依次遵守以下规定：

(1) 不超过年工资总额 60 000 元；

(2) 每级的人数不超过定编规定的人数；

(3) Ⅱ，Ⅲ 级的升级面尽可能达到现有人数的 20%，且无越级提升；

(4) Ⅲ 级不足编制的人数可录用新职工，又 Ⅰ 级的职工中有 10% 要退休.

有关资料汇总于表 5-10 中，问该领导应如何拟订一个满意的调查方案.

表　5-10

等　级	工资额 /(元 / 年)	现有人数 / 人	编制人数 / 人
Ⅰ	2 000	10	12
Ⅱ	1 500	12	15
Ⅲ	1 000	15	15
合计		37	42

解　设 x_1, x_2, x_3 分别表示提升到 Ⅰ，Ⅱ 级和录用到 Ⅲ 级的职工人数. 对各自目标确定的优先因子为

P_1：不超过年工资总额 60 000 元；

P_2：每级的人数不超过定编规定的人数；

P_3：Ⅱ，Ⅲ 级的升级面尽可能达到现有人数的 20%.

先分别建立各目标约束.

年工资总额不超过 60 000 元：

$$2\,000(10-10\times 0.1+x_1)+1\,500(12-x_1+x_2)+1\,000(15-x_2+x_3)+d_1^- - d_1^+ = 60\,000$$

每级的人数不超过定编规定的人数：

对 Ⅰ 级有　　$10\times(1-0.1)+x_1+d_2^- - d_2^+ = 12$

对 Ⅱ 级有　　$12-x_1+x_2+d_3^- - d_3^+ = 15$

对 Ⅲ 级有　　$15-x_2+x_3+d_4^- - d_4^+ = 15$

对 Ⅱ，Ⅲ 级的升级面不大于现有人数的 20%，但尽可能多提.

对 Ⅱ 级有　　$x_1+d_5^- - d_5^+ = 12\times 0.2$

对 Ⅲ 级有　　$x_2+d_6^- - d_6^+ = 15\times 0.2$

目标函数：　　$\min z = P_1 d_1^+ + P_2(d_2^+ + d_3^+ + d_4^+) + P_3(d_5^- + d_6^-)$

以上目标规划模型可用单纯形法求解，得到无穷多解. 先将这些解汇总于表格 5-11 中，此单位领导可视具体情况，从表 5-11 中选择一个调资方案执行.

表　5-11

变　量	含义	解 1	解 2	解 3	解 4	解 5	解 6	解 7
x_1	晋升到 Ⅰ 级的人数	2.4	3	2.4	3	2.4	3	2.4
x_2	晋升到 Ⅱ 级的人数	3	3	5.4	6	3	6	5.2
x_3	新招收 Ⅲ 级的人数	0	0	0	0	3	4.5	5.2
d_1^-	工资总额的结余额	6 300	6 000	5 100	4 500	3 300	0	0
d_2^-	Ⅰ 级缺编人数	0.6	0	0.6	0	0.6	0	0.6
d_3^-	Ⅱ 级缺编人数	2.4	3	0	0	2.4	0	0.2
d_4^-	Ⅲ 级缺编人数	3	3	5.4	6	0	1.5	0
d_5^+	Ⅱ 级超编人数	0	0.6	0	0.6	0	0.6	0
d_6^+	Ⅲ 级超编人数	0	0	2.4	3	0	3	2.2

例 5-7　已知有 3 个产地给 4 个销地供应某种产品，产销地之间的供需量和单位运价见表

5－12. 有关部门在研究调运方案时依次考虑以下 7 项目标，并规定其相应的优先等级.

P_1：B_4 是重点保证单位，必须全部满足其需要；

P_2：A_3 向 B_1 提供的产量不少于 100；

P_3：每个销地的供应量不小于其需要量的 80%；

P_4：所定调运方案的总运费不超过最小运费调运方案的 10%；

P_5：因路段的问题，尽量避免安排将 A_2 的产品运往 B_4；

P_6：给 B_1 和 B_3 的供应率要相同；

P_7：力求总运费最省.

试求满意的调运方案.

表　5－12

产地＼销地	B_1	B_2	B_3	B_4	产　量
A_1	5	2	6	7	300
A_2	3	5	4	6	200
A_3	4	5	2	3	400
销量	200	100	450	250	**900**＼**1 000**

解　此为需求大于供给的不平衡运输问题，需设虚拟产地 A_4，表上作业法得最小运费的调运方案见表 5－13，这时得最小运费为 2 950 元，再根据提出的各项目标的要求建立目标规划模型.

表　5－13

产地＼销地	B_1	B_2	B_3	B_4	产　量
A_1	200	100			300
A_2	0		200		200
A_3			250	150	400
A_4				100	100
销量	200	100	450	250	**1 000**

供应约束：

$$x_{11}+x_{12}+x_{13}+x_{14}\leqslant 300$$
$$x_{21}+x_{22}+x_{23}+x_{24}\leqslant 200$$
$$x_{31}+x_{32}+x_{33}+x_{34}\leqslant 400$$

需求约束：

$$x_{11}+x_{21}+x_{31}+d_1^- - d_1^+ = 200$$
$$x_{12}+x_{22}+x_{32}+d_2^- - d_2^+ = 100$$
$$x_{13}+x_{23}+x_{33}+d_3^- - d_3^+ = 450$$
$$x_{14}+x_{24}+x_{34}+d_4^- - d_4^+ = 250$$

A_3 向 B_1 提供的产品量不少于 100：

$$x_{31}+d_5^- - d_5^+ = 100$$

每个销地的供应量不小于其需要量的 80%：

$$x_{11}+x_{21}+x_{31}+d_6^- - d_6^+ = 200\times 0.8$$
$$x_{12}+x_{22}+x_{32}+d_7^- - d_7^+ = 100\times 0.8$$
$$x_{13}+x_{23}+x_{33}+d_8^- - d_8^+ = 450\times 0.8$$
$$x_{14}+x_{24}+x_{34}+d_9^- - d_9^+ = 250\times 0.8$$

调运方案的总运费不超过最小运费调运方案的 10%：

$$\sum_{i=1}^{3}\sum_{j=1}^{4} c_{ij}x_{ij} + d_{10}^- - d_{10}^+ = 2\ 950(1+10\%)$$

因路段的问题，尽量避免安排将 A_2 的产品运往 B_4：

$$x_{24}+d_{11}^- - d_{11}^+ = 0$$

给 B_1 和 B_3 的供应率要相同：

$$(x_{11}+x_{21}+x_{31}) - \frac{200}{450}(x_{13}+x_{23}+x_{33}) + d_{12}^- - d_{12}^+ = 0$$

力求总运费最省：

$$\sum_{i=1}^{3}\sum_{j=1}^{4} c_{ij}x_{ij} + d_{13}^- - d_{13}^+ = 2\ 950$$

目标函数为

$$\min z = P_1 d_4^- + P_2 d_5^- + P_3(d_6^- + d_7^- + d_8^- + d_9^-) + P_4 d_{10}^+ + P_5 d_{11}^+ + P_6(d_{12}^- + d_{12}^+) + P_7 d_{13}^+$$

计算得满意调运方案，见表 5-14.

表 5-14

产地＼销地	B_1	B_2	B_3	B_4	产 量
A_1		100		200	300
A_2	90		110		200
A_3	100		250	50	400
A_4	10		90		100
销 量	200	100	450	250	**1 000**

$$z^* = \min z = 3\times 90 + 4\times 100 + 2\times 100 + 4\times 110 + 2\times 250 + 7\times 200 + 3\times 50 = 3\ 360\text{ 元}$$

满意调运方案的总运费为 3 360 元.

5.5 WinQSB 软件应用

WinQSB 软件求解目标规划是调用子程序 Goal Programming(GP)，该程序可以求解线性目标规划、整数线性规划和多目标规划问题. 运用程序求解下述目标规划问题.

例 5-8 某企业集团计划用 1 000 万元对下属 5 家企业进行技术改造，各企业单位的投资额已知，考虑 2 种市场需求变化、现有竞争对手、替代品的威胁等影响收益的 4 个因素，技术改造完成后预测单位投资收益率[(单位投资获得利润 / 单位投资额) × 100%] 见表 5-15.

表　5-15

		企业 1	企业 2	企业 3	企业 4	企业 5
单位投资额 / 万元		12	10	15	13	20
单位投资收益率预测 r_{ij}	市场需求 1	4.32	5.00	5.84	5.20	6.56
	市场需求 2	3.52	3.04	5.08	4.20	6.24
	现有竞争对手	3.16	2.20	3.56	3.28	4.08
	替代品的威胁	2.24	3.12	2.60	2.20	3.24
期望(平均)收益率 $E(r_j)$%		3.31	3.34	4.27	3.72	5.03

集团制定的目标是：

(1) 希望完成总投资额又不超过预算；

(2) 总期望收益率达到总投资的 30%；

(3) 投资风险尽可能最小；

(4) 保证企业 5 的投资额占 20% 左右.

集团应如何做出投资决策.

解　设 $x_j(j=1,2,\cdots,5)$ 为集团对第 j 个企业投资的单位数.

(1) 总投资约束：

$$12x_1+10x_2+15x_3+13x_4+20x_5+d_1^- - d_1^+ = 1\,000$$

(2) 期望收益约束：

$$3.31x_1+3.34x_2+4.27x_3+3.72x_4+5.03x_5+d_2^- - d_2^+ = 0.3(12x_1+10x_2+15x_3+13x_4+20x_5)$$

整理得

$$-0.29x_1+0.34x_2-0.23x_3-0.18x_4-0.97x_5+d_2^- - d_2^+ = 0$$

(3) 投资风险约束. 投资风险值一般用期望收益率的方差表示，但方差是 x 的非线性函数. 这里用离差 $(r_{ij}-E(r_j))$ 近似表示风险值，例如，集团投资 5 家企业后，对市场需求变化第 1 种情形的风险是 $(4.32-3.31)x_1+(5-3.34)x_2+\cdots+(6.56-5.03)x_5$，则 4 种风险最小的目标函数为 $\min\sum_{i=3}^{6}(d_i^- + d_i^+)$，约束条件为

$$\begin{cases} 1.01x_1+1.66x_2+1.57x_3+1.48x_4+1.53x_5+d_3^- - d_3^+ = 0 \\ 0.21x_1-0.30x_2+0.81x_3+0.48x_4+1.21x_5+d_4^- - d_4^+ = 0 \\ -0.15x_1-1.14x_2-0.71x_3-0.44x_4-0.95x_5+d_5^- - d_5^+ = 0 \\ -1.07x_1-0.22x_2-1.67x_3-1.52x_4-1.79x_5+d_6^- - d_6^+ = 0 \end{cases}$$

(4) 企业 5 占 20% 投资的目标函数为 $\min(d_7^- + d_7^+)$，约束条件为

$$20x_5+d_7^- - d_7^+ = 0.2(12x_1+10x_2+15x_3+13x_4+20x_5)$$

即

$$-2.4x_1-2x_2-3x_3-2.6x_4+16x_5+d_7^- - d_7^+ = 0$$

根据目标重要性依次写出目标函数，整理得投资决策的目标规划数学模型为

$$\min z=P_1(d_1^-+d_1^+)+P_2d_2^-+P_3\left[\sum_{i=3}^{6}(d_i^-+d_i^+)\right]+P_4(d_7^-+d_7^+)$$

$$\text{s.t.}\begin{cases}12x_1+10x_2+15x_3+13x_4+20x_5+d_1^--d_1^+=1000\\-0.29x_1+0.34x_2-0.23x_3-0.18x_4-0.97x_5+d_2^--d_2^+=0\\1.01x_1+1.66x_2+1.57x_3+1.48x_4+1.53x_5+d_3^--d_3^+=0\\0.21x_1-0.30x_2+0.81x_3+0.48x_4+1.21x_5+d_4^--d_4^+=0\\-0.15x_1-1.14x_2-0.71x_3-0.44x_4-0.95x_5+d_5^--d_5^+=0\\-1.07x_1-0.22x_2-1.67x_3-1.52x_4-1.79x_5+d_6^--d_6^+=0\\-2.4x_1-2x_2-3x_3-2.6x_4+16x_5+d_7^--d_7^+=0\\x_j,d_i^-,d_i^+\geqslant 0;i=1,2,\cdots,7;j=1,2,\cdots,5\end{cases}$$

现在介绍 WinQSB 软件求解目标规划问题(GP)的操作步骤及应用.

(1) 启动程序.点击开始 → 程序 → WinQSB → Goal Programming.

(2) 建立新问题.在图 5-3 中分别输入标题、输入目标数 4、变量数 19 及约束数 7.目标数等于优先级别个数,变量数等于决策变量数加偏差变量数,其他选项同线性规划.

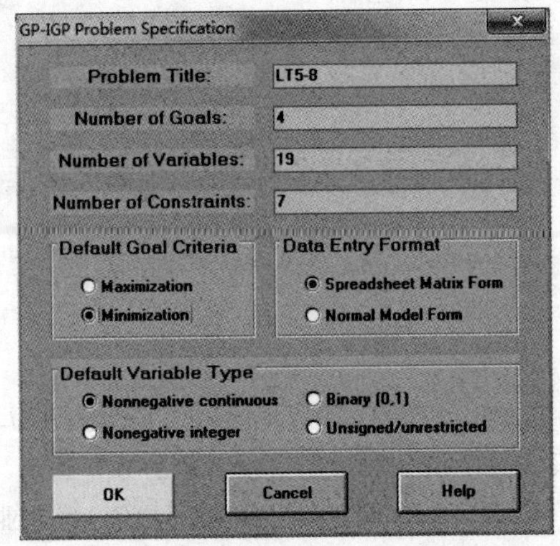

图 5-3

(3) 输入数据.系统显示变量为 $x_j(j=1,2,\cdots,19)$,为了便于观察将 $x_6,x_7,\cdots,x_{19}$ 分别重新命名为 d_i^-,d_i^+ 表示 $d_i^-,d_i^+(i=1,2,\cdots,7)$.还可以对约束重命名.输入数据,见表5-16.

(4) 求非负连续解.点击 Solve and Analyze,在下拉菜单中选择 Solve the Problem,得到满意解:

$$\boldsymbol{X}^{(1)}=[25.07\quad 49.91\quad 0\quad 0\quad 10]^{\mathrm{T}},\quad G_3=251.74,\quad G_1=G_2=G_4=0$$

$$d_3^+=123.48,\quad d_4^+=2.39,\quad d_5^-=70.16,\quad d_6^-=55.71$$

其余偏差变量等于零.系统提示:Alternate Solution Exists!! 即该问题存在无穷多解,点击 Results,选择 Obtain Alternate Optimal 得到另一个满意解.

$$\boldsymbol{X}^{(2)}=[0\quad 44.53\quad 23.65\quad 0\quad 10]^{\mathrm{T}},\quad G_3=288.48,\quad G_1=G_2=G_4=0$$

$$d_3^+=126.36,\quad d_4^+=17.9,\quad d_5^-=77.05,\quad d_6^-=67.19$$

其余偏差变量等于零.

表　5－16

Variable -->	X1	X2	X3	X4	X5	d1-	d1+	d2-	d2+	d3-	d3+	d4-	d4+	d5-	d5+	d6-	d6+	d7-	d7+	recti	R. H.
Min:G1						1	1														
Min:G2								1													
Min:G3										1	1	1	1	1	1	1	1				
Min:G4																		1	1		
总投资	12	10	15	13	20	1	-1													=	1000
利润率	-0.29	0.34	-0.23	-0.18	-0.97			1	-1											=	0
风险1	1.01	1.66	1.57	1.48	1.53					1	-1									=	0
风险2	0.21	-0.30	0.81	0.48	1.21							1	-1							=	0
风险3	-0.15	-1.14	-0.71	-0.44	-0.95									1	-1					=	0
风险4	-1.07	-0.22	-1.67	-1.52	-1.79											1	-1			=	0
企业5	-2.4	-2	-3	-2.6	16													1	-1	=	0
LowerBound	0	0	0	0	0	0	0	0	0	0	0	0	0	0	0	0	0	0	0		
UpperBound	M	M	M	M	M	M	M	M	M	M	M	M	M	M	M	M	M	M	M		
VariableType	ontinuou	ontinuou	ontinuou	ontinuou	ontinuou	itinu	itinu	itinu	itinu	itinu	itinu	itinu	itinu	itinu	itinu	itinu	itinu	itinu	itinu		

(5) 求非负整数解. 双击表 5－16 最下面 Variable Type 行中"Continuous",将 $x_1, x_2, \cdots, x_5$ 的变量类型改为"integer" 非负整数型,偏差变量类型不改变. 求解得到满意解

$$X^{(3)} = [30 \quad 50 \quad 0 \quad 0 \quad 7]^{\mathrm{T}}, \quad G_1 = G_2 = 0, \quad G_3 = 248.02, \quad G_4 = 60$$

$$d_2^+ = 1.51, \quad d_3^+ = 124, \quad d_4^- = 0.23, \quad d_5^- = 68.15, \quad d_6^- = 55.63, \quad d_7^- = 60$$

其余偏差变量等于零.

(6) 结果分析. 以第一个解为例,取 $X^{(1)} = [25 \quad 50 \quad 0 \quad 0 \quad 10]^{\mathrm{T}}$,集团分别给企业 1 投资 25 个单位资金,投资额 300 万元,企业 2 投资 50 个单位资金,投资额 500 万元,企业 5 投资 10 个单位资金,投资额为 200 万元,总投资 1 000 万元,完成总利润 300 万元,收益率为 30%,总风险系数 251.74. 同理可以对解 $X^{(2)}$ 和 $X^{(3)}$ 进行分析. 由于解不唯一,决策者可依据实际情形或主观要求对多个投资方案进行比较选择.

习　题　5

5－1　若用以下表达式作为目标规划的目标函数,试论述其逻辑是否正确.

(1) $\max z = d^- + d^+$　　(2) $\min z = d^- + d^+$　　(3) $\min z = d^- - d^+$

5－2　用图解法找出以下目标规划问题的满意解.

(1) $\min z = P_1 d_1^- + P_2 d_2^+ + P_3(d_3^- + d_3^+)$

$$\text{s.t.} \begin{cases} x_1 + x_2 + d_1^- - d_1^+ = 10 \\ 2x_1 + x_2 + d_2^- - d_2^+ = 14 \\ -2x_1 + x_2 + d_3^- - d_3^+ = 6 \\ x_1, x_2, d_i^-, d_i^+ \geqslant 0, i = 1,2,3 \end{cases}$$

(2) $\min z = P_1 d_1^- + P_2 d_2^+ + P_3(d_3^- + d_4^-)$

$$\text{s.t.} \begin{cases} x_1 + 2x_2 + d_1^- - d_1^+ = 20 \\ 3x_1 + 2x_2 + d_2^- - d_2^+ = 30 \\ x_1 \qquad + d_3^- - d_3^+ = 4 \\ \qquad x_2 + d_4^- - d_4^+ = 10 \\ x_1, x_2, d_i^-, d_i^+ \geqslant 0, i = 1,2,\cdots,4 \end{cases}$$

5－3　用单纯形法求解以下目标规划问题的满意解.

(1) $\min z = P_1 d_1^- + P_2(5d_2^+ + d_3^+)$

$$\text{s.t.} \begin{cases} 3x_1 + 2x_2 + d_1^- - d_1^+ = 140 \\ 2x_1 + 3x_2 + d_2^- - d_2^+ = 100 \\ 2x_1 \quad + x_2 + d_3^- - d_3^+ = 60 \\ x_1, x_2, d_i^-, d_i^+ \geqslant 0, i = 1,2,3 \end{cases}$$

(2) $\min z = P_1 d_1^- + P_2 d_2^+ + P_3(d_3^- + d_3^+)$

$$\text{s.t.} \begin{cases} 3x_1 + x_2 \quad + x_3 + d_1^- - d_1^+ = 60 \\ x_1 - x_2 + 2x_3 + d_2^- - d_2^+ = 10 \\ x_1 + x_2 \quad - x_3 + d_3^- - d_3^+ = 20 \\ x_i, d_i^-, d_i^+ \geqslant 0, i = 1,2,3 \end{cases}$$

(3) $\min z = P_1 d_1^- + P_2 d_2^+ + P_3(5d_3^- + 3d_4^-) + P_4 d_1^+$

$$\text{s.t.}\begin{cases} x_1 + x_2 + d_1^- - d_1^+ = 80 \\ x_1 + x_2 + d_2^- - d_2^+ = 90 \\ x_1 \qquad + d_3^- - d_3^+ = 45 \\ \qquad x_2 + d_4^- - d_4^+ = 45 \\ x_1, x_2, d_i^-, d_i^+ \geqslant 0, i = 1, 2, \cdots, 4 \end{cases}$$

5-4 某彩色电视机组装厂,生产 A,B,C 3 种规格电视机.装配工作在同一生产线上完成,3 种产品装配的工时消耗分别为 6 h,8 h 和 10 h.生产线每月正常工作时间为 200 h;3 种规格电视机销售后,每台获利分别为 500 元、650 元和 800 元.每月销售预计分别为 12 台、10 台和 6 台.该厂经营目标如下:

P_1:利润指标定为每月 1.6×10^4 元;

P_2:充分利用生产能力;

P_3:加班时间不超过 24 h;

P_4:产量以预计销量为标准.

为确定生产计划,试建立该问题的目标规划模型.

第3篇　动态规划

第6章　动态规划

动态规划(Dynamic Programming,DP)是解决多阶段决策过程最优化问题的一种数学方法,该方法是由美国数学家贝尔曼等人在20世纪50年代初提出的.历经莱福斯、阿雷斯、内姆汉塞和怀尔福等学者的不断发展和完善,现已发展成为了运筹学的一个重要分支.它是解决问题的一种途径,而不是一种特殊的算法,因而,没有统一的数学模型和算法,需要对具体问题进行具体分析.目前,动态规划已用于最优路径问题、资源分配问题、复合系统可靠性问题和生产过程最优控制等,取得了显著的效果.

6.1　动态规划问题

动态规划是解决多阶段决策过程最优化问题的一种方法,而多阶段决策过程是指其活动过程可以按照时间进程分为若干相互联系的阶段,在每个阶段决策者都要进行决策,这个决策不仅决定这一阶段的效益,而且还决定了下一个阶段的初始状态,全部阶段的决策组成了一个决策序列.多阶段决策过程最优化问题就是求一个策略,使整个活动过程的总目标达到最优.

本质上,动态规划是一个递推方程,把问题的各阶段联系起来,保证每个阶段的最优可行解对于整个问题是可行的也是最优的.动态规划的计算递推进行,以便让一个子问题的最优解作为下一个子问题的输入,最后一个子问题求解完成,也就得到了整个问题的最优解.相较于线性规划和非线性规划方法,动态规划通过把一个多变量问题分解成若干个阶段,每个阶段是一个单变量(或少变量)的子问题,来求出这个多变量问题的最优解.这种分解的好处是:每个阶段的优化问题涉及变量少,从计算上来说比同时处理多个变量更加简单.下面,通过一个最短路径问题介绍一下运用动态规划求解多阶段决策过程问题的思路和方法.

例6-1　最短路径问题　一位旅行者准备从 v_1 地前往 v_8 地,图6-1给出了从 v_1 地到 v_8 地所有可能的路径,v_2 地至 v_7 地表示这些路径途中需要经过的城市,城市之间的数字表示两地之间的距离,请帮助旅行者选择一条最短路径.

分析　可在每个连续阶段选择最短路径,从而挑选出一条从 v_1 地到 v_8 地的路径,例如,$v_1 \to v_4 \to v_7 \to v_8 = 15$.但是,采用这种方法得到的路径未必是最短路径,如 $v_1 \to v_4 \to v_6 \to v_8 = 13$ 要比15更短些.由此可见,有时牺牲某一阶段的一点利益可能会在总体上得到的更多.

也可以用枚举法列出从 v_1 地到 v_8 地的所有路径，通过对比找出最短路径. 但对于大的网络来说，采用枚举法其计算量将会大的难以处理.

现在采用动态规划来求解这个问题. 首先，将该问题分解成 3 个阶段，见图 6－2.

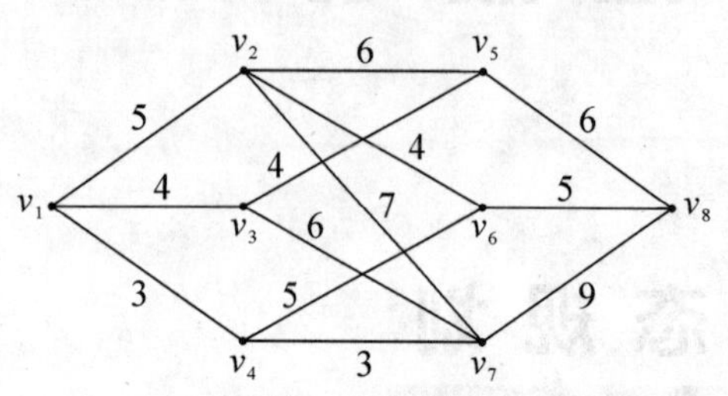

图 6－1　最短路问题

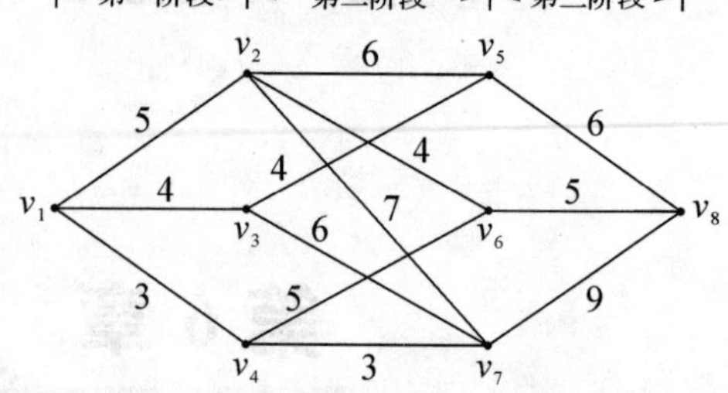

图 6－2　最短路问题

确定最短路径的一般思路是：从第一阶段开始，对每个阶段的所有终止点，计算出从起点到该阶段各终止点的最短距离，然后利用这些最短距离计算从起点到下一阶段所有终止点的最短距离，直至原问题的终止点. 由于问题求解过程与活动发展进程顺序一致，所以将这种解法称为顺序解法. 还有一种解法，其问题求解过程与活动发展进程顺序相反，将这种解法称为逆序解法. 将在后面介绍这种解法. 在求解之前，先介绍一些后面要用到的符号：用 $w(v_i, v_j)$ 表示从 v_i 地到 v_j 地的距离；$d(v_i, v_j)$ 表示从 v_i 地到 v_j 地的最短距离.

阶段 1　有三个终点，v_2 地、v_3 地和 v_4 地. 各点距离 v_1 地只有一条路径. 于是，有

$d(v_1, v_2) = 5$　　（从 v_1 地出发）

$d(v_1, v_3) = 4$　　（从 v_1 地出发）

$d(v_1, v_4) = 3$　　（从 v_1 地出发）

阶段 2　有三个终点，v_5 地、v_6 地和 v_7 地. 先考虑 v_5 地. 由图 6－2 可以看出，v_5 地可以经过 v_2 地或者 v_3 地 2 条不同路径到达. 用上一阶段得到的结果（从 v_1 地分别到达 v_2 地和 v_3 地的最短距离），再加上 v_2 地和 v_3 地分别到达 v_5 地的距离，就能确定出从 v_1 地到达 v_5 地的最短距离为

$$d(v_1, v_5) = \min_{i=2,3}\{d(v_1, v_i) + w(v_i, v_5)\} = \min_{i=2,3}\{5+6, 4+4\} = \min_{i=2,3}\{11, 8\} = 8$$

由上可知，从 v_1 地出发到达 v_5 地，途中经 v_3 地的距离最短.

类似地，v_6 地可以经过 v_2 地和 v_4 到达. 因此，

$$d(v_1, v_6) = \min_{i=2,4}\{d(v_1, v_i) + w(v_i, v_6)\} = \min_{i=2,4}\{5+4, 3+5\} = \min_{i=2,4}\{9, 8\} = 8$$

因此，从 v_1 地出发到达 v_6 地，经 v_4 地的距离最短. 而 v_7 地可以经过 v_2 地、v_3 地或 v_4 地到达，有

$$d(v_1, v_7) = \min_{i=2,3,4}\{d(v_1, v_i) + w(v_i, v_6)\} = \min_{i=2,3,4}\{12, 10, 6\} = 6$$

从 v_1 地出发到达 v_7 地，途中经 v_4 地的距离最短. 因此，在阶段 2，

$d(v_1, v_5) = 8$　　（从 v_3 地出发）

$d(v_1, v_6) = 8$　　（从 v_4 地出发）

$d(v_1, v_7) = 6$　　（从 v_4 地出发）

阶段 3　只有一个终点，v_8 地. v_8 地可以经过 v_5 地、v_6 地或者 v_7 地 3 条不同路径到达. 利用上一阶段得到的结果（从 v_1 地分别到达 v_5 地、v_6 地和 v_7 地的最短距离），再加上分别从 v_5

地、v_6 地和 v_7 地到达 v_8 地的距离. 于是，有

$$d(v_1,v_8)=\min_{i=5,6,7}\{d(v_1,v_i)+w(v_i,v_8)\}=\min_{i=5,6,7}\{8+6,8+5,6+9\}=\min_{i=5,6,7}\{14,13,15\}=13$$

由上可知，从 v_1 地出发到达 v_8 地，途中经 v_6 地的距离最短. 因此，在阶段 3 有

$$d(v_1,v_8)=13 \qquad \text{(从 } v_6 \text{ 地出发)}$$

由此可知，从 v_1 地到 v_8 地的最短距离是 13. 为了得到最优路径，可以根据求解结果从后向前逆推，阶段 3 从 v_6 地出发到达 v_8 地，阶段 2 从 v_4 地出发到达 v_6 地，阶段 1 从 v_1 地出发到达 v_4 地，即最短路径为 $v_1 \to v_4 \to v_6 \to v_8$.

通过这个例子，我们可以看出动态规划方法的基本特性：

(1) 计算从 v_1 地到当前阶段各终点的最短距离时需要用到上一阶段的计算结果；

(2) 每个阶段所做的计算都是该阶段可行路径的函数.

现在，用数学公式来表示上例中的递推关系. 用 n 表示阶段，$n=1,2,3$；s_n 表示第 n 阶段的起点；$f_n(s_{n+1})$ 表示第 n 阶段从 v_1 地到达 s_{n+1} 地的最短距离. 定义 $d_n(s_n,s_{n+1})$ 为从 s_n 地到 s_{n+1} 的距离(若从 s_n 地到 s_{n+1} 地没有通路，$d_n(s_n,s_{n+1})=\infty$). 于是，$f_n(s_{n+1})$ 可以按照下面的递推式计算出来

$$\begin{cases} f_n(s_{n+1})=\min\limits_{\text{所有可行的}(s_n,s_{n+1})\text{路径}}\{d(s_n,s_{n+1})+f_{n-1}(s_n)\},\ n=1,2,3 \\ f_0(s_1)=0 \end{cases}$$

上面，用顺序解法从阶段 1 到阶段 3 从前向后逐步计算，这个例子也可以用逆序解法从阶段 3 到阶段 1 从后向前逐步计算. 无论是采用顺序解法，还是采用逆序解法，得到的解都是相同的. 顺序解法较符合逻辑，但在动态规划文献中普遍采用逆序解法. 逆序解法的求解思路与顺序解法刚好相反，从最后一个阶段开始，对每个阶段的所有起点，计算出该阶段所有起点至终点的最短距离，然后利用这些最短距离计算下一阶段所有起点至终点的最短距离，直至第一阶段. 下面，用逆序解法来求解例 6－1.

阶段 3 有 3 个起点，从 v_5 地、v_6 地或者 v_7 地出发分别只有 1 条路径至 v_8 地. 因此，阶段 3 的结果可归结为

$$d(v_5,v_8)=6 \qquad \text{(连接至 } v_8 \text{ 地)}$$

$$d(v_6,v_8)=5 \qquad \text{(连接至 } v_8 \text{ 地)}$$

$$d(v_7,v_8)=9 \qquad \text{(连接至 } v_8 \text{ 地)}$$

阶段 2 有 3 个起点，v_2 地、v_3 地和 v_4 地. 先考虑 v_2 地. 从图 6－2 可以看出，v_2 地可以经过 v_5 地、v_6 地或者 v_7 地 3 条不同路径到达 v_8 地，即利用从 v_2 地出发分别到达 v_5 地、v_6 地或者 v_7 地的距离再加上从 v_5 地、v_6 地或者 v_7 地出发至 v_8 地的最短距离，我们就能确定出从 v_2 地出发到达 v_8 地的最短距离为

$$d(v_2,v_8)=\min_{i=5,6,7}\{d(v_2,v_i)+w(v_i,v_8)\}=\min_{i=5,6,7}\{6+6,4+5,7+9\}=\min_{i=5,6,7}\{12,9,16\}=9$$

由此可知，从 v_2 地出发到达 v_8 地，途中经 v_7 地的距离最短. 类似地，v_3 地可以经过 v_5 地或者 v_7 地 2 条不同路径到达 v_8 地. 因此，

$$d(v_3,v_8)=\min_{i=5,7}\{d(v_3,v_i)+w(v_i,v_8)\}=\min_{i=5,7}\{4+6,6+9\}=\min_{i=5,7}\{10,15\}=10$$

因此，从 v_3 地出发到达 v_8 地，途中经 v_6 地的距离最短. 最后，v_4 地可以经过 v_6 地或者 v_7 地 2 条不同路径到达 v_8 地. 于是，

$$d(v_4,v_8)=\min_{i=6,7}\{d(v_4,v_i)+w(v_i,v_8)\}=\min_{i=6,7}\{10,12\}=10$$

由上可知，从 v_4 地出发到达 v_8 地，途中经 v_6 地的距离最短. 因此，在阶段 2，

$d(v_2, v_8) = 9$ （连接至 v_6 地）

$d(v_3, v_8) = 10$ （连接至 v_5 地）

$d(v_4, v_8) = 10$ （连接至 v_6 地）

阶段 1 只有一个起点，v_1 地可以经过 v_2 地、v_3 地或 v_4 地 3 条不同路径到达 v_8 地. 利用从 v_1 地出发分别到达 v_2 地、v_3 地和 v_4 地的距离再加上从 v_2 地、v_3 地和 v_4 地出发至 v_8 地的最短距离，就能确定出从 v_1 地出发到达 v_8 地的最短距离为

$$d(v_1, v_8) = \min_{i=2,3,4}\{d(v_1, v_i) + w(v_i, v_8)\} = \min_{i=2,3,4}\{5+9, 4+10, 3+10\} = \min_{i=2,3,4}\{14, 14, 13\} = 13$$

于是，在阶段 1 有

$d(v_1, v_8) = 13$ （连接至 v_4 地）

阶段1的结果表示从 v_1 地出发到达 v_8 地的最短距离为13，其最优解表示从 v_1 地出发至 v_4 地，阶段 2 的最优解表示从 v_4 地出发至 v_6 地，阶段 3 的最优解表示从 v_6 地出发至 v_8 地，即最短路径为 $v_1 \to v_4 \to v_6 \to v_8$，这个结果与顺序解法得到的最短路径是一样的.

最后，给出该问题逆序解法的递推方程. 这时，用 s_n 表示第 n 阶段的起点；$f_n(s_n)$ 表示第 n 阶段从 s_n 地到达 H 地的最短距离. 于是，$f_n(s_n)$ 可以按照下面的递推式计算出来

$$\begin{cases} f_n(s_n) = \min\limits_{\text{所有可行的}(s_n, s_{n+1})\text{路径}} \{d(s_n, s_{n+1}) + f_{n+1}(s_{n+1})\}, n = 3, 2, 1 \\ f_4(s_4) = 0 \end{cases}$$

需要注意的是，顺序解法里 $f_n(s_n)$ 的定义和逆序解法里 $f_n(s_n)$ 的定义是不同的.

6.2 动态规划模型及其求解方法

6.2.1 动态规划的基本概念

设计最短路径问题是为了在介绍动态规划方法时给初学者一个具体的概念. 尽管逆序解法和顺序解法本质上是一样的，但是采用逆序解法和顺序解法在建立动态规划模型时有些符号所表示的含义是不一样的. 有关这一点，通过上面的例子就可以看出. 因为动态规划文献中大都采用逆序解法，因此，下面先来介绍采用逆序解法求解最短路径问题时建立动态规划模型所要用到的基本概念.

1. 阶段

若想采用动态规划求解的问题，首先要求该问题可以按时间或空间特征分解成若干相互联系的阶段，以便按次序去求每阶段的解. 一般，将描述阶段的变量称为阶段变量，常用 n 表示. 在例 6-1 中，从 v_1 地到 v_2 地可分为三个阶段，$n = 1, 2, 3$.

2. 状态

状态是描述每个阶段开始时系统所处的客观条件. 描述各阶段状态的变量叫作状态变量，常用 s_n 表示第 n 阶段的状态变量. 状态变量 s_n 的取值有一定的允许范围，称为状态可能集，用 S_n 表示第 n 阶段的状态可能集. $s_n \in S_n$. 状态可能集是关于状态的约束条件，可以是有限的，也可以是无限的；可以是一个离散取值的集合，也可以是一个连续的区间，视所给问题而定. 在例 6-1 中，第 1 阶段只有一个状态 v_1，状态可能集 $S_1 = \{v_1\}$；第 2 阶段有三个状态，状态

可能集 $S_2=\{v_2,v_3,v_4\}$.

在定义动态规划模型中的状态变量时，要求状态变量应具有如下性质：当某阶段状态给定后，该阶段以后的发展不受该阶段以前各阶段状态的影响. 也就是说，当前状态是过去的一个完整总结，系统的过去只能通过当前状态去影响它的未来发展. 这个性质称为无后效性. 如果所选定的变量不具备无后效性，就不能作为动态规划模型的状态变量.

3. 决策和策略

决策者在每一阶段都需要根据系统的当前状态做出行动选择，一旦行动选择好了，下一阶段的状态就随之确定了. 每个阶段的这种行动选择被称为决策. 用来表示决策的变量称为决策变量. 决策变量是状态变量的函数，常用 $x_n(s_n)$ 表示第 n 阶段当状态为 s_n 时的决策变量. 与状态变量的取值范围一样，在实际问题中，决策变量的取值往往也有一定范围，称此范围为允许决策集. 用 $D_n(s_n)$ 表示第 n 阶段从状态 s_n 出发的允许决策集，有 $x_n(s_n)\in D_n(s_n)$. 在例 6－1 中，从第 2 阶段的状态 v_8 出发，可选择的路径(决策)有 v_5,v_6,v_7，即其允许决策集 $D_2(v_2)=\{v_5,v_6,v_7\}$. 若决策者决定选择决策 v_6，那么 $x_2(v_2)=v_6$.

各阶段的决策确定好之后，整个问题的决策序列就构成了一个策略. 策略有全过程策略和 n-子策略之分. 全过程策略是指从第 1 阶段开始，在整个 N 阶段决策过程中由决策者在每个阶段所做的决策而构成的决策序列，简称为策略，它可表示为 $p_{1,N}(x_1(s_1),x_2(s_2),\cdots,x_N(s_N))$. 从第 n 阶段开始到第 N 阶段末，由决策者在每个阶段所做的决策而构成的决策序列被称为 n-子策略，它表示为 $p_{n,N}(x_n(s_n),x_{n+1}(s_{n+1}),\cdots,x_N(s_N))$. 当 $n=1$ 时，n-子策略就是全过程策略. 对每个实际问题，可供选择的策略有一定范围，将这个范围称为允许策略集，记作 $P_{1,N}$. 使问题达到整体最优的策略就是最优策略.

4. 状态转移方程

动态规划中本阶段的状态往往是上一阶段的状态和决策的共同结果. 如果给定第 n 阶段的状态 s_n，本阶段的决策为 $x_n(s_n)$，那么第 $n+1$ 阶段的状态 s_{n+1} 也就完全确定了. 它们的关系可用公式表示为

$$s_{n+1}=T_n(s_n,x_n(s_n))$$

由于它描述了从第 n 阶段到第 $n+1$ 阶段的状态转移规律，所以称为状态转移方程. 简单地说，状态转移方程就是表示从第 n 阶段到第 $n+1$ 阶段的状态转移规律的表达式. 由上式可以看到，第 $n+1$ 阶段的状态完全由第 n 阶段的状态 s_n 和决策 $x_n(s_n)$ 确定，与系统过去的状态 $s_1,s_2,\cdots,s_{n-1}$ 及决策 $x_1,x_2,\cdots,x_{n-1}$ 无关.

5. 指标函数

决策者在第 n 阶段状态 s_n，执行决策 x_n 时，不仅会产生本阶段的效益，还会带来系统状态的转移，进而影响系统获得的总效益. 将用于衡量所选择策略优劣的数量指标称为指标函数，它分为阶段指标函数和过程指标函数两种.

阶段指标函数是指第 n 阶段从状态 s_n 出发，采取决策 x_n 时在本阶段所获得的效益. 它完全由第 n 阶段的状态 s_n 和决策 x_n 决定，与第 n 阶段以前的状态和决策无关，用 $r_n(s_n,x_n)$ 表示，这也就是具有无后效性. 在例 6－1 中，指标函数就是距离，如第 2 阶段状态为 v_2 时，$r_2(v_2,v_5)$ 表示从 v_2 地出发，采用决策 v_5 到下一阶段 v_5 地的距离，$r_2(v_2,v_5)=6$.

过程指标函数是指从第 n 阶段出发到过程最终，采取某种子策略时，按照预定的标准得到的效益值. 对于一个 N 阶段决策过程，将从第 1 阶段到第 N 阶段叫作问题的原过程；任意给定

一个 $n(1\leqslant n\leqslant N)$，将从第 n 阶段到第 N 阶段称为原过程的一个后部子过程. 用 $V_{1,N}(s_1, p_{1,N})$ 表示从第 1 阶段状态 s_1 出发、决策者采用策略 $p_{1,N}$ 时的原过程指标函数值；用 $V_{n,N}(s_n, p_{n,N})$ 表示从第 n 阶段状态 s_n 出发、采用策略 $p_{n,N}$ 时的后部子过程指标函数值. 对于多阶段决策问题，若采用动态规划求解，其过程指标函数应具有可分离性，并满足递推关系. 目前文献和教材中，常见的过程指标函数有以下两种形式.

(1) 过程指标函数值是阶段指标和的形式，即

$$V_{n,N}(s_n, p_{n,N})=r_n(s_n, x_n)+V_{n+1,N}(s_{n+1}, p_{n+1,N})=\sum_{i=n}^{N} r_i(s_i, x_i)$$

(2) 过程指标函数值是阶段指标连乘的形式，即

$$V_{n,N}(s_n, p_{n,N})=r_n(s_n, x_n)\cdot V_{n+1,N}(s_{n+1}, p_{n+1,N})=\prod_{i=n}^{N} r_i(s_i, x_i)$$

用 $f_n(s_n)$ 表示最优指标函数，即从第 n 阶段状态 s_n 出发，采用最优策略 $p_{n,N}^*$ 到第 N 阶段末时产生的最优效益值. $f_n(s_n)$ 与 $V_{n,N}(s_n, p_{n,N})$ 之间的关系是

$$f_n(s_n)=V_{n,N}(s_n, p_{n,N}^*)=\underset{p_{n,N}\in P_{n,N}}{\text{opt}}\ V_{n,N}(s_n, p_{n,N})$$

上式中的 opt 全称 optimum，表示最优化，根据具体问题分别表示为 max 或 min. 当 $n=1$ 时，$f_1(s_1)$ 就是从第 1 阶段状态 s_1 到第 N 阶段末的整体最优函数. 在例 6－1 中，$V_{2,3}(v_2, \{v_5, v_8\})$ 表示第 2 阶段从 v_2 地出发、经 v_5 地到 v_8 地的距离，而 $f_2(v_2)$ 则表示第 2 阶段从 v_2 地出发到 v_8 地的最短距离. 本问题的总目标是求 $f_1(v_1)$，即从 v_1 地到 v_8 地的最短距离. 由前面的分析知，该问题的最优指标函数可写为

$$\begin{cases} f_n(s_n)=\min\limits_{x_n(s_n)\in D_n(s_n)}\{d(s_n, s_{n+1})+f_{n+1}(s_{n+1})\}, n=3,2,1 \\ f_4(s_4)=0 \end{cases}$$

对于一般问题，如果过程指标函数是阶段指标和的形式，最优指标函数可写为

$$\begin{cases} f_n(s_n)=\underset{x_n(s_n)\in D_n(s_n)}{\text{opt}}\{r(s_n, x_n)+f_{n+1}(s_{n+1})\}, n=N, N-1, \cdots, 1 \\ f_{N+1}(s_{N+1})=0 \end{cases} \tag{6-1}$$

类似地，如果过程指标函数是阶段指标连乘的形式，最优指标函数可写为

$$\begin{cases} f_n(s_n)=\underset{x_n(s_n)\in D_n(s_n)}{\text{opt}}\{r(s_n, x_n)\cdot f_{n+1}(s_{n+1})\}, n=N, N-1, \cdots, 1 \\ f_{N+1}(s_{N+1})=1 \end{cases} \tag{6-2}$$

上述递推关系式称为动态规划的基本方程. 第一个表达式称为基本方程的主体部分；第二个表达式称为基本方程的边界条件，起界定问题范围的作用. 需要注意的是，当过程指标函数是阶段指标函数和的形式时，边界条件 $f_{N+1}(s_{N+1})=0$；而当过程指标函数是阶段指标函数连乘的形式时，边界条件 $f_{N+1}(s_{N+1})=1$.

上面给出的是采用逆序解法而构建的动态规划基本方程. 求解时，根据边界条件，从最后一个阶段开始，每一阶段求解时都需要用到上一阶段的最优解，由后向前逆推，逐步求得各个阶段的最优决策及各个阶段至第 N 阶段的最优值，最后求出 $f_1(s_1)$ 就是整个问题的最优解. 再按计算过程反推算，就得到了相应的最优策略.

综上所述，动态规划是求解一类特殊问题的方法. 使用该方法的前提条件是要求问题具有多阶段性，即可以被划分为可用递推关系式联系起来的多个阶段. 只有把问题描述为多阶段决

策过程，才能考虑用动态规划方法去处理．对于某些静态问题，也可以通过人为地引入"时段"的概念来采用动态规划方法进行求解．在此基础上，建立该问题的动态规划模型，实际上是建立该问题的动态规划基本方程，而正确建立基本方程的关键在于以下几点：

(1) 正确的选择状态变量 s_n，使它既能描述过程的演变特征，又能满足无后效性.

(2) 根据状态变量 s_n，确定决策变量 $x_n(s_n)$ 以及相应的允许决策集 $D_n(s_n)$.

(3) 根据状态变量和决策变量的含义，正确写出状态转移方程 $s_{n+1}=T_n(s_n,x_n)$.

(4) 根据题意，写出第 n 阶段的阶段指标函数 $r_n(s_n,x_n)$ 以及过程指标函数 $V_{n,N}$.

最后，写出动态规划基本方程，即最优指标函数的递推关系式及边界条件.

6.2.2　动态规划模型的求解方法

构建好动态规划模型后，就开始对模型进行求解了．动态规划最优策略的求解有两种方法：逆序解法和顺序解法.

逆序解法是指从最后一个阶段开始，由后向前逐步计算每个阶段各状态所对应的最优决策以及最优值，最后求出的 $f_1(s_1)$ 就是整个问题的最优解；再按计算过程反推之，即可得到相应的最优策略.

顺序解法是指从第1阶段开始，由前向后逐步计算从第1阶段至每个阶段末各状态的最优值及相应的最优决策，最后求出的 $f_N(s_{N+1})$ 就是整个问题的最优解；再按计算过程反推之，即可得到相应的最优策略.

顺序解法与逆序解法本质上并无区别．一般来说，当初始状态给定时，用逆序解法；当终止状态给定时，用顺序解法；若问题的初始状态和终止状态都给定了，两种解法均可使用．它们除了具有相同阶段数划分之外，还存在以下的明显不同：

(1) 状态变量的选取不同.

在逆序解法中，将每一阶段初系统所处的客观条件作为状态变量．如在例6-1中，以每阶段初各个起点 s_n 作为状态变量．而在顺序解法中刚好相反，以每一阶段末系统处于的客观条件 s_{n+1} 作为状态变量.

(2) 决策变量的选取不同.

既然状态变量不一样，决策变量作为状态变量的函数，它的选取以及允许决策集也都是不一样的．在逆序解法中，决策变量为 $x_n(s_n)$，允许决策集为 $D_n(s_n)$；而在顺序解法中，决策变量为 $x_n(s_{n+1})$，允许决策集为 $D_n(s_{n+1})$.

(3) 状态转移方程不同.

在逆序解法中，第 n 阶段的输入状态为 s_n，决策为 $x_n(s_n)$，输出状态为 s_{n+1}，所以，状态转移方程为 $s_{n+1}=T_n(s_n,x_n(s_n))$．在顺序解法中，第 n 阶段的输入状态为 s_{n+1}，决策为 $x_n(s_{n+1})$，输出状态为 s_n，所以，状态转移方程为 $s_n=T_n(s_{n+1},x_n(s_{n+1}))$.

(4) 阶段指标函数的表示不同.

在逆序解法中，阶段指标函数记为 $r_n(s_n,x_n)$，表示第 n 阶段状态为 s_n，采用决策 x_n 时本阶段获得的指标函数值．在顺序解法中，阶段指标函数记为 $r_n(s_{n+1},x_n)$，表示第 n 阶段末系统状态为 s_{n+1}，采用决策 x_n 时本阶段获得的指标函数值.

(5) 最优指标函数的定义不同.

在逆序解法中，最优指标函数 $f_n(s_n)$ 表示从第 n 阶段状态 s_n 出发到第 N 阶段末采用最优策略产生的最优指标函数值，$f_1(s_1)$ 是从第 1 阶段状态 s_1 出发到全过程结束的整体最优指标函数值. 在顺序解法中，最优指标函数 $f_n(s_{n+1})$ 表示从第 1 阶段起到第 n 阶段末状态 s_{n+1} 采用最优策略产生的最优指标函数值，$f_N(s_{N+1})$ 是整体最优指标函数值.

(6) 动态规划基本方程不同.

式(6-1)和式(6-2)已经给出了采用逆序解法时建立的动态规划基本方程，这里不再赘述，只给出采用顺序解法时建立的动态规划基本方程. 若过程指标函数是阶段指标函数和的形式，其动态规划基本方程为

$$\begin{cases} f_n(s_{n+1}) = \underset{x_n(s_{n+1}) \in D_n(s_{n+1})}{\text{opt}} \{r(s_{n+1}, x_n) + f_{n-1}(s_n)\}, n = 1, 2, \cdots, N \\ f_0(s_1) = 0 \end{cases}$$

若过程指标函数是阶段指标函数连乘的形式，其动态规划的基本方程为

$$\begin{cases} f_n(s_{n+1}) = \underset{x_n(s_{n+1}) \in D_n(s_{n+1})}{\text{opt}} \{r(s_{n+1}, x_n) \cdot f_{n-1}(s_n)\}, n = 1, 2, \cdots, N \\ f_0(s_1) = 1 \end{cases}$$

下面，通过一个例题来分别看逆序解法和顺序解法的求解过程.

例 6-2 请分别用逆序解法和顺序解法求解下面的问题.

$$\max z = x_1 x_2^2 x_3$$

$$\text{s.t.} \begin{cases} x_1 + x_2 + x_3 = c(c > 0) \\ x_i \geqslant 0, i = 1, 2, 3 \end{cases}$$

解 采用逆序解法.

(1) 阶段变量：把依次给变量 $x_n, n=1,2,3$，赋值各看成一个阶段，将问题划分为三个阶段，$k=3,2,1$.

(2) 状态变量：$s_n, n=1,2,3,4$ 表示第 n 阶段初约束右端的最大值，$s_1 = c$.

(3) 决策变量：$x_n, n=1,2,3$，允许决策集为 $D_n(s_n) = \{0 \leqslant x_n \leqslant s_n\} n=1,2,3$.

(4) 状态转移方程：$s_1 = c, s_2 = s_1 - x_1, s_3 = s_2 - x_2, s_4 = s_3 - x_3$.

(5) 指标函数：$r_1(s_1, x_1) = x_1, r_2(s_2, x_2) = x_2^2, r_3(s_3, x_3) = x_3$.

(6) 动态规划基本方程：

$$\begin{cases} f_k(s_k) = \max\limits_{x_k \in D_k(s_k)} \{r_k(s_k, x_k) \cdot f_{k+1}(s_{k+1})\} \\ f_4(s_4) = 1 \end{cases}$$

于是，由边界条件开始，从最后一个阶段逐步向前逆推.

阶段 3，根据约束条件知，$0 \leqslant x_3 \leqslant s_3$. 因而，有

$$f_3(s_3) = \max_{0 \leqslant x_3 \leqslant s_3} \{r_3(s_3, x_3) \cdot f_4(s_4)\} = \max_{0 \leqslant x_3 \leqslant s_3} \{x_3\} = s_3$$

对应的最优解为 $x_3^* = s_3$.

阶段 2，由状态转移方程 $s_3 = s_2 - x_2$ 可知

$$f_2(s_2) = \max_{0 \leqslant x_2 \leqslant s_2} \{x_2^2 \cdot f_3(s_3)\} = \max_{0 \leqslant x_2 \leqslant s_2} \{x_2^2 (s_2 - x_2)\}$$

对上式求导可知，当 $x_2^* = 2s_2/3$ 时，上式取最大值，即 $f_2(s_2) = 4s_2^3/27$.

阶段 1，由 $s_2 = s_1 - x_1$ 和 $s_1 = c$，有

$$f_1(s_1) = \max_{0 \leqslant x_1 \leqslant s_1} \{x_1 \cdot f_2(s_2)\} = \max_{0 \leqslant x_1 \leqslant s_1} \{x_1 4(c - x_1)^3/27\}$$

对上式求导可得，当 $x_1^*=c/4$ 时，上式取最大值，$f_1(s_1)=c^4/64$. 再按计算过程反推之，可得最优解分别为 $x_1^*=c/4, x_2^*=c/2, x_3^*=c/4$.

采用顺序解法.

(1) 阶段变量：把依次给变量 $x_n, n=1,2,3$，赋值各看成一个阶段，将问题划分为三个阶段，$k=1,2,3$.

(2) 状态变量：$s_{n+1}, n=1,2,3,4$ 表示第 n 阶段末约束右端的最大值，$s_4=c$.

(3) 决策变量：$x_n, n=1,2,3$，允许决策集为 $D_n(s_{n+1})=\{0\leqslant x_n\leqslant s_{n+1}\}$ $n=1,2,3$.

(4) 状态转移方程：$s_4=c, s_3=s_4-x_3, s_2=s_3-x_2, s_1=s_2-x_1$.

(5) 指标函数：$r_1(s_2,x_1)=x_1, r_2(s_3,x_2)=x_2^2, r_3(s_4,x_3)=x_3$.

(6) 动态规划基本方程：

$$\begin{cases} f_k(s_k)=\max\limits_{x_k\in D_k(s_k)}\{r_k(s_{k+1},x_k)\cdot f_{k-1}(s_k)\} \\ f_0(s_1)=1 \end{cases}$$

从第 1 阶段 $f_0(s_1)=1$ 开始，逐步向后顺推计算.

阶段 1，有

$$f_1(s_2)=\max_{0\leqslant x_1\leqslant s_2}\{r_1(s_2,x_1)\cdot f_0(s_1)\}=\max_{0\leqslant x_1\leqslant s_2}\{x_1\}=s_2$$

对应的最优解为 $x_1^*=s_2$.

阶段 2，由约束条件 $s_2=s_3-x_2$ 可知

$$f_2(s_3)=\max_{0\leqslant x_2\leqslant s_2}\{x_2^2\cdot f_1(s_2)\}=\max_{0\leqslant x_2\leqslant s_3}\{x_2^2(s_3-x_2)\}$$

对上式求导可得，当 $x_2^*=2s_3/3$ 时，$f_2(s_3)$ 取最大值，即 $f_2(s_3)=4s_3^3/27$.

阶段 3，由 $s_3=s_4-x_3$ 和 $s_4=c$，有

$$f_3(s_4)=\max_{0\leqslant x_3\leqslant s_4}\{x_3\cdot f_2(s_3)\}=\max_{0\leqslant x_3\leqslant s_4}\{x_3\cdot 4\ (c-x_3)^3/27\}$$

对上式求导可得，当 $x_3^*=c/4$ 时，$f_3(s_4)$ 取最大值，即 $f_3(s_4)=c^4/64$. 再按计算过程反推之，即可得到最优解 $x_1^*=c/4, x_2^*=c/2, x_3^*=c/4$.

由上面例题可以看出，无论是逆序解法，还是顺序解法，得到的最优解以及最优策略都是一样的.

6.3 应 用 举 例

1. 数学规划问题

对于线性规划、整数规划和非线性规划这种静态问题用动态规划方法来求解时. 其方法大致为：规划问题中求解变量视为动态规划中的决策变量，其相应的允许决策集取决于规划问题中的约束；动态规划的阶段数为规划问题的变量个数；状态变量为规划问题中约束的常数项的剩余变量；阶段指标函数就是目标函数中相应变量对应的函数.

例 6-3 用动态规划求解下列线性规划问题：

$$\max z=6x_1+5x_2+8x_3$$

$$\text{s.t.}\begin{cases} 3x_1+2x_2 \leqslant 20 \\ x_1+4x_2+4x_3\leqslant 14 \\ x_i\geqslant 0,\quad i=1,2,3 \end{cases}$$

解　由线性规划中的变量个数可以看出，这是一个3阶段决策过程问题. 按照上面的方法，对于第k阶段：决策变量为x_k. 状态变量为第k阶段初各约束条件右端常数的剩余值，用s_{1k}和s_{2k}来表示. 状态转移方程为

$$s_{1,k+1}=s_{1k}-a_{1k}x_k,\quad s_{2,k+1}=s_{2k}-a_{2k}x_k$$

式中，a_{1k}，a_{2k}为规划问题约束矩阵的第k列. 阶段指标函数为c_kx_k，c_k为目标函数中x_k前的系数. 递推方程为

$$f_k(s_{1k},s_{2k})=\max_{x_k\in D(s_{ik})}\{c_kx_k+f_{k+1}(s_{1k+1},s_{2k+1})\}$$

终端条件为$f_4(s_{14},s_{24})=0$，$D_k(s_{ik})=\{x_k\mid 0\leqslant x_k\leqslant \min(s_{1k}/a_{1k},s_{2k}/a_{2k})\}$，$i$代表约束的个数，本例中$i=2$.

下面用逆序法来求解此问题.

$k=3$时，决策变量允许集合为

$$D_3(s_{i3})=\{x_3\mid 0\leqslant x_3\leqslant \min(s_{13}/a_{13},s_{23}/a_{23})\}$$

其中$a_{13}=0$，$a_{23}=4$，有

$$D_3(s_{i3})=\{x_3\mid 0\leqslant x_3\leqslant s_{23}/4\}$$

$$f_3(s_{13},s_{23})=\max_{0\leqslant x_3\leqslant s_{23}/4}\{c_3x_3\}=\max_{0\leqslant x_3\leqslant s_{23}/4}\{8x_3\}=2s_{23},\quad x_3^*=s_{23}/4$$

$k=2$时，决策变量允许集合为

$$D_2(s_{i2})=\{x_2\mid 0\leqslant x_2\leqslant \min(s_{12}/a_{12},s_{22}/a_{22})\}$$

其中$a_{12}=2$，$a_{22}=4$，有

$$D_2(s_{i2})=\{x_2\mid 0\leqslant x_2\leqslant \min(s_{12}/2,s_{22}/4)\}$$

状态方程为

$$s_{13}=s_{12}-2x_2,\quad s_{23}=s_{22}-4x_2$$

$$\begin{aligned}f_2(s_{12},s_{22})&=\max_{0\leqslant x_2\leqslant\min(s_{12}/2,s_{22}/4)}\{c_2x_2+f_3(s_{13},s_{23})\}=\max_{0\leqslant x_2\leqslant\min(s_{12}/2,s_{22}/4)}\{5x_2+2s_{23}\}=\\&\max_{0\leqslant x_2\leqslant\min(s_{12}/2,s_{22}/4)}\{5x_2+2(s_{22}-4x_2)\}=\\&\max_{0\leqslant x_2\leqslant\min(s_{12}/2,s_{22}/4)}\{2s_{22}-3x_2\}=2s_{22}\end{aligned}$$

最优解为$x_2^*=0$.

$k=1$时，决策变量允许集合为

$$D_1(s_{i1})=\{x_1\mid 0\leqslant x_1\leqslant \min(s_{11}/a_{11},s_{21}/a_{21})\}$$

其中$a_{11}=3$，$a_{21}=1$，有

$$D_1(s_{i1})=\{x_1\mid 0\leqslant x_1\leqslant \min(20/3,14)\}$$

状态方程为$s_{12}=s_{11}-3x_1=20-3x_1$，$s_{22}=s_{22}-x_1=14-x_1$

$$\begin{aligned}f_1(s_{11},s_{21})&=\max_{0\leqslant x_1\leqslant\min(20/3,14)}\{c_1x_1+f_2(s_{12},s_{22})\}=\max_{0\leqslant x_1\leqslant\min(20/3,14)}\{6x_1+2(14-x_1)\}=\\&\max_{0\leqslant x_1\leqslant\min(20/3,14)}\{4x_1+2\times 14\}=164/3\end{aligned}$$

最优解为$x_1^*=20/3$.

再按计算过程反推之，即可得到最优解$x_1^*=20/3$，$x_2^*=0$，$x_3^*=11/6$.

例6-4　用动态规划求解下列非线性规划问题：

$$\max z = 4x_1 + 8x_2 + 2x_3^2$$
$$\text{s. t.}\begin{cases} x_1 + x_2 + x_3 = 10 \\ x_i \geqslant 0, i = 1,2,3 \end{cases}$$

解　阶段变量:把依次给变量 $x_n, n=1,2,3$ 赋值各看成一个阶段,将问题划分为三个阶段,$k=3,2,1$.

状态变量:$s_n, n=1,2,3,4$ 表示第 n 阶段初约束右端的最大值,$s_1=10$.

决策变量:$x_n, n=1,2,3$. 允许决策集为 $D_n(s_n)=\{0\leqslant x_n\leqslant s_n\}$ $n=1,2,3$.

状态转移方程:$s_1=10, s_2=s_1-x_1, s_3=s_2-x_2, s_4=s_3-x_3$.

指标函数:$r_1(s_1,x_1)=4x_1, r_2(s_2,x_2)=8x_2, r_3(s_3,x_3)=2x_3^2$.

动态规划基本方程:

$$\begin{cases} f_k(s_k) = \max\limits_{x_k\in D_k(s_k)} \{r_k(s_k,x_k) + f_{k+1}(s_{k+1})\} \\ f_4(s_4) = 0 \end{cases}$$

于是,由边界条件开始,从最后一个阶段逐步向前逆推.

阶段 3,根据约束条件知,$0\leqslant x_3\leqslant s_3$. 因而,有

$$f_3(s_3) = \max_{0\leqslant x_3\leqslant s_3}\{r_3(s_3,x_3)+f_4(s_4)\} = \max_{0\leqslant x_3\leqslant s_3}\{2x_3^2\} = 2s_3^2$$

对应的最优解为 $x_3^*=s_3$.

阶段 2,由状态转移方程 $s_3=s_2-x_2$ 知,

$$f_2(s_2) = \max_{0\leqslant x_2\leqslant s_2}\{x_2^2+f_3(s_3)\} = \max_{0\leqslant x_2\leqslant s_2}\{8x_2+2(s_2-x_2)^2\}$$

设 $g(x_2)=8x_2+2(s_2-x_2)^2$,易知该函数为凸函数,因而最优解在边界取得. 而 $g(0)=2s_2^2, g(s_2)=8s_2$. 所以,当 $s_2\geqslant 4$ 时,最优值为 $f_2(x_2)=2s_2^2$,最优解为 $x_2^*=0$;当 $s_2\leqslant 4$ 时,最优值为 $f_2(x_2)=8s_2$,最优解为 $x_2^*=s_2$.

阶段 1,由 $s_2=s_1-x_1$ 和 $s_1=c$,当 $s_2\geqslant 4$ 时,有

$$f_1(s_1) = \max_{0\leqslant x_1\leqslant s_1}\{x_1+f_2(s_2)\} = \max_{0\leqslant x_1\leqslant s_1}\{4x_1+2s_2^2\} = \max_{0\leqslant x_1\leqslant s_1}\{4x_1+2(s_1-x_1)^2\}$$

设 $g(x_1)=4x_1+2(s_1-x_1)^2$,易知该函数为凸函数,因而最优解在边界取得. 而 $g(0)=2s_1^2, g(s_2)=4s_1$,且 $s_1=10$. 所以 $f_1(s_1)=2s_1^2=200$,最优解为 $x_1^*=0$.

当 $s_2\leqslant 4$ 时,有

$$f_1(s_1) = \max_{0\leqslant x_1\leqslant s_1}\{x_1+f_2(s_2)\} = \max_{0\leqslant x_1\leqslant s_1}\{4x_1+8s_2\} = \max_{0\leqslant x_1\leqslant s_1}\{4x_1+8(s_1-x_1)\} = 8s_1$$

而 $s_1=10$,所以 $f_1(s_1)=8s_1=80$,最优解为 $x_1^*=0$.

综上知,所以 $f_1(s_1)=2s_1^2=200$,最优解为 $x_1^*=0$. 再按计算过程反推之,可得最优解分别为 $x_1^*=0, x_2^*=0, x_3^*=10$.

2. 资源分配问题

所谓资源分配问题,就是将一定数量的一种或若干种资源(如原材料、机器设备、资金、劳动力等)恰当地分配给若干个使用者,以使资源得到最有效地利用.

例 6-5　机器负荷分配问题　某种机器可在高低两种不同的负荷下进行生产,设机器在高负荷下生产的产量(件)函数为 $g_1=8x$,其中 x 为投入高负荷生产的机器数量,年度完好率 $\alpha=0.7$(年底的完好设备数等于年初完好设备数的 70%);在低负荷下生产的产量(件)函数为 $g_2=5y$,其中 y 为投入低负荷生产的机器数量,年度完好率 $\beta=0.9$. 假定开始生产时完好的机

器数量为1 000台，试问每年应如何安排机器在高、低负荷下的生产，才能使5年生产的产品总量最多？

解　设阶段 k 表示年度($k=1,2,3,4,5$).

状态变量 s_k 为第 k 年度初拥有的完好机器数量(同时也是第 $k-1$ 年度末时的完好机器数量).

决策变量 x_k 为第 k 年度分配高负荷下生产的机器数量，于是 s_k-x_k 为该年度分配在低负荷下生产的机器数量.这里的 s_k 和 x_k 均为连续变量，它们的非整数值可以这样理解：如 $S_k=0.6$ 就表示一台机器在第 k 年度中正常工作时间只占全部时间的60%；$x_k=0.3$ 就表示一台机器在第 k 年度中只有30%的工作时间在高负荷下运转.

状态转移方程为

$$s_{k+1}=\alpha x_k+\beta(s_k-x_k)=0.7x_k+0.9(s_k-x_k)=0.9s_k-0.2x_k$$

允许决策集合

$$D_k(s_k)=\{x_k \mid 0\leqslant x_k\leqslant s_k\}$$

阶段指标 $Q_k(s_k,x_k)$ 为第 k 年度的产量，则

$$Q_k(s_k,x_k)=8x_k+5(s_k-x_k)=5s_k+3x_k$$

过程指标是阶段指标的和，即

$$Q_{k-5}=\sum_{j=k}^{5}Q_j$$

最优值函数 $f_k(s_k)$ 表示从资源量 s_k 出发，采取最优子策略所生产的产品总量，因而有逆推关系式

$$f_k(s_k)=\max_{x_k\in D_k(s_k)}\{5s_k+3x_k+f_{k+1}(0.9s_k-0.2x_k)\}$$

边界条件 $f_6(s_6)=0$.

当 $k=5$ 时

$$f_5(s_5)=\max_{0\leqslant x_5\leqslant s_5}\{5s_5+3x_5+f_6(s_6)\}=\max_{0\leqslant x_5\leqslant s_5}\{5s_5+3x_5\}$$

因 $f_5(s_5)$ 是关于 x_5 的单调递增函数，故取 $x_5^*=s_5$，相应有 $f_5(s_5)=8s_5$.

当 $k=4$ 时

$$f_4(s_4)=\max_{0\leqslant x_4\leqslant s_4}\{5s_4+3x_4+f_5(0.9s_4-0.2x_4)\}=$$
$$\max_{0\leqslant x_4\leqslant s_4}\{5s_4+3x_4+8(0.9s_4-0.2x_4)\}=\max_{0\leqslant x_4\leqslant s_4}\{12.2s_4+1.4x_4\}$$

因 $f_4(s_4)$ 是关于 x_4 的单调递增函数，故取 $x_4^*=s_4$，相应有 $f_4(s_4)=13.6s_4$；依次类推，可求得：

当 $k=3$ 时　$x_3^*=s_3, f_3(s_3)=17.5s_3$

当 $k=2$ 时　$x_2^*=0, f_2(s_2)=20.8s_2$

当 $k=1$ 时　$x_1^*=0, f_1(s_1=1\,000)=23.7s_1=23\,700$

计算结果表明最优策略为：$x_1^*=0, x_2^*=0, x_3^*=s_3, x_4^*=s_4, x_5^*=s_5$；即前两年将全部设备都投入低负荷生产，后三年将全部设备都投入高负荷生产，这样可以使5年的总产量最大，最大产量是23 700件.

有了上述最优策略，各阶段的状态也就随之确定了，即按阶段顺序计算出各年年初的完好设备数量.

$s_1 = 1\,000$

$s_2 = 0.9s_1 - 0.2x_1 = 0.9 \times 1\,000 - 0.2 \times 0 = 900$

$s_3 = 0.9s_2 - 0.2x_2 = 0.9 \times 900 - 0.2 \times 0 = 810$

$s_4 = 0.9s_3 - 0.2x_3 = 0.9 \times 810 - 0.2 \times 810 = 567$

$s_5 = 0.9s_4 - 0.2x_4 = 0.9 \times 567 - 0.2 \times 567 = 397$

$s_6 = 0.9s_5 - 0.2x_5 = 0.9 \times 397 - 0.2 \times 397 = 278$

3. 生产与库存问题

在生产和经营管理中，经常会遇到安排生产量的问题，既不能生产太少，无法满足消费者的需求，也不能生产太多，增加商品的库存成本. 因此，正确制订生产计划，确定不同时期的生产量和库存量，以使总的生产成本和库存费用之和最小，就是生产与存储管理中所要考虑的问题.

例 6-6　某工厂生产并销售某种产品，现要求为该种产品制订未来三个月的生产计划. 根据历史数据，预测未来三个月的市场需求量分别为 3，4，3 件. 该厂生产每批产品的固定成本为 8(千元)，单位产品的生产成本为 2(千元)，单位产品每月的库存费用为 1(千元). 又知该厂每个月的最大生产能力为 6 件，最大库存量为 4 件. 初始库存为 1 件，要求计划期末的库存为零. 请问应如何安排这 3 个月的生产计划以在满足市场需求的条件下使总费用最小. 假设生产时间很短，第 k 个月的可销售量是本月初库存量与产量之和；第 k 个月的库存量是第 k 个月的可销售量与该月用户需求量之差.

解　设 s_n 为状态变量，它表示第 n 阶段初的产品库存量；每阶段的状态可能集为 $0 \leqslant s_n \leqslant \min\left\{M, \sum_{i=n}^{N} d_i\right\}$，$M$ 为最大库存量，d_n 表示第 n 阶段的市场需求量. 初始库存已知，计划阶段末库存 $s_{N+1} = 0$.

x_n 为决策变量，它表示第 n 阶段的生产量.

决策集合为　$\max\{0, d_n - s_n\} \leqslant x_n \leqslant \min\left\{B, M + d_n - s_n, \sum_{i=n}^{N} d_i - s_n\right\}$，其中 B 为每个阶段的最大生产能力.

状态转移方程为 $s_{n+1} = s_n + x_n - d_n$，它表示下阶段的库存量为本阶段可销售量(库存量与生产量之和) 与需求量之差；$r_n(s_n, x_n)$ 为阶段指标函数，它表示本阶段所产生的生产费用和库存费用之和，即

$$r_n(s_n, x_n) = \begin{cases} h(s_n - d_n), & x_n = 0 \\ K + Lx_n + h(s_n + x_n - d_n), & x_n = 1, 2, \cdots, B \end{cases}$$

式中，K，L 为生产费用函数的常数和一次项系数.

动态规划基本方程

$$\begin{cases} f_n(s_n) = \max\limits_{0 \leqslant x_n \leqslant D_n(s_n)} \{r(s_n, x_n) + f_{n+1}(s_{n+1})\}, & n = N, N-1, \cdots, 1 \\ f_{N+1}(s_{N+1}) = 0 \end{cases}$$

在第 3 阶段，本月需求为 3 件，要求月末零库存，所以 s_3 的取值只能是 $\{0, 1, 2, 3\}$，它所对应的决策 x_3^* 为 $\{3, 2, 1, 0\}$. 具体计算过程见表 6-1.

表 6-1

s_3	0	1	2	3
$x_3^*(s_3)$	3	2	1	0
$f_3(s_3)$	14	13	12	3

在第2阶段,由前面的分析知,s_2 的取值范围为$\{0,1,2,3,4\}$.再分析决策变量 x_2 的允许决策集.为满足本月需求,要求 $s_2+x_2 \geqslant d_2$,即 $x_2 \geqslant d_2-s_2=4-s_2$.为保证期末库存为零,要求 $s_2+x_2-d_2-d_3 \leqslant 0$,即 $x_2 \leqslant d_2+d_3-s_2=7-s_2$.另外,$x_2$ 受最大库存量4的限制,即 $s_2+x_2-d_2 \leqslant 4$,$x_2 \leqslant 4+d_2-s_2=8-s_2$;还受最大生产能力的限制,即 $x_2 \leqslant 6$.于是,x_2 允许决策集为 $\max\{0,4-s_2\} \leqslant x_2 \leqslant \min\{6,7-s_2,8-s_2\}$.

当 $s_2=0$ 时,$4 \leqslant x_2 \leqslant 6$.因此

$$f_2(s_2)=\min_{4\leqslant x_2\leqslant 6}\{r(s_2,x_2)+f_3(s_2+x_2-d_2)\}=$$

$$\min\begin{Bmatrix}8+8+0+14=30 & 若\ x_2=4\\ 8+10+0+13=31 & 若\ x_2=5\\ 8+12+0+12=32 & 若\ x_2=6\end{Bmatrix}=30,\quad x_2^*(0)=4$$

当 $s_2=1$ 时,有

$$f_2(s_2)=\min_{3\leqslant x_2\leqslant 6}\{r(s_2,x_2)+f_3(s_2+x_2-d_2)\}=$$

$$\min\begin{Bmatrix}8+6+1+14=29 & 若\ x_2=3\\ 8+8+1+13=30 & 若\ x_2=4\\ 8+10+1+12=31 & 若\ x_2=5\\ 8+12+1+3=24 & 若\ x_2=6\end{Bmatrix}=24,\quad x_2^*(1)=6$$

同样的,可以得到当 s_2 分别取$\{2,3,4\}$时对应的最优指标函数值及最优决策,即

$$f_2(2)=23,\quad x_2^*(2)=5$$

$$f_2(3)=22,\quad x_2^*(3)=4$$

$$f_2(4)=21,\quad x_2^*(4)=3$$

在第1阶段,已知初始库存为1,即 $s_1=1$.为满足本月需求,要求 $s_1+x_1 \geqslant d_1$,即 $x_1 \geqslant d_1-s_1=2$.为保证期末库存为零,要求 $s_1+x_1-d_1-d_2-d_3 \leqslant 0$,即 $x_1 \leqslant d_1+d_2+d_3-s_1=9$.另外,$x_1$ 受最大库存量4的限制,即 $s_1+x_1-d_1 \leqslant 4$,$x_1 \leqslant 4+d_1-s_1=6$;还受最大生产能力的限制,即 $x_1 \leqslant 6$.综上,$2 \leqslant x_1 \leqslant 6$.因此

$$f_1(s_1)=\min_{2\leqslant x_1\leqslant 6}\{8+2x_1+s_1+f_2(s_1+x_1-d_1)\}=$$

$$\min_{2\leqslant x_1\leqslant 6}\{43,39,40,41,42\}=39,\quad x_1^*(1)=3$$

最后得到的 $f_1(s_1)$ 为计划期内的最小费用39 000;再按计算过程反推算,可得到最优生产计划 $x_1^*=3,x_2^*=6,x_3^*=0$,即第1阶段生产3件产品,第2阶段生产6件产品,第3阶段不生产.

4.设备更新问题

企业中经常会遇到设备是继续使用还是更新的抉择问题.一般来说,设备在比较新时,生

产能力强，维修费用低；随着使用年限的增加，机器的生产能力降低，维修费用增加. 如果设备进行更新，肯定可以提高其生产能力，但是更新设备需支出一笔数额较大的购买费. 于是，决策者常常面临如下问题：是更新设备以提高生产能力、降低维修成本呢，还是维修并继续使用原设备以减少开支呢？

例 6－7　快乐农场已有一台使用了 1 年的割草机. 已知新割草机带来的年收益为8 000元，随后每年减少 5％；又知新割草机的维修费用为1 200元，以后每年增加 20％；使用1年后割草机价值降为1 800 元，之后每年降低 10％. 另外，现在购买一台新割草机需要4 000 元，以后价格每年上涨 10％. 请为农场制定一个 4 年的割草机更新计划以使得获得的总收益达到最大.

解　根据时间划分阶段，该问题是一个 4 阶段决策过程问题.

s_n 表示第 n 年初割草机已使用的年数，$n=1,2,3,4$，$s_1=1$；

x_n 表示第 n 年初管理者对割草机的更新计划，其中 $x_n=K$ 表示继续使用原有割草机，$x_n=R$ 表示购买新割草机、且以折扣价出售原有割草机；

$\pi(s_n)$，$v(s_n)$ 和 $c(s_n)$ 分别表示当割草机已使用的年数为 s_n 时它的年收益、年维修费用和折旧现值. 故 $\pi(s_n)=8\ 000\times(1-0.05)^{s_n}$，$v(s_n)=1\ 200\times(1+0.2)^{s_n}$，$c(s_n)=1\ 800\times(1-0.1)^{s_n-1}$. 用 I_n 表示购买一台新设备的费用，$I_n=4\ 000\times(1+0.1)^{n-1}$.

用 I_n 表示购买一台新设备的费用，$I_n=4\ 000\times(1+0.1)\,n-1$

当管理者决定继续使用割草机时，下年初割草机已使用过的年数加 1；当管理者决定更新割草机时，下年初割草机已使用过的年数为 1，即状态转移方程为

$$s_{n+1}=\begin{cases}s_n+1 & 若\ x_n=K\\ 1 & 若\ x_n=R\end{cases}$$

设 $r(s_n,x_n)$ 为阶段指标函数，它表示第 n 年初割草机已使用过的年数为 s_n、管理者选择的决策为 x_n 时本阶段所获得的收益，即

$$r(s_n,x_n)=\begin{cases}\pi(s_n)-v(s_n) & 若\ x_n=K\\ \pi(0)-v(0)+c(s_n)-I_n & 若\ x_n=R\end{cases}$$

用 $f_n(s_n)$ 表示最优指标函数，即第 n 年初割草机已使用的年数为 s_n 时到第 4 年末所产生的最大收益. 由此，建立该问题的动态规划基本方程

$$\begin{cases}f_n(s_n)=\max\limits_{x_n\in\{K,R\}}\{r(s_n,x_n)+f_{n+1}(s_{n+1})\}, & n=4,3,2,1\\ f_5(s_5)=c(s_5)\end{cases}$$

采用逆序解法，从最后一个阶段开始由后向前逐步递推. 第 4 阶段初，由题意可知，割草机使用的年数 s_4 可能的取值为 1，2，3，4，5. 当 $s_4=1$ 时，意味着第 4 年初割草机已使用了 1 年，如果采取决策 R，即对割草机进行更新时，本阶段获得的收益为

$$r(s_4,R)=8\ 000-1\ 200+1\ 800-4\ 000\times(1+0.1)^3$$

第 4 年年末时割草机已使用年数为 1；如果采取决策 K，即继续使用割草机时，本阶段获得的收益为

$$r(s_4,K)=8\ 000\times(1-0.05)-1\ 200\times(1+0.2)$$

而第 4 年年末时割草机已使用年数为 2.

由动态规划基本方程有，

$$f_4(1)=\max_{x_4\in\{K,R\}}\{r(1,x_4)+f_5(s_5)\}=\max\begin{Bmatrix}\pi(0)-v(0)+c(1)-I_4+f_5(1) & 若\ x_4=R\\ \pi(1)-v(1)+f_5(2) & 若\ x_4=K\end{Bmatrix}=$$

$$\max\begin{cases}8\,000-1\,200+1\,800-4\,000\times(1+0.1)^{3}+1\,800=5\,076 & 若\ x_4=R\\8\,000\times(1-0.05)-1\,200\times(1+0.2)+1\,800(1-0.1)=7\,780 & 若\ x_4=K\end{cases}=7\,780$$

对应的最优决策 $x_4^*(1)=K$.

类似的,当 $s_4=2,3,4,5$,时,有

$$f_4(2)=\max\begin{cases}8\,000-1\,200+1\,800\times(1-0.1)-4\,000\times(1+0.1)^{3}+1\,800=4\,896 & 若\ x_4=R\\8\,000\times(1-0.05)^{2}-1\,200\times(1+0.2)^{2}+1\,800\,(1-0.1)^{2}=6\,950 & 若\ x_4=K\end{cases}=6\,950$$

$$f_4(3)=\max\begin{cases}8\,000-1\,200+1\,800\times(1-0.1)^{2}-4\,000\times(1+0.1)^{3}+1\,800=4\,734 & 若\ x_4=R\\8\,000\times(1-0.05)^{3}-1\,200\times(1+0.2)^{3}+1\,800\,(1-0.1)^{3}=6\,097.6 & 若\ x_4=K\end{cases}=6\,097.6$$

$$f_4(4)=\max\begin{cases}8\,000-1\,200+1\,800\times(1-0.1)^{3}-4\,000\times(1+0.1)^{3}+1\,800=4\,588.2 & 若\ x_4=R\\8\,000\times(1-0.05)^{4}-1\,200\times(1+0.2)^{4}+1\,800\,(1-0.1)^{4}=5\,208.71 & 若\ x_4=K\end{cases}=5\,208.71$$

$$f_4(5)=\max\begin{cases}8\,000-1\,200+1\,800\times(1-0.1)^{4}-4\,000\times(1+0.1)^{3}+1\,800=4\,456.98 & 若\ x_4=R\\8\,000\times(1-0.05)^{5}-1\,200\times(1+0.2)^{5}+1\,800\,(1-0.1)^{5}=4\,267.15 & 若\ x_4=K\end{cases}=4\,456.98$$

对应的最优决策分别为 $x_4^*(2)=x_4^*(3)=x_4^*(4)=K,x_4^*(5)=R$.

在第 3 阶段初,由题意知,割草机已使用年数 s_3 可能取值为 1,2,3,4. 则有

$$f_3(1)=\max_{x_3\in\{K,R\}}\{r(1,x_3)+f_4(s_4)\}=\max\begin{cases}\pi(0)-v(0)+c(1)-I_3+f_4(1) & 若\ x_3=R\\\pi(1)-v(1)+f_4(2) & 若\ x_3=K\end{cases}=$$

$$\max\begin{cases}8\,000-1\,200+1\,800-4\,000\times(1+0.1)^{2}+7\,780=11\,540 & 若\ x_3=R\\8\,000\times(1-0.05)-1\,200\times(1+0.2)+6\,950=13\,110 & 若\ x_3=K\end{cases}=13\,110$$

$$f_3(2)=\max\begin{cases}8\,000-1\,200+1\,800\times(1-0.1)-4\,000\times(1+0.1)^{2}+7\,780=11\,360 & 若\ x_3=R\\8\,000\times(1-0.05)^{2}-1\,200\times(1+0.2)^{2}+6\,097.6=11\,589.6 & 若\ x_3=K\end{cases}=11\,589.6$$

$$f_3(3)=\max\begin{cases}8\,000-1\,200+1\,800\times(1-0.1)^{2}-4\,000\times(1+0.1)^{2}+7\,780=11\,198 & 若\ x_3=R\\8\,000\times(1-0.05)^{3}-1\,200\times(1+0.2)^{3}+5\,208.71=9\,994.11 & 若\ x_3=K\end{cases}=11\,198$$

$$f_3(4)=\max\begin{cases}8\,000-1\,200+1\,800\times(1-0.1)^{3}-4\,000\times(1+0.1)^{2}+7\,780=11\,052.2 & 若\ x_3=R\\8\,000\times(1-0.05)^{4}-1\,200\times(1+0.2)^{4}+4\,456.98=8\,484.71 & 若\ x_3=K\end{cases}=11\,052.2$$

对应的最优决策分别为 $x_3^*(1)=x_3^*(2)=K,x_3^*(3)=x_4^*(4)=R$.

第 2 阶段初割草机已使用年数 s_2 的可能取值为 1,2,3,则有

$$f_2(1)=\max_{x_2\in\{K,R\}}\{r(1,x_2)+f_3(s_3)\}=$$

$$\max\begin{cases}\pi(0)-v(0)+c(1)-I_2+f_3(1) & 若\ x_2=R\\\pi(1)-v(1)+f_3(2) & 若\ x_2=K\end{cases}=$$

$$\max\begin{cases}8\,000-1\,200+1\,800-4\,000\times(1+0.1)+13\,110=17\,310 & 若\ x_2=R\\8\,000\times(1-0.05)-1\,200\times(1+0.2)+11\,589.6=17\,749.6 & 若\ x_2=K\end{cases}=17\,749.6$$

$$f_2(2)=\max\begin{cases}8\,000-1\,200+1\,800\times(1+0.1)-4\,000\times(1+0.1)+13\,110=17\,130 & 若\ x_2=R\\8\,000\times(1-0.05)^{2}-1\,200\times(1+0.2)^{2}+11\,198=16\,690 & 若\ x_2=K\end{cases}=17\,130$$

$$f_2(3)=\max\begin{cases}8\,000-1\,200+1\,800\times(1+0.1)^{2}-4\,000\times(1+0.1)+13\,110=16\,968 & 若\ x_2=R\\8\,000\times(1-0.05)^{3}-1\,200\times(1+0.2)^{3}+11\,052.2=15\,837.6 & 若\ x_2=K\end{cases}=16\,968$$

对应的最优决策分别为 $x_2^*(1)=K,x_2^*(2)=x_2^*(3)=R$.

在第 1 阶段,已知农场已有一台使用年数为 1 年的割草机,$s_1=1$. 由动态规划基本方程有

$$f_1(1)=\max_{x_1\in\{K,R\}}\{r(1,x_1)+f_2(s_2)\}=$$

$$\max\begin{cases}\pi(0)-v(0)+c(1)-I_2+f_2(1)\text{ ，若 } x_1=R\\ \pi(1)-v(1)+f_2(2), \quad\quad\quad\text{若 } x_1=K\end{cases}=$$

$$\max\begin{Bmatrix}8\ 000-1\ 200+1\ 800-4\ 000+17\ 749.6=22\ 349.6, & \text{若 } x_1=R\\ 8\ 000\times(1-0.05)-1\ 200\times(1+0.2)+17\ 130=23\ 290, & \text{若 } x_1=K\end{Bmatrix}=$$

23 290

由此可知，当 $x_1^*(1)=K$ 时可获得最大收益，$f_1(1)=23\ 290$；再按计算过程反推之，可以得到最优更新策略，$x_1^*(1)=K$，$x_2^*(2)=R$，$x_3^*(1)=K$，$x_4^*(2)=K$，即第 1 年不购买新的割草机，第 2 年购买新的割草机，第 3 年与第 4 年均不购买新割草机.

6.4　WinQSB 软件应用

动态规划是运筹学的一个分支，它是解决多阶段决策过程最优化的一种数学方法. 动态规划的方法，在工程技术、企业管理、工农业生产及军事等部门中都有广泛的应用，并且获得了显著的效果. 在企业管理方面，动态规划可以用来解决最优路径问题、资源分配问题、生产调度问题、库存问题、装载问题、排序问题、设备更新问题和生产过程最优控制问题等等，所以它是现代企业管理中的一种重要的决策方法.

动态规划模型的分类，根据多阶段决策过程的时间参量是离散的还是连续的变量，过程分为离散决策过程和连续决策过程. 根据决策过程的演变是确定性的还是随机性的，过程又可分为确定性决策过程和随机性决策过程. 组合起来就有离散确定性、离散随机性、连续确定性、连续随机性 4 种决策过程.

用 WinQSB 软件求解动态规划问题时，调用子程序 Dynamic Programming(DP). 该程序有 3 个子块，最短路问题(Stagecoach Probem)、背包问题(Knapsack Problem)和生产与存储问题(Production and Inventory Scheduling).

例 6-8　背包问题　用 WinQSB 软件求解下列背包问题. 已知 1 吨集装箱最大载重量为 900kg，有 5 种物品各 8 件，单位物品的质量和价值见表 6-2，求价值最大的装载方案.

解　调用子程序 Dynamic Programming，选择第 2 项背包问题(Knapsack Problem)，输入标题和物品的品种数 5. 按表 6-3 的形式输入数据. 第一列为物品名称，第二列为物品限量和集装箱载重量限制，第三列为单位物品的质量. 最后一列是物品价值函数，如果输入 45，20 等数据，系统将看作是数量无关的固定价值.

表　6-2

物　品	1	2	3	4	5
物品限量/件	8	8	8	8	8
单位物品的质量/kg	25	10	30	50	40
单位物品的价值/元	45	20	55	70	60

表　6-3

Item (Stage)	Item Identification	Units Available	Unit Capacity Required	Return Function (X: Item ID) (e.g., 50X, 3X+100, 2.15X^2+5)
1	a	8	25	45a
2	b	8	10	20b
3	c	8	30	55c
4	d	8	50	70d
5	e	8	40	60e
Knapsack	Capacity =	900		

求解结果见表 6-4. 表 6-4 表示 5 种物品分别装 8,8,8,2 及 7 件,总价值为 1 520(元),集装箱恰好装满.

表　6-4

08-24-2014 Stage	Item Name	Decision Quantity (X)	Return Function	Total Item Return Value	Capacity Left
1	a	8	45a	360	700
2	b	8	20b	160	620
3	c	8	55c	440	380
4	d	2	70d	140	280
5	e	7	60e	420	0
	Total	Return	Value =	1520	CPU = 0.20

例 6-9　生产与存储问题　某工厂生产某种产品,1～6 月份生产成本和需求量的变化情况见表 6-5.

表　6-5

月份(k)	1	2	3	4	5	6
需求量/件	15	20	35	30	30	45
生产能力/件	40	40	50	40	40	60
单位产品成本/(元/件)	10	15	18	15	18	15
单位产品存储成本/(元/件×月)	1	1.2	1.5	1.2	1.6	1.9

每批生产准备成本为 $C=2\ 000$ 元,月底交货. 分别求下列两种情形 6 个月总成本最小的生产方案.

(1) 1 月初与 6 月底存储量为零,仓库容量为 $S=55$ 件,不允许缺货及生产能力无限制.

(2) 1 月初存储量有 30 件产品,仓库容量为 $S=45$ 件. 不允许缺货,生产能力见表 6-5.

解　调用子程序 Dynamic Programming(DP,选择第 3 项生产与存储问题(Production and Inventory Scheduling),输入标题和生产时期数.

(1) 输入数据. 依照表 6-5 将数据输入到表 6-6 中. 表 6-6 的第二列为各期的需求量,第三列为各期的生产能力,能力无限制输入 M,第四列为存储容量限制,第五列为生产时的固定成本,第六列为变动成本函数,P 是产量、H 是存量、B 是缺货量. 求解得到表 6-7.

最优生产策略是第 1,4,5 月分别生产 70 件、60 件、45 件,总成本为 8 408 元.

表　6-6

Period (Stage)	Period Identification	Demand	Production Capacity	Storage Capacity	Production Setup Cost	Variable Cost Function (P,H,B: Variables) (e.g., 5P+2H+10B, 3(P-5)^2+100H)
1	1	15	M	55	2000	10P+H
2	2	20	M	55	2000	15P+1.2H
3	3	35	M	55	2000	18P+1.5H
4	4	30	M	55	2000	15P+1.2H
5	5	30	M	55	2000	18P+1.6H
6	6	45	M	55	2000	15P+1.9H
Initial	Inventory =	0				

表　6-7

08-24-2014 Stage	Period Description	Net Demand	Starting Inventory	Production Quantity	Ending Inventory	Setup Cost	Variable Cost Function (P,H,B)	Variable Cost	Total Cost
1	1	15	0	70	55	¥2,000	10P+1.0H	¥755	¥2,755
2	2	20	55	0	35	0	15P+1.2H	¥42	¥42
3	3	35	35	0	0	0	18P+1.5H	0	0
4	4	30	0	60	30	¥2,000	15P+1.2H	¥936	¥2,936
5	5	30	30	0	0	0	18P+1.6H	0	0
6	6	45	0	45	0	¥2,000	15P+1.9H	¥675	¥2,675
Total		175	120	175	120	¥6,000		¥2,408	¥8,408

(2) 在表6-6中，最后一行初始存储量(Initial Inventory)改为"30"，修改生产能力和存储容量.计算结果见表6-8.

表　6-8

08-24-2014 Stage	Period Description	Net Demand	Starting Inventory	Production Quantity	Ending Inventory	Setup Cost	Variable Cost Function (P,H,B)	Variable Cost	Total Cost
1	1	0	0	40	40	¥2,000	10P+1.0H	¥440	¥2,440
2	2	5	40	0	35	0	15P+1.2H	¥42	¥42
3	3	35	35	0	0	0	18P+1.5H	0	0
4	4	30	0	40	10	¥2,000	15P+1.2H	¥612	¥2,612
5	5	30	10	20	0	¥2,000	18P+1.6H	¥360	¥2,360
6	6	45	0	45	0	¥2,000	15P+1.9H	¥675	¥2,675
Total		145	85	145	85	¥8,000		¥2,129	¥10,129

如果要求第6个月末存储量为20，则将第6个月的需求量加20即可.

习　题　6

6-1　用动态规划求解下列各题.

(1) $\max z = 4x_1 + 9x_2 + 2x_3^2$

$$\text{s.t.}\begin{cases} x_1 + x_2 + x_3 = 10 \\ x_1, x_2, x_3 \geqslant 0 \end{cases}$$

(2) $\max z = 6x_1 + 4x_2$

$$\text{s.t.}\begin{cases} 2x_1 + x_2 \leqslant 10 \\ x_1, x_2 \geqslant 0 \end{cases}$$

6-2　一艘货轮在A港装货后驶往E港，中途需要靠港加油3次，从A港至E港所有可能的航运路线及两港之间的距离见图T6-1.已知E港有3个码头，允许在任意一个码头停靠.请设计一个合理的航线及停靠码头使总距离最短.

6-3　某工厂的100台设备，拟分为4个周期使用，在每个周期有两种不同的生产任务.根据以往的经验，把x_1台设备投入到第1种生产任务，则在一个生产周期中将有1/3的设备被淘汰；余下的设备全部投入到第2种生产任务，则有1/10的设备被淘汰.如果生产第1种生产任务的每台设备的收益为 10,第 2 种生产任务的每台设备的收益为 7,则如何分配这些设备使总的受益最大?

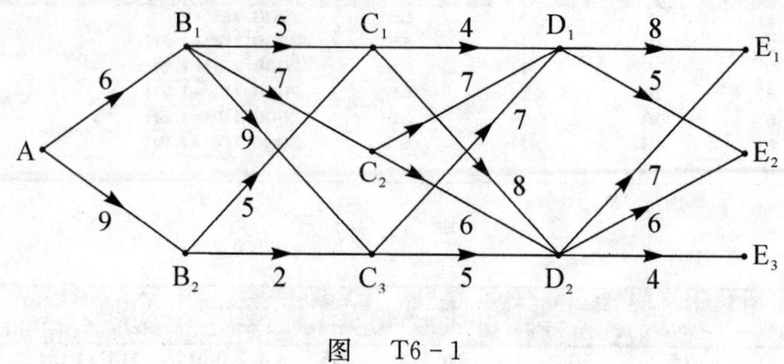

图 T6-1

6-4 某汽车厂为汽车生产喇叭,生产以万只为单位,据以往经验,一年的四季中需要喇叭的数量分别为30 000 只、20 000 只、30 000 只、20 000 只.设每万只存放仓库一个季度的费用为2 000 元,每生产一批的装配费为20 000 元,每万只的生产成本为10 000 元,请安排一个四季的生产计划使总的费用最小?

6-5 为了完成合同,某公司预计未来 4 个月每月底至少提供的机器数量分别为 10 台、15 台、25 台和 20 台.由于原材料、设备维修等原因,公司每月能生产的最大台数以及生产单位产品的成本是变化的,见表 T6-1.已知单位产品每月存储费用为1 500 元.假设在同月份生产并安装的机器不产生库存成本.请帮助经理制定一个生产计划使得生产和存储成本最小.

表 T6-1

月 份	需求量/台	最大生产能力/台	单位产品生产成本/元	单位产品月存储成本/元
1	10	25	12 000	
2	15	35	14 000	1 500
3	25	30	13 000	1 500
4	20	10	15 000	1 500

6-6 某农业企业已有一台使用了 1 年的收割机.已知新收割机带来的年收益为80 000 元,随后每年减少 5%;又知新收割机的维修费用为12 000 元,以后每年增加 20%;使用 1 年后新收割机价值降为18 000 元,之后每年降低 10%.另外,现在购买一台新收割机需要40 000 元,以后价格每年上涨10%.请为该农业企业制定一个 4 年的收割机更新计划以使得获得的总收益达到最大.

第4篇　图与网络分析

第7章　图与网络优化

图论(Graph Theory，GT)的创始人是瑞士数学家欧拉(E. Euler)，他在1736年发表了图论方面的第一篇论文，解决了著名的哥尼斯堡七桥问题. 之后，许多学者对汉密尔顿回路、迷宫问题和中国邮路问题等难题展开研究，并引出了许多有实用意义的新问题. 目前，图论已成为运筹学中十分活跃的重要分支，它已广泛地应用在管理科学、计算机科学、控制论、电信、建筑和交通等各个领域.

图是网络分析的基础，网络是附加数量信息的图. 生产生活中的许多问题都可以用一个网络来描述，例如，交通网、电力网、通信网、计算机网络和生物信息网等，图论方法可用来解决网络优化中的问题. 本章主要介绍图与网络的基本知识、最小树问题、最短路问题、最大流问题、最小费用最大流问题及中国邮递员问题等.

7.1　图与网络的基本知识

7.1.1　图与网络的基本概念

1. 图与网络

图论中的**图**是由**点**和**边**构成，可以描述一些事物之间的**关系**. 现实生活中，许多事物及其之间的关系都可以抽象成点和点之间的**连线**.

例 7-1 城市之间的公路交通图，反映了这12座城市间的公路分布情况，其中点代表城市，用点与点之间的连线代表城市间有公路连接，见图7-1.

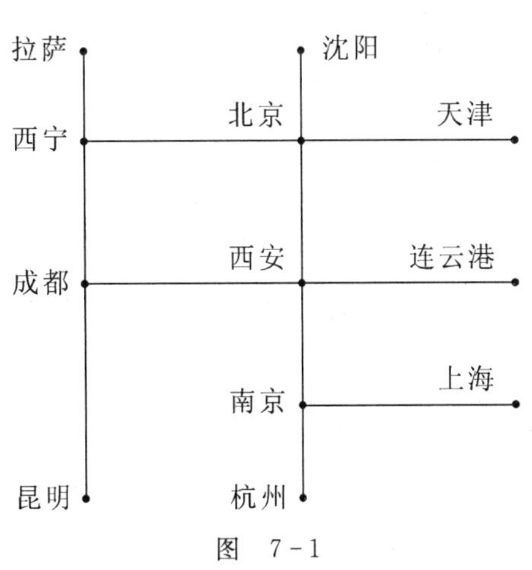

图　7-1

类似的还有铁路交通图、航线图、电话线路分布图、天然气管道分布图和电路图等等.

例 7-2　有甲、乙、丙、丁、戊5支球队，它们之间比赛的情况，也可以用图表示出来. 已知甲队和其他各队都比赛过一次，乙队和甲、丙队比赛过，丙队和甲、乙、丁队比赛过，丁队与甲、丙、戊队比赛过. 为了反映比赛情况，可以用点 v_1,v_2,v_3,v_4,v_5 分别代表这 5 支球队，某两个队之间比赛过，就在这两个队相应的点之间连一条线，这条线不过其他的点，见图 7－2.

由上例可见，可用点及点的连线所构成的图，去反映实际生活中某些对象之间的某种特定的关系．通常用点代表研究的对象（如城市、球队等），用点与点的连线表示这两个对象之间特定的关系（如两个城市间有铁路线、两个球队比赛过等）.

因此，图是反映对象之间关系的一种工具．在一般情况下，图中点的相对位置如何，点与点之间连线的长短曲直，对于反映对象之间的关系，并不重要．如例 7－2 也可以用图 7－3 反映五支球队的比赛情况，这与图 7－2 没有本质的区别．所以，图论中的图与几何图、工程图是不同的.

上述例子中涉及的对象之间的“关系”具有“对称性”，即如果甲与乙有关系，那么同时乙与甲也有这种关系.

在实际生活中，有许多关系不具备这种对称性．比如人们之间的认识关系，甲认识乙并不意味着乙也认识甲；比赛中的胜负关系也是这样，甲胜乙和乙胜甲是不同的．反映这种非对称的关系，只用一条连线就不行了．如例 7－2，如果人们关心的是 5 支球队比赛的胜负情况，那么图 7－2 和图 7－3 就看不出来了．为了反映此类关系，可用一条带箭头的连线表示．例如球队甲 v_1 胜了乙 v_2，可以从 v_1 引一条带箭头的连线到 v_2．图 7－4 反映了 5 支球队比赛的胜负情况，可见甲队 v_1 三胜一负，乙队 v_2 及戊队 v_5 均一胜一负，丙队 v_3 二胜一负，丁队 v_4 三局全负.

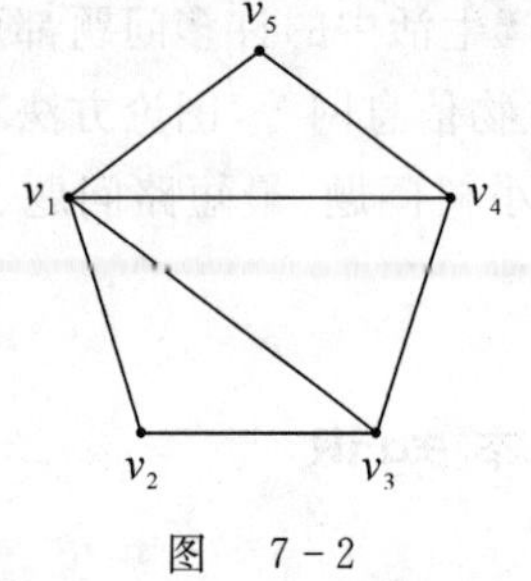

图　7－2

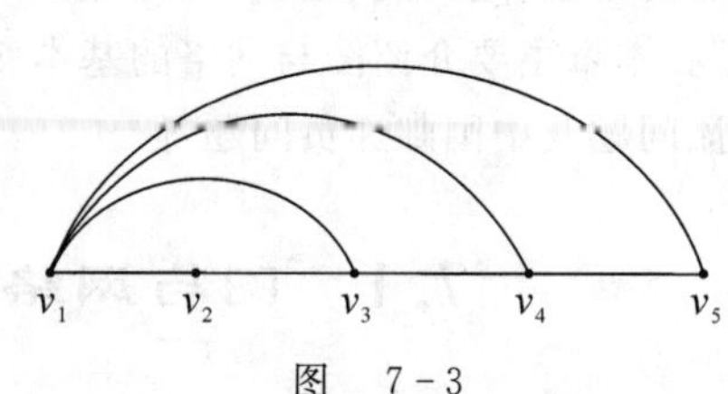

图　7－3

类似的非对称的关系，在生产和生活中是常见的，如交通运输中的“单行线”，家庭成员间的长幼关系，部门之间的领导与被领导关系，一项工程中各工序之间的先后关系等.

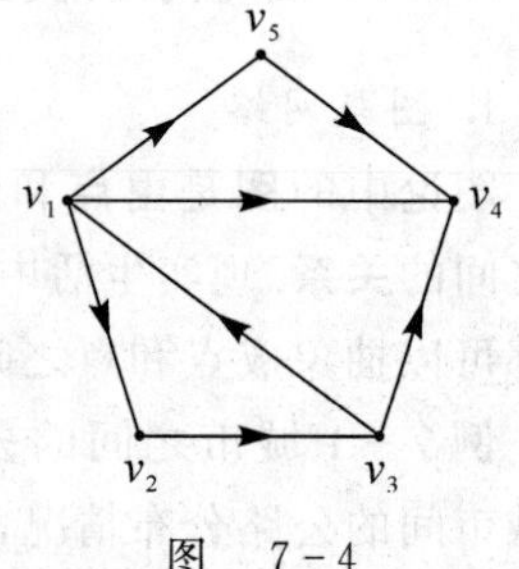

图　7－4

综上所述，一个图是由一些点及点之间的连线（不带箭头或带箭头）所组成的．为区别起见，把两点间不带箭头的连线称为**边**，带箭头的连线称为**弧**.

如果一个图 G 是由点和边所构成的，则称之为**无向图**（简称为**图**），记为 $G=(\boldsymbol{V},\boldsymbol{E})$，式中 $\boldsymbol{V},\boldsymbol{E}$ 分别表示是 G 的**点集合**和**边集合**，一条连结点 $v_i,v_j\in\boldsymbol{V}$ 的边记为 $[v_i,v_j]$（或 $[v_j,v_i]$）.

如果一个图 D 是由点和弧所构成的，则称之为**有向图**，记为 $D=(\boldsymbol{V},\boldsymbol{A})$，式中 $\boldsymbol{V},\boldsymbol{A}$ 分别表示是 D 的**点集合**和**弧集合**，一条方向是从 v_i 指向 v_j 的弧记为 (v_i,v_j).

图 G 或 D 中的**点数**记为 $p(G)$ 或 $p(D)$，**边数**或**弧数**记为 $q(G)$ 或 $q(D)$．在不会引起混淆的情况下，也分别简记为 p,q.

若边 $e=[u,v]\in\boldsymbol{E}$，则称 u,v 是边 e 的**端点**，也称点 u,v 是**相邻的**，称边 e 是点 u（或点 v）

的**关连边**. 若图 G 中,某个边 e 的两个端点相同,则称 e 是**环**(如图 7－5 中的 e_7);若两个点之间有多于一条的边,称这些边为**多重边**. 需要指出的是,有向图中的多重边是指两个端点之间有多于一条的**同向弧**,图 7－6 中,a_6,a_7 是多重边,a_4,a_8 就不是多重边.

一个无环、无多重边的图称为**简单图**,一个无环,但允许有多重边的图称为**多重图**.

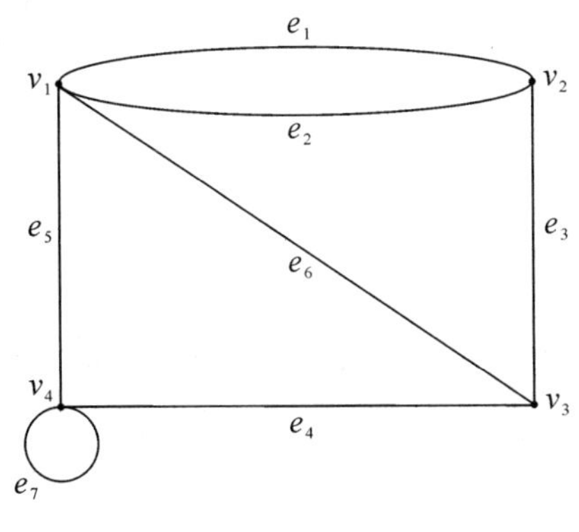

图　7－5

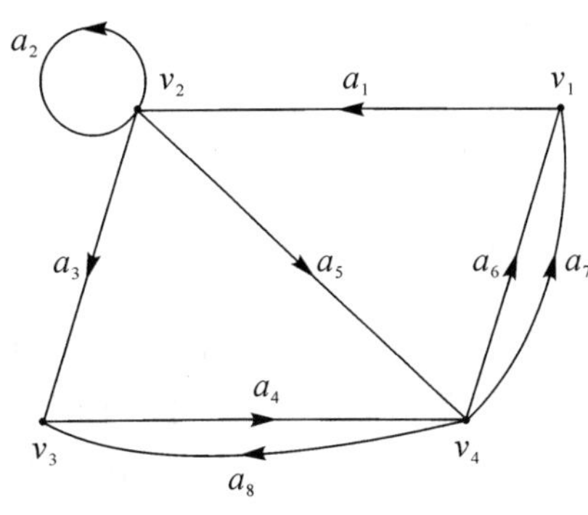

图　7－6

以点 v 为端点的边的个数称为 v 的**次**,记为 $d_G(v)$ 或 $d(v)$. 如图 7－5 中的 $d(v_1)=4$, $d(v_2)=3$,$d(v_3)=3$,$d(v_4)=4$(环 e_7 在计算 $d(v_4)$ 时算作两次). 次为奇数的点称为**奇点**,次为偶数的点称为**偶点**,即 v_2,v_3 为奇点,v_1,v_4 为偶点.

称次为 1 的点为**悬挂点**,悬挂点的关连边称为**悬挂边**,次为零的点称为**孤立点**.

定理 7－1　图 $G=(\boldsymbol{V},\boldsymbol{E})$ 中,所有点的次之和是边数的两倍,即 $\sum\limits_{v\in V}d(v)=2q$.

这是显然的,因为在计算各点的次时,每条边被它的端点各用了一次.

定理 7－2　任何一个图中,奇点的个数是偶数.

证明　设 V_1 和 V_2 分别是 G 中奇点和偶点的集合,由定理 7－1,有

$$\sum_{v\in V_1}d(v)+\sum_{v\in V_2}d(v)=\sum_{v\in V}d(v)=2q$$

因 $\sum\limits_{v\in V}d(v)$ 是偶数,$\sum\limits_{v\in V_2}d(v)$ 也是偶数,故 $\sum\limits_{v\in V_1}d(v)$ 也必定是偶数,从而 V_1 的点数是偶数.

给定一个图 $G=(\boldsymbol{V},\boldsymbol{E})$,一个点、边的交错序列($v_{i_1}$,$e_{i_1}$,$v_{i_2}$,$e_{i_2}$,$\cdots$,$v_{i_{k-1}}$,$e_{i_{k-1}}$,$v_{i_k}$),如果满足 $e_{i_t}=[v_{i_t},v_{i_{t+1}}](t=1,2,\cdots,k-1)$,则称其为一条连结 v_{i_1} 和 v_{i_k} 的**链**,记为(v_{i_1},v_{i_2},$\cdots$,v_{i_k}),有时称点 v_{i_2},v_{i_3} $\cdots$,$v_{i_{k-1}}$ 为**链的中间点**.

设(v_{i_1},v_{i_2},$\cdots$,v_{i_k} 是一条链,有以下几种情形.

(1) 若链的起点与终点重合,即 $v_{i_1}=v_{i_k}$,则称之为**圈**,记为(v_{i_1},v_{i_2},$\cdots$,$v_{i_{k-1}}$,v_{i_1});

(2) 若链(圈)中所含的边都互不相同,则称之为**简单链(圈)**;

(3) 若链(圈)中所含的点都互不相同,则称之为**初等链(圈)**.

2. 子图与支撑子图

定义 7－1　给定两个图 $G_1=(\boldsymbol{V}_1,\boldsymbol{E}_1)$,$G_2=(\boldsymbol{V}_2,\boldsymbol{E}_2)$,如果 $\boldsymbol{V}_1\subseteq\boldsymbol{V}_2$ 且 $\boldsymbol{E}_1\subseteq\boldsymbol{E}_2$,则称 G_1 是 G_2 的**子图**.

例如图 7－7 中,图(b)、图(c) 都是图(a) 的子图.

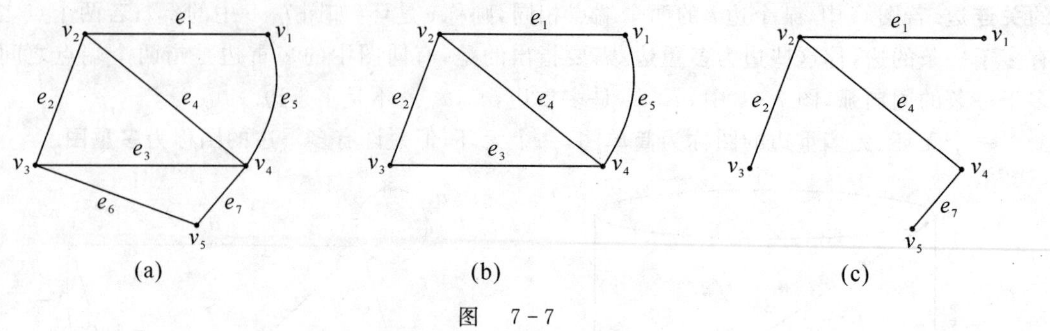

图 7-7

设 G_1 是 G_2 的子图，通常有以下几种情形：

(1) 若 $V_1 \subset V_2$ 且 $E_1 \subset E_2$，即 G_1 中不包含 G_2 中全部的端点和边，则称 G_1 是 G_2 的**真子图**. 图 7-7 中，图(b) 是图(a) 的真子图；

(2) 若 $V_1 = V_2$ 且 $E_1 \subset E_2$，则称 G_1 是 G_2 的一个**支撑子图**. 图 7-7 中，图(c) 是图(a) 的支撑子图；

(3) 若$V_1 \subseteq V_2$，$E_1 = \{[u_i, v_j] \in E_2 \mid u_i \in V_1, v_j \in V_1\}$，即 E_1 是 E_2 中所有端点属于 V_1 的边组成的集合，则称 G_1 是 G_2 的**导出子图**. 图 7-7 中，图(b) 是图(a) 的导出子图，图(b) 也可以看成是从图(a) 中去掉端点 v_5 及 v_5 的全部关联边后得到的一个图.

设有向图 $D = (\mathbf{V}, \mathbf{A})$，从 D 中去掉所有弧上的箭头得到一个无向图，称之为 D 的**基础图**，记为$G(D)$. 设$(v_{i_1}, a_{i_1}, v_{i_2}, a_{i_2}, \cdots, v_{i_{k-1}}, a_{i_{k-1}}, v_{i_k})$是$D$中的点、弧交错序列，如果此序列的基础图中所有对应的点、边序列是一条链，则称这个点、弧交错序列是 D 的一条**链**. 类似可定义**圈**和**初等链(圈)**.

定义 7-2　若$(v_{i_1}, a_{i_1}, v_{i_2}, a_{i_2}, \cdots, v_{i_{k-1}}, a_{i_{k-1}}, v_{i_k})$ 是 D 中的一条链，且对 $t = 1, 2, \cdots, k-1$，均有 $a_{i_t} = (v_{i_t}, v_{i_{t+1}})$，则称其为从 v_{i_1} 到 v_{i_k} 的一条路.

图7-6 中，$(v_1, a_1, v_2, a_5, v_4, a_8, v_3, a_4, v_4)$ 就是一条连接 v_1 与 v_4 的路. 其中 v_1 称为路的**起点**，v_4 称为路的**终点**，记为 $P_{1,4} = (v_1, a_1, v_2, a_5, v_4, a_8, v_3, a_4, v_4)$，任意一条路实际上由点及其关联边依次排列所确定的，因此，为表示一条路，可以只依次地写出路中的各弧或各点，路 $P_{1,4}$ 也可以简写成 $P_{1,4} = (v_1, v_2, v_4, v_3, v_4)$，$P_{1,4} = (a_1, a_5, a_8, a_4)$ 或 $v_1 \to v_2 \to v_4 \to v_3 \to v_4$.

设 P 是一条路，有以下几种情形：

(1) 若路的起点与终点重合，即 $v_{i_1} = v_{i_k}$，则称之为**回路**；

(2) 若路(回路) 中所含的弧都互不相同，则称之为**简单路(回路)**；

(3) 若路(回路) 中所含的点都互不相同，则称之为**初等路(回路)**.

在图 7-6 中，$(v_1, a_1, v_2, a_3, v_3, a_4, v_4, a_6, v_1)$ 是一条回路. 在该回路中，各弧均不相同，所以它是一条简单回路；在该回路中，各点也各不相同，所以它也是一条初等回路.

对无向图，链与路(圈与回路) 这两个概念是一致的.

类似于无向图，可定义简单有向图、多重有向图. 以后除特别交代外，说到有向图均指简单有向图.

在实际应用中，往往需要对图的每条边(或弧) 标上一个数量指标，具体表示这条边的长度、运输单价和容量等等. 这种带有数量指标的图叫作**赋权图**，也就是网络分析中所称的**网络**，如果网络中的边都是无向边，则该网络称作**无向网络**，若网络中的边都是有向边即弧，则该网络称作**有向网络**.

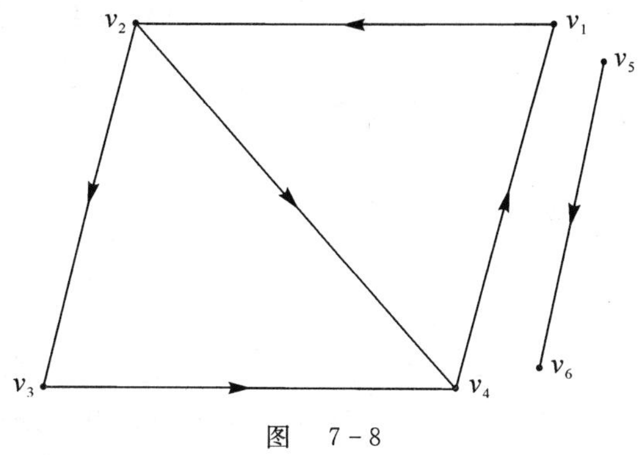

图　7-8

7.1.2　连通图

定义 7-3　图 $G=(\boldsymbol{V},\boldsymbol{E})$ 中,对任意两点 $u,v\in\boldsymbol{V}$,如果从 u 到 v 之间至少有一条链连接,则称 G 是**连通图**;否则称为**不连通图**.

图 7-5、图 7-6 是一个连通图,而图 7—8 中,点 v_1, v_2, v_3, v_4 与点 v_5, v_6 之间没有链连接,因此,图 7-8 是不连通图.

如果一个图是一个不连通图,则该问题可以分解成若干子问题进行研究,即可以把不连通的图分解成连通的子图来研究.

7.2　树

7.2.1　树的概念及性质

树是图论中结构最简单但又十分重要的图,在自然科学和社会科学的许多领域都有广泛的应用.

定义 7-4　若图 $G=(\boldsymbol{V},\boldsymbol{E})$ 是无圈的连通图,则称图 G 为**树**.

图 7-7(c) 是一个无圈的连通图,因此,图 7-7(c) 是一个树.

例 7-3　乒乓球单打比赛抽签后,可用图来表示运动员相遇情况,见图 7-9.

该乒乓球单打比赛抽签结果图 7-9 就是一个树.

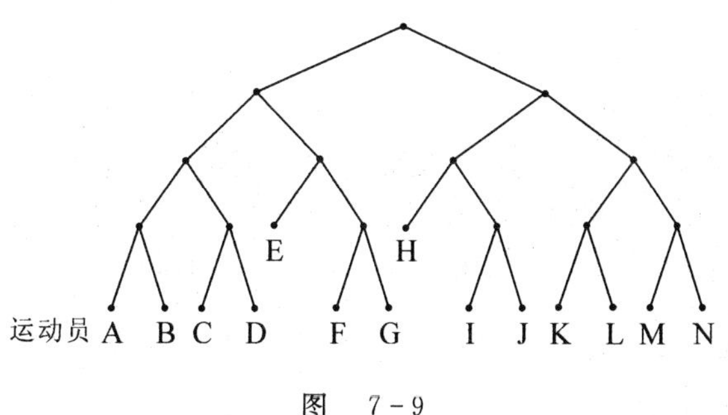

图　7-9

定理 7-3 设图 $G=(\boldsymbol{V},\boldsymbol{E})$ 是一个树，$p(G)\geqslant 2$，则 G 中至少有两个悬挂点.

定理 7-4 图 $G=(\boldsymbol{V},\boldsymbol{E})$，$p(G)=n$，$q(G)=m$，则下列关于树的说法是等价的.

(1) G 是一个树.

(2) G 无圈，且 $m=n-1$.

(3) G 连通，且 $m=n-1$.

(4) G 无圈，但每增加一条新边即得唯一的一个圈.

(5) G 连通，但任意舍去一边就不连通.

(6) G 中任意两点，有唯一的链相连.

证明 (1) → (2) 因为 G 是树. 由定义 7-4 知 G 连通且无圈. 只需证明 $m=n-1$.

用归纳法. 当 $n=2$ 时，因为 G 是树，所以两点之间有且仅有一条边，满足 $m=n-1$.

归纳假设 $n=k-1$ 时命题成立，即有 $k-1$ 点时 G 有 $k-2$ 条边.

当 $n=k$ 时，因为 G 连通且无圈，k 个点中至少有一个点的次为 1. 设此点为 u，即 u 是悬挂点，设连接 u 点的悬挂边为 $[v,u]$. 从 G 中去掉边 $[v,u]$ 及点 u 不会影响 G 的连通性，得图 G_1，G_1 为树只有 $k-1$ 个点，所以有 $k-2$ 条边，再把 $[v,u]$ 及 u 加上去，可知当 G 有 k 个点时有 $k-1$ 条边.

(2) → (3) 只需证明 G 是连通图.

反证法. 设 G 不连通，可以分为 $l(l\geqslant 2)$ 个连通分图，设第 i 个分图有 n_i 个点，其和为 n. 因为第 i 个分图是树，所以有 n_i-1 条边，l 个分图共有边数为

$$\sum_{i=1}^{l}(n_i-1)=n-l<n-1$$

与已知 $m=n-1$ 矛盾，所以 G 为连通图.

(3) → (4) 反证法. 设 G 中有圈，记为 C. 可以去掉 C 中的一条边，并不影响 G 的连通性. 如果剩余图中仍有圈，可如前那样继续拿去一条边，……，像这样去掉 $p(p\geqslant 1)$ 条边后得到一个没有圈的连通图 G_2，G_2 显然有 $n-1-p$ 条边. 但 G_2 既然是树，点数又与 G 相同为 n 个，所以 G_2 中应有 $n-1$ 条边，与假设矛盾，即 G 中无圈.

设 G 中 u，v 两点间无边直接相连，因为 G 是连通图，所以经由其他点必有一条链连接 u，v，且此链是连接这两点的唯一链（否则 G 中出现圈），则 $G+[u,v]$ 后，出现唯一的一个圈.

(4) → (5) 先证 G 连通.

反证法. 若 G 不是连通图，由定义至少存在 u，v 两点之间无路可通. 那么加上一边 $[u,v]$ 也不会形成圈，与已知(4) 矛盾.

再证每舍去一边便不连通.

反证法. 若 G 中有一边，舍去 $[u,v]$ 后 $G-[u,v]$ 仍然连通，那么 $G_3=G-[u,v]$ 因无圈是树，但 G_3 加一边 $[u,v]$ 后是 G 仍无圈，与(4) 中树每增加一条新边必出现唯一的圈相矛盾.

(5) → (6)，(6) → (1) 均显然，故定理证毕.

定理 7-4 中每一个命题均可作为树的定义，它们对判断和构造树将极为方便.

7.2.2 图的支撑树

若图 G_1 是图 $G=(\boldsymbol{V},\boldsymbol{E})$ 的支撑子图且 G_1 是树，则称 G_1 是 G 的**支撑树**. 如图 7-7(c) 是图 7-7(a) 的支撑树.

子图与支撑树的区别是子图与原图相比少点又少边，支撑树与原图相比少边但不少点. 据此，若图 G 有支撑树，则 G 必为连通图，反之结论也成立. 显然，有如下结论.

定理 7-5　图 G 有支撑树的充要条件为图 G 是连通图.

证明　**必要性**　因为图 G 有支撑树，而树是连通的，所以图 G 必连通.

充分性　因为图 G 连通，则将 G 中某些边去掉，并使剩下的图始终保持连通，当不再有这样的边可去时，剩下的图中必不含圈，故是图 G 的一个支撑树.

7.2.3　最小树问题

定义 7-5　给定图 $G=(\boldsymbol{V},\boldsymbol{E})$，对 G 中的每一条边 $[v_i,v_j]$ 相应地有一个数 ω_{ij}，则称这样的图 G 为**赋权图**，ω_{ij} 称为**边** $[v_i,v_j]$ **上的权**.

权是指与边有关的数量指标. 根据实际问题的需要，可赋予不同含义，如表示距离、时间、费用等.

最小树问题是指在一个赋权的无向网络 G 上，求出一个总权值最小的支撑树. 总权值最小的支撑树称为**最小树**.

依据定理 7-4 及总权值最小的特点，求最小树的方法主要有两种，即避圈法和破圈法.

1. 避圈法

避圈法的基本思路是在原图的边数为 0 的支撑图上依次添入权值最小的边，直到长成一个支撑树. 具体步骤如下：

(1) 去掉 G 中所有边，得到 n 个孤立点；

(2) 依次选取权值最小的边添入图中，添边的过程中不能形成圈，直到连通 n 点有 $n-1$ 条边.

例 7-4　某工厂内连接 6 个车间（记 $v_i, i=1,2,\cdots,6$）的道路网络，见图 7-10(a). 已知每条道路的长，要求沿道路架设连接 6 个车间的电话线网，使电话线的总长最短.

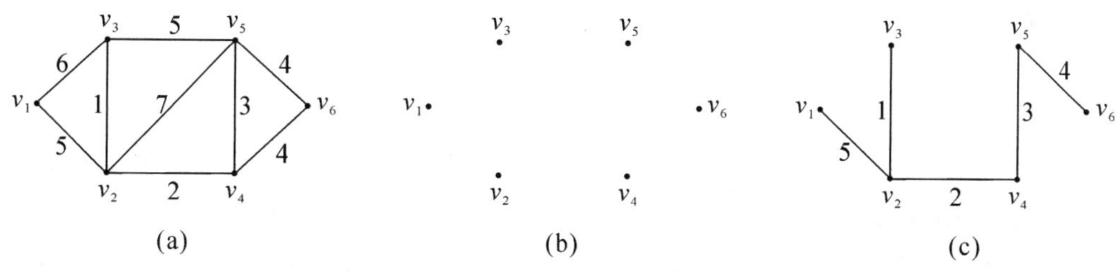

图　7-10

解　(1) 去掉图 7-10(a) 中所有边，得到 6 个孤立点，见图 7-10(b).

(2) 依次选取权值最小的边添入图 7-10(b) 中，直到长成一个支撑树.

1) 在图 7-10(a) 中，$\min\{\omega_{12},\omega_{13},\omega_{23},\omega_{24},\omega_{25},\omega_{35},\omega_{45},\omega_{46},\omega_{56}\}=\omega_{23}=1$，且当边 $[v_2,v_3]$ 添入图 7-10(b) 中时，图中不会产生圈，故将边 $[v_2,v_3]$ 添入图 7-10(b) 中；

2) 在图 7-10(a) 剩下的边中，$\min\{\omega_{12},\omega_{13},\omega_{24},\omega_{25},\omega_{35},\omega_{45},\omega_{46},\omega_{56}\}=\omega_{24}=2$，当边 $[v_2,v_4]$ 添入图 7-10(b) 中时，图中 $[v_2,v_3]$ 与 $[v_2,v_4]$ 不产生圈，故将边 $[v_2,v_4]$ 添入图 7-10(b) 中；

3) 在图 7-10(a) 剩下的边中，$\min\{\omega_{12},\omega_{13},\omega_{25},\omega_{35},\omega_{45},\omega_{46},\omega_{56}\}=\omega_{45}=3$，当边 $[v_4,v_5]$ 添入图 7-10(b) 中时，图中 $[v_2,v_3]$，$[v_2,v_4]$ 与 $[v_4,v_5]$ 不产生圈，故将边 $[v_4,v_5]$ 添入图 7-10(b) 中；

4) 在图 7-10(a) 剩下的边中，$\min\{\omega_{12},\omega_{13},\omega_{25},\omega_{35},\omega_{46},\omega_{56}\}=\omega_{46}=\omega_{56}=4$，当边 $[v_5,v_6]$(或$[v_4,v_6]$) 添入图 7-10(b) 中时，图中$[v_2,v_3]$，$[v_2,v_4]$，$[v_4,v_5]$ 与$[v_5,v_6]$(或$[v_4,v_6]$) 不产生圈，故将边$[v_5,v_6]$(或$[v_4,v_6]$) 添入图 7-10(b) 中；$[v_4,v_6]$ 与$[v_5,v_6]$同时加入形成圈，故加入其中一条边，另一条边舍去.

5) 在图 7-10(a) 剩下的边中，$\min\{\omega_{12},\omega_{13},\omega_{25},\omega_{35}\}=\omega_{12}=\omega_{35}=5$，而当边$[v_3,v_5]$添入图 7-10(b) 中时，图中$[v_2,v_3]$，$[v_2,v_4]$，$[v_4,v_5]$ 与$[v_3,v_5]$ 产生圈，舍去；当边$[v_1,v_2]$添入图 7-10(b) 中时，图中$[v_2,v_3]$，$[v_2,v_4]$，$[v_4,v_5]$，$[v_5,v_6]$ 与$[v_1,v_2]$ 不产生圈，故将边$[v_1,v_2]$添入图 7-10(b) 中；剩下的边$[v_1,v_3]$ 与$[v_2,v_5]$ 分别加入形成圈，故舍去.

最后得到由 5 条边$[v_2,v_3]$，$[v_2,v_4]$，$[v_4,v_5]$，$[v_5,v_6]$(或$[v_4,v_6]$)，$[v_1,v_2]$ 构成的支撑树，见图 7-10(c)，即为图 7-10(a) 的最小树，总权值为 15.

2. 破圈法

破圈法的基本思路是在原图的圈上依次去掉权值最大的边，直到变成一个支撑树. 具体步骤如下：

(1) 在给定的赋权连通图上找一个含最大权值的圈，去掉一条权值最大的边(如果有两条或两条以上的边都是权值最大的边，可任意去掉其中一条)；

(2) 若所余下的图已不含圈，则已找到最小树. 否则返回(1).

例 7-5　某大学准备对其所属的 7 个学院实验中心建立计算机校园网络，这个网络可能联通的途径见图 7-11(a)，图中 $v_1,v_2,\cdots,v_7$ 表示 7 个学院实验中心，图中的边为各个实验中心可能联接的线路. 请设计一个网络联通 7 个学院实验中心，并使总的线路长度达到最短.

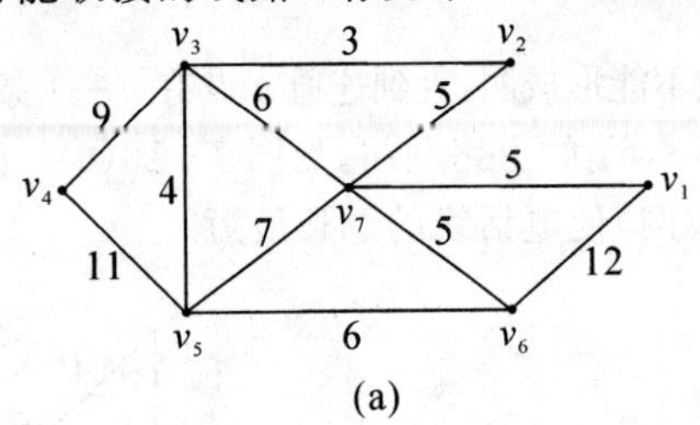

(a)

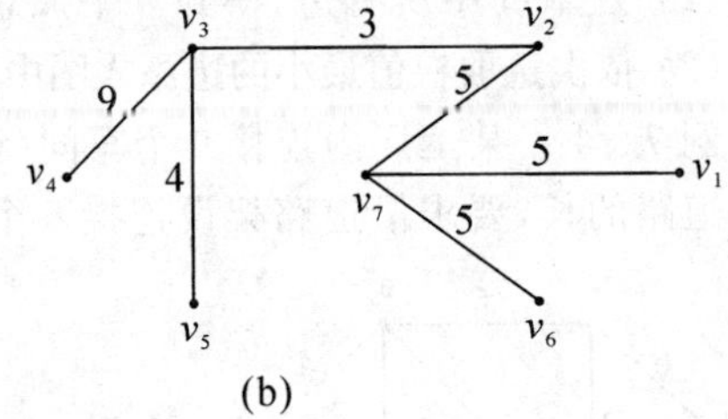

(b)

图　7-11

解　(1) 用破圈法求图 7-11(a) 的最小树，显然这是一个连通图.

(2) 1) 在图中找到一个权值最大 $\omega_{61}=12$ 的边$[v_6,v_1]$及其所在的圈(v_1,v_7,v_6,v_1)，去掉边$[v_6,v_1]$；

2) 在划掉$[v_1,v_6]$的图中，找到一个权值最大 $\omega_{45}=11$ 的边$[v_4,v_5]$及其所在的圈(v_3,v_4,v_5,v_3)，去掉边$[v_4,v_5]$；

3) 在增加划掉$[v_4,v_5]$的图中，找到一个权值最大 $\omega_{34}=9$ 的边$[v_3,v_4]$但不在圈中，舍去；继续寻找一个权值最大 $\omega_{57}=7$ 的边$[v_5,v_7]$及其所在的圈(v_3,v_5,v_7,v_3)，去掉边$[v_5,v_7]$；

4) 在增加舍去$[v_3,v_4]$与划掉$[v_5,v_7]$的图中，找到权值最大 $\omega_{56}=\omega_{37}=6$ 的边$[v_5,v_6]$(或$[v_3,v_7]$) 及其所在的圈 (v_3,v_5,v_6,v_7,v_3)(或 (v_2,v_3,v_7,v_2))，去掉边之一$[v_5,v_6]$(或$[v_3,v_7]$)；

5) 在增加划掉$[v_5,v_6]$(或$[v_3,v_7]$) 的图中，找到权值最大 $\omega_{37}=6$(或 $\omega_{56}=6$) 的边$[v_3,v_7]$(或$[v_5,v_6]$) 一个圈(v_2,v_3,v_7,v_2)(或$(v_2,v_3,v_5,v_6,v_7,v_2)$)，去掉边$[v_3,v_7]$(或$[v_5,v_6]$).

此时，在余下的图中已找不到任何一个圈，且图 7-11 中 7 个顶点恰由 6 条边连通，所得的

图7－11(b) 即为最小树，且最小树的总权值为 31. 学校如按照图 7－11(b) 所示设计的网络线路建设计算机校园网络，可使线路总长度最短.

注意　在避圈法中，若遇到两条或两条以上边的权值相等时，可以从中任选一条边. 在破圈法中，若遇到两条或两条以上边的权值相等时，可任意去掉其中一条边. 由于去掉或选取的边不同，所得的最小树也不同，但最小树的总权值相同.

7.3　最短路问题

7.3.1　最短路问题的提出

最短路问题是重要的最优化问题之一，它可以直接应用于解决生产实际的许多问题，如管道铺设、运输线路安排、厂区布局及计算机网络中通信线路的选择等；除了这些具有直观意义的最短路问题外，许多网络最优化问题可以化为最短路问题来解决，如设备更新、背包问题和选址问题等等.

例 7－6　某公司拟将一批货物从 v_1 运到 v_7，这两点间的交通网络图，见图 7－12，每条边上的数字表示这条路的长度. 试问从 v_1 到 v_7 的各条线路中，哪一条的总长度最短？

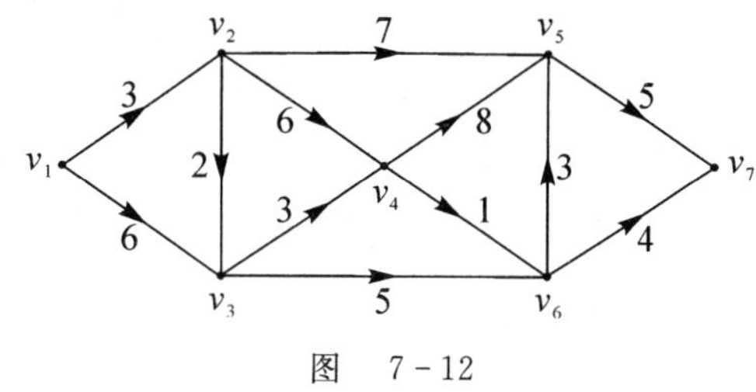

图　7－12

最短路问题给定一个网络图 $G=(\boldsymbol{V},\boldsymbol{E})$ [或 $D=(\boldsymbol{V},\boldsymbol{A})$] 为连通图，图中各边 $[v_i,v_j]$[或弧 (v_i,v_j)] 赋权 ω_{ij} [$\omega_{ij}=+\infty$ 表示 v_i，v_j 两点无边(弧)]，在图 G(或 D) 中指定一点 v_s，对于图 G(或 D) 中的任意一点 v_t，要从 v_s 到 v_t 的所有路 P 中，寻求一条权值最小的路 P^*，即 $\omega(P^*)=\min\{\omega(P)\}$. 称 P^* 是从 v_s 到 v_t 的**最短路**. 路 P^* 的权称为从 v_s 到 v_t 的**距离**，记为 $d(v_s,v_t)$. 最短路问题中的连通图可以是赋权有向图，也可以是赋权无向图.

最短路问题中的权除了表示长度，还可以表示时间、费用等. 在赋权有向图 D 中，权值可以是正数，也可以是负数. 因此，在一个赋权有向图 D 中，可能存在负回路的情况.

定义 7－6　设 D 是赋权有向图，H 是 D 中的一个回路，如果回路 H 的权值 $\omega(H)$ 小于零，则称 H 是 D 中的一个**负回路**.

注意　在一个存在负回路的有向网络图 D 中，由于每经过一次负回路，路的权值都会减小一些，因此随着经过负回路的循环次数的增加，路的权值将趋于负无穷，这样从 v_s 到 v_t 的最短路的权就没有下界. 如图 7－13 中，回路(v_2，v_3，v_4，v_2) 的权是 -2，即从 v_1 到 v_5 的最短路的权值趋于负无穷. 因此，在研究最短路问题时，常设 D 中不存在负回路.

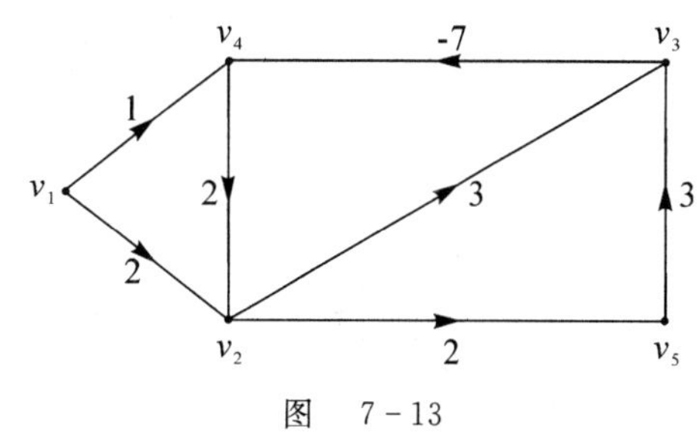

图　7－13

最短路问题也可以是求图中某指定点到其余各点的最短路. 下面介绍求解最短路问题的

非负权值的 Dijkstra 算法及允许有负权的逐次逼近算法.

7.3.2 Dijkstra 算法

算法由 Dijkstra 于 1959 年提出,可用于求解指定两点间的最短路,或从指定点到其余各点的最短路,目前被认为是求无负权网络最短路问题的最好方法,简称 **D 氏算法**.

Dijkstra 算法的基本思想是基于以下原理:若网络中的链(路)$(v_s, v_1, v_2, \cdots, v_{n-1}, v_n)$ 是从 v_s 到 v_n 的最短路,则链(路)$(v_s, v_1, v_2, \cdots, v_{n-1})$ 必为从 v_s 到 v_{n-1} 的最短路.

从始点 v_s 出发,逐步顺序地向外探寻最短路.采用 T,P 两种标号,P 标号为永久性标号,表示从 v_s 到该点的最短路的权,该点的标号不再改变;T 标号为试探性标号,表示从 v_s 到该点最短路权的上界,是一种临时标号,凡没有得到 P 标号的点都有 T 标号.算法每一步都把某一点的 T 标号改为 P 标号,当终点得到 P 标号时,全部计算结束.对于只有 n 个节点的网络,最多经 $n-1$ 步就可以得到从始点到终点的最短路.为了求出从 v_s 到各点的距离的同时,也可求出从 v_s 到各点的最短路径,给每个点 v_i 以一个 λ 值,如果 $\lambda(v_i)=m$,表示在从 v_s 到 v_i 最短路上的前一个节点是 v_m;如果 $\lambda(v_i)=M$,则表示网络中不含从 v_s 到 v_i 的路;$\lambda(v_i)=0$ 表示 $v_i=v_s$.

Dijkstra 算法使用条件为网络中所有边[或(弧)]的权非负.

Dijkstra 算法**计算步骤**:

给定赋权有向图 $D=(\mathbf{V},\mathbf{A})$.

(1) 始点 v_s 标上固定标号 $p(v_s)=0$,$\lambda(v_s)=0$,其余各点标临时性标号 $T(v_j)=+\infty$,$\lambda(v_j)=M$,$j\neq 1$.已标号点集合 $S_0=\{v_s\}$.

(2) 1) 若 v_i 点为刚得到的 P 标号点,考虑这样的点 v_j,$[v_i,v_j]\in \boldsymbol{E}$(或 $(v_i,v_j)\in \mathbf{A}$),且 v_j 为 T 标号.对 v_j 的 T 标号进行如下的修改:$T(v_j)=\min\{T(v_j), p(v_i)+\omega_{ij}\}$.

2) 比较所有具有 T 标号的点,把最小者改为 P 标号,即 $p(v_i)=\min\{T(v_i)\}$.当存在两个以上最小者时,可同时改为 P 标号,已标号点集合 $\boldsymbol{S}_i=\{v_s,\cdots,v_i\}$.若全部的点均为 P 标号或无法继续进行 P 标号,则停止.否则转回(2) 1).

(3) 若全部的点均为 P 标号或无法继续进行 P 标号,则 $p(v_i)$ 即为 v_s 到点 v_i 的最短路,记为 $d(v_s,v_i)$ 或 $d_{s,i}$.

例 7-7 用 Dijkstra 算法求图 7-14 中 v_1 到各点的最短路.

解 **方法 1**.图上 T,P 标号法,见图 7-15.

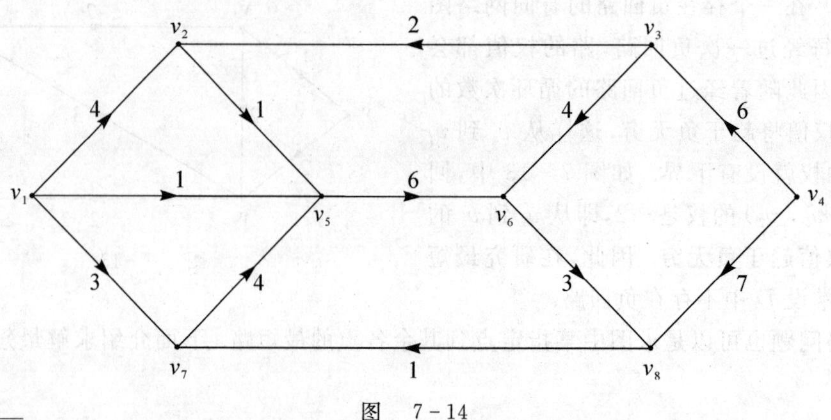

图 7-14

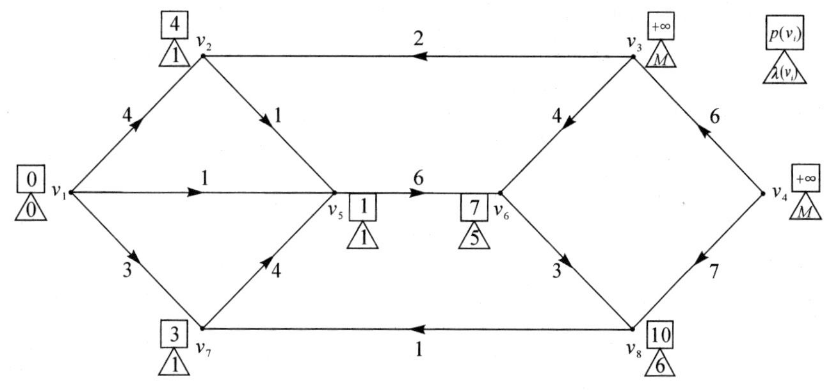

图　7－15

(1) 始点 v_1 标上 $p(v_1)=0,\lambda(v_1)=0$,其余各点临时性标号 $T(v_j)=+\infty,\lambda(v_j)=M,j=2,3,\cdots,8$,已标号点集合 $\boldsymbol{S}_0=\{v_1\}$.

(2) 1) 点 v_1 已经 P 标号,(v_1,v_2) ,(v_1,v_5),$(v_1,v_7)\in\boldsymbol{A}$,则

$T'(v_2)=\min\{T(v_2),p(v_1)+\omega_{12}\}=\min\{+\infty,4\}=4,T'(v_2)<T(v_2)$,改 $T(v_2)=4$

$T'(v_5)=\min\{T(v_5),p(v_1)+\omega_{15}\}=\min\{+\infty,1\}=1,T'(v_5)<T(v_5)$, 改 $T(v_5)=1$

$T'(v_7)=\min\{T(v_7),p(v_1)+\omega_{17}\}=\min\{+\infty,3\}=3,T'(v_7)<T(v_7)$, 改 $T(v_7)=3$

由 $\min\{T(v_2),T(v_5),T(v_7)\}=\min\{4,1,3\}=1$,得 $p(v_5)=1,\lambda(v_5)=1$,已标号点集合 $\boldsymbol{S}_1=\{v_1,v_5\}$.

2) 点 v_5 已经 P 标号,$(v_5,v_6)\in\boldsymbol{A}$,则

$T'(v_6)=\min\{T(v_6),p(v_5)+\omega_{56}\}=\min\{+\infty,7\}=7,T'(v_6)<T(v_6)$,改 $T(v_6)=7$

由 $\min\{T(v_2),T(v_6),T(v_7)\}=\min\{4,7,3\}=3$,得 $p(v_7)=3,\lambda(v_7)=1$,已标号点集合 $\boldsymbol{S}_2=\{v_1,v_5,v_7\}$.

3) 点 v_7 已经 P 标号,则由 $\min\{T(v_2),T(v_6)\}=\min\{4,7\}=4$,得 $p(v_2)=4,\lambda(v_2)=1$,已标号点集合 $\boldsymbol{S}_3=\{v_1,v_5,v_7,v_2\}$.

4) 点 v_2 已经 P 标号,则由 $\min\{T(v_6)\}=\min\{7\}=7$,得 $p(v_6)=7,\lambda(v_6)=5$,已标号点集合 $\boldsymbol{S}_4=\{v_1,v_5,v_7,v_2,v_6\}$.

5) 点 v_6 已经 P 标号,则 $T'(v_8)=\min\{T(v_8),p(v_6)+\omega_{68}\}=\min\{+\infty,10\}=10$, $T'(v_8)<T(v_8)$,改 $T(v_8)=10$

由 $\min\{T(v_8)\}=\min\{10\}=10$, 得 $p(v_8)=10,\lambda(v_8)=6$, 已标号点集合 $\boldsymbol{S}_5=\{v_1,v_5,v_7,v_2,v_6,v_8\}$.

6) 点 v_8 已经 P 标号,$(v_8,v_4)\notin\boldsymbol{A}$,以及 (v_2,v_3) ,$(v_6,v_3)\notin\boldsymbol{A}$,从而 v_3,v_4 只有 T 标号:

$$p(v_3)=p(v_4)=+\infty,\lambda(v_3)=\lambda(v_4)=M$$

(3) 因网络已无法继续进行 P 标号,则运算停止. 此时,从 v_1 到其他各点的最短距离及最短路分别为

$d(v_1,v_5)=1,v_1\to v_5$;　　$d(v_1,v_7)=3,v_1\to v_7$;$d(v_1,v_2)=4$, $v_1\to v_2$

$d(v_1,v_6)=7,v_1\to v_5\to v_6$;　　$d(v_1,v_8)=10,v_1\to v_5\to v_6\to v_8$.

方法 2　表上 T,P 标号法(见表 7－1).

以 ω_{ij} 表示 v_i 到 v_j 的弧上的距离权,则有网络的距离矩阵 $\boldsymbol{L}=(\omega_{ij})$,其中若 v_i 到 v_j 没有

弧,则 $\omega_{ij}=+\infty$,若网络为无向网络,则 $\boldsymbol{L}$ 成为一个对称矩阵,有

$$
\boldsymbol{L}=(\omega_{ij})=\begin{array}{c} \\ v_1\\ v_2\\ v_3\\ v_4\\ v_5\\ v_6\\ v_7\\ v_8\end{array}\begin{array}{c}\begin{array}{cccccccc} v_1 & v_2 & v_3 & v_4 & v_5 & v_6 & v_7 & v_8\end{array}\\ \left[\begin{array}{cccccccc}
0 & 4 & +\infty & +\infty & 1 & +\infty & 3 & +\infty\\
+\infty & 0 & +\infty & +\infty & 1 & +\infty & +\infty & +\infty\\
+\infty & 2 & 0 & +\infty & +\infty & 4 & +\infty & +\infty\\
+\infty & +\infty & 6 & 0 & +\infty & +\infty & +\infty & 7\\
+\infty & +\infty & +\infty & +\infty & 0 & 6 & +\infty & +\infty\\
+\infty & +\infty & +\infty & +\infty & +\infty & 0 & +\infty & 3\\
+\infty & +\infty & +\infty & +\infty & 4 & +\infty & 0 & +\infty\\
+\infty & +\infty & +\infty & +\infty & +\infty & +\infty & 1 & 0
\end{array}\right]\end{array}
$$

表 7-1

	v_j	v_1	v_2	v_3	v_4	v_5	v_6	v_7	v_8
初始值	$T(\ )$	{0}	4	$+\infty$	$+\infty$	1	$+\infty$	3	$+\infty$
第 1 次迭加	$P(v_1)+\omega_{1j}$		$0+4$	$0+\infty$	$0+\infty$	$0+1$	$0+\infty$	$0+3$	$0+\infty$
	$T(\ )$		4	$+\infty$	$+\infty$	{1}	$+\infty$	3	$+\infty$
第 2 次迭加	$P(v_5)+\omega_{5j}$		$1+\infty$	$1+\infty$	$1+\infty$		$1+6$	$1+\infty$	$1+\infty$
	$T(\ )$		4	$+\infty$	$+\infty$		7	{3}	$+\infty$
第 3 次迭加	$P(v_7)+\omega_{7j}$		$3+\infty$	$3+\infty$	$3+\infty$		$3+\infty$		$3+\infty$
	$T(\ )$		{4}	$+\infty$	$+\infty$		7		$+\infty$
第 4 次迭加	$P(v_2)+\omega_{2j}$			$4+\infty$	$4+\infty$		$4+\infty$		$4+\infty$
	$T(\ )$			$+\infty$	$+\infty$		{7}		$+\infty$
第 5 次迭加	$P(v_6)+\omega_{6j}$			$7+\infty$	$7+\infty$				$7+3$
	$T(\ )$			$+\infty$	$+\infty$				{10}
第 6 次迭加	$P(v_8)+\omega_{8j}$			$10+\infty$	$10+\infty$				
	$T(\ )$			$+\infty$	$+\infty$				

其中,第 1 行表示初始值 $T(v_j)$,{} 表示 $p(v_i)$.

以后的 $P(\ )+\omega_{ij}$ 行是由上一行中{ } 中的 $P(v_i)$ 与 ω_{ij} 的和,$T(\ )$ 行是由上两行中对应列的元素中取最小的一个,相当于 $T(v_j)=\min\{T(v_j),P(v_i)+\omega_{ij}\}$.,每次迭加在 $T(v_j)$ 行选最小的,{ } 表示 $P(v_k)$,以后对应的列不再进行计算,相当于节点已经 P 标号.

根据上面的迭加,从 v_1 到其他各点的最短距离及最短路结果与方法 1 相同(略).

Dijkstra 算法的特点是能得到从起点 v_1 到各点的最短路和最短路长(即最短距离).

7.3.3 逐次逼近算法

逐次逼近算法针对带有负权网络,求其指定点到网络中任意点的最短路.算法适用于含有负权,但无负回路的有向网络或无向网络.**算法的基本思想**是基于动态规划的最优化原理,如果 P_{1t} 是网络中从 v_1 到 v_t 的最短路,v_j 是 P_{1t} 上的一个点,那么,从 v_1 出发沿 P_{1t} 到 v_j 的路也

是从 v_1 到 v_j 的最短路，即有下面的基本方程.

$$P_j^{(k)}=d^k(v_1,v_j)=\min_i\{d^{(k-1)}(v_1,v_i)+w_{ij}\}=\min_i\{P_{1i}^{(k-1)}+\omega_{ij}\},j=1,2,\cdots,n$$

其中，对 $i\in\mathbf{V}$，记 $w_{ii}=0$. $d^{(k)}(v_1,v_j)$ 表示从 v_1 到 v_j 的边数不超过 $k-1$ 的最短路的权值. 据此，可以给出如下求从 v_1 到各点的最短路的逐次逼近算法.

(1) 令 $k=1,P_{1j}^{(1)}=d^{(1)}(v_1,v_j)=\omega_{1j}$

(2) 令 $k=k+1$，计算

$$P_{1j}^{(k)}=\min_i\{P_{1i}^{(k-1)}+\omega_{ij}\},j=1,2,\cdots,n$$

(3) 对 $j=1,2,\cdots,n$，判断 $P_{1j}^{(k)}$ 与 $P_{1j}^{(k-1)}$ 是否相等，若全部相等，则 $P_{1j}^{(k)}$ 就是从 v_1 到 v_j 的最短路的权值，计算结束；否则，转入(2).

可以证明，如果有向网络中不含负回路，那么，对于 $j\in\mathbf{V}$，均有 $P_{1j}^{(k)}=P_{1j}^{(k-1)}$，从而可求出从 v_1 到网络上各点的最短路.

例 7-8　求图 7-16 中从 v_1 到各点的最短路.

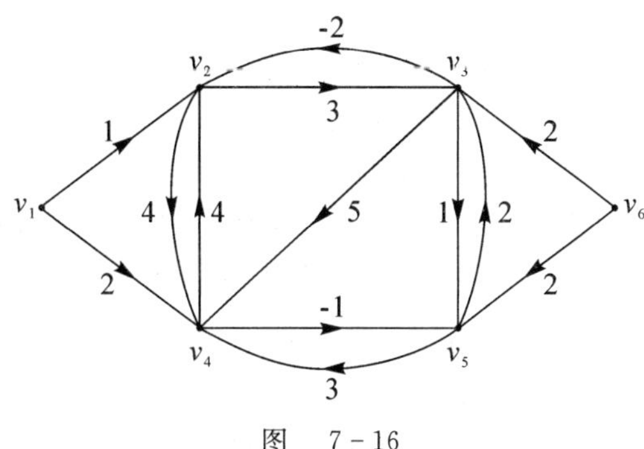

图　7-16

解　赋权有向图中存在负权弧时，用逐次逼近算法求解.

设从任一点 v_i 到任一个点 v_j 都有一条弧[若 $(v_i,v_j)\notin\mathbf{A}$，则添加弧 (v_i,v_j)，令 $\omega_{ij}=+\infty$，可在表中省略为空格]. 图 7-16 的权值矩阵见表 7-2 左侧部分.

表　7-2

	ω_{ij}						$P_{1j}^{(1)}$	$P_{1j}^{(2)}$	$P_{1j}^{(3)}$	$P_{1j}^{(4)}$
	v_1	v_2	v_3	v_4	v_5	v_6	$k=1$	$k=2$	$k=3$	$k=4$
v_1	0	1		2			0	0	0	0
v_2		0	3	4			1	1	1	1
v_3		−2	0	5	1			4	3	3
v_4		4		0	−1		2	2	2	2
v_5			2	3	0			1	1	1
v_6			2		2	0				
列向量	$\mathbf{W}^1$	$\mathbf{W}^2$	$\mathbf{W}^3$	$\mathbf{W}^4$	$\mathbf{W}^5$	$\mathbf{W}^6$	$\mathbf{P}^{(1)}$	$\mathbf{P}^{(2)}$	$\mathbf{P}^{(3)}$	$\mathbf{P}^{(4)}$

(1) 令 $k=1,P_{1j}^{(1)}=\omega_{1j}$，即 $P_{11}^{(1)}=\omega_{11}=0,P_{12}^{(1)}=\omega_{12}=1,P_{14}^{(1)}=\omega_{14}=2,P_{13}^{(1)}=P_{15}^{(1)}=P_{16}^{(1)}=+\infty$. 得到 $\mathbf{P}^{(1)}$.

(2) 对 $k=1+1$，计算 $P_{1j}^{(2)}=\min_i\{P_{1i}^{(1)}+\omega_{ij}\},i=1,2,\cdots,6;j=2,3,\cdots,6$，有

$P_{11}^{(2)}=\min\{P_{11}^{(1)}+\omega_{11},P_{12}^{(1)}+\omega_{21},P_{13}^{(1)}+\omega_{31},P_{14}^{(1)}+\omega_{41},P_{15}^{(1)}+\omega_{51},P_{16}^{(1)}+\omega_{61}\}$

$=\min\{0,+\infty,+\infty,+\infty,+\infty,+\infty\}=0$

即 $P_{11}^{(2)}=\min\limits_i\{\boldsymbol{P}_i^{(1)}+\boldsymbol{W}_i^1\}=0,P_{1j}^{(2)}=\min\limits_i\{\boldsymbol{P}_i^{(1)}+\boldsymbol{W}_i^j\}\ j=2,3,\cdots,6$. 同理有

$P_{12}^{(2)}=\min\{1,1,+\infty,6,+\infty,+\infty\}=1$;

$P_{13}^{(2)}=\min\{+\infty,4,+\infty,+\infty,+\infty,+\infty\}=4$;

$P_{14}^{(2)}=\min\{2,5,+\infty,2,+\infty,+\infty\}=2$;

$P_{15}^{(2)}=\min\{+\infty,+\infty,+\infty,1,+\infty,+\infty\}=1$;

$P_{16}^{(2)}=\min\{+\infty,+\infty,+\infty,+\infty,+\infty,+\infty\}=+\infty$.

(3) 因为有 $P_{13}^{(2)}=4\neq+\infty=P_{13}^{(1)}$,所以转入(2) 计算 $P_{1j}^{(3)}=\min\limits_i\{P_{1i}^{(2)}+\omega_{ij}\},i,j=1,2,\cdots,6$,即 $P_{1j}^{(3)}=\min\limits_i\{\boldsymbol{P}_i^{(2)}+\boldsymbol{W}_i^j\},i,j=1,2,\cdots,6$. 同理有

$P_{11}^{(3)}=\min\{0,+\infty,+\infty,+\infty,+\infty,+\infty\}=0$;

$P_{12}^{(3)}=\min\{1,1,2,6,+\infty,+\infty\}=1$;

$P_{13}^{(3)}=\min\{+\infty,4,4,+\infty,3,+\infty\}=3$;

$P_{14}^{(3)}=\min\{2,5,9,2,2,+\infty\}=2$;

$P_{15}^{(3)}=\min\{+\infty,+\infty,5,3,1,+\infty\}=1$;

$P_{16}^{(3)}=\min\{+\infty,+\infty,+\infty,+\infty,+\infty,+\infty\}=\infty$.

因为 $P_{11}^{(3)}=P_{11}^{(2)},P_{12}^{(3)}=P_{12}^{(2)},P_{14}^{(3)}=P_{14}^{(2)},P_{15}^{(3)}=P_{15}^{(2)},P_{16}^{(3)}=P_{16}^{(2)}$,而 $P_{13}^{(3)}=1\neq4=P_{13}^{(2)}$,所以转入(2) 只要计算 $P_{13}^{(4)}=\min\limits_i\{P_{1i}^{(3)}+\omega_{i3}\}$ 即可,$P_{13}^{(4)}=\min\limits_i\{\boldsymbol{P}_i^{(3)}+\boldsymbol{W}_i^3\}$ 有

$$P_{13}^{(4)}=\min\{+\infty,4,3,+\infty,3,+\infty\}=3$$

因为有 $P_{1j}^{(4)}=P_{1j}^{(3)},j=1,2,\cdots,6$,计算结束. 由 $P_{1j}^{(4)}=d^{(4)}(v_i,v_j),j=1,2,\cdots,6$,则 $P_{1j}^{(4)}$ 就是从 v_1 到 v_j 的最短路的权值,即 $P_{11}^{(4)}=0,P_{12}^{(4)}=1,P_{13}^{(4)}=3,P_{14}^{(4)}=2,P_{15}^{(4)}=1,P_{16}^{(4)}=+\infty$,求解结果见表 7-2 右侧部分.

寻求最短路的方法是在求出最短路的权值后,用"反向追踪"的方法. 如已知 $d(v_s,v_j)$,则寻求一个点 v_k,使 $d(v_s,v_k)+\omega_{kj}=d(v_s,v_j)$,记录$(v_k,v_j)$,再考查 $d(v_s,v_k)$,寻求一点 v_i,使 $d(v_s,v_i)+\omega_{ik}=d(v_s,v_k)$,如此等等,直到到达 v_s 为止. 于是从 v_s 到 v_j 的最短路是$(v_s,\cdots,v_i,v_k,v_j)$. 例如,已知 $d(v_1,v_3)=3$,找到一点 v_5,使 $d(v_1,v_5)+\omega_{53}=d(v_1,v_3)$,记录$(v_5,v_3)$,考查 $d(v_1,v_5)$,寻得一点 v_4,使 $d(v_1,v_4)+\omega_{45}=d(v_1,v_5)$,记录$(v_4,v_5,v_3)$,考查 $d(v_1,v_4)$,寻得一点 v_1,使 $d(v_1,v_1)+\omega_{14}=d(v_1,v_4)$,记录$(v_1,v_4,v_5,v_3)$,于是从 v_1 到 v_3 的最短路是(v_1,v_4,v_5,v_3). 同理可得其他各点的最短路.

终上所述,v_1 到各点的最短距离和最短路分别为

$$d(v_1,v_2)=1,\quad v_1\to v_2;\quad d(v_1,v_3)=3,\quad v_1\to v_4\to v_5\to v_3;$$

$$d(v_1,v_4)=2,\quad v_1\to v_4;\quad d(v_1,v_5)=1,\quad v_1\to v_4\to v_5;\quad d(v_1,v_6)=+\infty.$$

v_1 到 v_6 的最短距离为 $+\infty$,即 v_1 无法抵达 v_6.

7.4 最大流问题

7.4.1 最大流问题的提出

许多系统中都涉及流量问题,例如互联网系统中有信息流,交通运输系统中有人流、车辆

流和货物流，供水系统中有水流，金融系统中有现金流等等. 20 世纪 50 年代福特（Ford）、富克逊（Fulkerson）建立的“网络流理论”，是网络应用的重要组成部分.

对于这些包含了流量问题的系统，往往需要求出其系统的最大流量. 例如，某公路系统的容许通过的最大车辆数，某互联网系统的最大信息流量等，以便于对某个系统加以认识并进行有效管理.

最大流问题是在一个网络中，将每条边的赋权称为**容量**，在不超过每条边的容量的前提下，求出从起点到终点的最大流量.

例 7-9　某石油公司建有一个可以把石油从开采地输送到不同销售点的管道网络，见图 7-17. 管道直径的变化，使得各段管道(v_i, v_j)的最大通过能力（容量）c_{ij} 也不同，c_{ij} 的单位为 mgal/h. 要求制订一个输送方案，将石油从 v_1 输送到 v_6，使得石油的输送量达到最大.

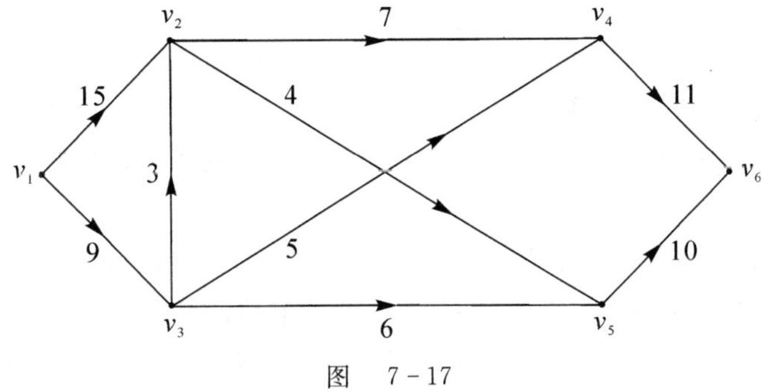

图　7-17

解　这是一个网络最大流问题. 实际上，最大流问题也是一个线性规划问题，设通过弧(v_i, v_j)上的流量为 f_{ij}，$0 \leqslant f_{ij} \leqslant c_{ij}$，网络上的总流量为 f，建立其数学模型为

$$\max f = f_{12} + f_{13}$$

$$\text{s.t.}\begin{cases} f_{12} + f_{32} = f_{24} + f_{25} & (7-1\text{a}) \\ f_{13} = f_{32} + f_{34} + f_{35} & (7-1\text{b}) \\ f_{24} + f_{34} = f_{46} & (7-1\text{c}) \\ f_{25} + f_{35} = f_{56} & (7-1\text{d}) \\ f_{46} + f_{56} = f_{12} + f_{13} & (7-1\text{e}) \\ f_{ij} \leqslant c_{ij} & (7-1\text{f}) \\ f_{ij} \geqslant 0, i = 1, 2, \cdots, 5; j = 2, 3, \cdots, 6 & (7-1\text{g}) \end{cases}$$

在这个线性规划模型中，约束条件中的 7-1(a) ～ (e) 表示了网络中的流量必须满足守恒条件，起点的总流出量必须等于终点的总流入量，中间点的总流入量必须等于总流出量. 约束条件中的 7-1(f)，(g) 表示流过每一条弧(v_i, v_j)上的流量 f_{ij} 要满足流量的可行条件，即 $0 \leqslant f_{ij} \leqslant c_{ij}$. 把满足守恒条件和流量可行条件的一组网络流$\{f_{ij}\}$称之为**可行流**，即线性规划模型的可行解；可行流中一组流量最大的网络流称之为**最大流**，即线性规划模型的最优解.

7.4.2 基本概念与基本定理

1. 网络与流

定义 7-7　给一个有向图 $D=(\boldsymbol{V}, \boldsymbol{A})$，在 $\boldsymbol{V}$ 中指定一点称为**起点**（或**发点**，**源**，记为 v_s），而另一点称为**终点**（或**收点**，**汇**，记为 v_t），其余的点称为**中间点**. 对于每一个弧$(v_i, v_j) \in \boldsymbol{A}$，对应

有一个最大通过能力 $c(v_i,v_j)\geqslant 0$(或简写为 c_{ij})称为弧的**容量**.通常称这样的 D 为**容量网络**.记作 $D=(\boldsymbol{V},\boldsymbol{A},\boldsymbol{C})$.

网络上的**流**是指定义在弧集合 $\boldsymbol{A}$ 上的一个函数 $f=\{f(v_i,v_j)\}$,称 $f(v_i,v_j)$ 为弧 (v_i,v_j) 上的**流量**(记作 f_{ij}).

2.可行流与最大流

定义 7-8 满足下述条件的流 f 称为**可行流**.

(1) **容量限制条件**.对每一弧 $(v_i,v_j)\in A$,$0\leqslant f_{ij}\leqslant c_{ij}$.

(2) **平衡条件**.中间点 $v_i(i\neq s,t)$ 的流出量等于流入量;起点 v_s 的净输出量与终点 v_t 的净输入量相等,有

$$\sum_{(v_i,v_j)\in A} f_{ij}-\sum_{(v_j,v_i)\in A} f_{ji}=\begin{cases}v(f), & i=s\\ 0, & i\neq s,t\\ -v(f), & i=t\end{cases}$$

式中,$v(f)$ 称为这个**可行流的流量**.

最大流问题就是求一个流 $f=\{f_{ij}\}$ 使其流量 $v(f)$ 达到最大,且满足上述可行性条件.

3.增广链

若给一个可行流 $f=\{f_{ij}\}$,网络中使 $f_{ij}=c_{ij}$ 的弧称为**饱和弧**,使 $f_{ij}<c_{ij}$ 的弧称为**非饱和弧**;使 $f_{ij}=0$ 的弧称为**零流弧**,使 $f_{ij}>0$ 的弧称为**非零流弧**.

若 μ 是网络上连接发点 v_s 到收点 v_t 的一条链,定义链的方向是从 v_s 到 v_t,则链上的弧分为两类.一类是弧的方向与链的方向一致,称为**前向弧**;前向弧的全体记为 μ^+;另一类弧与链的方向相反,称为**后向弧**,后向弧的全体记为 μ^-.按点来看,任一点 v_i 处,流入的弧称为对点 v_i 的后向弧,流出的弧称为对点 v_i 的前向弧.

定义 7-9 设 f 是一个可行流,μ 是从 v_s 到 v_t 的一条链,若 μ 满足下列条件,称为(关于可行流 f 的)**增广链**.

(1) 在弧 $(v_i,v_j)\in\mu^+$ 上,$0\leqslant f_{ij}<c_{ij}$(即前向弧均为非饱和弧);

(2) 在弧 $(v_j,v_i)\in\mu^-$ 上,$0<f_{ji}\leqslant c_{ij}$(即后向弧均为非零流弧).

4.截集与截量

设 $\boldsymbol{S},\boldsymbol{T}\in\boldsymbol{V}$,$\boldsymbol{S}\cap\boldsymbol{T}=\varnothing$,把始点在 $\boldsymbol{S}$ 中,终点在 $\boldsymbol{T}$ 中的所有弧构成集合,记为 $(\boldsymbol{S},\boldsymbol{T})$.

定义 7-10 给定网络 $D=(\boldsymbol{V},\boldsymbol{A},\boldsymbol{C})$,将点集 V 剖分为两个子集 $\boldsymbol{V}_1$ 和 $\bar{\boldsymbol{V}}_1$,满足 $\boldsymbol{V}_1\cap\bar{\boldsymbol{V}}_1=\varnothing$,$\boldsymbol{V}_1\cup\bar{\boldsymbol{V}}_1=\boldsymbol{V}$,$s\in\boldsymbol{V}_1$,$t\in\bar{\boldsymbol{V}}_1$,称弧集 $(\boldsymbol{V}_1,\bar{\boldsymbol{V}}_1)$ 为分离起点和终点的**截集**.组成截集的各条弧的容量之和称为截集的容量(简称为**截量**),所有截集中容量最小的截集称为**最小截集**.

定理 7-9 可行流 f^* 是最大流,当且仅当不存在关于 f^* 的增广链.

证明 **必要性** 反证法.若 f_{ij}^* 是 D 中的最大流,假设 μ 是 D 中关于 f_{ij}^* 的增广链,令

$$\theta=\min\{\min_{\mu^+}(c_{ij}-f_{ij}^*),\min_{\mu^-}f_{ji}^*\}$$

由于 μ 是增广链,因此 $\theta>0$.现在以 θ 为调整量,定义一个新的流 f',则有

$$f'=\begin{cases}f_{ij}^*+\theta, & 若(v_i,v_j)\in\mu^+\\ f_{ji}^*-\theta, & 若(v_j,v_i)\in\mu^-\\ f_{ij}^*, & 若(v_i,v_j)\notin\mu\end{cases}\tag{7-2}$$

显然,f' 满足守恒条件和流量可行条件,所以 f' 仍是可行流,但其值为 $f^*+\theta>f^*$,这与

f^* 是最大流的假设相矛盾. 所以,若 f^* 是 D 中的最大流,则 D 中不存在关于 f^* 的增广链.

充分性　设 D 中不存在关于 f^* 的增广链,证明 f^* 是最大流.

定义 $\mathbf{V}_1^*$:令 $v_s \in \mathbf{V}_1^*$;若 $v_i \in \mathbf{V}_1^*$,且 $f_{ij}^* < c_{ij}$,则令 $v_j \in \mathbf{V}_1^*$;若 $v_i \in \mathbf{V}_1^*$,且 $f_{ji}^* > 0$,则令 $v_j \in \mathbf{V}_1^*$. 因为不存在关于 f^* 的增广链,故 $v_t \notin \mathbf{V}_1^*$.

记 $\bar{\mathbf{V}}_1^* = \mathbf{V} \backslash \mathbf{V}_1^*$,于是得到一个截集$(\mathbf{V}_1^*, \bar{\mathbf{V}}_1^*)$. 显然有

$$f_{ij}^* = c_{ij}, \quad (v_i, v_j) \in (\mathbf{V}_1^*, \bar{\mathbf{V}}_1^*)$$

$$f_{ji}^* = 0, \quad (v_j, v_i) \in (\bar{\mathbf{V}}_1^*, \mathbf{V}_1^*)$$

所以 $v(f^*) = c(\mathbf{V}_1^*, \bar{\mathbf{V}}_1^*)$. 于是 f^* 必是最大流.

由定理证明可见,若 f^* 是最大流,则网络中必存在一个截集$(\mathbf{V}_1^*, \bar{\mathbf{V}}_1^*)$使

$$v(f^*) = c(\mathbf{V}_1^*, \bar{\mathbf{V}}_1^*)$$

于是得此重要的结论.

最大流量最小截量定理　任一个网络 D 中,从 v_s 到 v_t 的最大流的流量等于分离 v_s,v_t 的最小截集的容量.

定理 7-9 不但解决了一个可行流是否为最大流的判断问题,而且从定理证明的过程中可以得到寻求网络最大流的方法.

设 f 是网络 D 中的一个可行流.

(1) 如果能找到一条增广链,则可以将 f 改进成一个取值更大的流. 改进的方法是在前向弧 f_{ij} 上增加流量 θ,在后向弧 f_{ji} 上减小流量 θ,最大调整量 θ 为

$$\theta = \min\{\min_{\mu^+}(c_{ij} - f_{ij}), \min_{\mu^-} f_{ji}\}$$

(2) 如果不存在增广链,则可行流 f 已经是最大流.

7.4.3　最大流的福克逊(Ford - Fulkerson)标号算法

确定初始可行流,如果网络中没有给定,也难以观察得出,则将**零流作为初始可行流**,经过标号过程与调整过程求得最大流.

1. 标号过程(目的是用标号法寻求增广链)

在这个过程中,网络中的点或者是标号点(又分为已检查和未检查两种)或者是未标号点. 每个标号点的标号是 $v_i(v_j, \theta_i)$,表示点 v_i 的标号是(v_j, θ_i),其中 v_j 表示第 i 个点的标号来自 v_j,θ_i 表示流量的修正量.

首先给起点 v_s 标上$(0, +\infty)$,这时 v_s 是标号未检查点,其余均是未标号点. 一般地,取一个标号未检查点 v_i,对一切未标号点 v_j.

(1) 若在前向弧(v_i, v_j)上,$f_{ij} < c_{ij}$,则给 v_j 标号(v_i, θ_j),其中 $\theta_j = \min\{\theta_i, c_{ij} - f_{ij}\}$;

(2) 若在反向弧(v_j, v_i)上,$f_{ji} > 0$,则给 v_j 标号$(-v_i, \theta_j)$,其中 $\theta_j = \min\{\theta_i, f_{ji}\}$.

这时 v_j 成为标号未检查的点,而 v_i 成为标号已检查的点.

(3) 重复上述步骤,标号过程可能出现两种情形.

1) 标号过程中断,终点 v_t 得不到标号,说明该网络中不存在增广链,现存可行流即最大流;

2) 终点 v_t 得到标号,逆向追踪即可找到一条从起点 v_s 到终点 v_t 由标号点及相应的弧连接而成的增广链,转入调整过程.

2. 调整过程

修改流量，其中流量调整量 $\theta=\min\limits_{j}\{\theta_j\}$，$\theta_j$ 指所有增广链上的弧的流量修正量；在增广链的正向弧上增加 θ，反向弧上减少 θ，其它弧上流量不变.

例 7－10 以图 7－18 所示的容量网络为例，弧上为 (c_{ij},f_{ij}) 说明标记化算法的步骤和方法.

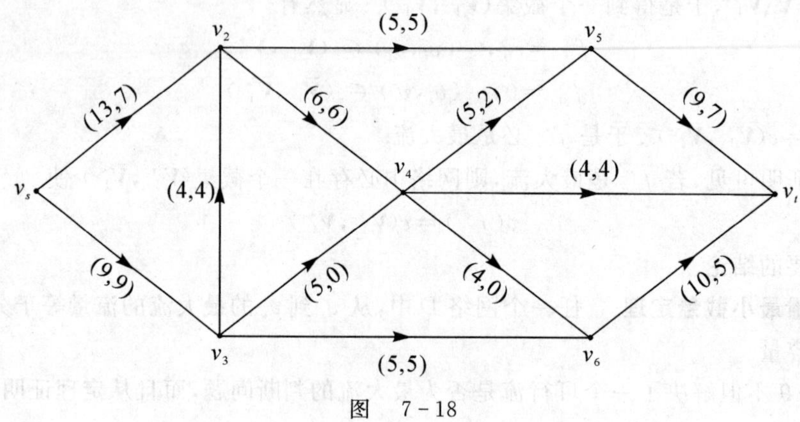

图 7－18

解 (1) 标号过程. 确定题给可行流为初始可行流，从起点 v_s 开始标记工作.

1) 首先在起点 v_s 处标记$(0,+\infty)$.

2) 确定其余各顶点能否标记，计算相应的修正量 θ_j 记在顶点旁.

v_2 的标记：因为 $7=f_{s2}<c_{s2}=13$，$\theta_2=\min\{\theta_s,c_{s2}-f_{s2}\}=\min\{+\infty,13-7\}=6$.

所以 v_0 标记为$(v_s,6)$

v_3 的标记：因为 $f_{s3}=c_{s3}=9$

所以不能从 v_s 得到标号；

又因为 $f_{32}=4>0$，$\theta_3=\min\{\theta_2,f_{32}\}=\min\{6,4\}=4$

所以可以从 v_2 得到标号，v_3 标记为$(-v_2,4)$.

按上述方法依次进行标记，可得 v_4 标记为$(v_3,4)$，v_5 标记为$(v_4,3)$，v_6 标记为$(v_4,4)$.

3) 对终点 v_t 的标记.

v_t 的标记：因为 $f_{4t}=c_{4t}=4$

所以不能从 v_4 得到标记；

因为 $7=f_{5t}<c_{5t}=9$，$\theta_{5t}=\min\{\theta_5,c_{5t}-f_{5t}\}=\min\{3,9-7\}=2$

所以可以从 v_5 得到标记，v_t 的标记$(v_5,2)$；

又因为 $5=f_{6t}<c_{6t}=10$，$\theta_{6t}=\min\{\theta_6,c_{6t}-f_{6t}\}=\min\{4,10-5\}=4$

所以可以从 v_6 得到标记，v_t 的标记$(v_6,4)$；

由于

$$\theta_t=\max\{\theta_{5t},\theta_{6t}\}=\max\{2,4\}=4$$

选择终点 v_t 的标记$(v_6,4)$，因终点已有标号，网络存在增广链，故转入调整过程.

(2) 调整过程. 按标记点左标号从终点逆向寻找到起点，得到一条增广链 $v_s\rightarrow v_2\rightarrow v_3\rightarrow v_4\rightarrow v_6\rightarrow v_t$，由图 7－19(a) 中的粗线表示.

对前向弧 $\mu^+=\{(v_s,v_2),(v_3,v_4),(v_4,v_6),(v_6,v_t)\}$ 及后向弧 $\mu^-=\{(v_3,v_2)\}$. 按终点右

标号 $\theta_t=4$ 为增广链 μ 调整流量 f.

μ^+ 上：
$$f_{s2}+\theta_t=7+4=11$$
$$f_{34}+\theta_t=0+4=4$$
$$f_{46}+\theta_t=0+4=4$$
$$f_{6t}+\theta_t=5+4=9$$

μ^- 上：
$$f_{32}-\theta_t=4-4=0$$

其余流量 f_{ij} 不变. 调整后的网络图，见图 7－19(b).

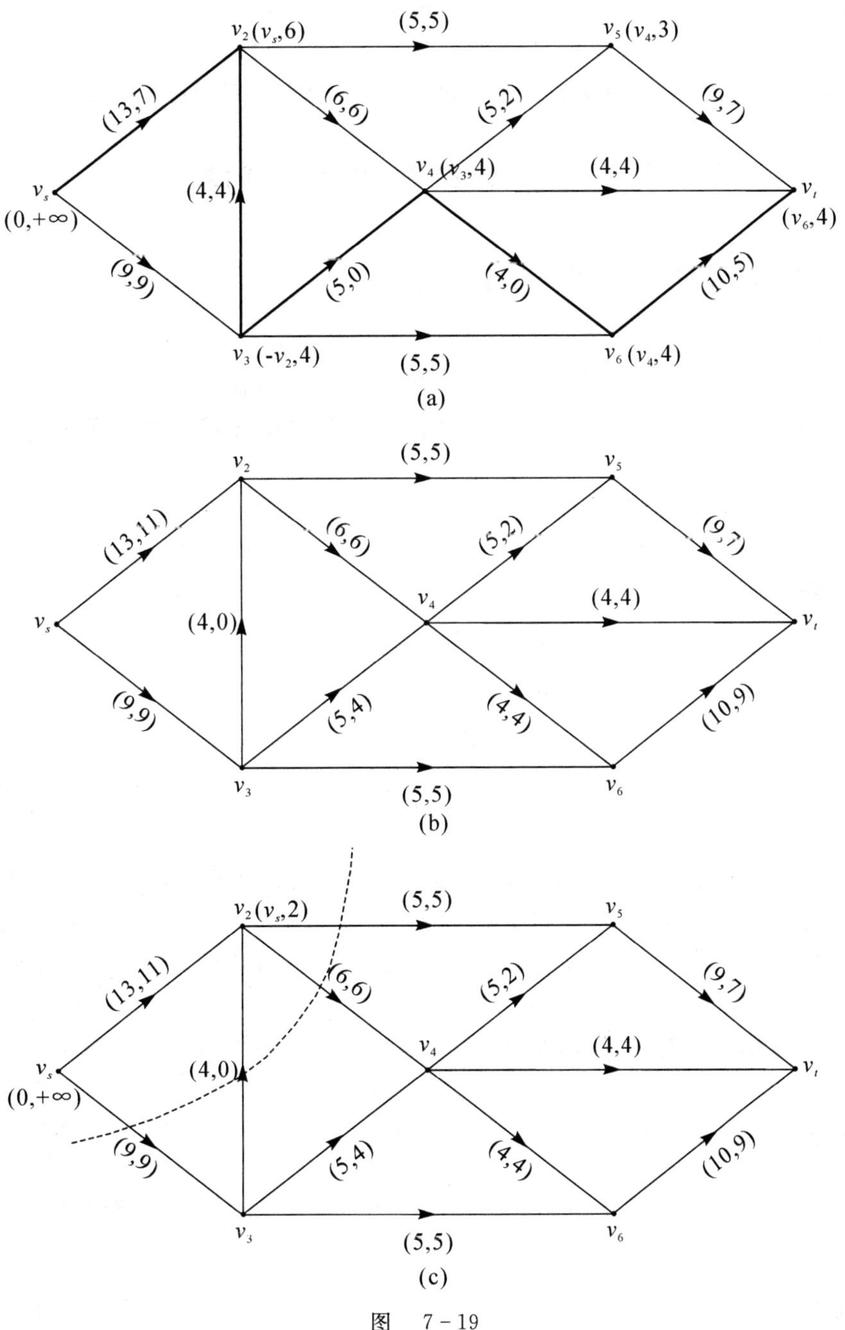

图　7－19

(3) 对调整后的网络再次进行流量调整. 用上述同样的方法进行标记,得各点标记为 $v_s(0,+\infty)$, $v_2(v_s,2)$,点 v_3,v_4,v_5,v_6 均不可标记,因此,终点 v_t 也不可标记,即不存在增广链,故算法结束.

此时的可行流即为所求的最大流,见图 7-19(c),由图中可知该容量网络的最大流量为

$$v(f)=f_{s2}+f_{s3}=f_{4t}+f_{5t}+f_{6t}=20$$

与此同时找到的最小截集$(\boldsymbol{V}_1,\bar{\boldsymbol{V}}_1)$,其中 $\boldsymbol{V}_1$ 为标号点集合,即 $\boldsymbol{V}_1=\{v_s,v_2\}$;$\bar{\boldsymbol{V}}_1$ 为未标号点集合, 即 $\bar{\boldsymbol{V}}_1=\{v_3,v_4,v_5,v_6,v_t\}$. 弧集合即为最小截集, 即 $(\boldsymbol{V}_1,\bar{\boldsymbol{V}}_1)=\{(v_s,v_3),(v_3,v_2),(v_2,v_4),(v_2,v_5)\}$,它的容量为

$$c(\boldsymbol{V}_1,\bar{\boldsymbol{V}}_1)=f_{s3}+f_{24}+f_{25}=20$$

图 7-19(c) 显示了调整后的各弧流量和确定最小截集时对顶点集的截割情况.

7.5 最小费用最大流问题

7.5.1 最小费用最大流问题的提出

在网络最大流问题的研究中,只考虑了网络中各个流的流量,并没有考虑各个流的费用问题. 但在实际工作中,有时要求同时考虑费用问题,即当最大流不唯一时,在这些最大流中求出一个流 f,使流 f 的总费用达到最小,这种问题称为**最小费用最大流问题**(minimal cost maximal flow problem).

设网络 $D=(\boldsymbol{V},\boldsymbol{A},\boldsymbol{C})$ 中的每条弧(v_i,v_j)不仅具有一定的容量 c_{ij},而且有确定的单位运价 $b_{ij}\geqslant 0$,b_{ij} 可以代表费用、时间和距离等,也称它为(v_i,v_j)上的**单位流量的费用**. 最小费用最大流问题的数学模型为

$$\min_{\max f} \quad b(f)=\sum_{(v_i,v_j)\in A} b_{ij}f_{ij}$$

$$\text{s.t.}\begin{cases}\sum_j f_{ij}-\sum_j f_{ji}=\begin{cases}f, & i=s\\ 0, & i\neq s,t\\ -f, & i=t\end{cases}\\ 0\leqslant f_{ij}\leqslant c_{ij}\end{cases}$$

求解**最小费用最大流问题的基本思路**是由一个初始可行流即零流出发,找出从 v_s 到 v_t 的费用最小的增广链;在该增广链上,找出最大调整量 θ,并调整流量,得到一个新的可行流,而同时增加的费用最少;若此时可行流的流量等于最大流量,则当前流就是最小费用最大流,否则继续调整,直到求得最大流为止.

首先,沿一条关于可行流 f 的增广链 μ 以 θ 调整 f,得到新的可行流 f' 时,$b(f')$ 比 $b(f)$ 增加多少费用?

$$b(f')-b(f)=\left[\sum_{\mu^+}b_{ij}(f'_{ij}-f_{ij})-\sum_{\mu^-}b_{ij}(f'_{ji}-f_{ji})\right]=\theta\left[\sum_{\mu^+}b_{ij}-\sum_{\mu^-}b_{ij}\right]$$

其中,$(\sum_{\mu^+}b_{ij}-\sum_{\mu^-}b_{ij})$ 表示将 f 调整成 f' 时,沿 μ 增加单位流量所需的费用,称之为这条**增广链 μ 的费用**.

可以证明,若 f 是流量的可行流中费用最小者,而 μ 是关于 f 的所有增广链中费用最小的

增广链，那么沿 μ 去调整 f，得到可行流 f' 就是可行流中的最小费用流. 这样，当可行流是最大流时，它也就是最小费用最大流了. 由于 $b_{ij} \geqslant 0$，所以 $f=0$ 必是最小费用流，即可以从零流开始.

其次，研究如何寻找关于 f 的费用最小的增广链. 在增广链 μ 上，若把 μ^- 中的弧 (v_j, v_i) 反向，且令它的权是 $-b_{ij}$，而 μ^+ 中的弧方向不变，并且令它的权是 b_{ij}，那么，改变后的 μ 就是一条路，该路的权恰好是增广链 μ 的费用 $(\sum_{\mu^+} b_{ij} - \sum_{\mu^-} b_{ij})$. 这样，就把求最小费用增广链的问题转化成求从 v_s 到 v_t 的最短路问题.

此时，需要构造赋权有向辅助图 $\omega(f)$. 它的顶点是原网络 D 的顶点，而 D 中的每条弧 (v_i, v_j) 变成两个方向相反的弧 (v_i, v_j) 和 (v_j, v_i). 定义 $\omega(f)$ 中弧的权 ω_{ij} 为（$+\infty$ 的弧可以从 $\omega(f)$ 中略去）

$$
\omega_{ij}=\begin{cases} b_{ij}, & \text{若 } f_{ij}<c_{ij} \\ +\infty, & \text{若 } f_{ij}=c_{ij} \end{cases}
\qquad\qquad (7-3)
$$

$$
\omega_{ji}=\begin{cases} -b_{ij}, & \text{若 } f_{ji}>0 \\ +\infty, & \text{若 } f_{ij}=0 \end{cases}
$$

7.5.2　最小费用最大流问题的算法

综上所述，整个问题求解的步骤归纳如下.

(1) 取 $k=0$，$f^{(0)}=0$，即以零流作为初始可行流，此时费用为零.

(2) 对于当前最小费用可行流 $f^{(k)}$，构造赋权有向辅助网络图 $w(f^{(k)})$.

(3) 采用最短路算法，在赋权有向辅助图 $w(f^{(k)})$ 中求出从 v_s 到 v_t 的最短路. 若不存在最短路，则 f 就是最小费用最大流，算法结束；若存在最短路，记为 μ，则 μ 是原网络中的一个增广链，转入下一步.

(4) 在增广链 μ 上调整流量，调整量为 $\theta=\min\{\min_{\mu^+}(c_{ij}-f_{ij}^{(k)}), \min_{\mu^-} f_{ji}^{(k)}\}$，于是得到一个新的可行流为

$$
f^{(k+1)}=\begin{cases} f_{ij}^{(k)}+\theta, & \text{若}(v_i, v_j)\in\mu^+ \\ f_{jI}^{(k)}-\theta, & \text{若}(v_j, v_i)\in\mu^- \\ f_{ij}^{(k)}, & \text{若}(v_i, v_j)\notin\mu \end{cases}
$$

令 $k=k+1$，转入(2).

例 7-11　设弧的容量为 c_{ij}，弧的单位流量费用为 b_{ij}. 图 7-20 所示为一个运输网络，将工厂 v_1，v_2 及 v_3 的物资（数量不限）运往 v_t，弧上的数字为 (c_{ij}, b_{ij})，请制订一个使运量最大且总运费最小的运输方案.

解　虚拟一个起点 v_s，弧的费用等于零，即 $b_{s1}=b_{s2}=b_{s3}=0$；容量 $c_{s1}=10$，$c_{s2}=6$，$c_{s3}=3$. 见图 7-21. 这是一个最小费用最大流问题.

(1) 初始可行流为零流，$f^{(0)}=\{0\}$ 是最小费用流.

(2) 调整流量. 以图 7-21 的单位流量费用 b_{ij} 为权值得到一个赋权有向图 7-22(a)，计算从 v_s 到 v_t 的最短路，因权值非负，故采用 Dijkstra 算法得最短路径为 $v_s\to v_1\to v_4\to v_t$，即为最小费用增广链 μ，沿 μ 调整网络流量方法与最大流相同，在前向弧 μ^+ 上令 $\theta_j=c_{ij}-f_{ij}^{(k)}$，后向弧 μ^- 上令 $\theta_j=f_{ji}^{(k)}$，调整量 $\theta=\min\{\min_{\mu^+}(c_{ij}-f_{ji}^{(k)}), \min_{\mu^-}(f_{ji}^{(k)})\}$ 及由式(7-2) 则得到可行

流 $f^{(k+1)}$ 为最小费用流，得 $f^{(1)}$ 是当前最小费用流，见图 7－22(b).

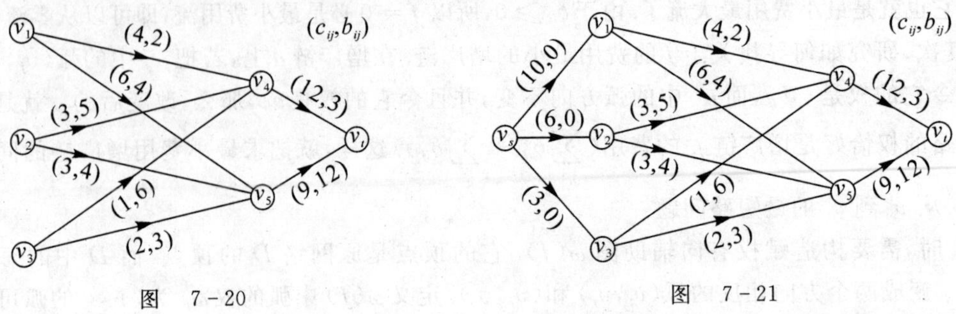

图 7－20　　　　图 7－21

（3）构造赋权图并寻找最小费用增广链. 单位流量费用赋权图 $\omega(f^{(0)})$ 由式(7－3)规则处理后，得单位流量费用赋权有向辅助图 $\omega(f^{(1)})$，见图 7－22(c). 计算从 v_s 到 v_t 的最短路，因有负权值，故采用逐次逼近法得最短路径为 $v_s \to v_2 \to v_4 \to v_t$，即为最小费用增广链. 转入(2)调整流量得 $f^{(2)}$ 是当前最小费用流，见图 7－22(d). 转入(3)，依次类推，分别获得最小费用增广链及当前最小费用流，即图 7－22(e)…(n).

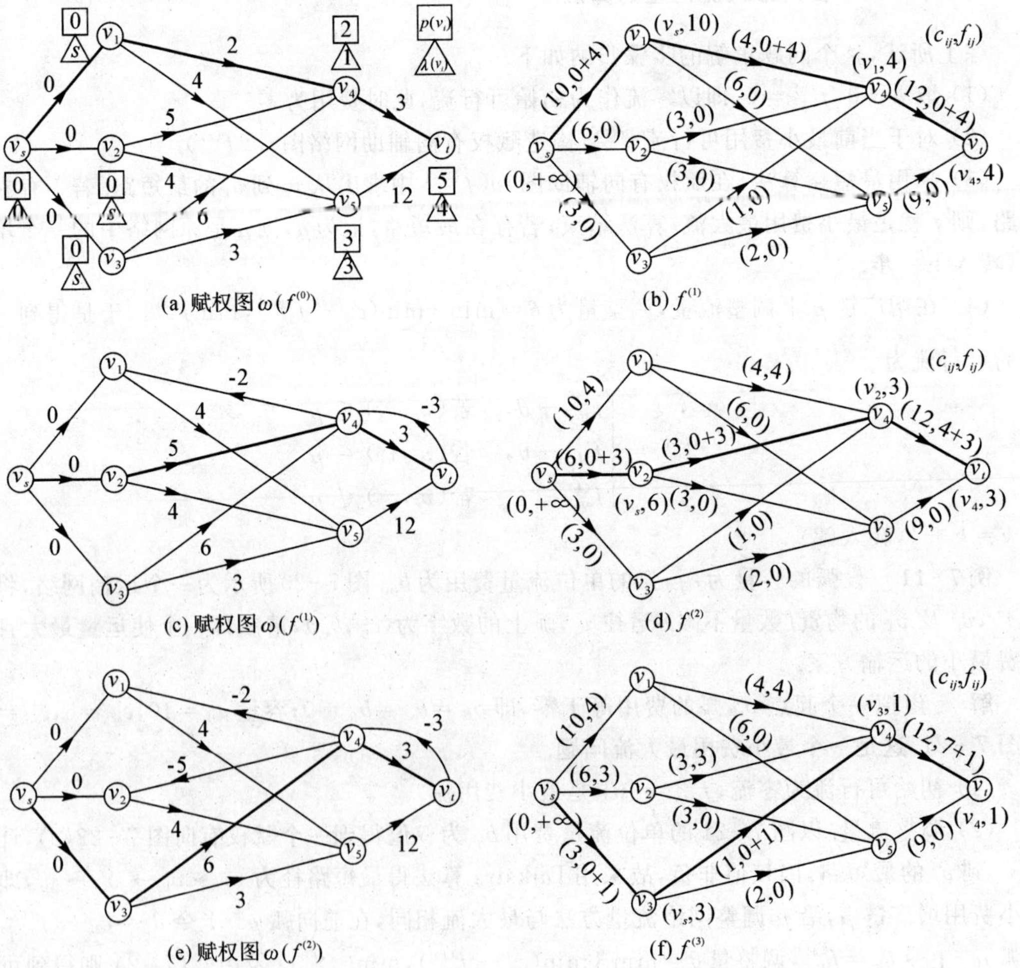

(a) 赋权图 $\omega(f^{(0)})$　　(b) $f^{(1)}$

(c) 赋权图 $\omega(f^{(1)})$　　(d) $f^{(2)}$

(e) 赋权图 $\omega(f^{(2)})$　　(f) $f^{(3)}$

图 7－22

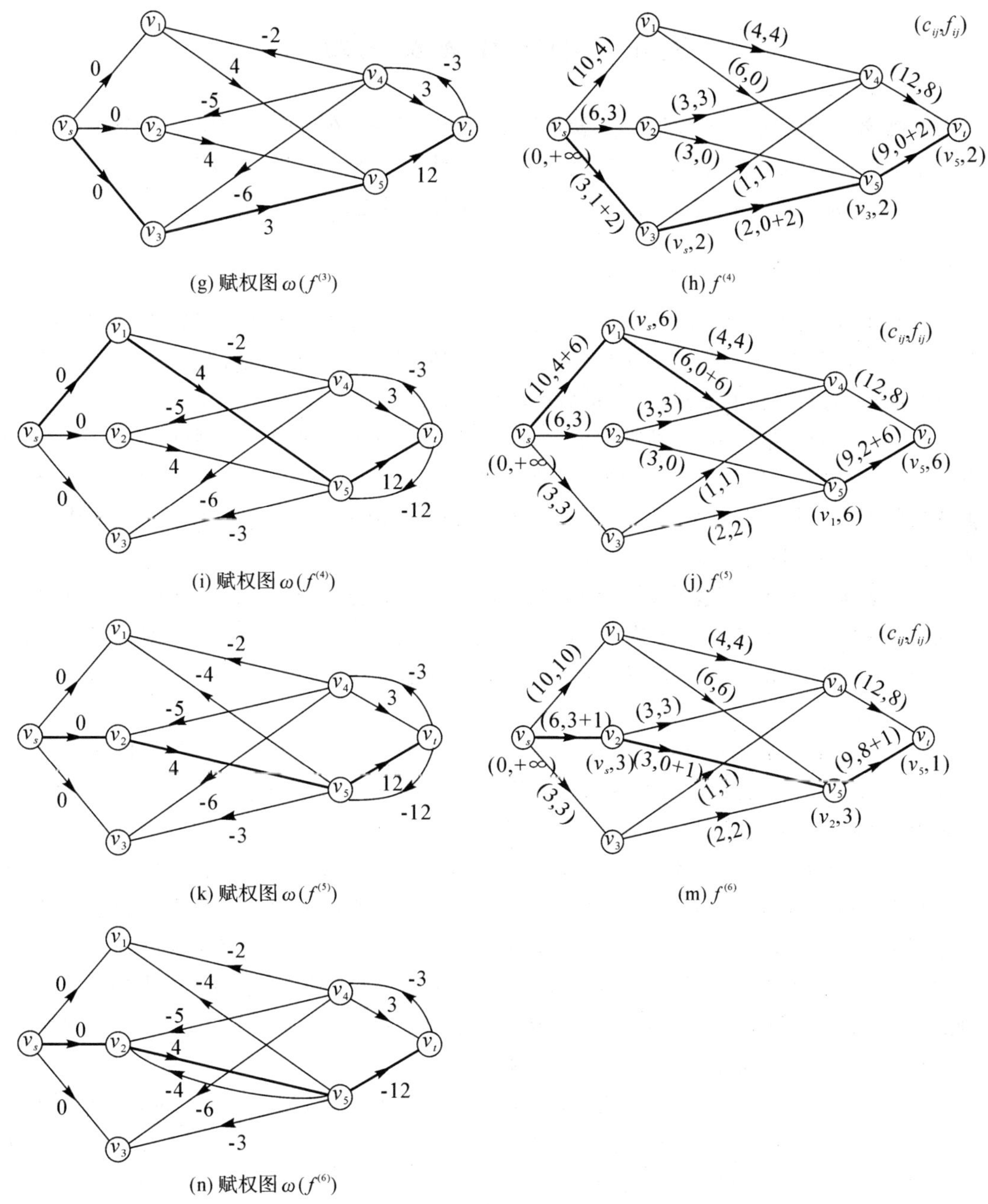

(g) 赋权图 $\omega(f^{(3)})$　　(h) $f^{(4)}$

(i) 赋权图 $\omega(f^{(4)})$　　(j) $f^{(5)}$

(k) 赋权图 $\omega(f^{(5)})$　　(m) $f^{(6)}$

(n) 赋权图 $\omega(f^{(6)})$

续图　7－22

(4) 赋权有向辅助图 $\omega(f^{(6)})$ 中不存在从 v_s 到 v_t 的最短路,此时 $f^{(6)}$ 为最小费用最大流.最大流量为 17,最小费用为

$$b(f^{(6)})=\sum_{(v_i,v_j)\in A} b_{ij}f_{ij}=2\times4+4\times6+5\times3+4\times1+6\times1+3\times2+3\times8+12\times9=195$$

3 个工厂分别运送 10,4 及 3 个单位物资到 v_t,总运量为 17,总运费为 195.

7.6 中国邮递员问题

若把邮递员问题抽象为图的语言，就是给定一个连通图，在每个边上赋予一个非负的权，要求一个回路（未必是简单的），过每边至少一次，并使回路的总权最小. 这是我国学者管梅谷在 1962 年首先提出的，因此在国际上通称为**中国邮递员问题**.

7.6.1 一笔画问题

欧拉在 1736 年发表图论方面的第一篇论文，解决了著名的哥尼斯桥问题. 哥尼斯堡中有一条河叫普雷格尔河，该河中有 2 个岛，河上有 7 座桥. 当时居民热衷的问题是一个散步者能否走过 7 座桥，且每座桥只走过一次，最后回到出发点.

欧拉将河岸及岛抽象成点，桥抽象成边，此问题归结为连通图的一笔画问题，即能否从某一点开始，不重复地一笔画出这个图形，最后回到出发点. 欧拉证明这是不可能的，哥尼斯桥问题抽象出的图中的每一个点都只与奇数条边相关联，不可能将这个图不重复地一笔画成. 这是古典图论中的著名问题.

一个图若能一笔画出，这个图必是欧拉图（起点与终止点重合）或含有欧拉链（起点与终点不同）. 如果已经知道图 G 是可以一笔画成的，怎样把它一笔画出来呢？也就是说，怎么找出它的欧拉圈（这时 G 无奇点）或欧拉链（这时 G 恰有两个奇点）呢？

1. 欧拉图

给定一个连通多重图 G，存在一条链，过每边一次且仅一次，则称这条链为**欧拉链**. 若存在一个简单圈，过每边一次且仅一次，称这个圈为**欧拉圈**. 一个图若有欧拉圈，则称之为**欧拉图**.

定理 7-6 连通多重图 G 有欧拉圈，当且仅当 G 中无奇点.

证明 若图 G 的每个点都是偶点，则必存在欧拉圈 C，构造步骤如下.

(1) 从图 G 的任意一点 v_1 出发，每走过一条边后擦去该边，总是沿着未擦掉的边走，这样一直走下去，一定可以回到出发点 v_1，如果上述走法还未达到 v_1 就已经终止于点 v_2，那么无论曾穿过 v_2 多少次（例如 k 次）最后总有一次进入 v_2 而终止，这时易知 v_2 的度数为 $2k-1$，即 v_2 是奇点，这与图 G 的每个点都是偶点矛盾，因此一定会返回到 v_1，由此得到一个圈 C_1. 如果 C_1 已经包括图 G 的所有边，则 C_1 是 G 的一个**欧拉圈**.

(2) 如果 C_1 不包括图 G 的所有边，将 C_1 除去后图 G 剩下的部分（可能不再是连通图），重复(1) 可得到 C_2，如果 C_2 不能包括剩下的所有边，再构造出 $C_3, C_4, \cdots$，直到所有边都走过为止. 这时 G 的每条边一定包括在上述各个圈之中，设 C_1 是上述圈中的一个，则它一定有某个点与另一个圈连接. 否则 C_1 就只是图 G 的一个连通分支，图 G 不是一个连通图，这与 G 的连通性矛盾.

(3) 将得到的 $C_1, C_2, C_3, \cdots$ 合并成一个圈 C. 由于 C 包括 G 的每条边一次且仅一次，所以 C 就是图 G 的一个**欧拉圈**.

因此，得到了欧拉圈的构造方法如下.

(1) 在图 G 中任取一点 v_1 从 v 出发走过一条边后擦去该边，直到走回 v 得到一个圈 C_1. 如果 C_1 已经包括图 G 的所有边，则 C_1 就是图 G 的一个欧拉圈.

(2) 如仍有未擦去的边，设剩下的边构成图 G_1. 在 G_1 中重复(1) 得到 C_2，必要时重复(1)

(2) 得出 $C_3, C_4, \cdots$ 直至将图 G 的边全部擦去为止.

(3) 用下述方法合并 $C_1, C_2, C_3, \cdots$，得到一个圈 C，就是图 G 的一个欧拉圈.

合并 C_1 与 C_2 的方法是，从 C_1 的任意一点 v 出发，走到 C_1 与 C_2 的共同点 v_2，接着走遍 C_2 回到 v_2，最后沿着 C_1 的其余部分走回到 v_1.

显然，用类似办法可以把 $C_1, C_2, C_3, C_4, \cdots$ 合并成一个圈 C，见图 7-23.

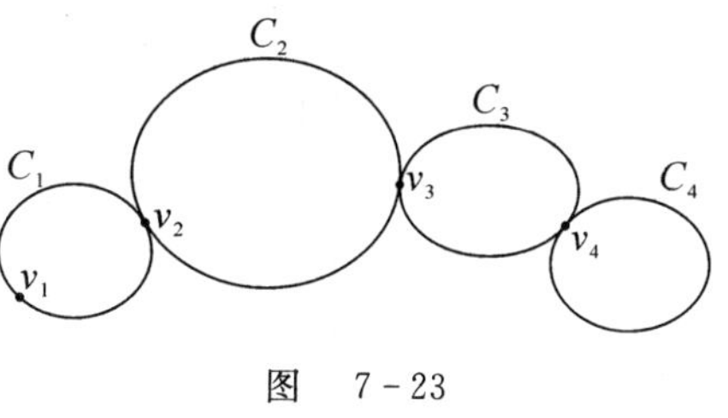

图　7-23

推论　连通多重图 G 有欧拉链，当且仅当 G 恰有两个奇点.

以上的结论为我们提供了判断一个图能否一笔画出的较为简单的方法.

2. 中国邮递员问题的提出

中国邮递员问题　一个邮递员负责某些街道的邮件投递工作，每次要从邮局出发走遍他负责的所有街道，再回到邮局. 那么他应如何安排投递工作，使得所走过的总路程最短?

实际上，这个问题可以归结为：如果有一个连通赋权图或网络 $G=(\boldsymbol{V},\boldsymbol{E},\boldsymbol{C})$，它的每条边都有一个长度 $\omega(e)$(权值). 要求每条边至少通过一次的闭链 P，使得总权 $\sum\limits_{e\in P}\omega(e)$ 最小.

如果在某邮递员所负责的范围内，街道图中没有奇点，即图恰好是欧拉图，则他就可以从邮局出发，走过每条街道一次且仅一次，最后回到邮局，这样他所走的路程也就是最短的路程，即总权必定最小. 对于有奇点的街道图，就必须在某些街道上重复走一次或多次.

例 7-12　如图 7-10 所示街道图，假设每条街道都是长为 1 km，其中 v_1 是邮局，邮递员按照怎样的线路投递邮件，每条街道都走到而走过的道路最短?

解　邮递员可以按如下路线投递信件：

邮路 L_1：$v_1 \to v_2 \to v_5 \to v_2 \to v_3 \to v_4 \to v_5 \to v_6 \to v_1$

邮路 L_2：$v_1 \to v_2 \to v_3 \to v_4 \to v_5 \to v_4 \to v_3 \to v_2 \to v_5 \to v_6 \to v_1$

在邮路 L_1 中，边$[v_2, v_5]$被重复走了一次，在邮路 L_2 中，边$[v_2, v_3]$，$[v_3, v_4]$，$[v_4, v_5]$各被重复走了一次. 在重复走过的边上重复走过几次就补充几个重边，令每条边的权和原来的权相等，并把新增加的边，称为**重复边**. 于是图 7-24 变成了图 7-25 的(a)和(b).

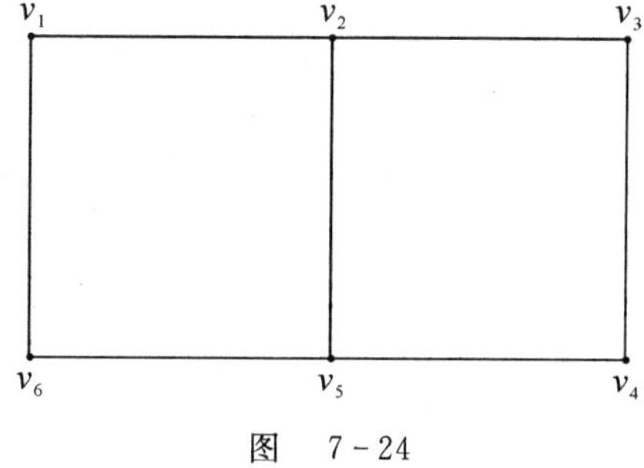

图　7-24

由于图 7-25 的(a)(b) 都是只有偶点的图，因此 L_1 与 L_2 分别是这两个图的欧拉圈，经计算可知邮路 L_1 的长为 8 km 是最短的.

由定理 7-2 可知图 G 中奇点的个数是偶数，可将奇点配对并加上重复边，从而得到一个欧拉图，加重复边的方法不同所得到的欧拉图也不同. 每个欧拉图的欧拉圈都是图 G 中的一条邮路，其中最短的一条就是最优邮路. 于是找图 G 的最优邮路问题就变成了由图 G 构造它所对应的欧拉图，并找到最优欧拉图的问题. 在最优欧拉图里，一定是在保证没有奇点的情况下重复边尽可能少，并且重复边尽可能落在较短(即权值较小) 的边上.

下面介绍求解中国邮递员问题的奇偶点图上作业法.

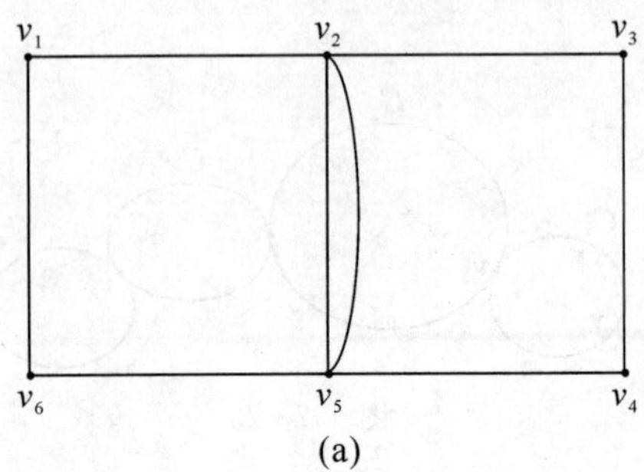

(a)

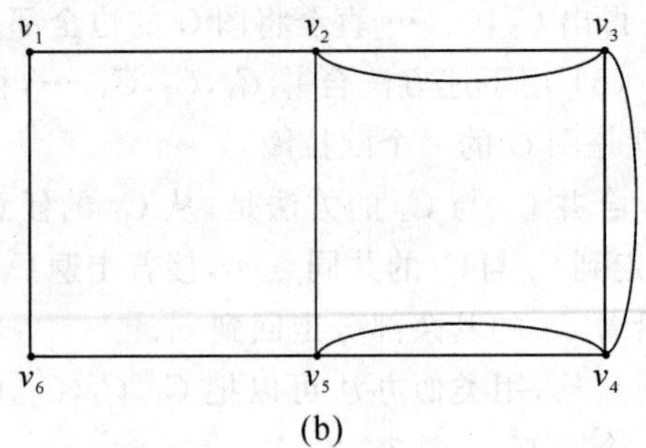

(b)

图 7-25

7.6.2 奇偶点图上作业法

两条邮递路线的总权的差必等于相应的重复边总权的差.因而,中国邮递员问题可以叙述为在一个有奇点的图中,要求增加一些重复边,使新图不含奇点,且重复边的总权为最小.

我们把使新图不含奇点而增加的重复边,简称为**可行(重复边)方案**,使总权最小的可行方案称为**最优方案**.

现在的问题是第一个可行方案如何确定,在确定一个可行方案后,怎么判断这个方案是否为最优方案?若不是最优方案,如何调整这个方案?

1.*第一个可行方案的确定方法*

由定理 7-2 可知,在任何一个图中,奇点个数必为偶数.所以,如果图中有奇点,就可以把它们配成对;又因为图是连通的,所示每一对奇点之间必有一条链,把这条链的所有边作为重复边加到图中去,所得新图中必无奇点,这就给出了第一个可行方案.

例 7-13 邮递员要在如图 7-26 中的街道中投递邮件,问如何选择邮路,使总的邮递路线最短?

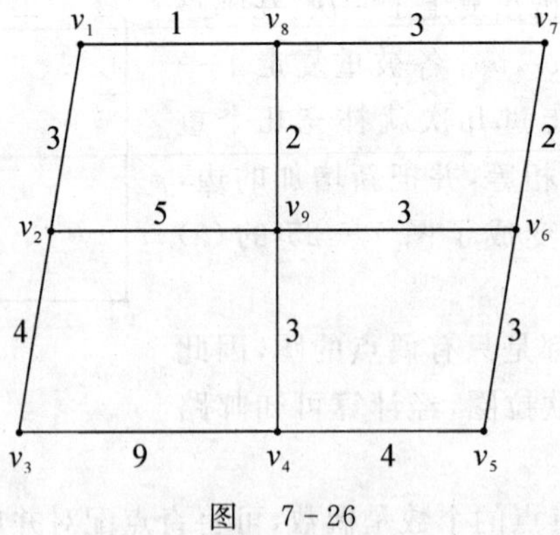

图 7-26

解 图中有 4 个奇点 v_2,v_4,v_6,v_8,将其分成两对,比如 v_2 与 v_4 为一对,v_6 与 v_8 为一对.连接 v_2 与 v_4 的链有好几条,任取一条,如取链$(v_2,v_1,v_8,v_7,v_6,v_5,v_4)$.把边$[v_2,v_1]$,$[v_1,v_8]$,$[v_8,v_7]$,$[v_7,v_6]$,$[v_6,v_5]$,$[v_5,v_4]$作为重复边加到图中去,同样地取 v_6 与 v_8 之间的一条链$(v_8,v_1,v_2,v_3,v_4,v_5,v_6)$,把边$[v_8,v_1]$,$[v_1,v_2]$,$[v_2,v_3]$,$[v_3,v_4]$,$[v_4,v_5]$,$[v_5,v_6]$也作为重复边加到图中去,于是得到图 7-27(a).

在图 7－27(a) 中，没有奇点，对应于这个可行方案，重复边总权为

$$2\omega_{12}+\omega_{23}+\omega_{34}+2\omega_{45}+2\omega_{56}+\omega_{67}+\omega_{78}+2\omega_{18}=40$$

2. 调整可行方案，使重复边总权下降

首先，图 7－27(a) 中可知，在边$[v_1,v_2]$上有两条重复边，如果把它们都从图中去掉，图仍然无奇点，即剩下的重复边还是一个可行方案，而总长度却有所下降. 同理，$[v_1,v_8]$，$[v_4,v_5]$，$[v_5,v_6]$上的重复边也是如此.

一般情况下，若边$[v_i,v_j]$上有两条或两条以上的重复边时，从中去掉偶数条，就能得到一个总权较小的可行方案. 因而有

(1) 在最优方案中，图的每一边上最多有一条重复边.

据此，图 7－27(a) 可以调整为图 7－27(b)，重复边总权下降为 18.

其次，如果把图中某个圈上的重复边去掉，而给原来没有重复边的边加上重复边，图中仍没有奇点. 因而如果在某个圈上重复边的总权大于这个圈的总权的一半，像上面所说的那样作一次调整，将会得到一个总权下降的可行方案.

(2) 在最优方案中，图中每个圈上的重复边的总权不人于该圈总权的一半.

在图 7－27(b) 中，圈(v_2,v_3,v_4,v_9,v_2)的总权为 21，但圈上重复边总权为 13，大于该圈总权的一半. 因此可以作一次调整，以$[v_4,v_9]$，$[v_9,v_2]$上的重复边代替$[v_2,v_3]$，$[v_3,v_4]$上的重复边，使图的重复边总权下降为 13，如图 7－27(c).

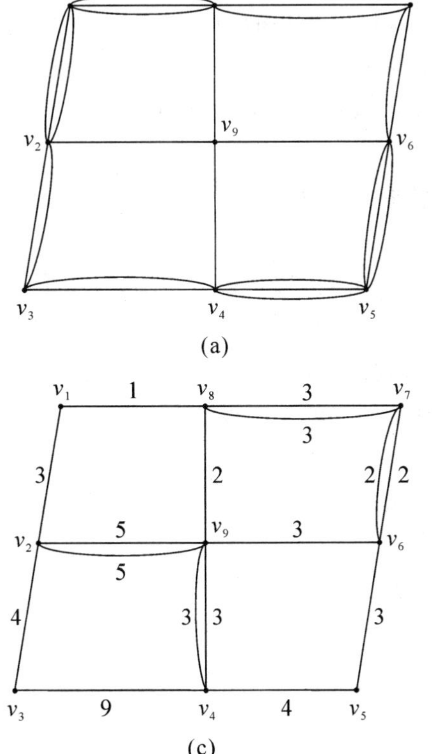

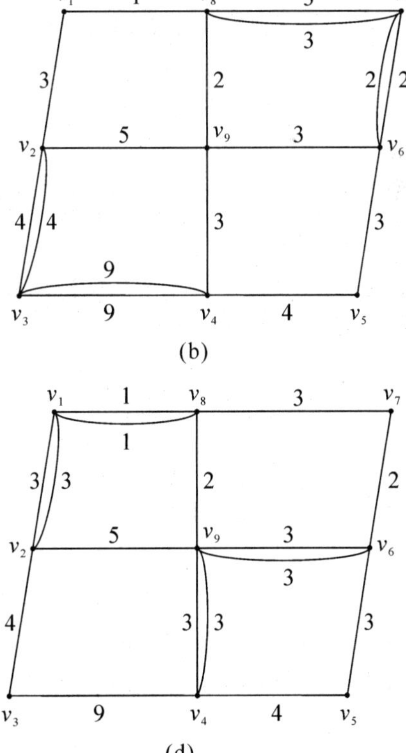

图　7－27

3.最优方案的判断标准

由上述分析可知,一个最优方案一定是满足(1) 和(2) 的可行方案,反之,可以证明一个可行方案若满足(1) 和(2) ,则这个可行方案一定是最优方案.根据这样的判断标准,对给定的可行方案,检查它是否满足条件(1) 和(2) .若满足所得方案即为最优方案;若不满足,则对方案进行调整,直至条件(1) 和(2) 均得到满足时为止.

检查图 7-27(c) 中的圈($v_1,v_2,v_9,v_6,v_7,v_8,v_1$),它的重复边总权为 10,而圈的总权为 17,不满足条件(2) ,经调整得图 7-27(d).图的重复边总权下降为 10.

检查图 7-27(d) 中的任意一个圈,条件(1) 和(2) 均满足,于是得最优方案,图 7-27(d) 中的任一个欧拉圈就是邮递员的最优邮递路线.

上述求最优邮递路线的方法,通常称为**奇偶点图上作业法**.

注意 方法的主要困难在于检查条件(2) ,它要求检查每一个圈.当图中点、边数较多时,圈的个数将会很多.如"日"字形图就有 3 个圈,而"田"字形图就有 13 个圈.

求解中国邮路问题的奇偶点图上作业法计算步骤如下.

(1) 找出连通图 G 中所有的奇点(必有偶数个),将它们两两配对,每对奇点间必有一条链,将链上的所有边作为重复边加到图 G 上,使得所得到的新图中的点都是偶点.

(2) 若某条边上的重复边多余一条,则可从中去掉偶数条重复边,使得新图中的点仍然都是偶点.

(3) 检查图中的每个圈,若每个圈上的重复边的总长不大于该圈总长的一半时,则已得到最优方案;否则,将该圈上的重复边都去掉,而给该圈上原来没有重复边的各边上都加上重复边,然后返回(2) ,直到所有圈中重复边的权值不大于圈的权值的一半,得到最优方案为止.

7.7 WinQSB 软件应用

图与网络优化是应用十分广泛的运筹学分支,它已广泛地应用在科学管理、控制论、信息论、电子计算机、物理学和化学等各个领域.在实际生活、生产和科学研究中,有很多问题可以用图的理论和方法来解决.20 世纪 50 年代以来,随着科技的发展及电子计算机的广泛应用,图与网络优化得到进一步发展,并可以解决很多庞大复杂的工程系统设计和管理决策的最优化问题.

图与网络优化所有计算都调用子程序 Network Modeling(简称 Net).问题类型选择界面有下述选项.

- Network Flow(网络流问题,包含最小费用最大流)
- Transportation Problem(运输问题)
- Assignment Problem(指派问题)
- Shortest Path Problem(最短路问题)
- Maximal Flow Problem(最大流问题)
- Minimal Spanning Tree(最小支撑树问题)
- Traveling Salesmen Problem(旅行售货员问题)

使用图形输入及输出时，为了使图形美观，在菜单栏中选择 Format→Switch to Graphic Model，选择 Edit→Node 调整节点位置，参阅例 7－17 最小费用最大流中的输入方法.

例 7－14　最小树　某企业要构建连接 9 个部门的内部通信网，部门间的距离见图 7－28，长度单位为 km. 求使企业网络连通而电缆总长最短的布线方案.

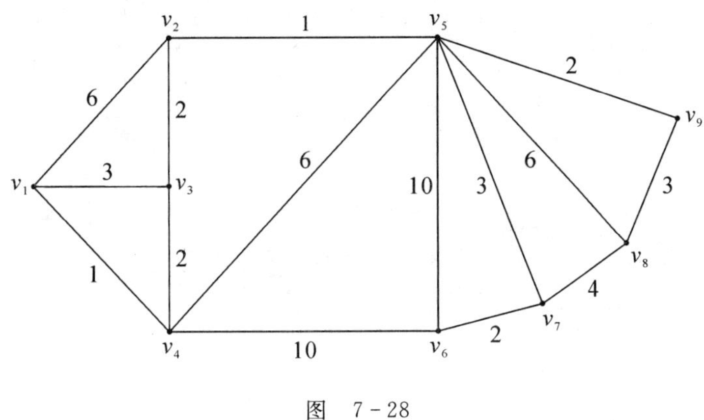

图　7－28

解　(1) 启动程序. 点击开始→程序→WinQSB→Network Modeling.

(2) 建立新问题. 进入问题类型选择界面，选择 Minimal Spanning Tree，输入问题名称 LT7－14，节点数为 9，选择最小化及矩阵表格形式，见图 7－29. 点击 Edit → Note names 修改 Note1～9 为 $v_1, v_2, \cdots, v_9$，输入数据，得表 7－3.

表　7－3

From \ To	V1	V2	V3	V4	V5	V6	V7	V8	V9
V1		6	3	1					
V2	6		2		1				
V3	3	2		2					
V4	1		2		6	10			
V5		1		6		10	3	6	2
V6				10	10		2		
V7					3	2		4	
V8					6		4		3
V9					2			3	

(3) 求解. 点击 Solve and Analyze → Solve the Problem，得到最小树表，见表 7－4. 企业连通 9 部门的通信电缆最短总长为 16km. 点击 Results→Graphic Solution，显示节点见图7－30.

表　7－4

From Node	Connect To	Distance/Cost		From Node	Connect To	Distance/Cost
V3	V2	2	5	V7	V6	2
V4	V3	2	6	V5	V7	3
V1	V4	1	7	V9	V8	3
V2	V5	1	8	V5	V9	2
Total	Minimal	Connected	Distance	or Cost	=	16

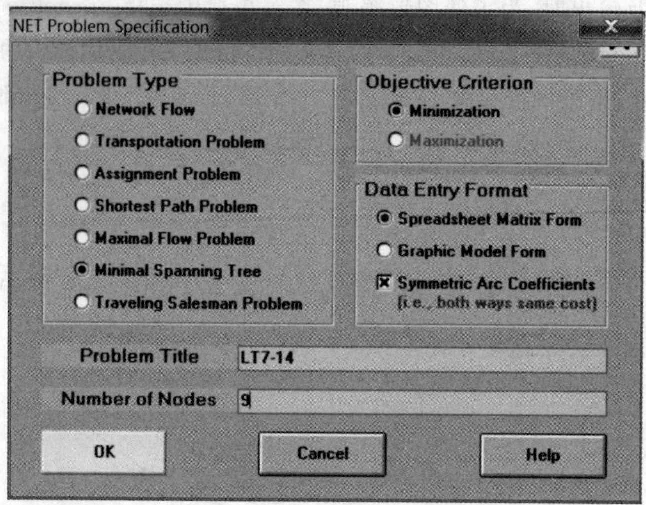

图 7-29

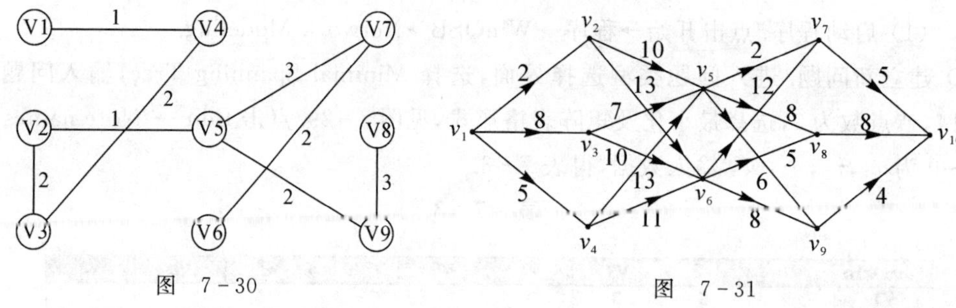

图 7-30　　　　图 7-31

例 7-15　最短路　如图 7-31 所示，弧上权为两点间距离，求点 v_1 到 v_{10} 最短路及最短路长.

解　(1) 启动程序. 点击开始→程序→WinQSB→Network Modeling. 建立新问题，如图 7-29，选择 Shortest Path Problem，输入标题 LT7-15 和节点数 10.

(2) 输入数据. 点击 Edit→Note names 修改 Note1～10 为 $v_1, v_2, \cdots, v_{10}$，按图 7-31 所示弧方向将距离数据输入表 7-5 中，两点间没有弧连接时不输入数据.

表 7-5

From \ To	v1	v2	v3	v4	v5	v6	v7	v8	v9	v10
v1		2	8	5						
v2					10	13				
v3					7	10				
v4					13	11				
v5							2	8	6	
v6							12	5	8	
v7										5
v8										8
v9										4
v10										

(3) 求解. 点击菜单栏 Solve and Analyze → Solve the Problem, 选择线路起点 v_1 到终点 v_{10}, 结果见表 7-6, 其最短路为 $v_1 \to v_2 \to v_5 \to v_7 \to v_{10}$, 最短路长为 19 个距离单位.

表　7-6

From	To	Distance/Cost	Cumulative Distance/Cost
v1	v2	2	2
v2	v5	10	12
v5	v7	2	14
v7	v10	5	19
From v1	To v10	=	19
From v1	To v2	=	2
From v1	To v3	=	8
From v1	To v4	=	5
From v1	To v5	=	12
From v1	To v6	=	15
From v1	To v7	=	14
From v1	To v8	=	20
From v1	To v9	=	18

例 7-16　最大流　如图 7-31 所示, 弧上权为两点间的容量, 求起点 v_1 到终点 v_{10} 的最大流量.

解　(1) 启动程序. 点击开始→程序→WinQSB→Network Modeling. 建立新问题, 如图 7-29, 选择 Maximal Flow Problem, 输入标题 LT7-16 和节点数 10.

(2) 输入数据. 点击 Edit→Note names 修改 Note1～10 为 $v_1, v_2, \cdots, v_{10}$, 按图 7-31 所示弧方向将容量输入表 7-4 中, 两点间没有弧连接时不输入数据.

(3) 求解. 点击菜单栏 Solve and Analyze → Solve the Problem, 选择起点 v_1 到终点 v_{10}, 结果见表 7-7. 其网络最大流为 15 个流量单位.

表　7-7

From	To	Net Flow		From	To	Net Flow
v1	v2	2	8	v5	v8	6
v1	v3	8	9	v5	v9	4
v1	v4	5	10	v6	v7	5
v2	v5	2	11	v7	v10	5
v3	v5	3	12	v8	v10	6
v3	v6	5	13	v9	v10	4
v4	v5	5				
Net Flow	From	v1	To	v10	=	15

例 7-17　最小费用最大流　将 3 个天然气田 A_1, A_2, A_3 的天然气输送到 2 个地区 C_1, C_2, 中途有两个加压站 B_1, B_2, 天然气管线见图 7-32. 输气管道单位时间的最大通过量 c_{ij} 及单位流量的费用 b_{ij} 标在弧上 (c_{ij}, b_{ij}). 求最小费用最大流.

解　(1) 启动程序. 点击开始→程序→WinQSB→Network Modeling. 选择 Network Flow、Minimization、Graphic Model Form, 输入标题 LT7-17 及节点数 7.

(2) 编辑网络图. 在图形输入界面点击 Edit→Node, 右端出现图 7-33 所示编辑界面, 在 Node Name 的对话框中输入节点名称, 在 Location 的对话框中输入节点位置, 系统提供 10 行 10 列的方格表, 例如将节点 1 放在第 1 行第 1 列, 则输入"1,1"两个数, 中间用逗号分开. 在

Capacity 对话框中输入节点容量，起点输入以该点为起点所有弧的容量之和，中间点容量为零，终点输入到该点容量之和的相反数，每输入一个节点的信息后一定要点击 OK，见图7－33.

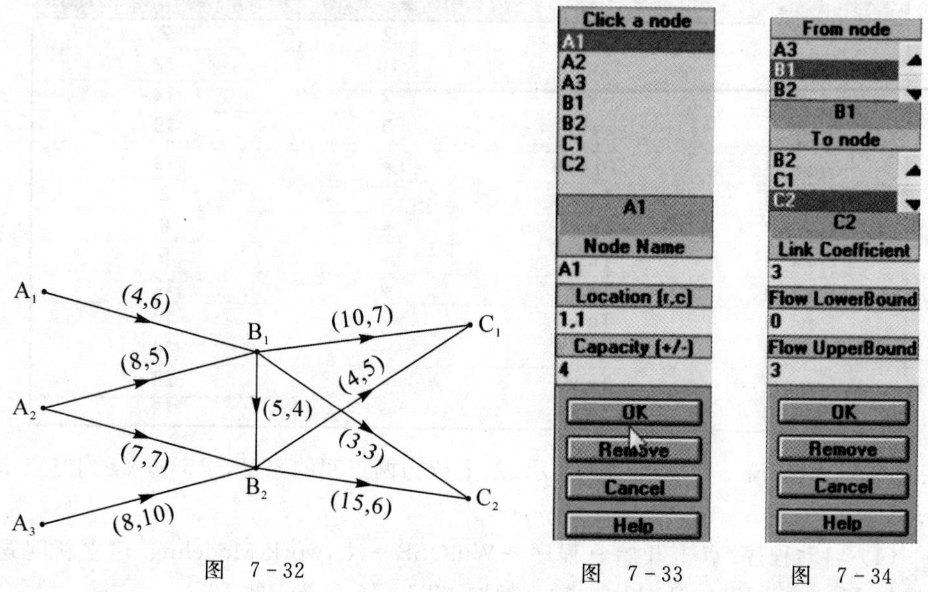

图 7－32　　图 7－33　　图 7－34

(3) 点击 Edit→Arc/Connection/Link，右端出现图 7－34 所示编辑界面，编辑节点与节点的连接关系. 系统开始默认所有节点之间都没有弧连接，如果节点 i 与节点 j 有一条弧，则在 Link Coefficient 的对话框中输入单位流量费用 b_{ij}，在 Flow LowerBound 对话框中输入流量 f_{ij} 下限，在 Flow UpperBound 对话框中输入容量 c_{ij}，点击 OK 完成一条弧的编辑. 所有弧编辑完成后得到图 7－35 所示的网络图，图 7－35 弧边上的数据是单位费用，小括号中的二元数据是初始可行流 f_{ij}（或称流量下界，即零流）和容量 c_{ij}（或称流量上界）.

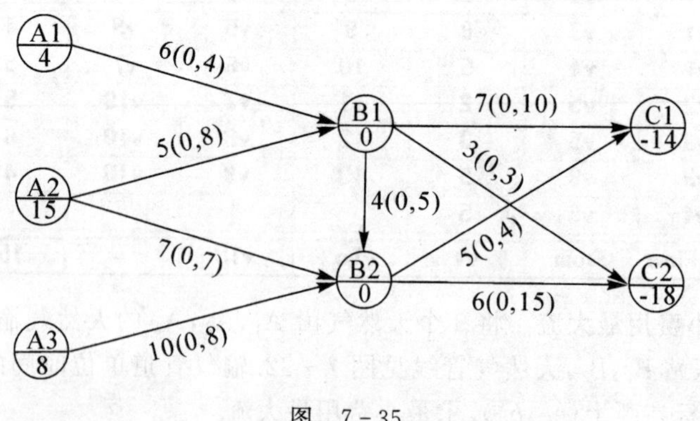

图 7－35

(4) 点击 Solve and Analyze 得到表 7－8 的计算结果，点击 Results→Graphic Solution 输出最小费用最大流网络图，见图 7－36.

表　7 - 8

From	To	Flow	Unit Cost	Total Cost	Reduced Cost
A1	B1	4	6	24	0
A2	B1	8	5	40	-1
A2	B2	7	7	49	0
A3	B2	8	10	80	0
B1	C1	9	7	63	0
B1	C2	3	3	9	-4
B2	C1	4	5	20	-1
B2	C2	11	6	66	0
Unfilled_Demand	C1	1	0	0	0
Unfilled_Demand	C2	4	0	0	0
Total	Objective	Function	Value =	351	

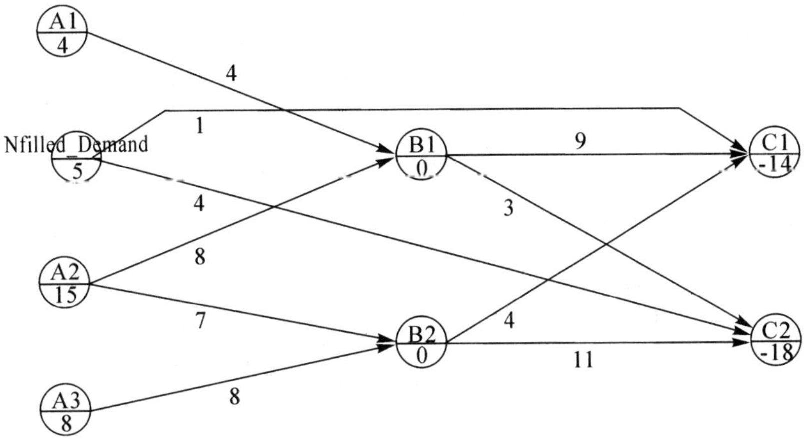

图　7 - 36

习　题　7

7 - 1　证明如下序列不可能是某个简单图的次的序列.

(1) 9,6,5,4,3,2;　　(2) 6,6,5,4,3,2,1;　　(3) 6,5,5,4,3,2,1.

7 - 2　用避圈法和破圈法,求图 T7 - 1 的最小树.

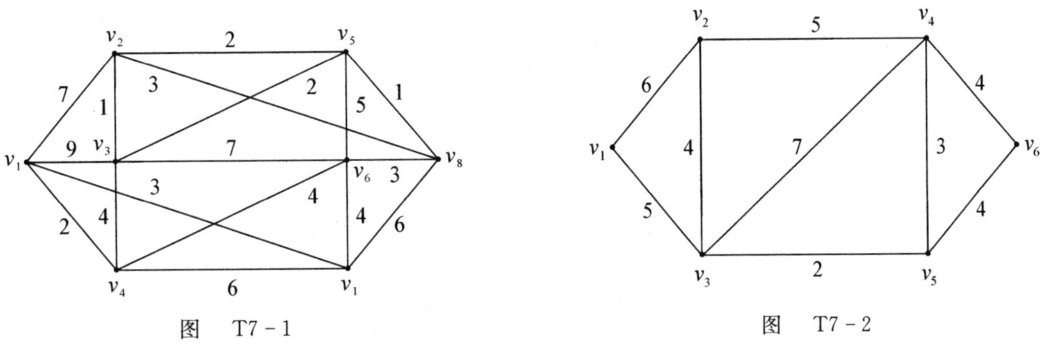

图　T7 - 1　　　　图　T7 - 2

7 - 3　已知世界各大城市(Pe),(N),(Pa),(L),(T),(M),试在表 T7 - 1 所示交通网络数据中确定最小树.

7-4 某工厂拟将其6个车间连接成一个局域网，这个网络可能连通的途径如图 T7-2，已知每条线路的长，求使线路总长度最短的连接方案.

7-5 有10个城市 $v_1, v_2, \cdots, v_{10}$ 的公路网如图 T7-3，弧旁数字是该段公路的长度，有一批货物从 v_1 运到 v_{10}，问走哪条路最短？

表 T7-1

城市	Pe	T	Pa	M	N	L
Pe	×	13	51	77	68	49
T	13	×	60	70	67	59
Pa	51	60	×	57	36	2
M	77	70	57	×	20	55
N	68	67	36	20	×	34
L	49	59	2	55	34	×

7-6 用逐次逼近算法，求图 T7-4 中从 v_1 到各点的最短路.

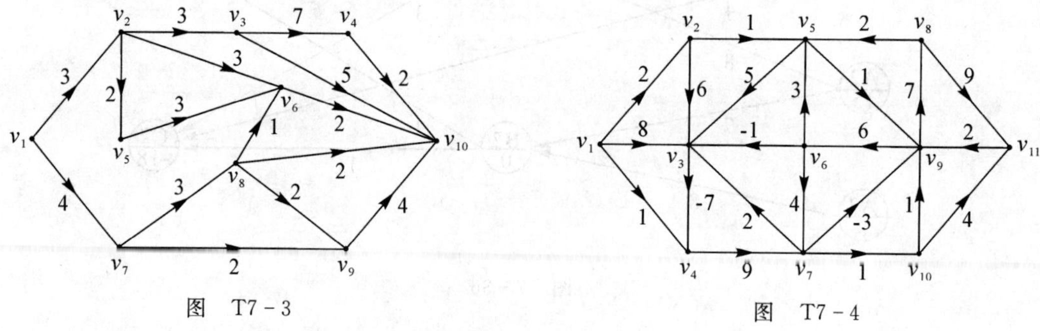

图 T7-3　　图 T7-4

7-7 有两口油井经管道将油输送到脱水处理厂，中间需要经过几个泵厂，见图 T7-5. 已知各个管道的最大通过能力(t/h)，求每小时从油井输送到脱水处理厂的最大流量？

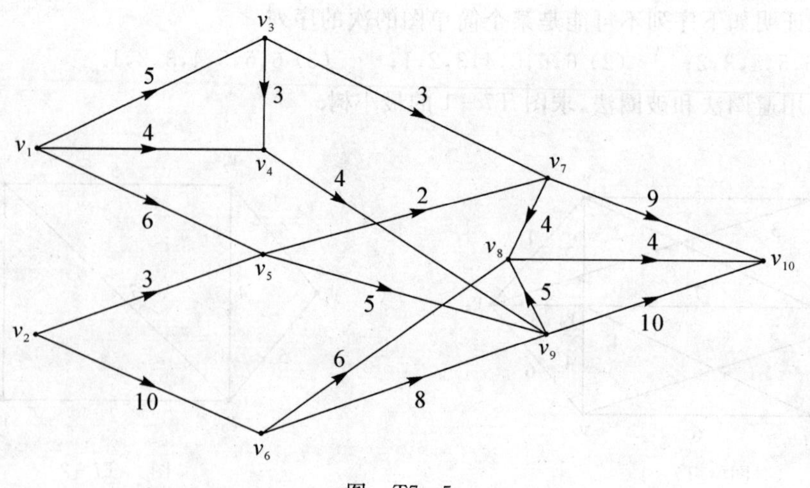

图 T7-5

7-8 求图 T7-6 所示网络的最大流，弧旁的数字是(c_{ij}, f_{ij}).

7-9　电力输送网见图 T7-7，弧上的数字 c_{ij} 表示该条输送线的最大输送能力，单位为兆瓦，由于线路承载容量的变化，使得各条输送线的最大通过能力 c_{ij} 不同. 现在要把电力从发电厂 v_s 输送到用电地区 v_t，要求制订一个输送方案，使得从 v_s 到 v_t 的电力输送量达到最大，并分析制约电力输送量的关键输送线路是哪几条弧？

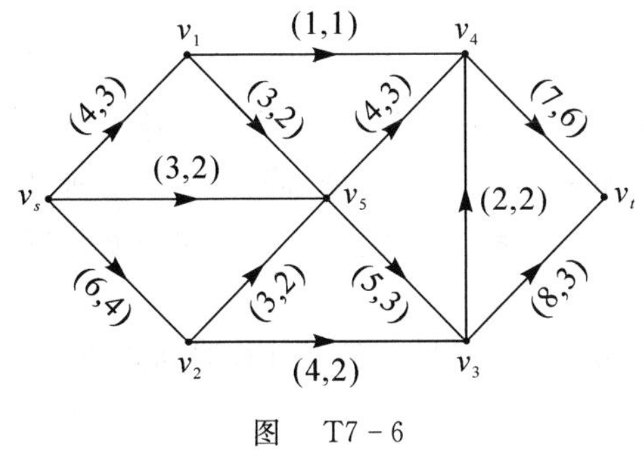

图　T7-6

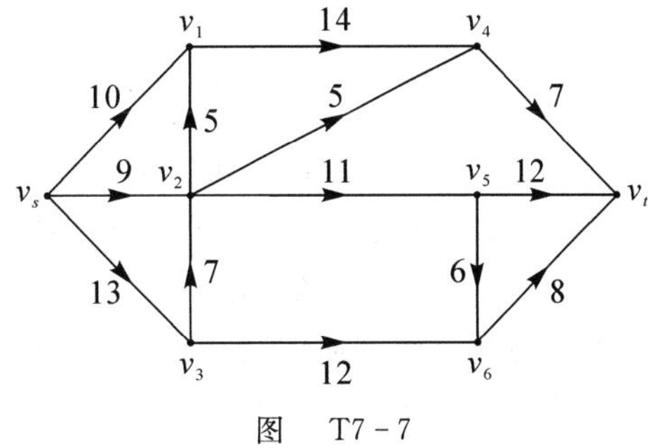

图　T7-7

7-10　两家工厂 x_1 和 x_2 生产同种商品，商品通过如图 T7-8 所示的网络运送到市场 y_1，y_2，y_3，试用 Ford-Fulkerson 标号法，确定从工厂到市场所能运送该商品的最大总量.

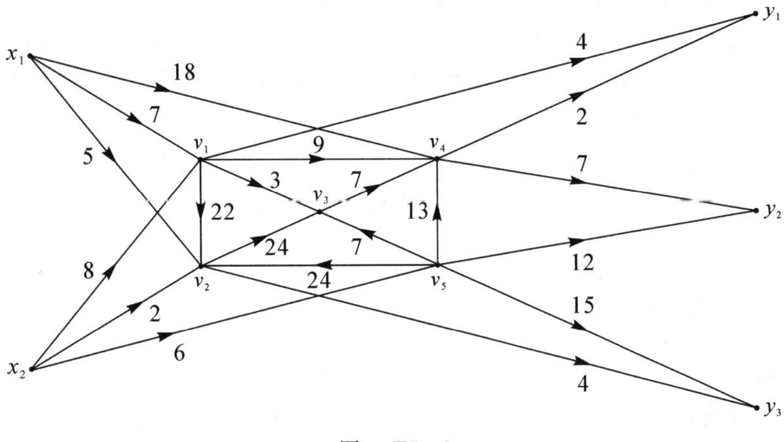

图　T7-8

7-11　求图 T7-9 所示的网络的最小费用最大流，弧旁的数字是(c_{ij},b_{ij}).

7-12　求解图 T7-10 所示的中国邮递员问题.

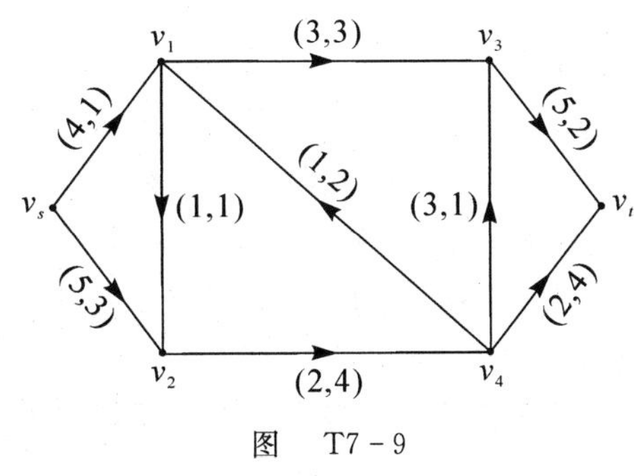

图　T7-9

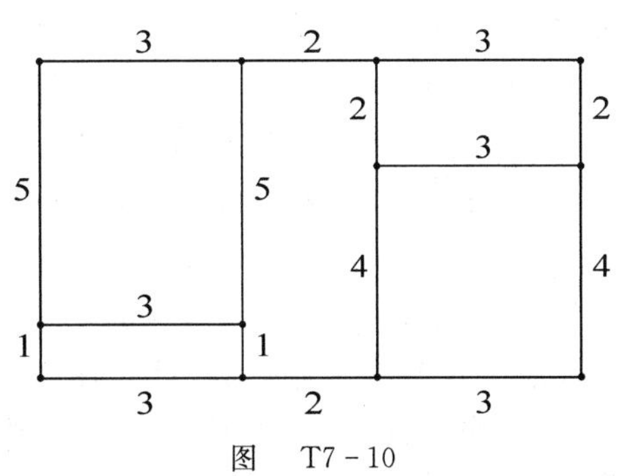

图　T7-10

第 8 章 网络计划

网络计划(Network Programming, NP)就是用网络分析的方法编制计划. 网络计划具有方法简便、易学易用等优点,采用网络计划技术,对于缩短工期、提高工效、降低成本、合理使用资源等方面,都能取得良好的效果,特别适用于生产技术复杂、工作项目繁多且联系紧密的一些跨部门的工作计划的编制.

本章主要介绍如何编制网络计划,包括制订作业明细表、绘制网络图、计算时间参数、确定关键路线和网络优化等内容.

8.1 网络计划图

网络计划图的基本思想是应用网络计划图来表示工程项目中计划要完成的各项工作,完成各项工作必然存在先后顺序及其相互依赖的逻辑关系,这些关系用节点、箭线来构成网络图,网络图是由左向右绘制,表示工作进程,并标注工作名称、代号和工作持续时间等必要信息. 通过对网络计划图进行时间参数的计算,找出计划中的关键工作和关键路线;通过不断改进网络计划,寻求最优方案,以求在计划执行过程中对计划进行有效的控制与监督,保证合理地使用人力、物力和财力,以最小的消耗取得最大的经济效益.

8.1.1 基本术语

网络计划图是在网络图上标注时间坐标和时间参数的进度计划图,实质上是有序的有向赋权图. 表述关键路线法(Critical Path Method, CPM)和计划评审技术(Program Evaluation and Review Technique, PERT)的网络计划图没有本质区别,它们的结构和术语是一样的,仅前者的时间参数是确定型的,主要研究项目的费用与工期的相互关系;而后者的时间参数是不确定型的,注重计划的评价和审查. 通常将这两种方法融为一体,统称网络计划、网络计划技术(PERT/CPM).

网络计划图是由节(结)点、箭线及权所构成的有向图.

(1) 节点、箭线是网络计划图的基本组成元素. **节点**表示一个或若干个工序(工作)的开始或结束,是相邻工序在时间上的分界点,节点用圆圈或方框和里面的数字表示,数字表示节点的编号,如①,②,③,④;**箭线**是一段带箭头的实射线(用"→")和虚射线(用"┈►"),表示一个工序,一项工程由若干工序组成的,工序需要一定的人力、物力、财力、时间等资源,这些资源数据称为**权**,即权表示为完成某个工序所需的资源数据,标注在箭线(工作)旁.

(2) **工作**(也称工序、活动、作业),将整个项目按需要粗细程度分解成若干需要耗费时间或需要耗费其他资源的子项目或单元. 它们是网络计划图的基本组成部分.

(3) 描述工程项目网络计划图有两种表达的方式,双代号网络计划图和单代号网络计划图. 双代号网络计划图在计算时间参数时，又可分为工作计算法和节点计算法.

1）**双代号网络计划图**. 双代号网络计划图中，用箭线表示工作，箭尾的节点表示工作的开始点，箭头的节点表示工作的完成点. 用 $(i-j)$ 两个代号及箭线表示一项工作，在箭线上标记必需的信息，箭线之间的连接顺序表示工作之间的先后开工的逻辑关系，见图 8-1.

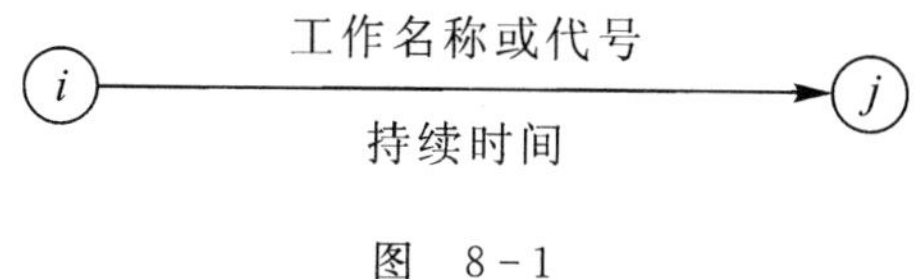

图　8-1

2）**单代号网络计划图**. 用节点表示工作，箭线表示工作完成先后的逻辑关系. 在节点中标记必需的信息，见图 8-2.

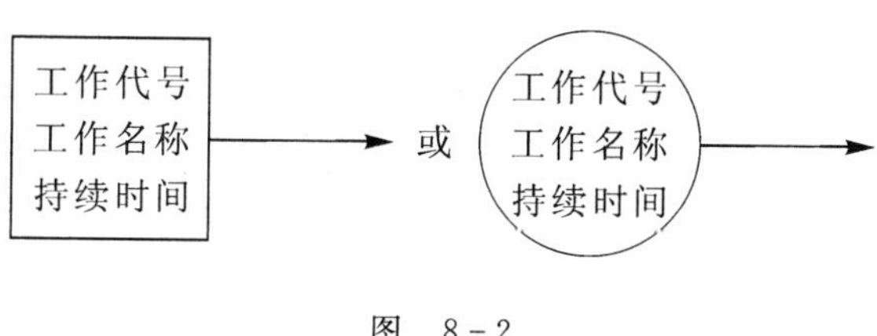

图　8-2

8.1.2　双代号网络计划图

现介绍双代号网络计划图的绘制和按工作计算时间参数的方法. 以例 8-1 来说明.

例 8-1　某新产品投产前的全部准备工作时间及工作间的逻辑关系见表 8-1. 要求编制其网络计划图.

表　8-1

序　号	工作名称	工作代号	紧前工作	工作持续时间/周
1	市场调查	A	—	1
2	需求分析	B	A	2
3	资金筹备	C	A	3
4	产品设计	D	B	2
5	产品研制	E	B	3
6	制订成本计划	F	C,D	2
7	制订生产计划	G	E	2
8	筹备设备	H	E	1
9	调集人员	K	F,G	3
10	准备投产	L	H,K	2

解　根据表 8-1 中的数据，绘制网络图，见图 8-3.

需要说明的是，网络图不是一下能画得很标准，要经过调整，才能简洁清楚，为了将网络图绘制标准，规定以下原则.

1. 网络计划图的方向、时序和节点编号

网络计划图是有向、有序的赋权图，按项目工作流程顺序规定从左向右绘制，在时序上反映完成项目工作的先后顺序. 节点编号必须按箭尾节点编号小于箭头节点编号来标记. 网络图中只能有一个起始节点，表示工程项目的开始，一个终点节点，表示工程项目的完成. 节点时间即工作开始或结束时间.

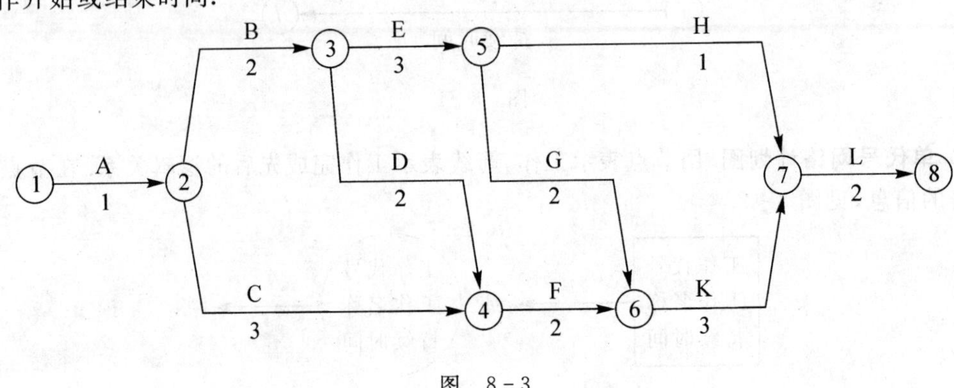

图 8-3

2. 紧前工作和紧后工作(及先行工作和后续工作)以及平行工作

紧前工作是指紧排在本工作之前的工作，且开始或完成后，才能开始本工作.

紧后工作是指紧排在本工作之后的工作，且本工作开始或完成后，才能开始的工作.

以图 8-3 为例，工作 A 是工作 B,C 的紧前工作；而工作 B,C 是工作 A 的紧后工作.

在复杂的工程项目中，它们之间有三种关系：结束后，才开始；开始后，才结束；结束后，才结束. 本例只涉及结束后才开始的关系.

从起始节点至本工作之前在同一线路的所有工作，称为**先行工作**；自本工作之后到终点节点在同一线路的所有工作，称为**后续工作**. 可与本工作同时进行的工作，称为平行工作.

以图 8-3 为例，工作 G 的先行工作有工作 A,B,E；工作 K,L 是工作 G 的后续工作.

以图 8-4 为例，工作 A 完成后，才可以开始 B,C 工作，A 称为 B,C 的先行工作，B,C 称为 A 的后续工作，B,C 可同时开始，称为平行工作.

3. 虚工作

实际工作不存在，即虚设的工作. 为了表示工作关系，用② ⇢ ⑤表示，虚工作不需要消耗人力、物力和时间等资源.

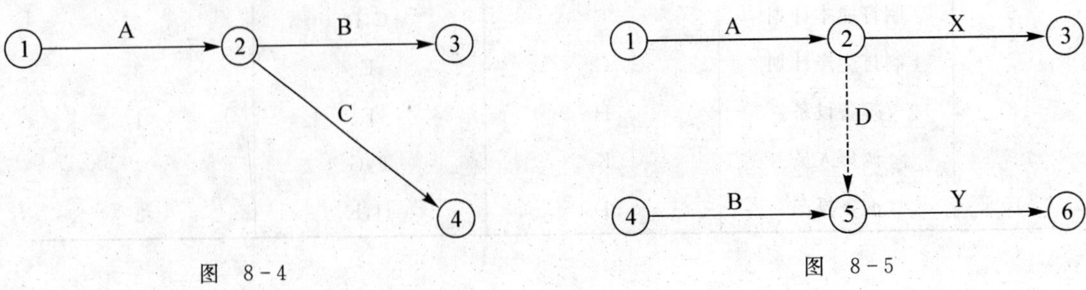

图 8-4　　图 8-5

以图 8-5 为例，D 为虚设工作，工作时间为零，从而保证 Y 的先行工作是 A,B. 如果不虚设，则表示不清楚. 明确的 X 和 B 无关系，不能虚设 B 为 X 的先行工作.

4. 相邻的两节点之间只能有一条箭线连接，否则将造成逻辑上的混乱

如图 8－6 所示是错误的画法，为了使两节点之间只有一条箭线，可增加一个节点，并增加一个虚工作②┈►③，图 8－7 是正确的画法.

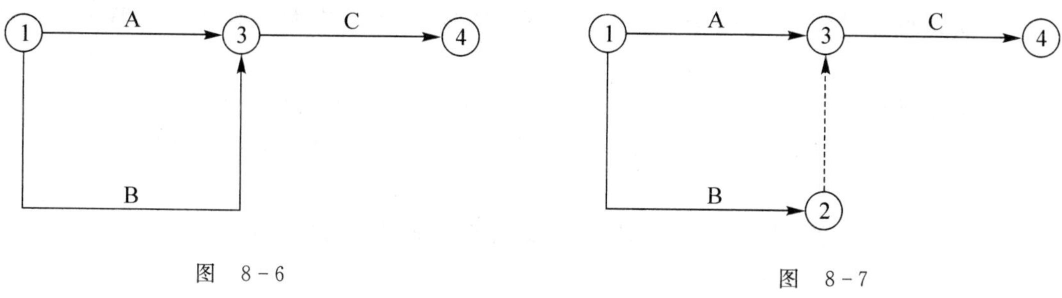

图　8－6　　　　图　8－7

5. 网络计划图中不能有缺口和回路

在网络计划图中严禁出现从一个节点出发，顺箭线方向又回到原出发节点，形成**回路**，回路表示这项工作永远不能完成. 网络计划图中出现缺口，表示这些工作永远达不到终点，项目无法完成.

6. 起始节点和终点节点

在网络计划图中只能有一个起始节点和一个终点节点. 当项目开始或完成时存在几个平行工作时，可以用虚工作将它们与起始节点和终点节点连接起来.

7. 线路的关键路线

网络计划图中从起始节点开始沿箭线方向顺序自左向右，通过一系列箭线和节点，最后到达终点节点的通路，称为**线路**. 网络计划图中可计算出各线路的持续时间，其中有一条持续时间最长的线路是**关键路线**.

以例 8－1 为例，计算出各线路工作持续时间，见表 8－2. 其中，①→②→③→⑥→⑤→⑦→⑧为关键路线，组成关键路线的工序（工作）称为**关键工序（工作）**，因为它的持续时间决定了整个项目的工期.

缩短网络计划完成时间的基本思想就是在一个庞大的网络图中，找出关键路线，对关键工序，优先安排资源，挖潜力，尽量压缩工时，保证工期，缩短工期. 而对于非关键路线上的工序，只要在不影响工期的条件下，可以适当抽出一定的人力、物力、财力资源支援关键路线.

表　8－2

线路	线路的组成	各工作持续时间之和/周
1	①→②→③→⑤→⑦→⑧	1＋2＋3＋1＋2＝9
2	①→②→③→⑤→⑥→⑦→⑧	1＋2＋3＋2＋3＋2＝13
3	①→②→③→④→⑥→⑦→⑧	1＋2＋2＋2＋3＋2＝12
4	①→②→④→⑥→⑦→⑧	1＋3＋2＋3＋2＝11

8. 网络计划图的布局

网络计划图在布局时尽可能将关键路线布置在图的中心位置，按工作的先后顺序将联系紧密的工作布置在邻近的位置. 为了便于在网络计划图上标注时间等数据，箭线应是水平或

具有一段水平的折线，在网络计划图上附有时间坐标或日历进程.

9. 网络计划图的类型

(1) 总网络计划图，以整个项目为计划对象，编制网络计划图，供决策领导层使用.

(2) 分级网络计划图，这是按不同管理层级的需要，编制范围大小不同、详细程度不同的网络计划图，供不同管理部门使用.

(3) 局部网络计划图，以项目某部分为对象，编制更详细的网络计划图，供专业部门使用.

当用计算机网络计划软件编制时，可根据需要进行网络计划图的分解与合并.

8.2 网络计划图的时间参数计算

网络计划的时间参数计算有几种类型：双代号网络计划图的工作计算法和节点计算法；单代号网络计划的节点计算法. 本书仅介绍工作计算法.

网络计划图中**工作的时间参数**有工作**持续时间**(D)，工作**最早开始时间**(earliest start time for an activity)(ES)，工作**最早完成时间**(earliest finish time for an activity)(EF)，工作**最迟开始时间**(latest start time for an activity)(LS)，工作**最迟完成时间**(latest finish time for an activity)(LF)，工作**总时差**(slack for an activity)(TF)和工作**自由时差**(free for an activity)(FF).

8.2.1 工作持续时间

工作持续时间是一项基础工作，关系到网络计划能否得到正确实施. 为了有效地使用网络计划技术，需要建立相应的数据库，这是需要专项讨论的问题. 这里简述计算工作持续时间的两类数据和两种方法.

工作时间是完成某一工作(工序)所需时间，用两种方法确定.

1. 单时估计法(定额法)

每项工作只估计或规定一个确定的持续时间值的方法. 一般由工作的劳动量、劳动定额资料以及投入人力的多少等，计算各工作的持续时间.

工作持续时间：

$$D=\frac{Q}{R\cdot S\cdot n}$$

式中 Q—— 工作的工作量. 以时间单位表示，如小时，或以体积、质量、长度等单位表示；

R—— 可投入人力和设备的数量；

S—— 每人或每台设备每工作班能完成的工作量；

n—— 每天正常工作班数.

当具有类似工作的持续时间的历史资料时，可根据这些资料，采用分析对比的方法确定所需工作的持续时间.

2. 三时估计法

在不具备有关工作的持续时间的历史资料，且较难估计出工作持续时间时，可对工作进行三种时间值估计，然后计算其平均值. 这三种时间值是：

乐观时间 —— 在一切都顺利情况下，完成工序所需最少的时间，记作 a；

最可能时间 —— 在正常情况下,完成工序所需要的时间,记作 m;

悲观时间 —— 在不顺利情况下,完成工序所需要的最多时间,记作 b.

显然上述三种时间发生都具有一定的概率,根据经验,这些时间的概率分布认为是正态分布.一般情况下,通过专家估计法,给出三种估计的数据.两头少、中间大,因而平均意义可用以下公式计算.

工作持续时间值为 $D=\dfrac{a+4m+b}{6}$;方差为 $\sigma^2=\left(\dfrac{b-a}{6}\right)^2$.

8.2.2　计算关系式

时间参数的关系可以用图 8-8 来表示工作的时间参数关系状态.手工计算可在网络计划图上进行,计算步骤为:

(1) 计算各计划线路的持续时间(见表 8-2);

(2) 按网络计划图的箭线的方向,从起点节点开始,计算各工作的最早开始时间 ES 和最早完成时间 EF;

(3) 从网络计划图的终点节点开始,按逆箭线的方向,推算出各工作的最迟开始时间 LS 和最迟完成时间 LF;

(4) 确定关键路线(CP);

(5) 计算工作的总时差 TF 和自由时差 FF;

(6) 平衡资源.

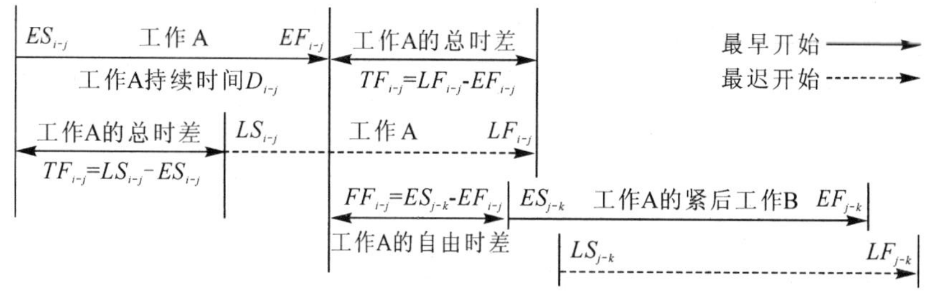

图　8-8

1. 工作最早开始时间 ES 和工作最早完成时间 EF 的计算

利用网络计划图,从图的起始节点开始,沿箭线方向依次逐项计算. 第一项工作最早开始时间为 0,记作 $ES_{i-j}=0$.(起始节点 $i=1$). 第一项工作的最早完成时间 $EF_{1-j}=ES_{1-j}+D_{1-j}$. 第一项工作完成后,其紧后工作才能开始,它工作最早完成时间 EF 就是其紧后工作最早开始时间 ES. 本工作的持续时间 D. 其相互关系表示为

$$EF_{i-j}=ES_{i-j}+D_{i-j}$$

计算工作的 ES 时,当有多项紧前工作情况下,只能在这些紧前工作都完成后才能开始. 因此本工作的最早开始时间是 $ES=\max\{$紧前工作的 $EF\}$,其中 $EF=ES+$工作持续时间 D,表示为

$$EF_{i-j}=\max_h\{EF_{h-i}\}=\max_h\{ES_{h-i}+D_{h-i}\}$$

例 8-1 的 ES,EF 计算值在表 8-3 的 ③,④ 列中.

表 8-3

工作 $i-j$	持续时间 D_{i-j}	最早开始时间 ES_{i-j}	最早完成时间 EF_{i-j}
①	②	③	④ = ③ + ②
A(1-2)	1	$ES_{1-2}=0$	$EF_{1-2}=ES_{1-2}+D_{1-2}=0+1=1$
B(2-3)	2	$ES_{2-3}=EF_{1-2}=1$	$EF_{2-3}=ES_{2-3}+D_{2-3}=1+2=3$
C(2-4)	3	$ES_{2-4}=EF_{1-2}=1$	$EF_{2-4}=ES_{2-4}+D_{2-4}=1+3=4$
D(3-4)	2	$ES_{3-4}=EF_{2-3}=3$	$EF_{3-4}=ES_{3-4}+D_{3-4}=3+2=5$
E(3-5)	3	$ES_{3-5}=EF_{2-3}=3$	$EF_{3-5}=ES_{3-5}+D_{3-5}=3+3=6$
F(4-6)	2	$ES_{4-6}=\max\{EF_{2-4},EF_{3-4}\}=5$	$EF_{4-6}=ES_{4-6}+D_{4-6}=5+2=7$
G(5-6)	2	$ES_{5-6}=EF_{3-5}=6$	$EF_{5-6}=ES_{5-6}+D_{5-6}=6+2=8$
H(5-7)	1	$ES_{5-7}=EF_{3-5}=6$	$EF_{5-7}=ES_{5-7}+D_{5-7}=6+1=7$
K(6-7)	3	$ES_{6-7}=\max\{EF_{4-6},EF_{5-6}\}=8$	$EF_{6-7}=ES_{6-7}+D_{6-7}=8+3=11$
L(7-8)	2	$ES_{7-8}=\max\{EF_{5-7},EF_{6-7}\}=11$	$EF_{7-8}=ES_{7-8}+D_{7-8}=11+2=13$

利用双代号的特征，很容易在表中确定某工作的紧前工作和紧后工作．凡是后续工作的箭尾代号与某工作的箭头代号相同，便是它的紧后工作；凡是先行工作的箭头代号与某工作的箭尾代号相同，便是它的紧前工作．在表 8-3 中首先填入 ①、② 两列数据，然后由上往下计算 ES 与 EF．当某工作 $i-j$ 有多个紧前工作 $h-i$ 时，从中选择最大的 EF_{h-i} 进行计算，公式为 $ES_{i-j}=\max\limits_{h}\{EF_{h-i}\}$，再计算 EF_{i-j}．如计算 ES_{4-6} 时，可以从表 8-3④ 列已有的 EF_{2-4}，EF_{3-4} 中及下式得到最大的 $ES_{4-6}=5$．将它填入表 8-3③ 列对应的 F(4-6) 行即可，有

$$ES_{4-6}=\max\{EF_{2-4},EF_{3-4}\}=\max\{4,5\}=EF_{3-4}=5$$

同理可得 $ES_{6-7}=8$，$ES_{7-8}=11$，将它们填入表 8-3③ 列对应的 K(6-7)，L(7-8) 行即可．

2. 工作最迟开始时间 LS 与工作最迟完成时间 LF

从网络计划图的终点节点开始，采用逆序法逐项计算，即按逆箭线方向，依次计算各工作的最迟完成时间 LF 和最迟开始时间 LS，直到第一项工作为止．网络图中最后一项工作 $(i-n)(j=n)$ 的最迟完成时间应由工作的计划工期确定．在未给定时，可令其等于最早完成时间，即 $LF_{i-n}=EF_{i-n}$．由表 8-3 中的计算结果，EF_{i-n} 是已知的，并且应当小于或等于计划工期规定的时间 T_r．$LS=LF-$ 工作持续时间 D，其他工作的最迟开始时间表示为

$$LS_{i-j}=LF_{i-j}-D_{i-j}$$

计算工作的 LF 时，当有多个紧后工作情况下，需要保证这些紧后工作最早开始时间的衔接，因此本工作的最迟完成时间 $LF=\min\{$紧后工作的 $LS\}$，其中 $LS=LF-$ 工作持续时间 D，表示为

$$LF_{i-j}=\min_{k}\{LS_{j-k}\}=\min_{k}\{LF_{j-k}-D_{j-k}\}$$

例 8-1 的 LS，LF 计算值在表 8-4 的 ⑤，⑥ 列中．计算从下到上地进行，从工作 L(7-8) 开始，令表 8-4⑤ 列最后一行 $LF_{7-8}=EF_{7-8}=13$．于是可计算出 $LS_{7-8}=LF_{7-8}-D_{7-8}=11$．工作 L(7-8) 的紧前工作的箭头代号与工作 L(7-8) 的箭尾代号是相同的，这里有 H(5-7)，

K(6 - 7)，它们只有唯一的紧后工作 L(7 - 8)，所以 $LF_{5-7}=LF_{6-7}=LS_{7-8}=11$. 填入表 8 - 4⑤列的相应行即可. 当某工作 $i-j$ 有多个紧后工作 $j-k$ 时，从中选择最小的 LS_{j-k} 进行计算，公式为 $LF_{i-j}=\min\limits_{k}\{LS_{j-k}\}$，再计算 LS_{i-j}. 如要计算 LF_{3-5} 时，可从表 8 - 4⑥ 列已有的 LS_{5-6}，LS_{5-7} 中及下式得到最小的 $LF_{3-5}=6$. 填入表 8 - 4⑤ 列对应的 E(3 - 5) 行即可，有

$$LF_{3-5}=\min\ \{LS_{5-6},LS_{5-7}\}=\min\ \{6,10\}=LS_{5-6}=6$$

同理可得 $LF_{2-3}=3$，$LF_{1-2}=1$，将它们填入表 8 - 4⑤ 列对应的 B(2 - 3)，A(1 - 2) 行即可.

表　8 - 4

工作 $i-j$	持续时间 D_{i-j}	最迟完成时间 LF_{i-j} ($\min\limits_{k}\{LS_{j-k}\}$)	最迟开始时间 LS_{i-j} ($LF_{i-j}-D_{i-j}$)	总时差 TF_{i-j} ($LS_{i-j}-ES_{i-j}$)	自由时差 FF_{i-j} ($ES_{j-k}-EF_{i-j}$)
①	②	⑤	⑥ = ⑤ − ②	⑦ = ⑥ − ③	⑧
A(1 - 2)	1	$LF_{1-2}=\{LS_{2-3},LS_{2-4}\}=1$	$LS_{1-2}=1-1=0$	$0-0=0$	$FF_{1-2}=ES_{2-3}-EF_{1-2}=0$
B(2 - 3)	2	$LF_{2-3}=\{LS_{3-4},LS_{3-5}\}=3$	$LS_{2-3}=3-2=1$	$1-1=0$	$FF_{2-3}=ES_{3-4}-EF_{2-3}=3-3=0$
C(2 - 4)	3	$LF_{2-4}=LS_{4-6}=6$	$LS_{2-4}=6-3=3$	$3-1=2$	$FF_{2-4}=ES_{4-6}-EF_{2-4}=5-4=1$
D(3 - 4)	2	$LF_{3-4}=LS_{4-6}=6$	$LS_{3-4}=6-2=4$	$4-3=1$	$FF_{3-4}=ES_{4-6}-EF_{3-4}=5-5=0$
E(3 - 5)	3	$LF_{3-5}=\{LS_{5-6},LS_{5-7}\}=6$	$LS_{3-5}=6-3=3$	$3-3=0$	$FF_{3-5}=ES_{5-6}-EF_{3-5}=6-6=0$
F(4 - 6)	2	$LF_{4-6}=LS_{6-7}=8$	$LS_{4-6}=8-2=6$	$6-5=1$	$FF_{4-6}=ES_{6-7}-EF_{4-6}=8-7=1$
G(5 - 6)	2	$LF_{5-6}=LS_{6-7}=8$	$LS_{5-6}=8-2=6$	$6-6=0$	$FF_{5-6}=ES_{6-7}-EF_{5-6}=8-8=0$
H(5 - 7)	1	$LF_{5-7}=LS_{7-8}=11$	$LS_{5-7}=11-1=10$	$10-6=4$	$FF_{5-7}=ES_{7-8}-EF_{5-7}=11-7=4$
K(6 - 7)	3	$LF_{6-7}=LS_{7-8}=11$	$LS_{6-7}=11-3=8$	$8-8=0$	$FF_{6-7}=ES_{7-8}-EF_{6-7}=11-11=0$
L(7 - 8)	2	$LF_{7-8}=EF_{7-8}=13$	$LS_{7-8}=13-2=11$	$11-11=0$	$FF_{7-8}=T-13=13-13=0$

3. 工作时差

工作时差是指工作具有的机动时间. 常用的有两种时差，即工作总时差和工作自由时差.

(1) **工作总时差** TF_{i-j}. 工作总时差是指不影响工期的前提下，工作所具有的机动时间，按工作计算法计算. 计算结果见表 8 - 4 中 ⑦ 列的数据：

$$TF_{i-j}=LF_{i-j}-D_{i-j}-ES_{i-j}=LS_{i-j}-ES_{i-j}\quad 或\quad TF_{i-j}=LF_{i-j}-EF_{i-j}$$

注　工作总时差往往为若干项工作共同拥有的机动时间，如工作 D(3 - 4) 和工作 F(4 - 6) 的工作总时差均为 1，当工作 D(3 - 4) 用去一部分机动时间后，工作 F(4 - 6) 的机动时间将相应地减少.

(2) **工作自由时差** FF_{i-j}. 工作自由时差是指在不影响其紧后工作最早开始的前提下，工作所具有的机动时间. 计算结果见表 8 - 4 中 ⑧ 列的数据：

$$FF_{i-j}=ES_{j-k}-ES_{i-j}-D_{i-j}\quad 或\quad FF_{i-j}=ES_{j-k}-EF_{i-j}$$

注　工作自由时差是指某些工作单独拥有的机动时间，其大小不受其他工作机动时间的影响.

计算例 8 - 1 各工作的时间参数，见表 8 - 3 和表 8 - 4，并将计算结果记入网络计划图中的相应工作时间参数的六格方框"□"中，见图 8 - 9.

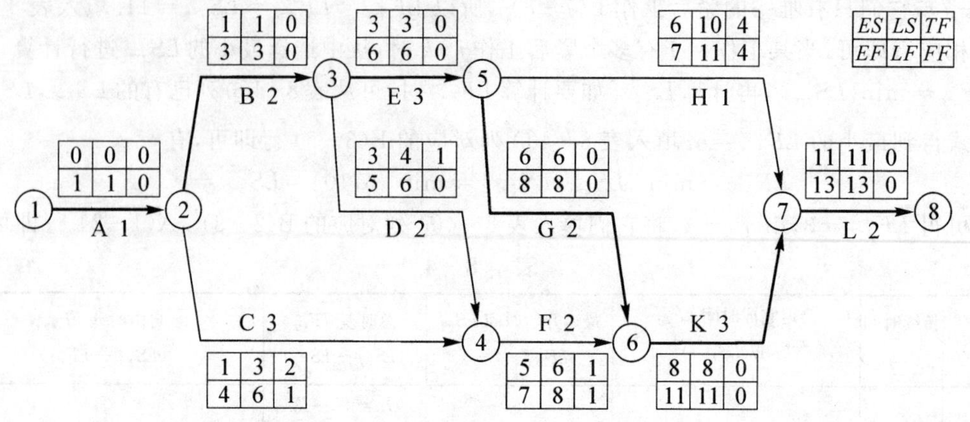

图　8-9

关键路线的特征　在线路上从起点到终点都由关键工作组成. 在确定型网络计划中是指线路中工作总持续时间最长的线路,如例 8－1 中的关键路线为①→②→③→⑤→⑥→⑦→⑧,工作持续时间最长为13周,组成关键路线的关键工作为A, B, E, G, K, L. 在关键路线上无机动时间,工作总时差为零. 在非确定型网络计划中是指估计工期完成可能性最小的线路.

8.3　时标网络计划图

时间坐标简称**时标**. 时标在网络计划图的上方或下方,用以表示工程进度时间的坐标轴. 根据需要规定时间单位为小时、天、周、月、季或年等. 标注有时间坐标的网络计划图称为**时标网络计划图**. 在该图中箭线的长度就表示工作持续时间的长度. 在图中可以用实粗箭线表示关键工作和关键路线,并且可用不同的线型表示出工作的总时差和自由时差,例8-1的时标网络计划图,见图 8-10.

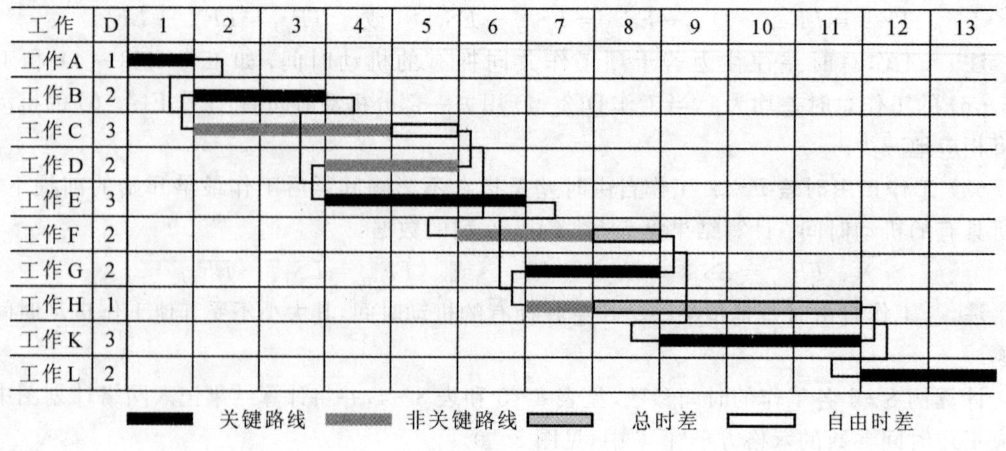

图　8-10

8.4　网络计划的优化

绘制网络计划图、计算工作时间参数和确定关键路线，得到的只是一个初始网络计划方案. 但在实际问题中，通常要求从时间、费用、资源等多种目标来对初始方案进行调整与完善，这些工作称为**网络优化**.

8.4.1　工期优化

若网络计划图的计算工期大于项目要求的工期时，必须根据要求的计划进度，缩短项目工期. 主要采用以下措施，增加对关键工作的投入，以便缩短关键工作的持续时间，实现工期缩短目标.

(1) **技术措施**　提高工效，缩短关键工作的持续时间，使关键路线的时间缩短.

(2) **组织措施**　充分利用非关键工作的总时差，合理调配人力、物力和资金等资源.

8.4.2　资源优化

在编制初始网络计划图后，需要进一步考虑尽量利用现有资源的问题，即在项目工期不变的条件下，均衡地利用资源. 实际项目包含的工作繁多，需要投入资源的种类也很多，均衡地利用资源是件浩繁的工作，需要借助计算机来完成. 为了简化计算，具体操作如下.

(1) 优先安排关键工作所需要的资源；

(2) 利用时差，把非关键工作的时间进行适当调整，拉平资源需要量的峰值；

(3) 统筹兼顾项目进度和现有资源的限制，许可时，也可适当推迟项目工期实现错峰.

例 8-2　通过例 8-1 来说明平衡人力资源的方法. 设现有员工 70 人，要完成工作 B, C, D, E, F, G, H, K. 各工作需要员工人数列于表 8-5 中.

表　8-5

工作	持续时间 / 周	需要员工 / 人	总时差 / 周
B	2	22	0
C	3	48	2
D	2	33	1
E	3	21	0
F	2	16	1
G	2	46	0
H	1	38	4
K	3	32	0

由于员工人数的限制. 若上述工作都按最早开始时间安排，在完成各关键工作的 13 周工期内，每天需要的员工人数如图 8-11 所示，第 3 周需要 102 人，第 6 周需要 100 人，超过了现有员工人数 70 人的约束，必须进行调整. 以虚线表示的非关键路线上非关键工作 C,D,F,H 有

机动时间，若将工作D,F均延迟1周开工，就可以解决第3周的超负荷问题；将工作H推迟2周开工，可以解决第6周的超负荷问题．于是新的负荷图（见图8-12）能满足员工人数70人的约束条件．以上人力资源平衡是利用非关键工作的总时差，可以避开资源负荷的高峰．

避开资源负荷高峰时，可以采用将非关键工作分段作业或采用技术措施减少需要的资源，也可以根据计划规定适当延长项目的工期．

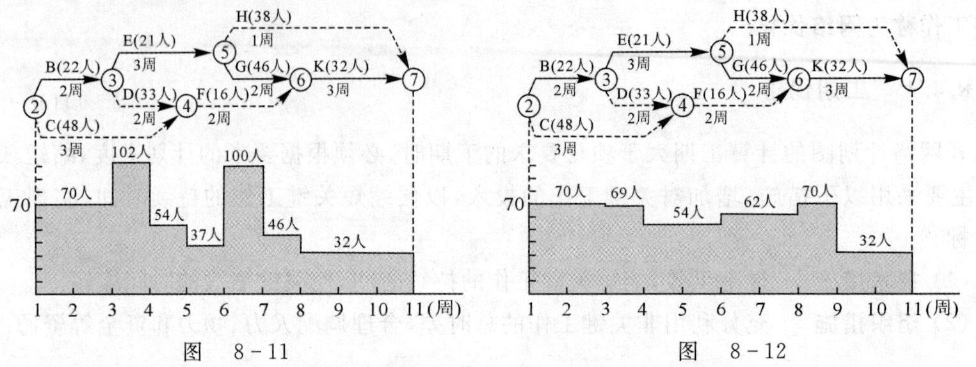

图　8-11　　　　　　图　8-12

8.4.3　时间-费用优化

编制网络计划时，要研究如何使完成项目的工期尽可能缩短，费用尽可能少；或在保证既定项目完成时间条件下，所需要的费用最少；或在费用限制的条件下，项目完工的时间最短．这就是时间-费用优化要解决的问题．完成项目的费用可以分为两大类．

1．直接费用

直接与项目的规模有关的费用，包括材料费用、直接生产工人工资等．为了缩短工作的持续时间和工期，就需要增加投入，即增加直接费用．

2．间接费用

间接费用包括管理费等．一般按项目工期长度进行分摊，工期越短，分摊的间接费用就越少．一般项目的总费用与直接费用、间接费用、项目工期之间存在一定的关系，可以用图8-13表示．

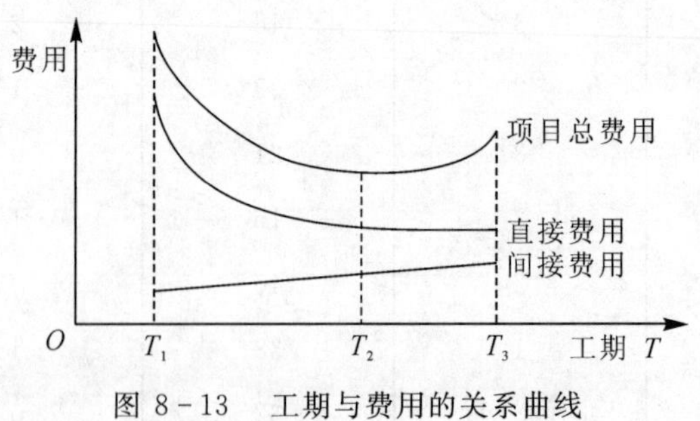

图 8-13　工期与费用的关系曲线

图中：T_1—— 最短工期，项目总费用最高；

T_2—— 最佳工期，即总费用最少，工期短于要求工期；

T_3—— 正常工期．

进行时间-费用优化时，首先要计算出不同工期下最低直接费用率，然后考虑相应的间接费用.费用优化的步骤如下.

(1) 计算工作费用增加率(简称费用率).

费用增加率是指缩短工作持续时间每一单位时间所需要增加的费用.

按工作的正常持续时间计算各关键工作的费用率,通常可表示为

$$\Delta C_{i\text{-}j}=\frac{CC_{i\text{-}j}-CN_{i\text{-}j}}{DN_{i\text{-}j}-DC_{i\text{-}j}}$$

式中　$\Delta C_{i\text{-}j}$—— 工作 $i-j$ 的费用率;

$CC_{i\text{-}j}$—— 将工作 $i-j$ 持续时间缩短为最短持续时间后,完成该工作所需的直接费用;

$CN_{i\text{-}j}$—— 在正常条件下完成工作 $i-j$ 所需要的直接费用;

$DN_{i\text{-}j}$—— 工作 $i-j$ 正常持续时间;

$DC_{i\text{-}j}$—— 工作 $i-j$ 最短持续时间.

(2) 在网络计划图上,找出费用率最低的一项关键工作或一组关键工作作为缩短持续时间的对象,其缩短后的值不能小于最短持续时间,不能成为非关键工作.

(3) 计算相应增加的总费用,然后考虑由于工期的缩短间接费用的变化,在此基础上计算项目的费用.

重复以上步骤,直到获得满意的方案为止.

现以例 8-1 说明优化方法. 已知项目的每周间接费用为 40×10^2 元,利用表 8-6 中的已知资料,按图 8-9 安排进度.

表　8-6

序号	工作代号	正常持续时间/周	工作直接费用/10^2 元	最短工作时间/周	工作直接费用/10^2 元	费用率/(10^2 元/周)
1	A	1	50	1	50	0
2	B	2	100	2	100	0
3	C	3	280	2	330	50
4	D	2	142	1	177	35
5	E	3	260	2	268	8
6	F	2	180	2	180	0
7	G	2	230	1	275	45
8	H	1	60	1	60	0
9	K	3	310	2	360	50
10	L	2	150	2	150	0
合　计			1 762			

项目正常工期为 13 周,对应的项目直接费用为 $1\ 762\times10^2$ 元,间接费用为 $13\times40=520\times10^2$ 元,项目总费用为 $2\ 282\times10^2$ 元. 这是正常条件下进行的方案,称为 13 周方案. 若要缩短这方案的工期,首先缩短关键路线上直接费用率最小的工作的持续时间,在 13 周方案中关键工作 E,G,K 的直接费用率最低的是 E. 从表中可见这项工作的持续时间只能缩短 1 周. 由此总工期可以缩短到 12 周. 按 12 周工期计算,这时直接费用增加到 $1\ 762+8\times1=1\ 770\times10^2$ 元. 由于缩短工期,可以减少间接费用 $40\times1=40\times10^2$ 元,工期为 12 周方案的总费用为

1 770 + 12 × 40 = 2 250 × 10^2 元. 与工期 13 周方案相比，可以节省总费用 32 × 10^2 元. 但在 12 周方案中，有两条关键路线，即

①→②→③→⑤→⑥→⑦→⑧ 与 ①→②→③→④→⑥→⑦→⑧

如果再缩短工期，工作的直接费用将大幅度增加. 例如在 12 周方案的基础上再缩短工期 1 周，成为 11 周方案. 这时应选择工作 D 缩短 1 周，工作 G 缩短 1 周. 这时直接费用成为 1 770 + 35 + 45 = 1 850 × 10^2 元，间接费用为 11 × 40 = 440 × 10^2 元，总费用为 2 290 × 10^2 元. 显然 11 周方案的总费用比 12 周方案和 13 周方案的总费用高. 综合考虑 12 周方案为最佳方案. 计算结果汇总在表 8 - 7 中.

表　8 - 7

工期方案	13 周方案	12 周方案	11 周方案
缩短关键工作代码		E	D,G
缩短工作持续时间/周		1	1,1
直接费用/(10^2 元/周)	1762	1770	1850
间接费用/(10^2 元/周)	520	480	440
总费用/10^2 元	2282	2250	2290

8.5　WinQSB 软件应用

网络计划计算调用 WinQSB 的子程序是 PERT_CPM. 该程序的功能有自动绘制节点网络图、时间的三点估计、网络参数计算、最低成本日程、项目完工期与成本之间的模拟运算、甘特图(时标网络图)、项目施工进度分析等功能.

例 8 - 3　将例 8 - 1 中时间单位改为天，修改项目工作资料，见表 8 - 8.

表　8 - 8

工序	紧前工序	时间/天		成本/10^2 元		时间的最大缩量/天	应急增加成本/(10^2 元/天)
		正常	应急	正常	应急		
A	—	7	5	80	100	2	10
B	A	14	12	100	140	2	20
C	A	21	20	280	330	1	50
D	B	14	12	142	192	2	25
E	B	21	19	360	420	2	30
F	C,D	14	13	180	190	1	10
G	E	14	10	230	274	4	11
H	E	7	5	90	124	2	17
K	F,G	21	19	310	366	2	28
L	H,K	14	13	150	190	1	40
合计		147	128	1 922	2 326	19	

要求：(1) 绘制网络图、甘特图并计算时间参数.

(2) 以正常时间为标准，分别计算提前 1 天完工增加收益 20×10^2 元和 40×10^2 元时的最

低成本完工期.

(3) 给定预算成本 1 905×10^2 元,求项目完工期.

(4) 显示项目施工成本进度表并作图,分析项目施工到 20 天时工作完成情况.

解　启动网络计划(Project Scheduling)程序.点击开始→程序→WinQSB→PERT_CPM.

新建文件后,输入标题(Problem Title)、工作数(Number of Activity)、时间单位(Time Unit),在图 8-14 显示的选项中进行选择,当有三种估计时间时选择 Probabilistic PERT,图的右下方自动显示工作时间为三点分布,右上方数据不需要选择.本例工作时间为确定型,选择 Deterministic CPM.在图右上方选择正常时间(Normal Time)、应急时间(Crash Time)、正常成本(Normal Cost)和应急成本(Crash Cost),在图的左下方数据输入格式有两种:表格形式(Spreadsheet)和图形模式(Graphic Model),如果选择图形模式,系统显示一张 $n\times n$ (n 为工作数)的方阵表格,在对应的方格中双击,系统自动按工作 A,B,…,顺序显示,输入时间数据,画箭线将工作连接起来.

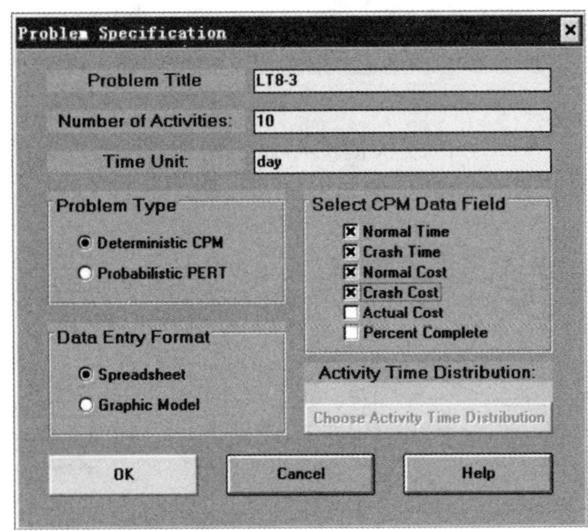

图　8-14

本例选择表格输入形式(Spreadsheet),点击菜单栏 Edit→Add Activity(添加工作)K,L.点击菜单栏 Edit→Delete Activity(删除工作)I,J.将表 8-8 的数据输入,得到表 8-9.

表　8-9

Activity Number	Activity Name	Immediate Predecessor (list number/name, separated by ',')	Normal Time	Crash Time	Normal Cost	Crash Cost
1	A		7	5	80	100
2	B	A	14	12	100	140
3	C	A	21	20	280	330
4	D	B	14	12	142	192
5	E	B	21	19	360	420
6	F	C,D	14	13	180	190
7	G	E	14	10	230	274
8	H	E	7	5	90	124
9	K	F,G	21	19	310	366
10	L	H,K	14	13	150	190

(1) 点击菜单栏 Solve and Analyze,下拉菜单有 3 个求解方法选项.

· 求解正常时间关键路线(Solve Critical Path Using Normal Time)

· 求解应急时间关键路线(Solve Critical Path Using Crash Time)

· 应急赶工分析(Perform Crashing Analysis)

选择 Solve Critical Path Using Normal Time,显示时间参数计算结果,见表 8-10.

表 8-10

08-24-2014	Activity Name	On Critical Path	Activity Time	Earliest Start	Earliest Finish	Latest Start	Latest Finish	Slack (LS-ES)
1	A	Yes	7	0	7	0	7	0
2	B	Yes	14	7	21	7	21	0
3	C	no	21	7	28	21	42	14
4	D	no	14	21	35	28	42	7
5	E	Yes	21	21	42	21	42	0
6	F	no	14	35	49	42	56	7
7	G	Yes	14	42	56	42	56	0
8	H	no	7	42	49	70	77	28
9	K	Yes	21	56	77	56	77	0
10	L	Yes	14	77	91	77	91	0
	Project	Completion	Time	=	91	days		
	Total	Cost of	Project	=	$1,922	(Cost on	CP =	$1,230)
	Number of	Critical	Path(s)	=	1			

点击 Graphic Activity Analysis 或快捷图标显示网络图 8-15,圆圈中的数据分别为工作的最早开始、最早结束、最迟开始和最迟结束时间.

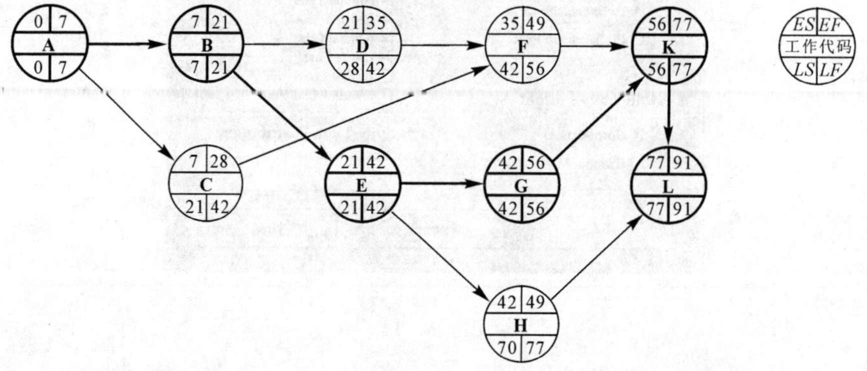

图 8-15

点击 Show Critical Path 显示关键路线、关键工作和完工期 (略).

点击 Gant Chat 或菜单栏快捷图标显示甘特图 (略).

(2) 点击菜单栏 Results→Perform Crashing Analysis 或图标显示图 8-16 所示的选项,这是网络计划优化的主要部分.

图 8-16 右上方显示了正常时间和应急时间的完工期和相应的成本. 在 Crashing Option 对话框中有三个选项.

· 给定项目完工期求总成本(Meeting the desired completion time)

· 给定预算成本求项目工期(Meeting the desired budget cost)

· 给定一个完工期,求最低成本日程(Finding the minimum cost schedule)

前两个选项是在只有应急成本而没有其他成本和收益时,模拟分析工期与成本之间的关系.

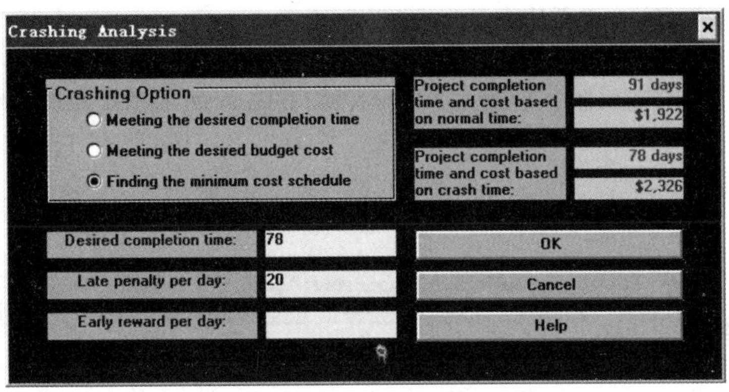

图　8-16

图的左下方的三个输入框的含义分别是,设定一个完工期 T、延迟一个单位时间(对 T 而言)完工的损失、缩短一个单位时间(对 T 而言)的收益.

本例中,选择 Finding the minimum cost schedule,输入框中分别输入 78 和 20,见图8-16.

计算结果见表 8-11.增加成本 104×10^2 元,最低成本日程为 83 天,总成本为

$$1922+104+5\times20=2\ 126\times10^2\text{ 元}$$

表　8-11

Activity Name	Critical Path	Normal Time	Crash Time	Suggested Time	Additional Cost	Normal Cost	Suggested Cost
A	Yes	7	5	5	$20	$80	$100
B	Yes	14	12	12	$40	$100	$140
C	no	21	20	21	0	$280	$280
D	no	14	12	14	0	$142	$142
E	Yes	21	19	21	0	$360	$360
F	no	14	13	14	0	$180	$180
G	Yes	14	10	10	$44	$230	$274
H	no	7	5	7	0	$90	$90
K	Yes	21	19	21	0	$310	$310
L	Yes	14	13	14	0	$150	$150
Late	Penalty:						$100
Overall	Project:			83	$104	$1,922	$2,126

表　8-12

Activity Name	Critical Path	Normal Time	Crash Time	Suggested Time	Additional Cost	Normal Cost	Suggested Cost
A	Yes	7	5	5	$20	$80	$100
B	Yes	14	12	12	$40	$100	$140
C	no	21	20	21	0	$280	$280
D	no	14	12	14	0	$142	$142
E	Yes	21	19	19	$60	$360	$420
F	no	14	13	14	0	$180	$180
G	Yes	14	10	10	$44	$230	$274
H	no	7	5	7	0	$90	$90
K	Yes	21	19	19	$56	$310	$366
L	Yes	14	13	13	$40	$150	$190
Penalty/	Reward:						0
Overall	Project:			78	$260	$1,922	$2,182

同理，提前一天完工增加收益 40×10^2 元时，在输入框中分别输入 78 和 40，计算结果见表 8－12，增加成本 260 百元，最低成本日程为 78 天，总成本为

$$1\ 922+260=2\ 182\times10^2\text{ 元}$$

(3) 点击图 8－16 选项框中 Meeting the desired bugget cost（给定预算成本求项目工期），输入 2054，得到表 8－13 的计算结果. 显示关键工作为 A,B,E,G,K,L，其中工作 A,B,G 和 K 需要赶工，完工期为 82 天.

表 8－13

Activity Name	Critical Path	Normal Time	Crash Time	Suggested Time	Additional Cost	Normal Cost	Suggested Cost
A	Yes	7	5	5	$20	$80	$100
B	Yes	14	12	12	$40	$100	$140
C	no	21	20	21	0	$280	$280
D	no	14	12	14	0	$142	$142
E	Yes	21	19	21	0	$360	$360
F	no	14	13	14	0	$180	$180
G	Yes	14	10	10	$44	$230	$274
H	no	7	5	7	0	$90	$90
K	Yes	21	19	20.0000	￥28.00	$310	￥338.00
L	Yes	14	13	14	0	$150	$150
Overall	Project:			82.00	￥132.00	$1,922	￥2,054.00

(4) 按正常时间求解后，点击菜单栏 Results→PERT/Cost－Table，得到表 8－14. 表中显示了从第 1 天到第 91 天最早开始、最迟开始每天成本和累计成本需求进度表.

点击菜单栏 Results→PERT/Cost－Graphic，将表 8－14 绘制成图 8－17 所示的成本曲线图.

表 8－14

Project Time in day	Cost Schedule Based on ES	Cost Schedule Based on LS	Total Cost Based on ES	Total Cost Based on LS
1	￥11.43	￥11.43	￥11.43	￥11.43
8	￥20.48	￥7.14	￥100.48	￥87.14
9	￥20.48	￥7.14	￥120.95	￥94.29
22	￥40.62	￥30.48	￥407.29	￥210.48
23	￥40.62	￥30.48	￥447.90	￥240.95
29	￥27.29	￥40.62	￥678.29	￥433.95
30	￥27.29	￥40.62	￥705.57	￥474.57
36	$30	￥40.62	￥872.00	￥718.29
37	$30	￥40.62	￥902.00	￥758.90
43	￥42.14	￥29.29	￥1,094.14	￥991.29
44	￥42.14	￥29.29	￥1,136.29	￥1,020.57
50	￥16.43	￥29.29	￥1,363.43	￥1,196.29
51	￥16.43	￥29.29	￥1,379.86	￥1,225.57
57	￥14.76	￥14.76	￥1,476.76	￥1,386.76
58	￥14.76	￥14.76	￥1,491.52	￥1,401.52
78	￥10.71	￥10.71	￥1,782.72	￥1,782.72
79	￥10.71	￥10.71	￥1,793.43	￥1,793.43

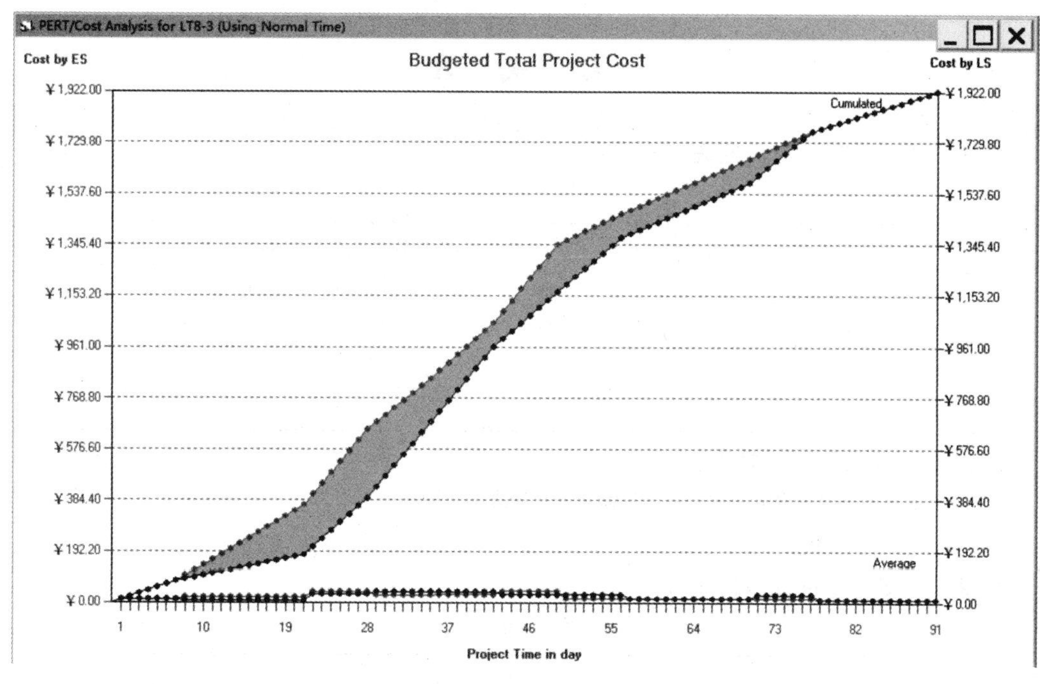

图　8-17

点击 Results→Project Completion Analysis 并输入“55”(天)，显示工作完成进度表，见表 8-15.

表　8-15

Activity Name	On Critical Path	Activity Time	Latest Start	Latest Finish	Planned % Completion
A	Yes	7	0	7	100
B	Yes	14	7	21	100
C	no	21	21	42	100
D	no	14	28	42	100
E	Yes	21	21	42	100
F	no	14	42	56	92.8571
G	Yes	14	42	56	92.8571
H	no	7	70	77	0
K	Yes	21	56	77	0
L	Yes	14	77	91	0
Overall	Project:		0	91	60.4396

当工作时间是随机变量时，在图 8-14 的选项中选择 PERT，系统不仅能计算时间参数、绘制网络图，还可以进行概率分析，对给定的完工时间求完工概率并模拟.(略)

习题 8

8－1 已知某项目资料见表 T8－1.

表 T8－1

工作	紧前工作	工作时间	工作	紧前工作	工作时间	工作	紧前工作	工作时间
A	—	3	E	B	5	I	D,E	2
B	A	4	F	B	5	J	F,G	1
C	A	7	G	C	2	K	H,J	7
D	B	3	H	C	5	L	I,K	3

要求:(1) 绘制网络计划图;

(2) 计算各项工作的时间参数,并填入网络计划图相应工作的六格方框中;

(3) 确定关键路线.

8－2 已知某项目资料见表 T8－2.

表 T8－2

工作	紧前工作	工作时间	工作	紧前工作	工作时间	工作	紧前工作	工作时间
A	—	60	G	B,C	7	M	J,K	5
B	A	14	H	E	12	N	I,L	15
C	A	20	I	F	60	O	N	2
D	A	30	J	D,G	10	P	M	7
E	A	21	K	H	25	Q	O,P	5
F	A	10	L	J,K	10			

要求:(1) 绘制网络计划图;

(2) 计算各项工作的时间参数,并填入网络计划图相应工作的方框中;

(3) 确定关键路线.

8－3 已知某工程项目资料见表 T8－3.

表 T8－3

活动	作业时间	紧前活动	正常进度的直接费用/10^2 元	赶进度一天所需费用/10^2 元
A	4	—	20	5
B	8	—	30	4
C	6	B	15	3
D	3	A	5	2
E	5	A	18	4
F	7	A	40	7
G	4	B,D	10	3
H	3	E,F,G	15	6
合计			153	
工程的间接费用			5(10^2 元/天)	

求出该项工程的最低成本日程.

第 5 篇　排队论与存储论

第 9 章　排　队　论

排队论（Queuing Theory，QT），又称随机服务系统理论（random service system theory），它是研究系统随机聚散现象和随机服务系统工作过程的数学理论和方法. 作为最早的定量优化方法之一，排队论的起源可以追溯到 1909 年爱尔朗(A. K. Erlang)发表的一篇论文，从那时起爱尔朗的名字就与概率排队模型紧密联系在了一起，该论文为排队论的发展奠定了坚实的基础.

排队论是研究拥挤和排队现象的一门学科. 排队系统由服务机构(服务员)及被服务的对象(顾客)组成. 一般顾客的到达及服务员用于对每位顾客的服务时间是随机的，服务员可以是一个或多个，多个情况又分平行或串联排列. 排队按一定规则进行，一般按先到先服务，但也有享受优先服务权的. 排队论研究顾客不同输入、各类服务时间的分布、不同服务员数及不同排队规则情况下，排队系统的工作性能和状态，为设计新的排队系统及改进现有系统的性能提供数量依据. 排队论是在研究各种排队系统概率规律的基础上，解决相应排队系统的最优设计和最优控制问题.

9.1　排队系统及其特征

9.1.1　排队系统及其组成

排队系统中有两个基本概念：一是需求；二是服务. 把提出需求的对象称为“顾客”，不管对象是人或物，还是信息；把实现服务的设施称为“服务机构”. 顾客和服务机构组成一个**排队系统**.

排队系统的结构见图 9－1.

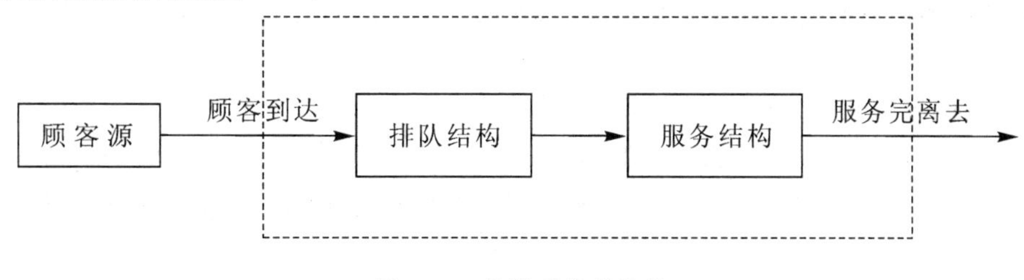

图 9－1　排队系统的结构

排队系统一般都有三个基本组成部分:输入过程、排队规则、服务机构.

1. 输入过程

输入过程讨论的是顾客按怎样的规律到达. 完整描述一个输入过程需要三方面的内容.

(1) **顾客源(顾客总数)** 是指可能到达服务机构的顾客总数. 顾客总数可能是有限的,如工厂内出现故障待修的机器数,显然是有限的;也可能是无限的,如到达某商店的顾客相当多,可以近似地看作是无限的.

(2) **顾客到达的类型** 顾客是单个到达,还是成批到达. 病人到医院看病是顾客单个到达的例子;库存问题中,如将进货看作是顾客,那么这种顾客则是成批到达的.

(3) **顾客相继到达的时间间隔分布** 顾客相继到达服务台,从表面上看是杂乱无章的,其实,常常服从某种统计规律,如定长分布(D),负指数分布(M),k 阶爱尔朗分布(E_k)等.

2. 排队规则

排队规则研究的是顾客接受服务的先后次序问题,可分几种情形来讨论.

(1) **损失制** 顾客到达时,如果所有的服务台都正被占用,顾客随即离去,不再接受服务.

(2) **等待制** 顾客到达时,如果所有的服务台都正被占用,而顾客排队等待服务.

在等待制中,根据对顾客服务的先后次序的规则,通常有如下四种规则.

先到先服务(FCFS) 是按顾客到达的先后次序接受服务,这是最普遍的情形. 例如,买票窗口就是按顾客到达的先后次序服务的.

后到先服务(LCFS) 是指后到达的顾客先接受服务. 如堆积存放的钢板,在需要时,总是先从最上面取出使用,就是后到先服务的例子;又如在通信系统中,后到的信息,一般比先到的有价值,因而是后到先服务.

随机服务(SIRO) 是服务员从等待的顾客中随机地选取某一个进行服务,而不管顾客到达的先后. 如电话交换台接通市内电话的呼叫就是如此;又如乘客在停车场上随机选乘一辆出租车,也是一种随机服务.

优先权服务(PR) 是指进入排队系统的顾客有不同的优先权. 具有较高优先权的顾客将先于具有较低优先权的顾客接受服务,而不管其到达的先后次序. 如严重病人到医院将优先于一般病人得到治疗;加急电报将优先于普通电报译送. 这些都是优先权服务的例子.

此外,从占用的空间来看,有的排队系统要规定容量的最大限度. 如理发店里由于可供顾客等待的座位有限,旅馆里可供住宿的房间也是有限的,所以允许排队的顾客数是有限的,而有的系统就没有这种限制.

从排队队列的数目来看,队列可以是单列,也可以是多列.

(3) **混合制** 是损失制和等待制的结合,有下面两种.

队长有限制 由于空间的限制,有的系统要规定容量,当顾客排队等待服务的人数超过规定容量,后来的顾客自动离去.

排队等待时间有限制 顾客因某种原因,在队列中等待服务的时间有限. 如果等待时间过长,顾客就离队而去.

3. 服务机构(又称服务台)

服务机构的特征主要包括服务台数目和服务时间的分布. 在多个服务台时,是串联还是并联;对顾客是逐个进行服务还是成批服务. 服务时间所遵循的分布有:定长分布(D),指数分布(N),k 阶爱尔朗分布(E_k),一般服务(G) 等.

4. 排队系统的符号表示

上述排队系统的特征可以有多种组合，从而形成不同的排队模型，为了讨论问题的方便，对排队系统的描述采用以下形式：

$$[A/B/C]:[D/E/F]$$

各个符号的意义为

A—— 顾客到达排队系统的时间间隔分布；

B—— 服务时间的分布；

C—— 服务台数（或服务通道数）$C=1,2,\cdots,n$；

D—— 排队系统的容量，即系统中允许的最大顾客数 $\{N,\infty\}$；

E—— 顾客源的总体数目 $\{m,\infty\}$；

F—— 服务规则 {FCFS，LCFS，SIRO，PR}.

例如，$[M/M/1]:[\infty/\infty/\text{FCFS}]$ 表示这样一种排队系统，顾客到达为泊松过程（见9.1.3），服务时间服从负指数分布. 只有一个服务台，系统容量无限，顾客源无限，先到先服务，这是最简单最常见的排队系统.

9.1.2　排队系统问题

对于一个排队系统来说，如果服务机构过小，以致不能满足众多顾客的需要，那么就会产生拥挤现象，而使服务质量降低. 因此，顾客总体上希望服务机构越大越好，但如果服务机构过大，人力、物力等方面的开支也就相应增加，从而造成浪费. 排队论研究的目的就是要在顾客和服务机构的规模之间进行协调，权衡决策使其达到合理的平衡状态. 为此，排队系统研究的问题大体分为三类.

1. 系统性态的研究（即数量指标的研究）

系统数量指标的研究旨在了解系统的基本特征，其主要的数量指标如下：

（1）**队长（L）**　系统内顾客数的期望值（即系统内的平均顾客数）是指任意时刻等待服务和正在接受服务的顾客数之和. 这是一个随机变量，当然是希望确定它的分布，或至少知道它的平均值及有关的数据（如方差等）. 队长分布是服务员和顾客共同关心的一个指标，特别是对服务系统的设计者来说更为重要，因为知道了队长分布，就能计算队长超过某个数的概率，据此考虑是否改变服务方式，确定合理的等待时间.

（2）**列长（L_q）**　系统中排队顾客数的期望值，即排队等待服务顾客数的期望值.

（3）**顾客在系统内停留时间的期望值（W）**　顾客在系统内停留时间包括顾客在系统内排队等待时间和服务时间.

（4）**顾客在系统内等待时间的期望值（W_q）**　这是顾客最关心的指标，从顾客到达时刻起到开始接受服务时刻止，这段时间叫**等待时间**，是个随机变量.

除了以上四个最重要的指标外，下面几个指标也有重要参考价值.

（5）**忙期分布**　从顾客到达空闲服务机构起到服务机构再次变为空闲止，这段时间是服务机构连续工作的时间，叫作**忙期**. 忙期是一个随机变量，忙期分布则是服务员关心的数量指标，关系到服务员的工作强度.

（6）**服务设备利用率**　是指服务设备工作时间占总时间的比率，是衡量服务设备工作强度、磨损和疲劳程度的指标，应该在服务系统的设计阶段研究确定.

(7) **顾客损失率** 由于服务能力不足而造成顾客损失的比率. 顾客损失率过高就会使服务系统的利润减少,所以采用损失制的系统都很重视对这一问题的研究.

2. 统计问题的研究

对现实的系统建立数学模型时,其中的统计问题是一个有机的组成部分,包括对现实数据的处理以及研究相继到达的时间间隔是否独立分布,研究分布类型及有关参数如何确定,研究服务时间与到达时间间隔之间的独立性,以及服务时间分布等问题.

3. 最优化问题

这类问题涉及排队系统的设计、控制以及系统有效性的度量.

常见的系统最优设计问题是在输入和服务参数给定的条件下,确定系统特性指标. 例如,在$[M/M/C]$模型中,给定到达率λ和服务率μ,如何设置服务台数目C,使得某种指标(愿望指标、费用指标等)达到理想状态.

在动态控制问题中,系统运行的某些特征量可以随时间或状态而变化. 例如系统的服务率可以随顾客数的改变而改变. 动态控制模型大体研究两类问题:一类是根据系统的实际情况,假定一个合理的或实际可行的控制策略,然后分析系统,确定系统运行的最佳参数. 例如$[M/M/C]$系统采用这样的服务策略,当队长达到a时,增加一个服务台,而一旦队长小于a时,再消去所增加的服务台,对于某个确定的目标函数,确定某个最佳的a值;另一类问题是对一个具体的系统研究一个最佳的控制策略.

9.1.3 排队论中常见的几种理论分布

1. 泊松分布

设$N(t)$表示在时间区间$[0,t]$内到达的顾客数$(t>0)$,令$P_n(t_1,t_2)$表示在时间区间$[t_1,t_2](t_2>t_1)$内有$n(n\geqslant 0)$个顾客到达的概率,即

$$P_n(t_1,t_2)=P\{N(t_2)-N(t_1)=n\}\ (t_2>t_1,n\geqslant 0)$$

当$P_n(t_1,t_2)$满足以下三个条件时,我们称顾客到达服从**泊松分布**.

(1) **无后效性** 在不相重叠的时间区间内顾客到达的数目是相互独立的,即对于任一组$t_1<t_2<\cdots<t_n(n\geqslant 3)$,$N(t_2)-N(t_1)$,$N(t_3)-N(t_2)$,$\cdots$,$N(t_n)-N(t_{n-1})$相互独立.

(2) **平稳性** 对充分小的Δt,在时间区间$[t,t+\Delta t]$内,有一个顾客到达的概率与t无关,而与区间长Δt成正比,即

$$P_1(t,t+\Delta t)=\lambda\Delta t+o(\Delta t)$$

这里$\lambda>0$它表示单位时间里有一个顾客到达的概率,$o(\Delta t)$,当$\Delta t\to 0$时,是Δt的高阶无穷小.

(3) **普遍性** 对于充分小的Δt,在时间区间$[t,t+\Delta t]$内,有两个或两个以上顾客到达的概率极小,以至可以忽略不计,即

$$\sum_{n=2}^{\infty}P_n(t,t+\Delta t)=o(\Delta t)$$

在上述条件下,我们可推得顾客到达数为n的概率分布为

$$P_n(t)=\frac{(\lambda t)^n}{n!}e^{-\lambda t}\quad(n=0,1,2,\cdots,t>0)$$

$P_n(t)$表示时间区间长为t、到达n个顾客的概率. 由前述可知,对于每个给定的时刻t,$N(t)$是

一个随机变量,其期望为

$$E(N(t))=\sum_{n=0}^{\infty}n\frac{(\lambda t)^n}{n!}e^{-\lambda t}=\lambda t\sum_{n=1}^{\infty}\frac{(\lambda t)^{n-1}}{(n-1)!}e^{-\lambda t}=\lambda t\sum_{k=0}^{\infty}\frac{(\lambda t)^k}{k!}e^{-\lambda t}=\lambda t$$

则

$$\lambda=\frac{E(N(t))}{t}$$

由此可知,参数 λ 表示单位时间内到达顾客的平均数,这与单位时间里有一个顾客到达的概率是等价的.同理,$N(t)$ 的方差为 $\mathrm{Var}(N(t))=\lambda t$.

2. 负指数分布

称随机变量 T 服从**负指数分布**,如果它的分布密度是 $f(t)=\lambda e^{-\lambda t}, t\geqslant 0$,那么它的分布函数自然为

$$F(t)=1-e^{-\lambda t},\quad t\geqslant 0$$

其期望和方差分别为

$$E(t)=\frac{1}{\lambda},\quad \mathrm{Var}(T)=\frac{1}{\lambda^2}$$

负指数分布有以下性质:

(1) 当单位时间内的顾客到达数服从以 λ 为平均数的泊松分布时,则顾客相继到达的间隔时间 T 服从负指数分布.这是因为对于泊松分布,在 $[0,t]$ 区间内至少有 1 个顾客到达的概率 $1-P_0(t)=1-e^{-\lambda t}$,此概率还可表示为 $P(T\leqslant t)=1-e^{-\lambda t}=F(t)$,由此,相继到达的间隔时间独立且服从负指数分布,与顾客到达服从泊松分布是等价的.

(2) 由条件概率的公式可知 $P\{T>t+s \mid T>s\}=P\{T>t\}$,这种性质即为无记忆性或马尔科夫性.若 T 表示排队系统中顾客到达的间隔时间,此性质说明,一个顾客到来的时间与过去一个顾客到来的时间 s 无关,则在此情形下的顾客到达是随机的.负指数分布的这种无记忆性以后经常用到.

3. 爱尔朗分布

设顾客在系统内所接受服务可以分为 k 个阶段,每个阶段的服务时间 $T_1,T_2,\cdots,T_k$ 为服从同一分布 $f(t)=k\mu e^{-k\mu t}$ 的 k 个相互独立的随机变量,则顾客在系统内接受服务时间和 $T=T_1+T_2+\cdots+T_k$ 服从**爱尔朗分布** E_k,其分布密度函数为

$$f_k(t)=\frac{(k\mu)^k t^{k-1}}{(k-1)!}e^{-k\mu t},\quad t\geqslant 0,\quad k,\mu\geqslant 0$$

其期望和方差分别为

$$E(T)=\frac{1}{\mu},\quad \mathrm{Var}(T)=\frac{1}{k\mu^2}$$

当 $k=1$ 时,爱尔朗分布归结为负指数分布;当 $k\to\infty$ 时,由 $\mathrm{Var}(T)=0$,爱尔朗分布归结为定长分布,因而,一般的爱尔朗分布是介于这两者之间的分布.

例如,如果顾客要接受串联的 k 个服务台,各服务时间相互独立,且服从相同的负指数分布(参数为 μ),那么,顾客接受这 k 个服务台服务总共所需时间就服从爱尔朗分布.

9.2 单服务台指数分布排队系统

对于随机型排队系统，一般是给定顾客到达的分布形式和服务时间的分布形式，即在给定输入条件下和服务条件下研究系统的数量指标.然而，要研究系统的数量指标，首先要求解系统内有 n 个顾客的概率 $P_n(n=0,1,2,\cdots,t>0)$，然后根据概率 P_n 来推算这些数量指标.

本节将讨论顾客到达服从泊松分布，服务时间服从负指数分布的单服务台排队系统，且队列为单列.

9.2.1 M/M/1/∞/∞/FCFS 排队模型

此模型表示顾客到达的间隔时间和服务时间均服从负指数分布，只有一个服务台，顾客源和排队空间均无限，排队规则属于等待制，服务规则为先到先服务.

1.系统稳态概率 P_n 的计算

设在某一时刻 t，系统内有 n 个顾客的概率为 $P_n(t)$，相应的顾客到达率为 λ，服务率为 μ. 当 Δt 充分小时，在时间区间 $(t,t+\Delta t)$ 内有一个顾客到达的概率为 $\lambda\Delta t$，有一个顾客离去的概率为 $\mu\Delta t$，有两个或两个以上的顾客到达（或离去）的概率为 Δt 的高阶无穷小，可以忽略不计（这是由泊松分布的平稳性、普遍性决定的），则在时间 $t+\Delta t$ 时，系统内 n 个顾客的状态由以下 4 种方式构成：

(1) 在时刻 t 时有 n 个顾客，在随后 Δt 时间内没有顾客到达，也没有顾客离去；

(2) 在时刻 t 时有 $n-1$ 个顾客，在随后的 Δt 时间内没有顾客离去，有一个顾客到达；

(3) 在时刻 t 时有 $n+1$ 个顾客，在随后的 Δt 时间内有一个顾客离去，没有顾客到达；

(4) 在时刻 t 时有 n 个顾客，在随后的 Δt 时间内有一个顾客到达，同时有一个顾客离去.

各种方式所发生的概率见表 9-1.

表 9-1

时刻 t 的状态	概 率	Δt 内发生的事件	发生的概率
n	$P_n(t)$	无到达，无离去	$(1-\lambda\Delta t)(1-\mu\Delta t)$
$n-1$	$P_{n-1}(t)$	到达一个，无离去	$\lambda\Delta t(1-\mu\Delta t)$
$n+1$	$P_{n+1}(t)$	离去一个，无到达	$(1-\lambda\Delta t)\mu\Delta t$
n	$P_n(t)$	到达一个，离去一个	$\lambda\Delta t\cdot\mu\Delta t$

由于这 4 种方式互不相容，因而由概率的加法定律得

$$P_n(t+\Delta t)=P_n(t)(1-\lambda\Delta t)(1-\mu\Delta t)+P_{n-1}(t)\lambda\Delta t(1-\mu\Delta t)+$$
$$P_{n+1}(t)(1-\lambda\Delta t)\mu\Delta t+P_n(t)\lambda\Delta t\mu\Delta t$$

上式两边对时间 t 求导可得

$$\frac{\mathrm{d}P_n(t)}{\mathrm{d}t}=\lim_{\Delta t\to 0}\frac{P_n(t+\Delta t)-P_n(t)}{\Delta t}=$$

$$\lim_{\Delta t\to 0}\Big(\frac{P_n(t)[(1-\lambda\Delta t)(1-\mu\Delta t)+\lambda\Delta t\cdot\mu\Delta t-1]}{\Delta t}+$$

$$\frac{P_{n-1}(t)\lambda\Delta t(1-\mu\Delta t)}{\Delta t}+\frac{P_{n+1}(t)(1-\lambda\Delta t)\mu\Delta t}{\Delta t}\Big)=$$

$$\lambda P_{n-1}(t)-(\lambda+\mu)P_n(t)+\mu P_{n+1}(t)\quad(n>0)$$

当 $n=0$ 时，$\frac{\mathrm{d}P_0(t)}{\mathrm{d}t}=-\lambda P_0(t)+\mu P_1(t)$，即得

$$\begin{cases}\frac{\mathrm{d}P_0(t)}{\mathrm{d}t}=-\lambda P_0(t)+\mu P_1(t), & n=0\\ \frac{\mathrm{d}P_n(t)}{\mathrm{d}t}=\lambda P_{n-1}(t)-(\lambda+\mu)P_n(t)+\mu P_{n+1}(t), & n\geqslant 1\end{cases}\tag{9-1}$$

这是一组差分微分方程，这组方程的解称为**瞬态解**，其解与时间 t 有关，这类解称之为差分微分方程的瞬态解，而把与时间无关的差分微分方程的解称之为**稳态解**. 求瞬态解比较麻烦，而且所得的解也不便于应用，为此只研究稳态解. 现在求解(9－1) 的稳态解.

由于稳态下概率分布 $P_n(t)$ 与时间无关，则 $P_n(t)$ 对时间的变化率为零，即对一切 n，都有

$$\frac{\mathrm{d}P_n(t)}{\mathrm{d}t}=0$$

同时，用 P_n 代替 $P_n(t)$，于是方程式(9－1) 可以写成

$$\begin{cases}-\lambda P_0+\mu P_1=0, & n=0\\ \lambda P_{n-1}-(\lambda+\mu)P_n+\mu P_{n+1}=0, & n\geqslant 1\end{cases}\tag{9-2}$$

联合求解，得

$$P_1=\frac{\lambda}{\mu}P_0,\quad P_2=\left(\frac{\lambda}{\mu}\right)^2P_0,\quad\cdots,\quad P_n=\left(\frac{\lambda}{\mu}\right)^nP_0,\quad\cdots$$

由于 $\sum_{n=0}^{\infty}P_n=1$，得

$$P_0+\frac{\lambda}{\mu}P_0+\left(\frac{\lambda}{\mu}\right)^2P_0+\cdots+\left(\frac{\lambda}{\mu}\right)^nP_0+\cdots=1$$

令 $\rho=\frac{\lambda}{\mu}$，则上式变为 $P_0+\rho P_0+\rho^2P_0+\cdots+\rho^nP_0+\cdots=1$，即

$$P_0(1+\rho+\rho^2+\cdots+\rho^n+\cdots)=1$$

故

$$P_0=\frac{1}{\sum_{k=0}^{\infty}\rho^k}$$

当 $0\leqslant\rho<1$ 时，$P_0=1-\rho$. 于是有

$$\begin{aligned}P_0&=1-\rho\\P_1&=\rho(1-\rho)\\P_2&=\rho^2(1-\rho)\\&\vdots\\P_n&=\rho^n(1-\rho),n\geqslant 1\end{aligned}$$

则系统的稳态解归纳为

$$\begin{aligned}P_0&=1-\rho, & 0\leqslant\rho<1\\P_n&=\rho^n(1-\rho), & n\geqslant 1\end{aligned}\tag{9-3}$$

这里的 ρ 有重要意义.它表示相同时间间隔内顾客到达的平均数与被服务的顾客平均数之比,即 $\rho=\lambda/\mu$,或是一个顾客的平均服务时间与顾客相继到达的平均时间间隔之比,即 $\rho=(1/\mu)/(1/\lambda)$. ρ 刻画了服务效率和服务机构利用程度,称为**服务强度**(在通信领域里 ρ 称为话务强度).在推导公式中限制 $\rho<1$,因此 $\rho=\lambda/\mu<1$ 是系统能够到达稳定状态的充要条件.若 $\rho\geqslant 1$,即到达率大于等于服务率,对于系统容量和顾客源均无限,到达和服务又是随机的,将出现队列排至无限远,无法达到稳定状态的情形.

2. 状态转移图

上述稳态方程式(9-2)也可以先通过下面的状态转移图列出,见图 9-2.然后再求解.

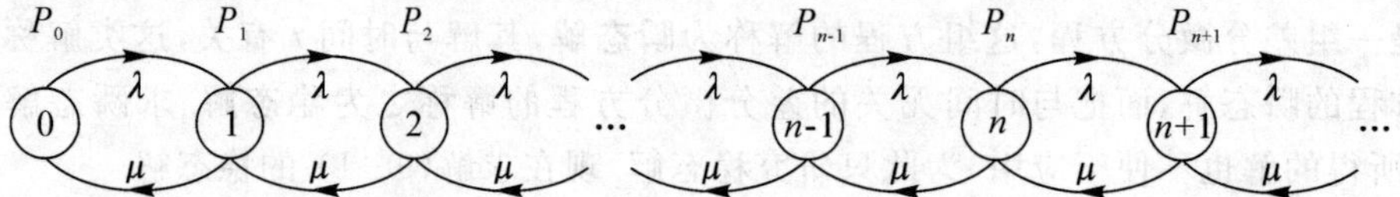

图 9-2 $M/M/1/\infty/\infty$ 型状态转移图

图中的圆圈表示状态,圆圈中的标号$(0,1,2,\cdots,n,\cdots)$是状态标号,它表示系统中稳定的顾客数.图中的箭头表示从一个状态到另一个状态的转移.λ 表示由状态 i 转移到 $i+1$ 的转移速度,$i=0,1,2,\cdots$;μ 表示由状态 j 转移到 $j-1$ 的转移速度,$j=0,1,2,\cdots$. P_k 表示系统内有 k 个顾客的概率,$k=0,1,2,\cdots$.

当系统处于稳态时,对每个状态来说,转入率应等于转出率,对于状态 n 来说,转入率为 $\lambda P_{n-1}+\mu P_{n+1}$,而转出率是 $\lambda P_n+\mu P_n=(\lambda+\mu)P_n$.

因此有

$$\lambda P_{n-1}+\mu P_{n+1}=(\lambda+\mu)P_n \quad (n\geqslant 1)$$

这个方程称为**平衡方程**.它和式(9-2)是等价的,而对状态 0 来说,$\lambda P_0=\mu P_1$,它和式(9-2)的 0 状态对应的方程也等价.以上就是利用状态转移图得到的**稳态方程**.以后的各种排队模型,都将通过状态转移图建立稳态方程来求解.

3. 系统的数量指标

(1) 服务台空闲的概率和忙的概率.由式(9-3)可以得到服务台空闲的概率 $P_0=1-\rho$,忙的概率为 $1-P_0=\rho$.

(2) 系统中顾客数的期望值 L.系统中的顾客数是一随机变量,它的可能值为 $0,1,2,\cdots,n,\cdots$ 相应的概率为 $P_0,P_1,P_2,\cdots,P_n,\cdots$,因而,顾客数的期望值为

$$L=\sum_{k=0}^{\infty}kP_k=0P_0+1P_1+2P_2+\cdots+nP_n+\cdots=$$

$$\rho-\rho^2+2\rho^2-2\rho^3+\cdots+n\rho^n-n\rho^{n+1}+\cdots=\frac{\rho}{1-\rho} \quad (0\leqslant\rho<1) \tag{9-4}$$

或

$$L=\frac{\lambda}{\mu-\lambda} \tag{9-5}$$

(3) 排队等待服务顾客数的期望值 L_q.由于是单服务台排队系统,所以当没有顾客时,自然不存在排队现象,当系统中有顾客存在时,排队等待的顾客数必定比顾客数少 1 个.如果系统只有 1 个顾客,那么排队等待的顾客数是 0;如果系统中有 n 个顾客,那么排队等待的顾客数

为 $n-1$，所以排队等待的顾客数的期望值为

$$L_q=\sum_{n=1}^{\infty}(n-1)\ P_n=\sum_{n=1}^{\infty}nP_n-\sum_{n=1}^{\infty}P_n=L-(1-P_0)=L-\rho \tag{9-6}$$

或

$$L_q=\frac{\rho^2}{1-\rho}=\frac{\lambda^2}{\mu(\mu-\lambda)} \tag{9-7}$$

式(9－6)说明，排队等待的顾客数的期望值 L_q 比系统中的期望值 L 少 ρ.

(4) 顾客在系统中排队等待时间的期望值 W_q. 设一个顾客进入系统时，发现他前面已有 n 个顾客在系统中，则他排队等待的时间就是这 n 个顾客在系统中服务时间之和，同时他排队等待的平均时间就是这 n 个顾客的平均服务时间的总和. 不管该顾客到达时，正在接受服务的顾客已经服务了多少时间，由于负指数分布的无记忆性，其剩余的服务时间服从相同的负指数分布. 因此 $H_n\{$进入系统的顾客排队等待时间 $\mid x=n\}=\dfrac{n}{\mu}$，其中 x 表示系统中原有顾客数. 则

$$W_q=\sum_{n=0}^{\infty}H_nP_n=\sum_{n=0}^{\infty}\frac{n}{\mu}P_n=\frac{\rho(1-\rho)}{\mu}\sum_{n=0}^{\infty}n\rho^{n-1}=$$

$$\frac{\rho(1-\rho)}{\mu}\frac{\mathrm{d}}{\mathrm{d}\rho}\left(\frac{1}{1-\rho}\right)=\frac{\rho}{\mu(1-\rho)}=\frac{\lambda}{\mu(\mu-\lambda)} \tag{9-8}$$

(5) 顾客在系统中逗留时间的期望值 W. 顾客在系统中逗留时间是排队等待时间与服务时间之和，则有

$$W=W_q+\frac{1}{\mu}=\frac{\rho}{\mu(1-\rho)}+\frac{1}{\mu}=\frac{1}{\mu-\lambda} \tag{9-9}$$

现将本模型中最主要的四个指标公式归纳如下：

$$\begin{cases}L=\dfrac{\lambda}{\mu-\lambda}=\dfrac{\rho}{1-\rho}\\ L_q=\dfrac{\lambda^2}{\mu(\mu-\lambda)}=\dfrac{\rho^2}{1-\rho}=L-\rho\\ W_q=\dfrac{\lambda}{\mu(\mu-\lambda)}=\dfrac{\rho}{u(1-\rho)}\\ W=\dfrac{1}{\mu-\lambda}=W_q+\dfrac{1}{\mu}\end{cases} \tag{9-10}$$

不同的服务规则(先到先服务，后到先服务，随机服务)，它们的不同点主要反映在等待时间分布函数不同，而期望值是相同的，上面所讨论的各种指标，因为都是期望值，所以这些指标公式对三种服务规则都适用.

例 9－1　某高速公路收费处有一个收费通道，汽车到达服从泊松分布，其平均到达率为每小时 120 辆. 收费时间服从负指数分布，平均每辆车的收费时间为 10 s，求：

(1) 收费处空闲和忙的概率；

(2) 汽车在收费处平均逗留时间；

(3) 收费处有一辆车的概率.

解　依题知此题为 $M/M/1/\infty/\infty$ 型，有

$$\lambda=120,\quad \mu=360,\quad \rho=1/3$$

(1) 收费处空闲的概率为

$$P_{闲}=1-\rho=2/3,\quad P_{忙}=1-P_{闲}=1/3$$

(2) 汽车在收费处平均逗留时间为

$$W=\frac{1}{\mu-\lambda}=1/240\ \text{h}$$

(3) 收费处有一辆车的概率为

$$P_1=\rho(1-\rho)=\frac{1}{3}\times\frac{2}{3}=2/9$$

例 9-2 顾客到达只有一名理发师的理发部,顾客平均每 20 min 到达一位,每位顾客的处理时间为 15 min. 假设以上两种时间均服从负指数分布,若该理发部希望 90% 的顾客都能有座位,应设置多少个等待席位?

解 将此排队系统抽象为 $M/M/1$ 模型,并设等待席位为 N.

90% 的顾客都能有座位,相当于该理发部内的顾客总数不多于 $N+1$ 的概率不小于 0.9,即

$$\sum_{i=0}^{N+1}P_i=(1-\rho)\sum_{i=0}^{N+1}\rho^i=1-\rho^{N+2}\geqslant 0.9$$

$$\rho=\frac{\lambda}{\mu}=\frac{3}{4}=0.75$$

$$N+2\geqslant\frac{\lg 0.1}{\lg\rho}=\frac{\lg 0.1}{\lg 0.75}=8\quad\Rightarrow\quad N\geqslant 6$$

即应设置 6 个等待席位.

4. 4 个指标 L,L_q,W,W_q 之间的关系 —— 里特公式(J. D. C. Little)

由系统运行规律,也可以从式(9-10)指标公式中,可知 4 个数量指标 L,L_q,W,W_q 均与 λ,μ 有关,那么这几个指标之间究竟有什么关系呢?

(1) 从式 (9-10) 易得里特公式,有

$$\begin{cases}L=\lambda W\\ L_q=\lambda W_q\\ W=W_q+\dfrac{1}{\mu}\\ L=L_q+\rho\end{cases}\tag{9-11}$$

排队系统中的研究都与 L,L_q,W,W_q 有关,而 W,W_q 的直接计算有时是比较困难的,因此通过它们之间的关系可间接求得这些指标.

(2) 由于排队系统所研究的主要问题,都归结为对 4 个数量指标 L,L_q,W,W_q 的研究,那么其他的排队系统其数量指标之间是否也具有类似于式(9-11) 的关系呢?

设 λ_e 是平均每单位时间进入系统的顾客数,称 λ_e 为**有效到达率**. 里特证明了在很宽的条件下都有关系式为

$$W=\frac{L}{\lambda_e},\quad W_q=\frac{L_q}{\lambda_e}$$

若对不同的状态 n,每单位时间进入系统的顾客平均数 λ_n(非常数),则可用公式 $\lambda_e=\sum_{n=0}^{\infty}\lambda_n P_n$,求得 λ_e(对于 $M/M/1/\infty/\infty$ 型,由于 $\lambda_n=\lambda$ 为常数,所以 $\lambda_e=\sum_{n=0}^{\infty}\lambda P_n=\lambda$). 此时,里特公式就变成

$$\begin{cases} L = \lambda_e W \\ L_q = \lambda_e W_q \\ W = W_q + \dfrac{1}{\mu} \\ L = L_q + \dfrac{\lambda_e}{\mu} \end{cases} \tag{9-12}$$

这些公式,在以后的各种排队系统模型中均适用,只是在不同系统模型中,L,L_q,λ_e 有不同的计算公式.

9.2.2　$M/M/1/N/\infty$ 排队模型和 $M/M/1/\infty/m$ 排队模型

$M/M/1/N/\infty$ 排队模型

$M/M/1/N/\infty$ 排队系统,是顾客的到达时间间隔和服务时间均服从负指数分布,一个服务台,系统内只能容纳 N 个顾客,顾客源是无限的,排队规则为混合制,服务规则为先到先服务.模型示意见图 9-3.

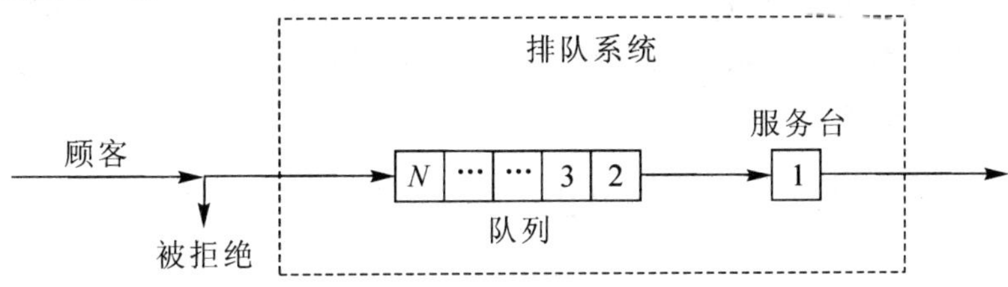

图 9-3　$M/M/1/N/\infty$ 型排队系统

1.系统稳定概率的计算

该模型的系统状态转移图,见图 9-4.

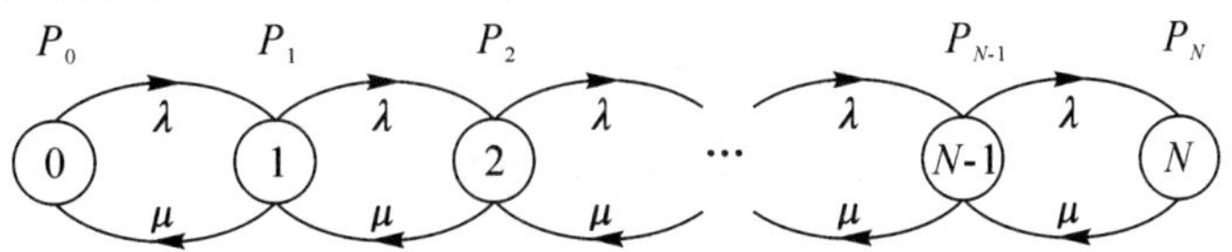

图 9-4　$M/M/1/N/\infty$ 型状态转移图

对于任一状态,转入率等于转出率,根据这一原则可得稳态方程为

$$\begin{cases} \lambda P_0 = \mu P_1 \\ \lambda P_{n-1} + \mu P_{n+1} = (\lambda + \mu) P_n, 0 < n \leqslant N-1 \\ \lambda P_{N-1} = \mu P_N \end{cases}$$

仍然令 $\rho = \dfrac{\lambda}{\mu}$,并且注意到 $\sum\limits_{i=0}^{N} P_i = 1$,解方程组得

$$\begin{cases} P_0 = \dfrac{1-\rho}{1-\rho^{N+1}}, & \rho \neq 1 \\ P_n = \rho^n \dfrac{1-\rho}{1-\rho^{N+1}}, & \rho \neq 1, n \leqslant N \\ P_0 = P_1 = P_2 = \cdots = p_N = \dfrac{1}{N+1}, & \rho = 1 \end{cases} \tag{9-13}$$

这就是本模型的稳态概率.

2. 系统的数量指标

(1) 服务台闲的概率和忙的概率.

由式(9-13)可得服务台闲的概率为 P_0,忙的概率为 $1-P_0$.

(2) 系统中顾客数的期望值 L 为

$$\begin{cases} L=\sum_{n=0}^{N} n\rho^n P_0 = P_0\left[\dfrac{\rho}{1-\rho}-\dfrac{(N+1)\,\rho^{N+1}}{1-\rho^{N+1}}\right], & \rho\neq 1 \\ L=\dfrac{N}{2}P_0, & \rho=1 \end{cases}$$

在式(9-13)中,若 $0\leqslant\rho<1$,且 $N\to\infty$ 时,那 L 值将同 $M/M/1/\infty/\infty$ 模型一样. 即

$$\lim_{\substack{N\to\infty\\0\leqslant\rho<1}}\left[\frac{\rho}{1-\rho}-\frac{(N+1)\,\rho^{N+1}}{1-\rho^{N+1}}\right]=\frac{\rho}{1-\rho}$$

其余的数量指标可借助式(9-12)的里特公式求得.

在有顾客数限制的系统中,系统"客满"时,新到达的顾客便不能进入系统排队,只能离去. 因此,在计算有效到达率 λ_e 时,离去的这一部分顾客到达速率为0. 对于本模型"客满"即顾客数为 N 时,有效到达率为

$$\lambda_e=\sum_{n=0}^{N}\lambda_n P_n=\lambda\sum_{n=0}^{N-1}P_n+0P_N=\lambda(1-P_N)$$

由式(9-12),得

$$\begin{cases} W=\dfrac{L}{\lambda_e}=\dfrac{L}{\lambda(1-P_N)} \\ L_q=L-\dfrac{\lambda_e}{\mu}=L-\dfrac{\lambda(1-P_N)}{\mu} \\ W_q=W-\dfrac{1}{\mu}=\dfrac{L}{\lambda(1-P_N)}-\dfrac{1}{\mu} \end{cases} \tag{9-14}$$

综上所述,得 $M/M/1/N/\infty$ 型的数量指标,归纳如下:

$$\begin{cases} L=\dfrac{\rho}{1-\rho}-\dfrac{(N+1)\,\rho^{N+1}}{1-\rho^{N+1}}, & \rho\neq 1 \\ L=\dfrac{N}{2}, & \rho=1 \\ L_q=L-\dfrac{\lambda(1-P_N)}{\mu} \\ W=\dfrac{L}{\lambda(1-P_N)} \\ W_q=\dfrac{L}{\lambda(1-P_N)}-\dfrac{1}{\mu} \end{cases} \tag{9-15}$$

例 9-3 某个只有一名理发师的理发部,有3个座位供顾客排队等待,当3个等待座位都被占用时,后来的顾客会自动离开. 顾客的平均到达率为每小时3人,理发的平均时间为15 min,试分析该排队系统的运行情况.

解 将此排队系统抽象为 $M/M/1/4$ 模型,其状态转移图见图 9-5.

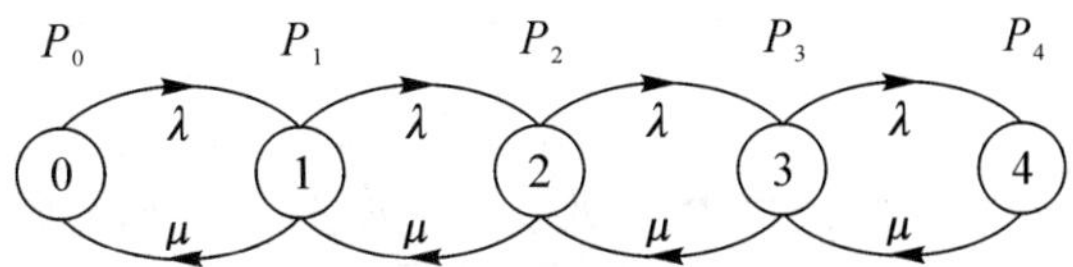

图 9－5　$M/M/1/4$ 型状态转移图

利用平衡方程组可以得到与 $M/M/1$ 模型具有相同形式的状态概率分布为

$$P_i=\left(\frac{\lambda}{\mu}\right)^i P_0=\rho^i P_0 \quad (i=0,1,2,\cdots,4)$$

可求得系统空闲的概率 P_0，有

$$P_0=\frac{1-\rho}{1-\rho^{4+1}}=\frac{1-\rho}{1-\rho^5}$$

(1) 计算顾客一到达即刻就能得到服务的概率为

$$\rho=\frac{\lambda}{\mu}=\frac{3}{4}=0.75, \quad P_0-\frac{1-\rho}{1-\rho^5}-\frac{1-\frac{3}{4}}{1-\left(\frac{3}{4}\right)^5}\approx 0.33$$

(2) 理发部内的平均顾客数和队列中等待的平均顾客数为

$$L=\sum_{i=0}^{4} iP_i=0P_0+P_1+2P_2+3P_3+4P_4=\rho P_0(1+2\rho+3\rho^2+4\rho^3)=$$
$$0.75\times 0.33(1+2\times 0.75+3\times 0.75^2+4\times 0.75^3)\approx 1.45$$
$$L_q=L-(1-P_0)=1.45-(1-0.33)\approx 0.78$$

(3) 有效的到达率 λ_e. 在队长受到限制的情况下，当系统满员时，新来的顾客会自动离开；虽然顾客以 λ 的速率来到服务系统，但由于一部分顾客的自动离开，真正进入系统的顾客输入率应该是比 λ 小的 λ_e. 因为服务系统的利用率可以从两个不同的角度表达为 $1-P_0$ 或 $\frac{\lambda_e}{\mu}$，即 $1-P_0=\frac{\lambda_e}{\mu}$，所以，应有 $\lambda_e=\mu(1-P_0)$.

$$\lambda_e=\mu(1-P_0)=4(1-0.33)=2.68(\text{人}/\text{h})$$

(4) 顾客在理发部的平均逗留时间和平均等待时间为

$$W=\frac{L}{\lambda_e}=\frac{1.45}{2.68}\approx 0.54\ \text{h}\approx 32\ \text{min}$$

$$W_q=\frac{L_q}{\lambda_e}=\frac{0.78}{2.68}=0.29\ \text{h}\approx 17\ \text{min}$$

(5) 顾客的损失率为

$$P_4=\rho^4 P_0=0.75^4\times 0.33\approx 0.1044=10.44\%$$

$M/M/1/\infty/m$ 排队模型

$M/M/1/\infty/m$ 排队系统，是顾客的到达时间间隔和服务时间均服从负指数分布，一个服务台，顾客源有限，排队规则为等待制，服务规则为先到先服务. 此排队系统的主要特征是顾客总数是有限的，每个顾客来到系统中接受服务后仍回到原来的总体，允许再来. 该排队系统见图 9－6.

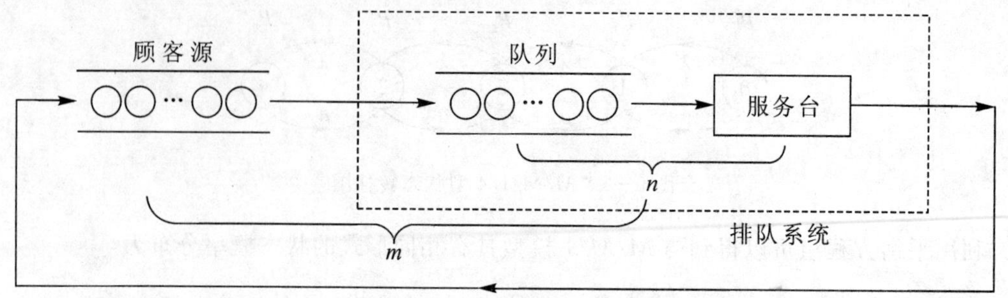

图 9-6 $M/M/1/\infty/m$ 型排队系统

1. 系统稳态概率的计算

关于顾客的到达率，在无限源的情形中是按全体顾客来考虑的，而在有限源的情况下，必须按每个顾客来考虑. 设每个顾客的到达率均为 λ（是单位时间内该顾客来到系统请求服务的次数）. 显然，在排队系统外的顾客就是将要到达系统要求服务的顾客.

设排队系统内的顾客为 n，那在系统外的顾客为 $m-n$，进入排队系统的速率为

$$\lambda_n=(m-n)\lambda,\quad n<m$$

$$\lambda_n=0,\quad n\geqslant m$$

其中 λ_n 表示排队系统中有 n 个顾客时，顾客的到达率. 该模型的状态转移图，见图 9-7.

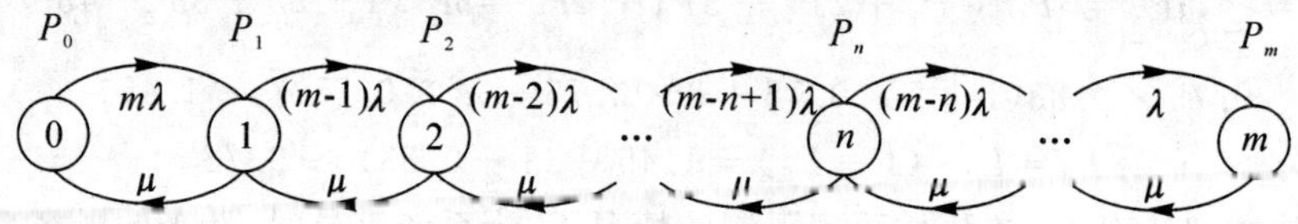

图 9-7 $M/M/1/\infty/m$ 型状态转移图

系统处于稳态时，对于任一状态，转入率等于转出率. 根据这一原则，可得平衡方程组

$$\begin{cases} m\lambda P_0=\mu P_1, & n=0 \\ [(m-n)\lambda+\mu]P_n=(m-n+1)\lambda P_{n-1}+\mu P_{n+1}, & 1\leqslant n\leqslant m-1 \\ \lambda P_{m-1}=\mu P_m, & n=m \end{cases}$$

利用 $\sum\limits_{i=0}^{m}P_i=1$ 解方程组，得

$$\begin{cases} P_0=\left[\sum\limits_{n=0}^{m}\left(\dfrac{\lambda}{\mu}\right)^n\dfrac{m\,!}{(m-n)\,!}\right]^{-1}, & n=0 \\ P_n=\left(\dfrac{\lambda}{\mu}\right)^n\cdot\dfrac{m!}{(m-n)\,!}P_0, & 1\leqslant n\leqslant m \end{cases}\tag{9-16}$$

这就是稳态下各状态的概率.

2. 系统的数量指标

根据里特公式，需要首先求出系统中顾客的有效到达率 λ_e. 对于本模型，设顾客总数为 m，为简单起见，设各个顾客的到达概率都是相同的 λ（是每台机器单位运转时间内发生故障的概率或平均次数），而系统内的顾客平均数为队长 L，所以系统外的顾客平均数为 $m-L$，故

$$\lambda_e=\lambda(m-L)$$

又由于$\frac{\lambda_e}{\mu}=1-P_0$，所以$\mu(1-P_0)=\lambda(m-L)$，解得

$$L=m-\frac{\mu}{\lambda}(1-P_0)$$

那么，其他指标可由里特公式得到. 归纳如下：

$$\begin{cases} L=m-\frac{\mu}{\lambda}(1-P_0) \\ L_q=L-(1-P_0)=m-\frac{\lambda+\mu}{\lambda}(1-P_0) \\ W=\frac{L}{\lambda(m-L)}=\frac{m}{\mu(1-P_0)}-\frac{1}{\lambda} \\ W_q=W-\frac{1}{\mu}=\frac{L_q}{\lambda_e}=\frac{L_q}{\lambda(m-L)} \end{cases} \tag{9-17}$$

说明　(1) 在机器故障问题中 L 就是平均故障台数，而 $m-L=\frac{\mu}{\lambda}(1-P_0)$，则表示正常运转的平均台数.

(2) 为什么$\frac{\lambda_e}{\mu}=1-P_0$？下面给以简单证明. 由里特公式知 $L=L_q+\frac{\lambda_e}{\mu}$，对于只有一个服务台的模型，排队等待的顾客数总是比系统中的总顾客数少 1. 因此，由 L_q 最初定义可得

$$L_q=\sum_{n=1}^{N}(n-1)P_n=\sum_{n=1}^{N}nP_n-\sum_{n=1}^{N}P_n=L-(1-P_0)$$

故有

$$\frac{\lambda_e}{\mu}=1-P_0$$

(3) 这种模型也可以写成 $M/M/1/m/m$，这与 $M/M/1/\infty/m$ 是等价的.

例 9-4　某工厂拥有许多同类型的自动机，已知每台机器的正常运转时间服从平均数为 2 h 的指数分布，工人看管一台机器的时间服从平均数为 12 min 的指数分布，每个人只能看管自己的机器，工厂要求每台机器的正常运转时间不得少于 87.5%. 问在此条件下，每个工人最多能看管几台机器？

解　设每个工人最多能够看管 m 台机器，则就成为 $M/M/1/\infty/m$ 排队模型. 依题意，有

$$\lambda=\frac{1}{2},\quad \mu=5,\quad \frac{\lambda}{\mu}=\frac{1}{10}$$

那么机器平均故障台数 $L=m-\frac{\mu}{\lambda}(1-P_0)$，而

$$P_0=\left[\sum_{n=0}^{m}\left(\frac{\lambda}{\mu}\right)^n\frac{m!}{(m-n)!}\right]^{-1}$$

根据要求出现故障的机器数 $L\leqslant 0.125m$.

当 $m=1,2,\cdots,5$ 时，计算结果见表 9-2. 所以，一个工人最多只能看管 4 台机器.

表 9-2

m	P_0	L	$0.125m$	$L\leqslant 0.125$
1	10/11	0.091	0.125	√
2	50/61	0.197	0.250	√
3	500/683	0.321	0.375	√
4	1 250/1 933	0.467	0.500	√
5	2 500/4 433	0.640	0.625	×

9.3 多服务台指数分布排队系统

上述讨论了单服务台排队系统. 本节讨论多服务台排队系统. 对于多服务台排队系统，只考虑输入过程服从泊松分布，服务时间服从负指数分布的情形，而且服务台是并列的，队列为单队.

9.3.1 $M/M/c/\infty/\infty$ 排队模型

此模型是顾客按泊松过程到达，服务服从负指数分布，c 个服务台，系统容量和顾客源均无限，属于等待制. 排队系统示意图，见图 9-8.

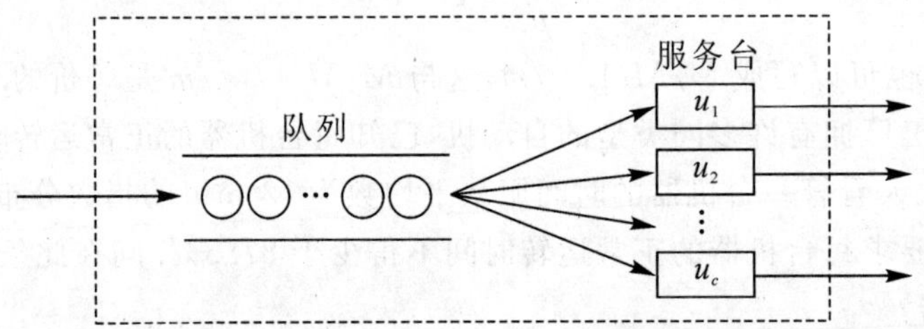

图 9-8 $M/M/c/\infty/\infty$ 排队系统

1. 系统稳态概率的计算

设顾客到达率为 λ，各服务台工作相互独立且服务速率均为 μ，则整个系统的最大服务率为 $c\mu$，令 $\rho=\dfrac{\lambda}{c\mu}$. 显然欲使系统能稳定运行，必须有 $\rho<1$. 分析多服务排队系统，仍从状态转移关系开始. 而此模型的特点在于整个系统的服务速率与系统中的顾客数量有关. 如果系统中只有一个顾客，则系统的服务速率等于 μ，因为其他服务台处于空闲状态；如果系统中有两个顾客，则系统的服务速率等于 2μ. 以此类推，如果系统中的顾客达到 c 个，则系统的最大服务速率为 $c\mu$，所有服务台均投入服务，而系统的顾客数超过 c 个时，多余的顾客只能进入排队系统等待服务，系统的服务速率为 $c\mu$.

依上述分析，此模型的状态转移图，见图 9-9.

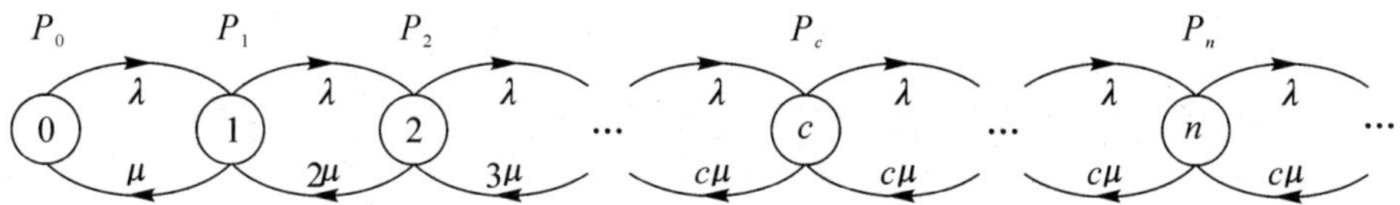

图 9-9　$M/M/c/\infty/\infty$ 型状态转移图

根据状态转移图,可写出如下平衡方程:

$$\begin{cases}\mu P_1=\lambda P_0, & n=0\\(n+1)\,\mu P_{n+1}+\lambda P_{n-1}=(\lambda+n\mu)P_n, & 1\leqslant n<c\\c\mu P_{n+1}+\lambda P_{n-1}=(\lambda+c\mu)P_n, & n\geqslant c\end{cases}$$

又 $\sum\limits_{i=0}^{\infty}P_i=1$,且 $\rho=\dfrac{\lambda}{c\mu}<1$.联立求解,得

$$\begin{cases}P_0=\left[\sum\limits_{n=0}^{c-1}\dfrac{1}{n!}\left(\dfrac{\lambda}{\mu}\right)^n+\dfrac{1}{c!}\left(\dfrac{\lambda}{\mu}\right)^c\left(\dfrac{1}{1-\rho}\right)\right]^{-1}, & n=0\\P_n=\dfrac{1}{n!}\left(\dfrac{\lambda}{\mu}\right)^nP_0, & 1\leqslant n\leqslant c\\P_n=\dfrac{1}{c!\ c^{n-c}}\left(\dfrac{\lambda}{\mu}\right)^nP_0, & n>c\end{cases}\tag{9-18}$$

2. 系统的数量指标

由于 $L=L_q+\dfrac{\lambda_e}{\mu}$,对于系统容量和顾客源均无限的情况下,$\lambda_e=\lambda$,则 $L=L_q+\dfrac{\lambda}{\mu}$,而对排队等待服务的 L_q,当系统有 $n+c$ 个顾客时,必有 n 个顾客在排队,故

$$L_q=\sum_{n=0}^{\infty}nP_{n+c}=\sum_{n=0}^{\infty}nP_0\frac{\lambda^{n+c}}{\mu^{n+c}c!\ c^n}=\frac{\lambda^c}{\mu^c c!}P_0\sum_{n=0}^{\infty}n\frac{\lambda^n}{\mu^n c^n}=$$

$$\frac{\lambda^c}{\mu^c c!}P_0\sum_{n=0}^{\infty}n\cdot\rho^n=\frac{\lambda^c}{\mu^c c!}P_0\rho\sum_{n=0}^{\infty}\frac{d\rho^n}{d\rho}=\frac{\lambda^c}{\mu^c c!}P_0\rho\frac{d}{d\rho}\left(\frac{1}{1-\rho}\right)=\frac{\lambda^cP_0\rho}{\mu^c c!\ (1-\rho)^2}$$

那么

$$L=L_q+\frac{\lambda}{\mu},\quad W_q=\frac{L_q}{\lambda},\quad W=\frac{L}{\lambda}$$

归纳如下:

$$\begin{cases}L=L_q+\dfrac{\lambda}{\mu}\\L_q=\dfrac{\lambda^cP_0\rho}{\mu^c c!\ (1-\rho)^2}\\W=\dfrac{L}{\lambda}\\W_q=\dfrac{L_q}{\lambda}\end{cases}\tag{9-19}$$

例 9-5　某餐厅有 3 个服务窗口,假设顾客的到达服从泊松分布,平均到达率 $\lambda=0.6$ 人/min,服务时间服从负指数分布,平均服务率 $\mu=0.4$ 人/min.现假设顾客到达后排成一个统一的队列,从前依次向空闲的窗口购餐,试分析该排队系统的各项指标.

解　该例属于顾客总体无限、系统容量无限的并联服务系统,记为 $M/M/c$,即 $c=3$,系统状态转移见图 9-10.

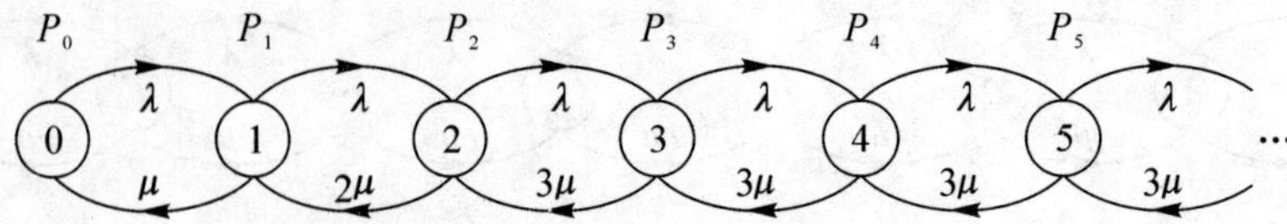

图 9-10 $M/M/c/\infty/\infty$ 型状态转移图

根据图 9-10 可得稳定状态流平衡方程组为

$$\begin{cases}\mu P_1=\lambda P_0, & n=0\\(i+1)\mu P_{i+1}+\lambda P_{i-1}=(\lambda+i\mu)P_i, & 1\leqslant i<3\\3\mu P_{i+1}+\lambda P_{i-1}=(\lambda+3\mu)P_i, & i\geqslant 3\end{cases}$$

这里 $\sum_{i=0}^{+\infty}P_i=1$，且 $\rho=\frac{\lambda}{3\mu}<1$. 用递推法可求解出系统各状态的概率，有

$$P_0=\left[\sum_{i=0}^{s-1}\frac{1}{i!}\left(\frac{\lambda}{\mu}\right)^i+\frac{1}{3!}\frac{1}{(1-\rho)}\left(\frac{\lambda}{\mu}\right)^s\right]^{-1},\quad n=0$$

$$P_i=\frac{1}{i!}\left(\frac{\lambda}{\mu}\right)^i P_0,\quad 1\leqslant i<3$$

$$P_i=\frac{1}{s!\ s^{i-s}}\left(\frac{\lambda}{\mu}\right)^i P_0,\quad i\geqslant 3$$

利用各状态概率，可求得系统的运行指标为

$$\begin{cases}L=L_q+\frac{\lambda}{\mu}\\L_q=\sum_{i=s+1}^{+\infty}(i-3)P_i=\frac{(s\rho)^s\rho}{3!\ (1-\rho)^2}P_0\\W=\frac{L}{\lambda}\\W_q=\frac{L_q}{\lambda}\end{cases}$$

则有

$$\frac{\lambda}{\mu}=\frac{0.6}{0.4}=1.5,\quad \rho=\frac{\lambda}{3\mu}=\frac{0.6}{3\times 0.4}=0.5$$

因此，可得如下排队系统指标.

(1) 餐厅的空闲率为

$$P_0=\left[\frac{1.5^0}{0!}+\frac{1.5^1}{1!}+\frac{1.5^2}{2!}+\frac{1}{3!}\frac{1.5^3}{1-0.5}\right]^{-1}=0.21$$

(2) 队列中的平均顾客数为

$$L_q=\frac{1.5^3\times 0.5}{3!\ (1-0.5)^2}\times 0.21\approx 0.236\text{ 人}$$

(3) 系统中的平均顾客数为

$$L=L_q+\frac{\lambda}{\mu}=0.236+1.5=1.736\text{ 人}$$

(4) 顾客在队列中的平均等待时间为

$$W_q = \frac{L_q}{\lambda} = \frac{0.236}{0.6} \approx 0.393 \text{ min}$$

(5) 顾客在系统中的平均逗留时间(不包括就餐的时间)为

$$W = \frac{L}{\lambda} = \frac{1.736}{0.6} \approx 2.893 \text{ min}$$

(6) 顾客到达需要等待的概率为

$$P(i \geqslant 3) = 1 - (P_0 + P_1 + P_2) \approx 0.23$$

9.3.2　$M/M/c/N/\infty$ 排队模型和 $M/M/c/\infty/m$ 排队模型

对 $M/M/c/N/\infty$ 和 $M/M/c/\infty/m$ 排队模型的详细求解不再介绍,将计算结果归纳见表9-3.

表　9-3

系统模型	$M/M/c/N/\infty$	$M/M/c/\infty/m$
P_0	$\left[\sum_{n=0}^{c} \frac{(c\rho)^n}{n!} + \frac{c^c\rho(\rho^c - \rho^N)}{c!(1-\rho)}\right]^{-1}$	$\left[\sum_{n=0}^{c} \frac{m!}{(m-n)!\,n!}\left(\frac{\lambda}{\mu}\right)^n + \sum_{n=c+1}^{m} \frac{m!}{(m-n)!\,c!\,c^{n-c}}\left(\frac{\lambda}{\mu}\right)^n\right]^{-1}$
P_n	$\begin{cases} \frac{\lambda^n}{\mu^n n!}P_0, & 1 \leqslant n \leqslant c \\ \frac{\lambda^n}{\mu^n c!\,c^{n-c}}P_0, & c \leqslant n \leqslant N \end{cases}$	$\begin{cases} \frac{m!}{(m-n)!\,n!}\left(\frac{\lambda}{\mu}\right)^n P_0, & 1 \leqslant n \leqslant c \\ \frac{m!}{(m-n)!\,c!\,c^{n-c}}\left(\frac{\lambda}{\mu}\right)^n P_0, & c \leqslant n \leqslant m \end{cases}$
L	$L_q + \frac{\lambda_e}{\mu} = L_q + c\rho(1 - P_N)$	$\sum_{n=0}^{m} nP_n$
L_q	$\frac{P_0\rho(c\rho)^c}{c!(1-\rho)^2}\left[1 - \rho^{N-c} - (N-c)\rho^{N-c}(1-\rho)\right]$	$L - \frac{\lambda_e}{\mu}$
W	$\frac{L_q}{\lambda_e} + \frac{1}{u}$	$\frac{L_q}{\lambda_e} + \frac{1}{u}$
W_q	$\frac{L_q}{\lambda_e} = \frac{L_q}{\lambda(1 - P_N)}$	$\frac{L_q}{\lambda_e}$
备注	$\rho = \frac{\lambda}{c\mu} \neq 1$ $\lambda_e = \lambda(1 - P_N)$	$\lambda_e = \lambda(m - L)$

注　(1) 对于 $M/M/c/N/\infty$ 系统模型,表 9-3 列出了 $\rho \neq 1$ 的计算结果,其实此模型,对 ρ 已不加限制. 至于 $\rho = 1$ 时的结果请读者自行给出.

(2) 表 9-3 中的 P_0, P_n 计算公式过于复杂,有书专门列成表格可供使用.

9.4 一般服务时间的排队系统

对于 $M/G/1$ 排队模型,有如下假设:

(1) 顾客的到达服从参数为 λ 的泊松分布.

(2) 对每个顾客的服务时间 T 是具有相同概率分布且相互独立的随机变量 $F(T)$,且 $E(T)$ 和方差 $D(T)$ 都存在.令 $\rho=\lambda E(T)$,且 $\rho=\lambda E(T)<1$,即 $\lambda<\frac{1}{E(T)}$.

(3) 有一个服务台,无限顾客源和无限排队空间.

对于排队系统中顾客数的期望值,运用"嵌入马尔可夫链"方法,推导出对于任意一种服务时间分布,有关系式:

$$L=\rho+\frac{\rho^2+\lambda^2\mathrm{Var}(T)}{2(1-\rho)} \tag{9-20}$$

这就是**朴拉切克-欣钦(Pollazak - Khintchine,P - K)**公式,它是排队论中最重要的公式之一.根据这个公式,不论何种服务时间分布,只要知道 λ,$E(T)$ 和 $\mathrm{Var}(T)$,那么在泊松输入的系统中,就可以求出排队系统中顾客数的期望值,再利用里特公式,可求出 L_q,W,W_q 等数量指标.

下面就在不同的时间分布下推出所对应排队系统的数量指标.

(1) 如果服务时间为负指数分布,则

$$E(T)=\frac{1}{\mu},\quad \mathrm{Var}(T)=\frac{1}{\mu^2}$$

由公式(9-20),得

$$L=\frac{\lambda}{\mu}+\frac{\left(\frac{\lambda}{\mu}\right)^2+\lambda^2\frac{1}{\mu^2}}{2\left(1-\frac{\lambda}{\mu}\right)}=\frac{\lambda}{\mu-\lambda}$$

这与 $M/M/1/\infty/\infty$ 排队模型的结果是一致的.

(2) 如果服务时间服从 k 阶爱尔朗分布(E_k),由 9.1.3 节可知,对顾客的服务工作必须经过串联的 k 个工序,每个子工序的服务时间 T_i 相互独立并服从相同的参数为 $k\mu$ 的负指数分布,则 $T=\sum_{i=1}^{k}T_i$ 服从 k 阶爱尔朗分布,且

$$E(T_i)=\frac{1}{k\mu},\quad \mathrm{Var}(T_i)=\frac{1}{k^2\mu^2}$$

$$E(T)=\frac{1}{\mu},\quad \mathrm{Var}(T)=\frac{1}{k\mu^2}$$

代入公式(9-20),有

$$\begin{cases} L=\rho+\dfrac{\rho^2+\dfrac{\lambda^2}{k\mu^2}}{2(1-\rho)}=\rho+\dfrac{(k+1)\rho^2}{2k(1-\rho)} \\ L_q=\dfrac{(k+1)\rho^2}{2k(1-\rho)} \\ W=\dfrac{L}{\lambda} \\ W_q=\dfrac{L_q}{\lambda} \end{cases} \tag{9-21}$$

(3) 如果服务时间是确定的常数,即 $M/D/1$ 排队系统,这时 $E(T)=\dfrac{1}{\mu}$,$\mathrm{Var}(T)=0$,则有

$$\begin{cases} L=\rho+\dfrac{\rho^2}{2(1-\rho)} \\ W=\dfrac{L}{\lambda} \\ W_q=W-\dfrac{1}{\mu} \\ L_q=\lambda W_q=L-\rho \end{cases} \tag{9-22}$$

可以证明,在一般服务时间分布的 L_q 和 W_q 中以定长服务时间的为最小,这符合"服务时间越有规律,等候的时间就越短"的通俗理解.读者可在热力学或信息论里熵的概念中找出类似的性质.

例 9-6　顾客按平均 2.5 min 的时间间隔的负指数分布到达某排队系统,平均服务时间为 2 min.

(1) 若服务时间也服从负指数分布,求顾客的平均逗留时间和等待时间;

(2) 若服务时间至少需要 1 min 且服从如下分布:

$$f(T)=\mathrm{e}^{1-T},\quad T\geqslant 1$$
$$f(T)=0,\quad T<1$$

再求顾客的平均逗留时间和等待时间.

解　(1)
$$\lambda=\frac{1}{2.5}=0.4,\quad \mu=\frac{1}{2}=0.5,\quad \rho=\frac{\lambda}{\mu}=\frac{0.4}{0.5}=0.8$$

$$W=\frac{1}{\mu-\lambda}=\frac{1}{0.5-0.4}=10\ \text{min}$$

$$W_q=\frac{\rho}{\mu-\lambda}=\frac{0.8}{0.5-0.4}=8\ \text{min}$$

(2) 令 T 为服务时间,那么 $T=1+x$,其中 x 是服从均值为 1 的负指数分布;于是 $E(T)=2$,$\mathrm{Var}(T)=\mathrm{Var}(1+x)=\mathrm{Var}(x)=1$,$\rho=\lambda E(T)=0.4\times 2=0.8$.代入 **P-K 公式**得

$$L=0.8+\frac{0.8^2+0.4^2\times 1}{2(1-0.8)}=2.8$$

$$L_q=L-\rho=2.8-0.8=2.0$$

$$W=\frac{L}{\lambda}=\frac{2.8}{0.4}=7\ \text{min}$$

$$W_q=\frac{L_q}{\lambda}=\frac{2.0}{0.4}=5\ \text{min}$$

例 9-7　某台自动汽车清洗机,清洗每辆汽车的时间均为 6 min,汽车按泊松分布到达,平均每 15 min 来一辆.试求 L,L_q,W 和 W_q.

解　此系统是 $M/D/1$ 排队系统,其中 $\lambda=4$,$E(T)=\mu=10$,$\rho=\dfrac{\lambda}{\mu}=0.4$,$\mathrm{Var}(T)=0$,则有

$$L=0.4+\frac{0.4^2}{2(1-0.4)}\approx 0.533\ 辆;\quad L_q=0.533-0.4=0.133\ 辆$$

$$W=\frac{0.533}{4}\approx 0.133\ \text{min};\quad W_q=\frac{0.133}{4}\approx 0.033\ \text{min}$$

9.5 排队系统的优化

前面已经讨论了若干排队模型，得到了系统的数量指标 L，L_q，W 和 W_q 等有价值的信息. 排队系统中，顾客的到达情况无法控制，但服务机构是可以调整的，例如，服务速率，服务台的个数. 问题是如何确定这些指标，使系统在经济上获得最佳效益呢？

一般情况下，提高服务水平（数量、质量）自然会降低顾客的等待费用（损失），但却常常增加了服务机构成本. 优化目标就是使两者费用之和最小，从而决定达到这个目标的最优的服务水平，见图 9－11. 而最优服务水平主要反映在服务速率和服务台的个数上，因此，研究排队系统的优化问题，重在研究服务速率和服务台的个数.

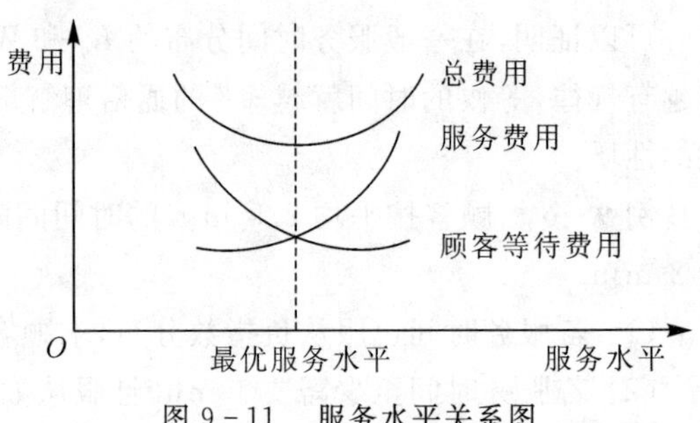

图 9－11 服务水平关系图

(1) 首先，各种费用在稳态情况下，都是按单位时间考虑. 一般情况下，服务费用是可以确切计算或估计的，而顾客的等待费用就有许多不同的情况，像机械故障问题中等待费用（由于机器停机而使生产遭受损失）是可以估计的，但像病人就诊的等待费用或由于队长而失掉潜在顾客所造成的营业损失，就只能根据统计的经验资料来估计.

(2) 费用函数的期望值取最小的问题属于非线性规划问题，这类非线性规划可以是有约束的也可以是无约束的. 常用的求解方法，对于离散型变量常用边际分析法或数值法；对于连续型变量常用经典的微分法；对于复杂问题也可以用动态规划方法或非线性方法以及模拟方法.

9.5.1 *M/M/1* 的最优服务率 μ

1. $M/M/1/\infty/\infty$ 模型中最优的 μ

假设所讨论的 μ 值与费用成线性关系.

C_s—— 表示每增大 1 单位的 μ 所需的单位时间服务费用，即增加 μ 值的边际费用；

C_w—— 每个顾客在系统中停留单位时间的费用，对于 C_w，可以理解成顾客的平均工资，或顾客以在排队系统停留时间为变量的机会损失费用.

总费用：$C(\mu)=C_s\mu+C_wL$，将 $L=\dfrac{\lambda}{\mu-\lambda}$ 代入此式，得

$$C(\mu)=C_s\mu+C_w\frac{\lambda}{\mu-\lambda}$$

因为 C 是 μ 的连续函数，故用经典微分法可求费用极小值点.

$$\frac{\mathrm{d}C(\mu)}{\mathrm{d}\mu}=C_s-\frac{C_w\lambda}{(\mu-\lambda)^2}=0$$

则

$$(\mu-\lambda)^2=\frac{C_w}{C_s}\lambda \quad \Rightarrow \quad \mu-\lambda=\sqrt{\frac{C_w}{C_s}\lambda}$$

由于 $\mu>\lambda$，即 $\rho<1$，因而开二次方取正，整理得

$$\mu=\lambda+\sqrt{\frac{C_w}{C_s}\lambda} \tag{9-23}$$

又因为

$$\left.\frac{\mathrm{d}^2 C(\mu)}{\mathrm{d}\mu^2}\right|_{\mu}=2C_w\lambda\left(\frac{C_w\lambda}{C_s}\right)^{-\frac{3}{2}}>0$$

所以 $\mu^*=\lambda+\sqrt{\frac{C_w}{C_s}\lambda}$ 为极小值点.

例 9-8　兴建一座港口码头，只有一个装卸船的装置，要求设计装卸能力用每日装卸的船数表示. 已知单位装卸能力每日平均耗费生产费用 $a=2\,000$ 元，船只到港后如不能及时装卸，停留一日损失运输费 $b=1\,500$ 元，预计船的平均到达率是 $\lambda=3$. 该船只到达时间间隔和装卸时间均服从负指数分布，问港口装卸能力多大时，每天的总支出最少？

解　依题意知，$C(\mu)=a\mu+bL$，即

$$C(\mu)=a\mu+b\frac{\lambda}{\mu-\lambda}$$

由式(9-23)，得

$$\mu^*=\lambda+\sqrt{\frac{b}{a}\lambda}=3+\sqrt{\frac{1.5}{2}\times 3}=4.5(\text{艘}/\text{天})$$

则港口总支出最少的最优装卸能力为每日装卸 5 艘船.

2. $M/M/1/N/\infty$ 模型中最优的 μ

$M/M/1/N/\infty$ 模型的总费用包括三部分：服务费、顾客停留费和顾客到达却转而离去造成的损失费. 设每服务一人能带来 G 元的利润. 当系统客满时，顾客转而离去，平均利润损失为 $G\lambda P_N$. 其中 λ 为到达率，P_N 为顾客被拒绝的概率.

由于此模型系统的顾客一般为外部顾客，其单位时间等待费用不易获得，因此忽略.

总费用为

$$C(\mu)=C_s\mu+G\lambda P_N=C_s\mu+G\lambda\frac{\lambda^N\mu-\lambda^{N+1}}{\mu^{N+1}-\lambda^{N+1}}$$

求 $\frac{\mathrm{d}C(\mu)}{\mathrm{d}\mu}$，并令 $\frac{\mathrm{d}C(\mu)}{\mathrm{d}\mu}=0$，得

$$\frac{\rho^{N+1}[(N+1)\rho-N-\rho^{N+1}]}{(1-\rho^{N+1})^2}=\frac{C_s}{G} \quad \left(\rho=\frac{\lambda}{\mu}\right)$$

此式是一个关于 μ 的高次方程，要解出 μ^* 是比较困难的，所以通常用数值计算来求得 μ^* 或用图形法近似求出 μ^*.

3. $M/M/1/\infty/m$ 模型中最优的 μ

此模型一般用于机器维修上，因而以机器维修为例，其总费用由两部分组成：服务费用和机器维修等待时间的损失费用，而单位时间停留费用 C_w 是以每台机器运转时单位时间的利润表示.

总费用：$C(\mu)=C_s\mu+C_wL$. 这里直接给出 $\frac{\mathrm{d}C(\mu)}{\mathrm{d}\mu}=0$，所得到的结果为

$$\frac{\frac{m}{\rho}\left[E_{m-1}^2\left(\frac{m}{\rho}\right)+E_m\left(\frac{m}{\rho}\right)E_{m-2}\left(\frac{m}{\rho}\right)\right]-E_{m-1}\left(\frac{m}{\rho}\right)E_m\left(\frac{m}{\rho}\right)}{E_m^2\left(\frac{m}{\rho}\right)}=\frac{C_s\lambda}{C_w}\left(\text{其中 } E_m(x)=\sum_{k=0}^{m}\frac{x^k}{k!}e^{-x}\right)$$

由上式解出 μ^* 很困难，通常利用泊松分布表通过数值计算来求得或图形法近似求出 μ^*.

9.5.2 $M/M/c/\infty/\infty$ 模型中最优的服务台 c

在多服务台模型中，服务台数目一般是一个可控因素，增加服务台去提高服务水平，但也会增加与它相关的费用. 假定这个费用是线性的，即与服务台数目成正比，令 b_c 表示每个服务台单位时间的费用，则总费用函数为

$$z(c)=b_c c+C_w L$$

其中必须有 $\frac{\lambda}{c\mu}<1$，即 $c>\frac{\lambda}{\mu}$，又因 b_c 和 C_w 都是给定的. 唯一可变的是服务台数，所以总费用是 c 的函数. 现在的问题就是求最优解 c^*，使得 $z(c^*)$ 最小，又因为 c 只能取整数值，$z(c)$ 不是连续函数，故不能用经典微分法，而采用边际分析法求得.

根据 $z(c^*)$ 是最小的特点，有

$$\begin{cases}z(c^*)\leqslant z(c^*-1)\\ z(c^*)\leqslant z(c^*+1)\end{cases}$$

即

$$\begin{cases}b_c c^*+C_w L(c^*)\leqslant b_c(c^*-1)+C_w L(c^*-1)\\ b_c c^*+C_w L(c^*)\leqslant b_c(c^*+1)+C_w L(c^*+1)\end{cases}$$

化简后得

$$L(c^*)-L(c^*+1)\leqslant\frac{b_c}{C_w}\leqslant L(c^*-1)-L(c^*)$$

依次求 $c=1,2,3,\cdots$ 时 L 的值，并做两相邻的 L 值之差，因为 $\frac{b_c}{C_w}$ 为已知数，根据这个数落在哪个不等式的区间里就可定出 c^*.

例 9-9 某健康检测中心为人检查身体的健康状况，来检查的人平均到达率为 $\lambda=48$ 人次 / 天，每次来检查由于请假等原因带来的损失为 6×10^2 元，检查时间服从负指数分布，平均服务率 μ 为 25 人次 / 天，每安排一位医生的服务成本为每天 4×10^2 元，问应安排几位医生(设备)才能使总费用最小?

解 由题意可知，在 $M/M/C/\infty/\infty$ 模型中，有

$$\lambda=48,\quad \mu=25,\quad b_c=4,\quad C_w=6$$

首先，须满足 $\rho=\frac{\lambda}{c\mu}<1$，即 $\frac{48}{25c}<1$，解得 $c\geqslant2$.

又因为

$$L(c)=L_q(c)+\frac{\lambda}{\mu}=\frac{\lambda^c}{\mu^c c!\ (1-\rho)^2}P_0+\frac{\lambda}{\mu}$$

而

$$P_0=\left[\sum_{n=0}^{c-1}\frac{1}{n!}\left(\frac{\lambda}{\mu}\right)^n+\frac{1}{c!}\left(\frac{\lambda}{\mu}\right)^c\left(\frac{1}{1-\rho}\right)\right]^{-1}$$

令 $c=2,3,4$ 将已知数据代入上两个式子，算得结果见表 9－4.

表　9－4

c	$L(c)$	$L(c)-L(c+1)$	$L(c-1)-L(c)$
2	21.610	18.930	—
3	2.680	0.612	18.930
4	2.068	—	0.612

因为$\frac{b_c}{C_w}=0.666$，故由

$$L(c^*)-L(c^*+1)\leqslant\frac{b_c}{C_w}\leqslant L(c^*-1)-L(c^*)$$

及上面的计算结果知：$0.612<0.666<18.930$.

所以$\frac{b_c}{C_w}=0.666$，落在区间(0.612,18.930)中，故 $c^*=3$，即安排 3 位医生可使总费用最小.

9.6　WinQSB 软件应用

排队是在日常生活中经常遇到的现象，如顾客到商店购买物品、病人到医院看病常常需要排队. 此时要求服务的人数超过服务机构（服务台、服务员等）的容量，也就是说，到达的顾客不能立即得到服务，因而出现了排队现象.

排队论就是解决上述问题而发展的一门学科，它研究的内容有下列三部分：

(1) 性态问题，即研究各种排队系统的概率规律性，主要是研究队长分布、等待时间分布和忙期分布等，包括瞬态和稳态两种情形.

(2) 最优化问题，又分静态最优和动态最优，前者指最优设计，后者指现有排队系统的最优运营.

(3) 排队系统的统计推断，即判断一个给定的排队系统符合于哪种模型，以便根据排队理论进行分析研究.

排队论的运算子程序是 Queuing Analysis(QA)，该程序具有各种排队模型的求解与性能分析、灵敏度分析、服务能力分析、成本分析等功能.

基本操作方法

建立新问题后，系统显示的选项见图 9－12，系统默认时间单位为 h. 输入格式有两种，如果选择简单排队系统（Simple M/M System，顾客到达的时间间隔和服务时间服从负指数分布），系统显示的数据输入格式见表 9－5，表 9－5 的大致含义列在表的右边. 当选择一般排队系统（General Queueing System）时，系统显示的数据输入格式见表 9－6.

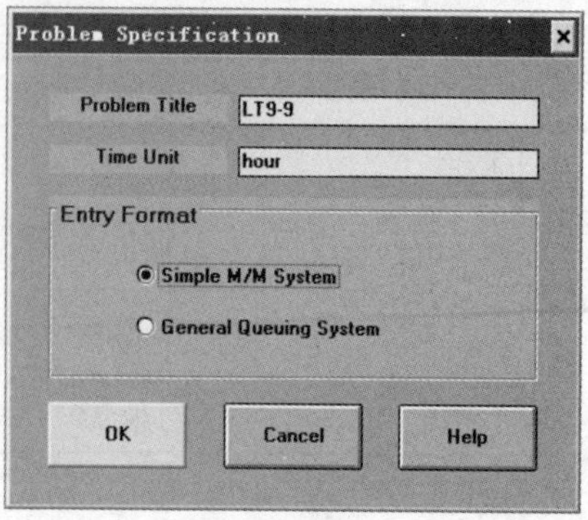

Problem Specification

Problem Title: LT9-9

Time Unit: hour

Entry Format

◉ Simple M/M System

○ General Queuing System

OK　Cancel　Help

图 9-12

表 9-5

Data Description	ENTRY
Number of servers	服务台数
Service rate (per server per hour)	平均服务率
Customer arrival rate (per hour)	平均到达率
Queue capacity (maximum waiting space)	队列容量(最大空间等待)
Customer population	顾客源
Busy server cost per hour	每小时忙时的成本
Idle server cost per hour	每小时空闲的成本
Customer waiting cost per hour	每小时顾客等待的成本
Customer being served cost per hour	每小时服务顾客的成本
Cost of customer being balked	损失顾客的成本
Unit queue capacity cost	单位容量队列成本

表 9-6

Data Description	ENTRY
Number of servers	服务台数
Service time distribution (in hour)	Exponential 服务时间分布，双击打开选择卡
Location parameter (a)	输入第1个参数
Scale parameter (b>0) (b=mean if a=0)	输入第2个参数(如果有)
(Not used)	输入第3个参数(如果有)
Service pressure coefficient	服务强度系数
Interarrival time distribution (in hour)	Exponential 到达时间间隔分布，双击打开选项卡
Location parameter (a)	输入第1个参数
Scale parameter (b>0) (b=mean if a=0)	输入第2个参数(如果有)
(Not used)	输入第3个参数(如果有)
Arrival discourage coefficient	到达阻尼参数
Batch (bulk) size distribution	General/Arbitrary 批量分布，双击打开选择卡
Mean (u)	输入第1个参数
Standard deviation (s>0)	输入第2个参数(如果有)
(Not used)	输入第3个参数(如果有)
Queue capacity (maximum waiting space)	队列容量，无限为M
Customer population	顾客源，无限为M
Busy server cost per hour	每小时忙时的成本
Idle server cost per hour	每小时空闲的成本
Customer waiting cost per hour	每小时顾客等待的成本
Customer being served cost per hour	每小时服务顾客的成本
Cost of customer being balked	损失顾客的成本
Unit queue capacity cost	单位队列容量成本

表 9－6 中的服务时间和到达间隔分布系统默认为负指数分布，若要改变分布，双击空格系统显示见图 9－13 的分布选项，含义见表 9－7.

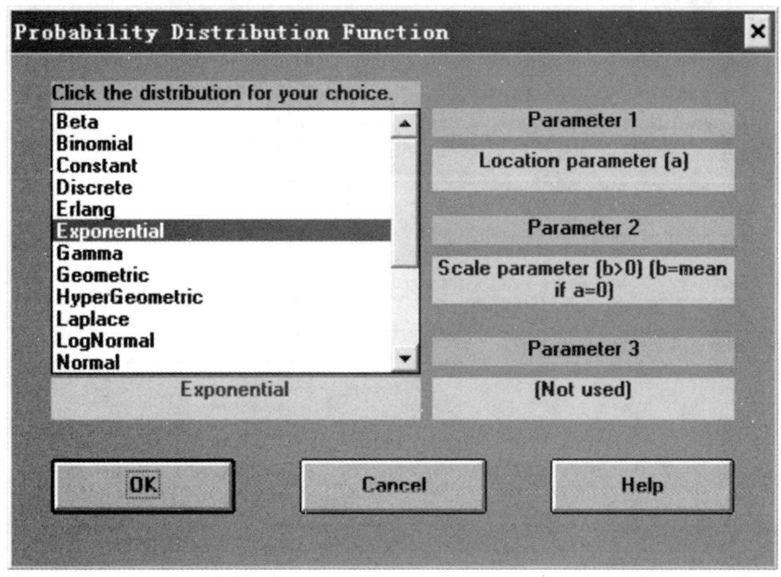

图　9－13

表　9－7

分布选项	含　义	分布选项	含　义
Beta	贝塔分布	Biomia	二项分布
Constant	常数	Discrete	离散分布
Erlang	爱尔朗分布	Exponential	指数分布
Gamma	咖玛分布	Geometric	几何分布
HyperGeometric	超几何分布	Laplace	拉普拉斯分布
LogNorma	对数正态分布	Normal	正态分布
Pareto	帕累托分布	Possion	泊松分布
Power Function	功效函数	Triangula	三角分布
Uniform	均匀(一致)分布	Weibull	威布尔分布
General/arbitray	一般分布/任意分布		

例 9－10　3 个技术程度相同的工人共同照管 7 台自动机床，每台机床平均每小时需照管一次，每次需一个工人照管的平均时间为 20min. 每次照管时间及每相继两次照管间隔都相互独立且为负指数分布. 试求每人平均空闲时间、系统四项主要指标和机床利用率.

解　启动程序. 点击开始→程序→WinQSB→Queuing Analysis.

建立新问题，填写问题名称 LT9－10，时间单位 hour，选择 Simple M/M System. 得表 9－8，服务台数输入 3，到达率输入 1，服务率输入 3，顾客源输入 7. 数据见表 9－8.

表 9-8

Data Description	ENTRY
Number of servers	3
Service rate (per server per hour)	3
Customer arrival rate (per hour)	1
Queue capacity (maximum waiting space)	M
Customer population	7
Busy server cost per hour	
Idle server cost per hour	
Customer waiting cost per hour	
Customer being served cost per hour	
Cost of customer being balked	
Unit queue capacity cost	

求解结果见表 9-9

表 9-9

08-25-2014	Performance Measure	Result
1	System: M/M/3//7	From Formula
2	Customer arrival rate (lambda) per hour =	1.0000
3	Service rate per server (mu) per hour =	3.0000
4	Overall system effective arrival rate per hour =	5.1432
5	Overall system effective service rate per hour =	5.1432
6	Overall system utilization =	57.1472 %
7	Average number of customers in the system (L) =	1.8568
8	Average number of customers in the queue (Lq) =	0.1423
9	Average number of customers in the queue for a busy system (Lb) =	0.5243
10	Average time customer spends in the system (W) =	0.3610 hours
11	Average time customer spends in the queue (Wq) =	0.0277 hours
12	Average time customer spends in the queue for a busy system (Wb) =	0.1019 hours
13	The probability that all servers are idle (Po) =	12.8559 %
14	The probability an arriving customer waits (Pw) or system is busy (Pb) =	27.1502 %
15	Average number of customers being balked per hour =	0
16	Total cost of busy server per hour =	$0
17	Total cost of idle server per hour =	$0
18	Total cost of customer waiting per hour =	$0
19	Total cost of customer being served per hour =	$0
20	Total cost of customer being balked per hour =	$0
21	Total queue space cost per hour =	$0
22	Total system cost per hour =	$0

例 9-11 某车间有 5 台机器，每台机器的连续运转时间服从负指数分布，一天(8 h)平均连续运行时间 120 min. 有一个修理工，每次修理时间服从负指数分布，平均每次96 min. 求：

(1) 修理工忙的概率(记为 P_b)；

(2) 5 台机器都出故障的概率；

(3) 出故障的平均台数；

(4) 平均停工时间；

(5) 平均等待修理时间.

解 顾客到达的间隔时间和服务时间都服从负指数分布，在图 9-12 中选择第一项（简单排队系统 Simple M/M System)，在表 9-5 中输入有关数据，见表 9-10.

表　9－10

Data Description	ENTRY
Number of servers	1
Service rate (per server per hour)	5
Customer arrival rate (per hour)	4
Queue capacity (maximum waiting space)	M
Customer population	5
Busy server cost per hour	
Idle server cost per hour	
Customer waiting cost per hour	
Customer being served cost per hour	
Cost of customer being balked	
Unit queue capacity cost	

求解结果见表 9－11.

表　9－11

08-25-2014	Performance Measure	Result
1	System: M/M/1//5	From Formula
2	Customer arrival rate (lambda) per hour =	4.0000
3	Service rate per server (mu) per hour =	5.0000
4	Overall system effective arrival rate per hour =	4.9635
5	Overall system effective service rate per hour =	4.9635
6	Overall system utilization =	99.2701 %
7	Average number of customers in the system (L) =	3.7591
8	Average number of customers in the queue (Lq) =	2.7664
9	Average number of customers in the queue for a busy system (Lb) =	2.7868
10	Average time customer spends in the system (W) =	0.7574 hours
11	Average time customer spends in the queue (Wq) =	0.5574 hours
12	Average time customer spends in the queue for a busy system (Wb) =	0.5615 hours
13	The probability that all servers are idle (Po) =	0.7300 %
14	The probability an arriving customer waits (Pw) or system is busy (Pb) =	99.2700 %
15	Average number of customers being balked per hour =	0
16	Total cost of busy server per hour =	$0
17	Total cost of idle server per hour =	$0
18	Total cost of customer waiting per hour =	$0
19	Total cost of customer being served per hour =	$0
20	Total cost of customer being balked per hour =	$0
21	Total queue space cost per hour =	$0
22	Total system cost per hour =	$0

在表 9－11 中,有 3 项指标需要说明一下.

P_b 或 P_w:系统忙的概率.具体的含义是,系统所有服务台都在服务的概率,或系统的顾客数大于等于服务台数,或某个顾客到来时系统已有 s 个顾客的概率,或顾客到达系统时需要等待的概率.$P_b=1-P_0$.

L_b:系统忙时队列中顾客的平均数.它与 L_q 的关系是 $L_q=L_bP_b$.

W_b:系统忙时顾客在队列中等待的平均时间.它与 W_q 的关系是 $W_q=W_bP_b$.

例 9－12　某旅馆有 10 个床位,旅客到达服从泊松流,平均速率为 6 人/天,旅客平均逗留时间为 2 天,求:

(1) 旅馆客满的概率;

(2) 每天客房平均占用数.

解　在表 9－5 中,服务台数输入 10,到达率输入 6,服务率输入 0.5.客满时顾客离去,不会发生排队现象,表 9－5 中第 4 行的 Queue capacity 指队列容量而不是队长,因此输入 0.用公

式手工计算 $N=8$，软件计算时队列容量不包括服务台数. 数据见表 9－12.

表 9－12

Data Description	ENTRY
Number of servers	10
Service rate (per server per day)	0.5
Customer arrival rate (per day)	6
Queue capacity (maximum waiting space)	0
Customer population	M
Busy server cost per day	
Idle server cost per day	
Customer waiting cost per day	
Customer being served cost per day	
Cost of customer being balked	
Unit queue capacity cost	

求解结果见表 9－13，其中 Overall system utilization 是客房利用率，P_b 是客满的概率.

表 9－13

08-25-2014	Performance Measure	Result
1	System: M/M/10/10	From Formula
2	Customer arrival rate (lambda) per day =	6.0000
3	Service rate per server (mu) per day =	0.5000
4	Overall system effective arrival rate per day =	4.1884
5	Overall system effective service rate per day =	4.1884
6	Overall system utilization =	83.7690 %
7	Average number of customers in the system (L) =	8.3769
8	Average number of customers in the queue (Lq) =	0
9	Average number of customers in the queue for a busy system (Lb) =	0
10	Average time customer spends in the system (W) =	2.0000 days
11	Average time customer spends in the queue (Wq) =	0 day
12	Average time customer spends in the queue for a busy system (Wb) =	0 day
13	The probability that all servers are idle (Po) =	0.0018 %
14	The probability an arriving customer waits (Pw) or system is busy (Pb) =	30.1925 %
15	Average number of customers being balked per day =	1.8116
16	Total cost of busy server per day =	$0
17	Total cost of idle server per day =	$0
18	Total cost of customer waiting per day =	$0
19	Total cost of customer being served per day =	$0
20	Total cost of customer being balked per day =	$0
21	Total queue space cost per day =	$0
22	Total system cost per day =	$0

例 9－13 某洗车行有一套自动冲洗设备，冲洗每辆汽车所需时间为 3 min，到此冲洗站来冲洗汽车的到达过程服从泊松分布，每小时平均到达 8 辆，求该排队系统的有关运行指标.

解 $\lambda=8$ 辆 /h，$\mu=60/3=20$ 辆 /h. 在图 9－12 中选择 General Queuing System，输入数据见表 9－14. 服务台数为 1，服务时间分布选择常数，值为 $1/\mu=0.05$ h，到达时间间隔分布为负指数分布，值为 $1/\lambda=0.125$. 其他数据不用输入. 求解结果见表 9－15.

注意 图 9－12 中有两种模型的输入格式，选择 Simple M/M System 时，到达参数是单位时间内到达的顾客数，服务参数是单位时间内服务的顾客数，都是“率”. 选择 General Queuing Syatem 时，到达参数是时间间隔分布 $(1/\lambda)$，服务参数是服务时间分布 $(1/\mu)$，有时需要输入多个分布参数，如服务时间是正态分布，第一个参数是服务一个顾客所需时间的期望值，第二个参数是标准差.

系统除了计算一般排队指标外，还提供了参数分析、成本分析及排队模拟等功能，其操作方法留给读者进行练习.

表　9－14

Data Description	ENTRY
Number of servers	1
Service time distribution (in hour)	Constant
Constant value	0.05
(Not used)	
(Not used)	
Service pressure coefficient	
Interarrival time distribution (in hour)	Exponential
Location parameter (a)	0
Scale parameter (b>0) (b=mean if a=0)	0.125
(Not used)	
Arrival discourage coefficient	
Batch (bulk) size distribution	Constant
Constant value	1
(Not used)	
(Not used)	
Queue capacity (maximum waiting space)	M
Customer population	M
Busy server cost per hour	
Idle server cost per hour	
Customer waiting cost per hour	
Customer being served cost per hour	
Cost of customer being balked	
Unit queue capacity cost	

表　9－15

08-25-2014	Performance Measure	Result
1	System: M/D/1	From Formula
2	Customer arrival rate (lambda) per hour =	8.0000
3	Service rate per server (mu) per hour =	20.0000
4	Overall system effective arrival rate per hour =	8.0000
5	Overall system effective service rate per hour =	8.0000
6	Overall system utilization =	40.0000 %
7	Average number of customers in the system (L) =	0.5333
8	Average number of customers in the queue (Lq) =	0.1333
9	Average number of customers in the queue for a busy system (Lb) =	0.3333
10	Average time customer spends in the system (W) =	0.0667 hours
11	Average time customer spends in the queue (Wq) =	0.0167 hours
12	Average time customer spends in the queue for a busy system (Wb) =	0.0417 hours
13	The probability that all servers are idle (Po) =	60.0000 %
14	The probability an arriving customer waits (Pw) or system is busy (Pb) =	40.0000 %
15	Average number of customers being balked per hour =	0
16	Total cost of busy server per hour =	$0
17	Total cost of idle server per hour =	$0
18	Total cost of customer waiting per hour =	$0
19	Total cost of customer being served per hour =	$0
20	Total cost of customer being balked per hour =	$0
21	Total queue space cost per hour =	$0
22	Total system cost per hour =	$0

习　题　9

9-1　判断下列说法是否正确.

(1) 到达排队系统的顾客服从泊松分布,则依次到达的两名顾客之间的间隔时间服从负指数分布.

(2) 假如到达排队系统的顾客来自两方面,分别服从泊松分布,则这两部分顾客合起来的顾客流仍旧为泊松分布.

(3) 在排队系统中,一般假定对顾客服务时间的分布为负指数分布,这是因为通过对大量实际系统的统计研究,这样的假定比较合理.

(4) 一个排队系统中,不管顾客到达和服务时间的情况如何,只要运行足够长的时间后,系统将进入稳定状态.

(5) 排队系统中,顾客等待时间的分布不受排队系统服务规则的影响.

(6) 在顾客到达及机构服务时间的分布相同的情况下,对容量有限的排队系统,顾客的平均等待时间将少于允许队长无限的系统.

(7) 顾客到达的分布相同的情况下,顾客的平均等待时间同服务时间分布的方差大小有关,当服务时间分布的方差越大时,顾客的平均等待时间就越长.

9-2　试述排队系统的三个基本组成部分及各自的特征.当用符号 $A/B/C/D/E/F$ 来表示一个排队模型时,符号中的各个字母分别代表什么?

9-3　了解下列符号或名词的概念,并写出它们之间的关系表达式. $L, L_q, W, W_q, P_n(t)$, $n=0,1,\cdots,\infty$,忙期,服务设备利用率,顾客损失率.

9-4　分别说明在系统容量有限及顾客源有限时的排队系统中,有效到达率 λ_e 的含义及其计算表达式.

9-5　试述排队系统中影响服务水平高低的因素,它同系统中各项费用的关系,以及排队系统优化设计的含义.

9-6　表 T9-1 和表 T9-2 为某排队服务系统顾客到达与服务员对每名顾客服务时间分布的统计.假设顾客的到达服从泊松分布,服务时间服从负指数分布,试用 χ^2 检验,在置信度为 95% 时,上述假设能否接受.

表　T9-1

每小时到达的顾客数 k	频数 f_k
0	23
1	58
2	69
3	51
4	35
5	18
6	11
7	3
8	1
9	1
总　计	270

表　T9-2

对每名顾客的服务时间 t	频数 f_t
$0 \leqslant t \leqslant 10$	54
$10 \leqslant t \leqslant 20$	34
$20 \leqslant t \leqslant 30$	18
$30 \leqslant t \leqslant 40$	12
$40 \leqslant t \leqslant 50$	8
$50 \leqslant t \leqslant 60$	6
$60 \leqslant t \leqslant 70$	3
$70 \leqslant t \leqslant 80$	1
$80 \leqslant t \leqslant 90$	1
$90 \leqslant t \leqslant 100$	1
合　计	138

9-7　某修理店只有一个工人，每小时平均有 4 个顾客带来器具要求修理. 这个工人检查器具的损失情况，予以修理，平均需 6 min. 设到达是泊松流，服务时间是负指数分布，求：

(1) 判断该系统属于何种排队模型；

(2) 修理店空闲时间的比例；

(3) 店内恰有 3 个顾客的概率；

(4) 店内至少有 1 个顾客的概率；

(5) 排队系统中顾客数的期望值；

(6) 等待服务的顾客的平均数；

(7) 顾客在店内一共需要多少时间；

(8) 顾客等待时间的平均数.

9-8　汽车按泊松分布到达某高速公路收费口，平均每小时 90 辆，每辆车通过收费口平均需要 35 s，服从负指数分布，司机抱怨等待的时间太长，管理部分拟采用自动收款装置使收费时间缩短到 30 s，但条件是原收费口平均等待车辆超过 6 辆，且新装置的利用率不低于 75% 时采用，问上述条件下新装置能否被采用？

9-9　3 个打字员，平均打印文件的速度为 6 件 /h，文件的到达率为 15 件 /h，试求：

(1) 在等待打印的平均文件数 L_q；

(2) 在系统内的平均文件件数 L；

(3) 文件在系统内的平均等待时间 W；

(4) 文件的平均等待时间 W_q；

(5) 三个打字员均不空闲的概率 $P\{n \geqslant 3\}$.

9-10　某厂修理车间故障机器到达为泊松过程 $\lambda = 6$ 台 /h，每台机器修理时间服从指数分布，平均修理时间 7 min，今有一种新的修理设备，可使机器修理时间减少到 5 min，但每分钟这台设备需要费用 10 元，而每台故障机器估计在一分钟造成的损失费为 5 元，试问该厂是否需要购置这台新的修理设备？

9-11　某厂有一机修组织专门修理某种类型的设备，今已知该设备的损失率服从泊松分布，平均每天 2 台. 已知修复时间服从负指数分布，平均每台的修理时间为 $1/\mu$ 天，但 μ 是一个与机修人员多少及维修设备机械化程度(即与修理组织年开支费用 k) 等有关的函数. 已知 $\mu(k) = 0.1 + 0.001k, k \geqslant 1\,900$(元)，又已知设备损坏后，每台一天的停产损失费 400 元，试确定该厂修理最经济的 k 值及 μ 值(提示：以一个月为期进行计算).

第10章　存　储　论

存储论(Inventory Theory, IT)又称库存论,是运筹学中发展较早的一个分支. 一个工厂、一个商店没有必要的库存就不能保证正常的生产活动和销售活动,库存不足就会造成工厂的停工待料,商店缺货现象,在经济上造成损失,但是库存量太大就会挤压流动资金,增加存储费用,使企业的利润大幅下降,因此,必须对库存物资进行科学管理. 存储论重点研究有关物资储备的控制策略问题,即依据不同需求、供货及到达等情况,确定在什么地点及一次提出多大批量的订货,使用于订货、存储和可能发生短缺的费用总和达到最优.

10.1　基本库存问题

10.1.1　库存系统基本概念

库存管理的基本目的是既要适应生产和消费方面的动态需要,又要节约库存投资和降低库存费用,力求保持适当的库存水平. 为此,必须建立定量化的库存系统模型,努力实现最优控制.

下面先介绍库存问题涉及的几个基本概念.

1. 库存系统

为了保证供给与需求在时间上、空间上达到一定的协调,必须在供给与需求之间建立一个库存系统. 一个库存系统可简单地表示成图 10-1.

输入(补充) ——→ [库存] ——→ 输出(需求)

图 10-1　库存系统

它包括三个内容:补充、库存和需求. 补充和需求改变库存,补充使库存增加,需求使库存减少.

2. 需求

库存是为了满足未来的需求. 随着需求的被满足,存储量就减少. 需求可能是间断发生的,也可能是连续发生的. 图 10-2 和图 10-3 分别表示需求量(即库存的输出量)随时间 t 变化的情况,输出量皆为 $S-W$,但两者的输出方式不同. 前者是间断的,后者是连续的.

另外,需求量可以是确定型的,如某厂成品车间约定每天向厂内运输部门请求空车 20 辆;需求量也可以是随机型的,如某纺织品批发部,每天批发的商品品种和数量都不尽相同,但经大量统计后,可能会发现批发商品品种和数量呈现出一定的统计规律性,称之为有一定随机分布规律的需求,简称为**随机需求**.

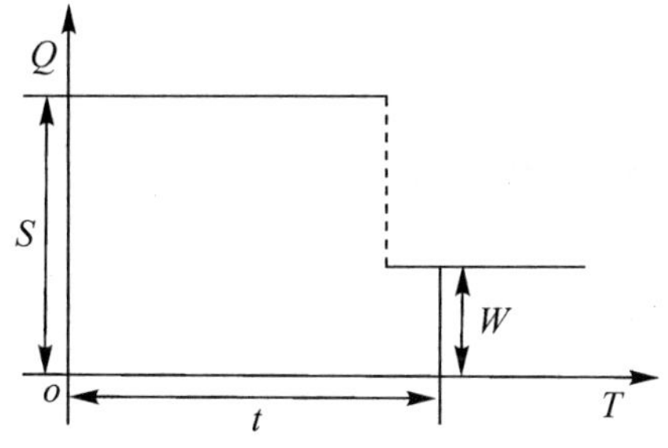

图 10-2　需求量随时间的间断变化

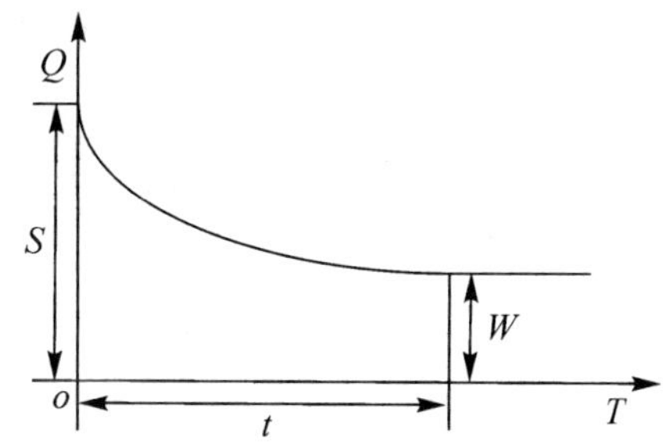

图 10-3　需求量随时间的连续变化

3. 补充

由于需求的发生，库存物不断减少. 为保证以后的需求，必须及时补充库存物品. 补充相当于库存系统的输入，输入中有些因素可以控制的，一般控制的是补充量（每次订购量或生产量）和补充时机（订货的时间或生产循环时间）. 补充是通过订货或生产实现的. 从发出订单到货物运进仓库，往往需要一段时间，因此这段时间称为滞后时间，从另一个角度看，为了在某一时刻能补充库存，必须提前订货，那么这段时间也可以称之为提前时间. 滞后时间和提前时间可能很长，也可能很短；可能是随机性的，也可能是确定性的.

10.1.2　库存系统基本策略

在库存论中，一个库存策略通常是指：决定在什么时候对库存系统进行补充，以及补充多少库存量. 常见的策略有下面三种.

1. T 循环策略

补充过程是每隔时间 T 补充一次，每次补充一个批量 Q，且每次补充可以为瞬时完成，或补充过程极短，补充时间可不考虑，这就是 T 循环策略. 即

$$X_i=\begin{cases}Q, & \text{当 } i=T,2T,\cdots,nT \quad (nT\leqslant T_0)\\ 0, & \text{当 } i\neq T,2T,\cdots,nT \quad (nT< T_0)\end{cases}$$

式中，T_0 为计划期；X_i 为补充量.

已知需求速度（即需求率，它是需求量对时间的变化率）是固定不变的，因此可以这样安排计划，当库存量下降为零时正好补充下一批物品，其库存状态见图 10-4.

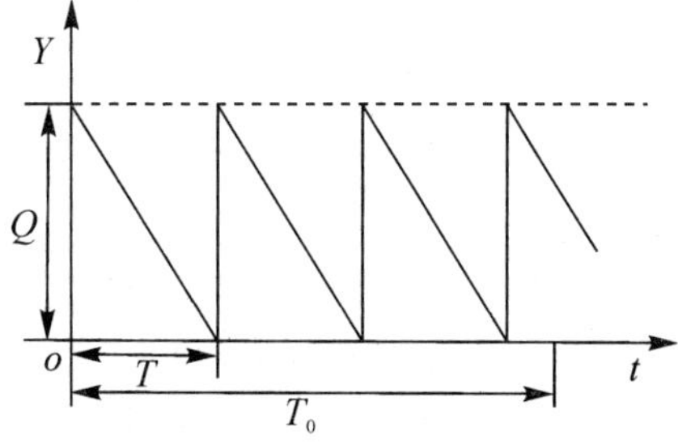

图 10-4　T 循环策略库存状态图

2. (T,S) 策略

每隔一个时间 T 盘点一次，并及时补充，每次补充到库存水平 S，因此每次补充量 Q_i 为一

变量,即 $Q_i = S - Y_i$, Y_i 为库存量,这种类型的库存状态见图 10-5.

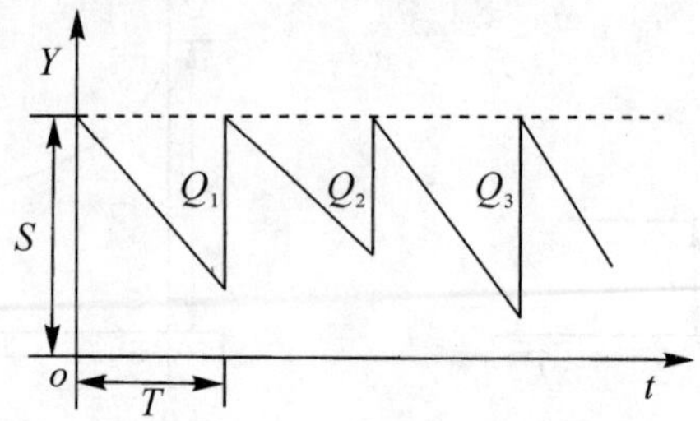

图 10-5 (T,S) 策略库存状态图

3.(T,s,S) 策略

每隔一个时间 T 盘点一次,当发现库存量小于保险库存量 s 时,就补充到库存水平 S,即

$$Q_i = \begin{cases} S - Y_i, & Y_i < s \\ 0, & Y_i \geqslant s \end{cases}$$

其中,Y_i 为库存量,其库存状态见图 10-6.

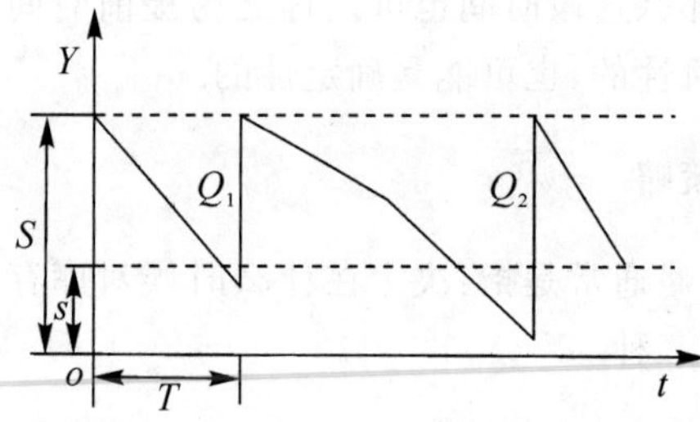

图 10-6 (T,s,S) 策略库存状态图

4.费用

确定库存策略时,如何评价一项策略的优劣?最直接的评价标准是计算该策略所耗用的平均费用,最优策略的选择应使费用最小.可见费用是确定库存策略的关键.在库存分析中,一般考虑下列几项费用.

(1) **订货费** 指企业向外采购物资的费用.该项费用由两项费用组成:一是仅与订货次数有关,而与订货数量无关的费用,如手续费、交通费、外出采购的固定费用等;二是和订购量有关的可变费用,如货物的成本费用和运输费用等.

(2) **生产费** 指企业自行生产库存物品的费用.它包括装备费用(与生产批量无关,而仅与生产次数有关)和生产消耗性费用(与生产批量有关).

(3) **库存费** 包括仓库的保管费,流动资金占用的利息以及货物损坏变质等费用.这些费用既随库存物品的增加而增加,也与库存物的性质有关.

(4) **缺货费** 指当库存物的数量满足不了需求时引起的有关损失,如停工待料的损失、未完成合同而承担的赔款等.在不允许缺货的情况下,可以认为缺货费为无穷大.

以上列出的主要费用项目,随着实际问题的不同,所考虑的费用项目也会有所差别.

5.目标函数

要在一类策略中选择一个最优策略,就需要有一个衡量优劣的标准,这就是目标函数.在库存问题中，通常把目标函数取为**平均费用函数**或**平均利润函数**，选择的策略应使平均费用达到最小或平均利润达到最大.

库存论的基本研究方法是将实际问题抽象为数学模型，在形成模型过程中，对一些复杂的条件尽量加以简化. 只要它能反映问题的本质就可以了，然后对模型用数学的方法加以研究，通过费用分析，求出最佳库存策略. 库存问题经过长期研究已得出一些行之有效的模型. 从库存模型来看大体可分为两类：一类叫作确定性模型，即模型中的数据皆为确定的数值；另一类叫作随机性模型，即模型中含有随机变量，而不是确定的数值. 本章将按确定性库存模型和随机性库存模型两大类，分别介绍一些常见的库存模型，并从中得出相应的库存策略.

10.2　确定性库存模型

10.2.1　瞬时进货，不允许缺货模型(经济批量模型)

(1) 模型假设. 为使模型简单，易于理解，便于计算，作如下假设：

1) 需求是连续均匀的，需求速度为常数 R，则 t 时间内的需求量为 Rt.

2) 当库存量降至零时，可立即补充，不会造成缺货.

3) 每次订购费为 C_3，单位货物库存费为 C_1 都为常数.

4) 每次订购量相同，均为 Q_0.

5) 缺货费无穷大.

库存状态变化见图 10 - 7.

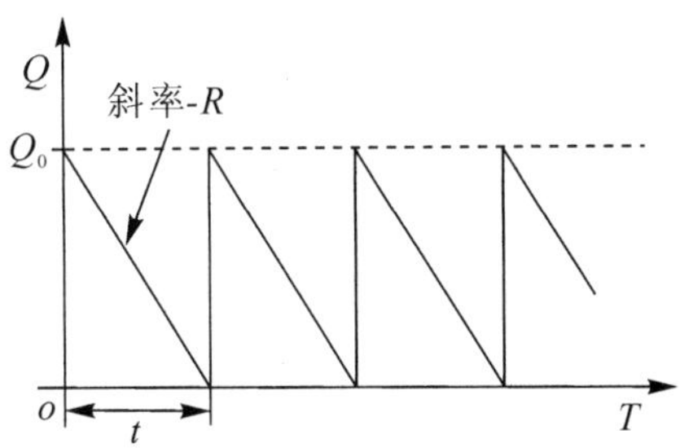

图 10 - 7　库存状态变化图

(2) 建立库存模型. 为了求出使总费用最小的订货批量 Q_0 及订货周期 t_0(T 循环策略)，故需导出费用函数.

由图 10 - 7 知，在 t 内补充一次库存，订购量 Q_0 必须满足这一时期内的需求，即$Q_0=Rt$.

若一次订购费为 C_3，货物单价为 K，则订购费为 C_3+KRt，因此单位时间内的订货费为 $\frac{C_3}{t}+KR$. 由于需求速度为常数 R，因而一个 t 时间段内的平均库存量为$\frac{1}{t}\int_0^t RT\,\mathrm{d}T=\frac{1}{2}Rt=\frac{Q_0}{2}$，而单位货物库存费为 C_1，则库存费用为$\frac{C_1Rt}{2}$.

由于本模型不存在缺货损失，因而 t 时间内总的平均费用为

$$C(t)=\frac{1}{2}C_1Rt+\frac{C_3}{t}+KR$$

上式中 t 取何值，$C(t)$ 最小，只需对 $C(t)$ 关于 t 求导可得

$$\frac{\mathrm{d}C(t)}{\mathrm{d}t}=\frac{1}{2}C_1R-\frac{C_3}{t^2}$$

令 $\frac{\mathrm{d}C(t)}{\mathrm{d}t}=0$，即 $\frac{1}{2}C_1R-\frac{C_3}{t^2}=0$，解得

$$t_0=\sqrt{\frac{2C_3}{C_1R}} \tag{10-1}$$

即每隔 t_0 时间订货一次，可使 $C(t)$ 达到最小，其订购量 Q_0 为

$$Q_0=Rt_0=\sqrt{\frac{2C_3R}{C_1}} \tag{10-2}$$

式(10-2) 是库存论中著名的经济批量(Economic Ordering Quantity) 公式，简称**E·O·Q** 公式.

由于货物单价 K 与 Q_0，t_0 无关，若无特殊需要不再考虑 KR 此项费用，故得

$$C(t)=\frac{1}{2}C_1Rt+\frac{C_3}{t} \tag{10-3}$$

将 t_0 代入式(10-3) 得

$$C(t_0)=C_3\sqrt{\frac{C_1R}{2C_3}}+\frac{1}{2}C_1R\sqrt{\frac{2C_3}{C_1R}}=\sqrt{2C_1C_3R} \tag{10-4}$$

上述最优库存策略可用费用曲线进行几何图形表示，见图 10-8.

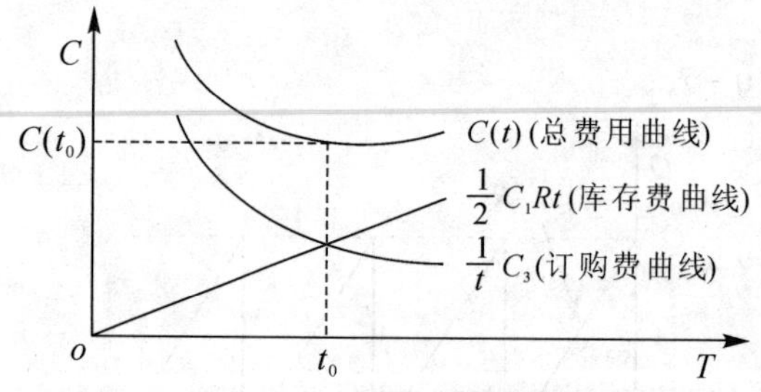

图 10-8　库存策略的费用曲线

类似地，如果选订货批量 Q 作为变量，也推导出上述公式.类似于式(10-2)～式(10-4)，相应地有

$$Q_0=\sqrt{\frac{2C_3D}{C_1}} \tag{10-5}$$

$$C(Q)=C_1\frac{Q}{2}+C_3\frac{D}{Q} \tag{10-6}$$

$$C(Q_0)=\min C(Q)=\sqrt{2C_1C_3D} \tag{10-7}$$

而最佳周期

$$t_0=\frac{Q_0}{D}=\sqrt{\frac{2C_3}{C_1D}} \tag{10-8}$$

其中 D 是每年需提供的产品数，相当于经济批量公式中的 R.

例 10-1　某厂对某种材料的全年需求量为 1 040 t，其单价为 1 200 元 /t，每次采购该种材料的订货量为 2 040 元，每年保管费为 170 元 /t. 试求工厂对该材料的最优订货批量，每年订

货次数及全年的费用.

解　依题意可知 $D=1\ 040, C_1=170, C_3=2\ 040$.

由式(10-5)可得最优订货批量为

$$Q_0=\sqrt{\frac{2\times 2\ 040\times 1\ 040}{170}}=158\ \text{t}$$

每年订货次数为

$$\frac{1\ 040}{158}\approx 6.58$$

由于次数是 6.58 非整数,因此分别以 6 次和 7 次讨论其总费用,选择最佳次数.

订货次数为 6 次的总费用为

$$6\times 2\ 040+\frac{1\ 040}{6}\times 6\times 1\ 200+\frac{1\ 040\times 170}{2\times 6}=1\ 274\ 973$$

订货次数为 7 次的总费用为

$$7\times 2\ 040+\frac{1\ 040}{7}\times 7\times 1\ 200+\frac{1\ 040\times 170}{2\times 7}=1\ 274\ 908$$

由于 $1\ 274\ 973>1\ 274\ 908$,因此每年应订货 7 次,每次订货量 1 040/7 t,每年的总费用为 1 274 908 元.

现设全年材料的消费量为原来的 4 倍,即从 1 040 t 提高到 4 160 t. 如果不建立库存模型,也许有人会认为新的订货批量应该是先前的 4 倍,但公式告诉我们,只需将订货批量增加 1 倍,并将订货的周期缩短一半即可.

10.2.2　其他确定性库存模型

1. 逐渐补充库存,不允许缺货模型

(1) 模型假设. 该模型假设与上一模型基本相同,唯一差别是库存的补充是逐渐进行的,而不是瞬时完成的,也就是按以下的方式进行补充.

1) 一定时间 t_p 内生产批量 Q,单位时间内的产量即生产速率以 P 表示,$P=\frac{Q}{t_p}$.

2) 需求速度为 R,由于不允许缺货,因而 $P>R$. 生产的产品一部分满足需求,剩余部分才作为库存.

此模型的库存状态变化见图 10-9.

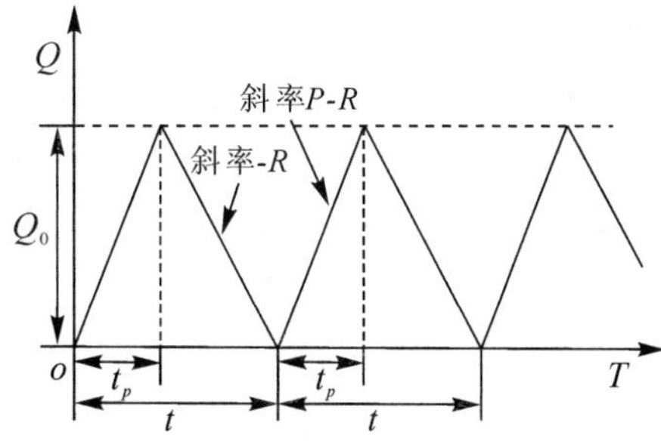

图 10-9　库存状态变化图

(2) 建立库存模型. 在上述假设下,t_p 时间段内每单位时间生产了 P 件产品,提取了 R 件产品以满足需求,故单位时间内净增库存量为 $P-R$. 到 t_p 终止时,库存量为 $(P-R)t_p$,由前面

模型假定有

$$Pt_p = Q = Rt$$

求得

$$t_p = \frac{Rt}{P}$$

时间段 t 内平均库存量为

$$\frac{1}{2}(P-R)t_p = \frac{1}{2}\frac{(P-R)}{P}Rt$$

相应单位时间库存费为

$$\frac{1}{2}C_1\frac{P-R}{P}Rt$$

t 时间内所需装配费为 C_3，则单位时间平均总费用为

$$C(t) = \frac{1}{2}C_1\frac{P-R}{P}Rt + \frac{C_3}{t}$$

类似，令 $\frac{\mathrm{d}C(t)}{\mathrm{d}t} = 0$，得最佳周期为

$$t_0 = \sqrt{\frac{2C_3}{C_1R}}\sqrt{\frac{P}{P-R}} \tag{10-9}$$

最佳生产批量为

$$Q_0 = Rt_0 = \sqrt{\frac{2C_3R}{C_1}}\sqrt{\frac{P}{P-R}} \tag{10-10}$$

最佳生产时间为

$$t_p = \frac{Rt_0}{P} = \sqrt{\frac{2C_3R}{C_1}}\sqrt{\frac{1}{P(P-R)}} \tag{10-11}$$

最小平均总费用为

$$C(t_0) = \sqrt{2C_1C_3R}\sqrt{\frac{P-R}{P}} \tag{10-12}$$

将前面的 t_0，Q_0 公式与式(10-9)、式(10-10)相比较，即知它们相差一个因子 $\sqrt{\frac{P}{P-R}}$. 当 $P\to\infty$ 时，$\sqrt{\frac{P}{P-R}}\to 1$，则两组公式就相同了.

例 10-2 某电视机厂自行生产扬声器用以装备本厂生产的电视机，该厂每天生产 100 部电视机，而扬声器生产车间每天可以生产5 000 个扬声器. 已知该厂每批电视机装配的生产准备费为 5 000 元，而每个扬声器在一天内的库存费为 0.02 元. 试确定该厂扬声器的最佳生产批量、生产时间和电视机的安装周期.

解 根据题意可知

$$P = 5\,000,\quad R = 100,\quad C_1 = 0.02,\quad C_3 = 5\,000$$

由公式可得最佳生产批量为

$$Q_0 = \sqrt{\frac{2\times 5\,000\times 100}{0.02}}\times\sqrt{\frac{5\,000}{5\,000-100}} = 7\,143\text{ 个}$$

最佳生产时间为

$$t_p=\sqrt{\frac{2\times 5\ 000\times 100}{0.02}}\times\sqrt{\frac{1}{5\ 000\times 4\ 900}}=1.5\ 天\quad（或\ t_p=\frac{Q_0}{P}\approx 1.5）$$

最佳安装周期为

$$t_0=\sqrt{\frac{2\times 5\ 000}{0.02\times 100}}\times\sqrt{\frac{5\ 000}{5\ 000-100}}=71\ 天\quad（或\ t_0=\frac{Q_0}{R}\approx 71）$$

因此，该电视机厂每批扬声器的生产量为 7 143 个，只需一天半时间，每隔 71 天装配一批电视机.

2. 瞬时进货，允许缺货模型

（1）模型假设. 本模型允许缺货，缺货损失可以定量计算，缺货时库存量为零. 由于允许缺货，因而可以减少订货和库存费用，但缺货会影响生产和销售，造成直接和间接损失. 权衡费用的得失，寻找最优库存策略，使总费用达到最小，成为该模型所要研究的问题.

单位缺货损失费为 C_2 元，其余假设条件与第一模型相同.

此模型的库存状态变化见图 10－10. 其中 S 为最初库存量.

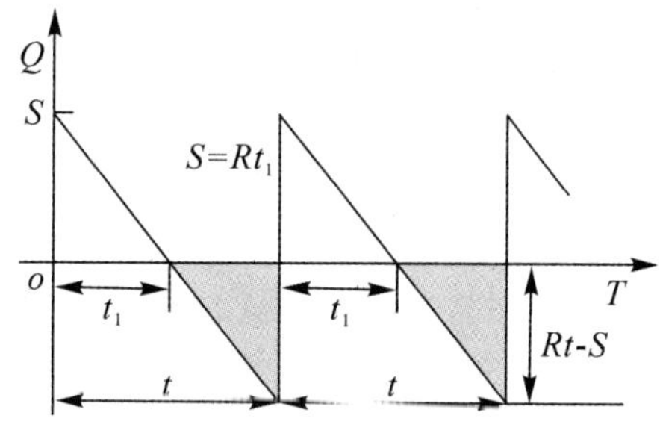

图 10－10　库存状态变化图

（2）建立库存模型. 最初库存量为 S，可以满足 t_1 时间内的需求，t_1 内的平均库存量为 $\frac{1}{2}S$，而每周期 t 内最大缺货量为 $Rt-S$，平均缺货量为 $\frac{1}{2}(Rt-S)$，由于 S 仅能满足 t_1 时间的需求 $S=Rt_1$，因而 $t_1=\frac{S}{R}$，代入平均库存量和平均缺货量可得

t 时间内所需存储费为

$$C_1\frac{1}{2}St_1=\frac{1}{2}\frac{C_1S^2}{R}$$

t 时间内的缺货损失费为

$$C_2\frac{1}{2}(Rt-S)(t-t_1)=\frac{1}{2}\frac{C_2(Rt-S)^2}{R}$$

因此可得出平均总费用的函数形式：

$$C(t,S)=\frac{1}{t}\left[\frac{1}{2}\frac{C_1S^2}{R}+\frac{1}{2}\frac{C_2(Rt-S)^2}{R}+C_3\right]\tag{10-13}$$

式中有 t 和 S 两个变量，因此为求 $C(t,S)$ 最小值，令

$$\frac{\partial C}{\partial t}=0\ 和\ \frac{\partial C}{\partial S}=0$$

求得

$$t_0=\sqrt{\frac{2C_3}{C_1R}}\sqrt{\frac{C_1+C_2}{C_2}} \tag{10-14}$$

$$S_0=\sqrt{\frac{2RC_3}{C_1}}\sqrt{\frac{C_2}{C_1+C_2}} \tag{10-15}$$

而

$$Q_0=Rt_0=\sqrt{\frac{2RC_3}{C_1}}\sqrt{\frac{C_1+C_2}{C_2}} \tag{10-16}$$

$$C_0=\min C(t,S)=C(t_0,S_0)=\sqrt{2C_1C_3R}\sqrt{\frac{C_2}{C_1+C_2}} \tag{10-17}$$

显然，当不允许缺货时，即 $C_2\to\infty$，则有 $\sqrt{\frac{C_2}{C_1+C_2}}\to 1$. 则式(10-14)，式(10-16)，式(10-17) 与式(10-1)，式(10-2) 和式(10-4) 相同，而最大缺货量为

$$S=Q_0-S_0=\sqrt{\frac{2C_1C_2R}{C_2(C_1+C_2)}} \tag{10-18}$$

综上所述，在允许缺货条件下，得出的最佳库存策略是：每隔 t_0 订货一次，订购量为 Q_0，而库存只需到达 S_0. 由于$\frac{C_1+C_2}{C_2}>1$，而允许缺货最佳周期 t_0 为不允许缺货周期 t_0 的$\sqrt{\frac{C_1+C_2}{C_2}}$倍，所以，在允许缺货条件下，两次订货间隔时间延长了，订货次数显然减少了.

例 10-3 某批发站每月需某种产品100件，每次订购费为5元，若每次货物到达后存入仓库，每件每月要付 0.4 元库存费. 假若允许缺货，缺货费每件 0.15 元，求 S_0 和 $C(t_0,S_0)$.

解 依题意可知 $R=100$， $C_1=0.4$， $C_2=0.15$， $C_3=5$

代入公式，得

$$t_0=\sqrt{\frac{2\times 5}{0.4\times 100}}\times\sqrt{\frac{0.4+0.15}{0.15}}=0.96$$

$$S_0=\sqrt{\frac{2\times 5\times 100}{0.4}}\times\sqrt{\frac{0.15}{0.4+0.15}}=26$$

$$C(t_0,S_0)=\sqrt{2\times 0.4\times 5\times 100}\times\sqrt{\frac{0.15}{0.4+0.15}}=10.46$$

3. 逐渐补充库存，允许缺货模型

(1) 模型假设. 本模型是以上 3 种模型的综合，假设条件除允许缺货，生产需一定时间外，其余条件皆与第一模型相同.

此模型的库存状态变化见图 10-11.

设企业每天生产 P 件产品，需求速度为 $R(P>R)$. 当库存达到 S 时，停止生产，循环周期为 t，在周期 t 中，生产的时间为 t_3，库存内有产品的时间是 t_2，最大库存量与最大缺货量之和为 Q_1，最大缺货量为 Q_1-S.

(2) 建立库存模型. 设当缺货量达到 Q_1-S 时组织生产，每天生产的 P 件产品中，首先满足每天 R 件的需求，剩余的$(P-R)$ 件则补充上期的缺货，多余的产品进入库存，库存量达到 S 件时，停止生产. 总费用包括装配费用，库存费用和缺货费用.

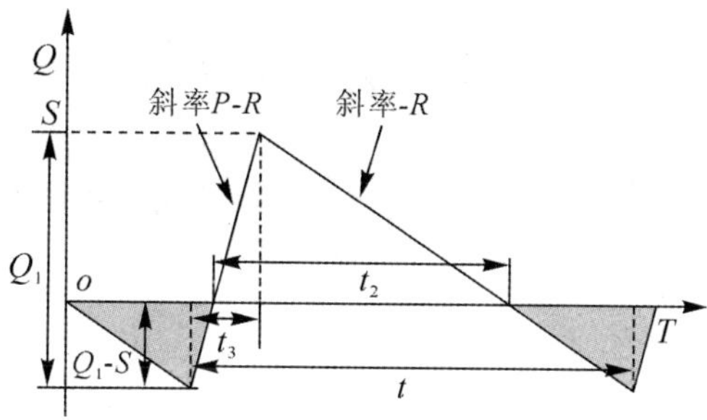

图 10-11　库存状态变化图

在一个周期 t 内的平均装配费用为$\frac{C_3}{t}$.

在时间段 t_2 内有库存产品，最大库存量为 S，则平均库存量为$\frac{S}{2}$，那么平均库存费用为$\frac{C_1 S t_2}{2t}$.

缺货时间是 $t-t_2$，最大缺货量为 $Q_1-S=Rt-S$，那么 t 时间内平均缺货费用为

$$\frac{1}{2t}C_2(Rt-S)(t-t_2)$$

因此，平均总费用函数为

$$C(t,S)=\frac{C_1 t_2 S}{2t}+\frac{C_2(Rt-S)(t-t_2)}{2t}+\frac{C_3}{t} \tag{10-19}$$

又因为 $Pt_3=Rt$，则

$$t=\frac{Pt_3}{R} \tag{10-20}$$

而在 t_3 天内生产的 Pt_3 件产品是这样分配的：满足 t_3 天中的需求 Rt_3 时，补充上期的缺货 Q_1-S 件，使库存到达最大 S 件，所以

$$Pt_3=Rt_3+Q_1-S+S$$

则

$$t_3=\frac{Q_1}{P-R} \tag{10-21}$$

将式(10-21) 代入式(10-20)，得

$$t=\frac{PQ_1}{(P-R)R} \tag{10-22}$$

根据相似三角形的比例关系得 $\frac{t_2}{t}=\frac{S}{Q_1}$，将式(10-22) 代入此式得

$$t_2=\frac{PS}{(P-R)R} \tag{10-23}$$

把式(10-23) 代入式(10-19)，得

$$C(t,S)=\frac{C_1S^2}{2tR}\,\frac{P}{P-R}+\frac{C_2(Rt-S)[(P-R)Rt-PS]}{2(P-R)Rt}+\frac{C_3}{t} \tag{10-24}$$

令 $\frac{\partial C}{\partial t}=0$ 和$\frac{\partial C}{\partial S}=0$ 得最大库存水平为

$$S_0=\sqrt{\frac{2RC_3}{C_1}}\sqrt{\frac{C_2}{C_1+C_2}}\sqrt{\frac{P-R}{P}} \tag{10-25}$$

最佳循环周期为

$$t_0=\sqrt{\frac{2C_3}{C_1R}}\sqrt{\frac{C_1+C_2}{C_2}}\sqrt{\frac{P}{P-R}} \tag{10-26}$$

最小平均总费用为

$$C(t_0,S_0)=\sqrt{2C_1C_3R}\sqrt{\frac{C_2}{C_1+C_2}}\sqrt{\frac{P-R}{P}} \tag{10-27}$$

而

$$Q_0=Rt_0=\sqrt{\frac{2RC_3}{C_1}}\sqrt{\frac{C_1+C_2}{C_2}}\sqrt{\frac{P}{P-R}} \tag{10-28}$$

最大缺货量为

$$Q_0-S_0=\sqrt{\frac{2C_1C_3R}{(C_1+C_2)C_2}}\sqrt{\frac{P-R}{P}} \tag{10-29}$$

在此模型中,当生产速度很快($P\to\infty$)并允许缺货,便得到第三模型;当生产速度有限,不允许缺货($C_2\to\infty$),便得到第二模型;而当生产速度很快($P\to\infty$),且不允许缺货($C_2\to\infty$),便得到第一模型.因此,此模型为其他3种模型的综合,而其他3种模型为此模型的特例.

例10-4 企业生产某种产品的速度是每月300件,销售速度是每月200件,库存费用每月每件为4元,每次生产准备费为80元,允许缺货,每件缺货损失为14元,试求 Q_0,S_0,t_0 和 $C(t_0,S_0)$.

解 依题意可知 $P=300$,$R=200$,$C_1=4$,$C_2=14$,$C_3=80$,由式(10-25)~式(10-28)可得

$$Q_0=\sqrt{\frac{2\times200\times80}{4}}\times\sqrt{\frac{4+14}{14}}\times\sqrt{\frac{300}{300-200}}\approx175.68$$

$$S_0=\sqrt{\frac{2\times80\times200}{4}}\times\sqrt{\frac{14}{14+4}}\times\sqrt{\frac{300-200}{300}}\approx45.55$$

$$t_0=\sqrt{\frac{2\times80}{4\times20}}\times\sqrt{\frac{14+4}{14}}\times\sqrt{\frac{300}{300-200}}\approx0.88$$

$$C(t_0,S_0)=\sqrt{2\times4\times80\times200}\times\sqrt{\frac{14}{4+14}}\times\sqrt{\frac{300-200}{300}}\approx182.18$$

故企业最小总费用为182.18元

4.价格与订货批量有关的库存模型

为了鼓励需求,或扩大市场占有率,供方常对需方实行大批量订货的价格优惠,即购买数量不同,货物的单价也不同.一般情况下,购买数量越多,单价越低.那么除货物单价随订购数量变化外,其余条件都与第一模型相同,应如何确定相应的库存策略呢?

设货物单价与订货量之间有如下关系:

$0\leqslant Q\leqslant K_1$ 单价为 S_0

$K_1\leqslant Q\leqslant K_2$ 单价为 S_1

⋮

$$K_n \leqslant Q \qquad\qquad\qquad \text{单价为 } S_n$$

其中 $K_i(i=1,2,\cdots,n)$ 为价格折扣的分界点，且满足 $S_0 > S_1 > \cdots > S_n$.

该问题的费用函数为

$$C_i = \frac{1}{2}C_1Rt + \frac{C_3}{t} + RS_i = \frac{1}{2}C_1Q + \frac{C_3R}{Q} + RS_i \quad (i=0,1,\cdots,n) \tag{10-30}$$

现在给出此问题的求解步骤：

(1) 不考虑价格折扣的因素，由第一模型求出最佳批量 $Q^* = \sqrt{\frac{2C_3R}{C_1}}$，并确定 Q^* 落在哪个区间. 如果落在 $[K_i, K_{i+1})$ 内，此时总费用为 $\sqrt{2C_3RC_1} + RS_i = C(Q^*)$.

(2) 由于存在折扣因素，且 $S_{i-1} > S_i$，当然不希望实际订货量 $Q < Q^*$，如果这样将导致费用增加；当 $Q > Q^*$ 时，就有可能使货物成本方面的节省超过库存费用方面的增加. 因此分界点 $K_{i+1}, K_{i+2}, \cdots, K_n$ 也是最佳批量的可能值. 据此分析，取 Q 分别为 $K_{i+1}, K_{i+2}, \cdots, K_n$，由式(10－30)计算出 $C(K_{i+1}), C(K_{i+2}), \cdots, C(K_n)$，取 $\min\{Q^*, C(K_{i+1}), C(K_{i+2}), \cdots, C(K_n)\}$ 的订购量为最佳订购量.

例 10－5　某医院药店每年需要某种药 1 000 瓶，每次订购需要费用 5 元，每瓶药每年的保管费为 0.40 元，每瓶单价 2.50 元，制药厂提出价格折扣条件为：

(1) 订购 100 瓶时，价格折扣率为 0.05；

(2) 订购 300 瓶时，价格折扣率为 0.10.

试问：

(1) 该医院是否接受折扣率为 0.10 的条件？

(2) 如果医院每年对这种药的需求量为 100 瓶，而其他条件不变，那么医院应采用什么库存策略？

解　(1) 不考虑价格折扣得最佳批量为

$$Q^* = \sqrt{\frac{2\times 5\times 1\,000}{0.40}} = 158$$

总费用为

$$\sqrt{2\times 1\,000\times 5\times 0.4} + 1\,000\times 2.5\times 0.95 = 2\,438$$

取 $Q=300$，总费用为

$$1/2\times 0.4\times 300 + 5\times 1\,000/300 + 1\,000\times 2.5\times 0.9 = 2\,327$$

故应接受每次订购 300 瓶的价格折扣.

(2) 同样先求最佳批量，有

$$Q^* = \sqrt{\frac{2\times 5\times 100}{0.40}} = 50$$

总费用为

$$\sqrt{2\times 100\times 5\times 0.4} + 100\times 2.5 = 270$$

取 $Q=100$，总费用为

$$1/2\times 0.4\times 100 + 5\times 100/100 + 100\times 2.5\times 0.95 = 262.5$$

故医院应采用订购 100 瓶的库存策略.

10.3　随机性库存模型

随机性库存模型的特点是需求为随机的，其概率分布为已知. 因此可以用概率方法来研究库存模型，根据历史资料分析，找出其统计规律，确定概率分布，以赢利的期望值的大小或损失期望值的大小作为衡量标准，确定最优库存策略.

10.3.1　单时期库存模型

单时期库存模型是指一个库存周期作为时间的最小单位，而且只在周期开始时刻作一次决策，确定出订货量或生产量，也就是说是一次性订货. 货物销完后，并不补充进货；当货物销不完，剩余货物对下一周期无用. 由于问题在所考虑的时期内，需求量是不确定的，这就形成两难的局面：若货订得过多，将会由于卖不出去而造成损失；订得过少，将因供不应求而失掉销售机会. 该库存策略就是找一个适当的订货量.

1. 需求是随机离散的单时期库存模型

这类模型的一个典型问题是报童卖报问题：有一报童每天售报数量是一个离散型随机变量，设销售量 r 的概率分布 $P(r)$ 为已知，每张报纸的成本为 μ 元，售价为 $v(>\mu)$ 元. 如果报纸当天卖不出去，第二天就要降低价格处理，处理价为 $w(<\mu)$ 元，问报童每天最好准备多少份报纸？

报童问题就是一个典型的需求为离散型随机变量的单时期库存模型，通过此问题来分析这类模型的解决方法.

这个问题就是要确定报童每天报纸的订购量 Q 为何值时，使赢利的期望值最大或损失的期望值最小？选赢利的期望值为目标函数，确定最佳订购量 Q^*.

如果订购量大于需求量时，赢利的期望值为

$$\sum_{r=0}^{Q}[(v-\mu)r-(\mu-w)(Q-r)]P(r)$$

如果订购量小于需求量时，赢利的期望值为

$$\sum_{r=Q+1}^{\infty}(v-\mu)QP(r)$$

故总赢利的期望值为

$$C(Q)=\sum_{r=0}^{Q}[(v-\mu)r-(\mu-w)(Q-r)]P(r)+\sum_{r=Q+1}^{\infty}(v-\mu)QP(r)$$

那么最佳订购数量 Q^* 应满足

$$\begin{cases}C(Q^*)\geqslant C(Q^*+1) & (10-31)\\ C(Q^*)\geqslant C(Q^*-1) & (10-32)\end{cases}$$

由式(10－31) 可推得

$$\begin{aligned}C(Q)=&\sum_{r=0}^{Q}[(v-\mu)r-(\mu-w)(Q-r)]P(r)+\sum_{r=Q+1}^{\infty}(v-\mu)QP(r)\geqslant\\&\sum_{r=0}^{Q+1}[(v-\mu)r-(\mu-w)(Q+1-r)]P(r)+\sum_{r=Q+2}^{\infty}(v-\mu)(Q+1)P(r)\end{aligned}$$

经过简化后，得

$$\sum_{r=0}^{Q} P(r) \geqslant \frac{v-\mu}{v-w} \tag{10-33}$$

同理,由式(10 - 32),可得

$$\sum_{r=0}^{Q-1} P(r) \leqslant \frac{v-\mu}{v-w} \tag{10-34}$$

综上所述,有

$$\sum_{r=0}^{Q-1} P(r) \leqslant \frac{v-\mu}{v-w} \leqslant \sum_{r=0}^{Q} P(r) \tag{10-35}$$

据此可确定最佳订购数量 Q^*.

以上是以赢利的期望值为目标函数,求得报童每天订购的最佳批量 Q^*. 当然亦可以损失的期望值为目标函数来求报童每天订购的最佳批量 Q^*. 请读者自行推导.

需要指出,尽管上面讨论的只是报童买报的问题,看上去涉及的面很窄,但是如果把生产需求的某种零件,顾客需求的某种商品等看作报童所卖的报纸,那报童问题及其求解思路就具有广泛的意义.

例 10 - 6　某商店出售甲商品,已知单位甲商品成本为 50 元,售价为 70 元,如果销售不出去,单位商品损失 10 元. 根据以往经验,甲商品销售量 r 服从以参数 $\lambda=6$ 的泊松分布.

$$P(r)=\frac{e^{-\lambda}\lambda^r}{r!} \quad (r=0,1,2,\cdots)$$

问该店最佳订货量为多少单位?

解　已知 $\mu=50, v=70$. 而 $\mu-w=10$,有 $w=40$,于是

$$\frac{v-\mu}{v-w}=\frac{70-50}{70-40}=0.667$$

而

$$F(6)=\sum_{r=0}^{6}\frac{e^{-6}6^r}{r!}=0.6063$$

$$F(7)=\sum_{r=0}^{7}\frac{e^{-7}7^r}{r!}=0.7440$$

由于

$$F(6)<0.677<F(7)$$

故由式(10 - 35) 可知最佳订货量 Q^* 为 7 个单位.

2. 需求是随机连续的单时期库存模型

设有某种单时期需求的物资,需求量 r 为连续型随机变量,已知其概率密度为 $\varphi(r)$,每件物品的成本为 μ 元,售价为 $v(>\mu)$ 元. 若当时售不完,下期将降价处理,处理价为 $w(<\mu)$ 元,求最佳订货数量 Q^*.

如果订货量大于需求量($Q \geqslant r$) 时,赢利的期望值为

$$\int_0^Q [(v-\mu)r-(\mu-w)(Q-r)]\varphi(r)\mathrm{d}r$$

如果订货量小于需求量($Q \leqslant r$) 时,赢利的期望值为

$$\int_Q^{\infty} [(v-\mu)Q]\varphi(r)\mathrm{d}r$$

故总利润的期望值为

$$C(Q)=\int_0^Q[(v-\mu)r-(\mu-w)(Q-r)]\varphi(r)\mathrm{d}r+\int_Q^\infty[(v-\mu)Q]\varphi(r)\mathrm{d}r=$$

$$(v-\mu)Q+(v-w)\int_0^Q r\varphi(r)\mathrm{d}r-(v-w)\int_0^Q Q\varphi(r)\mathrm{d}r$$

利用含有参变量积分的求导公式,得

$$\frac{\mathrm{d}C(Q)}{\mathrm{d}Q}=(v-\mu)+(v-w)Q\varphi(Q)-(v-w)\left[\int_0^Q\varphi(r)\mathrm{d}r+Q\varphi(Q)\right]=$$

$$(v-\mu)-(v-w)\int_0^Q\varphi(r)\mathrm{d}r$$

令$\frac{\mathrm{d}C(Q)}{\mathrm{d}Q}=0$,得

$$\int_0^Q\varphi(r)\mathrm{d}r=\frac{v-\mu}{v-w}\tag{10-36}$$

再由已知的 $\varphi(r)$ 可确定最佳订货批量 Q^*,又因为

$$\frac{\mathrm{d}^2C(Q)}{\mathrm{d}Q^2}=-(v-w)\varphi(Q)<0$$

故 Q^* 是使总利润期望值最大的最佳经济批量.

例 10-7 某书亭经营某种期刊杂志,每册进价 0.80 元,售价 1.00 元,如过期,处理价为 0.50 元.根据多年统计表明,需求服从均匀分布,最高需求量 $b=1\ 000$ 册,最低需求量 $a=500$ 册,问应订货多少才能保证期望利润最高?

解 由概率论知需求的密度函数为

$$\varphi(r)=\begin{cases}\dfrac{1}{b-a}, & a\leqslant r\leqslant b\\ 0, & \text{其他}\end{cases}$$

由式(10-36)可得

$$\frac{v-\mu}{v-w}=\frac{1.00-0.80}{1.00-0.50}=0.4$$

即

$$\int_0^Q\varphi(r)\mathrm{d}r=0.40$$

$$\int_a^Q\frac{1}{b-a}\mathrm{d}r=0.40$$

则

$$\frac{Q-a}{b-a}=\frac{Q-500}{1\ 000-500}=0.40$$

$$Q^*=700\ \text{册}$$

故应订货 700 册,才能保证期望值利润最高.

10.3.2 多时期库存模型

多时期库存模型是考虑了时间因素的一种随机动态库存模型,它与单时期库存模型的不同之处在于:每个周期的期末库存货物对于下周期仍可用.由于多时期随机库存问题更为复杂

和更为广泛，在实际应用中，库存系统的管理人员往往要根据不同物资的需求特点及货源情况，本着经济的原则采用不同的库存策略，最常用的是(s,S)策略.

1. 需求是随机离散的多时期(s,S)库存模型

此类模型的特点在于订货的机会是周期出现的. 假设在一个阶段的开始时原有库存量为I，若供不应求，则需承担缺货损失费；供大于求，则多余部分仍需库存起来，供下阶段使用. 当本阶段开始时，按订货量Q，使库存水平达到$S=I+Q$，则本阶段的总费用的期望值应是订货费，库存费和缺货费之和，接下来寻找使总费用期望值最小的(s,S)策略.

设货物的单价成本为K，单位库存费为C_1，单位缺货损失费为C_2，每次订货费为C_3，且假定滞后时间为零，需求r是随机离散变量，概率分布列为$P(r=r_i)=P(r_i)$，$i=0,1,\cdots,m$，且$r_i<r_{i+1}$.

本阶段所需各种费用分别是：

订货费：C_3+KQ

库存费：当需求$r\leqslant I+Q$时，未能售完的部分库存起来，故应付库存费. 当$r>I+Q$时，不需要付库存费，于是所需库存费期望值为

$$\sum_{r\leqslant I+Q}(I+Q-r)C_1P(r)$$

缺货损失费：当需求$r>I+Q$时，$(r-I-Q)$部分需付缺货损失费，其期望值为

$$\sum_{r>I+Q}(r-I-Q)C_2P(r)$$

故所需总费用的期望值为

$$C(I+Q)=C(S)=C_3+K(S-I)+\sum_{r\leqslant S}(S-r)C_1P(r)+\sum_{r>S}(r-S)C_2P(r) \tag{10-37}$$

使式(10－37)$C(S)$达到极小值的S就为**最优库存水平**.

(1) 求解S的方法。

由于r的取值为$r_0,r_1,r_2,\cdots,r_m$中的一个，因而从不产生剩余库存的角度出发，认为S的取值范围也在$r_0,r_1,r_2,\cdots,r_m$中. 当S取值为r_i时，记为S_i，$\Delta S_i=S_{i+1}-S_i=r_{i+1}-r_i=\Delta r_i\neq 0$ $(i=0,1,\cdots,m-1)$.

为选出使$C(S_i)$最少的S值，S_i应满足下列不等式.

1) $C(S_{i+1})-C(S_i)\geqslant 0$；

2) $C(S_i)-C(S_{i-1})\leqslant 0$.

其中

$$C(S_{i+1})=C_3+K(S_{i+1}-I)+\sum_{r\leqslant S_{i+1}}(S_{i+1}-r)C_1P(r)+\sum_{r>S_{i+1}}(r-S_{i+1})C_2P(r)$$

$$C(S_i)=C_3+K(S_i-I)+\sum_{r\leqslant S_i}(S_i-r)C_1P(r)+\sum_{r>S_i}(r-S_i)C_2P(r)$$

$$C(S_{i-1})=C_3+K(S_{i-1}-I)+\sum_{r\leqslant S_{i-1}}(S_{i-1}-r)C_1P(r)+\sum_{r>S_{i-1}}(r-S_{i-1})C_2P(r)$$

定义

$$\Delta C(S_i)=C(S_{i+1})-C(S_i)\ ,\Delta C(S_{i-1})=C(S_i)-C(S_{i-1})$$

由 1) 可推导出

$$\Delta C(S_i)=K\Delta S_i+(C_1+C_2)\,\Delta S_i\sum_{r\leqslant S_i}P(r)-C_2\Delta S_i\geqslant 0$$

因 $\Delta S_i\neq 0$,即 $K+(C_1+C_2)\sum\limits_{r\leqslant S_i}P(r)-C_2\geqslant 0$,从而有

$$\sum_{r\leqslant S_i}P(r)\geqslant\frac{C_2-K}{C_1+C_2}$$

由 2) 同理可推导出

$$\sum_{r\leqslant S_{i-1}}P(r)\leqslant\frac{C_2-K}{C_1+C_2}$$

令 $\dfrac{C_2-K}{C_1+C_2}=N$ 称为**临界值**,综上可得

$$\sum_{r\leqslant S_{i-1}}P(r)\leqslant N\leqslant\sum_{r\leqslant S_i}P(r) \tag{10-38}$$

取满足式(10-38)的 S_i 为 S,从而得到订货量 $Q=S-I$.

(2) 确定 s 的方法。

本模型中有订购费 C_3,如果本阶段不订货($I>s$),就可以节省订购费 C_3,因此设想是否存在一个数 $s(s\leqslant S)$,使下面不等式成立,即

$$Ks+\sum_{r\leqslant s}C_1(s-r)P(r)+\sum_{r>s}C_2(r-s)P(r)\leqslant$$
$$C_3+KS+\sum_{r\leqslant S}C_1(S-r)P(r)+\sum_{r>S}C_2(r-S)P(r) \tag{10-39}$$

当 $s=S$ 时,不等式显然成立,因为 $C_3>0$.

当 $s<S$ 时,左端缺货费用的期望值虽然会增加,但订货费及库存费用期望值都减少,一增一减之间,使不等式仍有可能成立.因此一定能找到最小的 s,使式(10-39)成立.

当然计算 s 比计算 S 复杂一些,但就具体问题 s 的求解是在 S 求出后才进行的,计算也并不复杂.

例 10-8 设某企业对于某种材料每月需求量的概率如下:

需求量 r_i	50	60	70	80	90	100	110	120
概率 $P(r=r_i)$	0.05	0.10	0.15	0.25	0.20	0.10	0.10	0.05

每次订货费为 500 元,每月每吨保管费为 50 元,每月每吨缺货费为 1 500 元,每吨材料的购置费为 1 000 元.该企业欲采用 (s,S) 库存策略来控制库存量,试求出 S 和 s 的值.

解 由题意可知 $C_1=50,C_2=1\,500,C_3=500,K=1\,000$,则临界值为

$$\frac{C_2-K}{C_1+C_2}=\frac{1\,500-1\,000}{50+1\,500}=0.323$$

由于

$$P(50)+P(60)+P(70)=0.05+0.10+0.15=0.3$$
$$P(50)+P(60)+P(70)+P(80)=0.05+0.10+0.15+0.25=0.55$$

而

$$0.3<\frac{C_2-K}{C_1+C_2}=0.323<0.55$$

可得,$S=80$ t.

取 $s=50,60,70,80$,分别代入式(10-39)不等式左端可得

当 $s=50$

左端 $=1\ 000\times 50+1\ 500[(60-50)\times 0.1+(70-50)\times 0.15+(80-50)\times 0.25+(90-50)\times 0.20+(100-50)\times 0.1+(110-50)\times 0.1+(120-50)\times 0.05]=101\ 000$

当 $S=80$

右端 $=500+1\ 000\times 80+50[(80-70)\times 0.15+(80-60)\times 0.1+(80-50)\times 0.05]+1\ 500[(90-80)\times 0.2+(100-80)\times 0.1+(110-80)\times 0.1+(120-80)\times 0.05]=94\ 250$

不满足不等式(10-39).

同理,当 $s=60$ 时,左端 $=96\ 775>94\ 250$,仍不满足不等式. 当 $s=70$ 时,左端 $=94\ 100<94\ 250$,已满足不等式.

因此,该企业的库存策略为:每当库存 $I\leqslant 70$ 时,补充库存达到 80,每当保存 $I>70$ 时,不补充.

2. 需求是随机连续的多时期(s,S)模型

设货物的单价成本为 K,单位库存费为 C_1,单位缺货损失费为 C_2,每次订货费为 C_3. 假设滞后时间为零,需求 r 是连续的随机变量,概率密度为 $\varphi(r)$,期初库存量为 I,订货量为 Q. 问如何确定订货量 Q,使总费用的期望值最小?

本阶段所需的各种费用:

订购费: $$C_3+KQ$$

库存费:当需求 $r\leqslant I+Q$ 时,未能售完的部分库存起来,故应付库存费. 当 $r\geqslant I+Q$ 不需付库存费,于是所需库存费期望值为

$$\int_0^{I+Q}[(I+Q-r)C_1]\varphi(r)\mathrm{d}r=\int_0^S[(S-r)C_1]\varphi(r)\mathrm{d}r$$

$S=I+Q$ 为最大库存量.

缺货损失费:当需求 $r>I+Q$,$(r-S)$ 部分需付缺货费,其期望值为

$$\int_S^\infty C_2(r-S)\varphi(r)\mathrm{d}r$$

则所需总费用的期望值为

$$C(S)=C_3+KQ+\int_0^S[(S-r)C_1]\varphi(r)\mathrm{d}r+\int_S^\infty C_2(r-S)\varphi(r)\mathrm{d}r=$$
$$C_3+K(S-I)+\int_0^S[(S-r)C_1]\varphi(r)\mathrm{d}r+\int_S^\infty C_2(r-S)\varphi(r)\mathrm{d}r$$

(1) 求解 S 的方法.

利用含参变量积分的求导,得

$$\frac{\mathrm{d}C(S)}{\mathrm{d}S}=K+C_1\int_0^S\varphi(r)\mathrm{d}r-C_2\int_S^\infty\varphi(r)\mathrm{d}r=$$
$$K+C_1\int_0^S\varphi(r)\mathrm{d}r-C_2\left(\int_0^\infty\varphi(r)\mathrm{d}r-\int_0^S\varphi(r)\mathrm{d}r\right)=$$
$$K+(C_1+C_2)\int_0^S\varphi(r)\mathrm{d}r-C_2$$

令$\dfrac{dC(S)}{dS}=0$,得

$$\int_0^S \varphi(r)\mathrm{d}r=\frac{C_2-K}{C_1+C_2} \tag{10-40}$$

记$\dfrac{C_2-K}{C_1+C_2}=N$,称为**临界值**.

由式(10-40)可确定 S 值,再由 $Q^*=S-I$ 确定最佳订货批量.

(2) 确定 s 的方法.

本模型中有订货费 C_3,如果本阶段不订货,就可以节省订货费 C_3,因此设想是否存在一个数 $s(s\leqslant S)$ 使下面不等式成立,即

$$Ks+C_1\int_0^s(s-r)\varphi(r)\mathrm{d}r+C_2\int_s^\infty(r-s)\varphi(r)\mathrm{d}r\leqslant$$

$$C_3+KS+C_1\int_0^S(S-r)\varphi(r)\mathrm{d}r+C_2\int_S^\infty(r-S)\varphi(r)\mathrm{d}r \tag{10-41}$$

与上一模型分析类似,一定能找到一个使式(10-41)成立的最小的 s.

例 10-9 某商店经销一种电子产品,根据统计资料分析,这种电子产品的销售量在区间[75,100]内服从均匀分布,即

$$\varphi(r)=\begin{cases}\dfrac{1}{25}, & 75\leqslant r\leqslant 100\\ 0, & \text{其他}\end{cases}$$

每台进货价为 4 000 元,单位库存费为 60 元,若缺货,商店为了维护自己的信誉,以每台 4 300 元向其他商店进货后再卖给顾客,每次订购费为 5000 元,期初无库存,试确定最佳订货量及 s,S 值.

解 由题意可知

$$C_1=60,\quad C_2=4\ 300,\quad C_3=5\ 000,\quad K=4\ 000,\quad I=0$$

临界值为

$$\frac{C_2-K}{C_1+C_2}=\frac{4\ 300-4\ 000}{60+4\ 300}\approx 0.069$$

令$\int_0^S\varphi(r)\mathrm{d}r=0.069$,即

$$\int_{75}^S\frac{1}{25}\mathrm{d}r=0.069$$

$$\frac{1}{25}(S-75)=0.069$$

$$S\approx 77$$

则最佳订货量为

$$Q^*=S-I=77-0=77\ \text{台}$$

再求 s 值.

将不等式(10-41)视为等式求解,即

$$4\ 000s+60\int_{75}^s(s-r)\frac{1}{25}\mathrm{d}r+4\ 300\int_s^{100}(r-s)\frac{1}{25}\mathrm{d}r=5\ 000+4\ 000\times 77+$$

$$60\int_{75}^{77}(77-r)\frac{1}{25}\mathrm{d}r+4\ 300\int_{77}^{100}(r-77)\frac{1}{25}\mathrm{d}r$$

经积分和整理得方程

$$87.2s^2-13\ 380s+508\ 258=0$$

解得

$$s=84.292 \text{ 或 } s=69.147$$

由于 $84.292>77$，不合模型规定，因此取 $s=69.147\approx 70$.

该商店的最优策略为：最佳订购批量为 77 台，最大库存量为 77 台，最低库存量为 70 台.

10.4　WinQSB 软件应用

人们在生产和生活中往往将所需的物资、用品和食物暂时地储存起来，以备将来使用或消费. 这种储存物品的现象是为了解决供应(生产)与需求(消费)之间的不协调的一种措施，这种不协调性一般表现为供应量与需求量和供应时期与需求时期的不一致性上，出现供不应求或供过于求的现象. 人们在供应与需求这两个环节之间加入储存这一环节，就能起到缓解供应与需求之间的不协调，以此为研究对象，利用运筹学的方法去解决最合理、最经济的储存问题.

WinQSB 软件可以求解表 10-1 所列 8 个存储问题，内容丰富.

表　10-1

1. Deterministic Demand Economic Order Quantity (EOQ) Problem	确定型需求经济订货批量问题
2. Deterministic Demand Quantity Discount Analysis Problem	确定型需求批量折扣分析问题
3. Single－period Stochastic Demand (Newsboy) Problem	单时期随机需求(报童)问题
4. Multiple－Period Dynamic Demand Lot Sizing Problem	多时期动态需求批量问题
5. Continuous Review Fixed－Order－Quantity (s,Q) System	连续盘存的固定订货量系统
6. Continuous Review Order－Up－To(s,S) System	连续盘存上、下界存量系统
7. Periodic Review Fixed－Order－Interval (R,S) System	定期盘存固定订货区间系统
8. Periodic Review Optional Replenishment (R,s,S) System	定期盘存有选择的再补充订货系统

(1) 启动程序. 调用的子程序是 Inventory Theory and System (存储论及存储控制系统).

(2) 建立新问题. 系统显示类似表 10-1 的选项，系统缺损时间单位是年，用户可以修改时间单位，如季度、月、周及天等. 当选择第 4 项时，要求用户输入周期数. 下面举例说明应用方法.

例 10-10　确定需求模型　某加工车间计划加工一种零件，这种零件需要先在车床上加工，每月可加工 6 000 件，然后在铣床上加工，每月加工 2 000 件，组织一次车加工的准备成本为 30 元，车加工后的在制品保管费为每月每件 0.4 元，如果铣加工生产间断，为了保证完成任务，需组织铣加工加班生产，每件产品增加成本 3 元. 不计生产成本，试求：

(1) 车加工的最优生产计划；

(2) 车加工的在制品最大存储量；

(3) 铣加工的最大缺货量；

(4) 一个月的总成本.

解　启动程序.点击开始→程序→WinQSB→Inventory Theory and System.

建立新问题. 选择 Deterministic Demand Economic Order Quantity (EOQ) Problem，见图 10-12.

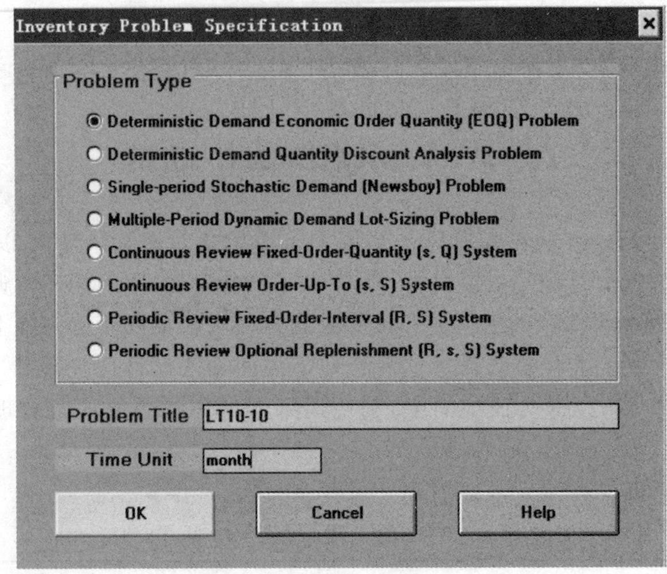

图　10-12

输入数据见表 10-2.

表　10-2

DATA ITEM	ENTRY
Demand per month	2000
Order or setup cost per order	30
Unit holding cost per month	0.4
Unit shortage cost per month	3
Unit shortage cost independent of time	
Replenishment or production rate per month	6000
Lead time for a new order in month	
Unit acquisition cost without discount	
Number of discount breaks (quantities)	
Order quantity if you known	

点击 Solve and Analyze→Solve the Problem 得到最优值见表 10-3，其中，最优生产方案约为 11 天(0.357 个月)组织一次车加工，生产量为 714 件；车加工的在制品最大存储量 Q_1 为 420 件；铣加工的最大缺货量 S 为 56；一个月的总成本 f^* 为 168 元.

表　10－3

08-26-2014	Input Data	Value	Economic Order Analysis	Value
1	Demand per month	2000	Order quantity	714.1428
2	Order (setup) cost	\$30.0000	Maximum inventory	420.0840
3	Unit holding cost per	\$0.4000	Maximum backorder	56.0112
4	Unit shortage cost		Order interval in month	0.3571
5	per month	\$3.0000	Reorder point	-56.0112
6	Unit shortage cost			
7	independent of time	0	Total setup or ordering cost	\$84.0168
8	Replenishment/production		Total holding cost	\$74.1325
9	rate per month	6000	Total shortage cost	\$9.8843
10	Lead time in month	0	Subtotal of above	\$168.0336
11	Unit acquisition cost	0		
12			Total material cost	0
13				
14			Grand total cost	\$168.0336

例 10－11　已知某汽车车身厂一年钢板的需求量 D 为 18 000 t，一次订货成本 A 为 6 000 元，钢板价格 C 为 5 000 元 /t，钢板的持有成本 H 为 150 元 /t・年，订货提前期为 L 为 15 天，一年按 365 天计算，$L=0.041\ 1$ 年．求下列各种情形的订货策略：

(1) 瞬时供货，不允许缺货；

(2) 瞬时供货，允许缺货，货到后补充，缺货费 B 为 200 元 /t；

(3) 供货速率为每天 200 t，允许缺货，缺货费 B 为 200 元 /t；

解　(1) 选择图 10－12 中第 1 个选项后，输入数据见表 10－4．瞬时供货和不允许缺货时，系统缺损值是大 M.

表　10－4

DATA ITEM	ENTRY
Demand per year	18000
Order or setup cost per order	6000
Unit holding cost per year	150
Unit shortage cost per year	M
Unit shortage cost independent of time	
Replenishment or production rate per year	M
Lead time for a new order in year	0.0411
Unit acquisition cost without discount	5000
Number of discount breaks (quantities)	
Order quantity if you known	

求解显示结果，见表 10－5．点击 Results→Graphic Cost Analysis 显示成本变化图；点击 Results→Graphic Inventory Profile 显示存储量变化图；点击 Results→Preform Parametric Analysis 显示参数分析，见图 10－13，输入所选参数的取值区间和步长，系统模拟所有取值的经济订货批量及各项成本．

表 10-5

08-26-2014	Input Data	Value	Economic Order Analysis	Value
1	Demand per year	18000	Order quantity	1200
2	Order (setup) cost	$6000.0000	Maximum inventory	1200
3	Unit holding cost per year	$150.0000	Maximum backorder	0
4	Unit shortage cost		Order interval in year	0.0667
5	per year	M	Reorder point	739.8000
6	Unit shortage cost			
7	independent of time	0	Total setup or ordering cost	$89999.9900
8	Replenishment/production		Total holding cost	$90000.0000
9	rate per year	M	Total shortage cost	0
10	Lead time in year	0.0411	Subtotal of above	$180000.0000
11	Unit acquisition cost	$5000.0000		
12			Total material cost	$90000000.0000
13				
14			Grand total cost	$90180000.0000

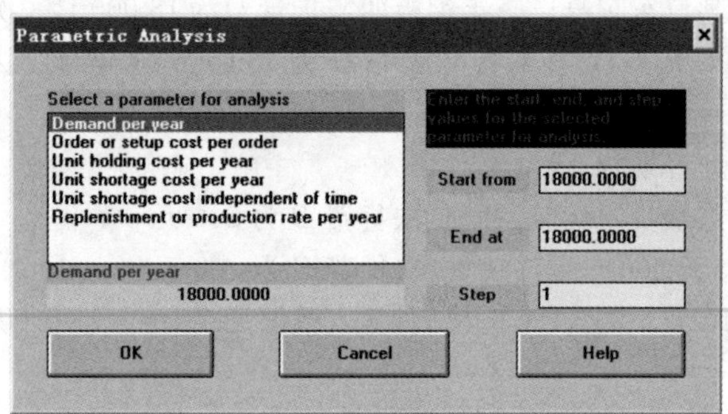

图 10-13

由表 10-5 可知订货策略为：每次订货批量为 1 200 t，订货间隔期是 0.066 7 年，约 21 天订货一次．再订货点是 616 t，各项成本见表 10-5．

(2) 允许缺货时，将表 10-4 中 Unit shortage cost per year 一栏的 M 改为 200．求解后得到订货策略：每次订货量为 1 587.1 t，订货间隔期是 0.088 2 年，约 32 天订货一次，再订货点是 59 t，最大缺货量为 680 t．

(3) 供应速率 P 为 73 000 t，将表 10-4 中 Unit shortage cost per year 一栏的 M 改为 200 及 Replanshment rate per year 一栏的 M 改为 73 000．求解后得到订货策略：每次订货批量为 1 828.9 t，订货间隔期是 0.101 6 年，约 37 天订货一次，再订货点是 149 t，最大缺货量为 590.5 t．

例 10-12 单时期离散型随机需求模型 某报社为了扩大销售量，招聘了一大批固定零售售报员．为了鼓励他们多卖报纸，报社采取的销售策略是：售报员每天早上从报社设置的售报点以现金买进报纸，每份 0.35 元，零售价每份 0.5 元，利润归售报人所有，如果当天没有售完第二天早上退还报社，报社按每份报纸 0.1 元退款．如果某人一个月(按 30 天计算)累计订购 7 000 份，将获得 150 元的奖金．

某人应聘当售报员，开始他不知道每天应买进多少份报纸，更不知道能否拿到奖金．报社发行部告诉他一个售报员以前 500 天的售报统计数据，见表 10－6.

表　10－6

售报量 x_i/份	40～80	81～120	121～160	161～180
天数	20	50	60	70
售报量 x_i/份	181～200	201～220	221～240	240 以上
天数	80	100	70	50

（1）售报员每天应准备多少份报纸最佳，一个月收益的期望值是多少？

（2）他能否得到奖金，如果一定要得到奖金，一个月收益期望值是多少？

（3）如果报社按每份报纸 0.15 元退款，应订购多少份报纸？解释订购量变动的原因.

解　选择图 10－12 中第 3 项，系统显示数据输入格式见表 10－7. 首先双击第一行，系统显示需求分布见图 10－14.

表　10－7

60/0.04,100/0.1,140/0.12,170/0.14,190/0.16,210/0.2,230/0.14,250/0.1

DATA ITEM	ENTRY
Demand distribution (in month)	Discrete　双击选择需求分布
Number of discrete values	8
Discrete values (v/p,v/p,...)	60/0.04,100/0.1,140/0.12,170/0.14,190/
(Not used)	
Order or setup cost	
Unit acquisition cost	0.35
Unit selling price	0.5
Unit shortage (opportunity) cost	
Unit salvage value	0.1
Initial inventory	
Order quantity if you know	234
Desired service level (%) if you know	

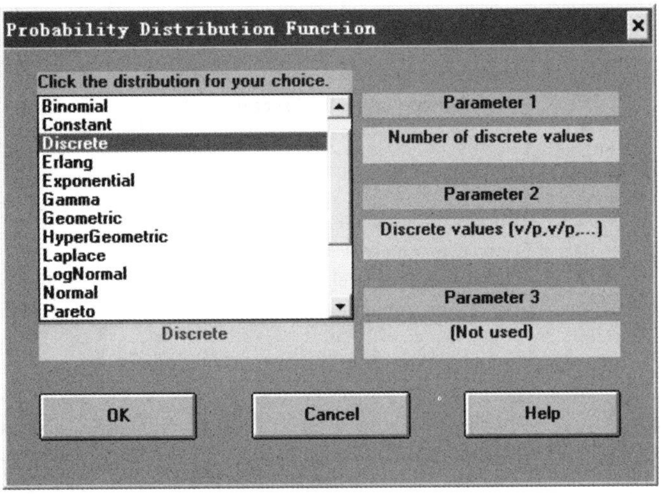

图　10－14

在图 10－14 中选择 Discrete，在表 10－7 的第 2 行输入随机变量取值个数 8，第 3 行输入随机变量的取值/概率，共 8 组数据．求解结果见表 10－8.

表 10－8

08-26-2014	Input Data or Result	Value
1	Demand distribution (in month)	Discrete
2	Demand mean	181.6
3	Demand standard deviation	48.2228
4	Order or setup cost	0
5	Unit cost	$0.3500
6	Unit selling price	$0.5000
7	Unit shortage (opportunity) cost	0
8	Unit salvage value	$0.1000
9	Initial inventory	0
10		
11	Optimal order quantity	170
12	Optimal inventory level	170
13	Optimal service level	40%
14	Optimal expected profit	$19.5000
15		
16	If known order quantity =	234
17	Maximum inventory level	234
18	Service level	90%
19	Expected profit	$13.9000

(1) 由表 10－8 的第 13 行知，最优服务水平为 40%，由第 11 行和第 14 行知，售报员每天的最佳订购量为 170 份，收益的期望值为 19.5 元，即每月订购 5 100(<7 000)份，无法获得额外的 150 元奖金，每月收益的期望值为 585 元.

表 10－9

08-26-2014	Input Data or Result	Value
1	Demand distribution (in month)	Discrete
2	Demand mean	181.6
3	Demand standard deviation	48.2228
4	Order or setup cost	0
5	Unit cost	$0.3500
6	Unit selling price	$0.5000
7	Unit shortage (opportunity) cost	0
8	Unit salvage value	$0.1500
9	Initial inventory	0
10		
11	Optimal order quantity	190
12	Optimal inventory level	190
13	Optimal service level	56%
14	Optimal expected profit	$20.4500

(2) 若想获得奖金，每月订购量不低于 7 000 份，即每日不低于 234 份，在表 10－7 中的 Order quantity if you know 一行输入 234(给定每天售报量)，求解结果见表 10－8，由表的第 18,19 行可知，最优服务水平为 90%，但收益的期望值只有 13.9 元，即每月订购 7 020 份，获得 150 元奖金，每月收益的期望值为 417 元，合计为 567 元，低于最佳订购量的收益期望值 585 元.

(3) 只要将表 10－7 的 Unit salvage value 数据由 0.1 改为 0.15，删除 Order quantity if you know 的 234 即可．求解结果见表 10－9，由表的第 13 行知，最优服务水平为 56%，由第

11 行和第 14 行知，售报员每天的最佳订购量为 190 份，收益的期望值为 20.45 元，即每月订购 5 700(<7 000)份，无法获得额外的 150 元奖金，每月收益的期望值为 613.5 元. 残值由0.1提高到 0.15，不缺货概率提高，缺货概率减少，因此要增加订货量.

例 10－13　单时期连续型随机需求模型　某商场计划圣诞节到来之前订购一批款式新颖的玩具. 每只玩具进价为 100 元，估计可以获得 60%的利润，圣诞节一过则只能按进价的 50%处理. 根据市场需求预测，该玩具的销售量服从参数为 1/60 的指数分布，求最佳订货量.

解　在图 10－14 中选择 Exponential，系统的指数分布为

$$f(x)=\frac{1}{b}\mathrm{e}^{-\frac{x-a}{b}}$$

因此，表 10－10 中第 2 行 $a=0$，第 3 行 $b=60$，第 6 行单位进价为 100，第 7 行单位售价为 160，第 9 行单位处理价为 50. 求解结果见表 10－11，得到最佳订货量 Q 为 47 件.

表　10－10

DATA ITEM	ENTRY
Demand distribution (in the Christmas season)	Exponential
Location parameter (a)	
Scale parameter (b>0)	60
(Not used)	
Order or setup cost	
Unit acquisition cost	100
Unit selling price	160
Unit shortage (opportunity) cost	
Unit salvage value	50
Initial inventory	
Order quantity if you know	
Desired service level (%) if you know	

表　10－11

08-26-2014	Input Data or Result	Value
1	Demand distribution (in the Christmas	Exponential
2	Demand mean	60
3	Demand standard deviation	60
4	Order or setup cost	0
5	Unit cost	$100.0000
6	Unit selling price	$160.0000
7	Unit shortage (opportunity) cost	0
8	Unit salvage value	$50.0000
9	Initial inventory	0
10		
11	Optimal order quantity	47.3074
12	Optimal inventory level	47.3074
13	Optimal service level	54.5455%
14	Optimal expected profit	$1234.6280

例 10－14　多时期动态需求批量问题　已知 1 月初有 20 件库存产品，要求 4 月末有 5 件库存产品，其他资料见表 10－12. 要求制订 4 个月的生产与存储策略.

解　对于不同时期的需求量、准备成本、变动成本、持有成本和缺货成本各不相同的动态存储策略问题，在图 10－12 中选择第 4 项. 将表 10－12 的数据输入到表 10－13 中. 点击 Solve and Analyze 系统显示共有 10 种求解准则，如选择 EOQ 准则，并输入期初存储量为 20 和期末存储量为 5. 如果期末允许缺货，则期末存储量输入负数.

表 10-12

月份	需求量	准备成本	单位变动成本	单位持有成本	单位缺货成本
1	70	10	2.2	0.4	1.1
2	80	11	2.5	0.5	1.3
3	70	13	2.6	0.6	1.4
4	90	16	3	0.7	1.3

表 10-13

month	Demand	Setup Cost	Unit Variable Cost	Unit Holding Cost	Unit Backorder Cost
1	70	10	2.2	0.4	1.1
2	80	11	2.5	0.5	1.3
3	70	13	2.6	0.6	1.4
4	90	16	3	0.7	1.3

求解结果见表 10-14.

表 10-14

08-26-2014 month	Demand	Production (Lot Size)	Setup	Expected Inventory	Expected Backorder	Cumulative Cost
Initial				20.0000		
1	70.0000	69.0000	Yes	19.0000	0	$169.4000
2	80.0000	69.0000	Yes	8.0000	0	$356.9000
3	70.0000	69.0000	Yes	7.0000	0	$553.5000
4	90.0000	88.0000	Yes	5.0000	0	$837.0000
	Solution	Method:	EOQ		Total Cost =	$837.0000

关于多时期随机需求控制系统的求解问题，在图 10-12 中选择第 5～8 项.

习 题 10

10-1 某产品中有一外购件，年需求量为 10 000 件，单价为 100 元，由于该件可在市场采购，因而订货提前期为零，并不允许缺货. 已知每组织一次采购需 2 000 元，每件每年的库存费为该件单价的 20%. 试求经济订货批量及每年最小的总费用.

10-2 某建筑公司每天需要某种标号的水泥 100 吨，该公司每次向水泥厂订购，须支付订购费 100 元，每吨水泥在该公司仓库内每存放一天须支付 0.08 元的保管费，若不允许缺货，且一订货就可以提货. 试问：

(1) 每批订购时间多长，每次订购多少吨水泥，费用最省，最小费用为多少？

(2) 从订购之日到水泥入库需 7 天时间，那当库存为多少时应发出订货？

10-3 某单位每年需零件 5 000 件，这种零件可以从市场买到，故不用提前预定. 设该零件的单价为 5 元/件，年存储费用为单价的 20%，不允许缺货. 若每组织采购一次的费用为 49 元，又一次购买 1 000～2 499 年时，给予 3% 折扣，购买 2 500 件以上时，给予 5% 折扣. 试确定一个使采购加存贮费用之和为最小的采购批量.

10-4 某生产线单独生产一种产品时的能力为 8 000 件/年，但对该产品的需求仅为 2 000 件/年，故在生产线上组织多品种轮番生产. 已知该产品的存贮费为 1.6 元/年，不允许缺货，更换生产品种时，需要准备结束费 300 元. 目前该生产线上每季度安排生产该产品 500 件，问这样安排是否经济合理. 如不合理，提出你的建议，并计算建议实施后可能节约的费用.

10-5　某电子设备厂对一种元件的需求为 $R=2\ 000$ 件/年，订购提前期为零，每次订货费为 25 元. 该元件每件成本为 50 元，年存储费为成本的 20%，如发生供应短缺，可在下批货到达时补上，但缺货损失为每件每年 30 元. 试求经济订货批量及全年的总费用.

10-6　对某产品的需求量为 350 件/年(设一年以 300 工作日计)，已知每次订货费为 50 元，该产品的库存费为 13.75 元/件·年，缺货时的损失为 25 元，订货提前期为 5 天. 该产品由于结构特殊，需用专门车辆运送，在向订货单位发货期间每天发货量为 10 件. 试求：

(1) 经济订货批量及最大缺货量.

(2) 年最小费用.

10-7　某时装屋在某年的春季销售一种款式流行时装的数量为一随机变量. 据估计其销售可能情况见下表：

r	150	160	170	180	190
$P(r)$	0.05	0.1	0.5	0.3	0.05

该款式时装进价 180 元/套，售价 200 元/套. 因隔季会过时，则在本季末抛售价为 120 元/套. 设本季内仅能进货一次，问该店本季内进货多少为宜？

10-8　对某产品的需求量服从正态分布，已知 $\mu=150$，$\sigma=25$，又知每个产品的进价为 8 元，售价为 15 元，如销售不完按每个 5 元退回原单位. 问该产品的订货量应为多少个，使预期利润为最大？

10-9　已知某产品的单位成本 $K=3$ 元，单位库存费为 1 元，缺货费为 5 元，订购费为 5 元，需求量 x 的概率密度函数为

$$f(x)=\begin{cases}1/5, & 5\leqslant x\leqslant 10\\ 0, & x\text{ 为其他值}\end{cases}$$

设期初库存为零，试确定库存策略(s,S).

第6篇　决策论与对策论

第11章　决　策　论

决策是人们在政治、经济、技术、管理以及日常生活中普遍遇到的一种选择方案的行为.决策论(Decision Theory,DT),又称决策分析,是运筹学的重要分支之一,它是帮助人们进行科学决策的理论和方法.决策是一种对已知目标和方案的选择过程,是人们已知需实现的目标,依据一定的决策准则,在可供选择的方案中作出决策的过程.它包括决策心理学、决策的数量化方法、决策评价以及决策支持系统等方面.

11.1　决策问题的构成和类型

11.1.1　决策问题的构成

决策是指人们为实现预定的目标,在一定条件下,采用科学的方法和手段,从所有可供选择的方案中找出最满意的一个方案,进行实施,直至目标的实现.

任何决策问题都有以下要素构成决策模型:

(1) **决策者**　决策者是指单个人或者一组人(如管理委员会等机构),他的任务就是进行决策.一般指领导者或者领导集体.

(2) **行动或策略 $\boldsymbol{A}_i$**　任何决策问题都必须具有两个或两个以上的行动方案.行动方案简称行动、方案或行为,也称为策略或决策.令 $\boldsymbol{A}=[\boldsymbol{A}_1\quad \boldsymbol{A}_2\quad \cdots\quad \boldsymbol{A}_m]$ 为策略集合,而 $\boldsymbol{A}_1,\boldsymbol{A}_2,\cdots,\boldsymbol{A}_m$ 为策略变量.

(3) **准则**　这是决策者识别所选择的行动方案是否最优的根据,在决策时有单一准则和多准则.

(4) **结果状态 $\boldsymbol{S}_j$**　任何决策问题,无论采取哪一个行动方案,都存在一种或几种自然状态.自然状态简称为状态,也称为事件.通常用 $\boldsymbol{S}_j(j=1,2,\cdots,n)$ 表示每一状态,称为状态变量.状态变量的全体构成的集合,称为状态集合,记为 $\boldsymbol{S}=[\boldsymbol{S}_1\quad \boldsymbol{S}_2\quad \cdots\quad \boldsymbol{S}_n]$.

(5) **后果或收益 r_{ij}**　每一事件的发生将会产生某种结果,如获得收益或损失.通常采用损益函数来描述,损益函数表示采取方案 $\boldsymbol{A}_i$ 后在状态 $\boldsymbol{S}_j$ 下带来的损失或收益,可以用 $R(\boldsymbol{A}_i,\boldsymbol{S}_j)$ 表示损益函数.

进行决策的目的在于根据各种可能的情况,选择某一策略方案,使得损益达到最优.能使损益达到最优的方案,称为最优策略方案,记为 $\boldsymbol{A}^*$;相应的损益值,称为最优值,记为 $R^*=R(\boldsymbol{A}^*)$;而选择的这种最优方案的决策,称为最优决策.

一个决策问题所必备的基本条件有：

(1) 决策者有一个明确的预期达到的目标，如收益最大或损失最小.

(2) 存在着两个或两个以上可供决策者选择的行动方案.

(3) 对每一行动方案所面临的各种可能的自然状态完全可以知道.

(4) 每个行动方案在不同状态下的损益值能够定量地估计出来.

一般采用表格的形式来表示不同方案在不同状态下的损益值之间的对应关系，这样的表称为损益表或决策表，见表 11-1. 而决策表就是一种基本的决策模型.

表 11-1

收益值 状态 / 策略	S_1	S_2	…	S_j	…	S_n
A_1	r_{11}	r_{12}	…	r_{1j}	…	r_{1n}
A_2	r_{21}	r_{22}	…	r_{2j}	…	r_{2n}
⋮	⋮	⋮		⋮		⋮
A_m	r_{m1}	r_{m2}	…	r_{mj}	…	r_{mn}

11.1.2 决策的分类

根据不同的标准，可得到不同的决策分类：

(1) 按决策的重要性不同，可分为战略决策、策略决策和执行决策. 战略决策是涉及某组织发展和生存有关的全局性、长远问题的决策. 策略决策是为完成战略决策所规定的目的而进行的局部性、阶段性的决策. 执行决策是根据策略决策的要求对执行行为方案的选择.

(2) 按决策问题的重复性程度不同，可分为程序决策和非程序决策. 程序决策又称理性决策、常规决策，是一种有章可循的决策，一般是为了解决那些重复出现、性质相近的例行性问题. 非程序性决策一般是无章可循的决策，决策者难以按章行事，需要凭借其经验直觉来做出应变，一般是一次性的.

(3) 按决策目标的个数，决策可分为单目标决策和多目标决策. 单目标决策就是对单一问题进行的决策，一般只考虑某个主要或者关键的决策目标. 多目标决策是解决多项问题所进行的较为复杂的决策，通常需要考虑决策问题的多个目标或因素. 多目标决策问题的最优方案确定过程相对困难.

(4) 按决策环境不同，决策可分为确定型、非确定型和风险型决策. 确定型决策指自然状态完全确定，并且做出选择的结果也是确定的. 风险型决策是指决策的环境不完全确定，但可以预测决策环境发生的概率. 非确定型决策是指决策者对将发生结果的概率一无所知，只能凭借决策者的主观倾向进行决策.

11.2 非确定型决策

非确定型决策是指决策者对环境情况一无所知，决策者根据自己的主观倾向进行决策. 根据决策者主观态度的不同，非确定型决策的准则可分为：乐观主义准则、悲观主义准则、等可能性准则、最小机会损失准则和折中主义准则. 以下用例子分别进行简单的介绍.

例 11-1　设某工厂是按批生产某产品并按批销售，每件产品的成本为 30 元，批发价格为每件 35 元. 若每月生产的产品当月销售不完，则每件损失 1 元. 工厂每投产一批是 10 件，最大月生产能力是 40 件，决策者可选择的生产方案为 0，10，20，30，40 五种. 假设决策者对其产品的需求情况一无所知，试问这时决策者应如何决策？

解　这个问题可用决策矩阵来描述. 决策者可选的行动方案有五种，这是他的策略集合，记作$\{\boldsymbol{A}_i\}$，$i=1,2,\cdots,5$. 经分析他可断定将发生五种销售情况：即销量为 0，10，20，30，40，但不知它们发生的概率. 这就是事件集合，记作$\{\boldsymbol{S}_j\}$，$j=1,2,\cdots,5$. 每个"策略 — 事件"对都可以计算出相应的收益值或损失值. 如当选择月产量为 20 件时，而销出量为 10 件，这时收益额为

$$10\times(35-30)-1\times(20-10)=40(\text{元})$$

可以一一计算出各"策略 — 事件"对应的收益值或损失值，记作 r_{ij}. 将这些数据汇总在矩阵中，决策矩阵见表 11-2.

表　11-2

$\boldsymbol{A}_j$ \ $\boldsymbol{S}_i$		事件				
		0	10	20	30	40
策略	0	0	0	0	0	0
	10	−10	50	50	50	50
	20	−20	40	100	100	100
	30	−30	30	90	150	150
	40	−40	20	80	140	200

这就是决策矩阵，根据决策矩阵中元素所示的含义不同，可称为收益矩阵、损失矩阵、风险矩阵、后悔值矩阵等.

现在讨论决策者是如何应用决策准则进行决策的.

11.2.1　乐观主义决策准则

乐观主义准则又称最大最大准则. 决策者所持的是乐观态度，当决策者面临情况不明的决策情景时，他绝不放弃任何一个能够获得最好结果的机会. 决策者确定每个方案在最佳自然状态下的收益值，选择的最优方案是其中最大收益值对应的方案. 其决策矩阵见表 11-3.

表　11-3

$\boldsymbol{A}_j$ \ $\boldsymbol{S}_i$		事件					max
		0	10	20	30	40	
策略	0	0	0	0	0	0	0
	10	−10	50	50	50	50	50
	20	−20	40	100	100	100	100
	30	−30	30	90	150	150	150
	40	−40	20	80	140	200	200

根据乐观主义决策准则，则有

$$\max(0,50,100,150,200)=200$$

它对应的策略为 S_5. 用公式可以表示为 $S_k^* \rightarrow \max\limits_i \max\limits_j (r_{ij})$.

11.2.2 悲观主义决策准则

悲观主义准则又称最大最小准则. 持悲观主义决策准则的决策者对待风险的态度与乐观主义决策者不同. 当决策者面临着各事件的发生概率不清楚时,认为未来将出现最差的自然状态. 决策者分析每个方案最坏的可能结果,选择的最优方案是在最差自然状态下带来最大收益的方案. 例 11-1 的悲观主义决策矩阵见表 11-4.

表 11-4

A_j \ S_i		事件					max
		0	10	20	30	40	
策略	0	0	0	0	0	0	0
	10	−10	50	50	50	50	−10
	20	−20	40	100	100	100	−20
	30	−30	30	90	150	150	−30
	40	−40	20	80	140	200	−40

根据悲观主义决策准则,则有

$$\max(0, -10, -20, -30, -40) = 0$$

它对应的策略为 S_1,表示什么也不做,但在实际工作中,选择此策略表示先看一看,然后再做决定,上述准则用公式可以表示为 $S_k^* \rightarrow \max\limits_i \min\limits_j (r_{ij})$.

11.2.3 等可能性准则

等可能性准则是指当决策者面临某事件集合时,无法确定各种事件发生的概率,只能认为事件发生的概率是相等的. 即每一事件发生的概率数是事件数的倒数. 在此基础上,计算各个策略的期望收益值,选择期望值最大者,以此作为最终方案. 例11-1的等可能性决策矩阵见表 11-5.

表 11-5

A_j \ S_i		事件					$E(S_i) = \sum\limits_j P r_{ij}$
		0	10	20	30	40	
策略	0	0	0	0	0	0	0
	10	−10	50	50	50	50	38
	20	−20	40	100	100	100	64
	30	−30	30	90	150	150	78
	40	−40	20	80	140	200	80

在本例子中,每一事件发生的概率 $P = 1/5$,期望值则为

$$E(\boldsymbol{S}_i) = \sum_j Pr_{ij}$$

$$\max \ \{E(\boldsymbol{S}_i)\} = \max\{0,38,64,78,80\} = 80$$

在此准则下,决策者选择的最优策略为 $\boldsymbol{S}_5$.

11.2.4　最小机会损失准则

决策者在制定决策时只能选择某一状态下收益最大的方案,由于事件的不确定性,决策者无法预知这一状态是否确定发生.因此,在实施决策后,决策者可能会认为如果采取其他方案将会有更好的收益,由此所造成的损失价值就是后悔值.

若发生 k 事件,各策略的收益为 r_{ik} ,$i=1,2,\cdots,5$,其中最大者为 $r_{ik}=\max\limits_i(r_{ik})$.这时,各个策略的机会损失值为 $r_{ik}=\{\max\limits_i(r_{ik})-r_{ik}\}$,$i=1,2,\cdots,5$.从所有最大机会损失值中选取最小者,它对应的策略为决策策略,表示为

$$\boldsymbol{S}_k^* \rightarrow \min_i \max_j (r'_{ij})$$

例 11-1 的最小机会决策矩阵见表 11-6.

表　11-6

$\boldsymbol{S}_i$ \ $\boldsymbol{A}_j$		事件					Max
		0	10	20	30	40	
策略	0	0	0	0	0	0	200
	10	−10	50	50	50	50	150
	20	−20	40	100	100	100	100
	30	−30	30	90	150	150	50
	40	−40	20	80	140	200	30

例 11-1 的决策策略为

$$\boldsymbol{S}_5 \rightarrow \min\{200,150,100,50,30\} = 30$$

11.2.5　折中主义准则

在决策过程中,最好和最差的自然状态都有可能出现,决策者用乐观准则或是悲观准则都属于一种极端的行为.因此,可以将两种决策准则予以结合,设定一个乐观系数 α $(0\leqslant\alpha\leqslant1)$,悲观系数即为 $1-\alpha$,以这两个系数表示最佳与最差自然状态下的权重,来反映决策者的风险态度.用公式表示为

$$H_i = ar_{i\max} + (1-a)r_{i\min}$$

其中 $r_{i\max}$,$r_{i\min}$ 分别表示第 i 个策略可能得到的最大收益值与最小收益值.应选择的决策策略为

$$\boldsymbol{S}_k^* \rightarrow \max_i (H_i)$$

本例中,假设 $\alpha=1/3$,则决策策略为 $\boldsymbol{S}_5 \rightarrow \max\{0,10,20,30,40\}=40$. 例 11－1 的折中主义决策矩阵见表 11-7.

表 11-7

A_j \ S_i		事件 0	10	20	30	40	H_i
策略	0	0	0	0	0	0	0
	10	−10	50	50	50	50	10
	20	−20	40	100	100	100	20
	30	−30	30	90	150	150	30
	40	−40	20	80	140	200	40

11.3 风险决策

风险决策是指在决策者无法确知未来将会出现何种事件,但对将发生各事件的可能性概率是已知的情况下所作出的决策.决策者可以根据自己已有的经验、资料和信息,设定或推算出各事件可能发生的概率.决策者无论采取哪一种方案,都需要承担一定的风险,因此将这种决策称为风险决策.风险型决策问题应具备以下几个条件:

(1) 具有决策者希望的一个明确目标.

(2) 具有两个以上不以决策者的意志为转移的自然状态.

(3) 具有两个以上的决策方案可供决策者选择.

(4) 不同决策方案在不同自然状态下的损益值可以计算出来.

(5) 不同自然状态出现的概率决策者可以事先计算出来.

相对于非确定型决策,风险决策的自然状态是不确定的,至少有两种且每种自然状态出现的概率分布是可以推算的,因此风险型决策更加复杂.风险决策最基本的分析方法主要有最大可能法和期望值法.

11.3.1 最大可能法

最大可能法是将风险决策化为确定型决策而进行决策分析的一种方法.一个事件的概率越大,它发生的可能性就越大.基于这种思想,在风险型决策中选择一个概率最大的自然状态进行决策,把这种自然状态发生的概率看作1,而其他自然状态发生的概率看为0.这样,问题就成为只存在一种确定的自然状态,用确定型决策分析方法来进行决策.

以例11-1的数据进行计算,最大可能法决策矩阵如表11-8所示.

策略 $\boldsymbol{S}_5$ 的概率0.5最大,按照最大可能性法只考虑该事件的收益值,从而成为确定型问题.本例的决策策略为

$$\boldsymbol{S}_5 \rightarrow \max\{0,50,100,150,200\}=200$$

表　11－8

A_i \ P_j \ E_j		事件				
		0	10	20	30	40
		$P(\boldsymbol{S}_1)=0.1$	$P(\boldsymbol{S}_2)=0.2$	$P(\boldsymbol{S}_3)=0.1$	$P(\boldsymbol{S}_4)=0.1$	$P(\boldsymbol{S}_5)=0.5$
策略	0	0	0	0	0	0
	10	－10	50	50	50	50
	20	－20	40	100	100	100
	30	－30	30	90	150	150
	40	－40	20	80	140	200

11.3.2　期望值法

期望值法是进行风险决策时较为常用的一种方法.其基本思想是,将每个行动方案的期望值求出,通过比较各方案的期望收益值进行决策.常用的期望值法有最大期望收益法和最小机会损失收益法.

1.最大期望收益法(EMV)

每个方案的期望收益值为各事件的收益值 a_{ij} 与对应概率 P_j 的乘积之和,最大收益期望决策准则是指选择期望收益值最大的方案作为最优方案.即 $\boldsymbol{S}_k^* \rightarrow \max\limits_i \sum\limits_j P_j a_{ij}$.以例 11－1 的数据进行计算,其最大期望收益决策矩阵见表 11－9.

表　11－9

A_i \ P_j \ E_j		事件					EMV
		0	10	20	30	40	
		$P(\boldsymbol{S}_1)=0.1$	$P(\boldsymbol{S}_2)=0.2$	$P(\boldsymbol{S}_3)=0.1$	$P(\boldsymbol{S}_4)=0.1$	$P(\boldsymbol{S}_5)=0.5$	
策略	0	0	0	0	0	0	0
	10	－10	50	50	50	50	44
	20	－20	40	100	100	100	76
	30	－30	30	90	150	150	102
	40	－40	20	80	140	200	122

本例的决策策略为

$$\boldsymbol{S}_4 \rightarrow \max\{0,44,76,102,122\}=122$$

EMV 决策准则适用于一次决策多次重复进行生产的情况,所以它是平均意义下的最大收益.

2.最小机会损失收益法(EOL)

最小机会损失收益法是选择机会损失值最小的方案作为最优方案,每个方案的机会损失值为各状态的损失值 a'_{ik} 与对应概率 P_j 的乘积之和.

用期望值进行决策分析,主要针对同样的决策多次重复的情况,在多次重复中,决策者有得有失,这时期望值能很好地反映决策者获得的平均收益.得失相抵后使自己的平均收益最大,选择期望值最大的策略是合理的,这实际上是"以不变应万变"的策略.

11.3.3 决策树法

除以上介绍的两种方法,还可以利用一种树状的网络图形-决策树-来进行风险决策分析.用决策树来表示风险决策模型,便于对问题未来的发展进行预测,能随意删去非最优方案分支,在增加新的情况时也可以随时增添新的分支.它是风险决策分析中最常用的方法之一,这种方法不仅直观方便,而且能够更有效地解决比较复杂的决策问题.

每个决策树都由5个部分组成:

(1) 决策点,以"□"代表,表示决策者应在决策点从若干个策略中进行选择.

(2) 策略枝,从决策点引出的用来表示可能选取的策略的分枝.

(3) 事件点,以"○"代表,表示在每个策略确定后,可能发生不同的状态.

(4) 概率枝,从事件点引出的用来表示可能的状态的分枝,其上标注的数字是该状态发生的概率.

(5) 结果点,用"△"代表,表示决策问题的一个可能结果,旁边的数字为这一结果下的损益值.

用决策树进行风险型决策分析的步骤基本与期望值法相同,只是用决策树来代替决策表.其具体步骤如下:

(1) 按照从左到右的正向顺序画决策树,画决策树的过程本身就是一个对决策问题进一步深入探索的过程.

(2) 按照从右到左的顺序,反向归纳计算各方案的损益期望值,并将结果标注在相应的状态节点处.

(3) 选择收益期望值最大的(或损失期望值最小的)作为最优方案,并将其期望值标注在决策节点处,同时将不考虑的方案分支节点.

决策树方法具有这样的优点:它可以构成一个简单的决策过程,使决策者可以有顺序、有步骤地周密思考各有关因素,从而进行决策.它能够使我们在相互不同的决策迷宫中找出一条最优的可行道路.另外,决策树法便于集体决策.

例 11-2 为了适应市场的需要,某地提出了扩大电视机生产的两个方案.一个方案是建设大工厂,第二个方案是建设小工厂.

建设大工厂需要投资600万元,可使用10年.销路好每年赢利200万元,销路不好则亏损40万元.

建设小工厂投资280万元,如销路好,3年后扩建,扩建需要投资400万元,可使用7年,每年赢利190万元.不扩建则每年赢利80万元.如销路不好则每年赢利60万元.

试用决策树法选出合理的决策方案.经过市场调查,市场销路好的概率为0.7,销路不好的概率为0.3.

解 由题意知,其决策树如下,见图11-1.

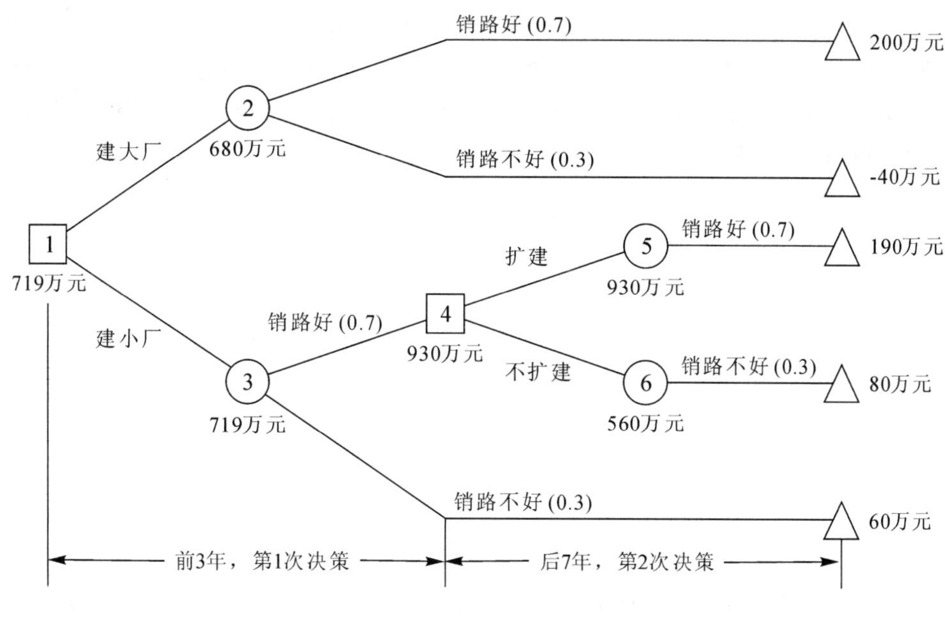

图 11－1　决策树

计算各点的期望值：

点 ②：$0.7\times200\times10+0.3\times(-40)\times10-600$(投资)$=680$ 万元

点 ⑤：$1.0\times190\times7-400=930$ 万元

点 ⑥：$1.0\times80\times7=560$ 万元

比较决策点 4 的情况可以看到，由于点 ⑤(930 万元) 与点 ⑥(560 万元) 相比，点 ⑤ 的期望利润值较大，因此应采用扩建的方案，而舍弃不扩建的方案.

把点 ⑤ 的 930 万元移到点 ④ 来，可计算出点 ③ 的期望利润值：

点 ③：$0.7\times80\times3+0.7\times930+0.3\times60\times(3+7)-280=719$ 万元

最后比较决策点 ① 的情况：

由于点 ③(719 万元) 与点 ②(680 万元) 相比，点 ③ 的期望利润值较大，因此取点 ③ 而舍点 ②. 这样，相比之下，建设大工厂的方案不是最优方案，合理的策略应采用前 3 年建小工厂，如销路好，后 7 年进行扩建的方案.

11.4　效用理论及其应用

11.4.1　效用及效用曲线

效用这一概念首先是由贝努利提出的，他认为人们对其钱财的真实价值的考虑与他的钱财拥有量之间有对数关系. 见图 11－2，这就是贝努利的货币效用函数. 所谓效用，就是用一种相对数量指标(无量纲) 来表示决策者对风险的态度，对某事物的倾向和对某种后果的偏爱程度等主观因素的强弱程度. 一般地说，货币值大的，相应的效用值就大，但是货币值数量和相当的效用值数量之间不是线性函数关系，所以通常以效用期望值作为效用大小的一种度量.

效用值是相对的一个指标值，一般可规定：凡对决策者最爱好、最倾向的事件的效用值赋予1,反之赋予0.也可用其他数值范围,如0～100.通过效用指标可以将某些难以量化有质的差别的事件给予量化.如某人面临多种方案的选择工作时,要考虑地点、工作性质、单位福利等.可将要考虑的因素折合为效用值,得到各方案的综合效用值,然后选择效用值最大的方案,这就是最大效用值决策准则.

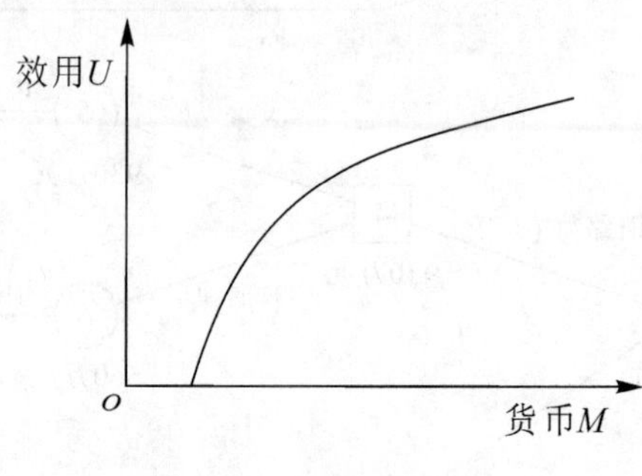

图11-2　效用曲线

11.4.2　效用曲线的确定和画法

1.效用曲线的确定

由于决策者的经济地位、个人素质以及对风险态度等的不同,同样的期望损益值可能赋予不同的效用值.在直角坐标系中,用横坐标表示损益值,用纵坐标表示效用值,就可以画出某个人的效用曲线,相应的函数关系就是效用函数.可见,一般不同的人其效用曲线也不同.为了使效用曲线既能反映货币量的客观价值,又能反映决策者的决策偏向和评价标准,往往在征求意见时采取与决策者对话的方式,建立相应的效用函数.与决策者对话有两种基本方法:直接提问法和对比提问法.

(1) 直接提问法.直接提问法是向决策者提出一系列问题,使决策者进行主观衡量并作出回答.通过不断提问与回答,可绘制出决策者的获利效用曲线,显然这种方法的提问与回答都很模糊,难以确切,所以这种方法应用较少.

(2) 对比提问法.设决策者面临两种可选方案$\boldsymbol{A}_1$,$\boldsymbol{A}_2$.其中$\boldsymbol{A}_1$表示决策者无任何风险地得到一笔金额x_2,方案$\boldsymbol{A}_2$表示决策者以概率p得到一笔金额x_1,或以概率$(1-p)$损失金额x_3的方案;且$x_1>x_2>x_3$.设$\boldsymbol{U}(x_1)$表示金额x_1的效用值,在某一条件下,决策者认为$\boldsymbol{A}_1$,$\boldsymbol{A}_2$两个方案等价时,可表示为

$$p\boldsymbol{U}(x_1)+(1-p)\boldsymbol{U}(x_3)=\boldsymbol{U}(x_2)$$

上式可理解为,决策者认为x_2的效用值等价于x_1和x_3的期望效用值.表达式中有4个变量,如果其中三个变量为已知的,就可通过对比提问法,向决策者提问未知变量该如何取值,应取的值为多少.提问的方式一般有三种:

1) 每次固定x_1,x_2,x_3的值,改变p,提问决策者:“p取何值时,认为$\boldsymbol{A}_1$和$\boldsymbol{A}_2$等价?”

2) 每次固定p,x_1,x_3的值,改变x_2,提问决策者:“x_2取何值时,认为$\boldsymbol{A}_1$和$\boldsymbol{A}_2$等价?”

3) 每次固定p,x_2,x_3(或x_1)的值,改变x_1(或x_3)时,问决策者:“x_1(或x_3)取何值时,认为$\boldsymbol{A}_1$和$\boldsymbol{A}_2$等价?”

在实际运用的过程中,通常采用标准效用测定法,每次取$p=0.5$,固定x_1和x_3的值,利用

$$0.5\boldsymbol{U}(x_1)+0.5\boldsymbol{U}(x_3)=\boldsymbol{U}(x_2)$$

改变 x_2 三次，提三问，确定三点，这样就可以得到决策者的效用曲线.

2. 效用曲线的画法

(1) 决定两个数作为参考点，一般选决策问题中最小及最大损益值所对应的效用值分别为 0 及 1.

(2) 以效用分配到可能状态的适当概率的加权和，形成各方案的期望效用值.

(3) 用同样的方法求出效用曲线上的点，然后将这些点连接成一条光滑曲线，即效用曲线.

构造一个效用函数，已知所有可能收益的区间为[-100,200]，即 $x_1=200, x_3=-100$，

$$\boldsymbol{U}(200)=1,\quad \boldsymbol{U}(-100)=0$$

$$0.5\boldsymbol{U}(x_1)+0.5\boldsymbol{U}(x_3)=\boldsymbol{U}(x_2)$$

第一问："你认为 x_2 取何值时，上式成立？"若决策者回答"在 $x_2=0$ 时"，那么 $U(0)=0.5$，x_2 的效用值为 0.5. 在坐标系中给出第一点. 利用

$$0.5\boldsymbol{U}(x_1)+0.5\boldsymbol{U}(x_3)=\boldsymbol{U}(x'_2)$$

第二问，请决策者回答"你认为 x'_2 取何值时，上式成立？"若决策者回答"在 $x'_2=80$ 时"，则有

$$\boldsymbol{U}(80)=0.5\times0.5+0.5\times1=0.75$$

即 x'_2 的效用值为 0.75，在坐标系中给出第二点. 根据：

$$0.5\boldsymbol{U}(x_2)+0.5\boldsymbol{U}(x_3)=\boldsymbol{U}(x'_2)$$

对决策者提问，"你认为 x''_2 取何值时，上式成立？"若决策者回答"$x''_2=-60$ 时"，则有

$$\boldsymbol{U}(80)=0.5\times0.5+0.5\times0=0.25$$

即 x''_2 的效用值为 0.25，在坐标系中给出第三点. 这就可以绘制出决策者对风险的效用曲线.

从以上决策者提问及回答的情况来看，不同的决策者会选择不同的 x_2, x'_2, x''_2 的值，使上式成立. 这就能得到不同形状的效用曲线，并表示了不同决策者对待风险的不同态度. 效用曲线一般分为保守型、中间型和冒险型 3 种类型. 保守型决策者对损失金额越多越敏感，相反对收入的增加反应较为迟钝，即他不愿承受损失的风险；中间型决策者认为收入金额的增长与效用值的增长成等比关系；冒险型决策者对收入损失比较迟钝，相反的对收入增加反应敏感，即他可以承受损失的风险.

11.5　多目标决策

前几节讨论的决策问题都只有一个决策目标，属于单目标决策问题. 但在生产、经济和科学技术活动中，还经常需要对包含多目标的方案进行决策. 在决策者追求的多个目标中，有些是一致的，能够相互代替，但大部分情况下，这些目标之间是不一致的，甚至会相互矛盾. 采用线性规划和非线性规划的方法，只能解决单一目标的问题. 20 世纪 60 年代以来，多目标最优化的研究无论在理论还是应用上都取得了很大的成效，这些研究涉及经济管理、系统工程、运筹等方面. 由于多目标决策问题的复杂性和篇幅的限制，在本节只介绍多目标最优化问题的几个基本概念和两种多目标决策方法.

11.5.1　基本概念

在处理单目标最优化问题时，我们的任务是选择一个或一组变量 $\boldsymbol{x}$，使得目标函数 $f(\boldsymbol{x})$

取极大或极小值.对任意两个解,只要对比它们相应的目标函数值,就能够判断谁优谁劣.但在多目标最优化问题中,由于多个目标之间往往存在相互矛盾的特征,无法使所有的目标都达到最优,因此多目标问题的最优解一般不存在.

假定有 m 个目标 $f_1(\boldsymbol{x}),\cdots,f_m(\boldsymbol{x})$ 同时需要考察,并要求越大越好.在不考虑其他目标时,记第 i 个目标的最优值为

$$f_i^{(0)}=\max_{\boldsymbol{x}\in \boldsymbol{F}} f_i(\boldsymbol{x})$$

相应的最优解记为 $\boldsymbol{x}^{(i)},i=1,2,\cdots,m$;其中 F 是问题的约束集合.

$$F=\{\boldsymbol{x}\mid g(\boldsymbol{x})>0\},\quad g(\boldsymbol{x})=[g_1(\boldsymbol{x})\quad \cdots \quad g_t(\boldsymbol{x})]^{\mathrm{T}}$$

当这些 $\boldsymbol{x}^{(i)}$ 都相同时,就以这些共同解作为这些多目标的共同最优解.一般不会全相同,当 $\boldsymbol{x}^{(1)}\neq \boldsymbol{x}^{(2)}$ 时,这两个解就难比优劣,但它们一定都是非劣解(也称有效解,或 pareto 解).

为了与单目标最优化的表达方式有所区别,用

$$\boldsymbol{V}\text{—}\max_{\boldsymbol{x}\in \boldsymbol{F}}\boldsymbol{F}(\boldsymbol{x}) \quad \text{或} \quad \boldsymbol{V}\text{—}\max_{g(\boldsymbol{x})\geqslant 0}\boldsymbol{F}(\boldsymbol{x})$$

表示在约束集合 $\boldsymbol{F}$ 内求多目标问题的最优(亦称求向量最优);其中

$$\boldsymbol{F}(\boldsymbol{x})=[f_1(\boldsymbol{x})\quad \cdots \quad f_m(\boldsymbol{x})]^{\mathrm{T}}$$

若各目标值都要求越小越好,就用下式表示:

$$\boldsymbol{V}\text{—}\min_{\boldsymbol{x}\in \boldsymbol{F}}F(x)$$

下面考察使目标值越大越好,为了简易起见,本节一般只考虑 n 维欧式空间 $\mathbf{R}^n$,即

$$\boldsymbol{x}=[x_1\quad x_2\quad \cdots \quad x_n]\in \mathbf{R}^n,\quad \boldsymbol{F}\subseteq \mathbf{R}^n,\quad \boldsymbol{F}(\boldsymbol{x})\in \mathbf{R}^m$$

实际上,当 $\boldsymbol{x}_0$ 为最优解时,即表示 $\boldsymbol{x}\in \boldsymbol{F}$,有

$$\boldsymbol{F}(\boldsymbol{x})\leqslant \boldsymbol{F}(\boldsymbol{x}_0)$$

当 $\boldsymbol{x}_0$ 是非劣解时,即不存在 $\boldsymbol{x}\in \boldsymbol{F}$,有

$$\boldsymbol{F}(\boldsymbol{x})\geqslant \boldsymbol{F}(\boldsymbol{x}_0)$$

以后用"$\geqslant$"表示 $\boldsymbol{F}(\boldsymbol{x})\geqq \boldsymbol{F}(\boldsymbol{x}_0)$,但当 $\boldsymbol{F}(\boldsymbol{x})\neq \boldsymbol{F}(\boldsymbol{x}_0)$,即至少有一个分量,"$>$"才成立,即一定大于.相应的 $\boldsymbol{F}(\boldsymbol{x}_0)$ 在目标函数空间中成为非劣点或有效点.有的还进一步引入弱非劣解,即当 $\boldsymbol{x}_0$ 是弱非劣解,若不存在 $\boldsymbol{x}\in \boldsymbol{F}$,有

$$\boldsymbol{F}(\boldsymbol{x})>\boldsymbol{F}(\boldsymbol{x}_0)$$

对于多目标决策问题,主要是在一定条件下寻找使决策者感到满意的满意解.当最优解存在时,最优解一定是满意解;否则,我们就在有效解或弱有效解中寻找满意解,提供给决策者选择.在复杂的决策过程中,找出各种有效解或弱有效解的工作是由所谓"分析者"来做的,而最终决定满意解的工作是由"决策者"做的.一般地,目标常采用以下三种方式来得出最后结果:

(1)"决策者"与"分析者"事先商定一种原则和方法来确定满意解;

(2)"分析者"只提供有效解或弱有效解,满意解由"决策者"来选择;

(3)"决策者"和"分析者"不断交换对解的看法逐步改进有效解或弱有效解,直到最后找到满意解为止.

这三种方法中,以第一种方法较简单,但难以确定原则,第三种方法在处理复杂的多目标决策问题中越来越受到人们的重视.

11.5.2 层次分析法

层次分析法(Analytic Hierarchy Process,AHP)是20世纪70年代由著名运筹学家 T. L.

Saaty 提出的，是一种定性与定量分析相结合的多目标决策分析方法．它的基本原理是具有递阶结构的目标、子目标（准则）、约束条件及部门等来评价方案，用两两比较的方法确定判断矩阵，然后把判断矩阵的最大特征根相应的特征向量的分量作为相应的系数，最后综合出各个方案各自的权重（优先程度）．

运用 AHP 方法解决多目标决策问题，一般步骤是：

（1）确定问题目标，建立问题的递阶层次结构模型；

（2）构造两两比较判断矩阵；

（3）进行层次单排序，并进行一致性检验；

（4）进行层次总排序，并进行总排序的一致性检验．

1．*层次分析法原理*

人们在日常生活中经常要从一堆同样大小的物品中挑选出最重的物品，这就需要通过两两比较才能达到目的．假设有 n 件物品，它们的重量分别为 $w_1,w_2,\cdots,w_n$，如果将它们两两比较重量，可得出一个重量比矩阵 $\boldsymbol{A}$．

$$\boldsymbol{A}=\begin{bmatrix}\frac{w_1}{w_1} & \frac{w_1}{w_2} & \cdots & \frac{w_1}{w_n}\\ \frac{w_2}{w_1} & \frac{w_2}{w_2} & \cdots & \frac{w_2}{w_n}\\ \vdots & \vdots & & \vdots\\ \frac{w_n}{w_1} & \frac{w_n}{w_2} & \cdots & \frac{w_n}{w_n}\end{bmatrix}$$

如果用矩阵 $\boldsymbol{A}$ 左乘重量向量 $\boldsymbol{W}^{\mathrm{T}}=[w_1\ w_2\ \cdots\ w_n]$，则有

$$\boldsymbol{AW}=\begin{bmatrix}w_1/w_1 & \cdots & w_1/w_n\\ \vdots & & \vdots\\ w_n/w_1 & \cdots & w_n/w_n\end{bmatrix}\begin{bmatrix}w_1\\ \vdots\\ w_n\end{bmatrix}=n\boldsymbol{W}$$

即 $(\boldsymbol{A}-n\boldsymbol{I})\boldsymbol{W}=0$，$\boldsymbol{I}$ 为单位阵．

n 是 $\boldsymbol{A}$ 的特征值，$\boldsymbol{W}$ 为矩阵 $\boldsymbol{A}$ 的特征向量．如果 $\boldsymbol{W}$ 未知，则可通过利用求重量比矩阵之特征向量的方法来获得．当 $\boldsymbol{W}$ 未知时，决策者可对两两物品之间的关系，主观地做出比值的判断，或者用头脑风暴法、德尔菲法来确定这些比值，使 $\boldsymbol{A}$ 成为已知矩阵．通常把通过两两比较得出的矩阵，称为判断矩阵．

判断矩阵 $\boldsymbol{A}$ 有以下特点：

（1）$a_{ij}>0$；

（2）$a_{ij}=1/a_{ji}$；

（3）$a_{ij}=a_{ik}/a_{jk}$；

（4）$a_{ii}=1$．

其中 $i,j=1,2,\cdots,n$，则该矩阵具有唯一非零的最大特征值 $\lambda_{\max}$，且 $\lambda_{\max}=n$，同时判断矩阵 $\boldsymbol{A}$ 具有完全一致性．但决策者对复杂事物的各因素进行两两比较时，较难做到判断的完全一致性，从而存在估计误差，这将导致特征值和特征向量也存在偏差．

当 $\boldsymbol{A}$ 完全一致时，因 $a_{ii}=1$，$\sum_{i=1}^{n}\lambda_i=\sum_{i=1}^{n}a_{ii}=n$，存在唯一的非零 $\lambda=\lambda_{\max}=n$.

当 $\boldsymbol{A}$ 存在判断不一致时，一般 $\lambda_{\max}\geqslant n$. 这时

$$\lambda_{\max}+\sum_{i\neq \max}\lambda_i=\sum_{i=1}^{n}a_{ii}=n$$

可得

$$\lambda_{\max}-n=-\sum_{i\neq \max}\lambda_i$$

以其平均值作为检验判断矩阵的移植性指标 CI，即

$$CI=\frac{\lambda_{\max}-n}{n-1}=\frac{-\sum_{i\neq \max}\lambda_i}{n-1}$$

当 $\lambda_{\max}=n$ 时，$CI=0$，判断矩阵完全是一致的；CI 值越大，判断矩阵的完全一致性就越差. 一般当 $CI\leqslant 0.10$，可以认为判断矩阵的一致性在可接受的范围内，否则就需要重新进行两两比较判断.

判断矩阵的维数 n 越大，判断矩阵的一致性就越差，所以应放宽对高维判断矩阵的一致性要求. 引入平均随机一致性指标的修正值 RI，取更为合理的 CR 作为衡量判断矩阵一致性的指标. 其定义为

$$CR=\frac{CI}{RI}$$

不同维度的随机指数见表 11－10.

表 11－10

维数	1	2	3	4	5	6	7	8	9
RI	0.00	0.00	0.58	0.96	1.12	1.24	1.32	1.41	1.45

2. 标度

为了使各因素之间进行两两比较得到量化的判断矩阵，引入由 Satty 提出的 1～9 标度，见表 11－11. 对于 $n\times n$ 矩阵，只需要给出 $n(n-1)/2$ 个判断数值.

表 11－11

标度 a_{ij}	含义
1	元素 i 与元素 j 相同重要
3	元素 i 比元素 j 略重要
5	元素 i 比元素 j 较重要
7	元素 i 比元素 j 非常重要
9	元素 i 比元素 j 绝对重要
2,4,6,8	为以上相邻判断之间的中间状态对应的标度值
倒数	若元素 j 与元素 i 比较，得判断值为 $a_{ji}=1/a_{ij}$，$a_{ii}=1$

3. 层次模型

根据具体问题一般分为目标层、准则层和措施层. 复杂的问题可分为目标性、子目标层、准则层、方案措施层，或分为层次更多的结构，见图 11－3.

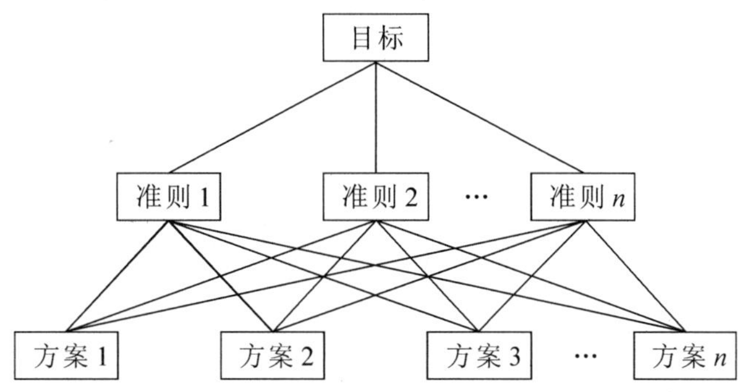

图 11－3　层次分析结构

4. 计算方法

一般来说，在层次分析法中计算判断矩阵的最大特征根和特征向量，并不需要很高的精度，因此可以采用近似法计算.

方根法其计算步骤为：

(1) 计算判断矩阵每行元素的几何平均值为

$$\tilde{\boldsymbol{\omega}}_i=\sqrt[n]{\prod_{i=1}^{n}a_{ij}},\quad i=1,2,\cdots,n$$

对 $\tilde{\boldsymbol{\omega}}_i$ 进行归一化，有

$$\boldsymbol{\omega}_i=\frac{\tilde{\boldsymbol{\omega}}_i}{\sum\limits_{j=1}^{n}\tilde{\boldsymbol{\omega}}_j},\quad i=1,2,\cdots,n$$

则 $\boldsymbol{\omega}_i(i=1,2,\cdots,n)$ 即为所求特征向量的近似值，也是各因素的相对权重.

(2) 计算判断矩阵的最大特征根 $\lambda_{\max}$，则

$$\lambda_{\max}=\sum_{i=1}^{n}\frac{(\boldsymbol{AW})_i}{n\boldsymbol{\omega}_i}$$

其中$(\boldsymbol{AW})_i$ 为向量 $\boldsymbol{AW}$ 的第 i 个元素.

根据公式计算判断矩阵一致性指标，检验其一致性.

(3) 组合权重计算. 设有目标层 A、准则层 C 和方案层 P 构成的层次模型，目标层 A 对准则层 C 的相对权重为

$$\boldsymbol{\omega}^{(1)}=[\boldsymbol{\omega}_1^{(1)}\quad \boldsymbol{\omega}_2^{(1)}\quad \cdots\quad \boldsymbol{\omega}_k^{(1)}]^{\mathrm{T}}$$

准则层的各准则 $C_i(i=1,2,\cdots,k)$ 对方案层 $p_1,p_2,\cdots,p_k$ 的相对权重向量为

$$\boldsymbol{\omega}_l=[\omega_{1l}^{(2)}\quad \omega_{2l}^{(2)}\quad \cdots\quad \omega_{nl}^{(2)}]^{\mathrm{T}},l=1,2,3\cdots,k$$

那么方案层 P 的各方案对目标层 C 而言，其相对权重是由权重 $\boldsymbol{\omega}^{(1)}$ 和 $\boldsymbol{\omega}_l$ 组合而得. 其计算可采用表格方式进行，见表 11－12.

这时得到的 $\boldsymbol{V}^{(2)}=[v_1^{(2)}\quad v_2^{(2)}\quad \cdots\quad v_n^{(2)}]^{\mathrm{T}}$ 为方案层 P 相对于目标层的权重向量. 其结果

见表11－12.

表 11－12

C层 / 权重 / P层	元素及权重				组合权重 V^2
	C_1	C_2	…	C_k	
	$\omega_1^{(1)}$	$\omega_2^{(1)}$	…	$\omega_k^{(1)}$	
p_1	$\omega_{1l}^{(2)}$	$\omega_{12}^{(2)}$	…	$\omega_{1k}^{(2)}$	$v_1^{(2)} = \sum_{i=1}^{k} \omega_i^{(1)} \omega_{1i}^{(2)}$
p_2	$\omega_{21}^{(2)}$	$\omega_{22}^{(2)}$	…	$\omega_{2k}^{(2)}$	$v_2^{(2)} = \sum_{i=1}^{k} \omega_i^{(1)} \omega_{2i}^{(2)}$
⋮	⋮	⋮		⋮	⋮
p_n	$\omega_{n1}^{(2)}$	$\omega_{n2}^{(2)}$	…	$\omega_{nk}^{(2)}$	$v_n^{(2)} = \sum_{i=1}^{k} \omega_i^{(1)} \omega_{ni}^{(2)}$

11.5.3 数据包络分析法

数据包络分析法(Data Envelopment Analysis,DEA)是由 Charnes 和 Cooper 等人于1978年开始创建的.数据包络分析法是使用数学规划模型评价具有多个输入和输出的“部门”或“单位”(称为决策单元,简记为 DMU)间的相对有效性(称为 DEA 有效).根据对各 DMU 观察的数据判断 DMU 是否为 DEA 有效.

DEA 方法可以看作是一种非参数的经济估计方法,实质是根据一组关于输入—输出的观察值来确定有效生产前沿面.DEA 方法的应用领域也很广泛,可以用于多种方案之间的有效性评价、技术进步评估、规模报酬评价及企业效益评价等.

1.数据包络分析的基本概念

(1) 决策单元(Decision Making Unit,DMU).一个经济系统或者一个生产过程都能看作一个单位(或一个部门)在一定范围内,通过投入一定数量的生产要素并产出一定数量的“产品”的活动.尽管这种活动的具体内容不尽相同,但有尽可能地使这一活动取得最大收益的共同目的.从“投入”到“产出”需要经过一系列决策才能够实现,由于“产出”是决策的结果,因而这样的单位(或部门)被称为决策单元.

(2) C^2R 模型的引入.假设有 n 个决策单元,每个决策单元都有 m 种类型的“输入”(表示该决策单元对“资源”的耗费)以及 s 种类型的“输出”(表示该决策单元消耗了“资源”后产生了“成效”的信息),各决策单元输入和输出的信息,见表 11－13.其中,x_{ij} 为第 j 个决策单元对第 i 种输入的投入量,$x_{ij} > 0$;y_{rj} 为第 j 个决策单元对第 r 种输入的产出量,$y_{rj} > 0$;v_i 为第 i 种输入的一种度量(或称权系数);u_r 为第 r 种输出的一种度量(或称权系数).

表　11 - 13

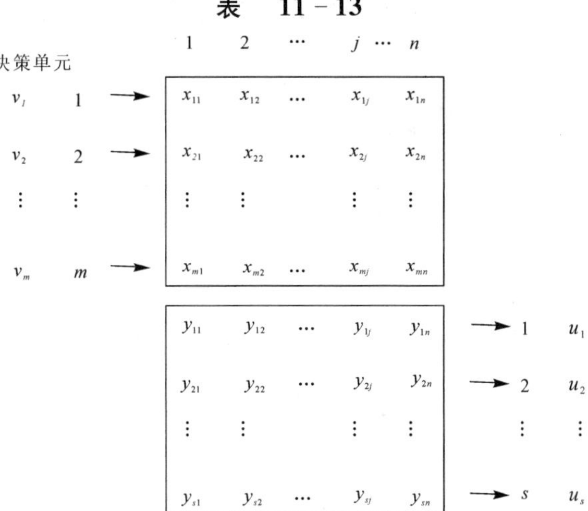

其中，$i=1,2,\cdots,m,r=1,2,\cdots,s,j=1,2,\cdots,n$

为方便起见，记

$$\boldsymbol{x}_j=[x_{1j}\quad x_{2j}\quad \cdots\quad x_{mj}]^{\mathrm{T}},\quad j=1,2,\cdots,n$$
$$\boldsymbol{y}_j=[y_{1j}\quad x_{2j}\quad \cdots\quad x_{sj}]^{\mathrm{T}},\quad j=1,2,\cdots,n$$

对应的权系数为

$$\boldsymbol{v}=[v_1\quad v_2\quad \cdots\quad v_m]^{\mathrm{T}}$$
$$\boldsymbol{u}=[u_1\quad u_2\quad \cdots\quad u_s]^{\mathrm{T}}$$

对于权系数 $\boldsymbol{v}\in\mathbf{R}^m$ 和 $\boldsymbol{u}\in\mathbf{R}^s$，决策单元 j 的效率评价指数为

$$h_j=\frac{\sum_{r=1}^{s}u_r y_{rj}}{\sum_{i=1}^{m}v_i x_{ij}}$$

总能够取适当的权系数 $\boldsymbol{v}$ 和 $\boldsymbol{u}$，使其满足：

$$h_j\leqslant 1,\quad j=1,2,\cdots,n$$

对第 $j_0(1\leqslant j_0\leqslant n)$ 个决策单元的效率进行评价，以权系数 $\boldsymbol{v}$ 和 $\boldsymbol{u}$ 为变量，以第 j_0 个决策单元的效率指数为目标，以所有决策单元的效率指数

$$h_j\leqslant 1,\quad j=1,2,\cdots,n$$

为约束，构成如下的 C^2R 模型：

$$\max\ \frac{\sum_{r=1}^{s}u_r y_{r0}}{\sum_{i=1}^{s}v_i x_{i0}}$$

$$\text{s.t.}\begin{cases}\dfrac{\sum_{r=1}^{s}u_r y_{rj}}{\sum_{i=1}^{m}v_i x_{ij}}\leqslant 1,\quad j=1,2,\cdots,n\\ \boldsymbol{v}=[v_1\quad v_2\quad \cdots\quad v_m]^{\mathrm{T}}\geqslant 0\\ \boldsymbol{u}=[u_1\quad u_2\quad \cdots\quad u_s]^{\mathrm{T}}\geqslant 0\end{cases}$$

其中“$\boldsymbol{v} \geqslant 0$”表示每个分量 $v_i \geqslant 0$，且至少有某个分量 $v_{i0} > 0$.

使用矩阵向量表示为

$$\max \frac{\boldsymbol{u}^{\mathrm{T}} \boldsymbol{y}_0}{\boldsymbol{v}^{\mathrm{T}} \boldsymbol{x}_0}$$

$$\text{s.t.} \begin{cases} \dfrac{\boldsymbol{u}^{\mathrm{T}} \boldsymbol{y}_j}{\boldsymbol{v}^{\mathrm{T}} \boldsymbol{x}_j} \leqslant 1, & j = 1, 2, \cdots, n \\ \boldsymbol{v} \geqslant 0 \\ \boldsymbol{u} \geqslant 0 \end{cases}$$

上式是一个分式规划. 使用 C－C(Charnes-Cooper) 变换，令

$$t = \frac{1}{\boldsymbol{v}^{\mathrm{T}} \boldsymbol{x}_0}, \quad \boldsymbol{\omega} = t\boldsymbol{v}, \quad \boldsymbol{\mu} = t\boldsymbol{u}$$

则有

$$\boldsymbol{\mu}^{\mathrm{T}} \boldsymbol{y}_0 = \frac{\boldsymbol{u}^{\mathrm{T}} \boldsymbol{y}_0}{\boldsymbol{v}^{\mathrm{T}} \boldsymbol{x}_0}$$

$$\frac{\boldsymbol{\mu}^{\mathrm{T}} \boldsymbol{y}_j}{\boldsymbol{\omega}^{\mathrm{T}} \boldsymbol{x}_j} = \frac{\boldsymbol{u}^{\mathrm{T}} \boldsymbol{y}_j}{\boldsymbol{v}^{\mathrm{T}} \boldsymbol{x}_j} \leqslant 1, \quad j = 1, 2, \cdots, n$$

$$\boldsymbol{\omega}^{\mathrm{T}} \boldsymbol{x}_0 = 1$$

$$\boldsymbol{\omega} \geqslant 0, \quad \boldsymbol{\mu} \geqslant 0$$

因此，分式规划可以表示为：

$$V_{\mathrm{P}} = \max \boldsymbol{\mu}^{\mathrm{T}} \boldsymbol{y}_0$$

$$(\mathrm{P})\ \text{s.t.} \begin{cases} \boldsymbol{\omega}^{\mathrm{T}} \boldsymbol{x}_j - \boldsymbol{\mu}^{\mathrm{T}} \boldsymbol{y}_j \geqslant 0, & j = 1, 2, \cdots, n \\ \boldsymbol{\omega}^{\mathrm{T}} \boldsymbol{x}_0 = 1 \\ \boldsymbol{\omega} \geqslant 0, \boldsymbol{\mu} \geqslant 0 \end{cases}$$

可以证明，上式就是由分式规划转化成的线性规划，两者是等价的，而且最优值相等.

线性规划 P 的对偶规划为

$$V_{\mathrm{D}} = \min \theta$$

$$(\mathrm{D})\ \text{s.t.} \begin{cases} \sum\limits_{j=1}^{n} \boldsymbol{x}_j \lambda_j + \boldsymbol{s}^- = \theta \boldsymbol{x}_0 \\ \sum\limits_{j=1}^{n} \boldsymbol{y}_j \lambda_j - \boldsymbol{s}^+ = \boldsymbol{y}_0 \\ \lambda_j \geqslant 0, \quad j = 1, 2, \cdots, n \\ \boldsymbol{s}^+ \geqslant 0, \quad \boldsymbol{s}^- \geqslant 0 \end{cases}$$

其中 $\boldsymbol{s}^+, \boldsymbol{s}^-$ 分别为正、负偏差变量. 不难证明线性规划(P) 和线性规划(D) 都存在最优解，并且最优值 $V_{\mathrm{D}} = V_{\mathrm{P}} \leqslant 1$.

定义 11－1　若线性规划(P) 的最优解 $\boldsymbol{\omega}_0, \boldsymbol{\mu}_0$ 满足

$$V_{\mathrm{P}} = \boldsymbol{\mu}_0^{\mathrm{T}} \boldsymbol{y}_0 = 1$$

则称决策单元 j_0 为弱 DEA 有效.

定义 11－2　如果线性规划(P) 的最优解中存在 $\boldsymbol{\omega}_0 > 0, \boldsymbol{\mu}_0 > 0$ 满足

$$V_{\mathrm{P}} = \boldsymbol{\mu}_0^{\mathrm{T}} \boldsymbol{y}_0 = 1$$

则称决策单元 j_0 为 DEA 有效.

根据线性规划的对偶理论和“松紧定理”，我们也可以由对偶规划(D) 去判断决策单元的

弱 DEA 有效性和有效性.

定理 11-1　对于对偶线性规划(D)有

(1) 若(D)的最优值 $V_D=1$,则决策单元 j_0 为弱 DEA 有效,反之亦然.

(2) 若(D)的最优值 $V_D=1$,并且它的每个最优解 $\boldsymbol{\lambda}^0=[\lambda_1^0\quad\lambda_2^0\quad\cdots\quad\lambda_n^0]^{\mathrm{T}},\boldsymbol{s}^{0+},\boldsymbol{s}^{0-}$ 都有 $\boldsymbol{s}^{0+}=0,\boldsymbol{s}^{0-}=0$,则决策单元 j_0 为 DEA 有效,反之亦然.

2. DEA 有效性的判定方法

无论利用线性规划(P)还是它的对偶规划(D)来判断 DEA 有效性都不是很容易得到的.以下通过引入 A. Charnes 和 W. W. Cooper 提出的阿基米德无穷小概念来构造判断 DEA 有效性的数学模型.

令 ε 是非阿基米德无穷小量,它是一个小于任何正数且大于零的数.那么带有非阿基米德无穷小的 $\mathrm{C^2R}$ 相应的线性规划模型为

$$\max V_P=\boldsymbol{\mu}^{\mathrm{T}}\boldsymbol{y}_0(\varepsilon)$$

$$(\mathrm{P}_\varepsilon)\ \mathrm{s.\,t}\begin{cases}\boldsymbol{\omega}^{\mathrm{T}}\boldsymbol{x}_j-\boldsymbol{\mu}^{\mathrm{T}}\boldsymbol{y}_j\geqslant 0, & j=1,2\cdots,n\\ \boldsymbol{\omega}^{\mathrm{T}}\boldsymbol{x}_0=1\\ \boldsymbol{\omega}^{\mathrm{T}}\geqslant\varepsilon\hat{\boldsymbol{e}}^{\mathrm{T}}\\ \boldsymbol{\mu}^{\mathrm{T}}\geqslant\varepsilon\boldsymbol{e}^{\mathrm{T}}\end{cases}$$

它的对偶问题为

$$V_D(\varepsilon)=\min\ [\theta-\varepsilon(\hat{\boldsymbol{e}}^{\mathrm{T}}\boldsymbol{s}^-+\boldsymbol{e}^{\mathrm{T}}\boldsymbol{s}^+)]$$

$$(\mathrm{D}_\varepsilon)\ \mathrm{s.\,t}\begin{cases}\sum\limits_{j=1}^{n}x_j\lambda_j+\boldsymbol{s}^-=\theta\boldsymbol{x}_0\\ \sum\limits_{j=1}^{n}y_j\lambda_j-\boldsymbol{s}^+=\boldsymbol{y}_0\\ \lambda_j\geqslant 0, & j=1,2\cdots,n\\ \boldsymbol{s}^+\geqslant 0, & \boldsymbol{s}^-\geqslant 0\end{cases}$$

其中

$$\hat{\boldsymbol{e}}^{\mathrm{T}}=[1\quad 1\quad\cdots\quad 1]\in\mathbf{R}^m$$

$$\boldsymbol{e}^{\mathrm{T}}=[1\quad 1\quad\cdots\quad 1]\in\mathbf{R}^s$$

为了更有效地用单纯形法求解线性规划或者它的对偶规划,求解线性规划的复杂程度主要取决于它的约束条件的数量,而不是变量的数量.求解线性规划的对偶问题更为实用和易求,对带有非阿基米德无穷小量的模型 P_ε 和 D_ε 也这样考虑.现在给出与上式等同的分量形式

$$\min\left[\theta-\varepsilon\left(\sum_{i=1}^{m}s_i^-+\sum_{r=1}^{s}s_r^+\right)\right]$$

$$(\mathrm{D}_\varepsilon)\ \mathrm{s.\,t.}\begin{cases}\sum\limits_{j=1}^{n}x_{ij}\lambda_j+s_i^-=\theta x_{i0}, & i=1,2,\cdots,m\\ \sum\limits_{j=1}^{n}y_{rj}\lambda_j-s_r^+=y_{r0}, & r=1,2,\cdots,s\\ \lambda_j\geqslant 0, & j=1,2\cdots,n\\ s_i^-\geqslant 0, & s_r^+\geqslant 0\end{cases}$$

定理 11-2　设 ε 为阿基米德无穷小，并且线性规划(D_ε)的最优解为 $\lambda^0, s^{0+}, s^{0-}, \theta^0$，则有

1) 若 $\theta^0=1$，则决策单元 j_0 为弱 DEA 有效；

2) 若 $\theta^0=1$，并且 $s^{0-}=0, s^{0+}=0$，则决策单元 j_0 为 DEA 有效.

(1) **生产可能集**　设某个 DMU 在一项经济(生产)活动中的输入和产出的向量分别为 $\boldsymbol{x}=[x_1 \quad x_2 \quad \cdots \quad x_n]^{\mathrm{T}}$ 和 $\boldsymbol{y}=[y_1 \quad y_2 \quad \cdots \quad y_n]^{\mathrm{T}}$，一般用$(\boldsymbol{x},\boldsymbol{y})$来表示该决策单元的整个生产活动.

称集合 $\boldsymbol{T}=\{[\boldsymbol{x} \quad \boldsymbol{y}] \mid$ 产出 $\boldsymbol{y}$ 能用输入 $\boldsymbol{x}$ 生产出来$\}$为所有可能的生产活动构成的生产可能集.

生产可能集 $\boldsymbol{T}$ 的构成应该满足以下 4 条公理.

1) **凸性**　对任意的$[\boldsymbol{x} \quad \boldsymbol{y}] \in \boldsymbol{T}$ 和$[\boldsymbol{x}' \quad \boldsymbol{y}'] \in \boldsymbol{T}$，对任意的 $\lambda \in [0,1]$ 均有

$$\lambda[\boldsymbol{x} \quad \boldsymbol{y}]+(1-\lambda)[\boldsymbol{x}' \quad \boldsymbol{y}']=[\lambda\boldsymbol{x}+(1-\lambda)\boldsymbol{x}' \quad \lambda\boldsymbol{y}+(1-\lambda)\boldsymbol{y}'] \in \boldsymbol{T}$$

上式表明，如果分别以 $\boldsymbol{x}$ 和 $\boldsymbol{x}'$ 的 λ 倍和$(1-\lambda)$倍之和作为新的输入，则可以产生相同比例之和的输出. 凸性说明 $\boldsymbol{T}$ 为一个凸集.

2) **锥性**　对任意$[\boldsymbol{x} \quad \boldsymbol{y}] \in \boldsymbol{T}$ 和 $k \geqslant 0$，均有 $k[\boldsymbol{x} \quad \boldsymbol{y}]=[k\boldsymbol{x} \quad k\boldsymbol{y}] \in \boldsymbol{T}$.

上式说明如果以输入量 x 的 k 倍进行投入，那么输出量以原来输出量的 k 倍产出也是可能的.

3) **无效性**　对任意$[\boldsymbol{x} \quad \boldsymbol{y}] \in \boldsymbol{T}$，并且 $\boldsymbol{x}' \geqslant \boldsymbol{x}$，均有$[\boldsymbol{x}' \quad \boldsymbol{y}] \in \boldsymbol{T}$；或者对任意$[\boldsymbol{x} \quad \boldsymbol{y}] \in \boldsymbol{T}$，并且 $\boldsymbol{y}' \leqslant \boldsymbol{y}$，均有$[\boldsymbol{x} \quad \boldsymbol{y}'] \in \boldsymbol{T}$. 这说明，在原来生产活动的基础上，增加输入量或减少输出量都是可能的.

4) **最小性**　生产可能集 $\boldsymbol{T}$ 是能够满足以上条件的所有集合的交集.

可以看出，能够满足上述条件的集合 T 是唯一确定的，即

$$\boldsymbol{T}=\left\{[\boldsymbol{x} \quad \boldsymbol{y}] \,\Big|\, \sum_{j=1}^{n}\boldsymbol{x}_j\lambda_j \leqslant \boldsymbol{x}, \sum_{j=1}^{n}\boldsymbol{y}_j\lambda_j \geqslant \boldsymbol{y}, \lambda_j \geqslant 0, j=1,2,\cdots,n\right\}$$

(2) **生产函数**　生产函数是生产过程中，反映生产要素投入量的组合与实际产出量之间依存关系的数学表达式. 目前常用的生产函数形式很多，但在实际工作中建立生产函数的数学模型，一般是凭经验先确定函数的某种形式，然后用统计方法进行参数估计和检验. 应用 DEA 方法不需要提前预设生产函数的形式，可根据一组关于输入 / 输出的观察值，以此来估计有效生产前沿面. 为了简单起见，我们只考虑单输入和单输入的情况.

例 11-3　表 11-14 给出了 4 个决策单元的输入数据和输出数据.

表　11-14

决策单元	1	2	3	4
输入数据	1	2	3	4
输出数据	3	1	4	2

决策单元对应的数据$[x_j \quad y_j]$在图中用黑点标出，上述 4 个决策单元确定的生产可能集 $\boldsymbol{T}$ 为图 11-4 的斜线部分：

仍以单输入和单输出的情况来说明 DEA 有效性的经济含义. 一般地，生产函数 $y=y(x)$ 表示生产处于最好的理想状态时，当投入量为 x 时，所能获得的最大输出. 因此，生产函数图像上的点（x 表示输入，y 表示输出）所对应的决策单元，从生产函数的角度来看，是处于技术有效的状态.

生产函数 $y=y(x)$ 的图像见图 11-5. 由于生产函数的边际 $y'=y'(x)>0$，生产函数为增函数. 当 $x\in(0,x_1)$ 时，$y''=y''(x)>0$（即 $y=y(x)$ 为凸函数），表示当投入值小于 x_1 时，边际函数 $y'=y'(x)$ 为增函数，厂商有投资的积极性，此时称为规模收益递增. 当 $x\in(x_1,+\infty)$ 时，$y''=y''(x)<0$（即 $y=y(x)$ 为凹函数），表示当投入 x_1 再增加时，边际函数 $y'=y'(x)$ 为减函数，厂商已经没有继续增加投资的积极性，此时称为规模收益递减.

由图 11-5 可以看出，生产函数图像上的 A 点对应的决策单元 $[x_1 \quad y_1]$，从生产理论的角度看，除了是技术有效外，还是规模有效的，因为少于投入量 x_1 以及大于投入量 x_1 的生产规模都不是最好的. B 对应的决策单元 $[x_2 \quad y_2]$ 是技术有效的，因为它位于生产曲线上，但它却不是规模有效的. 点 C 所对应的决策单元既不是规模有效也不是技术有效，因为它不位于生产曲线上，而且投入规模 x_3 过大.

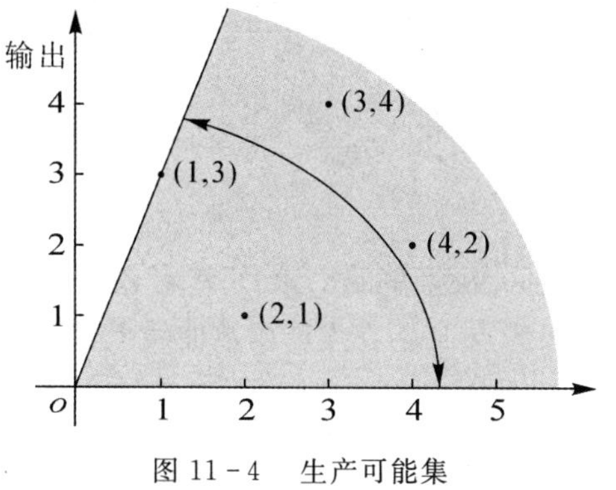

图 11-4　生产可能集

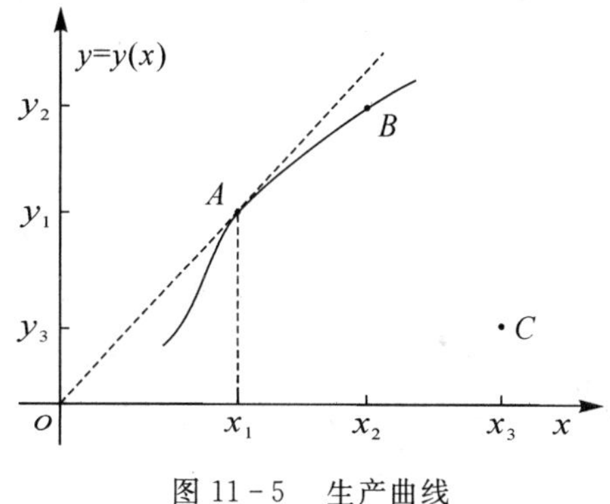

图 11-5　生产曲线

现在来研究 C^2R 模型下 DEA 有效性的经济含义.

检验决策单元 j_0 的 DEA 有效性，即考虑线性规划问题：

$$V_{P_{j_0}}=\min\theta$$

$$(P_{j_0})\text{s. t.}\begin{cases}\sum_{j=1}^{n}x_j\lambda_j\leqslant\theta x_0\\ \sum_{j=1}^{n}y_j\lambda_j\geqslant y_0\\ \lambda_j\geqslant 0,\quad j=1,2,\cdots,n\end{cases}$$

由于 $(x_0,y_0)\in\boldsymbol{T}$，即 (x_0,y_0) 满足：

$$\sum_{j=1}^{n}x_j\lambda_j\leqslant x_0$$

$$\sum_{j=1}^{n}y_j\lambda_j\geqslant y_0$$

其中 $\lambda_j \geqslant 0 \quad j=1,2,\cdots,n.$

可以看出，线性规划(P_{j_0})是表示在生产可能集 $\boldsymbol{T}$ 内，当产出 y_0 保持不变时，尽量将投入量 x_0 按照同一比例 θ 减少. 如果投入量 θ 不能按同一比例 θ 减少，即线性规划(P_{j_0})的最优值 $V_{P_{j_0}}=\theta^0=1$. 在单输入与单输出的情况下，决策单元 j_0 不为技术有效或规模有效.

例 11-4 表 11-15 给出了三个决策单元的输入数据和输出数据. 相应的决策单元对应的点 A,B,C 在图 11-6 中已经标出. 其中点 A 和点 C 在生产曲线上，点 B 则在生产曲线的下方. 由三个决策单元所确定的生产可能集 $\boldsymbol{T}$ 已在图 11-6 标出.

表 11-15

决策单元	1	2	3
输入数据	2	4	5
输出数据	2	1	3.5

可见决策单元 1(对应于图中点 A) 是技术有效和规模有效的.

从 DEA 有效角度来看，决策单元 1 对应的带有非阿基米德无穷小的 C^2R 模型为

$$\min \theta$$

$$(P_1)\ \text{s.t.}\begin{cases}2\lambda_1+4\lambda_2+5\lambda_3 \leqslant 2\theta \\ 2\lambda_1+\lambda_2+3.5\lambda_3 \geqslant 2 \\ \lambda_1,\lambda_2,\lambda_3 \geqslant 0\end{cases}$$

线性规划(P_1)的最优解为 $\boldsymbol{\lambda}^0=[1\quad 0\quad 0]^T$，$\theta^0=0$. 决策单元 1 为 DEA 有效.

决策单元 2(对应于图中 B 点)，不是技术有效，因为点 B 不在生产函数曲线上，同时也不是规模有效，因为它的投资规模太大.

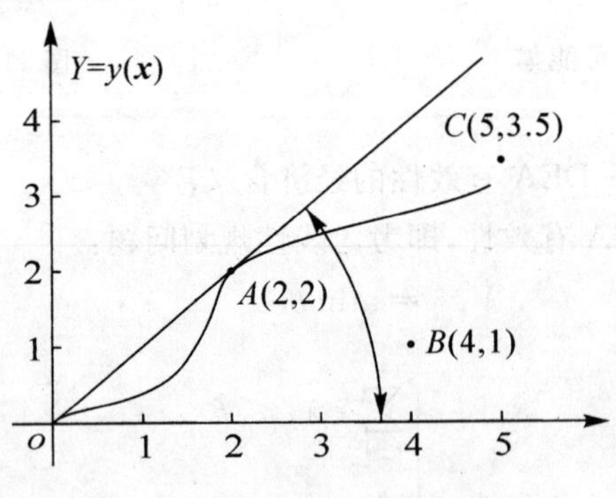

图 11-6 生产可能集

相应的线性规划问题(P_2)为

$$V_{P_2}=\min \theta$$

$$(P_2)\ \text{s.t.}\begin{cases}2\lambda_1+4\lambda_2+5\lambda_3 \leqslant 4\theta \\ 2\lambda_1+\lambda_2+3.5\lambda_3 \geqslant 1 \\ \lambda_1,\lambda_2,\lambda_3 \geqslant 0\end{cases}$$

它的最优解为 $\boldsymbol{\lambda}^0 = [1/2 \quad 0 \quad 0]^T$，$\theta^0 = 1/4$. 由于最优值 $P_2 = \theta^0 < 1$，因而决策单元 2 不为 DEA 有效.

最后分析决策单元 3. 其对应的点 C 在生产函数曲线上，因此为技术有效的，但是由于它的投入规模过大，因而不是规模有效的. 它对应的线性规划问题(P_3) 为

$$V_{P_3} = \min \theta$$

$$(P_3)\text{s.t.}\begin{cases} 2\lambda_1 + 4\lambda_2 + 5\lambda_3 \leqslant 5\theta \\ 2\lambda_1 + \lambda_2 + 3.5\lambda_3 \geqslant 3.5 \\ \lambda_1, \lambda_2, \lambda_3 \geqslant 0 \end{cases}$$

它的最优解为 $\boldsymbol{\lambda}^0 = [7/4 \quad 0 \quad 0]^T$，$\theta^0 = 7/10$.

由于最优值 $V_{P_3} = \theta^0 < 1$，因而决策单元 3 不为 DEA 有效.

11.6　WinQSB 软件应用

决策是人们在政治、经济、技术以及日常生活中普遍遇到的一种选择方案的行为. 其困难是如何从多种方案中作出正确的选择，以便获得好的结果或达到预期的目标. 研究决策的问题包括：决策的基本原理、决策的方法(定量与定性的方法)、决策的程序、信息、风险、思维方式、组织、实施及决策中的人因素等. 近年来，决策科学的研究发展很快，在单人单目标决策、单人多目标决策方面，特别是群决策方面(群决策或群体决策是指参与决策的人数多于一人的决策行为)，引起研究者的广泛关注.

WinQSB 软件用于决策分析的子程序是 Decision Analysis(DA). 主要功能包括贝叶斯分析、效益表分析、二人零和对策、决策树等问题的求解，见图 11－7. 马尔可夫决策需另外调用子程序 Markov Process(MKP).

例 11－5　效益表分析某工厂为改变其产品结构，决定在现有生产条件不变的情况下，生产一种新产品，现可供开发生产的产品有Ⅰ，Ⅱ，Ⅲ，Ⅳ 4 种不同产品，对应的方案为 A_1，A_2，A_3，A_4. 由于缺乏相关资料背景，对产品的市场需求只能估计为大、中、小 3 种状态，而且对于每种状态出现的概率也无法预测. 每种方案在各种自然状态下的效益值表见表 11－16.

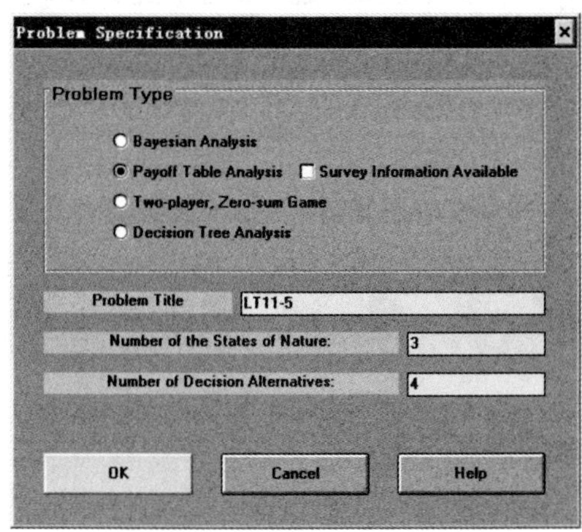

图　11－7

表 11-16　效益值表　　　　单位:万元

效益 a_{ij} 自然状态 供选方案 A_i	需求量大 S_1	需求量中 S_2	需求量小 S_3
A_1:生产产品 Ⅰ	900	420	−300
A_2:生产产品 Ⅱ	500	250	−200
A_3:生产产品 Ⅲ	300	150	50
A_4:生产产品 Ⅳ	600	400	200

解　效益表分析是已知策略各状态的效益和概率,分析不同决策准则下的决策结果.

(1) 建立新问题后,系统显示对话框见图 11-7,选择 Payoff Table Analysis,输入标题、自然状态数 3 和供选方案数 4,将表 11-16 的数据输入到表 11-17 中,第一行是输入先验概率,本例无先验概率.

表　11-17

Decision \ State	State1	State2	State3
Prior Probability			
Alternative1	900	420	-300
Alternative2	500	250	-200
Alternative3	300	150	50
Alternative4	600	400	200

(2) 点击 Solve the Problem,系统显示界面见图 11-8,提示将用到的各种决策准则得到相应的决策结果,输入乐观系数 0.5.

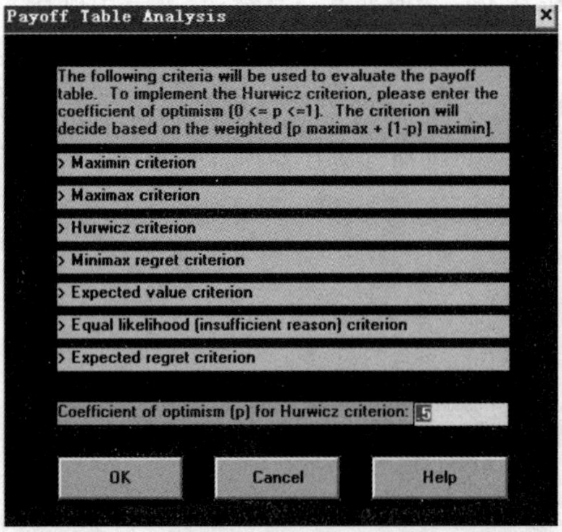

Payoff Table Analysis

The following criteria will be used to evaluate the payoff table. To implement the Hurwicz criterion, please enter the coefficient of optimism (0 <= p <=1). The criterion will decide based on the weighted [p maximax + (1-p) maximin].

> Maximin criterion

> Maximax criterion

> Hurwicz criterion

> Minimax regret criterion

> Expected value criterion

> Equal likelihood (insufficient reason) criterion

> Expected regret criterion

Coefficient of optimism (p) for Hurwicz criterion: .5

OK　Cancel　Help

图　11-8

求解结果见表 11-18. 点击 Results→Show Payoff Table Decision,显示各决策准则的详

细分析结果，见表 11－19.

表　11－18

07-08-2014 Criterion	Best Decision	Decision Value	
Maximin	Alternative4	$200	
Maximax	Alternative1	$900	
Hurwicz (p=0.5)	Alternative4	$400	
Minimax Regret	Alternative4	$300	
Expected Value	Alternative4	$400	
Equal Likelihood	Alternative4	$400	
Expected Regret	Alternative4	¥107	
Expected Value	without any	Information =	$400
Expected Value	with Perfect	Information =	¥507
Expected Value	of Perfect	Information =	¥107

表　11－19

07-08-2014 Alternative	Maximin Value	Maximax Value	Hurwicz (p=0.5) Value	Minimax Regret Value	Equal Likelihood Value	Expected Value	Expected Regret
Alternative1	($300)	$900**	$300	$500	$340	$340	¥167
Alternative2	($200)	$500	$150	$400	¥183	¥183	¥323
Alternative3	$50	$300	$175	$600	¥167	¥167	$340
Alternative4	$200**	$600	$400**	$300**	$400**	$400**	¥107**

例 11－6　决策树　某公司由于市场需求增加决定扩大公司规模，供选方案有三种：第一种方案，新建一个大工厂，需投资 250 万元；第二种方案，新建一个小工厂，需投资 150 万元；第三种方案，新建一个小工厂，2 年后若产品销路好再考虑扩建，扩建需追加 120 万元，后 3 年收益与新建大工厂相同. 根据预测，该产品前 3 年畅销和滞销的概率分别为 0.6，0.4. 若前 2 年畅销，则后 3 年畅销后滞销概率为 0.8，0.2；若前 2 年滞销，则后 3 年一定滞销. 见表 11－20，请对方案做出选择.

表 11－20　效益值表　　单位：万元

自然状态	概率		供选方案与效益			
	前 2 年	后 3 年	大工厂	小工厂	先小后大	
					前 2 年	后 3 年
畅销	0.6	畅销 0.8，滞销 0.2	150	80	80	150
滞销	0.4	畅销 0，滞销 1	−50	20	20	−50

解　本例是一个多级决策问题，在 WinQSB 中将节点分为决策点 (Decision node) 和分枝节点 (Chance node) 两类，同时将事件的终点也看作分枝节点.

此例中共有节点数 23 个，其中决策点是节点 1 和节点 9，分枝节点有 21 个. 方案的效益值表见表 11－20.

(1) 建立新问题. 在图 11－7 中选择 Decision Tree Analysis，输入标题和节点总数 23.

(2) 输入数据. 输入表 11－20 中的数据，见表 11－21.

表 11－21 中第二列为节点类型,决策点输入字母“D”,分枝点(状态)输入字母“C”. 节点 1 和节点 9 输入“D”,其他节点输入“C”. 第三列输入紧后节点;第四列输入成本或效益. 其中节点 2,3,4,11 输入成本,节点 5～10 的效益为 2 年的效益,将表 11－20 的效益乘以 2 后再输入,节点 13～23 为 3 年的效益,乘以 3 后再输入.

表 11－21

Node/Event Number	Node Name or Description	Node Type (enter D or C)	Immediate Following Node (numbers separated by ',')	Node Payoff (+ profit, - cost)	Probability (if available)
1	Event1	D	2,3,4		
2	Event2	C	5,6	-250	
3	Event3	C	7,8	-150	
4	Event4	C	9,10	-150	
5	Event5	C	13,14	300	0.6
6	Event6	C	15	-100	0.4
7	Event7	C	16,17	160	0.6
8	Event8	C	18	40	0.4
9	Event9	D	11,12	160	0.6
10	Event10	C	23	40	0.4
11	Event11	C	19,20	-120	
12	Event12	C	21,22		
13	Event13	C		450	0.8
14	Event14	C		-150	0.2
15	Event15	C		-150	1
16	Event16	C		240	0.8
17	Event17	C		60	0.2
18	Event18	C		60	1
19	Event19	C		450	0.8
20	Event20	C		-150	0.2
21	Event21	C		240	0.8
22	Event22	C		60	0.2
23	Event23	C		60	1

(3) 求解问题. 点击 Solve and Analyze→Solve the Problem,显示如表 11－22 所示的计算结果. 点击 Results→Show Decision Tree Analysis,显示决策树见图 11－9.

表 11－22

06-28-2014	Node/Event	Type	Expected value	Decision
1	Event1	Decision node	$112	Event4
2	Event2	Chance node	$278	
3	Event3	Chance node	¥258.40	
4	Event4	Chance node	$262	
5	Event5	Chance node	$330	
6	Event6	Chance node	($150)	
7	Event7	Chance node	$204	
8	Event8	Chance node	$60	
9	Event9	Decision node	$210	Event11
10	Event10	Chance node	$60	
11	Event11	Chance node	$330	
12	Event12	Chance node	$204	
13	Event13	Chance node	0	
14	Event14	Chance node	0	
15	Event15	Chance node	0	
16	Event16	Chance node	0	
17	Event17	Chance node	0	
18	Event18	Chance node	0	
19	Event19	Chance node	0	
20	Event20	Chance node	0	
21	Event21	Chance node	0	
22	Event22	Chance node	0	
23	Event23	Chance node	0	
Overall	Expected	Value =	$112	

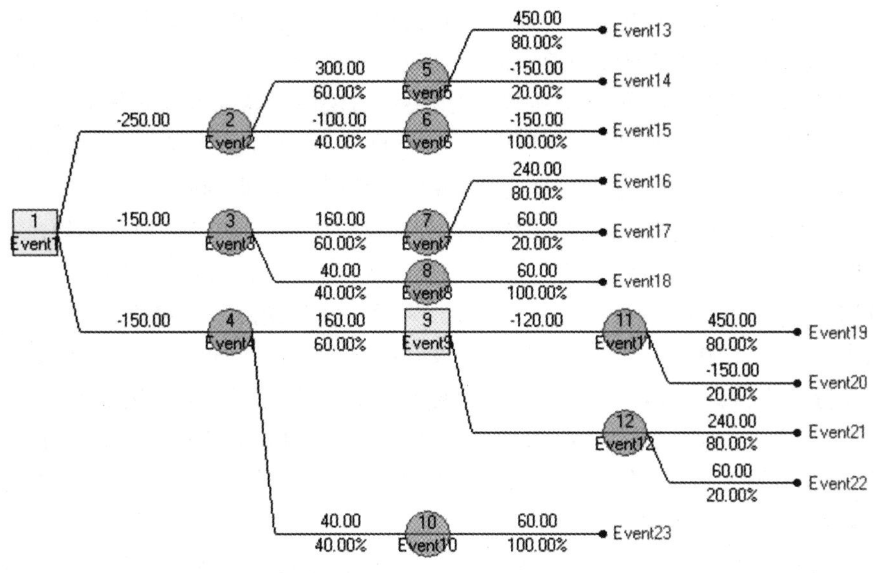

图　11-9

习　题　11

11-1　某地方书店希望订购最新出版的图书.根据以往经验,新书的销售量可能为 50 本、100 本、150 本或 200 本.假定每本新书的订购价为 4 元,销售价为 6 元,剩书的处理价为每本 2 元.要求:

(1) 建立损益矩阵;

(2) 分别用悲观法、乐观法及等可能法决策该书店应订购的新书数字.

(3) 建立后悔矩阵,并用后悔值法决定书店应订购的新书数.

11-2　某非确定型决策问题的决策矩阵,见表 T11-1.

表　T11-1

	E_1	E_2	E_3	E_4
S_1	4	16	8	1
S_2	4	5	12	14
S_3	15	19	14	13
S_4	2	17	8	17

(1) 若乐观系数 $\alpha=0.4$,矩阵中的数字是利润,请用非确定型决策的各种决策准则分别确定出相应的最优方案.

(2) 若表 T11-1 中的数字为成本,问对应于上述决策准则所选择的方案有何变化?

11-3　有一种游戏分两阶段进行.第一阶段,参加者需先付 10 元,然后从含 45%白球和 55%红球的罐中任摸一球,并决定是否继续第二阶段.如继续需再付 10 元,根据第一阶段摸到的球的颜色的相同颜色罐子中再摸一球. 已知白色罐子中含 70%蓝球和 30%绿球，红色罐子中含 10%的蓝球和 90%的绿球. 当第二阶段摸到为蓝色球时，参加者可得 50 元，如摸到的是绿球，或不参加第二阶段游戏的均无所得. 试用决策树法确定参加者的最优策略.

11－4 某投资商有一笔投资，如投资于 A 项目，一年后能肯定得到一笔收益 C；如投资于B项目，一年后或以概率 P 得到的收益 C_1，或以概率 $(1-P)$ 得到收益 C_2，已知 $C_1<C<C_2$. 试依据 EMV 原则讨论 P 为何值时，投资商将分别投资于 A，B 或两者收益相等.

11－5 A 和 B 两家厂商生产同一种日用品. B 估计 A 厂商对该日用品定价为 6，8，10 元的概率分别为 0.25，0.50 和 0.25. 若 A 的定价为 P_1，则 B 预测自己定价为 P_2 时它下一月度的销售额为 $1\,000+250(P_2-P_1)$ 元. B 生产该日用品的每件成本为 4 元，试帮助其决策当将每件日用品分别定价为 6，7，8，9 元时的各自期望收益值，按 EMV 准则选哪种定价为最优.

11－6 某人有 1 000 元要投资，在今后三年，每一年的开头将有机会把该金额投入 A，B 两项中的任何一项. 投资 A，在一年末有 0.4 的概率会丧失全部资金，有 0.6 的概率能回收 2 000元（赢利 1 000 元）. 而投资 B 在年末有 0.9 的概率正好回收原来的 1 000 元（不亏不盈），有 0.1 的概率能回收 2 000 元. 每年只允许做一项投资，且每次只能投入 1 000 元（任何多余的积累资金都闲置不用）. 试用决策树法求使三年后至少有 2 000 元的概率为最大的投资方案，并求出在此投资方案下三年后至少有 2 000 元的概率.

第12章 对 策 论

对策论(Game Theory,GT)亦称竞赛论或博弈论,是研究具有斗争或竞争性现象的数学理论和方法.一般认为,它既是现代数学的一个新分支,也是运筹学中的一个重要学科.具有竞争或对抗性质的行为称为对策行为.在对策行为中,竞争或对抗的各方各自具有不同的目标和利益,为达到自己的目标和利益,各方必须考虑对方可能采取的各种行动方案并力图选取对自己最有利或最为合理的方案.对策论就是研究对策行为中竞争各方是否存在着最合理的行动方案,以及如何寻找这个合理的行动方案的数学理论和方法.

12.1 对策论的一般概念

12.1.1 对策论的三个基本要素

对策现象形形色色,千差万别,但本质上都必须包括以下三个基本要素.

1.局中人

在一场竞争或斗争中(或一局对策)都有这样的参加者,他们为了在一局对策中力争好的结局,必须制定对付对手们的行动方案,把这样有决策权的参加者称为局中人.

一般要求一个对策中至少要有两个局中人,如在“齐王赛马”的例子中,局中人是齐王和田忌,但孙膑却不是.

对策中关于局中人的概念具有广义性,局中人除了可理解为个人外,还可理解为某一集体,如企业等.当研究在不确定的条件下进行某项与条件有关的生产决策时,也可把大自然当作局中人,同时,为研究问题更清楚起见,把那些利益完全一致的参加者看作一个局中人,例如桥牌游戏中,东西双方利益一致,南北两面得失相当,所以虽有四个人参加,只能算有两个局中人.

2.策略

一局对策中,每个局中人都有供他选择的实际可行的完整的行动方案,此方案是一个可行的自始至终通盘筹划的行动方案,称为局中人的一个策略,而把局中人的策略全体,称为局中人的策略集合.一般,每一局中人的策略集合中至少应有两个策略,在“齐王赛马”的例子中,如果用(上中下)表示上马、中马、下马依次参赛这样一个次序,这就是一个完整的行动方案,即为一个策略.可见,局中人齐王和田忌都有六个策略:(上中下)(上下中)(中上下)(中下上)(下上中)(下中上),这六个策略全体就称为局中人的策略集合.

3.赢得函数(支付函数)

一局对策中,把从每个局中人的策略集中各取一个策略所组成的策略组称作“局势”.当局势出现后,对策的结果也就确定了,每个局中人都有所得或所失,显然局中人的得失是局势的函数,把这个函数称作赢得函数. 例如,齐王赛马中,齐王取策略(上中下),田忌取策略(下上中),便得到一个局势,齐王赢得值为−1,而田忌赢得值为 1.

以上讨论了局中人、策略和赢得函数这三个概念,一般这三个基本要素确定后,一个对策模型也就给定了.

例 12-1 A,B 两人各有一角、5 分和 1 分的硬币各一枚,在双方互不知道情况下各出一枚硬币,并规定当和为奇数时,A 赢得 B 所出硬币;当和为偶数时,B 赢得 A 所出硬币,试根据此列出对策模型.

解 根据题可知此对策的局中人为 A,B 两人,每个局中人的策略集为{1 角(10 分),5 分,1 分},那么局中人 A 的赢得函数见表 12-1.

表 12-1

A \ B	10 分	5 分	1 分
10 分	−10	5	1
5 分	10	−5	−5
1 分	10	−1	−1

局中人 B 的赢得函数见表 12-2.

表 12-2

A \ B	10 分	5 分	1 分
10 分	10	−5	−1
5 分	−10	5	5
1 分	−10	1	1

12.1.2 对策的分类

对策的种类很多,可以依据不同的原则进行分类,如根据局中人的数目可分为二人对策(two-person game)和多人对策(n-person game);根据局中人策略集中的策略的有限或无限可分为有限对策(finite game)和无限对策(infinite game);根据局中人赢得函数值的代数和是否为零可分为零和对策(zero-sum game)和非零和对策(non-zero game);根据策略与时间的关系分为静态对策和动态对策等. 这样例 12-1 就属于静态二人有限零和对策. 而主要的对策模型分类可由图 12-1 表示.

在众多对策模型中,占有重要地位的是二人有限零和对策,这类对策又称为矩阵对策. 到目前为止,它是在理论研究和求解方法方面都比较完善的一类对策,又是研究其他类型对策模型的基础. 因此,本章主要介绍矩阵对策的基本理论与方法.

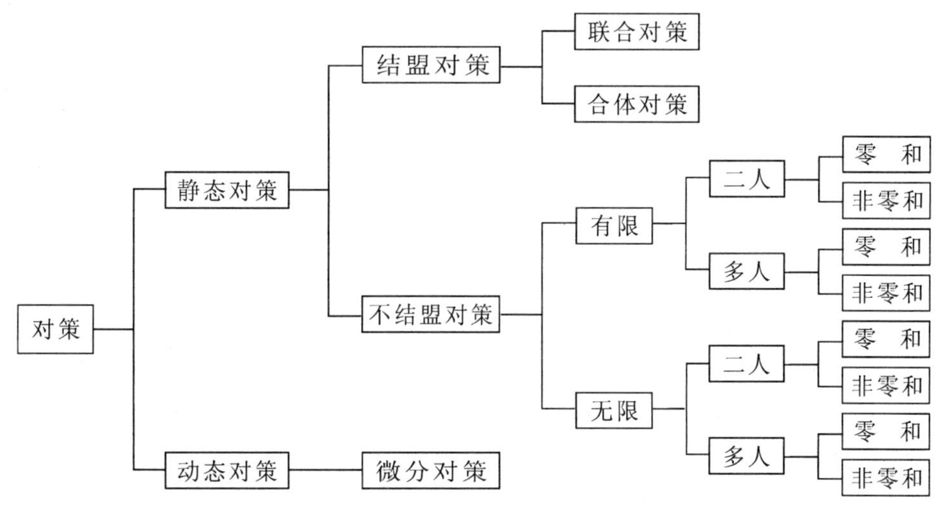

图 12-1　对策论的分类

12.2　矩阵对策的基本定理

矩阵对策就是有限二人零和对策，它有两个局中人，每个局中人都只有有限个策略，并且对每一局势，两个局中人的赢得之和总是等于零. 矩阵对策虽然是对策模型中最简单的一种，但它包含了对策论的基本思想，在理论上比较成熟，是整个对策论的基础.

12.2.1　最优纯策略和鞍点

设两个局中人为 Ⅰ 和 Ⅱ，局中人 Ⅰ 的策略集为 $\boldsymbol{S}_1=[\alpha_1 \quad \alpha_2 \quad \cdots \quad \alpha_m]$，局中人 Ⅱ 的策略集为 $\boldsymbol{S}_2=[\beta_1 \quad \beta_2 \quad \cdots \quad \beta_n]$，对于局势 $[\alpha_i \quad \beta_j]$，局中人 Ⅱ 支付给局中人 Ⅰ 是 a_{ij}，即 Ⅰ 的赢得值为 a_{ij}，Ⅱ 的赢得值为 $-a_{ij}$，并称矩阵

$$\boldsymbol{A}=(a_{ij})_{m\times n}=\begin{bmatrix} a_{11} & \cdots & a_{1n} \\ a_{21} & \cdots & a_{2n} \\ \vdots & & \vdots \\ a_{m1} & \cdots & a_{mn} \end{bmatrix}$$

为局中人 Ⅰ 的赢得矩阵(或为局中人 Ⅱ 的支付矩阵 (payoff matrix). 由于假定对策为零和，故局中人 Ⅱ 的赢得矩阵为 $-\boldsymbol{A}$.

一般地，当局中人 Ⅰ，Ⅱ 和策略集 $\boldsymbol{S}_1$，$\boldsymbol{S}_2$ 及局中人 Ⅰ 的赢得矩阵 $\boldsymbol{A}$ 给定后，一个矩阵对策就确定了，因此通常把矩阵对策记成 $\boldsymbol{G}=[\boldsymbol{S}_1 \quad \boldsymbol{S}_2 \quad \boldsymbol{A}]$. 为了和后面的混合策略区分开，称策略 α_i, β_j 为纯策略 (pure strategy)，局势 $[\alpha_i \quad \beta_j]$ 为纯局势.

齐王赛马是一个矩阵对策，不难得到齐王的赢得矩阵为

$$A=\begin{array}{c} \\ \alpha_1 \\ \alpha_2 \\ \alpha_3 \\ \alpha_4 \\ \alpha_5 \\ \alpha_6 \end{array}\begin{array}{c} \begin{array}{cccccc} \beta_1 & \beta_2 & \beta_3 & \beta_4 & \beta_5 & \beta_6 \end{array} \\ \begin{bmatrix} 3 & 1 & 1 & 1 & -1 & 1 \\ 1 & 3 & 1 & 1 & -1 & 1 \\ 1 & -1 & 3 & 1 & 1 & 1 \\ -1 & 1 & 1 & 3 & 1 & 1 \\ 1 & 1 & -1 & 1 & 3 & 1 \\ 1 & 1 & 1 & -1 & 1 & 3 \end{bmatrix} \end{array}$$

α_1——(上 中 下)；α_2——(上 下 中)；α_3——(中 上 下)；α_4——(中 下 上)；α_5——(下 中 上)；α_6——(下 上 中)

β_1——(上 中 下)；β_2——(上 下 中)；β_3——(中 上 下)；β_4——(中 下 上)；β_5——(下 中 上)；β_6——(下 上 中)

矩阵对策给定后，每个局中人面临的问题：如何选取对自己最有利的纯策略以取得最大赢得. 下面通过一个具体例子来分析局中人应采取的策略.

例 12-2 设矩阵对策 $G=[S_1 \quad S_2 \quad A]$，其中 $S_1=[\alpha_1 \quad \alpha_2 \quad \alpha_3 \quad \alpha_4]$，$S_2=[\beta_1 \quad \beta_2 \quad \beta_3]$.

$$A=\begin{bmatrix} -4 & 2 & -6 \\ 4 & 3 & 5 \\ 8 & -1 & -10 \\ -3 & 0 & 6 \end{bmatrix}$$

解 由于假设两个局中人都是理智的，因而每个局中人都必须考虑到对方会设法使自己的赢得最少，谁都不能存在侥幸心理."理智行为"就是从最坏处着想，去争取尽可能好的结果.

当局中人甲选取策略 α_1 时，他的最小赢得是 -6，这是选取此策略的最坏结果. 一般地，局中人甲选取策略 α_i 时，他的最小赢得是 $\min\limits_j\{a_{ij}\}(i=1,2,\cdots,m)$. 对本例而言，甲选取策略 α_1，α_2，α_3，α_4 时，其最小赢得分别是 $-6,3,-10,-3$. 在最坏的情况下，最好的结果是 3；因此，局中人甲应选取策略 α_2. 这样，不管局中人乙选取什么策略，局中人甲的赢得均不小于 3.

同理，对于局中人乙来说，选取策略 β_j 时的最坏结果是赢得矩阵 A 中第 j 列各元素的最大者，即 $\max\limits_i\{a_{ij}\}(j=1,2,\cdots,n)$. 对本例而言，乙选取策略 β_1，β_2，β_3 时，其最大损失分别是 8，3，6. 在最坏的情况下，最好的结果是损失 3；因此，局中人乙应选取策略 β_2. 这样，不管局中人甲选取什么策略，局中人乙的损失均不超过 3.

对本例而言，赢得矩阵 A 的各行最小元素的最大值与各列最大元素的最小值相等，即：

$$\max_i\{-6,3,-10,-3\}=\min_j\{8,3,6\}=3$$

所以该矩阵对策的解(最佳局势)为 $[\alpha_2 \quad \beta_2]$，结果是甲赢得 3、乙损失 3.

对于一般的矩阵对策，有如下定义：

定义 12-1 设矩阵对策 $G=[S_1 \quad S_2 \quad A]$，其中

$$S_1=[\alpha_1 \quad \alpha_2 \quad \cdots \quad \alpha_m], \quad S_2=[\beta_1 \quad \beta_2 \quad \cdots \quad \beta_n]$$

$$A=(a_{ij})_{m\times n}$$

如果存在纯局势 $[\alpha_{i^*} \quad \beta_{j^*}]$，使得

$$a_{ij^*} \leqslant a_{i^*j^*} \leqslant a_{i^*j} \quad i=1,2,\cdots,m; \quad j=1,2,\cdots,n \tag{12-1}$$

则称$[\alpha_{i^*}\quad \beta_{j^*}]$是对策 **G** 的纯策略解或最优局势，$\alpha_{i^*}$，$\beta_{j^*}$ 分别是局中人 Ⅰ，Ⅱ 的最优纯策略(optimal pure strategy)，称 $a_{i^*j^*}$ 是对策 **G** 的值，记为 $\boldsymbol{V_G}$.

由定义 12－1 可知，在例 12－2 中，$[\alpha_2\quad \beta_2]$是对策的纯策略解，α_2 和 β_2 分别是 Ⅰ 和 Ⅱ 的最优纯策略，对策值 $V_G=a_{22}=3$. 从前面的分析可以看到，当矩阵对策存在纯对策解时，如果两个局中人都不存在侥幸心理的话，都会采用最优纯策略，因为最优纯策略是最保险和最稳妥的策略.

在给出矩阵对策有纯策略解的条件以前，我们先看一个引理和一个定义：

引理 12－1　任何矩阵对策 $G=[S_1\quad S_2\quad A]$，总有

$$\max_i \min_j a_{ij} \leqslant \min_j \max_i a_{ij} \tag{12-2}$$

证　对任意的 $i,j,i=1,2,\cdots,m;j=1,2,\cdots,n$，都有

$$\min_s a_{is} \leqslant a_{ij} \leqslant \max_t a_{tj}$$

由于右端与 i 无关，左端对 i 求最大值后，不等式仍然成立，得

$$\max_i \min_s a_{is} \leqslant \max_t a_{tj}$$

同理右端对 j 求最小值后，得

$$\max_i \min_s a_{is} \leqslant \min_j \max_t a_{tj}$$

又因为$\min_s a_{is}=\min_j a_{ij}$，$\max_t a_{tj}=\max_i a_{ij}$，所以式(12－2) 成立.

实际上对引理 12－1 可这样理解，对矩阵对策 $G=[S_1\quad S_2\quad A]$来说，局中人有把握的至少赢得是$\max_i \min_j a_{ij}$，局中人 Ⅱ 有把握的至多损失为$\min_j \max_i a_{ij}$，一般赢得值不会多于损失值，即总有$\max_i \min_j a_{ij} \leqslant \min_j \max_i a_{ij}$.

定义 12－2　设矩阵对策 $G=[S_1\quad S_2\quad A]$，如果

$$\max_i \min_j a_{ij} = \min_j \max_i a_{ij} = a_{i^*j^*} \tag{12-3}$$

则称$[\alpha_{i^*}\quad \beta_{j^*}]$是对策 **G** 的鞍点(saddle point).

定理 12－1 给出矩阵对策有纯策略的充分必要条件.

定理 12－1　矩阵对策 **G** 有纯策略解的充分必要条件是 **G** 有鞍点.

证　**必要性**　设$[\alpha_{i^*}\quad \beta_{j^*}]$是 **G** 的纯策略解，由定义 12－1，有

$$a_{ij^*} \leqslant a_{i^*j^*} \leqslant a_{i^*j},\quad i=1,2,\cdots,m,\quad j=1,2,\cdots,n$$

故

$$\max_i a_{ij^*} \leqslant a_{i^*j^*} \leqslant \min_j a_{i^*j}$$

又因为

$$\min_j \max_i a_{ij} \leqslant \max_i a_{ij^*}$$

$$\min_j a_{i^*j} \leqslant \max_i \min_j a_{ij}$$

所以

$$\min_j \max_i a_{ij} \leqslant a_{i^*j^*} \leqslant \max_i \min_j a_{ij} \tag{12-4}$$

另一方面由引理 12－1，得

$$\max_i \min_j a_{ij} \leqslant \min_j \max_i a_{ij} \tag{12-5}$$

由式(12－1) 和式(12－5)，得

$$\max_i \min_j a_{ij} \leqslant \min_j \max_i a_{ij} = a_{i^*j^*}$$

由此知 **G** 有鞍点$[\alpha_{i^*}\quad \beta_{j^*}]$.

充分性　假设对策 G 有鞍点 $[\alpha_{i^*}\quad\beta_{j^*}]$，由定义有

$$\max_i \min_j a_{ij} \leqslant \min_j \max_i a_{ij} = a_{i^*j^*}$$

则有
$$\min_j a_{i^*j} = a_{i^*j^*}$$

而
$$\min_j a_{i^*j} \leqslant a_{i^*j} \qquad \text{因此} \quad a_{i^*j^*} \leqslant a_{i^*j} \tag{12-6}$$

同理有
$$\max_i a_{ij^*} \geqslant a_{i^*j} \qquad \text{因此} \quad a_{i^*j^*} \geqslant a_{ij^*} \tag{12-7}$$

由式(12-6)和式(12-7)，得

$$a_{ij^*} \leqslant a_{i^*j^*} \leqslant a_{i^*j}, \quad i=1,2,\cdots,m; \quad j=1,2,\cdots,n.$$

证得 $[\alpha_{i^*}\quad\beta_{j^*}]$ 是 G 的纯策略解.

定理的证明告诉我们：对策 G 的纯策略就是鞍点，反之亦然.

对于例 12-2，有 $\max\limits_i \min\limits_j a_{ij} = \min\limits_j \max\limits_i a_{ij} = 3 = a_{22}$，因此 $[\alpha_2\quad\beta_3]$ 是对策的鞍点，局中人 Ⅰ 和 Ⅱ 的纯策略分别是 α_2,β_3，对策值 $V_G=3$，这与前面的结论一致.

而对于齐王赛马，由齐王的赢得矩阵

$$\max_i \min_j a_{ij} = -1, \quad \min_j \max_i a_{ij} = 3$$

两者不相等，故不存在鞍点，也就不存在纯策略解. 由此可见：不是所有的矩阵对策都有鞍点，都有最优纯策略.

根据式(12-3)还可以这样来理解最优纯策略：假设局中人 Ⅰ 和 Ⅱ 都很理智，在选择策略时不存在侥幸心理，于是他们都从最坏处着想，去争取最好的结果. 对于 Ⅰ 来说，他采取策略 α_i 的最坏情况是赢得 $\min\limits_j a_{ij}$，这 m 个最坏情况中的最好结果是 $\max\limits_i \min\limits_j a_{ij}$. 因而，Ⅰ 应采取保守的最小最大原则；而对于 Ⅱ 来说，他采用策略 β_j 的最坏情况是付出 $\max\limits_i a_{ij}$，这 n 个最坏情况的最好结果是付出 $\min\limits_j \max\limits_i a_{ij}$，因而 Ⅱ 应取保守的最大最小原则. 如果式(12-3)成立，Ⅰ 和 Ⅱ 自然会分别采取策略 α_{i^*} 和 β_{j^*}，赢得式支付预期的值 $V_G=a_{i^*j^*}$，除非他们中有人想冒一下险，把宝押在对方的失误上.

例 12-3　已知矩阵对策 G 的赢得矩阵为

$$\boldsymbol{A}=\begin{bmatrix} 2 & 3 & 2 & 5 \\ 2 & 6 & 2 & 4 \\ -3 & 8 & 1 & 4 \\ 0 & 1 & -5 & 3 \end{bmatrix}$$

试判断此对策是否有纯策略解，若有，纯策略解的对策值是什么？

解　根据定理 12-1 可知，只需判断对策是否有鞍点，由表 12-3 有 $\max\limits_i \min\limits_j a_{ij} = \min\limits_j \max\limits_i a_{ij} = 2$，知对策有纯策略解.

表　12-3

Ⅱ / Ⅰ	β_1	β_2	β_3	β_4	$\min\limits_j$
α_1	2^*	3	2^*	5	2^*
α_2	2^*	6	2^*	4	2^*
α_3	−3	8	1	4	−3
α_4	0	1	−5	3	−5
$\max\limits_i$	2^*	8	2^*	5	2

而$[\alpha_1 \quad \beta_2]$，$[\alpha_1 \quad \beta_3]$$[\alpha_2 \quad \beta_1]$$[\alpha_2 \quad \beta_3]$都是 **G** 的鞍点，因而它们也都是最优纯策略解，对策值 $V_G=2$，Ⅰ 的最优纯策略解是 α_1,α_2，Ⅱ 的最优纯策略解是 β_1,β_3.

由例 12-3 知，当矩阵对策有纯策略解时，解可能不唯一，但对策值是唯一的.

一般地，纯策略解有下述两条性质：

(1) **无差别性**　若$[\alpha_{i_1} \quad \beta_{j_1}]$，$[\alpha_{i_2} \quad \beta_{j_2}]$是对策 **G** 的两个纯策略解，则 $a_{i_1j_1}=a_{i_2j_2}$.

证　由定理 12-1 知$[\alpha_{i_1} \quad \beta_{j_1}]$，$[\alpha_{i_2} \quad \beta_{j_2}]$是 **G** 的鞍点，由鞍点的定义得

$$a_{i_1j_1}=\max_i \min_j a_{ij}=\min_j \max_i a_{ij}=a_{i_2j_2}$$

得证.

(2) **可交换性**　若$[\alpha_{i_1} \quad \beta_{j_1}]$，$[\alpha_{i_2} \quad \beta_{j_2}]$是对策 **G** 的两个纯策略解，则$[\alpha_{i_1} \quad \beta_{j_2}]$，$[\alpha_{i_2}$，$\beta_{j_1}]$也是对策 **G** 的纯策略解.

证　由定义 12-1，有

$$a_{ij_1}\leqslant a_{i_1j_i}\leqslant a_{i_1j},\quad i=1,2,\cdots,m;\ j=1,2,\cdots,n$$

特别取 $i=i_2, j=j_2$，有

$$a_{i_2j_1}\leqslant a_{i_1j_1}\leqslant a_{i_1j_2} \tag{12-8}$$

同样地又有

$$a_{i_1j_2}\leqslant a_{i_2j_2}\leqslant a_{i_2j_1} \tag{12-9}$$

将式(12-8)和式(12-9)连起来，得到

$$a_{i_1j_1}\leqslant a_{i_1j_2}\leqslant a_{i_2j_2}\leqslant a_{i_2j_1}\leqslant a_{i_1j_1}$$

从而

$$a_{i_1j_1}=a_{i_1j_2}=a_{i_2j_2}$$

又因为对任意的 i，j，有　$a_{ij_2}\leqslant a_{i_2j_2}=a_{i_1j_2}=a_{i_1j_1}\leqslant a_{i_1j}$

所以

$$a_{ij_2}\leqslant a_{i_1j_2}\leqslant a_{i_1j}$$

即$[\alpha_{i_1} \quad \beta_{j_2}]$是 **G** 的纯策略解.

同理可证$[\alpha_{i_2} \quad \beta_{j_1}]$也是 **G** 的纯策略解.

两条性质表明，矩阵对策的纯策略解可以不唯一，但对策值唯一，也就是说，局中人 Ⅰ 采用构成解的最优纯策略，不管局中人 Ⅱ 采用什么样的纯策略，都不会影响他赢得 V_G.

12.2.2　混合策略与混合扩充

对矩阵对策$\boldsymbol{G}=[\boldsymbol{S}_1 \quad \boldsymbol{S}_2 \quad \boldsymbol{A}]$来说，局中人 Ⅰ 有把握的至少赢得是$\max\limits_i \min\limits_j a_{ij}$，局中人 Ⅱ 有把握的至多损失是$\min\limits_j \max\limits_i a_{ij}$. 由引理 12-1 知$\max\limits_i \min\limits_j a_{ij}\leqslant \min\limits_j \max\limits_i a_{ij}$，如果等式成立，自然存在纯策略解，且 $V_G=\max\limits_i \min\limits_j a_{ij}=\min\limits_j \max\limits_i a_{ij}$，但一般情况下出现较多的是$\max\limits_i \min\limits_j a_{ij}<\min\limits_j \max\limits_i a_{ij}$. 由定义 12-2 知，对策 **G** 没有鞍点，也就不存在纯策略解，那么情况又是怎样的呢？让我们先看一下例子：

例 12-4　矩阵对策$\boldsymbol{G}=[\boldsymbol{S}_1 \quad \boldsymbol{S}_2 \quad \boldsymbol{A}]$，其中赢得矩阵为

$$\boldsymbol{A}=\begin{bmatrix} -4 & 4 & -6 \\ 4 & 3 & 5 \\ 8 & -1 & -10 \\ -3 & 0 & 6 \end{bmatrix}$$

解　易知

$$v_1=\max_i[\min_j(a_{ij})]=3,\quad i^*=2$$

$$v_2 = \min_j [\max_i (a_{ij})] = 4,\ j^* = 2$$

由于 $v_2 = 4 > v_1 = 3$，于是当双方根据从最不利的情形中选择最有利的结果的原则选择策略时，应分别选择策略 α_2 和 β_2，此时局中人甲的赢得为 3(即乙的损失为 3)，乙的损失比预期的 4 少. 出现此情形的原因就在于局中人甲选择了策略 α_2，使其对手减少了本该付出的损失；因而对于策略 β_2 来讲，α_2 并不是局中人甲的最优策略. 局中人甲会考虑选取策略 α_1，以使局中人乙付出本该付出的损失；乙也会将自己的策略从 β_2 改变为 β_3，以使自己的赢得为 6；甲又会随之将自己的策略从 α_1 改变为 α_4，来对付乙的 β_3. 如此这般，对于两个局中人来说，根本不存在一个双方均可以接受的平衡局势；或者说当 $v_1 < v_2$ 时，矩阵对策 $\boldsymbol{G}$ 不存在策略意义上的解.

在这种情形下，一个比较自然且合乎实际的想法是，既然不存在策略意义上的最优策略，那么是否可以利用最大期望赢得，规划一个选取不同策略的概率分布呢？由于这种策略是局中人策略集上的一个概率分布，故称之为混合策略. 为此，给出下述定义：

定义 12-3　设矩阵对策 $\boldsymbol{G} = [\boldsymbol{S}_1 \quad \boldsymbol{S}_2 \quad \boldsymbol{A}]$，$\boldsymbol{S}_1 = [\alpha_1 \quad \alpha_2 \quad \cdots \quad \alpha_m]$，$\boldsymbol{S}_2 = [\beta_1 \quad \beta_2 \quad \cdots \quad \beta_n]$，$\boldsymbol{A} = (a_{ij})_{m\times n}$. 集合

$$\boldsymbol{X} = \{[x_1 \quad x_2 \quad \cdots \quad x_m] \mid \sum_{i=1}^{m} x_i = 1 \text{ 且 } x_i \geqslant 0, i = 1,2,\cdots,m\}$$

$$\boldsymbol{Y} = \{[y_1 \quad y_2 \quad \cdots \quad y_n] \mid \sum_{i=1}^{n} y_i = 1 \text{ 且 } y_i \geqslant 0, j = 1,2,\cdots,n\}$$

称作局中人 Ⅰ 和 Ⅱ 的混合策略集，$\boldsymbol{x} \in \boldsymbol{X}$ 和 $y \in \boldsymbol{Y}$ 分别称为局中人 Ⅰ 和 Ⅱ 的混合策略(mixed strategy)简称策略，$[\boldsymbol{x} \quad \boldsymbol{y}]$ 是对策 $\boldsymbol{G}$ 的一个混合局势，简称局势，而称 $\boldsymbol{E}[\boldsymbol{x} \quad \boldsymbol{y}] = \sum_{i=1}^{m}\sum_{j=1}^{n} a_{ij} x_i y_j$ 为给定局势 $[\boldsymbol{x} \quad \boldsymbol{y}]$ 时，局中人 Ⅰ 的赢得亦为局中人 Ⅱ 的付出.

这样得到一个新的对策记成 $\boldsymbol{G}^* = [\boldsymbol{X} \quad \boldsymbol{Y} \quad \boldsymbol{E}]$，称 $\boldsymbol{G}^*$ 为对策 $\boldsymbol{G}$ 的混合扩充. 实际上，局中人 Ⅰ 的混合策略 $\boldsymbol{x}$ 是 $\boldsymbol{S}_1$ 上的概率分布，即 Ⅰ 分别以概率 $x_1, x_2, \cdots, x_m$ 采用策略 $\alpha_1, \alpha_2, \cdots, \alpha_m$，同样局中人 Ⅱ 的混合策略 $\boldsymbol{y}$ 是 $\boldsymbol{S}_2$ 上的概率分布，即 Ⅱ 分别以概率 $y_1, y_2, \cdots, y_n$ 采用策略 $\beta_1, \beta_2, \cdots, \beta_n$.

事实上，纯策略是混合策略的特例，例如局中人 Ⅰ 的纯策略 α_k 相当于混合策略：

$$\boldsymbol{x} = [x_1 \quad x_2 \quad \cdots \quad x_m] \in \boldsymbol{X}，\text{其中 } x_i = \begin{cases} 1, & i = k \\ 0, & i \neq k \end{cases}$$

类似纯策略解，我们定义对策的混合策略解如下：

定义 12-4　设 $\boldsymbol{G}^* = [\boldsymbol{X} \quad \boldsymbol{Y} \quad \boldsymbol{E}]$，是矩阵对策 $\boldsymbol{G} = [\boldsymbol{S}_1 \quad \boldsymbol{S}_2 \quad \boldsymbol{A}]$ 的混和扩充，如果存在混合局势 $[\boldsymbol{x}^* \quad \boldsymbol{y}^*]$ 使得对所有 $\boldsymbol{x} \in \boldsymbol{X}, \boldsymbol{y} \in \boldsymbol{Y}$，有

$$\boldsymbol{E}[\boldsymbol{x} \quad \boldsymbol{y}^*] \leqslant \boldsymbol{E}[\boldsymbol{x}^* \quad \boldsymbol{y}^*] \leqslant \boldsymbol{E}[\boldsymbol{x}^* \quad \boldsymbol{y}] \tag{12-10}$$

则称 $[\boldsymbol{x}^* \quad \boldsymbol{y}^*]$ 是对策 $\boldsymbol{G}$ 的混合策略解，简称对策 $\boldsymbol{G}$ 的解，或称最优混合局势，简称最优局势. 称 $\boldsymbol{x}^*, \boldsymbol{y}^*$ 分别是局中人 Ⅰ 和 Ⅱ 的最优混合策略(optimal mixed strategy)简称最优策略，而 $\boldsymbol{E}[\boldsymbol{x}^* \quad \boldsymbol{y}^*]$ 称作对策的值，仍记做 V_G.

根据式(12-10)，不难看到最优混合策略也具有上一小节介绍的最优纯策略的下述性质：如果局中人 Ⅰ 采用最优混合策略 $\boldsymbol{x}^*$，则不管 Ⅱ 采用什么混合策略，Ⅰ 的平均赢得都不会小于对策值 V_G；同样地，如果局中人 Ⅱ 采用最优混合策略 $\boldsymbol{y}^*$，则不管 Ⅰ 采用什么混合策略，Ⅱ

的平均付出不会大于对策值 V_G. 因而,最优混合策略是局中人最稳妥、最保险的策略. 当局中人采用最优混合策略时,也可以公开自己的策略,而不会因此受到损害. 但要注意的是,在每一局对策中,局中人要根据一定的概率随机选择在这一局采用的纯策略,而这个选定的纯策略是绝对不能公开的,这是矩阵对策存在鞍点与不存在鞍点的重大区别.

引理 12-1 和定理 12-1 以及纯策略解的有关性质可以推广到矩阵对策的混合扩充上. 现叙述如下:引理和定理的证明与前面证明类似,请读者自行完成.

引理 12-2 设 $\boldsymbol{G}^* = [\boldsymbol{X} \quad \boldsymbol{Y} \quad \boldsymbol{E}]$ 是矩阵对策 $\boldsymbol{G} = [\boldsymbol{S}_1 \quad \boldsymbol{S}_2 \quad \mathbf{A}]$ 的混合扩充,总有

$$\max_{x\in \boldsymbol{X}} \min_{y\in \boldsymbol{Y}} \boldsymbol{E}[\boldsymbol{x} \quad \boldsymbol{y}] \leqslant \min_{y\in \boldsymbol{Y}} \max_{x\in \boldsymbol{X}} \boldsymbol{E}[\boldsymbol{x} \quad \boldsymbol{y}]$$

定理 12-2 矩阵对策 $\boldsymbol{G}$ 有混合策略解$(\boldsymbol{x}^*, \boldsymbol{y}^*)$的充分必要条件是

$$\max_{x\in \boldsymbol{X}} \min_{y\in \boldsymbol{Y}} \boldsymbol{E}[\boldsymbol{x} \quad \boldsymbol{y}] = \min_{y\in \boldsymbol{Y}} \max_{x\in \boldsymbol{X}} \boldsymbol{E}[\boldsymbol{x} \quad \boldsymbol{y}]$$

还可证明,矩阵对策 $\boldsymbol{G}$ 的混合策略解也具有下述性质:

(1) **无差别性** 若 $[\boldsymbol{x}_1 \quad \boldsymbol{y}_1]$, $[\boldsymbol{x}_2 \quad \boldsymbol{y}_2]$ 是 $\boldsymbol{G}$ 的两个混合策略解,则 $\boldsymbol{E}[\boldsymbol{x}_1 \quad \boldsymbol{y}_1] = \boldsymbol{E}[\boldsymbol{x}_2 \quad \boldsymbol{y}_2]$.

(2) **可交换性** 若$[\boldsymbol{x}_1 \quad \boldsymbol{y}_1]$,$[\boldsymbol{x}_2 \quad \boldsymbol{y}_2]$是 $\boldsymbol{G}$ 的两个混合策略解,则$[\boldsymbol{x}_1 \quad \boldsymbol{y}_2]$,$[\boldsymbol{x}_2 \quad \boldsymbol{y}_1]$也是 $\boldsymbol{G}$ 的混合策略解.

矩阵对策 $\boldsymbol{G}$ 的混合策略解的求法将在下一节作详细介绍,这里就不举实例了.

12.2.3 矩阵对策基本定理

本小节主要讨论矩阵对策解的存在性和解的有关性质.

矩阵对策的解$[\boldsymbol{x}^* \quad \boldsymbol{y}^*]$,由定义 12-4 知,要使对所有 $\boldsymbol{x} \in \boldsymbol{X}, \boldsymbol{y} \in \boldsymbol{Y}$ 满足

$$\boldsymbol{E}[\boldsymbol{x} \quad \boldsymbol{y}^*] \leqslant \boldsymbol{E}[\boldsymbol{x} \quad \boldsymbol{y}^*] \leqslant \boldsymbol{E}[\boldsymbol{x}^* \quad \boldsymbol{y}]$$

由于集合 $\boldsymbol{X},\boldsymbol{Y}$ 的无限性,所以要对无限个不等式进行验证,这给研究问题带来困难,是否能够简化呢? 下面的定理解决这个问题.

定理 12-3 设矩阵对策 $\boldsymbol{G}$,$[\boldsymbol{x}^* \quad \boldsymbol{y}^*]$是 $\boldsymbol{G}$ 的解的充分必要条件是:对任意 $i=1,2,\cdots,m$; $j=1,2,\cdots,n$,有

$$\sum_j a_{ij} y_j^* \leqslant E[\boldsymbol{x}^* \quad \boldsymbol{y}^*] \leqslant \sum_i a_{ij} x_i^* \tag{12-11}$$

证 充分性 若式(12-11) 成立,得

$$\boldsymbol{E}[\boldsymbol{x} \quad \boldsymbol{y}^*] = \sum_{i=1}^{m} \sum_{j=1}^{n} a_{ij} x_i y_j{}^* \leqslant \boldsymbol{E}[\boldsymbol{x}^* \quad \boldsymbol{y}^*] \sum_{i=1}^{m} x_i = \boldsymbol{E}[\boldsymbol{x}^* \quad \boldsymbol{y}^*]$$

$$\boldsymbol{E}[\boldsymbol{x}^* \quad \boldsymbol{y}] = \sum_{j=1}^{n} \sum_{i=1}^{m} a_{ij} x_i^* y_j \geqslant \boldsymbol{E}[\boldsymbol{x}^* \quad \boldsymbol{y}^*] \sum_{j=1}^{n} y_j = \boldsymbol{E}[\boldsymbol{x}^* \quad \boldsymbol{y}^*]$$

由此得 $$\boldsymbol{E}[\boldsymbol{x} \quad \boldsymbol{y}^*] \leqslant \boldsymbol{E}[\boldsymbol{x}^* \quad \boldsymbol{y}^*] \leqslant \boldsymbol{E}[\boldsymbol{x}^* \quad \boldsymbol{y}] \quad \boldsymbol{x} \in \boldsymbol{X}, \quad \boldsymbol{y} \in \boldsymbol{Y}$$

由定义 12-4 知$[\boldsymbol{x}^* \quad \boldsymbol{y}^*]$是 $\boldsymbol{G}$ 的解.

必要性 若$[\boldsymbol{x}^* \quad \boldsymbol{y}^*]$是 $\boldsymbol{G}$ 的解,有 $\boldsymbol{E}[\boldsymbol{x} \quad \boldsymbol{y}^*] \leqslant \boldsymbol{E}[\boldsymbol{x}^* \quad \boldsymbol{y}^*] \leqslant \boldsymbol{E}[\boldsymbol{x}^* \quad \boldsymbol{y}]$成立,特别取

$$\boldsymbol{x} = [1 \quad 0 \quad \cdots \quad 0],[0 \quad 1 \quad \cdots \quad 0],\cdots,[0 \quad 0 \quad \cdots \quad 1]$$

$$\boldsymbol{y} = [1 \quad 0 \quad \cdots \quad 0],[0 \quad 1 \quad \cdots \quad 0],\cdots,[0 \quad 0 \quad \cdots \quad 1]$$

不等式仍成立,则式(12-11) 成立.

定理12-3的意义在于,把需要对无限个不等式进行验证的问题转化为只要对有限个不等

式($m\times n$ 个)进行验证的问题,使问题大大简化.由定理 12-3 可以得下面的定理 12-4.

定理 12-4 设矩阵对策 $\boldsymbol{G}$,$[\boldsymbol{x}^* \quad \boldsymbol{y}^*]$ 是 $\boldsymbol{G}$ 的解的充分必要条件是:存在数 V,使得

$$\begin{cases}\sum_j a_{ij}y_j^* \leqslant V, & i=1,2,\cdots,m\\ \sum_j y_j^*=1 & \\ y_j^*\geqslant 0, & j=1,2,\cdots,n\end{cases} \tag{12-12}$$

$$\begin{cases}\sum_i a_{ij}x_i^* \geqslant V, & j=1,2,\cdots,n\\ \sum_i x_i^*=1 & \\ x_i^*\geqslant 0, & i=1,2,\cdots,m\end{cases} \tag{12-13}$$

成立.

定理 12-4 的证明由定理 12-3 很容易得证,只要令 $\boldsymbol{E}[\boldsymbol{x}^* \quad \boldsymbol{y}^*]=\boldsymbol{V}$ 即可,详细证明留给读者.

下面给出矩阵对策的基本定理,也是本节中最重要的结果.

定理 12-5 解的存在性定理 任何一个矩阵对策都存在混合策略解(简称解).

证 根据定理 12-3,只需证明存在 $\boldsymbol{x}^*\in\boldsymbol{X},\boldsymbol{y}^*\in\boldsymbol{Y}$,使式(12-11)成立.

为此我们考虑如下两个线性规划问题:

$$(\text{Ⅰ})\ \max \omega\quad \begin{cases}\sum_i a_{ij}x_i \geqslant \omega, & j=1,2,\cdots,n\\ \sum x_i=1 & \\ x_i\geqslant 0, & i=1,2,\cdots,m\end{cases} \qquad \text{和} \qquad (\text{Ⅱ})\ \min \mu\quad \begin{cases}\sum_j a_{ij}y_j \leqslant \mu, & i=1,2,\cdots,m\\ \sum_j y_j=1 & \\ y_j\geqslant 0, & j=1,2,\cdots,n\end{cases}$$

不难看出(Ⅰ)和(Ⅱ)互为对偶问题,并且 $\boldsymbol{x}=[1 \quad 0 \quad \cdots \quad 0]^{\mathrm{T}},\omega=\sum_j \min a_{1j}$ 是(Ⅰ)的可行解;$\boldsymbol{y}=[1 \quad 0 \quad \cdots \quad 0]^{\mathrm{T}},\mu=\max_i a_{i1}$ 是(Ⅱ)的可行解,况且 ω 有上界,μ 有下界,故(Ⅰ)和(Ⅱ)存在最优解.

分别设(Ⅰ)的最优解为$[\boldsymbol{x}^* \quad \omega^*]$,(Ⅱ)的最优解为$[\boldsymbol{y}^* \quad \mu^*]$,由对偶理论知 $\omega^*=\mu^*$,即存在 $\boldsymbol{x}^*\in\boldsymbol{X},\boldsymbol{y}^*\in\boldsymbol{Y}$ 和数 ω^*,使

$$\sum_j a_{ij}y_j^* \leqslant \omega^* \leqslant \sum_i a_{ij}x_i^*$$

又由

$$\boldsymbol{E}[\boldsymbol{x}^* \quad \boldsymbol{y}^*]=\sum_i\sum_j a_{ij}x_i^*y_j^* \leqslant \omega^*\sum_i x_i^*=\omega^*$$

$$\boldsymbol{E}[\boldsymbol{x}^* \quad \boldsymbol{y}^*]=\sum_j\sum_i a_{ij}x_i^*y_j^* \geqslant \omega^*\sum_j y_j^*=\omega^*$$

得 $\omega^*=\boldsymbol{E}[\boldsymbol{x}^* \quad \boldsymbol{y}^*]$.故式(12-11)成立,则定理 12-5 成立.

定理12-5的证明不仅证明了矩阵对策解的存在性,而且还给出了利用线性规划方法求解矩阵对策的思想,即线性规划问题的最优解,为对策问题两局中人的最优混合策略,最优值为对策值.

下述定理 12－6、定理 12－7 和定理 12－8 讨论了矩阵对策解的重要性质.

定理 12－6　设 $[\boldsymbol{x}^* \quad \boldsymbol{y}^*]$ 是矩阵对策 $\boldsymbol{G}$ 的最优混合局势，记对策值 $V=V_G=\boldsymbol{E}[\boldsymbol{x}^* \quad \boldsymbol{y}^*]$，那么

(1) 若 $x_i^* \neq 0$，则 $\sum_{j=1}^{n} a_{ij} y_j^* = V$；

(2) 若 $y_j^* \neq 0$，则 $\sum_{i=1}^{m} a_{ij} x_i^* = V$；

(3) 若 $\sum_{j=1}^{n} a_{ij} y_j^* < V$，则 $x_i^* = 0$；

(4) 若 $\sum_{i=1}^{m} a_{ij} x_i^* > V$，则 $y_j^* = 0$.

定理 12－7　设有两个矩阵对策 $\boldsymbol{G}_1=[\boldsymbol{S}_1 \quad \boldsymbol{S}_2 \quad \boldsymbol{A}]$，$\boldsymbol{G}_2=[\boldsymbol{S}_1 \quad \boldsymbol{S}_2 \quad \boldsymbol{B}]$，其中 $\boldsymbol{A}=(a_{ij})_{m\times n}$，$\boldsymbol{B}=(b_{ij})_{m\times n}$ 如果 $b_{ij}=a_{ij}+d(i=1,2,\cdots,m;j=1,2,\cdots,n)$，$d$ 为常数，则 $\boldsymbol{G}_1$ 和 $\boldsymbol{G}_2$ 有相同的混合策略解，且 $V_{G_2}=V_{G_1}+d$，V_{G_1} 和 V_{G_2} 分别是 $\boldsymbol{G}_1$ 和 $\boldsymbol{G}_2$ 的对策值.

定理 12－8　设有两个矩阵对策 $\boldsymbol{G}_1=[\boldsymbol{S}_1 \quad \boldsymbol{S}_2 \quad \boldsymbol{A}]$，$\boldsymbol{G}_2=[\boldsymbol{S}_1 \quad \boldsymbol{S}_2 \quad a\boldsymbol{A}]$，其中 $a>0$，则 $\boldsymbol{G}_1$ 和 $\boldsymbol{G}_2$ 有相同的混合策略解，且 $V_{G_2}=aV_{G_1}$.

定理 12－6 在求解矩阵对策中起着重要作用，提供了一种求解的思想，第三节将会提到，定理 12－7、定理 12－8 起着在求解矩阵对策中简化矩阵，减少运算量的作用.

例如求解矩阵对策 $\boldsymbol{A}$，

$$\boldsymbol{A}=\begin{bmatrix} 6 & 2 & 2 \\ 2 & 2 & 10 \\ 2 & 8 & 2 \end{bmatrix}$$

利用定理 12－7，可以将原矩阵每个元素减去 2，得 $\boldsymbol{A}'$，$\boldsymbol{A}$ 和 $\boldsymbol{A}'$ 如下

$$\boldsymbol{A}'=\begin{bmatrix} 4 & 0 & 0 \\ 0 & 0 & 8 \\ 0 & 6 & 0 \end{bmatrix}$$

先求出对策 $\boldsymbol{G}'=[\boldsymbol{S}_1 \quad \boldsymbol{S}_2 \quad \boldsymbol{A}']$ 的解，然后由定理 12－7 知原对策 $\boldsymbol{G}=[\boldsymbol{S}_1 \quad \boldsymbol{S}_2 \quad \boldsymbol{A}]$，与 $\boldsymbol{G}'$ 有相同的混合策略解，并且 $V_G=V_{G'}+2$，而计算 $\boldsymbol{G}'$ 要比 $\boldsymbol{G}$ 简便的多(在第三节可以看出).

12.3　矩阵对策的解法

给定矩阵对策 $\boldsymbol{G}$，我们首先检查它是否有鞍点，如果 $\boldsymbol{G}$ 有鞍点，则不难求得它的纯策略解. 本节将讨论不存在鞍点时，如何求矩阵对策的混合策略解.

12.3.1　等式试算法

给定矩阵对策 $\boldsymbol{G}=[\boldsymbol{S}_1 \quad \boldsymbol{S}_2 \quad \boldsymbol{A}]$，由定理 12－4 知，求对策的解只需求解不等式组(12－12)和(12－13)，再根据定理 12－6，如果最优策略中的 x_i^* 和 y_j^* 均不为零，即可把问题转化为求解下面两个方程组的问题：

$$\begin{cases}\sum_{i=1}^{m} a_{ij}x_i = V, & j=1,2,\cdots,n \\ \sum_{i=1}^{m} x_i = 1 \end{cases} \tag{12-14}$$

和

$$\begin{cases}\sum_{j=1}^{n} a_{ij}y_j = V, & i=1,2,\cdots,m \\ \sum_{j=1}^{n} y_j = 1 \end{cases} \tag{12-15}$$

如果方程组(12-14) 和(12-15) 存在解 $\boldsymbol{x}^*$ $(x_i^* > 0)$ 和 $\boldsymbol{y}^*$ $(y_j^* > 0)$，那么便求得对策的一个解$[\boldsymbol{x}^* \quad \boldsymbol{y}^*]$，对策值 $V_G = V$. 如果上述两个方程组求出的解 $\boldsymbol{x}^*$ 和 $\boldsymbol{y}^*$ 的分量不全为正，则可视具体情况，将式(12 - 14) 和式(12 - 15) 中的某些等式改写成不等式，继续试算求解，直到求出对策的解，等式试算法也由此而来. 由于此方法事先假设 $\boldsymbol{x}^*$ 和 $\boldsymbol{y}^*$ 不为零，一旦求出的解 $\boldsymbol{x}^*$ 和 $\boldsymbol{y}^*$ 中分量不满足此条件，我们就要试算，而试算过程无固定规律可循，因此这种方法在应用上有一定的局限性.

例 12 - 5 求矩阵对策齐王赛马的解.

解 齐王赛马的赢得矩阵为

$$\boldsymbol{A} = \begin{bmatrix} 3 & 1 & 1 & 1 & -1 & 1 \\ 1 & 3 & 1 & 1 & 1 & -1 \\ 1 & -1 & 3 & 1 & 1 & 1 \\ -1 & 1 & 1 & 3 & 1 & 1 \\ 1 & 1 & 1 & -1 & 3 & 1 \\ 1 & 1 & -1 & 1 & 1 & 3 \end{bmatrix}$$

我们知道 $\boldsymbol{A}$ 没有鞍点，由定理 12 - 5 知必有混合策略解. 设齐王和田忌的最优混合策略为 $\boldsymbol{x}^* = [x_1^* \quad x_2^* \quad x_3^* \quad x_4^* \quad x_5^* \quad x_6^*]$ 和 $\boldsymbol{y}^* = [y_1^* \quad y_2^* \quad y_3^* \quad y_4^* \quad y_5^* \quad y_6^*]$，根据等式试算法的条件事先假定 $x_i^* > 0, y_j^* > 0, i,j = 1,2,\cdots,6$. 实际上，齐王和田忌选取每个纯策略的可能性都是存在的，因此假定是合理. 求解线性方程组：

$$\begin{cases} 3x_1 + x_2 + x_3 - x_4 + x_5 + x_6 = V \\ x_1 + 3x_2 - x_3 + x_4 + x_5 + x_6 = V \\ x_1 + x_2 + 3x_3 + x_4 + x_5 - x_6 = V \\ x_1 + x_2 + x_3 + 3x_4 - x_5 + x_6 = V \\ -x_1 + x_2 + x_3 + x_4 + 3x_5 + x_6 = V \\ x_1 - x_2 + x_3 + x_4 + x_5 + 3x_6 = V \\ x_1 + x_2 + x_3 + x_4 + x_5 + x_6 = 1 \end{cases} \tag{12-16}$$

和

$$\begin{cases} 3y_1 + y_2 + y_3 + y_4 - y_5 + y_6 = V \\ y_1 + 3y_2 + y_3 + y_4 + y_5 - y_6 = V \\ y_1 - y_2 + 3y_3 + y_4 + y_5 + y_6 = V \\ -y_1 + y_2 + y_3 + 3y_4 + y_5 + y_6 = V \\ y_1 + y_2 + y_3 - y_4 + 3y_5 + y_6 = V \\ y_1 + y_2 - y_3 + y_4 + y_5 + 3y_6 = V \\ y_1 + y_2 + y_3 + y_4 + y_5 + y_6 = V \end{cases} \tag{12-17}$$

将式(12-16)前 6 个等式相加，得

$$6(x_1+x_2+x_3+x_4+x_5+x_6)=6V$$

得 $V=1$.

代入式(12-16)，解得

$$x_1^*=x_2^*=x_3^*=x_4^*=x_5^*=x_6^*=\frac{1}{6}$$

同样由式(12-17)，解得

$$y_1^*=y_2^*=y_3^*=y_4^*=y_5^*=y_6^*=\frac{1}{6}$$

注意到所有 x_i^* 和 y_j^* 均大于零，故所求得的解是对策的最优混合策略，即齐王和田忌的最优混合策略为 $[1/6\quad 1/6\quad 1/6\quad 1/6\quad 1/6\quad 1/6]$，对策值为千金，也就是，齐王和田忌都应该等概率的随机采用每一个策略，正如前节指出过的那样，尽管齐王和田忌都可以公开宣布自己的这个最优策略，但是在每场比赛时，他们采用的纯策略是绝对不能透露给对方的. 在齐王赛马的那个历史故事中，田忌能赢得千金，正是他知道齐王的马的出场顺序，即齐王采用的纯策略.

特别地，对于 2×2 矩阵对策，如果没鞍点，则 x_1^*，x_2^* 和 y_1^*，y_2^* 均不为零(留给读者证明)，因此，由定理 12-6 知，求方程组：

$$\begin{cases}a_{11}x_1+a_{21}x_2=V\\a_{12}x_1+a_{22}x_2=V\\x_1+x_2=1\end{cases}\quad 和 \quad\begin{cases}a_{11}y_1+a_{12}y_2=V\\a_{21}y_1+a_{22}y_2=V\\y_1+y_2=1\end{cases}$$

求最优混合策略.

解得

$$\begin{cases}V_G=\dfrac{a_{11}a_{22}-a_{12}a_{21}}{(a_{11}+a_{22})-(a_{12}+a_{21})}\\[2ex] x_1^*=\dfrac{a_{22}-a_{21}}{(a_{11}+a_{22})-(a_{12}+a_{21})};\quad x_2^*=\dfrac{a_{11}-a_{12}}{(a_{11}+a_{22})-(a_{12}+a_{21})}\\[2ex] y_1^*=\dfrac{a_{22}-a_{12}}{(a_{11}+a_{22})-(a_{12}+a_{21})};\quad y_2^*=\dfrac{a_{11}-a_{21}}{(a_{11}+a_{22})-(a_{12}+a_{21})}\end{cases}\tag{12-18}$$

这五个等式通常称作求解 2×2 矩阵对策公式，遇到此类矩阵对策，直接代入公式，便可求得对策的解.

12.3.2　$2\times n$ 和 $m\times2$ 矩阵对策的解法

对于赢得矩阵为 $2\times n$ 和 $m\times2$ 阶的对策问题，有一种特别方便的方法 —— 图解法. 下面举例说明其做法.

例 12-6　求解矩阵对策 $G=[S_1\quad S_2\quad A]$，其中 $S_1=[\alpha_1\quad \alpha_2]$，$S_2=[\beta_1\quad \beta_2\quad \beta_3]$，赢得矩阵 $A=\begin{bmatrix}2&3&11\\7&5&2\end{bmatrix}$.

解　设局中人甲的混合策略为 $[x\quad 1-x]^{\mathrm T}$，$x\in[0,1]$. 过数轴上坐标为 0 和 1 的两点分别做两条垂线，垂线上点的纵坐标分别表示局中人乙采取各策略时，局中人甲分别采取纯策略 α_1 和 α_2 时的赢得值. 见图 12-2，当局中人甲选择混合策略 $[x\quad 1-x]^{\mathrm T}$ 时，其最少可能的赢得为局中人乙选择 β_1，β_2 和 β_3 时所确定的三条直线 $2x+7(1-x)=V$，$3x+5(1-x)=V$，$11x+$

$2(1-x)=V$ 在 x 处的纵坐标中最小者，即如折线 $C_1C_2C_3C_4$ 所示. 所以对局中人甲来说，他的最优选择就是确定 x 使其赢得尽可能得多，从图 12-2 可知，按最小最大原则，应选择 $x=Q$.

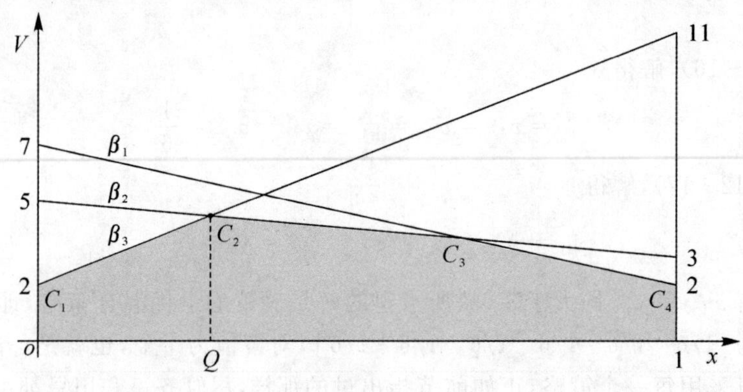

图　12-2

为求得 x 和对策的值 V_G，可联立过 C_2 点的两条线段 β_2 和 β_3 所确定的方程，即 $3x+5(1-x)=V_G$ 和 $11x+2(1-x)=V_G$. 求解可得 $x=3/11$，$V_G=49/11$，所以局中人甲的最优策略为 $\boldsymbol{x}^*=(3/11\quad 8/11)^{\mathrm{T}}$. 此外，从图 12-2 还可以看出，局中人乙的最优策略只涉及 β_2 和 β_3. 若记 $\boldsymbol{y}^*=[y_1^*\ y_2^*\ y_3^*]^{\mathrm{T}}$ 为局中人乙的最优策略，则由

$$\boldsymbol{E}[\boldsymbol{x}^*\quad 1]=2\times\frac{3}{11}+7\times\frac{8}{11}=\frac{62}{11}>\frac{49}{11}=V_G$$

$$\boldsymbol{E}[\boldsymbol{x}^*\quad 2]=\boldsymbol{E}[\boldsymbol{x}^*\quad 3]=\frac{49}{11}=V_G$$

根据性质 1，必有 $y_1^*=0$，$y_2^*>0$、$y_3^*>0$；而且

$$\begin{cases}3y_2+11y_3=\dfrac{49}{11}\\[2mm] 5y_2+2y_3=\dfrac{49}{11}\\[2mm] y_2+y_3=1\end{cases}$$

求解可得 $y_2^*=9/11$，$y_3^*=2/11$，所以局中人乙的最优策略 $\boldsymbol{y}^*=[0\quad 9/11\quad 2/11]^{\mathrm{T}}$.

一般地，设 $2\times n$ 矩阵对策的赢得矩阵 $\boldsymbol{A}=\begin{bmatrix}a_{11} & a_{12} & \cdots & a_{1n}\\ a_{21} & a_{22} & \cdots & a_{2n}\end{bmatrix}$，

首先作图求得满足下述不等式组：

$$\begin{cases}a_{11}x_1+a_{21}x_2=a_{21}+(a_{11}-a_{21})x_1\geqslant w\\ a_{12}x_1+a_{22}x_2=a_{22}+(a_{12}-a_{22})x_1\geqslant w\\ \cdots\cdots\\ a_{1n}x_1+a_{2n}x_2=a_{2n}+(a_{1n}-a_{2n})x_1\geqslant w\\ x_2=1-x_1,0\leqslant x_1\leqslant 1\end{cases}$$

的 w 之最大值（记作 V_G）及其对应的 x_1,x_2（记作 x_1^*,x_2^*），若 $a_{1j}x_1+a_{2j}x_2>V_G$，则 $y_j^*=0$，代入方程组，有

$$\begin{cases}a_{11}y_1^*+a_{12}y_2^*+\cdots+a_{1n}y_n^*=V_G\\ y_1^*+y_2^*+\cdots+y_n^*=1\end{cases}$$

解之得到 $y_1^*, y_2^*, \cdots, y_n^*$.

$m \times 2$ 的矩阵对策的求解类似，举例如下.

例 12 - 7　求解矩阵对策 $\boldsymbol{G} = [\boldsymbol{S}_1 \quad \boldsymbol{S}_2 \quad \boldsymbol{A}]$，其中

$$\boldsymbol{A} = \begin{bmatrix} 4 & 2 \\ 10 & -2 \\ 2 & 6 \\ 6 & 4 \\ 1 & 3 \end{bmatrix} \quad (m \times 2, m = 5)$$

解　此矩阵对策没有鞍点，设局中人 Ⅰ 的混合策略为 $[y_1 \quad y_2]$，那么由定理12-5的证明知局中人 Ⅱ 的混合策略及对策值是下列线性规划的解：

$$\min u$$

$$\text{s. t.} \begin{cases} 4y_1 + 2y_2 \leqslant \mu \\ 10y_1 - 2y_2 \leqslant \mu \\ 2y_1 + 6y_2 \leqslant \mu \\ 6y_1 + 4y_2 \leqslant \mu \\ y_1 + 3y_2 \leqslant \mu \\ y_1, y_2 \geqslant 0 \end{cases}$$

把 $y_2 = 1 - y_1$ 代入约束条件，得

$$\begin{cases} 2 + 2y_1 \leqslant \mu \\ -2 + 12y_1 \leqslant \mu \\ 6 - 4y_1 \leqslant \mu \\ 4 + 2y_1 \leqslant \mu \\ 3 - 2y_1 \leqslant \mu \\ 0 \leqslant y_1 \leqslant 1 \end{cases}$$

作图求可行域，如图 12 - 3 所示.

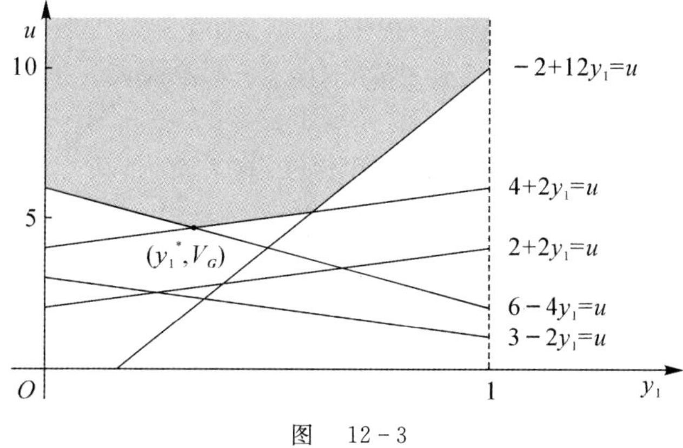

图　12 - 3

由图可知 u 的最小值 V_G 是直线 $6 - 4y_1 = \mu$ 直线 $4 + 2y_1 = \mu$ 的交点的纵坐标，联立

$$\begin{cases} 6 - 4y_1 = \mu \\ 4 + 2y_1 = \mu \end{cases}$$

解得

$$V_G=14/3,\quad y_1^*=1/3,\quad y_2^*=1-y_1^*=2/3$$

对于 $\boldsymbol{y}^*$，不等式左边的值分别为

$$4y_1^*+2y_2^*=8/3<V_G$$
$$10y_1^*-2y_2^*=2<V_G$$
$$2y_1^*+6y_2^*=14/3<V_G$$
$$6y_1^*+4y_2^*=14/3<V_G$$
$$y_1^*+8y_2^*=7/3<V_G$$

可得 $x_1^*=x_2^*=x_5^*=0$，由方程组

$$\begin{cases}4x_1^*+10x_2^*+2x_3^*+6x_4^*+x_5^*=14/3\\x_1^*+x_2^*+x_3^*+x_4^*+x_5^*=1\end{cases}$$

代入 x_1^*,x_2^*,x_5^* 的值，有

$$\begin{cases}2x_3^*+6x_4^*=14/3\\x_3^*+x_4^*=1\end{cases}$$

解得 $$x_3^*=1/3,\quad x_4^*=2/3$$

综上，局中人 Ⅰ 和局中人 Ⅱ 的最优混合策略分别为 $\boldsymbol{x}^*=[0\quad 0\quad 1/3\quad 2/3\quad 0]^{\mathrm{T}}$ 和 $\boldsymbol{y}^*=[1/3\quad 2/3]^{\mathrm{T}}$，$V_G=14/3$.

一般地，设 $m\times 2$ 矩阵对策的赢得矩阵

$$\boldsymbol{A}=\begin{bmatrix}a_{11}&a_{12}\\a_{21}&a_{22}\\\vdots&\vdots\\a_{m1}&a_{m2}\end{bmatrix}$$

首先，作图求得满足下述不等式组：

$$\begin{cases}a_{11}y_1+a_{12}y_2=a_{12}+(a_{11}-a_{12})y_1\leqslant\mu\\a_{21}y_1+a_{22}y_2=a_{22}+(a_{21}-a_{22})y_1\leqslant\mu\\\qquad\cdots\cdots\\a_{m1}y_1+a_{m2}y_2=a_{m2}+(a_{m1}-a_{m2})y_1\leqslant\mu\\y_2=1-y_1,0\leqslant y_1\leqslant 1\end{cases}$$

的 μ 之最小值（记作 V_G）及其对应的 y_1,y_2（记作 y_1^*,y_2^*）.

若 $a_{i1}y_1^*+a_{i2}y_2^*<V_G$，则 $x_i^*=0$ 代入方程组

$$\begin{cases}a_{11}x_1^*+a_{21}x_1^*+\ldots+a_{m1}x_m^*=V_G(\text{或 }a_{12}x_1^*+a_{22}x_1^*+\ldots+a_{m2}x_m^*=V_G)\\x_1^*+x_1^*+\ldots+x_m^*=1\end{cases}$$

解得 $x_1^*,\cdots,x_m^*$.

12.3.3 优超

定义 12-5 设矩阵对策 $G=[\boldsymbol{S}_1\quad \boldsymbol{S}_2\quad \boldsymbol{A}]$，其中 $\boldsymbol{S}_1=[\alpha_1\quad\alpha_2\quad\cdots\quad\alpha_m]$，$\boldsymbol{S}_2=[\beta_1\quad\beta_2\quad\cdots\quad\beta_n]$，$\boldsymbol{A}=(a_{ij})_{m\times n}$ 如果 $a_{ij}\leqslant a_{kj}(j=1,2,\cdots,n)$，则称策略 α_k 优超于策略 α_i. 类似的，如果 $\beta_{il}\leqslant\beta_{ij}(i=1,2,\cdots,m)$，则称策略 β_l 优超于策略 β_j.

如果α_k优超于α_i，那么当局中人Ⅱ采用任何策略时，Ⅰ采用α_k的赢得都不会小于α_i的赢得，故可以把α_i从Ⅰ的策略集中删去，相应地，删去$\boldsymbol{A}$的第i行. 记新得到的矩阵对策为$\boldsymbol{G}_1$. 显然$\boldsymbol{G}_1$的混合策略解也是$\boldsymbol{G}$的混合策略解. 类似地，如果β_l优超于β_j，那么，当局中人Ⅰ采用任何策略时，Ⅱ采用β_l的付出都不会多于β_j的付出，从而把β_j从Ⅱ的策略集中删去，相应地删去$\boldsymbol{A}$的第j列，所得到的矩阵对策的解也必是原矩阵对策的解，利用这个方法可能降低$\boldsymbol{A}$的阶数，从而减少求解对策的计算量.

例 12-8　求解矩阵对策$\boldsymbol{G}=[\boldsymbol{S}_1 \quad \boldsymbol{S}_2 \quad \boldsymbol{A}]$，其中

$$\boldsymbol{A}=\begin{bmatrix} 2 & 3 & 4 & 5 & 6 \\ 2 & 1 & 3 & 4 & 0 \\ 5 & 9 & 1 & 0 & 3 \\ 6 & 8 & 3 & 6 & 4 \end{bmatrix}$$

解　此矩阵对策没有鞍点. 由于根据定义 12-5 知α_1优超于α_2，可以删去$\boldsymbol{A}$的第 2 行，得

$$\begin{array}{c} \\ \boldsymbol{A}_1= \end{array}\begin{array}{c} \\ \alpha_1 \\ \alpha_3 \\ \alpha_4 \end{array}\begin{array}{c} \begin{matrix} \beta_1 & \beta_2 & \beta_3 & \beta_4 & \beta_5 \end{matrix} \\ \begin{bmatrix} 2 & 3 & 4 & 5 & 6 \\ 5 & 9 & 1 & 0 & 3 \\ 6 & 8 & 3 & 6 & 4 \end{bmatrix} \end{array}, \quad x_2^*=0$$

关于$\boldsymbol{A}_1$，β_1优超于β_2，β_3优超于β_5，可删去$\boldsymbol{A}$的第 2 列和第 5 列，得

$$\boldsymbol{A}_2=\begin{array}{c} \\ \alpha_1 \\ \alpha_3 \\ \alpha_4 \end{array}\begin{array}{c} \begin{matrix} \beta_1 & \beta_3 & \beta_4 \end{matrix} \\ \begin{bmatrix} 2 & 4 & 5 \\ 5 & 1 & 0 \\ 6 & 3 & 6 \end{bmatrix} \end{array}, \quad y_2^*=0, y_5^*=0$$

关于$\boldsymbol{A}_2$，α_4优超于α_3，可删去$\boldsymbol{A}_2$的第 2 行，得

$$\boldsymbol{A}_3=\begin{array}{c} \\ \alpha_1 \\ \alpha_4 \end{array}\begin{array}{c} \begin{matrix} \beta_1 & \beta_3 & \beta_4 \end{matrix} \\ \begin{bmatrix} 2 & 4 & 5 \\ 6 & 3 & 6 \end{bmatrix} \end{array}, \quad x_3^*=0$$

关于$\boldsymbol{A}_3$，β_1优超于β_4，可删去$\boldsymbol{A}_3$的第 3 列，得

$$\boldsymbol{A}_4=\begin{array}{c} \\ \alpha_1 \\ \alpha_4 \end{array}\begin{array}{c} \begin{matrix} \beta_1 & \beta_3 \end{matrix} \\ \begin{bmatrix} 2 & 4 \\ 6 & 3 \end{bmatrix} \end{array}, \quad y_4^*=0$$

最后把问题化成一个 2×2 矩阵对策，利用公式(12-18)，解得

$$V_G=3.6, \quad x_1^*=0.6, \quad x_4^*=0.4, \quad y_1^*=0.2, \quad y_3^*=0.8$$

综上知，局中人Ⅰ的最优策略为$\boldsymbol{x}^*=[0.6 \quad 0 \quad 0 \quad 0.4]^{\mathrm{T}}$，局中人Ⅱ的最优策略为$\boldsymbol{y}^*=[0.2 \quad 0 \quad 0.8 \quad 0]^{\mathrm{T}}$，$V_G=3.6$.

12.3.4　线性规划解法

由定理 12-5 的证明可知，任一矩阵对策$\boldsymbol{G}=[\boldsymbol{S}_1 \quad \boldsymbol{S}_2 \quad \boldsymbol{A}]$的求解均等价于一对互为对偶的线性规划问题.

$$\max w \qquad\qquad\qquad\qquad \min \mu$$

$$(\text{Ⅰ})\begin{cases}\sum_i a_{ij}x_i \geqslant w, j=1,2,\cdots,n\\ \sum_i x_i=1\\ x_i\geqslant 0, i=1,2,\cdots,m\end{cases} \quad \text{和} \quad (\text{Ⅱ})\begin{cases}\sum_j a_{ij}y_i \geqslant \mu, i=1,2,\cdots,m\\ \sum_j y_j=1\\ y_j\geqslant 0, j=1,2,\cdots,n\end{cases}$$

作变换(根据定理 12-7,不妨设 w,μ 均大于零,否则只须在 $\boldsymbol{A}$ 的每一个元素上加一个常数,使 $a_{ij}>0$,从而确保 w,μ 大于零,这样做不会影响对策的解,但对策值相差一个常数).

令 $x'_i=x_i/w\ (i=1,2,\cdots,m)$.

(Ⅰ)问题的约束条件变成 $\begin{cases}\sum_i a_{ij}x'_i\geqslant 1, j=1,2,\cdots,n\\ \sum_i x'_i=\dfrac{1}{w}\\ x'_i\geqslant 0, i=1,2,\cdots,m\end{cases}$

这样 $\max w$ 相当于 $\min \sum_i x'_i$,因而问题变成

$$\min \sum_i x'_i$$

$$\begin{cases}\sum_i a_{ij}x'_i\geqslant 1, j=1,2,\cdots,n\\ x'_i\geqslant 0, i=1,2,\cdots,m\end{cases} \tag{12-19}$$

同理令 $y'_i=y_i/\mu\ (j=1,2,\cdots,n)$,问题(Ⅱ)变成

$$\max \sum_j y'_j$$

$$\begin{cases}\sum_j a_{ij}y'_j\leqslant 1, i=1,2,\cdots,m\\ y'_j\geqslant 0, j=1,2,\cdots,n\end{cases} \tag{12-20}$$

显然,问题式(12-19)和问题式(12-20)互为对偶问题,故只需解出一个,另一个的解可从最终的单纯性表中得到,通常是求解约束条件少的那个线性规划,计算量小些.若两问题约束条件相同,一般选择解线性规划(Ⅱ),求出问题的解后再利用变换 $V_G=1/\min \sum_i x'_i$(或 $1/\max \sum_j y'_j$),$\boldsymbol{x}^*=V_G\boldsymbol{x}'$,$\boldsymbol{y}^*=V_G\boldsymbol{y}'$,即可求出原对策问题的解及对策值.

例 12-9 利用线性规划求解矩阵对策,其中 $\boldsymbol{A}=\begin{bmatrix}7&2&9\\2&9&0\\9&0&11\end{bmatrix}$.

解 构造两个互为对偶的线性规划问题:

$\min\ (x_1+x_2+x_3)$

$$\text{s.t.}\begin{cases}7x_1+2x_2+9x_3\geqslant 1\\ 2x_1+9x_2\geqslant 1\\ 9x_1+11x_3\geqslant 1\\ x_1,x_2,x_3\geqslant 0\end{cases}$$

$\max\ (y_1+y_2+y_3)$

$$\text{s.t.}\begin{cases}7y_1+2y_2+9y_3\leqslant 1\\ 2y_1+9y_2\leqslant 1\\ 9y_1+11y_3\leqslant 1\\ y_1,y_2,y_3\geqslant 0\end{cases}$$

利用单纯形法求解第二个线性规划问题,迭代过程见表 12-4. 表 12-4 中可以看出第二个线性规划问题的解为 $\boldsymbol{y}=[1/20\quad 1/10\quad 1/20]^{\mathrm{T}}$, $z_y=1/5$;第一个线性规划问题的解为 $\boldsymbol{x}=[1/20\quad 1/10\quad 1/20]^{\mathrm{T}}$, $z_x=1/5$.

表　12-4

c_j		1	1	1	0	0	0	$\boldsymbol{b}$
$\boldsymbol{C_B}$	$\boldsymbol{Y_B}$	y_1	y_2	y_3	u_1	u_2	u_3	
0	u_1	7	2	9	1	0	0	1
0	u_2	2	9	0	0	1	0	1
0	u_3	[9]	0	11	0	0	1	1
c_j-z_j		1	1	1	0	0	0	0
c_j		1	1	1	0	0	0	$\boldsymbol{b}$
$\boldsymbol{C_B}$	$\boldsymbol{Y_B}$	y_1	y_2	y_3	u_1	u_2	u_3	
0	u_1	0	2	4/9	1	0	−7/9	2/9
0	u_2	0	[9]	−22/9	0	1	−2/9	7/9
1	y_1	1	0	11/9	0	0	1/9	1/9
c_j-z_j		0	1	−2/9	0	0	−1/9	1/9
c_j		1	1	1	0	0	0	$\boldsymbol{b}$
$\boldsymbol{C_B}$	$\boldsymbol{Y_B}$	y_1	y_2	y_3	u_1	u_2	u_3	
0	u_1	0	0	[80/81]	1	−2/9	−59/81	4/81
1	y_2	0	1	−22/81	0	1/9	−2/81	7/81
1	y_1	1	0	11/9	0	0	1/9	1/9
c_j-z_j		0	0	4/81	0	−1/9	−7/81	16/81
c_j		1	1	1	0	0	0	$\boldsymbol{b}$
$\boldsymbol{C_B}$	$\boldsymbol{Y_B}$	y_1	y_2	y_3	u_1	u_2	u_3	
1	y_3	0	0	1	81/80	−9/40	−59/80	1/20
1	y_2	0	1	0	11/40	1/20	−9/40	1/20
1	y_1	1	0	0	−99/80	11/40	81/80	1/20
c_j-z_j		0	0	0	−1/20	−1/10	−1/20	1/5

则

$$V_G=5$$

$$\boldsymbol{x}^*=V_G\cdot[1/20\quad 1/10\quad 1/20]^{\mathrm{T}}=[1/4\quad 1/2\quad 1/4]^{\mathrm{T}}$$

$$\boldsymbol{y}^*=V_G\cdot[1/20\quad 1/10\quad 1/20]^{\mathrm{T}}=[1/4\quad 1/2\quad 1/4]^{\mathrm{T}}$$

以上我们介绍了常见的几种矩阵对策求解的方法.一般对于一个具体的矩阵对策,首先判断它是否有鞍点,若没有,判断一下是否有优超现象,或是否能用定理 12-7,12-8 来简化矩阵,减小计算量,然后就具体情况选择合适的方法给予求解.

12.4 非零和对策

非零和对策是相对于零和对策而言的.对策按赢得函数的和是否为零分为“零和对策”和“非零和对策”.如果对于每一个局势,对侧重所有局中人的赢得函数的值之和为零,则称这个对策为零和对策(zero-sum-game),否则称为非零和对策(non-zero-game).非零和对策分为有限二人非零和对策、有限多人非零和对策等.许多经济活动过程中的对策模型,很多是非零和对策.下面简介两人有限非零和对策的数学模型及其解法.

例 12-10 核裁军问题 假定只有两个国家拥有核武器.目前他们拥有的核力量相当,因而受到核袭击的可能性都是 0.5.如他们裁减核武器,则他们受到对方核袭击的可能性减小到0.2;如果一国裁减核武器,而另一国不裁减,则裁减核武器的国家受核袭击的可能性增加到 0.9,不裁减的国家受到核袭击的可能性为 0.1.试给出这个问题的对策模型.

解 局中人是这两个国家,分别称作 A 和 B.A 的策略为 α_1—— 不裁减核武器;α_2—— 裁减核武器.B 的策略为 β_1—— 不裁减核武器;β_2—— 裁减核武器.以受到核袭击的概率作为该国的赢得.

A 的赢得函数见表 12-5,B 的赢得函数见表 12-6.

表 12-5

B / A	β_1	β_2
α_1	0.5	0.1
α_2	0.9	0.2

表 12-6

B / A	β_1	β_2
α_1	0.5	0.9
α_2	0.1	0.2

这是一个有限非零和对策.

例 12-11 甲、乙两家面包店在市场竞争中,各自都在考虑是否要降价,如果两家都降价,则各家可得 300 元的利润;如果都不降价,则各家可得利润 500 元;如果一家降价,另一家不降价,降价的一家可得利润 600 元,不降价的一家由于剩余等原因而亏损 400 元,问双方如何选择行动较为合理?

解 依据题意把上述数据整理成表(见表 12-7):

表 12-7

甲店 / 乙店	β_1(降价)	β_2(不降价)
α_1(降价)	[3 3]	[6 −4]
α_2(不降价)	[−4 6]	[5 5]

表 12-7 中,甲、乙两家面包店分别有两个纯策略:降价与不降价,它们构成的策略集分别为 $S_{甲}=[\alpha_1 \quad \alpha_2]$,$S_{乙}=[\beta_1 \quad \beta_2]$,由局势$[\alpha_i \quad \beta_j]$所确定的数组$[a_{ij} \quad b_{ij}]$表示甲面包店的利润为 a_{ij},表示乙面包店的利润为 b_{ij}.例如[−4,6]表示在局势$[\alpha_2,\beta_1]$下,甲面包店亏损400元,

乙面包店盈利 600 元.

一般地,两人有限非零和对策的数学模型可用 $\boldsymbol{G}=\{(\boldsymbol{S}_1,\boldsymbol{S}_2);(\boldsymbol{A},\boldsymbol{B})\}$ 表示,其中 $\boldsymbol{S}_1$ 和 $\boldsymbol{S}_2$ 分别为局中人Ⅰ和Ⅱ的纯策略集 $\boldsymbol{S}_1=[\alpha_1\quad \alpha_2\quad \cdots\quad \alpha_m]$,$\boldsymbol{S}_2=[\beta_1\quad \beta_2\quad \cdots\quad \beta_n]$,矩阵 $\boldsymbol{A}=(a_{ij})_{m\times n}$,矩阵 $\boldsymbol{B}=(b_{ij})$ 分别为局中人Ⅰ和Ⅱ的赢得矩阵,$[\boldsymbol{A}\quad \boldsymbol{B}]=[a_{ij}\quad b_{ij}]_{m\times n}$,一般 $\boldsymbol{B}\neq-\boldsymbol{A}$.

随着 $\boldsymbol{A}$,$\boldsymbol{B}$ 的确定,两人有限非零和对策也就确定.因此,两人有限非零和对策又称为双矩阵对策.容易理解,当 $\boldsymbol{B}=-\boldsymbol{A}$ 时,双矩阵对策就是矩阵对策.矩阵对策是双矩阵对策的一种特殊情况.

在本例中

$$\boldsymbol{A}=\begin{bmatrix}3 & 6\\ -4 & 5\end{bmatrix},\quad \boldsymbol{B}=\begin{bmatrix}3 & -4\\ 6 & 5\end{bmatrix}$$

上表中概述了降价竞争问题,在这个对策中,两家面包店在没有互通信息非合作情况下,各自都有两种策略的选择:降价或不降价,显然,双方最好策略的选择都是降价,即(α_1,β_1).因为选择降价至少可得到 300 元利润,如果选择不降价,则可能由于对方降价而蒙受 400 元的损失.当然,在两店互通信息,进行合作的情况下,双方采取不降价的策略,各自都能从合作中多得 200 元.

例 12-12　设想一个垄断企业已占领市场(称为"在位者"),另一个企业很想进入市场(称为"进入者"),在位者想保持其垄断地位,就要阻挠进入者进入.假定进入者进入前,在位者的垄断利润为 300,进入后两者的利润和为 100(各得 50),进入成本为 10.两者各种策略组合下的赢得矩阵见表 12-8:

表　12-8

在位者 / 进入者	β_1(默许)	β_2(斗争)
α_1(进入)	[40 50]	[−10 0]
α_2(不进入)	[0 300]	[0 300]

表 12-8 中反遇了市场进入阻挠对策问题,进入者的策略集 $\boldsymbol{S}_{进}$ 中两个纯策略:α_1(进入)和 α_2(不进入),在位者的策略集 $\boldsymbol{S}_{在}$ 中也有两个纯策略:β_1(默许),β_2(斗争),进入者和在位者赢得矩阵分别为

$$\boldsymbol{A}=\begin{bmatrix}40 & -10\\ 0 & 0\end{bmatrix},\quad \boldsymbol{B}=\begin{bmatrix}50 & 0\\ 300 & 300\end{bmatrix}$$

容易理解,$[\alpha_1\quad \beta_1]$(进入,默许)和$[\alpha_2\quad \beta_2]$(不进入,斗争)是双方所能选择的最好局势.因为当进入者选定 α_1(进入)时,在位者选择 β_1(默许)可赢得利润 50,而选择 β_2(斗争)则赢得为 0,所以 β_1(默许)是在位者的最优策略;同样当在位者选择 β_1(默许),进入者的最优选择是 α_1(进入),尽管进入者选择 α_2(不进入)时,β_1(默许)和 β_2(斗争)对在位者是同一个意思,只有当在位者选择 β_2(斗争)时,α_2(不进入)才是进入者最好的选择.

从以上例子可以看到非零和对策比零和对策更为复杂,求解也更加困难.

12.5 动态对策——微分对策

前几节主要讨论了几种静态对策模型，本节将对动态对策即微分对策进行初步探讨. 微分对策的提出最初是出于军事上的需要. 在20世纪中叶，高新技术日益发展，对制导系统拦截飞行器、航天技术中有关机动追击等军事问题的研究，采用经典对策论的方法难以取得令人满意的结果. 于是，以美国数学家 Issacs 为首的研究小组将现代控制论中的一些模型引入到对策论中来，取得了突破性的进展，并开创了对策论新的研究领域 —— 微分对策. 今天，动态对策的应用已经深入到社会、经济、生活等各个领域的方方面面，比如生产与投资、劳资与谈判、招标与投标等等.

12.5.1 动态对策的基本概念

研究动态对策的一个主要难点在于控制函数 $u(t)$ 和 $v(t)$ 都是时间 t 的函数，对策进行的过程是一个连续的过程. 我们采用离散序列法将连续问题离散化.

δ 对策与上、下 δ 对策，我们假设每个局中人都有过去的完全信息，即了解自己及对手在过去所采取的行动，还假设双方均不知道对手未来会采取什么行动.

对任意正整数 n，令 $\delta = T_0/n$，于是，区间 $[0, T_0]$ 被分成了 n 个长度为 δ 的小区间：

$$I_1 = [0 \quad \delta]$$

$$I_j = [(j-1)\ \delta \quad j\delta], \quad j = 2, 3, \cdots, n$$

记 u_j, v_j 为 u, v 在 I_i 上的限制，U_i, V_i 为 U, V 在 I_j 上的限制

定义 12-6 若局中人甲在区间 $I_j (j = 1, 2, \cdots, n)$ 上采取行动，有

$$\sum^{\delta j} : V_1 \times U_1 \times V_2 \times U_2 \times \cdots \times V_{j-1} \times U_{j-1} \times V_j \rightarrow U_j$$

则称 $\sum^{\delta} = [\sum^{\delta 1} \quad \sum^{\delta 2} \quad \cdots \quad \sum^{\delta n}]$ 为甲的上 δ 策略；若局中人乙在 I_j 上采取行动，有

$$\Delta^{\delta j} : U_1 \times V_1 \times U_2 \times V_2 \times \cdots \times U_{j-1} \times V_{j-1} \times U_j \rightarrow V_j$$

则称 $\Delta^{\delta} = [\Delta^{\delta 1} \quad \Delta^{\delta 2} \quad \cdots \quad \Delta^{\delta n}]$ 为乙的上 δ 策略；若局中人甲在 I_j 上采取行动，有

$$\sum_{\delta j} : U_1 \times V_1 \times U_2 \times V_2 \times \cdots \times U_{j-1} \times V_{j-1} \rightarrow U_j$$

则称 $\sum_{\delta} = [\sum_{\delta 1} \quad \sum_{\delta 2} \quad \cdots \quad \sum_{\delta n}]$ 为甲的下 δ 策略；若局中人乙在 I_j 上采取行动，有

$$\Delta_{\delta j} : V_1 \times U_1 \times V_2 \times U_2 \times \cdots \times V_{j-1} \times U_{j-1} \rightarrow V_j$$

则称 $\Delta_{\delta} = [\Delta_{\delta 1} \quad \Delta_{\delta 2} \quad \cdots \quad \Delta_{\delta n}]$ 为乙的下 δ 策略.

由定义易知，所谓上 δ 策略，实际上是说该局中人在信息方面比对手占优势. 在对策进行过程中，有以下几种可能情形：

(1) 某一局中人采用上 δ 策略，另一局中人采用下 δ 策略；

(2) 双方均采用下 δ 策略；

(3) 混合情形，即某些阶段局中人甲在信息方面占优势，某些阶段局中人乙占优势，剩下的那些阶段中双方谁也不占优势.

很显然，不可能在同一时刻双方均在信息方面占优势，因而不可能双方同时采用上 δ 策略.

对于任意给定的策略对 $[\Delta_{\delta} \sum^{\delta}]$，可以唯一地构造出局中人甲、局中人乙的控制函数

$u^{\delta}(t)$ 和 $v_{\delta}(t)$，称$[v_{\delta} \quad u^{\delta}]$为对应于$\left[\Delta_{\delta} \quad \sum^{\delta}\right]$的局势. 记 u^{δ}，v_{δ} 在 I_j 上的限制为 u_j，v_j，可按下式构造

$$\begin{cases} v_1 = \Delta_{\delta 1} \\ v_j = \Delta_{\delta j}[v_1 \quad u_1 \quad \cdots \quad v_{j-1} \quad u_{j-1}], \quad j = 2,3,\cdots,n \\ u_j = \sum^{\delta j}[v_1 \quad u_1 \quad \cdots \quad v_{j-1} \quad u_{j-1}], \quad j = 1,2,\cdots,n \end{cases} \tag{12-21}$$

相应地，支付泛函可以记为

$$J[v_{\delta} \quad u^{\delta}] = J\left[\Delta_{\delta} \quad \sum^{\delta}\right] = J\left[\Delta_{\delta 1} \quad \sum^{\delta 1} \quad \cdots \quad \Delta_{\delta n} \quad \sum^{\delta n}\right] \tag{12-22}$$

定义 12-7　在二人零和微分对策中，若局中人甲选用上 δ 策略$\sum^{\delta}$，局中人乙选用下 δ 策略 Δ_{δ}，按式(12-21) 进行对局，支付由式(12-22) 确定，则称该对策为上 δ 策略，记作 Γ^{δ}. 记 $u^{\delta} = \inf\limits_{\Delta_{\delta 1}} \sup\limits_{\sum^{\delta 1}} \cdots \inf\limits_{\Delta_{\delta n}} \sup\limits_{\sum^{\delta n}} J\left[\Delta_{\delta 1} \quad \sum^{\delta 1} \quad \cdots \quad \Delta_{\delta n} \quad \sum^{\delta n}\right]$，则称 u^{δ} 为对策 Γ^{δ} 的上 δ 值.

同样也可以定义下 δ 策略 Γ_{δ}，即局中人甲采用下 δ 策略$\sum_{\delta}$，局中人乙采用上 δ 策略Δ^{δ}，按照下式

$$\begin{cases} v_1 = \Delta^{\delta 1} \\ v_j = \Delta^{\delta j}[v_1 \quad u_1 \quad \cdots \quad v_{j-1} \quad u_{j-1}], \quad j = 2,3,\cdots,n \\ u_j = \sum_{\delta j}[v_1 \quad u_1 \quad \cdots \quad v_{j-1} \quad u_{j-1}], \quad j = 1,2,\cdots,n \end{cases}$$

进行对局. 支付由下式确定

$$J[v^{\delta} \quad u_{\delta}] = J\left[\Delta^{\delta} \quad \sum_{\delta}\right] = J\left[\Delta^{\delta 1} \quad \sum_{\delta 1} \quad \cdots \quad \Delta^{\delta n} \quad \sum_{\delta n}\right]$$

此时，$[v^{\delta} \quad u_{\delta}]$ 称为对应于$\left[\Delta^{\delta} \quad \sum_{\delta}\right]$的局势. 记

$u_{\delta} = \sup\limits_{\sum_{\delta 1}} \inf\limits_{\Delta^{\delta 1}} \cdots \sup\limits_{\sum_{\delta n}} \inf\limits_{\Delta^{\delta n}} J\left[\sum_{\delta 1} \quad \Delta^{\delta 1} \quad \cdots \quad \sum_{\delta n} \quad \Delta^{\delta n}\right]$，则称 u_{δ} 为 Γ_{δ} 的下 δ 值.

若双方均采用下 δ 策略，这样的对策称为 δ 对策，记为 $\Gamma(\delta)$. 读者可自行写出 $\Gamma(\delta)$ 的策略、局势和支付函数.

12.5.2　动态对策的数学模型

先让我们来看一个例子.

例 12-13　平面拦截对策　飞机 A 与 B 在同一水平面上做拦截对策. 两飞机相向飞行，前向速度分别为常量 v_1 和 v_2，横向速度分别为 $u(t)$ 和 $v(t)$，横向位置分别为 $x_1(t)$ 和 $x_2(t)$，并设 $t=0$ 时，A，B 的横向位置分别为 x_1^0，x_2^0，两飞机之间的前向距离为 L.

飞机运动的状态方程组为

$$\begin{cases} \dot{x}_1 = u \\ \dot{x}_2 = v \\ x_1(0) = x_1^0, \quad x_2(0) = x_2^0 \end{cases}$$

若记 $x(t) = x_1(t) - x_2(t)$，$x_0 = x_1^0 - x_2^0$，则上述方程组可以化为

$$\begin{cases} \dot{x} = u - v \\ x(0) = x_0 \end{cases}$$

采用下面的支付函数来衡量拦截效果，即

$$J(\boldsymbol{u},\boldsymbol{v})=\frac{1}{2}x^2(T_0)+\frac{1}{2}\int_0^{T_0}(\alpha\boldsymbol{u}^2(t)-\beta\boldsymbol{v}^2(t))\mathrm{d}t$$

其中 $T_0=\frac{L}{(v_1+v_2)}$ 是拦截时间，$\alpha,\beta\geqslant 0$ 是与飞机性能相关的参数. $x(T_0)$ 是截击时两飞机的横向距离，又称终端距离. 飞机A控制 $u(t)$，使 $J(\boldsymbol{u},\boldsymbol{v})$ 尽可能大，而飞机B则控制 $v(t)$，使 $J(\boldsymbol{u},\boldsymbol{v})$ 尽可能小.

这个例子中，飞机A，B的利益是根本对立的，即一个局中人的所得即为另一个局中人的损失，从而是二人零和微分对策. 下面给出二人零和微分对策的一般形式.

设 $\boldsymbol{x}\in\mathbf{R}^m$，$\boldsymbol{U}\subseteq\mathbf{R}^q$，其中 $\boldsymbol{U},\boldsymbol{V}$ 是有界非空闭集，并设 $\boldsymbol{u}=u(t):[0,T_0]\to\boldsymbol{U}$ 是可测函数，称为局中人甲的控制函数(control function)；$\boldsymbol{v}=v(t):[0,T_0]\to\boldsymbol{V}$ 也是可测函数，称为局中人乙的可测函数. 集合 $\boldsymbol{U},\boldsymbol{V}$ 分别称为甲、乙的控制集(control set).

于是二人零和微分对策的一般形式可由下面的微分方程和支付函数来描述：

$$\begin{cases}\dot{\boldsymbol{x}}=f(t,x,u,v)\\ \boldsymbol{x}(0)=x_0\end{cases}\tag{12-23}$$

$$J(\boldsymbol{u},\boldsymbol{v})=g(t(\boldsymbol{u},\boldsymbol{v}),\boldsymbol{x}(t(\boldsymbol{u},\boldsymbol{v})))+\int_0^{t(\boldsymbol{u},\boldsymbol{v})}h(t,\boldsymbol{x}(t),\boldsymbol{u}(t),\boldsymbol{v}(t))\mathrm{d}t\tag{12-24}$$

其中 $t(\boldsymbol{u},\boldsymbol{v})$ 满足终端约束

$$\psi(t(\boldsymbol{u},\boldsymbol{v}),\boldsymbol{x}(t(\boldsymbol{u},\boldsymbol{v})))=0\tag{12-25}$$

这里 $\psi(t,\boldsymbol{x})$ 是关于 t 和 8 的连续函数.

关于 $f(t,\boldsymbol{x},\boldsymbol{u},\boldsymbol{v})$，$g(t,\boldsymbol{x})$ 和 $h(t,\boldsymbol{x},\boldsymbol{u},\boldsymbol{v})$，我们作以下约定：

(1) $\boldsymbol{f}=[f_1\quad f_2\quad\cdots\quad f_m]^{\mathrm{T}}\in\mathbf{R}^m$，而 $f_i(t,\boldsymbol{x},\boldsymbol{u},\boldsymbol{v})(i=1,2,\cdots,m)$ 是 $[0,T_0]\times\mathbf{R}^m\times\boldsymbol{U}\times\boldsymbol{V}$ 上的连续函数，且使状态微分方程(1) 有唯一解：

$$\boldsymbol{x}(t)=\boldsymbol{x}_0+\int_0^t f(\tau,\boldsymbol{x}(\tau),\boldsymbol{u}(\tau),\boldsymbol{v}(\tau))\mathrm{d}\tau\tag{12-26}$$

(2) $g(t,\boldsymbol{x})$ 是 $[0,T_0]\times\mathbf{R}^m$ 上的实函数，且满足有界约束，即

$$|g(t,\boldsymbol{x})|<\infty,\ \forall t\in[0,T_0],\ \forall\boldsymbol{x}\in\mathbf{R}^m\text{ 且 }\|\boldsymbol{x}\|<\infty$$

(3) $h(t,\boldsymbol{x},\boldsymbol{u},\boldsymbol{v})$ 是定义在 $[0,T_0]\times\boldsymbol{R}^m\times\boldsymbol{U}\times\boldsymbol{V}$ 上的连续函数.

我们称由式(12-25) 给出的 $\boldsymbol{x}(t)$ 为对应于控制函数 $\boldsymbol{u}(t)$ 和 $\boldsymbol{v}(t)$ 的轨迹 (orbit)；称满足式(12-24) 的 $[t,\boldsymbol{x}]$ 的全体为终端集 (terminal set)或目标集(goal set)，记为 $\boldsymbol{F}$，即

$$\boldsymbol{F}=\{[t,x]\mid\psi(t,\boldsymbol{x})=0,[t,x]\in[0,T_0]\times\mathbf{R}^m\}$$

很显然，终端集 $\boldsymbol{F}$ 是闭集. 对于给定的控制函数 $\boldsymbol{u}(t)$ 和 $\boldsymbol{v}(t)$，$t(\boldsymbol{u},\boldsymbol{v})$ 是对策结束的时刻，所以，终端约束式(12-24) 可以视为对策结束的条件.

12.6 WinQSB 软件应用

对策论亦称竞赛论或博弈论，是研究具有斗争或竞争性质现象的数学理论和方法. 一般认为，它是现代数学的一个新分支，是运筹学的一个重要学科. 对策论研究的对象是带有对抗性质的模型. 它的中心问题是：什么是对策的解和解的存在性以及如何求解.

WinQSB 软件只能求解二人有限零和对策. 调用的子程序是 Decision Analysis(DA)，在选项界面选择 Two－player ，Zero－ sum Game.

例 12 - 14　求解矩阵对策：

$$A=\begin{bmatrix}3&2&0&3&0\\5&0&2&5&9\\7&3&9&5&9\\4&6&8&7&5.5\\6&0&8&8&3\end{bmatrix}$$

解　在图 12 - 4 中输入局中人 Ⅰ 的策略数 5. 局中人 Ⅱ 策略数 5. 输入矩阵 $\boldsymbol{A}$ 的数据，见表 12 - 9.

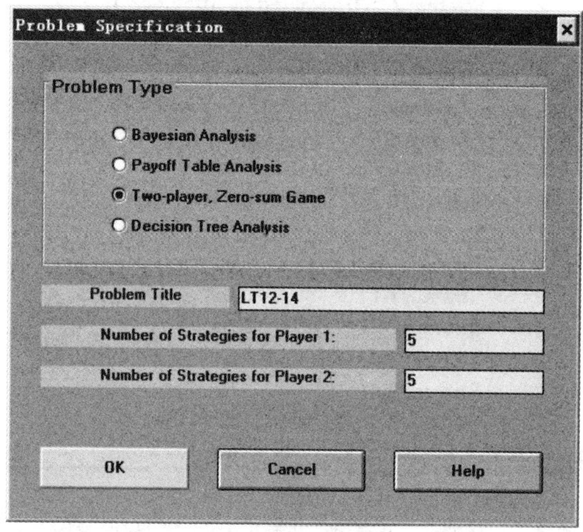

图　12 - 4

表　12 - 9

Player1 \ Player2	Strategy2-1	Strategy2-2	Strategy2-3	Strategy2-4	Strategy2-5
Strategy1-1	3	2	0	3	0
Strategy1-2	5	0	2	5	9
Strategy1-3	7	3	9	5	9
Strategy1-4	4	6	8	7	5.5
Strategy1-5	6	0	8	8	3

求解得到表 12 - 10. 最优解为 $\boldsymbol{x}^*=[0\quad 0\quad 0.33\quad 0.67\quad 0]^{\mathrm{T}}$，$\boldsymbol{y}^*=[0.5\quad 0.5\quad 0\quad 0\quad 0]^{\mathrm{T}}$；对策值 $v=5$.

例 12 - 15　求解矩阵对策

$$A=\begin{bmatrix}2&-1&4&3&3\\-1&5&-2&-1&6\\-3&-8&12&-9&1\\-3&-8&12&-9&1\\6&7&-2&4&-5\end{bmatrix}$$

解　在图 12 - 5 中输入局中人 Ⅰ 的策略数 4，局中人 Ⅱ 策略数 5. 输入矩阵 $\boldsymbol{A}$ 的数据，见表 12 - 11.

求解得到表 12 - 12. 最优解为 $\boldsymbol{x}^*=[0.51\quad 0.22\quad 0.05\quad 0.23]^{\mathrm{T}}$，$\boldsymbol{y}^*=$

[0　0.42　0.45　0.04　0.09]^{T};对策值 $v=1.75$.

表　12－10

07-08-2014	Player	Strategy	Dominance	Elimination Sequence
1	1	Strategy1-1	Dominated by Strategy1-3	
2	1	Strategy1-2	Dominated by Strategy1-3	
3	1	Strategy1-3	Not Dominated	
4	1	Strategy1-4	Not Dominated	
5	1	Strategy1-5	Dominated by Strategy1-3	
6	2	Strategy2-1	Not Dominated	
7	2	Strategy2-2	Not Dominated	
8	2	Strategy2-3	Dominated by Strategy2-1	
9	2	Strategy2-4	Dominated by Strategy2-2	
10	2	Strategy2-5	Dominated by Strategy2-1	
	Player	Strategy	Optimal Probability	
1	1	Strategy1-1	0	
2	1	Strategy1-2	0	
3	1	Strategy1-3	0.33	
4	1	Strategy1-4	0.67	
5	1	Strategy1-5	0	
1	2	Strategy2-1	0.50	
2	2	Strategy2-2	0.50	
3	2	Strategy2-3	0	
4	2	Strategy2-4	0	
5	2	Strategy2-5	0	
	Expected	Payoff	for Player 1 =	5

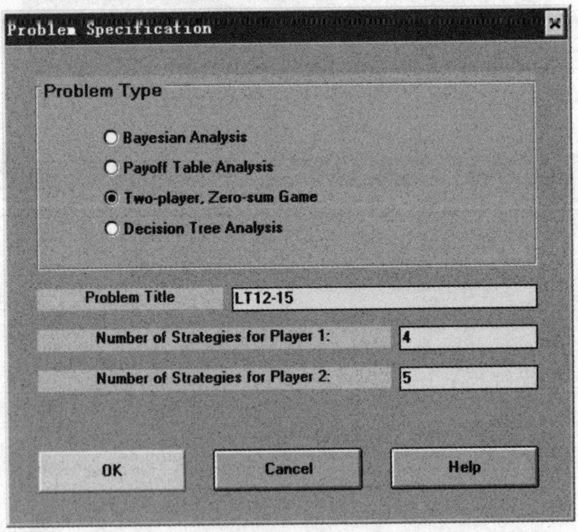

Problem Specification

Problem Type

- ○ Bayesian Analysis
- ○ Payoff Table Analysis
- ◉ Two-player, Zero-sum Game
- ○ Decision Tree Analysis

Problem Title: LT12-15

Number of Strategies for Player 1: 4

Number of Strategies for Player 2: 5

OK　Cancel　Help

图　12－5

表　12－11

Player1 \ Player2	Strategy2-1	Strategy2-2	Strategy2-3	Strategy2-4	Strategy2-5
Strategy1-1	2	-1	4	3	3
Strategy1-2	-1	5	-2	-1	6
Strategy1-3	-3	-8	12	-9	1
Strategy1-4	6	7	-2	4	-5

表　12－12

06-28-2014	Player	Strategy	Dominance	Elimination Sequence
1	1	Strategy1-1	Not Dominated	
2	1	Strategy1-2	Not Dominated	
3	1	Strategy1-3	Not Dominated	
4	1	Strategy1-4	Not Dominated	
5	2	Strategy2-1	Not Dominated	
6	2	Strategy2-2	Not Dominated	
7	2	Strategy2-3	Not Dominated	
8	2	Strategy2-4	Not Dominated	
9	2	Strategy2-5	Not Dominated	
	Player	Strategy	Optimal Probability	
1	1	Strategy1-1	0.51	
2	1	Strategy1-2	0.22	
3	1	Strategy1-3	0.05	
4	1	Strategy1-4	0.23	
1	2	Strategy2-1	0	
2	2	Strategy2-2	0.42	
3	2	Strategy2-3	0.45	
4	2	Strategy2-4	0.04	
5	2	Strategy2-5	0.09	
	Expected	Payoff	for Player 1 =	1.75

当对策有鞍点时，系统直接给出策略的解.

习　题　12

12－1　甲、乙两人进行游戏，在对局中同时说出“老虎”“棒子”“虫子”之一，规定老虎吃虫子，虫子蛀棒子，棒子打老虎，赢者得一分. 试写出这个对策.

12－2　任放一张红牌或黑牌，让 A 看但不让 B 知道，如为红牌，A 可以置一枚硬币或让 B 猜，掷硬币出现正反面的概率各为 1/2，如出现正面，A 赢得 p 元，出现反面，A 输 q 元，若让 B 猜，B 猜红，A 输 r 元，猜黑，A 赢 s 元，；如为黑牌，A 只能让 B 猜，如猜红，A 赢 t 元，如猜黑，A 输 u 元. 试列出对 A 的赢得矩阵.

12－3　假设甲、乙双方交战，乙方用三个师的兵力防守一座城市，有两条公路可通过该城. 甲方用两个师的兵力进攻这座城，可能两个师各攻一条公路，也可能都进攻同一条公路，防守方可用三个师的兵力防守一条公路，也可以用两个师防守一条公路，用一个师防守另一条公路，哪方军队在某一条公路上个数量多，哪方军队就控制这条公路，如果军队数量相同，则有一半机会防守方控制这条公路，一半机会进攻方攻入该城. 若把进攻方作为局中人 Ⅰ，攻下这座城的概率作为支付矩阵，写出该问题的矩阵对策.

12－4　某城分东南西北三个地区，分别居住着 40%，30%，30% 的居民，有两个公司甲和乙都计划在城内修建溜冰场，公司甲计划修两个，公司乙计划修一个，每个公司都知道，如果在某个区内设有两个溜冰场，那么这两个溜冰场将平分该区的业务；如果在某个城区只有一个溜冰场，则该冰场将独揽这个城区的业务；如果在一个城区没有溜冰场，则该区的业务平分给三个溜冰场. 每个公司都想使自己的营业额尽可能的多. 试把这个问题表示成一个矩阵对策，写出公司甲的赢得矩阵,并求两个公司的最优策略以及占有多大的市场份额.

12-5 敌方可以使用6种不同类型的武器$\beta_1,\beta_2,\beta_3,\beta_4,\beta_5,\beta_6$,我方采用4种不同类型的武器$\alpha_1,\alpha_2,\alpha_3,\alpha_4$与其对抗,我方采用4种不同武器的概率由支付矩阵给定,试提出合理使用对抗武器的方案,以保证在缺少敌方所用武器情报的条件下,最大限度地击毁对方:

$$\boldsymbol{A}=\begin{bmatrix}0.0 & 1.0 & 0.9 & 0.85 & 0.9 & 0.83\\ 0.0 & 0.8 & 0.8 & 0.7 & 0.5 & 0.6\\ 1.0 & 1.0 & 0.7 & 0.6 & 0.7 & 0.5\\ 1.0 & 0.9 & 0.3 & 0.3 & 0.2 & 0.4\end{bmatrix}$$

12-6 要杀害4类害虫$\beta_1,\beta_2,\beta_3,\beta_4$,有4种杀虫剂$\alpha_1,\alpha_2,\alpha_3,\alpha_4$,每个单位药量喷洒杀伤每一类害虫的能力(单位以十万计)如支付矩阵$\boldsymbol{A}$所示,问如何配方才能使杀伤能力最优:

$$\boldsymbol{A}=\begin{pmatrix}6 & 15 & 6 & 6\\ 12 & 6 & 6 & 6\\ 6 & 6 & 21 & 6\\ 6 & 6 & 6 & 18\end{pmatrix}$$

12-7 (1) 在一个矩阵对策问题中,如对策矩阵为反对称矩阵($\boldsymbol{A}'=-\boldsymbol{A}$),证明对策者 Ⅰ 和对策者 Ⅱ 的最优策略相同,并且其对策值为零.

(2) 设矩阵对策局中人 Ⅰ 的赢得如下表:

Ⅰ \ Ⅱ	β_1	β_2
α_1	-2	4
α_2	3	-2
α_3	1	3

1) 当局中人 Ⅰ 采用策略$\boldsymbol{x}^0=[0.2\quad 0.5\quad 0.3]$时,Ⅱ 应采用何策略?

2) 当局中人 Ⅱ 采用策略$\boldsymbol{y}^0=[5/7\quad 2/7]$时,Ⅰ 应采用何策略?

3) $\boldsymbol{x}^0,\boldsymbol{y}^0$是否是局中人Ⅰ和局中人Ⅱ最优策略?为什么?若不是,试求最优策略和对策值.

12-8 证明本章定理12-6～定理12-8.

第 7 篇　非线性规划

第 13 章　非线性规划

非线性规划(Nonlinear Programming, NLP)是目标函数或约束条件为非线性函数的数学规划. 前面论述了线性规划及其扩展问题,这些问题的约束条件和目标函数都是关于决策变量的一次函数. 虽然大量的实际问题可以简化为线性规划及其扩展问题来求解,但是还有相当多的问题很难用线性函数加以描述. 如果目标函数或约束条件中包含有非线性函数,就称这样的规划问题为非线性规划问题. 一般来讲,非线性规划问题的求解要比线性规划问题的求解困难得多;而且也不像线性规划问题那样具有一种通用的求解方法. 目前,非线性规划问题已成为运筹学的一个重要分支,在管理科学、最优设计、系统控制等许多领域得到了广泛的应用. 本章介绍非线性规划的基本概念和求解方法.

13.1　非线性规划的数学模型及基本概念

13.1.1　非线性规划问题的数学模型

非线性规划问题的一般形式为

$$\min f(\boldsymbol{x})$$
$$\text{s.t.}\begin{cases} g_i(\boldsymbol{x}) \geqslant 0, & i=1,2,\cdots,m \\ h_j(\boldsymbol{x})=0, & j=m+1,\cdots,p \end{cases} \tag{13-1}$$

式中,$\boldsymbol{x}=[x_1 \quad x_2 \quad \cdots \quad x_n]^{\mathrm{T}} \in \mathbf{R}^n$,$f:\mathbf{R}^n \to \mathbf{R}^l$,$g_i:\mathbf{R}^n \to \mathbf{R}^l(i=1,\cdots,m)$,$h_j:\mathbf{R}^n \to \mathbf{R}^l(j=m+1,\cdots,p)$:$\mathbf{R}^n \to \mathbf{R}$ 为连续函数,有时还要求连续可微. $\boldsymbol{x}$ 称为决策变量,$f(\boldsymbol{x})$ 为目标函数,$g_i(\boldsymbol{x})(i=1,\cdots,m)$ 为不等式约束,$h_j(\boldsymbol{x})(j=m+1,\cdots,p)$ 为等式约束.

根据不同的领域的实际问题,其对应的非线性规划也有不同的表达形式,但这些不同形式的问题都可经过适当的变换转化为上述的一般形式. 例如,对于求极大问题

$$\max f(\boldsymbol{x})$$

可转换为求 $-f(\boldsymbol{x})$ 的极小问题. 又如对于形如 $g_i(\boldsymbol{x}) \geqslant 0$ 的不等式约束,可同样转换成问题式(13-1) 中的不等式形式.

只要问题(13-1) 中存在约束条件,就称为约束优化问题. 若只有等式约束时,问题式(13-1) 称之为等式约束优化问题. 若只有不等式约束时,问题(13-1) 称之为不等式约束优

化问题. 若既有等式约束,又有不等式约束,则问题(13-1)称为混合约束问题. 如果问题(13-1)没有任何约束问题,则称为无约束优化问题. 无约束优化问题是最优化的基础,这是基于以下两点:其一,很多的实际最优化问题本身就是一个无约束优化问题. 其二,许多约束优化问题都可以通过适当的变换转化为无约束优化问题,而后再采用合适的无约束优化方法求解.

根据问题(13-1)中函数的具体性质和复杂程度,该问题又可分为许多不同的类型. 根据决策变量的取值是离散的还是连续的可分为离散最优化和连续最优化. 离散最优化又称组合最优化,如整数规划、资源配置、生产安排等问题都是离散最优化的典型例子. 根据函数是否光滑又可分为光滑最优化与非光滑最优化. 若问题(13-1)中所有的函数都是连续可微函数,则称为光滑最优化;只要有一个函数不光滑,则问题就是非光滑最优化.

13.1.2 基本概念和术语

如果 $\boldsymbol{x} \in \mathbf{R}^n$ 满足问题(13-1)中的所有约束条件,则称该点为可行点,所有的可行点组成的集合称为可行域,记为 $\boldsymbol{F}$. 对于一个可行点 $\bar{\boldsymbol{x}}$,考虑不等式约束 $g_i(\boldsymbol{x})(i=1,\cdots,m)$,若有 $g_i(\bar{\boldsymbol{x}})=0$,就称约束 $g_i(\boldsymbol{x}) \leqslant 0$ 在点 $\bar{x}$ 是有效约束或者起作用约束,并称点 $\bar{x}$ 位于约束 $g_i(\boldsymbol{x}) \leqslant 0$ 的边界上. 如果 $g_i(\boldsymbol{x}) < 0$,就称约束 $g_i(\boldsymbol{x}) \leqslant 0$ 在点 $\bar{x}$ 是无效约束或者不起作用约束,并称点 $\bar{x}$ 是约束 $g_i(\boldsymbol{x}) \leqslant 0$ 的内点. 在任意的可行点,所有的等式约束都被认为是有效约束. 在一个可行点,所有的有效约束的全体就称为该可行点的有效集. 对于一个可行点,如果没有一个不等式约束是有效的,则称该点为可行域的内点. 不是内点的可行点就是可行域的边界点. 显然,在边界点上至少有一个不等式约束为有效约束. 当存在等式约束时,任何可行点都要满足等式约束,因而不可能是等式约束的内点.

一个可行点 $\boldsymbol{x}^* \in \boldsymbol{F}$,如果存在一个邻域 $\boldsymbol{N}(\boldsymbol{x}^*)$,使得成立 $f(\boldsymbol{x}^*) \leqslant f(\boldsymbol{x}), \forall \boldsymbol{x} \in \boldsymbol{N}(\boldsymbol{x}^*) \cap \boldsymbol{F}$ 则称 $\boldsymbol{x}^*$ 为问题(13-1)的局部极小点,$f(\boldsymbol{x}^*)$ 为局部极小值;如果上述不等式对所有的 $\boldsymbol{x} \in \boldsymbol{N}(\boldsymbol{x}^*) \cap \boldsymbol{F}, \boldsymbol{x} \neq \boldsymbol{x}^*$ 严格成立,则称 $\boldsymbol{x}^*$ 是严格局部极小点,$f(\boldsymbol{x}^*)$ 为严格局部极小值.

一个可行点 $\boldsymbol{x}^* \in \boldsymbol{F}$,如果有 $f(\boldsymbol{x}^*) \leqslant f(\boldsymbol{x}), \forall \boldsymbol{x} \in \boldsymbol{F}$,则称 $\boldsymbol{x}^*$ 为问题(13-1)的全局极小点,$f(\boldsymbol{x}^*)$ 为全局极小值;如果上述不等式对所有的 $\boldsymbol{x} \in F, \boldsymbol{x} \neq \boldsymbol{x}^*$ 严格成立,则称 $\boldsymbol{x}^*$ 是严格全局极小点,$f(\boldsymbol{x}^*)$ 为严格全局极小值.

13.1.3 凸函数及其性质

现在给出凸函数的定义.

定义 13-1 设 $f(\boldsymbol{x})$ 为定义在 $\mathbf{R}^n$ 中某一凸集 $\boldsymbol{S}$ 上的函数,若对于任何实数 $\alpha(0<\alpha<1)$ 以及 $\boldsymbol{S}$ 中的任意两点 $\boldsymbol{x}^{(1)}$ 和 $\boldsymbol{x}^{(2)}$,恒有

$$f(\alpha \boldsymbol{x}^{(1)}+(1-\alpha)\boldsymbol{x}^{(2)}) \leqslant \alpha f(\boldsymbol{x}^{(1)})+(1-\alpha)f(\boldsymbol{x}^{(2)})$$

则称 $f(\boldsymbol{x})$ 为定义在 $\boldsymbol{S}$ 上的凸函数. 若上式为严格不等式,则称 $f(\boldsymbol{x})$ 为定义在 $\boldsymbol{S}$ 上的严格凸函数. 改变不等号的方向,可得到凹函数和严格凹函数的定义.

凸函数和凹函数的几何意义是十分明显的,若函数图形上任意两点的连线,处处都不在函数图形的下方,则此函数是凸函数;若函数图形上任意两点的连线,处处都不在函数图形的上方,则此函数是凹函数. 因为凸函数是研究非线性规划求解的基础,所以凸函数的性质就显得

非常重要了.

现在给出凸函数的一些性质.

性质 13-1　设 $f(\boldsymbol{x})$ 为定义在凸集 $\boldsymbol{S}$ 上的凸函数，则对于任意实数 $a \geqslant 0$，函数 $af(\boldsymbol{x})$ 也是定义在 $\boldsymbol{S}$ 上的凸函数.

性质 13-2　设 $f_1(\boldsymbol{x})$ 和 $f_2(\boldsymbol{x})$ 为定义在凸集 $\boldsymbol{S}$ 上的两个凸函数，则其和 $f(\boldsymbol{x}) = f_1(\boldsymbol{x}) + f_2(\boldsymbol{x})$ 仍然是定义在 $\boldsymbol{S}$ 上的凸函数.

性质 13-3　设 $f(\boldsymbol{x})$ 为定义在凸集 $\boldsymbol{S}$ 上的凸函数，则对于任意实数 b，集合 $\boldsymbol{S}_b = \{\boldsymbol{x} \mid \boldsymbol{x} \in \boldsymbol{S}, f(\boldsymbol{x}) \leqslant b\}$ 是凸集.

性质 13-4　设 $f(\boldsymbol{x})$ 为定义在凸集 $\boldsymbol{S}$ 上的凸函数，则它的任一极小点就是它在 $\boldsymbol{S}$ 上的最小点(全局极小点)；而且它的极小点形成一个凸集.

性质 13-5　设 $f(\boldsymbol{x})$ 为定义在凸集 $\boldsymbol{S}$ 上的可微凸函数，若它存在点 $\boldsymbol{x}^* \in \boldsymbol{S}$，使得对于所有的 $\boldsymbol{x} \in \boldsymbol{S}$ 有 $\nabla f(\boldsymbol{x}^*)^{\mathrm{T}}(\boldsymbol{x} - \boldsymbol{x}^*) \geqslant 0$，则 $\boldsymbol{x}^*$ 是 $f(\boldsymbol{x})$ 在 $\boldsymbol{S}$ 上的最小点(全局极小点).

13.1.4　最优性条件

假设 $\boldsymbol{x}^{(0)}$ 是非线性规划的一个可行解，对于此点的某一方向 $\boldsymbol{d}$，若存在实数 $\lambda_0 > 0$ 使任意 $\lambda \in [0, \lambda_0]$ 均有 $\boldsymbol{x}^{(0)} + \lambda \boldsymbol{d} \in \boldsymbol{F}$，就称方向 $\boldsymbol{d}$ 是 $\boldsymbol{x}^{(0)}$ 点的一个**可行方向**.

非线性规划的某一可行点 $\boldsymbol{x}^{(0)}$，对该点的任一方向 $\boldsymbol{d}$ 来说，若存在实数 $\lambda_0 > 0$ 使任意 $\lambda \in [0, \lambda_0]$ 均有 $f(\boldsymbol{x}^{(0)} + \lambda \boldsymbol{d}) < f(\boldsymbol{x}^{(0)})$，就称方向 $\boldsymbol{d}$ 是 $\boldsymbol{x}^{(0)}$ 点的一个**下降方向**.

如果方向 $\boldsymbol{d}$ 既是 $\boldsymbol{x}^{(0)}$ 点的一个可行方向又是一个下降方向，就称 $\boldsymbol{d}$ 是 $\boldsymbol{x}^{(0)}$ 点的一个**可行下降方向**. 显然，如果某点存在可行下降方向，那么该点就不会是极小点；另一方面，如果某点是极小点，则该点不存在可行下降方向. 该结论有如下表示.

设 $\boldsymbol{x}^*$ 是非线性规划的一个局部极小点，目标函数 $f(\boldsymbol{x})$ 在 $\boldsymbol{x}^*$ 处可微，且

$$g_i(\boldsymbol{x}) \text{ 在 } \boldsymbol{x}^* \text{ 处可微，当 } i \in I \text{ 时}$$
$$g_i(\boldsymbol{x}) \text{ 在 } \boldsymbol{x}^* \text{ 处连续，当 } i \notin I \text{ 时}$$

(此处 I 代表在 x^* 处有效约束的下标集合)则在 $\boldsymbol{x}^*$ 点不存在可行下降方向，从而不存在向量 $\boldsymbol{d}$ 同时满足

$$\begin{cases} \nabla f(\boldsymbol{x}^*)^{\mathrm{T}} \boldsymbol{d} < 0 \\ \nabla g_i(\boldsymbol{x}^*)^{\mathrm{T}} \boldsymbol{d} < 0, \quad i \in I \end{cases} \tag{13-2}$$

事实上，若在 $\boldsymbol{x}^*$ 点存在向量 $\boldsymbol{d}$ 满足式(13-2)，则从 $\boldsymbol{x}^*$ 点出发沿方向 $\boldsymbol{d}$ 搜索可找到比 $\boldsymbol{x}^*$ 点更好的点，这与 $\boldsymbol{x}^*$ 点是一个局部极小点的假设相矛盾；所以这个结论是显然成立的.

式(13-2)的几何意义是十分明显的，即 $\boldsymbol{x}^*$ 点处满足该条件的方向 $\boldsymbol{d}$ 与 $\boldsymbol{x}^*$ 点目标函数负梯度方向的夹角为锐角，与 $\boldsymbol{x}^*$ 点所有有效约束梯度方向的夹角也为锐角.

假设 $\boldsymbol{x}^*$ 是非线性规划的极小点，该点可能处于可行域的内部，也可能处于可行域的边界上. 若为前者，该规划问题实质是一个无约束极值问题，$\boldsymbol{x}^*$ 必满足 $\nabla f(\boldsymbol{x}^*) = 0$；若为后者，情况就复杂多了，下面就对这一复杂情况进行分析.

不失一般性，设 $\boldsymbol{x}^*$ 位于第一个约束所形成的可行域的边界上，即第一个约束是 $\boldsymbol{x}^*$ 点处的有效约束，$g_1(\boldsymbol{x}^*) = 0$. 若 $\boldsymbol{x}^*$ 是极小点，则 $\nabla g_1(\boldsymbol{x}^*)$ 必与 $-\nabla f(\boldsymbol{x}^*)$ 在同一直线上，且方向相反(这里假定 $\nabla g_1(\boldsymbol{x}^*)$ 和 $\nabla f(\boldsymbol{x}^*)$ 皆不为零)；否则，在 $\boldsymbol{x}^*$ 点处就一定存在可行下降方向. 既然 $\nabla g_1(\boldsymbol{x}^*)$ 与 $-\nabla f(\boldsymbol{x}^*)$ 在同一直线上，且方向相反，则必存在一个实数 $\gamma_1 > 0$，使

$\nabla f(\boldsymbol{x}^*)-\gamma_1\nabla g_1(\boldsymbol{x}^*)=0$.

若 $\boldsymbol{x}^*$ 点处在两个有效约束边界上，比如说 $g_1(\boldsymbol{x}^*)=0$ 和 $g_2(\boldsymbol{x}^*)=0$. 在这种情况下，$\nabla f(\boldsymbol{x}^*)$ 必处于$\nabla g_1(\boldsymbol{x}^*)$ 和$\nabla g_2(\boldsymbol{x}^*)$ 的夹角之内；如若不然，$\boldsymbol{x}^*$ 点必存在可行下降方向，这与 $\boldsymbol{x}^*$ 是极小点相矛盾.

由此可见，如果 $\boldsymbol{x}^*$ 是极小点，而且 $\boldsymbol{x}^*$ 点的有效约束的梯度$\nabla g_1(\boldsymbol{x}^*)$ 和$\nabla g_2(\boldsymbol{x}^*)$ 线性独立，则可以将$\nabla f(\boldsymbol{x}^*)$ 表示成为$\nabla g_1(\boldsymbol{x}^*)$ 和$\nabla g_2(\boldsymbol{x}^*)$ 的非负线性组合；也就是说，存在实数 $\gamma_1>0$ 和 $\gamma_2>0$，使

$$\nabla f(\boldsymbol{x}^*)-\gamma_1\nabla g_1(\boldsymbol{x}^*)-\gamma_2\nabla g_2(\boldsymbol{x}^*)=0$$

以此类推，可得

$$\nabla f(\boldsymbol{x}^*)-\sum_{i\in I}\gamma_i\nabla g_i(\boldsymbol{x}^*)=0 \tag{13-3}$$

为使所有无效约束也同上述有效约束一样包含在式(13-3)中，增加约束条件 $\{\gamma_i g_i(\boldsymbol{x}^*)=0;\gamma_i\geqslant 0\}$，当 $g_i(\boldsymbol{x}^*)=0$ 时 $\gamma_i>0$；当 $g_i(\boldsymbol{x}^*)\neq 0$ 时 $\gamma_i=0$. 如此即可得到式(13-4)所示的库恩-塔克条件(Kuhn-Tucker，简称K-T条件). 同时若满足库恩-塔克条件的解，称该解为约束优化问题的K-T点. 设 $\boldsymbol{x}^*$ 是非线性规划$\{\min f(\boldsymbol{x})\mid g_i(\boldsymbol{x})\geqslant 0, i=1,2,\cdots,m\}$ 的极小点，而且 $\boldsymbol{x}^*$ 点各有效约束的梯度线性独立，则存在非负向量 $\boldsymbol{\Gamma}^*=(\gamma_1^*,\gamma_2^*,\cdots,\gamma_m^*)$，使下述条件成立：

$$\left.\begin{aligned}&\nabla f(\boldsymbol{x}^*)-\sum_{i=1}^{m}\gamma_i^*\nabla g_i(\boldsymbol{x}^*)=0\\&\gamma_i^* g_i(\boldsymbol{x}^*)=0,\quad i=1,2,\cdots,m\end{aligned}\right\} \tag{13-4}$$

由于等式约束总是有效约束，因此一般形式的非线性规划的K-T条件可表达为下面的定理.

定理13-1 设 $\boldsymbol{x}^*\in\boldsymbol{F}$ 是非线性规划问题(13-1)的一个局部最优解，而且 $\boldsymbol{x}^*$ 点的所有有效约束的梯度$\nabla h_i(\boldsymbol{x}^*)(i=m+1,\cdots,p)$ 和$\nabla g_i(\boldsymbol{x}^*)(i\in I)$ 线性独立，则存在向量 $\boldsymbol{\lambda}^*=(\lambda_{m+1}^*,\lambda_{m+2}^*,\cdots,\lambda_p^*)$ 和非负向量 $\Gamma^*=(\gamma_1^*,\gamma_2^*,\cdots,\gamma_m^*)$，使下述条件成立：

$$\begin{cases}\nabla f(\boldsymbol{x}^*)-\sum\limits_{i=m+1}^{p}\lambda_i^*\nabla h_i(\boldsymbol{x}^*)-\sum\limits_{i=1}^{m}\gamma_i^*\nabla g_i(\boldsymbol{x}^*)=0\\ \gamma_i^* g_i(\boldsymbol{x}^*)=0,\quad i=1,2,\cdots,m\end{cases} \tag{13-5}$$

式(13-5)中的 λ_i^* 和 γ_i^* 称为拉格朗日乘子.

K-T条件是非线性规划领域中最重要的理论成果之一，是确定某点为极值点的必要条件；但一般来讲它并不是充分条件，因此满足这一条件的点并非一定就是极值点. 对于凸规划，K-T条件是极值点存在的充分必要条件.

13.1.5 迭代法的基本概念

迭代法的基本思想为给定最优解的一个初始的估计，方法产生一个逐步改善的有限或无限的迭代序列. 在序列为有限时，它的最后一个点为K-T点；在序列为无限点列时，它的任意的一个聚点是K-T点，并在对最优解的估计满足指定的精度要求时停止迭代.

算法13-1 (基本迭代格式)：

(1) 给定最优解的一个估计 $\boldsymbol{x}^{(0)}$，置 $k=0$；

(2) 如果 $\boldsymbol{x}^{(k)}$ 满足对最优解估计的终止条件，停止迭代；

(3) 确定一个改善 $\boldsymbol{x}^{(k)}$ 的修正量 $\boldsymbol{\delta}^{(k)}$；

(4) 得到最优解的一个更好的估计 $\boldsymbol{x}^{(k+1)}=\boldsymbol{x}^{(k)}+\boldsymbol{\delta}^{(k)}$，置 $k=k+1$.

初始点的选取依赖于方法的收敛性能. 一个算法称为收敛的，如果算法产生的序列 $\{\boldsymbol{x}^{(k)}\}$ 满足：

$$\lim_{k\to\infty}\|\boldsymbol{x}^{(k)}-\boldsymbol{x}^*\|=0$$

其中 $\boldsymbol{x}^*$ 是问题的 K－T 点. 一个算法如果对于任意给定的初始点都能够收敛，就说这个方法全局收敛或整体收敛. 有些算法只有当初始点接近或充分接近最优解时才有收敛性，称这样的算法为局部收敛的方法. 因此对于全局收敛的算法，初始点的选取可以没有任何的限制，而对于局部收敛的算法，则要求初始点应尽可能接近最优解. 然而由于最优解是未知的，选取一个好的初始点也是一个困难的问题. 对于大量实际的最优化问题一般可以从以前的实践经验确定合适的最优解的初始估计.

在最优化方法中，一般要选用一个评价函数来评价一个迭代点的好坏. 对于无约束最优化问题，由于没有约束条件，通常就用目标函数作为评价函数. 对于约束最优化问题，则要复杂一些. 如果迭代点都是可行点，当然可以直接用目标函数作评价函数，这适用于迭代点都是可行点的方法. 但是对于那些迭代点不是可行点的方法，判定一个点的好坏既要考虑目标函数值的大小，还要考虑这个点的可行程度（离可行域的距离）. 因此这类方法采用的评价函数中一般既包含目标函数又包含约束函数.

迭代的终止条件在不同的最优化方法中也是不同的. 理论上，根据最优性的一阶必要条件，以及算法的设计思想，K－T 条件是最合适的迭代终止条件. 以无约束最优化问题为例，可以用 $\|\nabla f(\boldsymbol{x}^{(k)})\|<\varepsilon$，来终止迭代，其中 $\varepsilon>0$ 是给定的精度要求.

收敛速度是迭代方法的又一重要性质. 对于一个不可能在有限步内找到最优解的最优化方法，不仅要求它收敛，还要求它有较快的收敛速度. 这是因为一个收敛很慢的方法往往需要很长的时间才能得到满足精度要求的最优解的近似，因而不是一个有效的方法. 设向量序列 $\{\boldsymbol{x}^{(k)}\}\subset\mathbf{R}^n$ 收敛于 $\boldsymbol{x}^*$，定义误差序列 $\boldsymbol{e}^{(k)}=\boldsymbol{x}^{(k)}-\boldsymbol{x}^*$. 如果存在常数 C 和 r 使得

$$\lim_{k\to\infty}\frac{\|\boldsymbol{e}^{(k+1)}\|}{\|\boldsymbol{e}^{(k)}\|^r}=C$$

成立，则称序列 $\{\boldsymbol{x}^{(k)}\}$ 以 C 为因子 r 阶收敛于 $\boldsymbol{x}^*$. 当 $r=1,0<C<1$ 时，称为线性收敛；$r=1$，$C=0$ 时，称为超线性收敛；当 $r=2$ 时，称为二次收敛.

因为真正的极值点 $\boldsymbol{x}^*$ 在求解之前并不知道，因此只能根据相继两次迭代的结果来建立终止准则. 通常采用的准则（($\varepsilon_1,\varepsilon_2,\varepsilon_3,\varepsilon_4,\varepsilon_5$) 是事先给定的充分小的正数）有

(1) 相继两次迭代的绝对误差：

$$\|\boldsymbol{x}^{(k+1)}-\boldsymbol{x}^{(k)}\|\leqslant\varepsilon_1,\quad |f(\boldsymbol{x}^{(k+1)})-f(\boldsymbol{x}^{(k)})|\leqslant\varepsilon_2$$

(2) 相继两次迭代的相对误差：

$$\frac{\|\boldsymbol{x}^{(k+1)}-\boldsymbol{x}^{(k)}\|}{\|\boldsymbol{x}^{(k)}\|}\leqslant\varepsilon_3,\quad \frac{|f(\boldsymbol{x}^{(k+1)})-f(\boldsymbol{x}^{(k)})|}{|f(\boldsymbol{x}^{(k)})|}\leqslant\varepsilon_4$$

(3) 目标函数梯度的模充分小：

$$\|\nabla f(\boldsymbol{x}^{(k)})\|<\varepsilon_5$$

13.2　线性搜索

在多变量函数最优化中，迭代格式为如下：

$$x^{(k+1)}=x^{(k)}+\alpha^{(k)}d^{(k)}$$

其关键是构造搜索方向 $d^{(k)}$ 和步长因子 $\alpha^{(k)}$. 当搜索方向 $d^{(k)}$ 给定时，此时只需确定步长因子 $\alpha^{(k)}$，使得目标函数值减少即可. 因而问题就变为关于 α 的一维问题，也称为线性搜索问题. 该问题又分为精确线性搜索和非精确线性搜索. 本书重点介绍精确线性搜索.

13.2.1　精确线性搜索

确定步长的一个理想的方法是使目标函数沿方向 $d^{(k)}$ 达到极小，这样的线性搜索称为精确线性搜索，所得到的 $\alpha^{(k)}$ 叫精确步长因子. 本书中只介绍黄金分割方法和斐波那契法，并重点介绍黄金分割方法.

黄金分割方法和斐波那契法都是分割方法. 其基本思想是通过取试探点和进行函数值的比较，使包含极小点的搜索区间不断缩短，当区间长度缩短到一定程度时，区间上各点的函数值均接近极小值. 从而各点可以看作极小点的近似，这类方法仅需计算函数值，不涉及导数，又称直接法. 它们用途很广，尤其适用于非光滑及导数表达式复杂或写不出的情形. 注意，这些方法要求所考虑区间上的目标函数是单峰函数. 如果这个条件不满足，可以把所考虑的区间分成若干个小区间，在每个小区间上函数是单峰的. 这样，在每个小区间上求极小点，然后选取其中的最小点.

1. 黄金分割法

设所求函数包含极小点 α^* 的初始搜索区间为 $[a,b]$，并有如下形式的函数：

$$\varphi(\alpha)=f(x^{(k)}+\alpha d^{(k)})$$

且在 $[a,b]$ 上是凸函数. 黄金分割法的基本思想是在搜索区间 $[a,b]$ 上选取两个对称点 λ,μ 且 $\lambda<\mu$，通过比较这两点处的函数值 $\varphi(\lambda)$ 和 $\varphi(\mu)$ 的大小来决定删除左半区间 $[a,\lambda)$，还是删除右半区间 $(\mu,b]$. 删除后的新区间长度是原区间长度的 0.618 倍. 新区间包含原区间中两个对称点中的一点，只要再选一个对称点，并利用这两个新对称点处的函数值继续比较. 重复这个过程，最后确定出极小点 α^*. 具体的推导如下.

记 $a^{(0)}=a,b^{(0)}=b$，区间 $[a^{(0)},b^{(0)}]$ 经 k 次缩短后变为 $[a^{(k)},b^{(k)}]$，要求两个试探点 $\lambda^{(k)}$ 和 $\mu^{(k)}$ 满足下列条件：

$$b^{(k)}-\lambda^{(k)}=\mu^{(k)}-a^{(k)} \tag{13-6}$$

$$b^{(k+1)}-a^{(k+1)}=\tau(b^{(k)}-a^{(k)}) \tag{13-7}$$

由以上两个式子可得

$$\begin{aligned}\lambda^{(k)}&=a^{(k)}+(1-\tau)(b^{(k)}-a^{(k)})\\ \mu^{(k)}&=a^{(k)}+\tau(b^{(k)}-a^{(k)})\end{aligned} \tag{13-8}$$

计算 $\varphi(\lambda^{(k)})$ 和 $\varphi(\mu^{(k)})$. 如果 $\varphi(\lambda^{(k)})\leqslant\varphi(\mu^{(k)})$，则删除右半区间 $(\mu^{(k)},b^{(k)}]$，保留 $[a^{(k)},\mu^{(k)}]$，从而得到新的搜索区间为 $[a^{(k+1)},b^{(k+1)}]=[a^{(k)},\mu^{(k)}]$.

为了进一步缩短区间，需要取试探点 $\lambda^{(k+1)}$ 和 $\mu^{(k+1)}$. 由式(13-8)可知

$$\mu^{(k+1)}=a^{(k+1)}+\tau(b^{(k+1)}-a^{(k+1)})=a^{(k)}+\tau(\mu^{(k)}-a^{(k)})=$$

$$a^{(k)}+\tau(a^{(k)}+\tau(b^{(k)}-a^{(k)})-a^{(k)})=a^{(k)}+\tau^2(b^{(k)}-a^{(k)})$$

若令

$$\tau^2=1-\tau \tag{13-9}$$

则 $\mu^{(k+1)}=a^{(k)}+(1-\tau)(b^{(k)}-a^{(k)})=\lambda^{(k)}$. 这样,新的试探点 $\mu^{(k+1)}$ 就不需要重新计算,只要取 $\lambda^{(k)}$ 就可以了. 从而在每次迭代中,只需要取一个试探点即可.

类似地,在 $\varphi(\lambda^{(k)})>\varphi(\mu^{(k)})$ 的情形,新的试探点 $\lambda^{(k+1)}=\mu^{(k)}$,也不需要重新计算. 重复上述过程,知道满足精度要求即可.

由式(13－9) 可知

$$\tau=(-1\pm\sqrt{5})/2$$

由于 $\tau>0$,故取 $\tau=(-1+\sqrt{5})/2\approx0.618$.

算法 13－2 (黄金分割法)

(1) 选取初始数据. 确定初始搜索区间 $[a^{(1)},b^{(1)}]$ 和精度要求 $\varepsilon>0$. 计算最初两个试探点 $\lambda^{(1)}$ 和 $\mu^{(1)}$, 计算 $\varphi(\lambda^{(1)})$ 和 $\varphi(\mu^{(1)})$,令 $k=1$.

(2) 比较目标函数值. 若 $\varphi(\lambda^{(k)})\leqslant\varphi(\mu^{(k)})$, 转(3) ;否则转(4) .

(3) 若 $\mu^{(k)}-a^{(k)}\leqslant\varepsilon$, 则停止计算, 输出 $\lambda^{(k)}$;否则, 令

$$a^{(k+1)}:=a^{(k)},\quad b^{(k+1)}:=\mu^{(k)},\quad \mu^{(k+1)}=\lambda^{(k)}$$

$$\varphi(\mu^{(k+1)}):=\varphi(\lambda^{(k)}),\quad \lambda^{(k+1)}=a^{(k+1)}+(1-\tau)(b^{(k+1)}-a^{(k+1)})$$

计算 $\varphi(\lambda^{(k+1)})$, 转(2) .

(4) 若 $b^{(k)}-\lambda^{(k)}\leqslant\varepsilon$, 则停止计算, 输出 $\mu^{(k)}$;否则, 令

$$a^{(k+1)}:=\lambda^{(k)},\quad b^{(k+1)}:=b^{(k)},\quad \lambda^{(k+1)}=\mu^{(k)}$$

$$\varphi(\lambda^{(k+1)}):=\varphi(\mu^{(k)}),\quad \lambda^{(k+1)}=a^{(k+1)}+\tau(b^{(k+1)}-a^{(k+1)})$$

计算 $\varphi(\mu^{(k+1)})$,转(2) .

例 13－1　试用黄金分割法求目标函数 $f(x)=x^3-2x+1$ 的最优解,给定初始区间[0,2],收敛精度 $\varepsilon=0.2$.

解　由题意可知

$$a=0,\quad b=2,\quad \varepsilon=0.2$$

第一次区间缩短计算过程:

$$a^{(1)}=a+0.382(b-a)=0.764,\quad f(a^{(1)})=-0.0821$$

$$b^{(1)}=a+0.618(b-a)=1.236,\quad f(b^{(1)})=0.4162$$

作数值比较,可见 $f(a^{(1)})<f(b^{(1)})$,再作置换

$$b:=b^{(1)}=1.236,\quad b^{(1)}=0.764,\quad f(b^{(1)})=-0.0821$$

$$[a,b]=[0,1.236],\quad |b-a|=1.236>0.2$$

第二次区间缩短计算过程:

$$a^{(1)}=a+0.382(b-a)=0.472,\quad f(a^{(1)})=0.1612$$

作数值比较,$f(a^{(1)})>f(b^{(1)})$, 再作置换

$$a:=a^{(1)}=0.472,\quad b^{(1)}=0.764,\quad f(b^{(1)})=-0.0821$$

$$[a,b]=[0.472\quad 1.236],|b-a|=0.788>0.2$$

以此类推,迭代下去,其结果见表 13－1.

表 13-1

迭代次数	$a^{(1)}$	$b^{(1)}$	$f(a^{(1)})$	$f(b^{(1)})$	$[a,b]$	$\|b-a\|$
第1次	0.764	1.236	−0.082 1	0.412 6	[0, 1.236]	1.236
第2次	0.472	0.764	0.161 2	−0.082 1	[0.472 ,1.236]	0.788
第3次	0.764	0.944	−0.082 1	−0.046 8	[0.472, 0.944]	0.472
第4次	0.652	0.764	−0.026 8	−0.082 1	[0.652, 0.944]	0.292
第5次	0.764	0.832	−0.082 1	−0.088 1	[0.764 ,0.944]	0.230
第6次	0.832	0.906	−0.088 1	−0.068 3	[0.764, 0.906]	0.124

由表13-1可知,经过6次迭代,满足了题设的精度要求,因而符合精度要求的近似极小点为$1/2\times(0.762+0.906)\approx 0.834$.

另一种与黄金分割法相类似的分割方法叫Fibonacci法. 它与黄金分割法的主要区别之一在于搜索区间长度的缩短率不是采用0.618,而是采用Fibonacci数. 斐波那契数序列是具有如下递推关系的无穷序列:

$$F_0=F_1=1$$
$$F_n=F_{n-1}+F_{n-2}\quad (n=2,3,\cdots)$$

2. 插值法

插值法也是一类重要的线性搜索方法,其基本思想为在搜索区间中不断用低次的插值多项式来近似日标函数,并用插值多项式的极小值来逼近原问题的极小点. 当函数具有比较好的解析性质时,插值法的效果比分割方法要好. 其常用的方法为三点二次插值法、四点三次插值法和两点二次插值法等.

13.2.2 非精确线性搜索方法

一般地,精确线性搜索需要的计算量很大,而且在实际上也不必要. 尤其对某些非光滑函数或导数表达式复杂的函数不能利用精确线性搜索. 此外,在计算实践中人们也发现过分追求线性搜索的精度反而会降低整个方法的率,因此人们提出了既花费较少的计算量,又能达到足够下降的不精确线性搜索方法. 其代表方法为Goldstein准则、Wolfe准则等.

1. Goldstein准则

该准则为

$$f(\boldsymbol{x}^{(k)}+\lambda^{(k)}\boldsymbol{d}^{(k)})-f(\boldsymbol{x}^{(k)})\leqslant\lambda^{(k)}\rho\,\nabla f(\boldsymbol{x}^{k})^{\mathrm{T}}\boldsymbol{d}^{(k)}$$
$$f(\boldsymbol{x}^{(k)}+\lambda^{(k)}\boldsymbol{d}^{(k)})-f(\boldsymbol{x}^{(k)})\geqslant\lambda^{(k)}(1-\rho)\,\nabla f(\boldsymbol{x}^{k})^{\mathrm{T}}\boldsymbol{d}^{(k)}$$

其中$0<\rho<1/2$.

上式中第一个不等式是充分下降条件,第二个不等式保证了步长不会取得太小.

2. Wolfe准则

在Goldstein准则中,有可能把最佳步长排除在可接受区间之外. 为克服这个缺点,同时保证步长不能太小,Wolfe提出了下面的条件代替Goldstein准则中的第二个不等式:

$$\nabla f(\boldsymbol{x}^{(k+1)})^{\mathrm{T}}\boldsymbol{d}^{(k)}\geqslant\sigma\nabla f(\boldsymbol{x}^{(k)})^{\mathrm{T}}\boldsymbol{d}^{(k)},\quad \sigma\in(\rho,1)$$

其几何解释是在可接受点处切线的斜率大于或等于初始斜率的 σ 倍. 这个条件也叫作曲率条件. 这样，充分下降条件和曲率条件一起构成了 Wolfe 准则：

$$f(\boldsymbol{x}^{(k)}+\lambda^{(k)}\boldsymbol{d}^{(k)})-f(\boldsymbol{x}^{(k)})\leqslant\lambda^{(k)}\rho\nabla f(\boldsymbol{x}^{(k)})^{\mathrm{T}}\boldsymbol{d}^{(k)}$$

$$\nabla f(\boldsymbol{x}^{(k+1)})^{\mathrm{T}}\boldsymbol{d}^{(k)}\geqslant\sigma\nabla f(\boldsymbol{x}^{(k)})^{\mathrm{T}}\boldsymbol{d}^{(k)},\quad\sigma\in(\rho,1)$$

一般地，σ 愈小，线性搜索愈精确. 不过，σ 愈小，工作量愈大. 而不精确线性搜索不要求过小的 σ，通常取 $\rho=0.1$，$\sigma\in[0.6,0.8]$.

13.3　无约束优化方法

求解无约束极值问题通常采用迭代法，迭代法可大体分为两大类. 一类要用到函数的一阶导数和(或)二阶导数，由于此种方法涉及函数的解析性质，因此称为解析法. 另一类在迭代过程中只用到函数的数值，而不要求函数的解析性质，故称为直接法. 一般来讲，直接法的收敛速度较慢，只有在变量较少时才能使用. 当然，直接法也有其自身的长处，那就是它的迭代过程简单，并能处理导数难以求得或根本不存在的函数极值问题. 本节主要介绍解析法.

13.3.1　最速下降法

最速下降法是以负梯度方向作为下降方向的极小化算法，又称梯度法，是由法国科学家 Cauchy 在 1874 年提出的. 它是无约束最优化中最简单的方法.

假设无约束极值问题的目标函数 $f(\boldsymbol{x})$ 有一阶连续偏导数，且具有极小点 $\boldsymbol{x}^*$；以 $\boldsymbol{x}^{(k)}$ 表示极小点的第 k 次近似. 为了求其第 $k+1$ 次近似点 $\boldsymbol{x}^{(k+1)}$，在 $\boldsymbol{x}^{(k)}$ 点沿方向 $\boldsymbol{d}^{(k)}$ 作射线 $\boldsymbol{x}=\boldsymbol{x}^{(k)}+\lambda\boldsymbol{d}^{(k)}$，在此 λ 称为步长并且 $\lambda\geqslant 0$. 现将 $f(\boldsymbol{x})$ 在 $\boldsymbol{x}^{(k)}$ 处作泰勒展开，有

$$f(\boldsymbol{x})=f(\boldsymbol{x}^{(k)}+\lambda\boldsymbol{d}^{(k)})=f(\boldsymbol{x}^{(k)})+\lambda\nabla f(\boldsymbol{x}^{(k)})^{\mathrm{T}}\boldsymbol{d}^{(k)}+o(\lambda)$$

其中 $o(\lambda)$ 是 λ 的高阶无穷小. 对于充分小的 λ，只要

$$\nabla f(\boldsymbol{x}^{(k)})^{\mathrm{T}}\boldsymbol{d}^{(k)}<0\tag{13-10}$$

即可保证 $f(\boldsymbol{x})=f(\boldsymbol{x}^{(k)}+\lambda\boldsymbol{d}^{(k)})<f(\boldsymbol{x}^{(k)})$. 此时，若取

$$\boldsymbol{x}^{(k+1)}=\boldsymbol{x}^{(k)}+\lambda\boldsymbol{d}^{(k)}$$

就一定能使目标函数得到改善.

现在考察不同的方向 $\boldsymbol{d}^{(k)}$. 假设 $\nabla f(\boldsymbol{x}^{(k)})\neq 0$(否则 $x^{(k)}$ 是平稳点)；那么，使式(13-10)成立的 $\boldsymbol{d}^{(k)}$ 有无穷多个，为了使目标函数能得到尽量大的改善，必须寻求能使 $\nabla f(\boldsymbol{x}^{(k)})^{\mathrm{T}}\boldsymbol{d}^{(k)}$ 取最小值的 $\boldsymbol{d}^{(k)}$.

由于 $\nabla f(\boldsymbol{x}^{(k)})^{\mathrm{T}}\boldsymbol{d}^{(k)}=\|\nabla f(\boldsymbol{x}^{(k)})\|\cdot\|\boldsymbol{d}^{(k)}\|\cos\theta$，当 $\boldsymbol{d}^{(k)}$ 与 $\nabla f(\boldsymbol{x}^{(k)})$ 反向(即 $\cos\pi=-1$)时，$\nabla f(\boldsymbol{x}^{(k)})^{\mathrm{T}}\boldsymbol{d}^{(k)}$ 取最小值. $\boldsymbol{d}^{(k)}=-\nabla f(\boldsymbol{x}^{(k)})$ 被称为负梯度方向，在 $\boldsymbol{x}^{(k)}$ 的某个邻域内，负梯度方向是使函数值下降最快的方向.

为了得到下一个近似点，在选定搜索方向之后，还要确定步长 λ，λ 的计算可以采用试算法. 即首先选取一个 λ 值进行试算，看它是否满足不等式 $f(\boldsymbol{x}^{(k+1)})=f(\boldsymbol{x}^{(k)}+\lambda\boldsymbol{d}^{(k)})<f(\boldsymbol{x}^{(k)})$；如果满足就迭代下去，否则缩小 λ 使不等式成立. 由于采用负梯度方向，满足该不等式的 λ 总是存在的.

另一种方法是通过在 $\boldsymbol{x}^{(k)}$ 负梯度方向上的一维搜索，来确定使得 $f(\boldsymbol{x}^{(k+1)})=f(\boldsymbol{x}^{(k)}+\lambda\boldsymbol{d}^{(k)})$ 最小的 λ_k，这种梯度法就是所谓的最速下降法.

现在给出最速下降法的计算步骤.

算法 13-3 （最速下降法）

(1) 给出 $\boldsymbol{x}^{(0)} \in \mathbf{R}^n, 0 \leqslant \varepsilon \ll 1, k := 0$.

(2) 计算 $\boldsymbol{d}^{(k)} = -\nabla f(\boldsymbol{x}^{(k)})$；如果 $\| \nabla f(\boldsymbol{x}^{(k)}) \| \leqslant \varepsilon$，停止.

(3) 由线性搜索求步长因子 $\alpha^{(k)}$.

(4) 计算 $\boldsymbol{x}^{(k+1)} = \boldsymbol{x}^{(k)} + \alpha^{(k)} \boldsymbol{d}^{(k)}$.

(5) $k := k+1$，转(2).

若 $f(\boldsymbol{x})$ 具有二阶连续偏导数，在 $\boldsymbol{x}^{(k)}$ 处将 $f(\boldsymbol{x}^{(k+1)})$ 作泰勒展开，即

$$f(\boldsymbol{x}^{(k)} - \lambda \nabla f(\boldsymbol{x}^{(k)})) \approx f(\boldsymbol{x}^{(k)}) - \nabla f(\boldsymbol{x}^{(k)})^{\mathrm{T}} (\boldsymbol{x}^{(k)} - \lambda \nabla f(\boldsymbol{x}^{(k)})) + \frac{1}{2} (\boldsymbol{x}^{(k)} - \lambda \nabla f(\boldsymbol{x}^{(k)}))^{\mathrm{T}} H(\boldsymbol{x}^{(k)}) (\boldsymbol{x}^{(k)} - \lambda \nabla f(\boldsymbol{x}^{(k)}))$$

对 λ 求导并令其为零，则有最佳步长：

$$\lambda_k = \frac{\nabla f(\boldsymbol{x}^{(k)})^{\mathrm{T}} \nabla f(\boldsymbol{x}^{(k)})}{\nabla f(\boldsymbol{x}^{(k)})^{\mathrm{T}} H(\boldsymbol{x}^{(k)}) \nabla f(\boldsymbol{x}^{(k)})}$$

可见最佳步长不仅与梯度有关，而且与海森矩阵有关.

例 13-2 试用最速下降法求 $f(\boldsymbol{x}) = (x_1 - 1)^2 + (x_2 - 1)^2$ 的极小点，$\boldsymbol{x}^{(0)} = [0 \quad 0]^{\mathrm{T}}$，$\varepsilon = 0.1$.

解 由题设可知初始近似点 $\boldsymbol{x}^{(0)} = [0 \quad 0]^{\mathrm{T}}$，$\nabla f(\boldsymbol{x}^{(0)}) = [-2 \quad -2]^{\mathrm{T}}$

$$\| \nabla f(\boldsymbol{x}^{(0)}) \|^2 = \left[\sqrt{(-2)^2 + (-2)^2}\right]^2 = 8 > \varepsilon$$

$$\boldsymbol{H}(\boldsymbol{x}) = \begin{bmatrix} 2 & 0 \\ 0 & 2 \end{bmatrix}$$

$$\lambda_0 = \frac{\nabla f(\boldsymbol{x}^{(0)})^{\mathrm{T}} \nabla f(\boldsymbol{x}^{(0)})}{\nabla f(\boldsymbol{x}^{(0)})^{\mathrm{T}} \boldsymbol{H}(\boldsymbol{x}^{(0)}) \nabla f(\boldsymbol{x}^{(0)})} = \frac{[-2 \quad -2] \begin{bmatrix} -2 \\ -2 \end{bmatrix}}{[-2 \quad -2] \begin{bmatrix} 2 & 0 \\ 0 & 2 \end{bmatrix} \begin{bmatrix} -2 \\ -2 \end{bmatrix}} = \frac{8}{16} = \frac{1}{2}$$

$$\boldsymbol{x}^{(1)} = \boldsymbol{x}^{(0)} - \lambda_0 \nabla f(\boldsymbol{x}^{(0)}) = \begin{bmatrix} 0 \\ 0 \end{bmatrix} - \frac{1}{2} \begin{bmatrix} -2 \\ -2 \end{bmatrix} = \begin{bmatrix} 1 \\ 1 \end{bmatrix}$$

$$\| \nabla f(\boldsymbol{x}^{(1)}) \|^2 = \left[\sqrt{(0)^2 + (0)^2}\right]^2 = 0 < \varepsilon$$

故该问题的最优解为 $\boldsymbol{x}^* = \boldsymbol{x}^{(1)} = [1 \quad 1]^{\mathrm{T}}$.

下述定理论证了最速下降法的总体收敛性.

定理 13-2 设函数 $f(\boldsymbol{x})$ 二次连续可微，且 $\| \nabla^2 f(\boldsymbol{x}) \| \leqslant M$，其中 M 是某个常数. 对任何给定的初始点 $\boldsymbol{x}^{(0)}$，最速下降法或有限终止，或 $\lim\limits_{k \to \infty} f(\boldsymbol{x}^{(k)}) = -\infty$，或 $\lim\limits_{k \to \infty} \nabla f(\boldsymbol{x}^{(k)}) = 0$.

最速下降法具有程序设计简单，计算工作量小，存储量小，对初始点没有特殊的要求等优点. 但是，最速下降方向仅是函数的局部性质，对整体求解过程而言，这个方法下降非常缓慢. 数值试验表明，当目标函数的等值线接近于一个圆(球)时，最速下降法下降较快；而当目标函数的等值线是一个扁长的椭球时，最速下降法开始几步下降较快，后来就出现锯齿现象，下降十分缓慢. 可以证明，采用精确线性搜索的最速下降法的收敛速度是线性的. 因而，最速下降法不是好的实用算法，但是一些有效算法是通过对它的改进或利用它与其他收敛快的算法结合而得到的，因此它是无约束优化的一个基本方法.

13.3.2　牛顿法

牛顿法的基本思想是利用目标函数 $f(\boldsymbol{x})$ 在迭代点 $\boldsymbol{x}^{(k)}$ 处的二次泰勒展开作为模型函数，并用这个二次模型函数的极小点序列去逼近目标函数的极小点.

若非线性目标函数 $f(\boldsymbol{x})$ 具有二阶连续可微，其二阶导数矩阵为正定矩阵. 在 $\boldsymbol{x}^{(k)}$ 点附近用二次泰勒展开近似 $f(\boldsymbol{x})$，即

$$f(\boldsymbol{x}^{(k)}+\Delta\boldsymbol{x})\approx f(\boldsymbol{x}^{(k)})+\nabla f(\boldsymbol{x}^{(k)})^{\mathrm{T}}\Delta\boldsymbol{x}+\frac{1}{2}\Delta\boldsymbol{x}^{\mathrm{T}}\boldsymbol{H}(\boldsymbol{x}^{(k)})\Delta\boldsymbol{x} \tag{13-11}$$

对上式两边求梯度为

$$\nabla f(\boldsymbol{x})\approx\nabla f(\boldsymbol{x}^{(k)})+\boldsymbol{H}(\boldsymbol{x}^{(k)})\Delta x$$

这一近似函数的极小点应满足

$$\nabla f(\boldsymbol{x}^{(k)})+\boldsymbol{H}(\boldsymbol{x}^{(k)})\Delta\boldsymbol{x}=0$$

从而

$$\Delta\boldsymbol{x}=\boldsymbol{x}-\boldsymbol{x}^{(k)}=-\boldsymbol{H}(\boldsymbol{x}^{(k)})^{-1}\nabla f(\boldsymbol{x}^{(k)})$$

即

$$\boldsymbol{x}=\boldsymbol{x}^{(k)}-\boldsymbol{H}(\boldsymbol{x}^{(k)})^{-1}\nabla f(\boldsymbol{x}^{(k)}) \tag{13-12}$$

如果 $f(\boldsymbol{x})$ 是二次函数，则其海森矩阵为常数，式(13－11) 是精确的. 在这种情况下，从任意一点出发，用式(13－12) 只要一步即可求出 $f(\boldsymbol{x})$ 的极小点(假设海森矩阵正定).

如果 $f(\boldsymbol{x})$ 不是二次函数，式(13－11) 仅是一个近似表达式. 此时，按式(13－12) 求得的极小点，只是 $f(\boldsymbol{x})$ 的近似极小点. 在这种情况下，常按下式选取搜索方向：

$$\boldsymbol{d}^{(k)}=-\boldsymbol{H}(\boldsymbol{x}^{(k)})^{-1}\nabla f(\boldsymbol{x}^{(k)}) \tag{13-13}$$

$$\boldsymbol{x}^{(k+1)}=\boldsymbol{x}^{(k)}+\boldsymbol{d}^{(k)} \tag{13-14}$$

按照这种方式求函数 $f(\boldsymbol{x})$ 极小点的方法称为牛顿法，式(13－13) 所示的搜索方向称为牛顿方向. 牛顿法收敛的速度很快，当 $f(\boldsymbol{x})$ 的二阶导数及其海森矩阵的逆矩阵便于计算时，这一方法非常有效.

例 13－3　试用牛顿法求 $f(\boldsymbol{x})=2(x_1+x_2)^2+2(x_1^2+x_2^2)$ 的极小值，$\boldsymbol{x}^{(0)}=[5\quad 2]^{\mathrm{T}}$.

解　目标函数的一阶导数和二阶导数为

$$\nabla f(\boldsymbol{x})=[4(x_1+x_2)+4x_1\quad 4(x_1+x_2)+4x_2]^{\mathrm{T}}$$

$$\boldsymbol{H}(\boldsymbol{x})=\begin{bmatrix}8 & 4\\ 4 & 8\end{bmatrix}$$

易知该目标函数的二阶导数矩阵是正定矩阵. 将初始点代入到一阶导数和二阶导数中，即 $\boldsymbol{x}^{(0)}=[5\quad 2]^{\mathrm{T}}$，则

$$\nabla f(\boldsymbol{x}^{(0)})=\begin{bmatrix}48\\ 36\end{bmatrix},\quad \boldsymbol{H}(\boldsymbol{x}^{(0)})=\begin{bmatrix}8 & 4\\ 4 & 8\end{bmatrix},\quad \boldsymbol{H}(\boldsymbol{x}^{(0)})^{-1}=\begin{bmatrix}1/6 & -1/12\\ -1/12 & 1/6\end{bmatrix}$$

代入到式(13－14) 可得

$$\boldsymbol{x}^{(1)}=\boldsymbol{x}^{(0)}-\boldsymbol{H}(\boldsymbol{x}^{(0)})^{-1}\nabla f(\boldsymbol{x}^{(0)})=\begin{bmatrix}5\\ 2\end{bmatrix}-\begin{bmatrix}1/6 & -1/12\\ -1/12 & 1/6\end{bmatrix}\begin{bmatrix}48\\ 36\end{bmatrix}=\begin{bmatrix}0\\ 0\end{bmatrix}.$$

因 $f(\boldsymbol{x}^{(1)})=0$，故 $\boldsymbol{x}^{(1)}=[0\quad 0]^{\mathrm{T}}$ 为 $f(\boldsymbol{x})$ 的极小点，极小值是 0.

如上例可知，对于正定二次函数，牛顿法一步可以达到最优解. 对于一般非二次函数，牛

顿法并不能保证经过有限次迭代求得最优解，但如果初始点充分靠近最优解，牛顿法的收敛速度一般是快的. 下面的定理表明了牛顿法具有局部收敛性和二阶收敛速度.

定理 13-3 设函数 $f(\boldsymbol{x})$ 二次连续可微，$\boldsymbol{x}^*$ 是 $f(\boldsymbol{x})$ 的局部极小点，$\nabla^2 f(\boldsymbol{x}^*)$ 正定且 $f(\boldsymbol{x})$ 的二阶导矩阵满足 Lipschitz 条件. 则当初始点充分靠近 $\boldsymbol{x}^*$ 时，迭代序列 $\{\boldsymbol{x}^{(k)}\}$ 收敛到 $\boldsymbol{x}^*$，并且具有二阶收敛速度.

13.3.3 共轭梯度法

共轭梯度法是介于最速下降法与牛顿法之间的一个方法. 它仅须利用一阶导数信息，但克服了最速下降法收敛慢的缺点，又避免了牛顿法需要存储和计算 Hesse 矩阵并求逆的缺点. 共轭梯度法不仅是解大型线性方程组最有用的方法之一，也是解大型非线性最优化问题最有效的算法之一 .

共轭梯度法最早是由 Hestenes 和 Stiefel(1952) 提出来的，用于解正定系数矩阵的线性方程组. 在这个基础上，Fletcher 和 Reeves(1964) 首先提出了解非线性最优化问题的共轭梯度法. 由于共轭梯度法不需要矩阵存储，且有较快的收敛速度和二次终止性等优点，因此现在共轭梯度法已经广泛地应用于实际问题中.

共轭梯度法是共轭方向法的一种. 所谓共轭方向法就是其所有的搜索方向都是互相共轭的方法. 而共轭方向的含义如下：

设 $\boldsymbol{G}$ 是 n 阶对称正定矩阵，$\boldsymbol{d}_1$ 和 $\boldsymbol{d}_2$ 是 n 维非零向量. 如果 $\boldsymbol{d}_1^{\mathrm{T}}\boldsymbol{G}\boldsymbol{d}_2=0$，则称向量 $\boldsymbol{d}_1$ 和 $\boldsymbol{d}_2$ 是 $\boldsymbol{G}$－共轭的，简称共轭的. 若 $\boldsymbol{d}_1,\boldsymbol{d}_2,\cdots,\boldsymbol{d}_m$ 是任一组非零向量，如果 $\boldsymbol{d}_i^{\mathrm{T}}\boldsymbol{G}\boldsymbol{d}_j=0(i\neq j)$，则称 $\boldsymbol{d}_1,\boldsymbol{d}_2,\cdots,\boldsymbol{d}_m$ 是 $\boldsymbol{G}$－共轭的.

显然，如果 $\boldsymbol{d}_1,\boldsymbol{d}_2,\cdots,\boldsymbol{d}_m$ 是 $\boldsymbol{G}$－共轭的，则它们是线性无关的. 若 $\boldsymbol{G}=\boldsymbol{I}$，则共轭性就是通常的直交性.

共轭梯度法的每一个搜索方向都是相互共轭的. 这些搜索方向按照如下方式产生：

$$\boldsymbol{d}^k=-\nabla f(\boldsymbol{x}^{(k)})+\beta^{k-1}\boldsymbol{d}^{k-1}$$

即是负梯度方向与上一次迭代的搜索方向的组合. 不同的 β^{k-1} 的计算方式形成了不同的共轭梯度方法. 常见的共轭梯度法中 β^{k-1} 的计算公式为

Crowder－Wolfe，CW 公式：

$$\beta^{k-1}=\frac{\nabla f(\boldsymbol{x}^{(k)})^{\mathrm{T}}(\nabla f(\boldsymbol{x}^{(k)})-\nabla f(\boldsymbol{x}^{(k-1)}))}{\boldsymbol{d}_{k-1}^{\mathrm{T}}(\nabla f(\boldsymbol{x}^{(k)})-\nabla f(\boldsymbol{x}^{(k-1)}))}$$

Fletcher－Reeves，FR 公式：

$$\beta^{k-1}=\frac{\nabla f(\boldsymbol{x}^{(k)})^{\mathrm{T}}\nabla f(\boldsymbol{x}^{(k)})}{\nabla f(\boldsymbol{x}^{(k-1)})^{\mathrm{T}}\nabla f(\boldsymbol{x}^{(k-1)})}$$

Polak－Ribiere－Polyak，PRP 公式：

$$\beta^{k-1}=\frac{\nabla f(\boldsymbol{x}^{(k)})^{\mathrm{T}}(\nabla f(\boldsymbol{x}^{(k)})-\nabla f(\boldsymbol{x}^{(k-1)}))}{\nabla f(\boldsymbol{x}^{(k-1)})^{\mathrm{T}}\nabla f(\boldsymbol{x}^{(k-1)})}$$

Dixon，D 公式：

$$\beta^{k-1}=\frac{\nabla f(\boldsymbol{x}^{(k)})^{\mathrm{T}}\nabla f(\boldsymbol{x}^{(k)})}{\boldsymbol{d}_{k-1}^{\mathrm{T}}\nabla f(\boldsymbol{x}^{(k-1)})}$$

Dai－Yuan，DY 公式：

$$\beta^{k-1}=\frac{\nabla f(\boldsymbol{x}^{(k)})^{\mathrm{T}}\nabla f(\boldsymbol{x}^{(k)})}{\boldsymbol{d}_{k-1}^{\mathrm{T}}(\nabla f(\boldsymbol{x}^{(k)})-\nabla f(\boldsymbol{x}^{(k-1)}))}$$

对于正定二次函数，若采用精确线性搜索法，则以上公式都是等价的．但在实际计算时，FR 公式和 PRP 公式最常用．

13.3.4　拟牛顿法

牛顿法成功的关键是利用了 Hesse 矩阵提供的曲率信息，但计算 Hesse 矩阵工作量大，并且有的目标函数的 Hesse 矩阵很难计算，甚至不好求出，这就导致了一个想法：能否仅利用目标函数值和一阶导数的信息，构造出目标函数的曲率近似，使方法具有类似牛顿法的收敛速度快的优点．拟牛顿法就是这样的一类算法．由于它不需要二阶导数，拟牛顿法往往比牛顿法更有效．

拟牛顿法的基本思想为：利用一个对称正定矩阵代替牛顿法中的 Hesse 矩阵，这个对称正定矩阵称为尺度矩阵．开始时选用初始点和单位矩阵作为出发点，利用已得到的迭代点及目标函数值，最多再利用一阶导数来获得下一步的对称正定矩阵．也就是下一步的尺度矩阵是在当前尺度矩阵的基础上修正而成的．同时，由于尺度矩阵是 Hesse 矩阵的近似，因此该对称正定矩阵需要满足一定的条件——拟牛顿条件．从拟牛顿条件中求出修正矩阵就可得到下一步的尺度矩阵了．

由于满足拟牛顿条件的修正矩阵有很多解，因而此拟牛顿法是一族算法．其最常用的算法是 DFP 算法和 BFGS 算法．前者是 1959 年由 Davidon 提出的，后来由 Fletcher 和 Powell(1963) 解释和发展．后二者则为 Broyden，Fletcher，Goldfarb 和 Shanno 在 1970 年各自独立提出的拟牛顿法．

13.4　约束优化方法——罚函数法

对于约束优化问题一类重要的求解方法就是通过解一系列无约束优化问题以获取原非线性约束问题解的罚函数方法．罚函数方法的基本思想为根据约束的特点构造某种惩罚项，然后把它添加到目标函数中，使得原来的约束问题的求解，转化为一系列的无约束优化问题的求解．这类惩罚策略，对于无约束优化问题求解的过程中企图违反约束的那些迭代点给以很大的目标数值，迫使这一系列的无约束优化问题的极小点或者不断地向可行域靠近，或者一直保持在可行域内部移动，直到收敛于原问题的极小点．对所采用惩罚函数的不同，形成许多不同的罚函数方法．常用的制约函数有两种基本类型，一类为惩罚函数（也称为外点法），另一类为障碍函数（也称为内点法）．

13.4.1　外点法

考虑非线性规划$\{\min f(\boldsymbol{x}) \mid g_i(\boldsymbol{x})\geqslant 0, i=1,2,\cdots,m\}$，为求其最优解，构造一个函数

$$\psi(t)=\begin{cases}0, & t\geqslant 0\\ +\infty, & t<0\end{cases}$$

现把 $g_i(\boldsymbol{x})$ 当作所构造函数的自变量 t 来看待．显然当 $\boldsymbol{x}\in\boldsymbol{F}$ 时，$\psi(g_i(\boldsymbol{x}))=0(i=1,2,\cdots,m)$；当 $\boldsymbol{x}\notin\boldsymbol{F}$ 时，$\psi(g_i(\boldsymbol{x}))=+\infty$．再构造一个函数 $\varphi(\boldsymbol{x})=f(\boldsymbol{x})+\sum_{i=1}^{m}\psi(g_i(\boldsymbol{x}))$，求解

$\min\varphi(x)$. 假设该问题有最优解 $\boldsymbol{x}^*$,则 $\psi(g_i(\boldsymbol{x}^*))=0(i=1,2,\cdots,m)$,即最优解一定是可行解. 因此,$\boldsymbol{x}^*$ 不仅是 $\varphi(\boldsymbol{x})$ 的极小解,同时也是原函数 $f(\boldsymbol{x})$ 的极小解. 这样一来,就把约束极值问题转化成了无约束极值问题.

用上述方法构造的函数 $\psi(t)$ 在 $t=0$ 处不连续,更不存在导数. 为此,将 $\psi(t)$ 修改为

$$\psi(t)=\begin{cases}0, & t\geqslant 0\\ t^2, & t<0\end{cases}$$

修改后的 $\psi(t)$ 在 $t=0$ 处连续且导数为 0;而且 $\psi(t)$ 及其导数 $\psi'(t)$ 对任何 t 都连续. 当 $\boldsymbol{x}\in\boldsymbol{F}$ 时,仍有 $\sum\limits_{i=1}^{m}\psi(g_i(\boldsymbol{x}))=0$;当 $\boldsymbol{x}\notin\boldsymbol{F}$ 时,$0<\sum\limits_{i=1}^{m}\psi(g_i(\boldsymbol{x}))<+\infty$. 取一个充分大的正数 M,将 $\varphi(x)$ 修改为

$$P(\boldsymbol{x},M)=f(\boldsymbol{x})+M\sum_{i=1}^{m}\psi[g_i(\boldsymbol{x})] \tag{13-15}$$

或

$$P(\boldsymbol{x},M)=f(\boldsymbol{x})+M\sum_{i=1}^{m}[\min(0,g_i(\boldsymbol{x}))]^2$$

从而可使 $\min P(\boldsymbol{x},M)$ 的解 $\boldsymbol{x}(M)$ 为原问题的极小解或近似极小解. 若 $\boldsymbol{x}(M)\in\boldsymbol{F}$,则 $\boldsymbol{x}(M)$ 必定是原问题的极小解. 事实上,对于所有的 $\boldsymbol{x}(M)\in\boldsymbol{F}$,都有

$$f(\boldsymbol{x})+M\sum_{i=1}^{m}\psi(g_i(\boldsymbol{x}))=P(\boldsymbol{x},M)\geqslant P(\boldsymbol{x}(M),M)=f(\boldsymbol{x}(M))$$

即当 $\boldsymbol{x}\in\boldsymbol{F}$ 时,有 $f(\boldsymbol{x})\geqslant f(\boldsymbol{x}(M))$.

式(13-15)中的函数 $P(\boldsymbol{x},M)$ 称为惩罚函数,第二项 $M\sum\limits_{i=1}^{m}\psi(g_i(\boldsymbol{x}))$ 称为惩罚项,M 称为惩罚因子. 若对于某一惩罚因子 M_1,如果 $\boldsymbol{x}(M_1)\notin\boldsymbol{F}$,就加大惩罚因子的值. 随着惩罚因子 M 数值的增加,惩罚函数中的惩罚项所起的作用随之增大,$\min P(\boldsymbol{x},M)$ 的解 $\boldsymbol{x}(M)$ 与约束集 $\boldsymbol{F}$ 的距离也就越来越近. 当序列"$0<M_1<M_2<\cdots<M_k\cdots$"趋于无穷时,点列 $\{\boldsymbol{x}(M_k)\}$ 就从可行域 $\boldsymbol{F}$ 的外部趋于原问题的极小点 $\boldsymbol{x}_{\min}$. 这里假设点列 $\{\boldsymbol{x}(M_k)\}$ 收敛. 下面通过例题来展示外点法求解非线性规划的基本步骤.

例 13-4 求解非线性规划

$$\min f(\boldsymbol{x})=x_1+x_2$$
$$\text{s.t.}\begin{cases}g_1(\boldsymbol{x})=-x_1^2+x_2\geqslant 0\\ g_2(\boldsymbol{x})=x_1\geqslant 0\end{cases}$$

解 构造惩罚函数:

$$P(\boldsymbol{x},M)=x_1+x_2+M\{[\min(0,(-x_1^2+x_2))]^2+[\min(0,x_1)]^2\}$$
$$\frac{\partial P}{\partial x_1}=1+2M[\min(0,(-x_1^2+x_2)(-2x_1))]+2M[\min(0,x_1)]$$
$$\frac{\partial P}{\partial x_2}=1+2M[\min(0,(-x_1^2+x_2))]$$

对于不满足约束条件的点 $\boldsymbol{x}=[x_1\quad x_2]^{\mathrm{T}}$,有 $-x_1^2+x_2<0$ 或 $x_1<0$.

令 $\dfrac{\partial P}{\partial x_1}=\dfrac{\partial P}{\partial x_2}=0$,得 $\min P(\boldsymbol{x},M)$ 的解为

$$x(M)=\begin{bmatrix}\dfrac{-1}{2(1+M)} & \dfrac{1}{4(1+M)^2}-\dfrac{1}{2M}\end{bmatrix}^{\mathrm{T}}$$

取 $M=1,2,3,4$ 可得如下结果：

$$M=1,\quad \boldsymbol{x}=\begin{bmatrix}-\dfrac{1}{4} & -\dfrac{7}{16}\end{bmatrix}^{\mathrm{T}};\quad M=2,\quad \boldsymbol{x}=\begin{bmatrix}-\dfrac{1}{6} & -\dfrac{2}{9}\end{bmatrix}^{\mathrm{T}};$$

$$M=3,\quad \boldsymbol{x}=\begin{bmatrix}-\dfrac{1}{8} & -\dfrac{29}{192}\end{bmatrix}^{\mathrm{T}};\quad M=4,\quad \boldsymbol{x}=\begin{bmatrix}-\dfrac{1}{10} & -\dfrac{23}{200}\end{bmatrix}^{\mathrm{T}};$$

由此结果可知 $\boldsymbol{x}(M)$ 从 F 的外部逐步逼近 F 的边界. 当 M 趋于无穷时，$\boldsymbol{x}(M)$ 趋于原问题的极小解 $\boldsymbol{x}_{\min}=[0\quad 0]^{\mathrm{T}}$.

13.4.2　内点法

外点法的最大特点是其初始点可以任意选择(不要求是可行点)，这虽然给计算带来了很大的方便；但是如果目标函数 $f(\boldsymbol{x})$ 在可行域外比较复杂，甚至根本没有定义，外点法就无法使用了. 内点法与外点法不同，它要求迭代过程始终建立在可行的基础之上；即在可行域的内部选取一个初始点，并在可行域的边界上设置一道屏障，当迭代过程靠近可行域的边界时，新的目标函数值迅速增大，从而使迭代点始终保持在可行域的内部.

与外点法类似，通过函数叠加的办法来改造原有目标函数，使改造后的目标函数(称为障碍函数)具有这样的性质. 在可行域 F 的内部与边界面较远的点上，障碍函数与原目标函数应尽可能地接近；而在接近边界面的点上，障碍函数取相当大的数值. 可以想象，满足这种要求的障碍函数，其极小值自然不会在可行域 $\boldsymbol{F}$ 的边界上达到；即用障碍函数来代替(近似)原目标函数，并在可行域 $\boldsymbol{F}$ 的内部使其极小化. 虽然可行域 $\boldsymbol{F}$ 是一个闭集，但因极小点不在闭集的边界上，因而障碍函数实际上已使约束极值问题转化为了无约束极值问题.

根据上述分析，一个约束非线性规划问题，可以转化为下述一系列无约束非线性规划问题.

$$\min_{x\in F}\overline{P}(\boldsymbol{x},r_k),\quad k=1,2,3,\cdots \tag{13-16}$$

其中

$$\overline{P}(\boldsymbol{x},r_k)=f(\boldsymbol{x})+r_k\sum_{i=1}^{m}\frac{1}{g_i(\boldsymbol{x})},\quad r_k>0 \tag{13-17}$$

或

$$\overline{P}(\boldsymbol{x},r_k)=f(\boldsymbol{x})-r_k\sum_{i=1}^{m}\log(g_i(\boldsymbol{x})),r_k>0 \tag{13-18}$$

$$\boldsymbol{F}_0=\{x\mid g_i(\boldsymbol{x})>0,\quad i=1,2,\cdots,m\}$$

式(13-18)和式(13-19)右端第二项称为障碍项，r_k 称为障碍因子. 从障碍项的构成不难看出，在可行域 $\boldsymbol{F}$ 的边界上，至少有一个 $g_i(\boldsymbol{x})=0$，从而有 $\overline{P}(\boldsymbol{x},r_k)$ 为无穷大.

如果从可行域内部的某一点 $\boldsymbol{x}^{(0)}$ 出发，按无约束极小化方法对式(13-17)进行迭代(注意：在进行一维搜索时要适当控制步长，以免迭代跨越 $\boldsymbol{F}_0$ 的边界)，则随着 r_k 的逐步减少($r_1>r_2>\cdots>r_k>\cdots>0$)障碍项所起到的作用也越来越小，因而所求出的 $\min\limits_{\boldsymbol{x}\in\boldsymbol{F}_0}\overline{P}(\boldsymbol{x},r_k)$ 的解 $x(r_k)$ 也逐步逼近原问题的极小解 $\boldsymbol{x}_{\min}$. 若原问题的极小解在可行域的边界上，则随着 r_k 的逐步减少(障碍作用越来越小)所求出的障碍函数极小解不断靠近边界，直到满足某一特定的精度要求.

例 13-5 试用内点法求解

$$\min f(\boldsymbol{x})=\frac{1}{3}(x_1+1)^3+x_2$$

$$\text{s.t.}\begin{cases}g_1(\boldsymbol{x})=x_1-1\geqslant 0\\ g_2(\boldsymbol{x})=x_2\geqslant 0\end{cases}$$

解 构造障碍函数:

$$\bar{P}(\boldsymbol{x},r)=\frac{1}{3}(x_1+1)^3+x_2+\frac{r}{x_1-1}+\frac{r}{x_2}$$

$$\frac{\partial\bar{P}}{\partial x_1}=(x_1+1)^2-\frac{r}{(x_1-1)^2}=0,\quad \frac{\partial\bar{P}}{\partial x_2}=1-\frac{r}{x_2^2}=0$$

求解方程组,可得

$$x_1(r)=\sqrt{1+\sqrt{r}},\quad x_2(r)=\sqrt{r}$$

由此得最优解

$$\boldsymbol{x}_{\min}=\lim_{r\to 0}\left[\sqrt{1+\sqrt{r}}\quad\sqrt{r}\right]^{\mathrm{T}}=[1\quad 0]^{\mathrm{T}}$$

此例可以通过上述解析法进行求解,但并非所有问题都能适用于解析法;如果问题不便用解析法,只能采用迭代法来进行求解.

13.5 WinQSB 软件应用

WinQSB 软件求解非线性规划问题的子程序为 Nonlinear Programming. 其用法是先给出非线性规划的描述,给出变量的个数和约束的个数,输入具体的目标函数和约束表达式,确定变量然后求解并给出最后的结果. 具体操作可参考下面的例子.

例 13-6 用 WinQSB 求解例 13-1.

解 这是一个一元无约束优化问题. 启动子程序 Nonlinear Programming,建立新问题,输入见图 13-1 的选项. 变量个数为 1,约束个数为 0,极大与极小选极小. 接着,输入优化问题的具体的形式,见表 13-1. 本例就是输入目标函数 $f(x)=x^3-2x+1$. 然后,点击菜单栏 Solve and Analyze,就得到图 13-2. 点击 OK 就得到了问题的解,本例的解见表 13-2. 最优解为 0.861 3,对应的最优值为 −0.088 7.

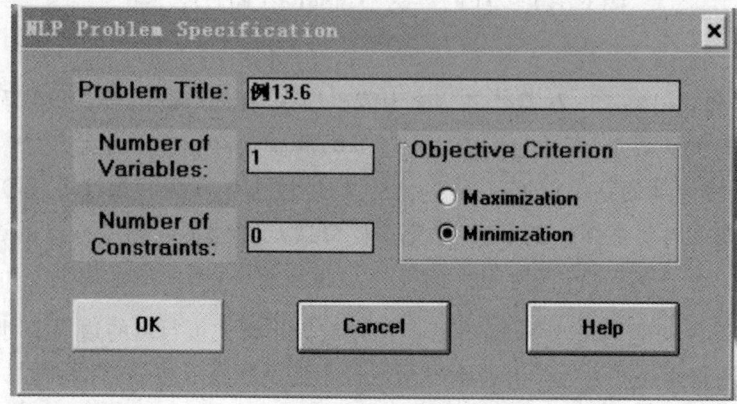

图 13-1

表　13 - 1

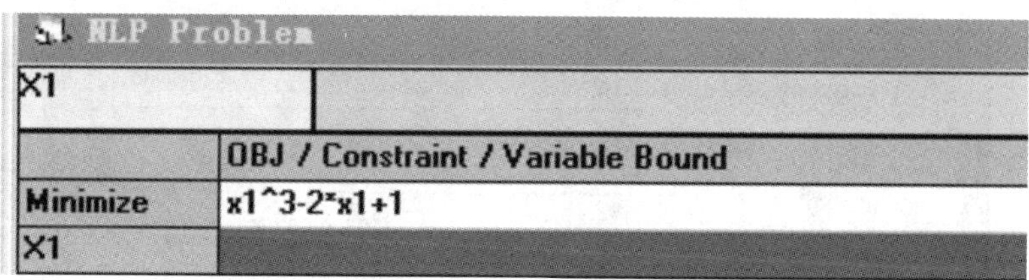

NLP Problem

X1	
	OBJ / Constraint / Variable Bound
Minimize	x1^3-2*x1+1
X1	

Solution Setup

To solve a nonlinear problem, the search methods are employed. Refer to the help file for the specific method. The initial solution, i.e., starting point, and some parameters are required for the search methods and usually affect the solution efficiency. In general, the default setup works effectively. Enter the parameters on the left and the initial solution and bounds on the right.

Maximum run time in seconds: 3600

Stopping tolerance (delta): 1.00E-4

Variable	Lower Bound	Upper Bound	Initial Solution
X1	0	M	0

OK　Cancel　Default　Print　Help

图　13 - 2

表　13 - 2

07-08-2014	Decision Variable	Solution Value
1	X1	0.8163
Minimized	Objective Function =	-0.0887

例 13 - 7　用 WinQSB 求解例 13 - 4.

解　这是一个带有约束的非线性规划问题. 基本步骤类似例 13 - 6,首先启动 Nonliear Programming,建立新问题,见图 13 - 3. 然后输入目标函数和约束条件,见表 13 - 3. 接着,点击 Solve and Analyze,见图 13 - 4,再点击 OK 就得到最优解,见表 13 - 4. 本例的最优解为 $[0\quad 0]^T$,最优值为 0.

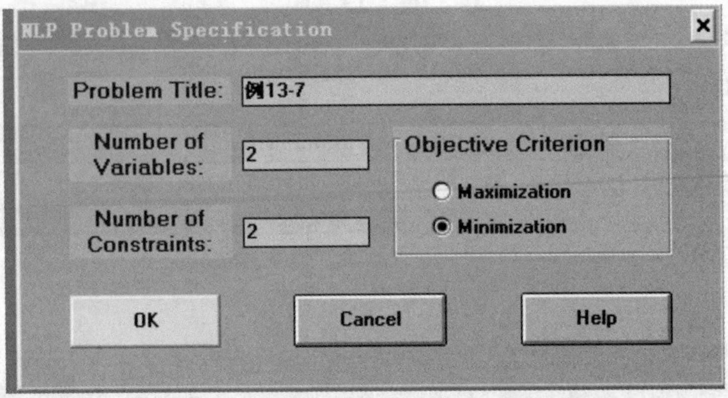

NLP Problem Specification

Problem Title: 例13-7

Number of Variables: 2

Number of Constraints: 2

Objective Criterion

○ Maximization

◉ Minimization

OK | Cancel | Help

图 13-3

表 13-3

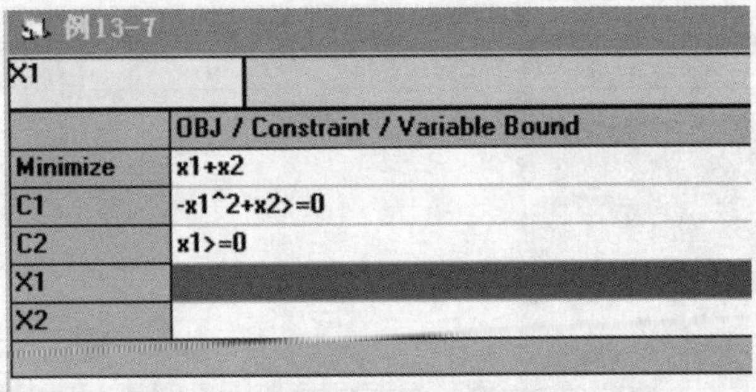

例13-7

X1

	OBJ / Constraint / Variable Bound
Minimize	x1+x2
C1	-x1^2+x2>=0
C2	x1>=0
X1	
X2	

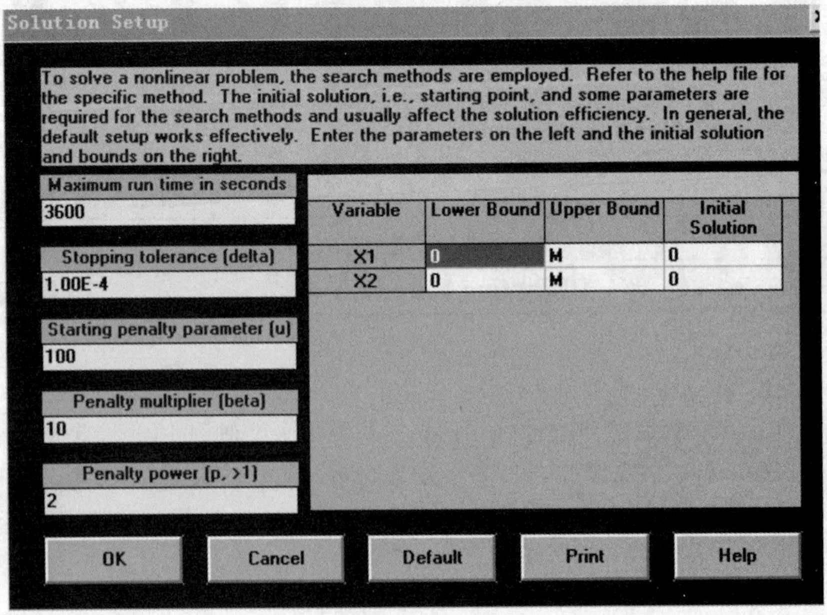

Solution Setup

To solve a nonlinear problem, the search methods are employed. Refer to the help file for the specific method. The initial solution, i.e., starting point, and some parameters are required for the search methods and usually affect the solution efficiency. In general, the default setup works effectively. Enter the parameters on the left and the initial solution and bounds on the right.

Maximum run time in seconds: 3600

Stopping tolerance (delta): 1.00E-4

Starting penalty parameter (u): 100

Penalty multiplier (beta): 10

Penalty power (p, >1): 2

Variable	Lower Bound	Upper Bound	Initial Solution
X1	0	M	0
X2	0	M	0

OK | Cancel | Default | Print | Help

图 13-4

表　13－4

06-28-2014	Decision Variable	Solution Value
1	X1	0
2	X2	0
Minimized	Objective Function =	0

习　题　13

13－1　用黄金分割法求函数 $f(x)=2x^2-x-1$ 的极小值，初始的搜索区间为 $\boldsymbol{x}\in[-1\quad 1]^{\mathrm{T}}$，要求 $\varepsilon=0.16$.

13－2　试计算出下述函数的梯度和海森矩阵：

(1) $f(\boldsymbol{x})=x_1^2+x_2^2+x_3^2$；　　(2) $f(\boldsymbol{x})=\ln(x_1^2+x_2^2)$

13－3　用最速下降法求函数 $f(\boldsymbol{x})=x_1^2+25x_2^2$ 的极小点，初始点 $\boldsymbol{x}^{(0)}=[100\quad 0]^{\mathrm{T}}$.

13－4　用牛顿法求解 $\min f(\boldsymbol{x})=x_1^2+2x_2^2-2x_1x_2-4x_1$，$\boldsymbol{x}^{(0)}=[1\quad 1]^{\mathrm{T}}$，$\varepsilon=0.1$.

13－5　用外点法求解下述非线性规划问题：

$$\min f(\boldsymbol{x})=(x_1-3)^2+(x_2-2)^2$$
$$\text{s.t. } g(\boldsymbol{x})=x_1+x_2-4=0$$

13－6　试用内点法求解非线性规划问题：

$$\min f(\boldsymbol{x})=x_1^2+x_2^2$$
$$\text{s.t. } g(\boldsymbol{x})=1-x_1\leqslant 0$$

附　录

WinQSB 软件操作指南

A.1　WinQSB 软件简介

QSB 是 Quantitative Systems for Business 的缩写，早期的版本在 DOS 操作系统下运行，WinQSB 在 Windows 操作系统下运行，本书以 2.0 版本讲解与演示. WinQSB 是一种教学软件，对于非大型的问题一般都能计算，较小的问题还能演示中间的计算过程，特别适合多媒体课堂教学.

该软件可应用于运筹学、管理科学、决策科学及生产管理等领域问题的求解，见表 A－1.

A.2　WinQSB 操作简介

1. 安装与启动

安装 WinQSB 软件后，在系统程序中自动生成 WinQSB 应用程序，与一般 Windows 的应用程序操作相同，用户根据不同的问题选择相应的子程序，操作简单方便. 进入某个子程序后，第 1 项工作就是建立新问题或打开已有的数据文件. 每一个子程序系统都提供了典型的例题数据文件，用户可先打开已有数据文件，观察数据输入格式，系统能够解决哪些问题，结果的输出格式等内容. 例如，打开线性规划文件 LP. LPP，系统显示如图 A－1 所示的界面.

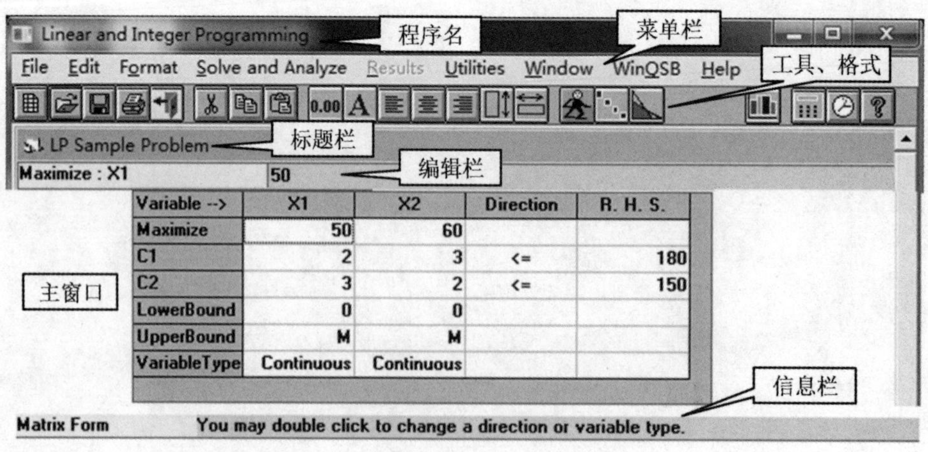

图 A－1

表 A-1

序号	程序	缩写、文件名	名称	应用范围
1	Acceptance Sampling Analysis	ASA	抽样分析	各种抽样分析、抽样方案设计、假设分析
2	Aggregate Planning	AP	综合计划编制	具有多时期正常、加班、分时、转包生产量，需求量，储存费用，生产费用等复杂整体综合生产计划的编制方法。将问题归结到求解线性规划或运输模型
3	Decision Analysis	DA	决策分析	确定型与风险性决策、贝叶斯决策、决策树、二人零和博弈。蒙特卡罗模拟
4	Dynamic Programming	DP	动态规划	最短路问题、背包问题、生产与存储问题
5	Facility Location and Layout	FLL	设备场地布局	设备场地设计、功能布局、线路均衡布局
6	Forecasting and Linear Regression	FC	预测与线性回归	简单平均、移动平均、加权移动平均、线性趋势移动平均、指数平滑、多元线性回归、Holt-Winters 季节迭加与乘积算法
7	Goal Programming and Integer Linear Goal Programming	GP-IGP	目标规划与整数线性目标规划	多目标线性规划、线性目标规划，变量可以取整、连续、0—1 或无限制
8	Inventory Theory and Systems	ITS	存储论和存储控制系统	经济订货批量、批量折扣、单时期随机模型，多时期动态储存模型，储存控制系统（各种储存策略）
9	Job Scheduling	JOB	作业调度，编制工作进度表	机器加工排序、流水线车间加工排序
10	Linear Programming and Integer linear Programming	LP-ILP	线性规划与整数线性规划	线性规划、整数规划、写对偶、灵敏度分析、参数分析
11	Markov Process	MKP	马尔可夫过程	转移概率、稳态概率
12	Material Requirements Planning	MRP	物料需求计划	物料需求计划的编制，成本核算
13	Network Modeling	Net	网络模型	运输、指派、最大流、最短路、最小支撑树、贷郎担等问题
14	Non Linear Programming	NLP	非线性规划	有(无)条件约束、目标函数或约束条件非线性、目标函数与约束条件都非线性等规划的求解与分析
15	Project Scheduling	PERT-CPM	网络计划	关键路径法、计划评审技术、网络的优化、工程完工时间模拟、绘制甘特图与网络图
16	Quadratic Programming	QP	二次规划	求解线性约束、目标函数是二次型的一种非线性规划问题，变量可以取整数
17	Queuing Analysis	QA	排队分析	各种排队模型的求解与性能分析、15 种分布模拟求解、灵敏度分析、服务能力分析、成本分析
18	Queuing System Simulation	QSS	排队系统模拟	未知到达和服务时间分布、一般排队系统模拟计算
19	Quality Control Charts	QCC	质量管理监控图	建立各种质量控制图和质量分析

2. 与 Office 文档交换数据

(1) 从 Excel 或 Word 文档中复制数据到 WinQSB 中.

Excel 或 Word 电子表中的数据可以复制到 WinQSB 中，方法是先选中要复制的电子表中的单元格的数据，点击复制或按“Ctrl＋C”键，然后在 WinQSB 的电子表格编辑状态下选中要粘贴的单元格，点击粘贴或按“Ctrl＋V”键完成复制.

注意　粘贴过程与在电子表中粘贴有区别，在 WinQSB 中选中的单元格应与在电子表中选中的单元格(行列数)相同，否则复制的数据不一致. 例如，在电子表中复制 3 行 10 列，见表 A－2，在 WinQSB 中选中 3 行 5 列粘贴，则只能复制 3 行 5 列的数据，见表 A－3.

(2) 将 WinQSB 的计算结果复制到 Office 文档中.

先清空剪贴板，选中 WinQSB 表格中要复制的单元格，点击 Edit→Copy，然后粘贴到 Excel 或 Word 文档中.

(3) 将 WinQSB 的计算结果复制到 Office 文档中.

问题求解后，先清空剪贴板，点击 File→Copy to clipboard 就可将结果复制到剪贴板中.

(4) 保存计算结果.

问题求解后，点击 File→Save as，系统以文本格式(＊.txt)保存结果，用户可以编辑文本文件，然后复制到 Office 文档中.

更详细的操作请读者参阅各章 WinQSB 软件应用部分及帮助文件.

表 A－2

	A	B	C	D	E	F	G	H	I	J	K	I
1		1	2	3	4	5	6	7	8	9	10	
2	1.5	2	3	2	1	4	0	0	0	0	0	
3	1	1	0	2	1	0	5	4	3	2	1	
4	0.7	0	1	0	4	5	0	1	2	3	4	
5		0	0.3	0.5	0.1	0.4	0	0.3	0.6	0.2	0.5	

表 A－3

Variable -->	X1	X2	X3	X4	X5	X6	X7	X8	X9	X10	irectio	R. H.
Minimize	1	1	1	1	1	1	1	1	1	1		
C1	2	3	2	1	4						>=	1
C2	1	0	2	1	0						>=	2
C3	0	1	0	4	5						>=	1
LowerBound	0	0	0	0	0	0	0	0	0	0		
UpperBound	M	M	M	M	M	M	M	M	M	M		
VariableType	ntinuo	ntinuo	ntinuo	ntinuo	ntinuo	ntinuo	ntinuo	ntinuo	ntinuo	ntinuo		

习题参考答案

习　题　1

1-1　(1) 唯一最优解为 $\boldsymbol{X}^*=[12\quad 8]^{\mathrm{T}}$ 时，$z^*=\min z=36$. (2) 无界解. (3) 无可行解，故无最优解. (4) 无穷多最优解，其中，当 $\boldsymbol{X}_1^*=[2\quad 3]^{\mathrm{T}}$ 或 $\boldsymbol{X}_2^*=[4\quad 2]^{\mathrm{T}}$ 时，有最优值 $z^*=\max z=8$.

1-2　(1) 基解及基可行解(略)，最优解为 $\boldsymbol{X}^*=[2\quad 6\quad 2\quad 0\quad 0]^{\mathrm{T}}$ 时，$z^*=\max z=36$.

(2) 基解及基可行解(略)，最优解为 $\boldsymbol{X}^*=[0\quad 3/2\quad 1\quad 0\quad 0]^{\mathrm{T}}$ 时，$z^*=\min z=36$.

1-3　(1) 该线性规划问题变换为标准型：(令 $x_3=x_4-x_5$，$z'=-z$)

$$\max z'=2x'_1-5x_2+3x_4-3x_5+0x_6$$

$$\text{s. t.}\begin{cases}x'_1+2x_2+x_4-x_5=5\\x'_1+x_2+3x_4-3x_5+x_6=10\\x'_1,x_2,x_4,x_5,x_6\geqslant 0\end{cases}$$

(2) 该线性规划问题变换为标准型：(令 $x_2=x'_2-1$，$x_4=-x'_4$)

$$\max z=x_1+3x'_2-x_3-x'_4+0x_5+0x_6+0x_7-3$$

$$\text{s. t.}\begin{cases}x_1+2x'_2-2x_3-x'_4+x_5=7\\-3x_1+x'_2-3x_3+x'_4=7\\x_1-x'_2-2x'_4-x_6=2\\x'_2+x_7=6\\x_1,x'_2,x_3,x'_4,x_5,x_6,x_7\geqslant 0\end{cases}$$

1-4　唯一最优解为 $\boldsymbol{X}^*=[13\quad 5]^{\mathrm{T}}$ 时，$z^*=\min z=-31$..

1-5　(1) 无可行解；(2) 唯一最优解，$\boldsymbol{X}^*=[0\quad 9\quad 0\quad 21]^{\mathrm{T}}$，$z^*=\min z=36$；(3) 无界解；(4) 无穷多最优解，当 $\boldsymbol{X}_1^*=[4\quad 0\quad 0]^{\mathrm{T}}$ 或 $\boldsymbol{X}_2^*=[0\quad 0\quad 8]^{\mathrm{T}}$ 时，$z^*=\max z=8$.

1-6　略.

1-7　建立数学模型如下：

$$\max z=\sum_{j=1}^{n}c_jx_j$$

$$\text{s. t.}\begin{cases}\sum_{j=1}^{n}a_{ij}x_j\leqslant b_i & i=1,2,\cdots,m\\x_j\geqslant 0 & j=1,2,\cdots,n\end{cases}$$

其标准型为

$$\max z=\sum_{j=1}^{n}c_jx_j$$

$$\text{s.t.}\begin{cases}\sum_{j=1}^{n}a_{ij}x_j+x_{n+i}=b_i, & i=1,2,\cdots,m\\ x_j\geqslant 0,x_{n+i}\geqslant 0, & i=1,2,\cdots,m,j=1,2,\cdots,n\end{cases}$$

1-8 (1) $a=2,b=0,c=0,d=1,e=4/5,f=0,g=-5$;(2) 是.

1-9 $a=-3,b=2,c=4,d=-2,e=2,f=3,g=1,h=0,i=5,j=-5,k=3/2,l=0$;变量下标为 $m=4,n=5,p=1,t=5$.

1-10 该人第一年投资A项目38万元,B项目12万元;第二年投资A项目30.6万元,C项目15万元;第三年投资A项目68.72万元,D项目10万元.第三年末本利和的最大收益为96.464万元.

1-11 设 $x_k(k=1,2,\cdots,6)$ 表示 x_k 名司机和乘务员第 k 班次开始上班.由题意得数学模型为

$$\min z=x_1+x_2+x_3+x_4+x_5+x_6$$

$$\text{s.t.}\begin{cases}x_1+x_6\geqslant 60\\ x_1+x_2\geqslant 70\\ x_2+x_3\geqslant 60\\ x_3+x_4\geqslant 50\\ x_4+x_5\geqslant 20\\ x_5+x_6\geqslant 30\\ x_j\geqslant 0, \quad j=1,2,\cdots,6\end{cases}$$

1-12 产品Ⅰ在A工序的设备 A_1 加工1 200件,A_2 加工230件;转入B工序,不在 B_1 设备上加工,在设备 B_2 加工859件,B_3 加工571件;产品Ⅱ在A工序的设备 A_1 不加工,A_2 加工500件;转入B工序,在设备 B_1 加工500件;产品Ⅲ在A工序的设备 A_2 加工324件,转入B工序,在设备 B_2 加工324件.使该厂的利润最大为1 147元.

习 题 2

2-1 原问题的对偶问题分别为

(1) $\max\omega=2y_1+3y_2+5y_3$

$$\text{s.t.}\begin{cases}2y_1+3y_2+y_3\leqslant 2\\ 3y_1+y_2+4y_3\leqslant 2\\ 5y_1+7y_2+6y_3\leqslant 4\\ y_1\geqslant 0,y_2,y_3\leqslant 0\end{cases}$$

(2) $\min\omega=6y_1+7y_2+5y_3$

$$\text{s.t.}\begin{cases}-5y_1-3y_2+y_3\leqslant 2\\ 2y_1-y_2-3y_3\leqslant 3\\ y_1-2y_2-4y_3=4\\ -3y_1+2y_3\geqslant 1\\ -2y_2-y_3\geqslant 1\\ y_1\geqslant 0,y_2\text{ 无约束}, \quad y_3\leqslant 0\end{cases}$$

(3) $\min\omega = \sum_{k=1}^{m} s_k y_k + \sum_{i=1}^{n} p_i y_i$

$$\text{s.t.}\begin{cases}\sum_{i=1}^{n} a_{ik} y_k + \sum_{k=1}^{m} b_{ik} y_i \geqslant c_{ik} \\ y_k, y_i \text{ 无约束}, k=1,2,\cdots,m; \quad i=1,2,\cdots,n\end{cases}$$

(4) $\min\omega = \sum_{i=1}^{m} b_i y''_i$

$$\text{s.t.}\begin{cases}\sum_{i=1}^{m} a_{ij} y''_i \geqslant c_j, & j=1,2,\cdots n_1 \\ \sum_{i=1}^{m} a_{ij} y''_i \geqslant c_j, & j=n_1+1,n_1+2,\cdots,n \\ y''_i \geqslant 0, & i=1,2,\cdots m_1 \\ y''_i \text{无约束}, & i=m_1+1,m_1+2,\cdots,m\end{cases}$$

2-2 原问题的对偶问题无可行解,故无最优解,由对偶理论的对偶性可知原问题亦无最优解.

2-3 (1) 原问题的对偶问题为

$$\min\omega = 4y_1 + 14y_2 + 3y_3$$

$$\text{s.t.}\begin{cases}-y_1+3y_2+y_3 \geqslant 3 \\ y_1+2y_2-y_3 \geqslant 2 \\ y_1, y_2, y_3 \geqslant 0\end{cases}$$

(2) 原问题有无穷多最优解,即有当 $\boldsymbol{X}_1^* = [6/5 \quad 26/5]^{\mathrm{T}}$ 或 $\boldsymbol{X}_2^* = [4 \quad 1]^{\mathrm{T}}$ 时,$z^* = \max z = 14$,由对偶理论的对偶性可知,其对偶问题也存在最优解,即 $\boldsymbol{Y}^* = [0 \quad 1 \quad 0]$,$\omega^* = \min\omega = 14$.

2-4 原问题的对偶问题为

$$\min\omega = 10y_1 + 10y_2$$

$$\text{s.t.}\begin{cases}y_1+2y_2 \geqslant 4 \\ 2y_1+3y_2 \geqslant 6 \\ y_1+3y_2 \geqslant 2 \\ y_1, y_2, y_3 \geqslant 0\end{cases}$$

对偶问题有唯一最优解,即 $\boldsymbol{Y}^* = [0 \quad 2]$, $\omega^* = \min\omega = 20$,由对偶理论的对偶性可知,原问题也有相同的最优解 $z^* = \max z = 20$,即原问题最优值小于 25.

2-5 故原问题的最优解为 $\boldsymbol{X}^* = [1 \quad 0 \quad 0 \quad 0 \quad 1]^{\mathrm{T}}$ 时,$z^* = \min z = 5$.

2-6 (1) 原线性规划问题的最优解为 z 时,$z^* = \min z = 31/13$.

(2) 原线性规划问题有无穷多最优解,当 $\boldsymbol{X}_1^* = [8/5 \quad 1/5 \quad 0 \quad 0]^{\mathrm{T}}$ 或 $\boldsymbol{X}_2^* = [7/5 \quad 0 \quad 1/5 \quad 0]^{\mathrm{T}}$ 时,最优值为 $z^* = \max z = 19/5$.

(3) 无可行解.

(4) 原线性规划问题的最优解为 $\boldsymbol{X}^* = [3 \quad 0 \quad 0 \quad 0 \quad 6 \quad 7 \quad 0]^{\mathrm{T}}$ 时,$z^* = \max z = 9$.

2-7 (1) $15/4 \leqslant c_1 \leqslant 25/2$， $4 \leqslant c_2 \leqslant 40/3$.

(2) $24/5 \leqslant b_1 \leqslant 16$， $9/2 \leqslant b_2 \leqslant 15$.

(3) 问题的最优解为 $\boldsymbol{X}^* = [8/5 \quad 1 \quad 21/5 \quad 0]^{\mathrm{T}}$ 时，$z^* = \max z = 96/5$.

(4) 问题的最优解为 $\boldsymbol{X} = [1 \quad 1/3 \quad 0 \quad 0 \quad 2/3]^{\mathrm{T}}$ 时，$z^* = \max z = 110/3$.

习 题 3

3-1 表 T3-1 和表 T3-2 的调运方案均不能作为用表上作业法求解时的初始解. 作为基变量的初始解，应有 $m+n-1=4+6-1=9$ 个数字格，表 T3-1 有 10 个数字格，表 T3-2 中有 8 个数字格，均不符合要求.

3-2 用最小元素法给出产销平衡运输问题(表 T3-3) 和(表 T3-4) 的初始调运方案分别为 $x_{12}=16, x_{21}=20, x_{24}=4, x_{32}=9, x_{33}=10, x_{34}=11$ 和 $x_{12}=40, x_{14}=30, x_{21}=45, x_{23}=35, x_{32}=25, x_{33}=15$.

3-3 用伏格尔(Vogel) 法给出产销平衡运输问题(见表 T3-5) 和(见表 T3-6) 的初始调运方案分别为 $x_{11}=1, x_{12}=2, x_{14}=1, x_{23}=4, x_{24}=5, x_{31}=4$ 和 $x_{11}=50, x_{14}=5, x_{22}=35, x_{24}=30, x_{33}=60, x_{34}=10$.

3-4 (1) 用伏格尔(Vogel) 法及位势法给出该产销平衡运输问题(见表 T3-7) 的唯一最优调运方案为 $x_{12}=300, x_{21}=200, x_{22}=100, x_{23}=200, x_{33}=100$，总运费最省为 10 400.

(2) 用伏格尔(Vogel) 法及位势法给出该产销平衡运输问题(表 T3-8) 有无穷多最优解，有一个最优调运方案为 $x_{12}=25, x_{13}=15, x_{21}=50, x_{23}=10, x_{33}=10, x_{34}=35$，总运费最省为 1 505.

另一最优调运方案为 $x_{12}=15, x_{13}=25, x_{21}=50, x_{23}=10, x_{32}=10, x_{34}=35$. 总运费最省亦为 1 505.

3-5 该运输问题有无穷多最优解，一组最优解为 A 的产品供应给丙和已分别为 3 和 2；B 的产品供应给甲和戊分别为 4 和 2；C 的产品供应给戊为 2；D 的产品供应给乙、丙和丁分别为 4、3 和 2. 该运输问题有无穷多最优解，总运费最省为 90.

另一最优解为 A 的产品供应给丙、丁和已分别为 1、2 和 2；B 的产品供应给甲和戊分别为 4 和 2；C 的产品供应给戊为 2；D 的产品供应给乙和丙分别为 4 和 5. 总运费最省亦为 90.

3-6 用位势法检查上述表 T3-10 初始解的空格检验数，当所有空格(非基变量) 检验数非负，即 $3 \leqslant k \leqslant 10$ 时，上述最优调运方案不变.

3-7 A 矿生产 400 万 t，供甲地 150 万 t、供乙地 250 万 t；B 矿生产 450 万 t，供甲地 140 万 t、供丙地 310 万吨. 这是唯一使总运费最低的调运方案，其总运费为 14 650 万元.

习 题 4

4-1 (1) 不能. (2) 不能.

4-2 (1) 用分支定界法求得整数规划最优解为 $\boldsymbol{X}_1^* = [3 \quad 1]^{\mathrm{T}}$ 和 $\boldsymbol{X}_2^* = [2 \quad 2]^{\mathrm{T}}$ 时，$z^* = \max z = 4$.

(2) 用分支定界法求得整数规划最优解为 $\boldsymbol{X}_1^* = [4 \quad 2]^{\mathrm{T}}$ 和 $\boldsymbol{X}_2^* = [7 \quad 0]^{\mathrm{T}}$ 时，

$z^* = \max z = 14$.

4-3 (1) 用割平面法求得整数规划最优解为 $\boldsymbol{X}_1^* = [0 \quad 4]^{\mathrm{T}}$ 和 $\boldsymbol{X}_2^* = [2 \quad 2]^{\mathrm{T}}$ 时，$z^* = \max z = 4$.

(2) 用割平面法求得整数规划最优解为 $\boldsymbol{X}^* = [4 \quad 3]^{\mathrm{T}}$ 时，$z^* = \max z = 55$.

4-4 设 x_1, x_2 分别为计划期内生产A,B驱逐舰的数量，z 为生产这两种驱逐舰获得的利润. 舰艇数量必须是非负整数，建立该问题的整数规划模型为

$$\max z = 6x_1 + 5x_2$$

$$\text{s.t.}\begin{cases} 2x_1 + x_2 \leqslant 9 \\ 5x_1 + 7x_2 \leqslant 35 \\ x_1, x_2 \geqslant 0, \text{且为整数} \end{cases}$$

4-5 (1) 用隐枚举法求解 0-1 规划问题的最优解为 $(x_1, x_2, x_3) = (1,0,1)$ 时，$z^* = \max z = 8$.

(2) 用隐枚举法求解 0-1 规划问题的最优解为 $(x_1, x_2, x_3, x_4) = (0,0,0,1)$ 时，$z^* = \min z = 4$.

4-6 略

4-7 (1) 最优指派方案为：(1) 甲做B，乙做D，丙做E，丁做C，戊做A；(2) 甲做B，乙做C，丙做E，丁做D，戊做A. 指派问题的最优值为 $z^* = \min z = 32$.

(2) 最优指派方案为：甲做E，乙做C，丙做B，丁做D，戊做A. 指派问题的最优值为 $z^* = \min z = 21$.

4-8 由下列游泳运动员组成一个参加 200 m 混合泳的接力队：张游仰泳，王游蛙泳，钱游蝶泳，赵游自由泳. 预期最好的比赛成绩为 126.2 s.

习　题　5

5-1 (1) 不正确. (2) 正确. (3) 正确.

5-2 (1) 可求得点 G(2,10) 和点 F(4/3,26/3) 凸线性组合都是目标规划问题的满意解.

(2) 可求得点 G(4,9)，即 $\boldsymbol{X} = [4 \quad 9]^{\mathrm{T}}$ 是目标规划问题的满意解.

5-3 (1) 该目标规划问题的满意解为 $\boldsymbol{X} = [44 \quad 4]^{\mathrm{T}}$.

(2) 该目标规划问题有无穷多满意解，其中 $\boldsymbol{X}^{(1)} = [10 \quad 20 \quad 10]^{\mathrm{T}}$ 为目标规划问题的一个满意解，另一满意解为 $\boldsymbol{X}^{(2)} = [0 \quad 50 \quad 30]^{\mathrm{T}}$.

(3) 该目标规划问题的满意解为 $\boldsymbol{X} = [45 \quad 45]^{\mathrm{T}}$.

5-4 略.

习　题　6

6-1 (1) $x_1 = 0, x_2 = 0, x_3 = 10$，其最优值为 $z^* = \max z = 200$.

(2) $x_1 = 0, x_2 = 10$，其最优值为 $z^* = \max z = 40$.

6-2 最短距离为20. 最优航线为 $A \to B_2 \to C_3 \to D_2 \to E_3$，$A \to B_1 \to C_1 \to D_1 \to E_2$.

6-3 收益最大的分配方案为：第1周期全部投入到第2种任务；第2周期90台设备投入到第2种任务；第3周期81台设备投入到第1种任务；第4周期54台设备投入到第1种任务.

6-4 最优的生产计划有两种，(1) 第1个季度生产10万只，其余3个季度不生产；(2) 第1个季度及第3个季度各生产5万只，其余2个季度不生产. 总的最小费用为14.8万元.

6-5 最优的生产计划为：第1个月为25台；第2个月为5台；第3个月为30台；第4个月为10台，其最小成本为98万元.

6-6 最优更新策略为第1年不购买新的收割机，第2年购买新的收割机，第3年与第4年均不购买收割机.

习 题 7

7-1 略.

7-2 记边 $e_{ij}=[v_i\quad v_j]$，用避圈法或破圈法求得的最小树，图 $G_1=\{e_{23},e_{58},e_{14},e_{25},e_{17},e_{68},e_{67}\}$ 和图 $G_2=\{e_{23},e_{58},e_{14},e_{35},e_{17},e_{68},e_{46}\}$，图 G_1,G_2 中的边 e_{25} 与 e_{35} 交换可得图 G_3,G_4(略)，$\omega(G_i)=11,\ i=1,2,\cdots,4$.

7-3 最小支撑树为 $G=\{[v_{P_a}\quad v_L],[v_T\quad v_{P_e}],[v_M\quad v_N],[v_L\quad v_N],[v_{P_e}\quad v_L]\}$，总权值为 $\omega(G)=118$.

7-4 线路总长度最短18的连接方案为 $G_1=\{e_{35},e_{45},e_{23},e_{56},e_{13}\}$ 或 $G_2=\{e_{35},e_{45},e_{23},e_{46},e_{13}\}$.

7-5 货物从 v_1 运到 v_{10} 沿 $v_1\to v_2\to v_6\to v_{10}$ 这条路距离最短，最短距离为8.

7-6 用逐次逼近算法可得从 v_1 到各点的最短距离和最短路分别为

$$d_{1,2}=2,(v_1,v_2);\quad d_{1,3}=8,(v_1,v_2,v_3);\quad d_{1,4}=1,(v_1,v_2,v_3,v_4);$$
$$d_{1,5}=3,(v_1,v_2,v_5);\quad d_{1,6}=10,(v_1,v_2,v_5,v_9,v_6);$$
$$d_{1,7}=10,(v_1,v_2,v_3,v_4,v_7);\quad d_{1,8}=11,(v_1,v_2,v_5,v_9,v_8);$$
$$d_{1,9}=4,(v_1,v_2,v_5,v_9);\quad d_{1,10}=11,(v_1,v_2,v_3,v_4,v_7,v_{10});$$
$$d_{1,11}=15,(v_1,v_2,v_3,v_4,v_7,v_{10},v_{11}).$$

7-7 从油井输送到脱水处理厂的最大流量为19 t/h.

7-8 网络的最大流为13个单位.

7-9 将电力从 v_s 输送到 v_t 最大输送量为26 MW，制约电力输送量的关键弧是 (v_4,v_t)，(v_2,v_5)，(v_6,v_t)，如能提高这3条弧的容量及流量，就能提高整个电力网的电力输送量.

7-10 从工厂到市场所能运送商品的最大总量为23个单位.

7-11 网络的最大流为5个单位时，最小费用为37个货币单位.

7-12 略

习 题 8

8-1 (1) 略；(2) 略；(3) 关键路线有两条分别为

①→②→③→⑥→⑦→⑧→⑨和①→②→④→⑥→⑦→⑧→⑨

对应的关键工作为 A→B→F→J→K→L 和 A→C→G→J→K→L.

8 - 2 (1) 略;(2) 略;(3) 关键路线为:①→②→⑥→⑪→⑫→⑬→⑭,对应的关键工作为:A→F→I→N→O→Q.

8 - 3 工程工期为 14 天时,总成本最低.

习 题 9

9 - 1 (1) 正确;(2) 正确;(3) 错误;(4) 错误;(5) 错误;(6) 正确;(7) 正确.

9 - 2 略.

9 - 3 略.

9 - 4 有效到达率是指平均每单位时间进入系统的顾客数,其符号为 λ_e.

在系统容量有限时,其计算公式为 $\lambda_e=\sum_{n=0}^{\infty}\lambda_n P_n$;在顾客源有限时,其计算公式为 $\lambda_e=\lambda(m-L)$,其中顾客总数为 m,系统内的顾客平均数为 L.

9 - 5 影响服务水平的因素为:顾客的等待费用和服务费用. 一般情况下,提高服务水平(数量、质量)自然会降低顾客的等待费用(损失),但却常常增加了服务机构成本. 优化目标就是使二者费用之和最小,从而决定达到这个目标的最优服务水平. 而最优服务水平主要反映在服务速率和服务台的个数上,因此研究排队系统的优化问题,重在研究服务速率和服务台的个数.

9 - 6 能接受.

9 - 7 (1) $M/M/1/\infty/\infty$;(2) 0.6;(3) 0.038;(4) 0.4;(5) 2/3;(6) 4/15;(7) 10;(8) 4.

9 - 8 不采用.

9 - 9 (1) 3.51;(2) 6.01;(3) 0.4;(4) 0.234;(5) 0.716.

9 - 10 不需要.

9 - 11 $\mu=17.65$;$k=17\ 550$.

习 题 10

10 - 1 $Q^*=1\ 000\sqrt{2}$,$C^*=20\ 000\sqrt{2}$.

10 - 2 (1) $Q^*=500$ t, $C^*=40$ 元,$t^*=5$ 天. (2) 700.

10 - 3 最小的采购批量为 1 000 件.

10 - 4 不合理. 应按每半年生产一批,其量为 1 000 件,可以节约费用 300 元.

10 - 5 $C^*=866$ 元,$Q^*=115$ 件.

10 - 6 (1) $Q^*=67$ 件,最大缺货量 21.7 件;(2) $C^*=523.69$ 元.

10 - 7 160 件.

10 - 8 163 个.

10 - 9 $S=6.7$,$s=3.78$.

习 题 11

11-1 (1)(损益矩阵)略;(2)乐观法的订购量200;悲观法的订购量50;等可能法的订购量100或150;(3)(后悔矩阵)略,后悔值法的订购量100或150.

11-2 (1)最小机会损失准则为S_1,其余的准则均为S_3.

(2)等可能性准则和最小机会准则为S_1,乐观主义准则为S_3,悲观主义准则为S_2,折中主义准则为S_1或S_2.

11-3 最优策略为应参加第1次摸球;当摸到白球时,继续第2次,否则放弃第2次.

11-4 当$p=\frac{c-c_1}{c_1-c_2}$,A,B的收益一样,当$p<\frac{c-c_1}{c_1-c_2}$时,投资A,否则投资B.

11-5 $p_2=6$时,期望收益为3 000元;$p_2=7$时,期望收益为3 750元;$p_2=8$时,期望收益为4 000元;$p_2=9$时,期望收益为3 750元.

由EMV准则可知,$p_2=8$为最优定价.

11-6 前两年都投B,在第2年末若仍有1 000元,则第3年投A,否则投B. 在此方案下,其所求的概率为0.676.

习 题 12

12-1 略

12-2 A的赢得矩阵为

乙 \ 甲	红	黑
红	$-r$	t
黑	s	u
硬币	$1/2(p-q)$	

12-3 甲的对策集为{两个师各攻一条公路;两个师攻一条公路}. 乙的对策集为{三个师的兵力防守一条公路;两个师防守一条公路,用一个师防守另一条公路}. 其支付矩阵为

$$\begin{array}{c} \\ \alpha_1 \\ \alpha_2 \end{array}\begin{array}{c} \begin{array}{cc} \beta_1 & \beta_2 \end{array} \\ \begin{bmatrix} 1 & 1/2 \\ 1/2 & 3/4 \end{bmatrix} \end{array}$$

其中:α_1为甲方用两个师各攻一条公路;α_2为甲方用两个师攻一条公路. β_1为乙方用三个师防守一条公路;β_2为乙方用两个师防守一条公路,用一个师防守另一条公路.

12-4 最优策略为公司甲在东西城区或东南城区各建一个滑冰场,而公司乙在南城区建一个滑冰场;它们的市场份额分别为0.7,0.3.

12-5 其策略为:以38%使用α_1,以62%使用α_3,至少击毁敌方武器的62%.

12-6 达到最优的杀虫剂的比例分别为0.26,0.39,0.16,0.19,此配方的杀伤力为每

单位杀虫剂能杀死 83.4 万只害虫.

12－7 (1) 略.

(2) 1) β_2 2) α_2 或 α_3 3) 不是,x^0 不是局中人 I 的最优策略,而 y^0 是局中人 Ⅱ 的最优策略;局中人 Ⅰ 的最优策略 $\boldsymbol{x}^* = [0 \quad 5/7 \quad 2/7]^{\mathrm{T}}$,对策值为 11/7.

12－8 略.

习 题 13

13－1 迭代 6 次,所得的区间长度满足精度要求,近似极小点为 0.23.

13－2 (1) $\nabla f(x) = [2x_1 \quad 2x_2 \quad 2x_3]^{\mathrm{T}}$,海森矩阵为 $\begin{bmatrix} 2 & 0 & 0 \\ 0 & 2 & 0 \\ 0 & 0 & 2 \end{bmatrix}$.

(2) $\nabla f(x) = \dfrac{1}{x_1^2 + x_2^2} [2x_1 \quad 2x_2]^{\mathrm{T}}$,海森矩阵 $\dfrac{1}{(x_1^2 + x_2^2)^2} \begin{bmatrix} 2x_1^2 - 2x_2^2 & -4x_1x_2 \\ -4x_1x_2 & 2x_2^2 - 2x_1^2 \end{bmatrix}$.

13－3 最优解为当$[0 \quad 0]^{\mathrm{T}}$ 时,最优值为 0.

13－4 最优解为当$[4 \quad 2]^{\mathrm{T}}$ 时,最优值为 －8.

13－5 最优解为当$[5/2 \quad 3/2]^{\mathrm{T}}$ 时,最优值为 1/2.

13－6 最优解为当$[1 \quad 0]^{\mathrm{T}}$ 时,最优值为 0.

参 考 文 献

[1] 运筹学教材编写组.运筹学 [M].4 版.北京:清华大学出版社,2012.

[2] 胡运权,郭耀煌.运筹学教程 [M].4 版.北京:清华大学出版社,2012.

[3] 顾基发,刘定碇,施泉生.运筹学[M].北京:科学出版社,2011.

[4] 牛映武,杨文鹏,郭鹏,等.运筹学 [M].2 版.西安:西安交通大学出版社,2006.

[5] 郭鹏,等.运筹学[M].西安:西安交通大学出版社,2013.

[6] 胡运权.运筹学习题集[M].4 版.北京:清华大学出版社,2010.

[7] 熊伟.运筹学 [M].2 版.北京:机械工业出版社,2009.

[8] 徐渝.运筹学[M].2 版.西安:陕西人民出版社,2007.

[9] WILLIAMS H P.数学规划模型建立与计算机应用[M].北京:国防工业出版社,1991.

[10] 胡运权,等.运筹学基础及应用 [M].5 版.哈尔滨:哈尔滨工业大学出版社,2013.

[11] 张建中,许绍吉.线性规划[M].北京:科学出版社,1990.

[12] WILLIAMS H P. Model Building in Mathematical Programming .4rd. Wiley, 2013.

[13] HILLIER F S.运筹学导论 [M].9 版.北京:清华大学出版社,2010.

[14] 蒋绍忠.管理运筹学教程 [M].2 版.杭州:浙江大学出版社,2014.

[15] 何坚勇,等.运筹学基础[M].2 版.北京:清华大学出版社,2008.

[16] 宋荣兴,孙海涛.运筹学[M].北京:经济科学出版社,2011.

[17] WINSTON W L.运筹学:数学规划(第)[M].3 版.北京:清华大学出版社,2004.

[18] 张伯生,张丽,高圣国,等.运筹学 [M].2 版.北京:科学出版社,2012.

[19] 钱颂迪,等.运筹学[M].北京:清华大学出版社,2005.

[20] TAHA H A.运筹学导论 [M].9 版.薛毅,刘德刚,朱建明,等,译.北京:中国人民大学出版社,2014.

[21] WINSTON W L.运筹学:决策方法 [M].3 版.北京:清华大学出版社,2004.

[22] 徐俊明.图论及其应用 [M].3 版.合肥:中国科学技术大学出版社,2010.

[23] 张先迪,李正良.图论及其应用[M].北京:高等教育出版社,2005.

[24] 王树禾.图论 [M].2 版.北京:科学出版社,2009.

[25] WEST D B.图论导引 [M].2 版.李建中,骆吉洲,译.北京:机械工业出版社,2004.

[26] KLEINROCK L. Queueing Systems[M]. Wiley InterScience, 1976.

[27] GROSS D, CARL M HARRIS. Fundamentals of Queueing Theory [M]. Wiley InterScience, 2008.

[28] 徐光辉.随机服务系统 [M].2 版.北京:科学出版社, 1980.

[29] 严颖,程世学,程侃.运筹学随机模型[M]. 北京:中国人民大学出版社,1995.

[30] 赵启兰.生产计划与供应链中的库存管理[M].北京:电子工业出版社,2003.

[31] 党耀国,李帮义,朱建军,等.运筹学[M].北京:科学出版社,2009.

[32] OWEN G. Game Theory[M]. Salt Lake City:Academic Press, 2013.

[33] OSBORNE M J. RUBINSTEIN A. A Course in Game Theory[M]. Cambridge and London: The MIT Press,1994.

[34] OSBORNE M J, RUBINSTEI A. 博弈论教程[M]. 魏玉根,译. 北京:中国社会科学出版社,2000.
[35] 袁亚湘,孙文瑜. 最优化理论与算法[M]. 北京:科学出版社,1997.
[36] 王宜举,修乃华. 非线性最优化理论与方法[M]. 北京:科学出版社,2012.
[37] 陈宝林. 最优化理论与算法 [M]. 2 版. 北京:清华大学出版社,2005.
[38] 孙文瑜,徐成贤,朱德通. 最优化方法 [M]. 2 版. 北京:高等教育出版社,2010.
[39] 邓乃扬. 无约束最优化计算方法[M]. 北京:科学出版社,1982.
[40] 席少霖. 非线性最优化方法[M]. 北京:高等教育出版社,1992.
[41] 黄红选,韩继业. 数学规划[M]. 北京:清华大学出版社,2006.
[42] 中国运筹学会. 中国运筹学发展研究报告[J]. 运筹学学报,2012,16(3):1 - 48.
[43] 裘宗沪. 解线性规划的单纯形算法中避免循环的几种方法[J]. 数学的实践与认识,1978,8(4):50 - 55.
[44] 郭鹏,曹朝喜. 再论运输问题的多重最优解[J]. 工业工程与管理,2006(1): 41 - 45.
[45] 刘鹏鹏,左洪福,苏艳,等. 基于图论模型的故障诊断方法研究进展综述[J]. 中国机械工程,2013,24(5):696 - 703.
[46] 程钊. 图论中若干重要定理的历史注记[J]. 数学的实践与认识,2013,43(1):261 - 268.
[47] 张和国. 运用排队论解决实际生产问题一例[J]. 系统工程理论与实践,1983(3):53 - 64.
[48] 侯玉梅,刘倩,孙华宝,等. 成批到达的有特殊服务时间的多重休假排队系统分析[J]. 运筹与管理, 2006,15(4):79 - 84.
[49] 郭耀煌,钟小鹏. 动态车辆路径问题排队模型分析[J]. 管理科学学报,2006,9(1):33 - 37.
[50] 侯玉梅. 简单生产——库存系统的优化控制[J]. 系统工程理论与实践,2003(4):1 - 6.
[51] 禹海波. 具有不确定性产出库存系统的随机比较[J]. 系统工程理论与实践,2005(7):105 - 112.
[52] 董云庭,王智勇. 多品种随机库存控制联合补充问题的实用策略[J]. 管理工程学报,1995, 9(3): 167 - 174.
[53] 郭鹏,郑唯唯. AHP 应用的一些改进[J]. 系统工程. 1995,13(1): 28 - 31.
[54] 郭鹏,梁燕华,朱煜明. 基于组合权法的棕地再开发多层次灰色评价[J]. 运筹与管理. 2010,19(5): 129 - 134.
[55] 梁燕华,郭鹏,朱煜明. 基于区间数的多时点多属性灰靶决策模型[J]. 控制与决策. 2012,27(10): 1527 - 1536.
[56] 姚洪兴,徐峰. 双寡头有限理性广告竞争博弈模型的复杂性分析[J]. 系统工程理论与实践,2005(12):32 - 37.
[57] 王宗军. 综合评价的方法、问题及其研究趋势[J]. 管理科学学报,1998,1(1):73 - 79.